"十三五"国家重点出版物出版规划项目
海洋生态科学与资源管理译丛

国家出版基金项目
NATIONAL PUBLICATION FOUNDATION

水生生态系统中的化学生物标志物

CHEMICAL BIOMARKERS IN AQUATIC ECOSYSTEMS

［美］托马斯·S. 比安奇　伊丽莎白·A. 卡努尔　著

姚　鹏　等　译

海洋出版社

2021年·北京

图书在版编目（CIP）数据

水生生态系统中的化学生物标志物/（美）托马斯·S·比安奇（Thomas S. Bianchi），（美）伊丽莎白·A·卡努尔（Elizabeth A. Canuel）著；姚鹏等译．—北京：海洋出版社，2020.5

书名原文：Chemical Biomarkers in Aquatic Ecosystems

ISBN 978-7-5210-0485-4

Ⅰ.①水⋯　Ⅱ.①托⋯ ②伊⋯ ③姚⋯　Ⅲ.①水生生物-生物化学-生物标志化合物-研究　Ⅳ.①P593 ②Q176

中国版本图书馆 CIP 数据核字（2020）第 103156 号

图字：01-2018-2716 号

All rights reserved. No part of this book may be reproduced or transmitted in any form or by any means, electronic or mechanical, including photocopying, recording or by any information storage and retrieval system, without permission in writing from the Publisher.

SHUISHENG SHENGTAI XITONG ZHONG DE HUAXUE SHENGWU BIAOZHIWU

丛书策划：王　溪
责任编辑：屠　强　王　溪
责任印制：安　淼

海洋出版社　出版发行

http://www.oceanpress.com.cn
北京市海淀区大慧寺路 8 号　邮编：100081
中煤（北京）印务有限公司印刷　新华书店北京发行所经销
2020 年 5 月第 1 版　2021 年 8 月第 1 次印刷
开本：787mm×1092mm　1/16　印张：31.5
字数：702 千字　定价：160.00 元
发行部：010-62100090　邮购部：010-62100072　总编室：010-62100034
海洋版图书印、装错误可随时退换

献给我们各自的爱人，Jo Ann Bianchi 和 Emmett Duffy，与孩子，Christopher Bianchi 和 Conor Duffy，感谢他们无尽的支持和耐心，使我们得以完成此书！

当前有机地球化学研究的几个特点限制了对全球生物地球化学循环更深入的理解。就大多数情况而言，所有的有机地球化学家都面临这样的问题。当然，这些问题也不是我们这一领域所独有的。首要的问题是地球化学研究明显是分区域的。也就是说，在风化岩石、土壤、湖泊、河流和海洋中发生的功能上相似的过程，被具有不同背景、掌握不同术语和使用不同方法的不同类型地球化学家研究着。这一地理上的专业划分同时限制了我们的野外工作和洞察力的范围，并导致我们失去研究和解释的机会……当前，在全球尺度上获得独特答案的信息不足，即使是对于总体样品的碳。主要的限制是关键环境中有意义的原位降解的速率常数未知。

——John I. Hedges, 1992

中文版序言

　　这是我第二本被翻译成中文出版的书，第一本是《河口生物地球化学》，于 2017 年由海洋出版社出版。两本书均是在中国海洋大学姚鹏教授的大力推动下出版的。在写作这本书期间和之后，我曾多次访问中国，并与中国海洋大学姚鹏教授及其团队开展了密切合作。这十几年来，我见证了这一团队的成长，我感到非常荣幸。

　　这本书是我与弗吉尼亚海洋科学研究所的 Canuel 教授合作完成的，是为有机地球化学、生物地球化学和生态系统动力学等相关方向高年级本科生和研究生所写的一本教科书，也是为相关研究者提供的一本参考书。我们都很期待它在中国的前景，因为到目前为止，在中国还没有关于这一主题的书籍出版。我们希望能为在中国正蓬勃发展着的湖泊、河口、海洋和环境科学等研究领域的研究者提供有价值的参考，为这些中国科学家未来的研究助力，希望他们能够喜欢它。

　　翻译这本书并非易事，尤其是涉及一些具有特定含义的过程、化合物和生物分类名称以及地名等。再次感谢姚鹏教授及其团队，他们为准确翻译付出了大量时间和精力。

Thomas S. Bianchi 博士

美国佛罗里达大学地球科学学院

地球科学讲席教授

2019 年 9 月

译者序

有机地球化学主要研究有机物的产生、组成、结构和性质以及它们在地质体中的分布、转化/降解和埋藏的关键过程、通量及控制机制。这些有机物有些是天然的，有些是人为活动产生的。部分有机物在演化过程中具有一定的稳定性，没有或较少发生变化，能够基本保持原始化学组分的碳架特征，记录了原始分子结构信息，具有特殊的标志意义。这些有机物被称为化学生物标志物。化学生物标志物能够指示有机物的来源特征和沉积环境特点，反映有机物的成岩和退化过程，用于重建古生产力和古环境、古气候等。可以说，化学生物标志物的应用极大地促进了有机地球化学研究的发展。

在有机地球化学研究的若干领域中，水生生态系统中的化学生物标志物是其中的一个重要方面。一方面，有机物的循环很大程度上是在水圈内完成的。例如，海洋占地球面积的71%，是地球系统中最大的活跃碳库，远超过大气和陆地生态系统。海洋有机地球化学研究是认识海洋有机碳循环过程和机制及其气候效应、生态环境演变的重要工具。陆地系统产生的有机物很多也会通过侵蚀、搬运、大气输送等途径进入湖泊、河流，甚至进入海洋，参与到水圈有机物循环。另一方面，水生生物，包括微生物、浮游和水生植物、大型底栖藻类等所产生的化合物很多都具有作为生物标志物的潜力，可以用于水生系统中有机物来源和过程示踪、生态环境演变的历史重建和反演等。

近年来，国际上在有机物和生物标志物等的分析和应用方面有了很大的进展。对总有机碳的分析和认识不断向分子和同位素水平发展，研究视野也逐渐从区域拓展到全球尺度。各种类型的高分辨质谱的发展，使我们能够用最小的样品量分析生物标志物的结构、特定生物标志物的稳定碳和放射性碳同位素、天然溶解有机物的分子组成和团簇同位素等，用于发现新的生物标志物、建立新的有机地球化学指标，从分子和同位素的层面研究生物对碳的利用和同化、有机碳在环境中的迁移转化和归宿等。

国内已有很多大学和研究机构从事有机地球化学研究，形成了若干研究中心和稳定的研究队伍，并取得了丰硕的研究成果。近几年来，水生系统有机地球化学、化学生物标志物的研究尤其得到了长足发展。这一点，从2012年起已召开七届，人数日益增加的生物-有机地球化学研讨会可窥见一斑。令人遗憾的是，目前尚无一本中文版的系统介绍化学生物标志物的专著。Thomas S. Bianchi教授和Elizabeth Canuel教授所著《水生生态系统中的化学生物标志物》一书是对近年来日益蓬勃发展的水生生态系统有机地球化学、生物标志物研究的很好总结。本书由14章构成，在简述了水生生态系统中化学生物标志物的产生、来源、分析方法和应用等之后，根据结构和功能，将其划分为糖类、蛋白质、核酸、类脂化合物（包括脂肪酸、类异戊二烯、烃类和烯酮等）、色素和木质素及人为标志物（有机污染物）等十大类进行了系统的介绍。译者与 Bianchi 教授有着较长的合作历史，当我们得到这本书的时候，即感到可以译为中文，以供从事该领域研究的学者，特别是高年级本科生和研究生参考。Bianchi 教授和 Canuel 教授欣然接受了我们的提议，并从各个方面给予大力支持。我们相信，本书的翻译出版对相关领域的读者系统掌握该领域的知识框架大有裨益，也有助于读者找准学术前沿并实现突破。

本书从开始翻译到最终定稿历时五年，经历了"翻译—修改—校改—统稿"等几个阶段。在"翻译"阶段，姚鹏负责第 1 章到第 4 章和第 7 章，赵彬负责第 5 章和第 6 章，王金鹏负责第 8 章和第 9 章，潘慧慧负责第 10 章和第 11 章，李栋负责第 12 章和第 13 章，张婷婷负责第 14 章；在"修改"阶段，叶君负责第 1 章和第 2 章，陈霖负责第 3 章和第 4 章，王春禹负责第 5 章和第 6 章，吴丹负责第 7 章和第 14 章，赵彬负责第 8 章和第 9 章，王金鹏负责第 10 章和第 11 章，黄新莹负责第 12 章和第 13 章，王春禹、吴丹负责其余内容；最后，姚鹏对全书进行了认真彻底的校改和统稿。在翻译成书中，我们力求忠于原著，准确表达原意，但同时也充分考虑了汉语表达习惯，以方便中文读者阅读。

特别感谢中国海洋大学张晓华教授、中科院广州地化所于志强研究员、中科院海洋所沙忠利研究员等专家对翻译过程中产生的有关疑问给予的耐心解答。此外，Bianchi 教授和 Canuel 教授为中文版出版专门撰写了序言，借此机会，一并表示衷心感谢。

本书翻译工作受到国家自然科学基金重点国际（地区）合作研究项目"长江口及邻近海域沉积有机碳的保存机制研究（41620104001）"、国家重点研发计划"全球变化及应对"重点专项课题"河流关键界面之间的生物地球化学过程及入海生源要素的组成与输运通量（2016YFA0600902）"和国家出版基金等联合资助。

尽管付出了很大努力，但由于译者水平所限，译文中难免存在不足乃至错误之处，我们诚恳地期待读者批评指正。

2019 年 9 月
于中国海洋大学

前　言

鉴于水生系统中有机物来源的复杂性，化学生物标志物已经普遍应用于湖泊学和海洋学中。在本书中，我们把生物标志物分子定义为即使经历了分解和成岩过程，仍能表征特定生物来源并且选择性地保留其来源信息的化合物（Meyers，2003）。因此，生物标志物分子这一术语不应与生态毒理学家或分子生物学家常用的术语混淆（Timbrell，1998；Wilson and Suk，2002；Decaprio，2006，及它们所引用的文献）。生物标志物或化学生物标志物的早期定义把这些化合物描述为来自已死亡生物的分子化石（Eglinton et al.，1964；Eglinton and Calvin，1967）。

最近，生物标志物被定义为由碳、氢和其他元素组成的复杂有机化合物，它们存在于沉积物、岩石和原油中，其化学结构与曾经存在于活体生物中的前体分子相比很少甚至没有变化（Hunt et al.，1996；Peters et al.，2005；Gaines et al.，2009）。生物标志物近年来也被定义为在煤中的沥青及干酪根中发现的脂质成分，这些成分与生物前体化合物之间存在明确联系，即使经历成岩和后生作用仍能保持稳定性（Killops and Killops，2005；Gaines et al.，2009）。此外，也常用地质类脂物（geolipid）这一术语来描述沉积物中的耐降解生物标志物。与有机物中的其他生物化学成分相比，类脂化合物通常是难降解的，它们在沉积记录中可以保存得更长久（Meyers，1997）。地质类脂物和生物体之间第一个令人信服的联系是由 Treibs（1934）建立的，他在光合生物中的叶绿素 a 与石油中的卟啉之间发现了很好的关系。这一重要的发现基本上标志着有机地球化学的起始。

化学生物标志物在认识地球的现在和历史方面提供了许多见解，包括①微生物和高等生物的食物和能量来源，②微生物化学分类，③化石燃料的来源，④地球上生命的进化。对有机物的生物地球化学循环（如化学物质的转化、归宿和输运）更深入的了解，对于理解区域和全球背景下自然和人类活动引起的环境变化的影响至关重要。从生物地球化学的角度来研究水生科学，需要对有机物的生物化学有一个基本的了解。我们写这本书的初衷是许多关于化学生物标志物的书都是分卷编辑的，过于分散，难以用作高年级本科生和研究生课程的教科书。同时，我们也想写一本具有生物标志物在包括河流、河口和海洋生态系统在内的一系列水生环境中应用的案例的书。

本书可用于水生和海洋生物地球化学、有机地球化学和全球生态系统动力学方向的高年级本科生和研究生课程。此类课程可能要求先修无机化学和有机化学，海洋学和/或湖沼学及环境和/或生态系统生态学。这本书也会是湖泊、河口、海洋和环境科学领域的研究人员的宝贵资源。本书的基本框架源自我们所教授的全球生物地球化学、有机地球化学和海洋/河口生物地球化学的课程。全书围绕各类生物标志物组织章节，每一章描述一类化合物的结构和合成、活性和具体应用案例。

在第1章，我们提供了化学生物标志物生物合成及其与生物体中关键代谢途径之间联系的基本背景，这与生命的三域之间细胞结构和功能的差异有关。我们讨论了光合作用这一生物合成的主要途径。此外，我们还提供了有关化学自养和微生物异养过程的信息。本章化学生物标志物生物合成途径的概观也为本书其他章节提供了一个路线图，即针对每一类生物标志物均提供与其化学合成途径有关的特定细节。尽管其他有机地球化学书籍通常按照自然生态系统中发现的物理和化学梯度（如厌氧、有氧）来介绍化学生物标志物的概念，我们选择以考察细胞分化水平上的生物合成途径起始。

第2章，简述了化学生物标志物在水生生态系统中应用的历史，包括成功之处和局限性。这一章还介绍了与全球生物地球化学循环相关的化学生物标志物的一般概念。化学生物标志物在现代和/或古生态系统中的应用很大程度上取决于分子的固有结构和稳定性及其所在系统的理化环境。在某些情况下，沉积物中氧化还原条件的改变使得生标化合物更易于保存。例如，在界限分明的纹层沉积物中，可以很好地重建有机物组成来源的历史变化。然而，在细菌和/或后生动物牧食、细胞裂解和光化学分解等过程中，很多不稳定的化学生物标志物可能在从细胞中释放出来几分钟至几小时之内消失或转化。营养效应与大规模物理化学梯度在保存或破坏化学生物标志物完整性方面的作用在不同生态系统中差异很大。我们将讨论这些效应，因为它们与诸如湖泊、河口和海洋等水生系统有关。

在第3章，我们首先讨论了与自然生态系统中稳定同位素应用有关的基本原理，即基于化学过程而非核过程引起的轻同位素相对丰度的变化。由于元素的轻同位素的反应速率更快，因此天然反应产物会富集轻同位素。如后面所要讨论的，这些分馏过程可能会很复杂，但已被证明可用于确定古温度、古气候及生态学研究中有机物的来源。海洋和河口研究中最常用的稳定同位素是^{18}O、^{2}H、^{13}C、^{15}N和^{34}S。选择这些同位素与它们的低原子量、显著的同位素质量差异、键合时可形成共价键、多种氧化态以及稀有同位素有足够的丰度有关。

在生物圈生活的植物和动物具有恒定的^{14}C水平，但它们死后不再与大气交换，^{14}C的活性降低，并以（5730±40）年的半衰期衰变，这为建立考古物品和化石遗骸的年龄提供了基础。与测年物质相关的假定是（1）植物和动物中^{14}C的初始活性是已知常数，与地理位置无关；（2）样品未被现代^{14}C污染。在海洋环境中，有机碳循环研究中^{14}C测定的应用已相当广泛。虽然早期在近海和河口区域只有少数有机碳循环研究应用这些技术，但是近年来伴随着河流/河口系统中溶解有机碳（dissolved organic carbon，DOC）通常比颗粒有机碳（particulate organic carbon，POC）更加富集^{14}C（或更年轻）这一一般模式的发现，这方面研究出现了相当大的增长。

最近发展起来的方法，如自动制备毛细管气相色谱（preparative capillary gas chromatography，PCGC），可以分离目标化合物，然后用加速器质谱（acceleration mass spectrometry，AMS）进行^{14}C分析。笼统地说，特定化合物同位素分析（compound-specific isotope analysis，CSIA）技术可以从沉积物（如陆源沉积物）中多种多样的化合物中测定某一特定来源（如浮游植物）化合物的准确年龄。同样，稳定同位素的 CSIA 也被证明可用于区分河口系统中不同类型的有机碳源。本章将讨论在这一领域的未来工作以及多种同位素混合模型（在某些情况下包括 δD）在水生系统中的应用。最近几年，CSIA 分析的应用为化学生物标志物领域提供了新的认识。类脂化合物和氨基酸等生物标志物的 $\delta^{13}C$，$\delta^{15}N$ 和 δD 稳定同位素组成的相关内容在各章分别介绍。

在第 4 章，我们介绍了技术在化学生物标志物研究中发挥的重要作用以及本领域中由于新的分析技术的发展所产生的诸多进展。向读者介绍了一些有机地球化学研究用到的经典分析工具，包括气质联用（gas chromatography-mass spectrometry，GC-MS）、热裂解 GC-MS、实时温度分辨质谱（direct temperature-resolved MS，DT-MS）、CSIA、高效液相色谱（high-performance liquid chromatography，HPLC）和核磁共振（nuclear magnetic resonance，NMR）谱等。另外，还介绍了通过荧光表征溶解有机物（dissolved organic matter，DOM）和有色溶解有机物（chromophoric DOM，CDOM）、在糖类分析中使用脉冲电流检测器（pulsed amperometric detector，PAD）以及毛细管电泳的方法。本章内容也涉及了以下几个领域的最新进展：（1）使用液相色谱质谱联用仪（liquid chromatography mass spectrometry，LC-MS）分析极性有机化合物，（2）多维 NMR，（3）傅里叶变换离子回旋共振质谱（Fourier transform ion cyclotron resonance MS，FT-ICR-MS）。在未来工作方面，讨论了从化合物水平的测定扩展到全样碳库的限制。另外，还讨论了从实验台转移到更大的空间和时间尺度的挑战，特别是在观测/遥感平台方面取得了一些进展之后。

第 5 章，介绍糖类，它是地球上最丰富的一类生物聚合物和水生环境中水体颗粒有机物（particulate organic matter，POM）和 DOM 的重要组成部分。糖类化合物是重要的结构和储存分子，对陆地和水生生物体的代谢至关重要。糖类可进一步分为单糖（简单糖）、二糖（两个共价连接的单糖）、寡糖（几个共价连接的单糖）和多糖（由几个单糖和二糖单元组成的聚合物）。在浮游植物中，糖类化合物用作能量的重要储库、结构支撑和细胞信号传导成分。糖类大约占浮游植物细胞生物量的 20%~40% 以及维管植物重量的 75%。次要糖类，例如酸性糖、氨基糖和 O-甲基糖，往往比主要糖类更具有来源特异性，能够提供关于糖类化合物生物地球化学循环的进一步信息。如第 3 章所讨论的，CSIA 分析在单糖上的应用可能有助于区分水生系统中不同类型的有机碳源。

在第 6 章，我们讨论了蛋白质，其在海洋生物体中占有机物的约 50%，并含有约 85% 的有机氮。在大洋和近岸海域，肽和蛋白质构成了 POC（13%~37%）和颗粒有机氮（particulate organic nitrogen，PON）（30%~81%）以及溶解有机氮（dissolved organic nitrogen，DON）（5%~20%）和 DOC（3%~4%）的重要组成部分。在沉积物中，蛋白质约占有机碳的 7%~25%，约占总氮的 30%~90%。

氨基酸是蛋白质的基本结构单元。这类化合物是所有生物体所必需的，代表有机氮循环中最重要的成分之一。氨基酸是有机碳和有机氮中最不稳定的组成之一。不同生物体中蛋白质氨基酸的典型摩尔百分数表明其组成丰度有相当大的均匀性。在水生系统中，通常分析溶解态和颗粒态有机物中的特征性氨基酸。例如，在近海系统中通常研究的典型氨基酸库包括水体 POM 和沉积有机物（sedimentary organic matter, SOM）中的总可水解氨基酸（total hydrolyzable amino acids, THAA）及 DOM 中的溶解态游离氨基酸（dissolved free amino acids, DFAA）和结合态氨基酸（dissolved combined amino acids, DCAA）。

可以解释生物体中 D-氨基酸产生的另一个过程是外消旋作用，其包括将 L-氨基酸转化成它们的镜像的 D 形式的过程。在河口无脊椎动物的组织中已经发现这一过程产生的 D-氨基酸。生物壳体材料中经放射性碳测量值校正后的氨基酸外消旋速率也已经被用作海岸侵蚀历史重建的指标。氨基酸和蛋白质作为生物标志物的未来工作主要讨论 D-和 L-氨基酸的 C 和 N 同位素分析及蛋白质组学领域的进展。

第 7 章研究作为蛋白质合成模板的核酸，即核苷酸的聚合物：核糖核酸（ribonucleic acid, RNA）和脱氧核糖核酸（deoxyribonucleic acid, DNA）。微生物中高水平的核酸是其具有高的氮磷含量的原因。最近几年，核酸的同位素特征提供了关于碳基细菌活动的新认识。

本章讨论了近期把有机地球化学和分子生态学领域联系起来的尝试。生物标志物信息与分子（遗传）数据的耦合有可能提供关于特定沉积物微生物群落及其对沉积有机物的影响的新见解。最近的研究提供了关于生物合成途径的进化基础的信息，这会影响微生物利用特定底物的能力和特殊生物标志物的合成。这些尝试表明了微生物对有机地球化学的影响。

在未来的研究方向方面，将讨论一些尝试表征 DNA 同位素特征的工作。蛋白质组学在更全面地表征有机物方面的应用也正在取得进展。虽然生物化学的许多主要进展就在蛋白质化学中，但是将这些方法应用于水生系统仍然存在一定局限性。

第 8 章讨论脂肪酸，即类脂化合物的结构单元，它是水生生物体中总脂的重要组成部分。短链和多不饱和脂肪酸（polyunsaturated fatty acids, PUFAs）在沉积前和沉积后会发生选择性丢失，我们据此探讨了链长和不饱和度（双键数）与分解之间的关系。相反，饱和脂肪酸更稳定，随着沉积物深度的增加其在总脂肪酸中的相对比例通常会增加。PUFAs 主要用作"新鲜"藻类来源存在的指标，尽管一些 PUFAs 也产生于维管植物和深海细菌中。因此，这些生物标志物代表了存在于水生系统中的一类非常多样化的化合物。

本章讨论了脂肪酸生物标志物在湖泊、河流、河口和海洋生态系统中有机物来源鉴定方面的广泛应用。目前已研究了超滤溶解有机物（ultrafiltered DOM, UDOM）、POM 和沉积物中的脂肪酸生物标志物。另外，脂肪酸也被用于生态学研究，检验水生生物的食物需求和营养关系 [例如，Tenore 和 Marsh 等的脂肪酸组成对小头虫（*Capitella* sp.）的生长/繁殖的影响的工作]（Tenore and Chesney, 1985；Marsh and Tenore, 1990）。脂肪酸还被广泛用于旨在理解微生物群落结构的化学分类研究。最近的一些工作研究了在将藻类有机物转移到更高营养级时（如 Müller-Navarra 及其同事的工作）及通过原生动物和异养原生生物的食物质量的营养升级过程中（如 Klein Breteler 等人和 Veloza 等人的工作），关键脂肪酸的影响。

第 9 章我们讨论了几类环状类异戊二烯及其各自的衍生物，这些化合物是估算藻类和维管植物贡献以及指示成岩作用的重要生物标志物。甾醇是一类环状醇类（通常在 C_{26} 和 C_{30} 之间），其结构在双键的数量、立体化学和位置以及侧链上甲基和乙基的取代上发生变化。甾醇由异戊二烯单元通过甲羟戊酸途径生物合成并被归类为三萜烯（即包含 6 个异戊二烯单元）。海洋生物如浮游植物和浮游动物往往以 C_{27} 和 C_{28} 甾醇为主。维管植物具有较高的 C_{29} 甾醇，如 24-乙基胆甾-5-烯-3β-醇（谷甾醇）（$C_{29}\Delta^5$）和 24-乙基胆甾-5,22E-二烯-3β-醇（豆甾醇，$C_{29}\Delta^{5,22}$）以及 C_{28} 甾醇，即 24-甲基胆甾-5-烯-3β-醇（菜油甾醇）（$C_{28}\Delta^5$）的丰度。最后，虽然 C_{29} 甾醇被认为主要来自维管植物，但这些化合物也可能存在于某些浅水底栖蓝细菌和浮游植物种类，表明这些化合物是水生生态系统中一类非常多样化和有效的化学生物标志物组合。

二萜类和三萜类化合物是很有价值的确定水生生态系统中天然有机物来源和转化的生物标志物。和甾醇一样，这些萜类化合物也由异戊二烯单元经甲羟戊酸途径形成。我们讨论了惹烯、二苯并萘、苊和二萘嵌苯等分子的来源和成岩作用形成。这些化合物很多是来自植物的天然产物，其余的则是由成岩作用形成。四萜（如类胡萝卜素）在第 13 章介绍。

最近将 $\delta^{13}C$ 和 δD 分析应用于甾类和三萜类生物标志物化合物对分辨天然系统中有机物的复杂混合物很有帮助。CSIA 分析提供了更好理解环境中这些化合物来源的机会，并将它们的应用拓展到生态学和古生态学，研究环境和气候条件的变化。

第 10 章我们讨论了环境中存在的以及天然和人类来源的烃类化合物。工业革命以来，水生系统中源自人类来源（石油烃）的烃类化合物的丰度大大增加了（将在第 14 章详述）。原油渗漏和沥青侵蚀也可能改变系统中烃类的丰度和组成。这些石油烃可以与生源烃区分开来，因为在生源烃中常见的奇数碳链在石油烃中不存在，并且石油烃结构更具多样性。

本章重点介绍天然产生的烃类。我们列举了若干脂肪烃和类异戊二烯烃如何成功应用于区分水生系统中藻类、细菌和陆源维管植物来源碳的例子。我们讨论了姥鲛烷和植烷是如何由植醇分别在好氧与厌氧条件下形成的。我们还向读者介绍了高度支化的类异戊二烯及其作为藻类生物标志物的应用。

第 11 章聚焦几类极性类脂化合物，包括烯酮，即有 2~4 个双键的不饱和长链酮。这些化合物由有限几种定鞭藻类［如赫氏颗石藻（*Emiliania huxleyi*）］产生，它们生活的温度范围很宽（2~29℃）。定鞭藻能够在不同的温度条件下生活，是因为它们能够调节这些化合物的不饱和度；随着环境水温的降低，不饱和度增加。长链酮比大多数不饱和类脂化合物更稳定，并且可以在成岩作用中保存下来。正是由于这些特性，烯酮已被广泛用作古温度计。

对陆地环境的古气候研究受制于缺乏有用的温度指标。甘油二烷基甘油四醚（glycerol dialkyl glycerol tetraethers，GDGTs）广泛存在，包括由于缺少产烯酮的藻类或其丰度较低而没有烯酮存在的地方。基于 GDGTs 中环戊烷数量的 TEX_{86} 指标为湖泊和其他不产生烯酮的地方提供了有用的古温度替代指标。

随着 LC-MS 技术的出现，完整极性分子的分析越来越广泛。在某些情况下，分析这些化合物（如完整极性膜脂）对于鉴定与土壤和沉积物相关的微生物群落比用传统方法更有用，后者要先水解极性化合物［如磷脂脂肪酸（phospholipid linked fatty acids, PL-FA）］再分析水解产物。这类化合物对鉴定与土壤和沼泽沉积物有关的微生物以及土壤有机物向沿岸地区的输运（如 BIT 指标）很有帮助。

在第 12 章，我们讨论了用于吸收光合有效辐射（photosynthetically active radiation, PAR）的主要光合色素，包括叶绿素、类胡萝卜素和藻胆蛋白，其中叶绿素是主要的光合色素。尽管陆地上的叶绿素量更大，但 75% 的全球年周转量（约 10^9 Mg）发生在海洋、湖泊和河流/河口。所有的捕光色素都与蛋白质结合，构成截然不同的类胡萝卜素和叶绿素蛋白复合物。在这一章，我们会介绍这些非常重要的生物标志物的化学和应用并讨论其在水生系统中应用的限制。矩阵分解程序 CHEMTAX（CHEMical TAXonomy）基于特征色素浓度计算主要藻类类群的相对丰度，本章对此也进行了讨论。将高效液相色谱色素分离与使用叶绿素 a 放射性标记（^{14}C）技术的在线流动闪烁计数相结合的方法可以提供不同环境条件下浮游植物生长速率的信息。化石色素在示踪藻类和细菌群落方面也很有帮助。

如第 3 章所述，植物色素 CSIA 分析可能有助于区分水生系统中不同类型的有机碳来源。我们还讨论了卫星图像在测定天然水体中叶绿素浓度方面的应用，以及开发用于在近岸观测站进行实时数据采集的原位高效液相色谱系统的新思路。

在第 13 章，我们介绍木质素，它们是有效的示踪水生系统中维管植物输入的化学生物标志物。纤维素、半纤维素和木质素通常占木本植物生物量的 75% 以上。木质素是一类存在于维管植物细胞壁中的由类苯丙烷单元组成的大分子杂聚物（600~1 000 kDa）。在植物、细菌和真菌中常见的莽草酸途径是合成芳香族氨基酸（如色氨酸、苯丙氨酸和酪氨酸）的途径，为合成木质素中类苯丙烷单元提供了母体化合物。具体来说，木质素的主要结构单元是以下木质酚单体：对香豆醇、松柏醇和芥子醇。使用 CuO 氧化法氧化木质素会得到 11 种主要的酚类单体，可以分成 4 类：对羟基酚、香草基酚（V）、丁香基酚（S）和肉桂基酚（C）。

角质素和软木质是维管植物组织中的脂类聚合物，并分别用作保护层（角质层）和软木细胞的细胞壁组分，本章也对它们做了介绍。本章描绘了角质素是如何被证明是一个有效的水生系统中维管植物生物标志物的。当使用通常用于木质素分析的 CuO 方法氧化角质素时会产生一系列脂肪酸，这些脂肪酸可分为 3 类：C_{16} 羟基酸、C_{18} 羟基酸和 C_n 羟基酸。在木材中并没有发现角质素，因此，它们类似于来自对羟基木质素的肉桂基酚（如反式对香豆酸和阿魏酸），可用作非木质维管植物组织的生物标志物。

我们进一步解释了用于水生系统木质素测定的不同分析方法是如何发展起来的。目前已经有新的微波提取技术及使用稳定同位素和放射性碳的木质素 CSIA 分析的应用。多维 NMR 中的新技术可以更好地剖析可能来自天然水体中木质素的芳香结构。

第 14 章讨论了人为产生的化合物作为生物标志物的应用。自第二次世界大战以来，人类活动已经将很多种化合物引入到环境中，包括杀虫剂［例如，二氯二苯基三氯乙烷（dichloro-diphenyl-trichloroethane, DDT）和农药］、卤代烃（氟氯烃）、污水产物（粪甾醇）和多环芳烃（polycyclic aromatic hydrocarbons，PAHs）。本章介绍了这些化合物的结构特征，它们在环境中的分布和转化以及它们作为潜在示踪剂的应用。本章的一个重点就是以举例的形式介绍如何利用人为标志物和生物标志物之间的关系来获得水生生态系统中天然有机物的来源、输运和归宿的信息。本章还介绍了各种新兴的污染物［如个人护理医药产品（personal care pharmaceutical products，PCPPs）、咖啡因和阻燃剂］，以及它们作为水生生态系统中人为有机物示踪剂的潜在用途。我们描述了如何应用 δ^{13}C、Cl 和 Br 的稳定同位素以及放射性碳来区分有机污染物［如多环芳烃和多氯联苯（polychlorinated biphen-yls，PCBs）］来源。

致 谢

我们花了两年时间来写这本书，在这两年里，许多人一直在给我们提供帮助，我们永远感谢他们的付出。感谢我们的朋友和同事与我们分享他们新的和未发表的工作，以及他们在本书撰写和编辑阶段的支持。他们的积极评价和鼓励对我们是很大的帮助。E. Canuel 想特别强调高登研究会议（Gordon Research Conference）对有机地球化学的重要性。该会议提供了一个鼓励、智慧的氛围，新的观点可以自由交换，温暖的友谊由此形成与发展。我们还要感谢我们的同事、博士后、学生和家庭成员，他们审阅了本书的各章节，包括 Jo Ann Bianchi, Emmett Duffy, Amber Hardison, Yuehan Lu, Christie Pondell 和 Stephanie Salisbury。我们也感谢 Erin Ferer, Emily Jayne 和 Stephanie Salisbury 对词汇表所付出的专注和无畏的努力。

在我们的职业生涯中，我们对有机地球化学的好奇心和研究兴趣通过与学生和同事的互动而发展。E. Canuel 想感谢过去和现在合作过的学生，包括 Krisa Arzayus, Amber Hardison, Emily Jayn, Elizabeth Lerberg, Leigh Mccallister, John Pohlman, Christie Pondell, Stephanie Salisbury, Sarah Schillawski, Amanda Spivak, Craig Tobias 和 Andy Zimmerman。T. Bianchi 想感谢以下在过去和现在为本书做出贡献的学生：陈念红、段水旺、Richard Smith 和 Kathyrn Schreiner。这些互动鼓励我们冒险进入新的研究领域，并成为持续的创意源泉和智力激励。感谢我们的父母和导师，是他们给我们引路，让我们走上成为成功科学家的道路。遗憾的是，T. Bianchi 的父亲在 2008 年去世了；虽然他从来不理解他儿子的学术生活，但他的蓝领职业道德及对他人的善意在未来许多年仍将被铭记。E. Canuel 感谢 Stuart Wakeham 的友谊和智力付出，以及过去 20 多年来为她提供的许多机会。T. Bianchi 感谢他的许多亲密的朋友多年来充满智慧的讨论，如 Mead Allison, Mark Baskaran, James Bauer, Robert Cook, Michael Dagg, Rodger Dawson, Ragnar Elmgren, Tim Filley, Patrick Hatcher, Franco Marcantonio, Mark Marvin-DiPasquale, Sid Mitra, Brent McKee, Hans Pearl, Rodney Powell, Eric Roden, Peter Santschi, Pichan Sawangwong 和已经去世的 Robert Wetzel。T. Bianchi 感谢他与 John Morse 的友谊和合作，他在 2009 年经过漫长而杰出的职业生涯后去世，他将被他的家人和世界各地的许多地球化学同仁怀念。最后，我们也感谢我们的缪斯，John Hedges。John 的见解、友谊和慷慨将继续激励我们，而他本人则一直是我们处理与学生和同事私下和职业交往关系的榜样。

我们感谢 Ingrid Gnerlich 和普林斯顿大学出版社的团队对这个项目的耐心和奉献。感谢两位匿名评审员，他们提供了许多有助于改进本书的意见。我们也非常感谢国家科学基金会的持续资助。

目　录

第 1 章　代谢合成

1.1　背景

本章伊始，我们会简要介绍一下生物分类的背景知识。接着我们会介绍化学生物标志物合成的一般背景以及它们与生物体中的关键代谢途径的联系，因为它们与生命的 3 个系统域的细胞结构和功能的差异相关。我们也会讨论光合作用这一生物量合成的主要途径，并提供化能自养和微生物异养过程的信息。对化学生物标志物生物合成途径的整体视角提供了本书中其他章节的路线图，在这些章节中，对每一类生物标志物合成的化学途径提供了更多的细节信息。其他一些优秀的有机地球化学方面的书籍已经成功地介绍了在自然生态系统发现的物理和化学梯度下（如厌氧的、好氧的）的化学生物标志物概念（Killops and Killops，2005；Peters et al.，2005），我们则从分化的细胞水平出发，来考察生物的合成途径。我们相信，对这些化学生物标志物的一般的生物合成途径的了解，对于考察决定它们在水生系统中的生产和归宿的速率控制过程的复杂性是很关键的。我们同时还提供了不同的细胞膜结构的主要特征，因为这些膜在简单分子进出细胞的传输过程中起了重要的作用，并对化学生物标志物在沉积物中的保存产生影响。

1.2　生物分类

所有现存生物的生物学分类如图 1.1 所示。之前的五届分类系统由以下几个门类组成：动物、植物、真菌、原生生物和细菌。现在五届分类系统已被主要由 rRNA 的核酸碱基序列的系统分析所得到的三域系统所取代（Woese et al.，1990）（图 1.1）。这些域可被进一步分为异养生物（如动物和真菌）和自养生物（如维管植物和藻类），要么是原核生物（不具有核膜的单细胞生物，如只是一个拟核或 DNA 以染色体形式存在），要么是真核生物（具有核膜、DNA 以染色体形式存在的单细胞和多细胞生物）（图 1.2）。细菌（真细菌）和古菌（古细菌），两者都是原核生物，是重要的微生物类群，参与了很多水生生态系统的生物地球化学循环过程。

光合作用是合成有机物的主要过程。在光合作用过程中，生物利用光能、水和一个电子供体合成简单的碳水化合物（二氧化碳固定）。最早的光合生物是不产氧的，可能利用氢、硫或有机化合物作为电子供体。这些生物的化石距今有 34 亿年。后来进化出了产氧光合作用；第一个产氧光合生物可能是蓝细菌，在距今大约 21 亿年前成为重要的生物（Brocks et al.，1999）。蓝细菌的光合活动使得大气中的氧气开始增多（Schopf and Packer，

生命的系统发生树

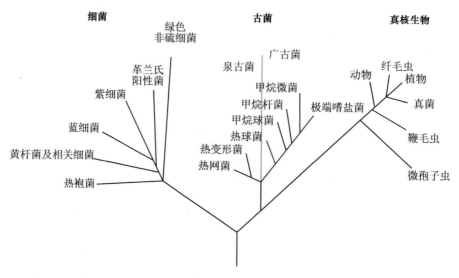

图 1.1　由 rRNA 的核酸碱基序列的系统分析所得到的三域系统。如灰线所示，古菌在系统发生上分为两个明显不同的类群：产甲烷古菌（及相关古菌）和嗜热古菌（修改自 Woese et al.，1990）

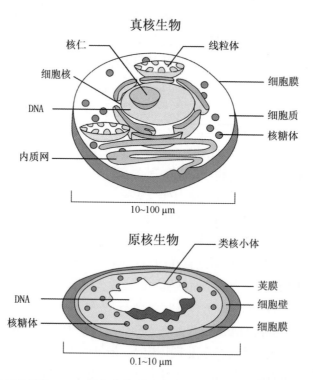

图 1.2　真核生物（具有核膜、DNA 以染色体形式存在的单细胞和多细胞生物）和原核生物（不具有核膜的单细胞生物，如只是一个拟核或 DNA 以染色体形式存在）的基本细胞结构

1987），地球上的生命需要快速适应这一状况。实际上，细菌基因的转移是第一个真核细胞（卷曲藻 Grypania spiralis）发展的原因，据化石记录估计，它已经有 21 亿年的历史（Han and Runnegar，1992）。当一个真核细胞吞噬了好氧（使用氧气）细菌，它就能够在新的含氧的世界里生存。今天，好氧细菌已经进化出了线粒体，能够帮助细胞将食物转化成能量。所以，线粒体和叶绿体的出现据信是由真核生物中的内共生体进化而来（Thorington and Margulis，1981）。当前的内共生理论基于这样一个概念，即早期的原核生物的组合（曾被认为作为共生体生活在一起）导致了真核生物的起源（Schenk et al.，1997；Peters et al.，2005）。这一理论认为真核生物的一些细胞器（如线粒体、毛基体、氢化酶体和质体）可能开始都是共生体。例如，线粒体和叶绿体被认为可能分别从好氧非光合细菌和光合蓝细菌进化而来。内共生理论还解释了真核生物体内存在细菌基因的原因（Palenik，2002）。与这些细胞器相联系的，直接或间接发生的重要的能量转换过程，诸如光合作用、糖酵解、卡尔文循环和柠檬酸循环将在本章后面部分详细讨论。

　　尽管早期的地球上生命的起源仍然是有争议的，早期生命的可能的演化的试验证据起始于米勒和尤瑞的研究（Miller，1953；Miller and Urey，1959）。这项研究的基本假设，当前很多研究仍然作为中心环节使用，即闪电之后会形成包括氨基酸在内的简单有机化合物。这些简单有机化合物被放入一个含有被认为是地球早期大气成分（例如，甲烷、氨气、二氧化碳和水）的烧瓶中进行试验。他们认为这些简单的有机化合物提供了合成更复杂的有生命之前的有机化合物的"种子"（图 1.3）。除了在地球上形成这些简单分子（基于上述 20 世纪 50 年代的实验室试验），地外来源，诸如彗星、陨石和星际颗粒物也被设想为早期的地球上这些简单分子的可能来源。现在已经有很强的证据证明在这些地外来源中存在这些生命产生之前的化合物（Engel and Macko，1986；Galimov，2006 及其参考文献）。一个特别的理论聚焦于这样的观点，即三磷酸腺苷（adenosine triphosphate，ATP）的合成在生命产生之前的进化的早期阶段是最关键的（Galimov，2001，2004）。ATP 水解成二磷酸腺苷（adenosine diphosphate，ADP）是排列和组合更复杂的分子的关键步骤。例如，从氨基酸形成肽，以及从核苷酸形成核酸与 ATP 分子有着内在联系（图 1.3）。生命在有生命之前的化学进化的另一个重要步骤就是发展出一个能够对原始生物进行基因编码和转运核糖核酸（tRNA）的分子。很多科学家现在怀疑所有的生命都在生命起源后不久由同一个相对共同的祖先分化而来（图 1.1 和图 1.3）。根据 DNA 测序的结果，在进化出古菌和细菌之后几百万年，真核生物的祖先从古菌中分裂出来。地球的年龄至少有 46 亿年（Sogin，2000），但地球历史的前 70%~90% 是由微生物主导的（Woese，1981；Woese et al.，1990）。虽然对于早期的地球的大气组成仍然有很大的争议，目前普遍接受的理念是它是一个还原环境（Sagan and Chyba，1997；Galimov，2005）。Kump 等（2010）表示大气现在被认为主要由 N_2 和 CO_2 组成。在地球早期历史期间，条带状含铁建造（banded iron formations，BIF）首次出现在距今 30 亿年前的沉积物中。这些含铁建造包括磁铁矿或赤铁矿的铁氧化物层，与贫铁的页岩和角岩层交替。这些铁氧化物建造被认为是在海水中由蓝细菌的光合作用产生的氧气和溶解态还原性铁的反应形成的。后来，在大约距今 18 亿年

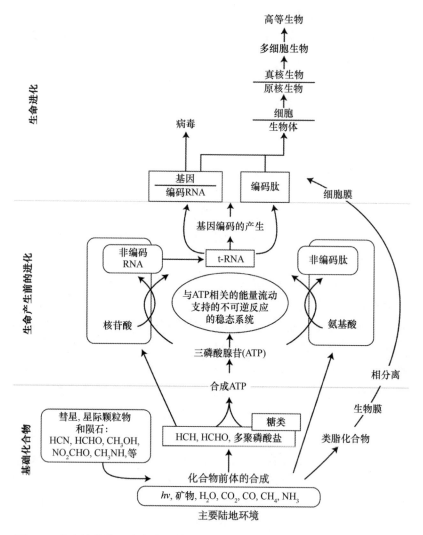

图1.3　生命演化的一个脚本，其核心观点是三磷酸腺苷（ATP）的合成在有
生命之前的进化的早期阶段是最关键的（修改自 Galimov，2001，2004）

前，条带状铁建造在地质记录中消失，据信是由于大气中氧气的水平从距今 24 亿~23 亿
年前开始升高所导致的（Farquhar et al.，2000；Bekker et al.，2004）。其他近期的研究提
出，与今天的海洋相比，即使在中元古代（约 18 亿~8 亿年以前）海洋还是厌氧（无氧）
或贫氧（低氧）的（Arnold et al.，2004）（图1.4）。从这一时期到现在海洋中氧的增加是
因为光合自养生物生产的增加，它们将大气中的 CO_2 和/或溶解无机碳（如 HCO_3^-）通过光
合作用转化成生物量；这些早期的光合自养生物很可能是蓝细菌（Brocks et al.，1999）。

　　古菌原来被认为只生活在极端环境下（如高温、极端 pH 和高辐射水平），但是在多
种栖息地中都有发现（Delong and Pace，2001；Giovannoni and Stingl，2005；Delong，2006；
Ingalls et al.，2006）。古菌的例子包括厌氧产甲烷菌、嗜盐菌，还包括能同时生活在冷

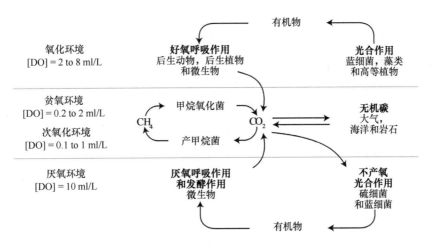

图 1.4　描绘中元古代（约 18 亿~8 亿年以前）期间海洋中的氧化还原条件的示意图，当时的海洋比今天的海洋更为厌氧（无氧）和贫氧（低氧）（修改自 Arnold et al.，2004）

（如南极）和热（如美国黄石热泉）的环境中的生物。能够在极端环境中发现这些生物与这些区域古遗迹的存在是一致的。早期的地球可能是一个高温的环境，有许多活火山，大气主要由氮气、甲烷、氨气、二氧化碳和水组成——很少或没有氧气存在。古菌以及在某些情况下的细菌在这些条件下进化，使它们今天能够在严峻的条件下生活。例如，嗜热微生物生活在高温下，目前的纪录是 121℃（Kashefi and Lovley，2003）。与此相反，没有一种已知的真核生物能够在超过 60℃ 的条件下存活。另一个例子是嗜冷生物，生活在极端寒冷的温度下（南极有一个种类最适生长温度是 4℃）。作为一个群体，这些生存条件恶劣的古菌被称为嗜极生物。古菌还包括其他类型的嗜极生物，如极端嗜酸菌，生活的 pH 水平低至 1。极端嗜碱菌生活在高 pH 水平下，而嗜盐菌生活在盐度很高的环境。应该指出，真核生物也有嗜碱、嗜酸和嗜盐的，也并不是所有的古菌都是嗜极生物。有研究也提出生活在深海火山喷口附近的嗜热古菌可能代表了地球上的早期生命（Reysenbach et al.，2000）。这些嗜热古菌通过一种被称为化学合成的过程非常高效地从火山喷口的化学物质（如 H_2、CO_2 和 O_2）汲取能量。这些生物受表层环境变化的影响不大。因此，生活在深海火山喷口附近的嗜热微生物可能是唯一能够在地球早期大的、频繁的流星撞击环境下存活下来的生物。

　　古菌被认为是地球上最原始的生命形式，正如它们的名字所反映的，Archaea 来自 archae，意味着"古老的"（Woese，1981；Kates et al.，1993；Brock et al.，1994；Sogin，2000）。古菌分为两个主要的门类：广古菌门和泉古菌门。和细菌一样，古菌具有棒状、螺旋状和类大理石状外形。系统发生树也显示了古菌和真核生物之间的关系，一些研究者争论认为古菌和真核生物都起源自专门的细菌。古菌的区别特征之一就是组成它们细胞膜的脂类组成；在细菌中膜脂与一个酯键相联系，而在古菌中是与一个醚键相联系（图

1.5）。下面和后面的章节（如第 8 章）会对这一点做进一步描述。古菌和其他活的细胞的最突出的差异就是它们的细胞膜。古菌细胞膜和其他细胞的细胞膜之间有 4 个基本的差异：（1）甘油的手性，（2）醚键连接，（3）类异戊二烯链，（4）支链分枝。下面将会对这些进行详述。换句话说，古菌和其他生物具有相同的结构，但是结构的组成成分有所不同。例如，所有细菌的细胞壁都含有肽聚糖，而古菌的细胞壁由表层蛋白组成。还有，古菌也不制造纤维素（如植物）或几丁质（如真菌）细胞壁；因此，古菌的细胞壁在化学组成上是截然不同的。

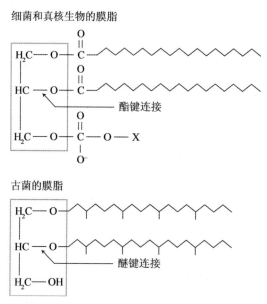

图 1.5　细菌、真核生物和古菌膜脂组成的差异。细菌膜脂由酯键连接，而古菌膜脂由醚键连接。灰线框中标示出来的是甘油部分（$H_2OC-CHO-CH_2O$）

甘油是类脂化合物一个重要的组成模块，它有 3 个碳原子，每一个都连有一个羟基基团（图 1.5）。当考虑甘油的手性时，我们需要从细菌和真核生物细胞膜构建的基本单元——磷脂开始。磷脂由一分子甘油、与甘油在 C-1 和 C-2 位酯化的脂肪酸及一个以醚键在 C-3 位连接的磷酸基团构成（图 1.5）。在细胞膜中，分子的甘油和磷酸基团处于膜的表面，而长链位于中间（图 1.6）。这一分层在细胞周围提供了一个有效的化学屏障，帮助细胞保持化学平衡状态。在古菌中，甘油的立体化学结构与在细菌和真核生物中发现的相反（即古菌中的甘油是磷脂中甘油的立体异构体），表明古菌通过一个与细菌和真核生物不同的生物合成途径合成甘油。立体异构体属于光学异构体，意味着分子有两种可能的形式，它们互为镜像。在它们的膜脂中，细菌和真核生物具有右旋 D-甘油，而古菌具有左旋 L-甘油。细胞的化学组成必须由酶来构建，分子的"偏手性"（手性）由酶的形状来决定。

在大部分生物中，与甘油连在一起的支链用酯键连接。酯是酸中的羟基基团被 O-烷

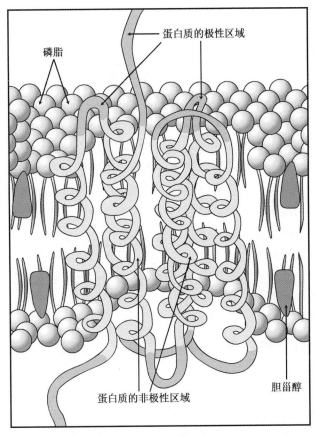

图 1.6　细菌和真核生物细胞膜的结构，分子的甘油和磷酸基团处于膜的表面，而长链位于中间

基基团取代的产物（图 1.5）。酯的一般化学式是：$R^1-C(=O)-O-R^2$。就磷脂来说，R^1 是脂肪酸侧链上的羧基碳（C-1），而 R^2 是甘油中的 C-1 或 C-2 位。与此相反，古菌的膜脂通过醚键连接，在其中氧原子与两个烷基基团相连（通式是 $R-O-R'$）。这导致古菌中膜脂的化学性质与其他生物的不同。

细菌和真核生物的磷脂的侧链是通常有 16~18 个碳原子的脂肪酸（图 1.5）（Killops and Killops，2005；Peters et al.，2005）（关于脂肪酸的详情请参阅第 8 章）。古菌并不使用脂肪酸去构建它们的膜磷脂。相反，它们是类异戊二烯（2-甲基-1，3-丁二烯或 C_5H_8）——1 个 C_5 化合物组成的 20 个碳原子的侧链。类异戊二烯是一类叫萜烯的化合物的组成模块。根据定义，萜烯是一类将类异戊二烯分子连接在一起形成的化合物 $(C_5H_8)_n$，其中 n 是连在一起的类异戊二烯单元的数目（更多的细节参阅第 9 章和第 12 章）。

古菌的膜脂也与细菌或真核生物的不同，因为它们除了主要的类异戊二烯结构还有别的侧链（图 1.5）（Kates et al.，1993）。这使得古菌细胞膜具有一些有趣的性质。例如，类异戊二烯侧链可以连在一起，使膜脂的侧链连起来，或在细胞膜的另一侧与另一化合物的侧链连在一起。没有别的生物类群能够形成这样的膜脂。侧链的另一个有趣性质是它们形成碳环的能力。当一个侧分枝弯转，并沿着链与另一个原子成键，就形成一个五元环。这些碳环会稳定细胞膜结构，使古菌更耐受高温。它们可能与真核细胞中的胆甾醇起的作用是一样的（图1.6）。

真核生物的细胞膜在细胞的不同区域和细胞器中具有不同的功能（Brock et al.，1994）。细胞膜是重要的，因为它们将细胞与外部世界分隔开。它们也把细胞内的区室分隔开以保护重要的过程和事件。在水中，磷脂具有两亲性：极性头基被水吸引（亲水的），而尾基是憎水的或远离水的方向，从而形成了经典的脂质双层膜（图1.6）。尾基彼此相对，形成两端都是亲水头基的细胞膜。这使得脂质体或小的脂质囊泡得以形成，然后它们可以穿过细胞膜输运物质。各种胶束，如球形胶束也使得锥形的亲水类脂，如脂肪酸能够形成稳定结构。如之前提到的，胆甾醇也是细胞膜的一个重要的组成成分。它有一个刚性环系统，一个短的带支链的烃类尾基，并且很大程度上是憎水的。然而，它还有一个极性基团，即羟基，使其成为两亲的。胆甾醇插入脂双层膜，它的羟基朝向水相，而其憎水的环靠近磷脂的脂肪酸尾基。胆甾醇的羟基可与极性磷脂头基形成氢键。研究表明，胆甾醇通过阻碍磷脂包裹在一起增加了膜的流动性。

1.3 光合作用和呼吸作用

生物体中所有生物化学过程的总和被称为代谢，代谢可被进一步分成分解代谢和合成代谢。这些过程与本书所讨论的许多化学生物标志物的形成有关，它们通过糖酵解和柠檬酸循环的中间代谢实现（Voet and Voet，2004）。Kossel（1891）首先指出了初级代谢和次级代谢之间的区别。初级生产，也称为基础代谢，包括维持细胞自身活动的所有途径和产物。次级代谢产生的分子对细胞本身的生存并不是必要的，但对整个生物体却是重要的。为了理解生物化学和分子生物学过程，如代谢、分化、生长和遗传，了解相关的分子背景知识是有所必要的。细胞特异性分子从简单的前体经一些中间产物生成，而其他的被分解或重排。在进化过程中，生产细胞或生物所需的功能分子的代谢途径被发展并保持下来。

式（1.1）描绘了产氧光合作用（初级生产）和有机物的氧化（呼吸或分解）的化学反应：

$$CO_2 + H_2O + 光子(光能) \xrightarrow[\longrightarrow 光合作用]{\longleftarrow 呼吸作用} (CH_2O) + O_2 \qquad (1.1)$$

光合作用期间电子传递的终端产物是 NADH（还原型辅酶Ⅰ，学名烟酰胺腺嘌呤二核苷酸）或 NADPH（还原型辅酶Ⅱ，学名烟酰胺腺嘌呤二核苷酸磷酸）和 ATP，可以用于固定碳和氮及中间代谢。光合作用的一个重要方面就是将二氧化碳整合进入有机化合物，即碳固定（Ehleringer and Monson，1993；Ehleringer et al.，2005）。光合作用和呼吸的途径，其中的一部分，分别在叶绿体和线粒体中产生了氧气和二氧化碳（图1.7）。如果我们观察地更仔细一点，就会发现叶绿体中有光合系统 I 和光合系统 II（图1.7和图1.8）（详情请参阅第12章）。在叶绿体中还发现有叶绿素，它们在光合系统中作为主要的天线色素捕获阳光（在本章后面详述）。在高等植物中，同化组织是由含叶绿体的细胞制造的，能够进行光合作用（图1.9）。高等植物的叶片是目前最重要的光合生产中心，如果不考虑单细胞水生藻类的话。叶片通常由以下3种组织组成：叶肉、表皮和维管组织。叶肉是一种薄壁组织，是二氧化碳还原的重要位置，二氧化碳通过表皮中的气孔进入卡尔文循环中的二氧化碳固定反应（Monson，1989，及其中的参考文献）。卡尔文循环是所有自养碳固定中的同化途径，在光合和化合的过程中都存在。

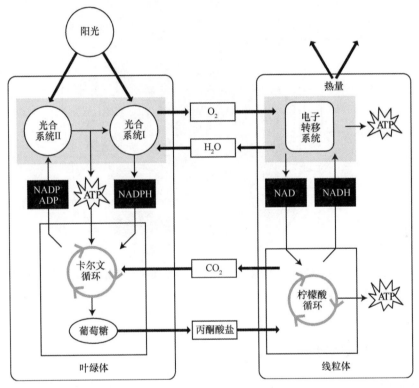

图1.7 光合作用和呼吸作用的途径，其中的一部分，分别在叶绿体和线粒体中产生了氧气和二氧化碳

最后，需要注意的是，尽管前面一节集中在产氧光合作用，细菌还能进行不产氧光合作用。总的来说，能够进行这一过程的4类细菌是紫细菌、绿硫细菌、绿色滑动细菌和革兰氏阳性细菌（Brocks et al.，1999）。如后面的章节所讨论的，大部分进行不产氧光合作用的细菌生活在低氧环境中。在不产氧光合作用中，化学物质，诸如硫化氢和亚硝酸盐替代水作为电子供体。

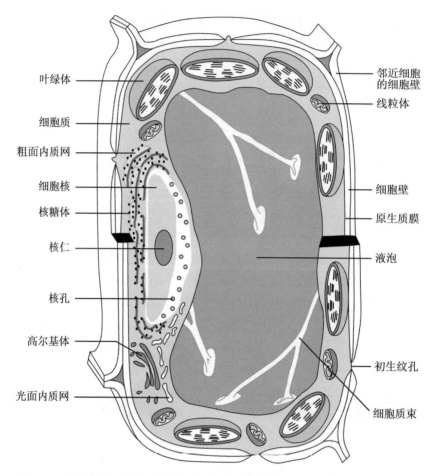

图 1.8   植物细胞和相关细胞器。在叶绿体中发现的叶绿素在光合系统中作为主要的天线色素捕获阳光

1.3.1 C_3、C_4和 CAM 途径

卡尔文循环（或卡尔文-本森循环）由梅尔文·卡尔文和他的同事在 20 世纪 50 年代发现（图 1.9）。它包括一系列发生在光合生物叶绿体中的生物化学反应（Bassham et al.，1950）。这些反应被称为暗反应，因为它们不依赖光。光合碳固定可以通过 3 种途径发生：C_3、C_4和景天酸代谢（crassulacean acid metabolism，CAM）途径，其中 C_3 光合作用是最典型的（Monson，1989）。在下面的几个段落里，我们会详细讨论前面提到的 3 种途径的生物化学；这将为理解植物中使用这些不同的代谢途径的碳稳定同位素的生物分馏提供基础，而这些内容在后面的章节会讨论。

C_3碳固定途径是一个将二氧化碳和 1，5-二磷酸核酮糖（RuBP，一种五碳糖）转化成两分子的三碳化合物 3-磷酸甘油酸（PGA）的过程；故称为 C_3 途径（图 1.9）。反应由 1，5-二磷酸核酮糖羧化酶/加氧酶（RuBisCO）催化，如式（1.2）所示：

$$6CO_2 + 6RuBP \xrightarrow{\text{RuBisCO}} 12 \quad 3-磷酸甘油酸（PGA） \tag{1.2}$$

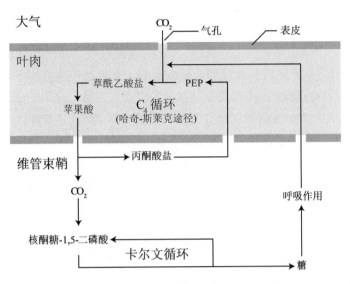

图 1.9 高等植物同化组织示意图，由含叶绿体细胞所制造，能够在 C_3 和 C_4 植物中进行光合作用。尽管在一个图中展示，这些途径在植物中是分开发生的

这一反应作为卡尔文循环的第一步在所有植物中发生（Swain，1966；Ehleringer and Monson，1993）。在 C_3 植物中，一个 CO_2 分子被转化成为 PGA，PGA 随后被用来合成较大的分子，如葡萄糖。C_3 植物通常生活在光线充足、温度适宜、具有丰富地下水的环境，CO_2 浓度大约 200 $\mu L/L$ 或更高。C_3 植物，据信起源于中生代和古生代期间，代表了地球上约 95% 的植物生物量。与此相反，C_4 植物进化得相当晚，在新生代期间，直到中新世（距今 500 万~2300 万年前）才开始变得丰富起来。最后，需要注意的是，式（1.2）中利用的无机碳的来源和酶在藻类和陆地植物中是不同的。例如，陆地植物利用大气 CO_2（如式 1.2 所示）。相反，水生藻类光合作用无机碳的常用来源是 HCO_3^-，所用的酶是碳酸酐酶（Badger and Price，1994）。

在 C_4 途径［亦称哈奇-斯莱克（Hatch-Slack）途径］里，二氧化碳与磷酸烯醇丙酮酸（phosphoenolpyruvic acid，PEP）在叶肉细胞中结合，生成一个四碳分子，草酰乙酸，随后生成苹果酸（图 1.9）（Monson，1989），如式（1.3）所示：

$$PEP + CO_2 \xrightarrow{\text{PEP 羧化酶}} 草酰乙酸 \tag{1.3}$$

在维管束鞘中，花环结构细胞将 CO_2 从苹果酸中剥离，CO_2 接着进入卡尔文循环。丙酮酸被输送回叶肉细胞（主动输送），并在 ATP 的辅助下被磷酸化成 PEP。因此，在 C_4 植物中，进入反应的 CO_2 来自苹果酸，而不是如 C_3 植物那样直接来自大气。重要的是，PEP 羧化酶（参与 PEP 和二氧化碳之间生成草酰乙酸反应的酶）比 C_3 植物中使用的酶 RuBisCO 对 CO_2 的亲和力要高。这样，在相对低浓度的 CO_2 环境中 C_4 植物是占优势的。

利用景天酸代谢（CAM）的植物通常生活在干旱环境（Ransom and Thomas，1960；Monson，1989）。CO_2同化的化学反应与C_4植物的是相似的；然而，与在C_4植物中一样，CO_2固定及其同化在时间上是分开的，而不是空间上分开。在C_4植物中，二氧化碳固定发生在气孔打开以吸收CO_2时，但是气孔打开时可能会有水的大量损失。因此，CAM植物发展（或进化）出一个避免水分损失的机制，CO_2在夜间吸收，并保存直至白天光合作用发生。和C_4植物一样，CO_2与PEP反应形成草酰乙酸，草酰乙酸接着被还原形成苹果酸（图1.9）。苹果酸（及异柠檬酸）接着被储存在液泡里直到它随后被用于白天的光合作用。

毫不奇怪，CAM植物适应并主要出现在干旱地区。实际上，C_4和CAM光合作用都适应干旱条件，因为它们的水分利用效率更高（Bacon，2004）。此外，CAM植物可以在恶劣的环境时期改变自己的代谢方式以节约能源和水。正如CAM植物适应干旱条件，C_4植物适应特殊条件。C_4植物在高温和光的条件下比C_3植物的光合作用更快，因为它们使用额外的生化途径，并且它们特殊的结构减少了光呼吸（Ehleringer and Monson，1993）。从生态学的观点来看，C_4类群在热带地区往往是罕见的（纬度0°~20°），在那里茂密的热带雨林通常遮蔽了C_4草类。C_4类群在远离热带的区域更为常见，在稀树草原地区达到高峰，通常在纬度30°~40°之间丰度递减。

1.3.2 糖酵解和克氏循环

葡萄糖的氧化被称为糖酵解。在这一过程期间，葡萄糖被氧化成乳酸或丙酮酸。在有氧条件下，大部分组织中的主要产物是丙酮酸，其途径被称为有氧糖酵解。氧气耗尽后，例如，在长时间的剧烈活动期间，在许多高等动物组织中糖酵解的主要产物是乳酸，此过程被称为无氧糖酵解。无氧糖酵解发生在细胞的细胞质中。它将一个六碳糖（葡萄糖）分裂成两分子三碳糖（甘油），接着原子重排生成乳酸（图1.10）。原子的重排给ATP的形成提供了能量，而ATP是细胞中主要的能量"通货"。同样重要的是要注意在这一过程中原子有一个整体的守恒。因此，在开始和结束的时候，均有6个碳、6个氧和12个氢原子。

乙酰辅酶A（acetyl-CoA）的主要目的是将基团内的碳原子运送进入克氏循环或柠檬酸循环（citric acid cycle，CAC），在那里它们可以被氧化以产生能量（图1.11）。从化学上来说，乙酰辅酶A是辅酶A（硫醇）与乙酸（酰基载体）反应生成的硫酯。乙酰辅酶A在有氧细胞呼吸作用的第二步通过丙酮酸脱羧反应过程产生，这一反应发生在线粒体基质中（图1.7和图1.11）（Lehninger et al.，1993）。乙酰辅酶A接着进入CAC。在动物中，乙酰辅酶A对于糖和脂肪代谢之间的平衡很关键（糖类和脂肪酸合成的更多内容请参阅第5章和第8章）。通常，来自脂肪酸代谢的乙酰辅酶A进入CAC，为细胞的能量供应做贡献。

有机分子可以分成简单分子（如氨基酸、脂肪酸和单糖）和大分子，简单分子是大分子的组成模块。大分子又可被分为四类：多糖、蛋白质、类脂化合物和核酸。随着这本书内容的推进，我们会不断地探讨有机分子的基础知识，而这在一定程度上需要了解饱和和

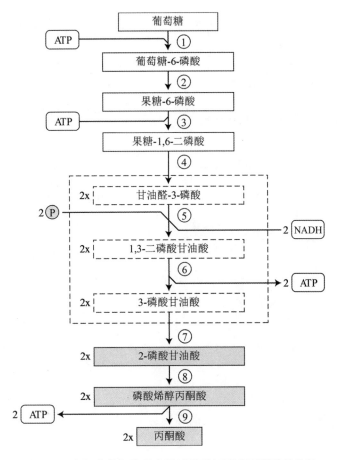

图 1.10　在细胞的细胞质中通过糖酵解形成丙酮酸的途径

不饱和脂肪烃、醇类、醛类、羧酸和酯的结构。相似的，除了氨基酸和脂类之外，糖和它们生物合成的前体、芳香烃和杂环化合物将会在第 5、第 6、第 8、第 9、第 10 和第 11 章详细讨论。脂类代谢和糖类代谢很大程度上都依赖于乙酰辅酶 A。乙酰辅酶 A 也是代谢中的一个重要分子，并用在初级代谢的许多生化反应中（图 1.12）。相似的，氨基酸与乙酰辅酶 A 和柠檬酸循环在蛋白质代谢中存在相互作用（详情见第 6 章）。脂肪酸合成从乙酰辅酶 A 开始，并按每次增加两个碳原子（双碳单元）的速度进行反应（详情参阅第 8 章~第 11 章）。然而，糖类代谢不是这样的。糖类的合成主要受到各式各样的 $NADP^+$ 的控制，$NADP^+$ 在早期的 "戊糖支路" 阶段中作为六柠酸葡萄糖生成磷酸葡萄糖内酯的电子受体（Lehninger et al. , 1993）。

　　到目前为止，我们已经讨论了初级代谢过程中有机化合物的合成过程，其中包括细胞生存必需的所有途径。相比之下，次级代谢的产物通常仅在特殊的、分化的细胞内合成，对于细胞本身并不是必要的，但是可能对于植物整体是有益的（图 1.13）（Atsatt and O'Dowd, 1976；Bell and Charlwood, 1980），如花色素和香味物质或稳定化元素（Harborne et al. , 1975）。许多这些化合物在水生研究中并不被用作化学生物标志物，但在这里展示

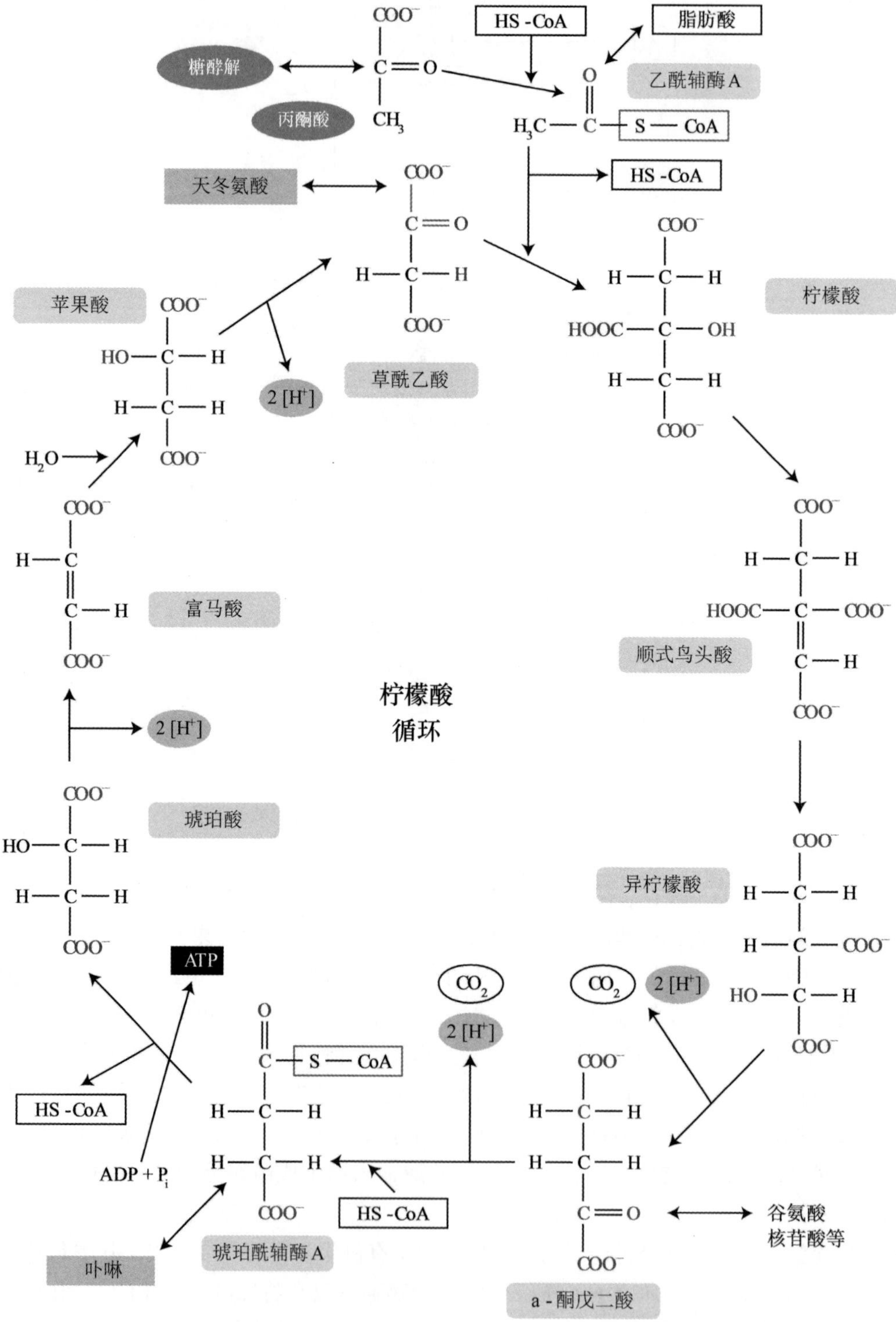

图 1.11   发生在光合生物叶绿体中的柠檬酸循环（或卡尔文–本森循环）和一系列生化反应

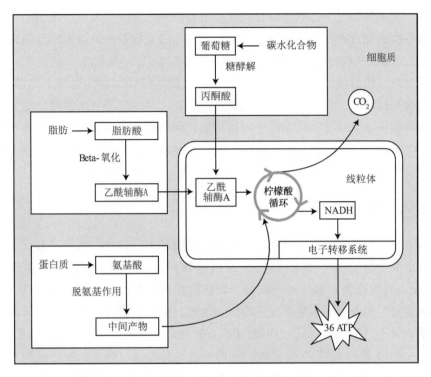

图 1.12 一些关键途径，其中乙酰辅酶 A 代表了初级代谢中许多生化反应的一个重要的分子

初级和次级代谢

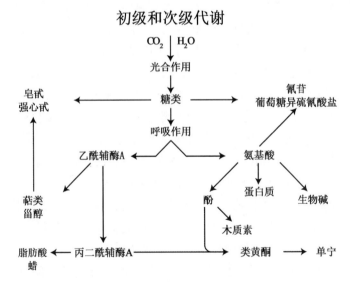

图 1.13 初级代谢包括细胞生存所必需的所有途径，次级代谢的产品通常仅在特殊分化的细胞内合成。次级过程是灰色的

以简单说明它们与本书中讨论的生物标志物的关系。尤其是植物细胞，会产生大量的次级产物（Bell and Charlwood, 1980）。许多这些化合物是高毒性的，常被储存在特定的细胞器

中，如液泡。在某些情况下，这些储存功能是解毒的一种机制以及重要的富含氮的分子的库。许多这些次级化合物在特定植物器官中被发现，通常仅在一种类型的细胞内（仅在某一特定区室），并仅在植物的一个特定发展时期产生。在某些情况下，植物中次级化合物的存在显然是对繁殖目的的自适应，如花色素，或提供结构完整性，如木质素和角质素。一些次级化合物抑制一个生态位内竞争性种类的存在。这些分子并不是植物生长和繁殖必需的，但是可能在防御草食动物或产生对抗感染性细菌和真菌的植物抗毒素方面发挥作用（Atsatt and O'Dowd, 1976; Bowers et al., 1986）。总的来说，次级化合物经常参与植物与它们的非生物和生物环境之间的关键相互作用（Facchini et al., 2000）。

1.3.3　次级代谢

在本节中，我们开始讨论植物细胞中次级代谢的基本途径和产物（这些化合物的每一类在后面的章节中将会更详细地讨论）。次级代谢的途径本质上与初级代谢的关键过程（如光合作用和呼吸作用）和产物（如糖、脂肪酸和氨基酸）联系在一起（图1.13）。植物中次级化合物的主要类别是皂苷、强心甙、氰甙、萜类、甾醇、酚类、类苯丙烷、生物碱、类黄酮和单宁（Mabry et al., 1970; Edwards and Gatehouse, 1999）（详情请参阅第5章和第8章~第14章）。制造次级代谢产物的一般途径是通过分支点酶，该酶利用次级代谢调节初级代谢（Edwards and Gatehouse, 1999）。例如，氧化化合物的反应通常由双加氧酶催化，双加氧酶是含血红素的酶，在氧化反应中利用氧气和α-酮戊二酸盐，并释放CO_2和琥珀酸。次级代谢产物生物合成的另一个常见步骤是具有潜在活性的羧酸、氨基和羟基基团的甲基化，这些基团能自发地相互作用并形成植物不喜的产物（Edwards and Gatehouse, 1999）。次级代谢中一个重要的甲基化试剂是S-腺苷-L-蛋氨酸（Facchini et al., 1998, 2000），但这仅是许多参与活性基团甲基化的甲基转移酶中的一个。

我们首先介绍两类次级化合物的形成，即皂苷和强心甙/氰甙，它们与光合作用中产生的糖一起形成（图1.13）。这些化合物也经呼吸作用通过氨基酸和萜类代谢形成（Seigler, 1975）。一些植物种类具有生产氰化物和氰甙的能力，它们是很强的细胞毒素和血红素中铁原子的竞争性抑制剂。植物细胞通过糖化对这些强细胞毒素解毒，即通过β-糖苷键将它们与糖残基（通常是葡萄糖）相连（Banthorpe and Charlwood, 1980; Luckner, 1984）。葡萄糖异硫氰酸盐（硫代葡萄糖苷）是阴离子，仅存在于有限数量的双子叶植物科的细胞（如辣根、萝卜和芥末）。皂苷是具有鲜明起泡特点的糖苷，含有一个胆碱甾醇或三萜类的多环苷元，苷元在C_3位通过醚键与糖侧链相连（Mabry et al., 1970）。

聚异戊二烯衍生物是一大类物质，包括甾类和萜类（详情请参阅第9章）。这些化合物是由C_5异戊二烯单元（2-甲基-1, 3-丁二烯）构建的。两个异戊二烯单元组合在一起就形成了单萜（C_{10}），倍半萜是由3个异戊二烯单元形成的，而二萜包含4个异戊二烯单元。从不同的植物类群里已经分离和鉴定出几千个这种类型的相关化合物。

甾类属于三萜类化合物，是6个异戊二烯单元聚合形成的一类化合物。甾类通常有4个稠环：3个六元环和1个五元环，碳原子数范围在26~30。甾类广泛分布在植物（裸子植物和被子植物都有）以及真菌和动物中。在植物中，甾类从环木菠萝烯醇生物合成而来，而在动物和真菌中是从羊毛甾醇合成而来。

类胡萝卜素是四萜烯类化合物，在植物和动物中都很常见，包含由 8 个异戊二烯单元构成的 40 个碳原子（Banthorpe and Charlwood，1980）（详情请参阅第 12 章）。它们是经过水合、脱水、成环、双键和/或甲基移位、碳链延长或缩短等连串反应，并随后将氧引入一个非环状的 $C_{40}H_{56}$ 化合物形成的产物。类胡萝卜素能被进一步分成胡萝卜素（不含氧的）和叶黄素（含氧的）。

植物酚类是通过几种不同的路线生物合成的，因此组成了一个异构群体（从代谢的角度来看）。尽管羟基（-OH）的存在使它们与醇类相似，但由于酚类的羟基并不是与一个饱和的碳原子成键，所以它们分成两类。由于羟基上的氢容易离解，酚类也是酸性的。它们也容易被氧化，能形成聚合物（暗聚合），常在被砍伐或垂死的植物中观察到。大部分酚类化合物的生物合成的起始产物是莽草酸（Herrmann and Weaver，1999）。酚类生物合成包含两个基本的途径：莽草酸和丙二酸途径（Herrmann and Weaver，1999）。其他衍生物包括苯丙醇、低分子量化合物，如香豆素，肉桂酸，芥子酸以及松柏醇；这些物质和它们的衍生物也是木质素生物合成的中间体。丙二酸途径，尽管是真菌和细菌酚类次级产物的重要来源，在高等植物中没有那么重要。动物不能合成苯丙氨酸、酪氨酸和色氨酸，必须从它们的饮食中获得这些必需的营养物质。

生物碱是一类含氮的碱性化合物。虽然大多数生物碱从氨基酸生产而来，少数（如咖啡因）来自嘌呤或嘧啶（详情请参阅第 6 章）。许多这些化合物被用于化感作用，即植物分泌物与藻类和高等植物之间的相互影响。例如，化感物质可能会对其他植物的发芽、生长和发育产生危害（Mabry et al.，1970；Harborne，1977）。相似的，动物（尤其是昆虫）共同进化出了针对一些植物次级产物的杀虫效果的防御策略（Atsatt and O'Dowd，1976；Bell and Charlwood，1980；Bowers et al.，1986）。生物碱通常是由氨基酸的脱羧反应或醛的转氨基作用生成。来自不同氨基酸的生物碱的生物合成需要不同的分支点酶。在鸦片的生物合成中，分支点酶是酪氨酸/多巴胺脱羧酶（TYDC），它将 L-酪氨酸转化成酪胺，并将多巴转化成多巴胺（Facchini and De Luca，1995；Facchini et al.，1998）。脂肪胺，作为昆虫引诱剂，往往在开花期或某些真菌（如恶臭菌类）的子实体形成过程中产生。昆虫引诱剂的一个很好的例子是脂肪-芳香胺。其中双胺和多胺是腐胺 $[NH_2(CH_2)_4NH_2]$、亚精胺 $[NH_2(CH_2)_3NH(CH_2)_4NH_2]$ 和精胺 $[NH_2(CH_2)_3NH(CH_2)_4NH(CH_2)_3NH_2]$（Pant and Ragostri，1979；Facchini et al.，1998）。

类黄酮是植物中的多酚类化合物，既用于紫外线保护（Dakora，1995），也能调解植物-微生物相互作用（Kosslak et al.，1987）。虽然一些类别的类黄酮，如二氢黄酮是无色的，其他的类别，花色素，使花朵（如红色和黄色）和其他植物组织呈色。类黄酮的基本结构来自黄酮的 C_{15} 骨架。丙二酰辅酶 A 脱羧酶是与丙二酰辅酶 A 脱羧酶缺乏症相关的酶（Harborne et al.，1975）。它催化丙二酰辅酶 A 向二氧化碳的转化，并在一定程度上逆转乙酰辅酶 A 羧化酶的作用。类黄酮不同于其他酚类物质的地方是它们的中心吡喃环的氧化程度和生物学性质。

单宁是凝固沉淀蛋白质的植物多酚，通常被分成水解单宁和缩合单宁（Haslam，1989；Waterman and Mole，1994）。水解单宁含有一个多羟基的糖（通常是D-葡萄糖），糖的羟基部分或全部与酚类基团酯化，如没食子酸或鞣花酸。这些单宁被弱酸或碱水解产生糖和酚酸。缩合丹宁，也称为原花青素，是2~50（或更多）类黄酮单元通过C-C键连接形成的聚合物，不易水解开裂。虽然水解单宁和大部分缩合单宁是水溶性的，一些很大的缩合单宁是不溶的。

1.4　本章小结

最早的光合生物被认为是不产氧的，可以追溯到距今34亿年前。第一个产氧光合生物可能是蓝细菌，在距今大约21亿年前成为重要的生物。由于蓝细菌的光合活动使得氧气在大气中积累，其他含氧的生命形式也进化出来，第一个真核细胞在大约21亿年前进化。生物体中所有生物化学过程的总和被称为代谢，包括分解代谢和合成代谢两种途径。异养代谢过程中，有机化合物被转化或被呼吸掉，从而影响环境中有机化合物的归宿。这些代谢过程与本书所讨论的许多化学生物标志物的形成有关，它们通过糖酵解和柠檬酸循环的中间代谢实现。随着生命继续进化，新的生物合成途径不断被发展出来，并得到复杂性和多样性增加的有机化合物。

第2章 化学生物标志物在生态学和古生态学中的应用

2.1 背景

本章我们将对水生生态系统中运用化学生物标志物的成功之处和局限性的历史进行简述。我们也会介绍化学生物标志物的一般概念，因为它们涉及全球生物地球化学循环。化学生物标志物在现代和/或古生态系统中的应用很大程度上受所研究的分子固有的结构和稳定性，以及研究系统的物理环境和沉积条件的影响。在某些情况下，在生物标志化合物的保存得以加强的地方，如层化沉积物或氧暴露时间减少的环境，可以获得很好的有机物组成来源的历史重建结果。然而，需要注意的是，即使在最好的情况下，许多最脆弱的化学生物标志物可能在细胞衰老或死亡之后不久就被转化或分解。引起细胞衰老或死亡的过程包括微生物和/或后生动物摄食、病毒感染和细胞裂解与光化学降解等。营养过程和大尺度物理化学梯度在保存或破坏化学生物标志物的完整性方面的作用随不同的生态系统变化很大，本章将会针对水生系统，如湖泊、河口和海洋展开讨论。

2.2 生态化学分类

有机物来源、活性和归宿的知识对于理解水生系统在全球生物地球化学循环中的作用至关重要（Bianchi and Canuel, 2001; Hedges and Keil, 1995; Wakeham and Canuel, 2006）。由于整个水生系统的有机物来源具有广泛的多样性，确定支持水体和沉积物中生物地球化学过程的有机物的相对贡献仍然是一个重大挑战。有机物输送的时间和空间变化性进一步增加了了解这些环境的复杂度。近年来，通过使用元素、同位素（总有机物和特定化合物）和化学生物标志物方法等工具，我们对水生系统中有机物来源的分辨能力已经有了显著提升。这些工具在确定有机物的特定来源和代表总有机物两方面的能力不一样（图2.1）。本章将对用于描绘水生环境中有机物来源的不同方法的优缺点进行总体概述。

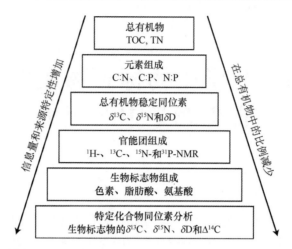

图 2.1 描绘有机物特征的方法示意图。随来源特定性（左）增加，其
所代表的有机物的比例（右）减少

2.3   总有机物技术

生物循环中重要元素（如 C、H、N、O、S 和 P）的丰度和比值提供了有关有机物来源
和循环的基本信息。例如，总有机碳（total organic carbon，TOC）含量是最重要的有机物指
标，因为大部分有机物的约 50% 由 C 组成。当 TOC 测定与另外的元素信息相结合，如 C 对
N 的原子比［（C：N）$_a$或摩尔：摩尔］，就可以推测藻类和维管植物来源的基本信息（参见
Meyers，1997 中的综述）。表 2.1 给出了生物圈中不同来源的有机物（C：N）$_a$比值，其较宽
的变化范围显示其可以作为初步确定来源信息的指标。维管植物（>17）和微藻（5~7）
（C：N）$_a$比值的差异很大程度上是因为结构成分贡献的不同。维管植物中大部分有机物由富
含碳的生物化合物组成，如糖类和木质素。维管植物中最丰富的糖类化合物是结构多糖，如
纤维素、半纤维素和果胶（Aspinall，1970）。相反，由于缺乏糖类结构成分且具有更高的
（相对于生物量而言）蛋白质及核酸的贡献，藻类的 C：N 往往较低（图 2.2）。

表 2.1   海洋和陆地来源有机物的（C：N）$_a$

名称	（C：N）$_a$	参考文献
海源		
褐藻	12~23	Goñi and Hedges（1995）
绿藻	8~15	Goñi and Hedges（1995）
红藻	9~10	Goñi and Hedges（1995）
浮游植物	7	Goñi and Hedges（1995）

续表

名称	(C∶N)ₐ	参考文献
浮游动物	4~6	Goñi and Hedges（1995）
革兰氏阳性菌	6	Goñi and Hedges（1995）
革兰氏阴性菌	4	Goñi and Hedges（1995）
海洋颗粒物	4.5~10	Sterner and Elser（2002）
陆源		
草	10	Emerson and Hedges（2008）
树叶	10	Emerson and Hedges（2008）
红树树叶（绿）	49	Benner et al.（1990）
红树树叶（衰老的）	96	Benner et al.（1990）
挺水维管植物	12~108	Cloem et al.（2002）
C₃盐沼植物	11~169	Cloem et al.（2002）
C₄盐沼植物	12~65	Cloem et al.（2002）
陆地木本植物	13~89	Cloem et al.（2002）

浮游植物 对 高等植物

浮游植物： 主要是蛋白质(高达50%或更多)

数量不等的脂类(5%~25%)

数量不等的糖类(<40%)

C∶N通常6~7

高等植物： 主要是纤维素(30%~50%)

木质素(15%~25%)

蛋白质(10%; 一般<3%)

C∶N从约20到高达100(木质、陆源)

图 2.2　浮游植物和高等植物生物化学组成的比较

　　然而，这些概况并不能涵盖所有的植物。近期对美国旧金山湾多种植物类型的元素组成的调查显示 C∶N 具有高度的变化性，范围在 4.3~196 之间，最高值出现在陆地和沼泽维管植物，较低的比值在水生植物（Cloern et al.，2002）。虽然一般来说陆地和沼泽维管植物的 C∶N 要比水生植物高，但是 C∶N 的变化范围可以从最小 10 到 20 变到最大 40 到超过 100，表明生物化学组成在种的水平上具有较大的变化性。植物的（C∶N）ₐ也存在季节变化，表明生物化学组成在年度周期内的转变或来自微生物在植物中定殖的贡献。在这种情况下，显然应谨慎使用 C∶N 作为示踪有机物来源的指标，使用时应结合稳定同位素或化学生物标志物技术。

使用 $(C∶N)_a$ 比值作为有机物来源指标的不确定性可能来自分解过程和再矿化作用。由于海洋系统中的 N 限制导致 N 的选择性再矿化，会产生非自然的高 $(C∶N)_a$ 比值，从而错误估计有机物来源。相反，分解过程能够降低 $(C∶N)_a$ 比值。细菌和/或真菌生物量在老化的维管植物碎屑上定殖期间的贡献可代表总 N 库的很大一部分 [因为在真菌和其他微生物中通常发现较低的 $(C∶N)_a$ 比值（如 3~4）]（Tenore et al.，1982；Rice and Hanson，1984）。因此，衰败的维管植物碎屑的总有机物 $(C∶N)_a$ 比值在分解过程中可能降低。另外，测定 TOC 时去除碳酸盐碳的标准步骤中的人为产物也能改变 $(C∶N)_a$ 比值，因为残留的 N 可能代表有机和无机 N 的贡献（Meyers，2003）。由于残留的 N 由无机 N 和有机 N 两部分组成，在 C∶N 中使用的 N 定义为总氮（TN）。在大部分情况下，无机 N 是与颗粒物和沉积有机物相联系的 TN 中相对较小的一部分。然而，在具有较低有机物贡献（如<0.3%）的颗粒物和沉积物中，这部分残留无机 N 的相对重要性会比较显著，导致低估 C∶N（Meyers，2003）。具体来说，这来自低有机物含量的沉积物对 NH_4^+ 的吸附。吸附过程也能影响土壤和沉积物中溶解有机氮和氨基酸的分布，因为碱性的氨基酸优先被吸附到铝硅酸盐黏土矿物上，而非蛋白质氨基酸保留在溶解相中（Aufdenkampe et al.，2001）。

稳定同位素提供了 C∶N 的补充信息，常被用来确定水生系统中有机物的来源。同位素混合模型已被用来估算水生生态系统中溶解无机营养盐（C、N、S）（Day et al.，1989；Fry，2006）与颗粒和溶解有机物（POM 和 DOM）（Raymond and Bauer，2001a，b；Gordon and Goñi，2003；McCallister et al.，2004）的来源。然而，由于河口和近岸生态系统中的源物质的稳定同位素特征的重叠，在复杂系统中使用总有机物的单同位素和双同位素确定有机物来源会比较困难（Cloern et al.，2002）。最近，利用多种同位素示踪剂，并耦合化学生物标志物的端元混合模型的新方法的使用已被证明有助于阐明复杂系统中的有机物来源。在第 3 章中我们描述用来界定无机营养盐来源的简单的保守混合模型，接着提供一些利用多种同位素示踪剂和/或化学生物标志物的方法来确定有机物来源的模型的例子。

这些混合模式的根本问题之一是它们假设水体和沉积物中的分解过程不改变反映端元来源输入的有机化合物的同位素特征。在分解产物已知的情况下，特定的化合物可以作为衰变的指标，在第 3 章中会提供这些生物标志物的更多的内容。如第 3 章所述的，其他使用特定化合物同位素分析（CSIA）的研究显示脂类生物标志化合物的同位素分馏在不同的氧化还原状况下是变化的（Sun et al.，2004）。如果我们要结合分子基础的同位素研究以确定水生生态系统中有机物的来源，需要做更多的工作以了解分解过程对生物标志物的影响。

核磁共振（nuclear magnetic resonance，NMR）波谱法是一个强大的分析工具，可用来描绘总有机物的特征，但是理论上很复杂。在讨论它在水生系统中的应用之前，在第 4 章中我们会描述一些 NMR 的基本原理。质子（^1H）和 ^{13}C NMR 是最常用的对水生生态系统中的植物、土壤/沉积物和 DOM 中的复杂生物聚合物的官能团进行无损检测的 NMR 工具（Schnitzer and Preston，1986；Hatcher，1987；Orem and Hatcher，1987；Benner et al.，1992；Hedges et al.，1992，2002；Mopper et al.，2007）。^{31}P NMR（Ingall et al.，1990；Hupfer et al.，1995；Nanny and Minear，1997；Clark et al.，1998）和[15]N NMR（Almendros et al.，1991；Knicker and Ludemann，1995；Knicker，2000，2002；Aluwihare et al.，2005）的应用也有助于分别描绘自然系统中的有机与无机的 P 和 N 库的特征。^{13}C NMR 被用来研究百慕大红树林湖（Mangrove Lake，Bermuda）（一个小的咸水湖和盐湖）的沉积物，发现有机物中优势的碳官能团是脂肪烃（30 μL/L）、甲氧基（木质素）（56 μL/L）、烷氧基（多糖）（72 μL/L）、芳香烃/烯烃（130 μL/L）和羧酸/酰胺（175 μL/L）（图 2.3）（Zang and Hatcher，2002）。脂肪烃和酰胺分别在 30 和 175 μL/L 的高峰指示了腐泥藻类来源（Zang and Hatcher，2002 及其中参考文献）。使用[15]N NMR，这些湖泊沉积物中高的富含蛋白质藻类来源进一步被 256 μL/L 处的大的酰胺类型的峰证实（图 2.3）（Knicker，2001；Zang and Hatcher，2002）。最近，二维（2D）^{15}N ^{13}C NMR 已被用于降解过程中藻类蛋白质的归宿的实验研究（Zang et al.，2001）。NMR 应用和解释的进一步细节将在第 4 章讨论。

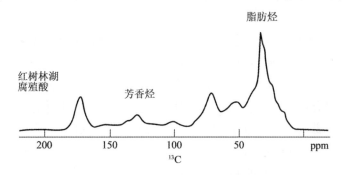

图 2.3　分离自美国佛罗里达大沼泽地的腐殖酸的[13]C NMR 谱（修改自 Zang and Hatcher，2002）

2.4　化学生物标志物：应用和限制

由于水生生态系统中有机物来源的复杂性和前面提到的使用总有机物测定方法解释它们所存在的问题，化学生物标志物（如第 1 章所定义的）的应用在水生系统研究中已很广泛（Hedges，1992；Bianchi and Canuel，2001；Bianchi，2007）。化学生物标志物对历史的（如人为影响）和古时间尺度（如地球系统）的应用取决于很多过程。举例来说，控制水生系统中植物色素从水体到沉积物的归宿的主导过程，时间跨度从数天到数千年（图 2.4）（Leavitt，1993）。举这个例子是因为这些过程适用于本书所讨论的化学生物标志物。例如，异养过程（和转化）将会影响大部分藻类生物标志物。这可能通过一个生态时间尺度内（如数小时到数周）后生动物的行动和/或细菌/古菌的分解过程而发生。图 2.4 主要关注 POM，与此类似，DOM 中的生物标志物也会，而且更为显著地在数小时到数天的时间被光化学和微生物过程所改变。

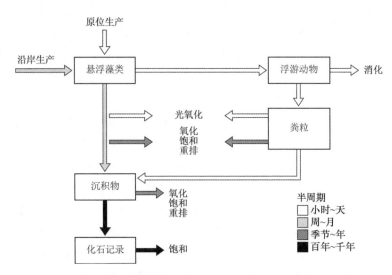

图 2.4   控制水生系统中植物色素从水体到沉积物的归宿的过程。图中显示了时间跨度从数天到数千年的过程（修改自 Leavitt, 1993）

在埋藏之前，后沉积转化作用的最后阶段，化学生物标志物会随生物和非生物过程而改变，导致氧化、还原、饱和（如氢化）和其他化学转变。许多生物控制过程通过细菌/古菌过程而发生，而很多非生物过程则与氧化还原环境相联系。例如，影响氢化的关键过程之一，即控制缺氧沉积物中化学生物标志物向化石生物标志物转化的过程，通过无机硫化合物（如 H_2S）而发生，如从 β-胡萝卜素到 β-胡萝卜烷的转化所显示的（Hebting et al., 2006）。对沉积物中这些化学转化的认识使得化学生物标志物（特别是类脂化合物）可用作化石生物标志物，即使经历数百年至数千年的时期（Olcott, 2007）。

化学生物标志物作为古环境指示计的限制主要在于沉积环境、层化/纹层沉积物存在与否、生物标志物的化学稳定性和氧化还原条件。例如，类脂化合物往往比有机物中的其他生物化学成分更耐降解，因此被称为地质脂类。Harvey 等（1995a）的研究显示，在一个 93 天的培养实验中，在氧化和缺氧条件下大约 33% 的蓝细菌（*Synechococcus* sp.）碎屑中的类脂会被保留下来，这一比例显著地高于蛋白质或糖类的。进一步的研究还发现，硅藻和蓝细菌碎屑物质中所有的细胞组成在有氧条件下分解更快，表明在保存有机物时氧化还原控制机制的重要性。

针对河口沉积物的实验室实验表明，甾醇和脂肪酸在有氧条件下相对缺氧条件有更大的损失（Sun et al., 1997; Sun and Wakeham, 1998）。Harvey 等（1995）提出类脂相对较长的周转时间可能由以下两种机制来解释：（1）类脂中引入了游离硫化物——特别是在如沉积物中的缺氧条件下（Kohnen et al., 1992; Russell et al., 1997）；（2）相比其他生物化学成分具有较少的含氧官能团而产生的结构差异。最近针对美国长岛峡湾（Long Island Sound）河口沉积物的研究提出了一个包含氧化还原条件振荡频率的机制（Sun et al., 2002a, b）。研究表明，[13]C 标记的类脂化合物的降解速率和途径是有氧到缺氧振荡频率的函数。随着振荡频率和总体氧暴露时间的增加，类脂化合物降解速率显著增加，但是在某些情况下，降解速率是线性的，而在另外一些情况下，它们是呈指数变化的。近期在美国约克河口的现场研究表明，甾醇分解的速率在受物理混合影响的沉积物中是较高的（Arzayus and Canuel，2005）。这些研究的结果支持了振荡的氧化还原条件（Aller，1998）和氧暴露时间（Hartnett et al.，1998）是河口系统中有机物保存的重要控制变量的发现。分解过程在变化的氧化还原条件下具有选择性，以及某些生物化学成分能够在几天的时间尺度内分解的事实反映了在研究动态变化的浅水水生系统，如河口中的成岩过程时使用短寿命的生物标志化合物的重要性（Bianchi，2007）。其他的实验研究显示，在有氧条件下不饱和甾醇能够快速分解，表明仅使用化学结构的特征（如不饱和性）可能并不能很好地指示有机物的分解（Harvey and Macko，1997；Wakeham and Canuel，2006）。

沉积叶绿素类色素的季节总量表明，美国长岛峡湾河口水体中叶绿素浓度与沉积物中脱镁色素总量最大值出现的时间之间存在差异（Sun et al.，1994）。这些差别可能反映了浮游植物生长模式（冬季到早春）和它们通过浮游动物粪粒生产向沉积物输送的差异。这些结果也强调了底栖—浮游耦合在浅水河口系统中的重要性。植物色素生物标志物降解的差异能提供关于沉积前和沉积后降解过程与底栖和浮游过程解耦的重要性的额外信息。例如，在缺氧和有氧的，有大型底栖动物或没有大型底栖动物的沉积物中叶绿素降解速率常数已被证明均约是 $0.07~d^{-1}$（Bianchi and Findlay，1991；Leavitt and Carpenter，1990；Sun et al.，1994；Bianchi et al.，2000）。与结构型化合物，如木质素或高等植物中表层蜡质"结合的"色素相比，类似的来自非维管植物的色素具有较低的降解速率常数（Webster and Benfield，1986；Bianchi and Findlay，1991）。其他研究已表明，在河口沉积物中相对结合态色素，游离态色素降解更重要（Sun et al.，1994）。

2.5　化学生物标志物在现代和古水生生态系统的应用

很多水生系统包含多样的有机物来源，不同化学生物标志物的应用提供了有用的示踪它们的来源和环境归宿的工具。一些系统更复杂，如河口，那里有多样的对有机物输入有贡献的子环境（如陆地的、沿海的、浮游的和底栖的环境）（Bianchi，2007，及其中的参考文献），而其他的则相对简单，如开放大洋（以浮游环境为主）（Hurd and Spencer，1991；Emerson and Hedges，2009；及其中的参考文献）。植物色素是一类作为水生生态系统中的浮游植物来源的示踪剂而广泛使用的生物标志物。例如，近期在美国密西西比河的研究表明，不同浮游植物的变化模式与河流流量有正相关和负相关的关系（图2.5）（Duan and Bianchi，2006）。在这一研究中，不同的类胡萝卜素被用来示踪隐藻（隐藻黄素）、硅藻（如岩藻黄素、硅甲藻黄素）、蓝细菌（如玉米黄素）和绿藻（如叶绿素 b、叶黄素）的丰度。植物色素应用的其他细节在第12章提供。

类脂生物标志化合物，如脂肪酸和甾醇也被广泛用于旨在阐明水生系统中有机物来源的研究。类脂生物标志物的好处在于这些化合物具有同时示踪来自浮游植物、浮游动物、

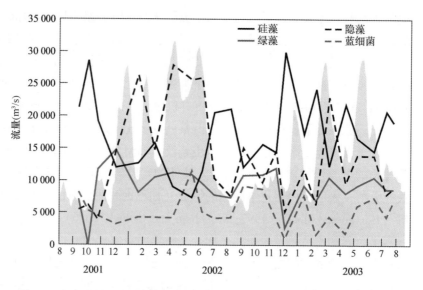

图 2.5　基于植物色素生物标志物的密西西比河中浮游植物丰度的变化模式
（修改自 Duan and Bianchi, 2006）

细菌和维管植物的有机物来源的能力。这些指标已被广泛用来研究湖泊、河流、河口和海洋生态系统中的有机物来源（见第 8 章至第 10 章）。类脂是有用的分子标志物基于以下几个原因：（1）这些化合物在不同的有机物来源中以独特的分布出现；（2）结构特征（双键的数量和位置、官能团组成等）提供了它们来源的信息；（3）结构特征的差异导致不同类脂生物标志物活性有　定的范围，从细胞死亡之后就迅速周转的与脂肪酸连接的磷脂到可以在地质记录中保存下来的烃类；（4）类脂生物标志物提供了区别近海生态系统中有机物的自生（藻类）和外来（维管植物）来源的诊断工具；（5）类脂生物标志物也能提供有机物的非生源来源的信息，如古代沉积物的风化或化石燃料的输入。

　　尽管具有这些能力，类脂和其他生物标志物也有内在的限制。其中之一就是它们最好应用于需要对有机物来源进行定性估计的地方（Hedges and Prahl, 1993）。另一个限制是很多生物标志物相对于总有机物来说以痕量存在，可能不能代表总有机物。一般来说，如果可鉴定出特定的化合物，化合物的来源已知且独特（表 2.2），生物标志物应用于有机物来源的研究时就相对容易一些（Hedges and Prahl, 1993）。然而，如果目的是确定生物标志物相对水平，不但有必要满足上面描述的假设，而且还要具备在成比例的准确性下定量化合物的含量的能力，化合物的相对含量还不能被成岩变化所改变。如果目标从定性提高到定量确定来源，必须满足更多的假设（表 2.2）。另外，随着来源的定量从现代沉积环境扩展到更长的时间尺度（如古记录），还必须满足一些与来源及其输入和改变有关的假设（参见下节）。在很多情况下，这些假设是不可能满足的，这就限制了生物标志物只能应用于有机物来源的定性估计。

表 2.2　生物标志物（biomarkers，B）和相联系的有机物（associated organic matter，AOM）的
5 个基本应用中的假设

应用类型	假设
Ⅰ. 来源检测	1. B 正确鉴定
	2. B 来源已知且专一
Ⅱ. 确定生物标志物相对水平	1. 以上全部
	2. B 的含量在成比例的准确性下定量
	3. B 的相对含量在成岩上不变
Ⅲ. 确定 AOM 相对含量	1. 以上全部
	2. B/AOM 在来源上是不变的（或混合均匀）
	3. B/AOM 在原位没有被成岩改变
Ⅳ. AOM 绝对含量定量	1. 以上全部
	2. B/AOM 在自然样品中是已知的
Ⅴ. AOM 古生产力的定量	1. 以上全部
	2. B/AOM 在来源上长期不变
	3. B 和 AOM 的物理输入效率不变
	4. B/AOM 的来源在成岩上不变

据 Hedges and Prahl（1993）。

2.6　古环境重建

　　层化沉积物中有机和无机 P、N、C 和生源 Si 的年代序列已被用来研究湖泊系统富营养化的长期趋势（Conley et al.，1993，及其中的参考文献）。特别是化学生物标志物已被利用作为有效的湖泊系统浮游植物类群的历史变化的古示踪剂，那里层化的沉积物提供了化学生物标志物保存的完美环境（Watts and Maxwell，1977）。例如，生源 Si、TOC 和光合色素被用于了解代表了从冰期向冰后期过渡的俄罗斯贝加尔湖（Lake Baikal）沉积物柱中浮游植物群落结构的历史变化（Tani et al.，2002）。化石色素也被用在古湖沼学中以更好地了解细菌群落组成、营养水平、氧化还原变化、湖泊酸化和 UV 辐射的历史变化（Leavitt and Hodgson，2001）。另外，类脂生物标志化合物已被广泛用于古湖沼学研究（Meyers and Ishiwatari，1993；Meyers，1997，2003）。例如，稳定同位素和烃类生物标志物被用来确定输入到美国佛罗里达泥湖（Mud Lake，Florida），一个现代碳酸盐沉洞湖中的有机物的主要来源的变化（Filley et al.，2001）。这些研究者使用正构烷烃和醇类生物标志

物的沉积物剖面变化作为以下来源的有机物的指示计：蓝细菌（7-和8-十七烷）、陆地/角质来源（C_{27}-C_{31}，C_{26}醇-C_{30}醇）、混合光能营养来源（C_{23}-C_{25}，C_{22}醇-C_{25}醇；植醇）和浮游植物（C_{17}，C_{22}醇-C_{25}醇）（图2.6）。如果我们研究他们使用特定化合物[13]C特征（CSIA）观察到的年代变化，就会发现支持化学生物标志物数据的一个趋势：在距今大约2500年（[14]C定年）前有一个向浮游植物优势增加的转变（图2.6）。因此，我们可以看到佛罗里达地下水位随着时间的增加所造成的有机物来源的变化是如何记录在这一湖泊系统沉积物中的化学生物标志物组成中的。CSIA以及正构烷烃和醇类的应用的更多细节分别在第3章和第10章提供。

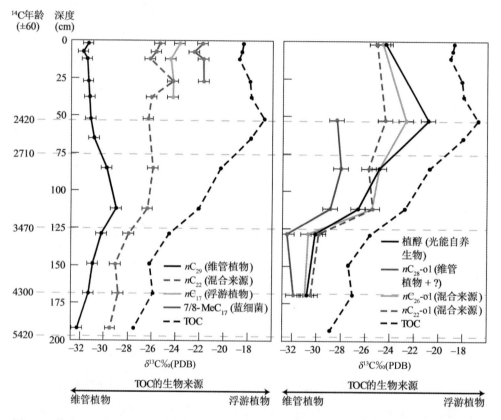

图2.6　作为以下来源的有机物指示计的正构烷烃和醇类生物标志物的沉积物柱剖面变化：蓝细菌、陆地/角质来源、混合光能营养来源和浮游植物（修改自 Filley et al.，2001）

　　与湖泊系统不同，河口通常具有高度变化的物理条件、极端的空间梯度和生物扰动，这些可能会限制化学生物标志物的应用（Nixon，1988）。然而，尽管有这些限制，以往的研究已经证明20世纪TOC的保存增加了（Bianchi et al.，2000，2002；Tunnicliffe，2000；Zimmerman and Canuel，2000，2002）。近期的研究对波罗的海本体海区的希默兰湾（Himmerfjarden Bay）的长期生态数据（如浮游植物生物量组成、营养盐和底栖生物）和保存在层化沉积物中的植物色素进行了比较（Bianchi et al.，2002）。该海湾从20世纪80年代开始监测地方污水及农田径流对近岸富营养化的影响（Elmgren and Larsson，2001）。这项研究的基本结论是，尽管应用了冷冻岩芯对沉积物进行分层采样这种高分辨率采样方法，沉积物中保存的色素与浮游植物生物量之间并没有观察到相关性（Bianchi et al.，2002）。然而，当按较长时间间隔（5 年）对沉积色素进行平均时，硅藻生物量的年均值与岩藻黄素的垂向含量成正比。该研究表明，在沉积物中存在有助于色素保存的条件时（如层状结构），植物色素能够用于示踪河口浮游植物的历史变化。最近的研究也表明，在 4 个欧洲河口应用植物色素进行生态重建的效果存在显著变化性（Reuss et al.，2005）。其他一些工作表明波罗的海蓝藻水华已经有几千年的历史，可能是一种自然现象。例如，近期利用蓝藻色素生物标志物及 $\delta^{15}N$ 垂向变化的研究证明，固氮藻类水华几乎与波罗的海的咸水相一样古老，可追溯到距今 7000 年前，即波罗的海的淡水相安希勒斯湖（Ancylus Lake）转变为最终的咸水相的滨螺海（Litorina Sea）后不久（Bianchi et al.，2002）。

2.7　本章小结

在本章中，我们说明了现代、历史和古时间尺度下示踪有机物来源的各种方法的优点和局限性。知道应用这些生物标志物方法到水生环境中的内在权衡和假设是很重要的，特别是在研究历史和地质时间尺度下的有机物来源时。尽管总有机物参数，如 $(C:N)_a$ 和稳定同位素（$\delta^{13}C$、$\delta^{15}N$）代表了一大部分沉积物有机物，这些指标在来源专一性上有限制。相反，生物标志物通常来源更特定，但是常以低含量存在，因此可能不能代表总有机物。将来的研究应当考虑将生物标志物的定性应用变成定量确定沉积有机物的特定来源的方法。这需要更好地了解生物标志物在不同沉积条件下的稳定性。同样地，通过将不同参数组合使用，可能从总有机物参数获得更多的来源信息。结合稳定同位素和放射性同位素特征或使用同位素和 NMR 波谱的方法可能也有帮助。这些方法将在后面的章节讨论。

第3章　稳定同位素和放射性碳

3.1　背景

　　同位素是生态学、地球化学、湖沼学和海洋学领域广泛使用的工具，提供了总有机物库（溶解、胶体、颗粒和沉积有机物）、生物化合物和特定生物标志化合物的来源和循环的信息。水生地球化学中的稳定同位素研究涉及多种生源的轻元素，如 H、C、N、O 和 S。稳定同位素的使用对获得不同时间尺度，如现代的、历史的和地质时期的食物网结构和有机物来源的新的深入认识做出了突出贡献。稳定同位素还可以用来评价造成有机物合成和再循环期间同位素分馏的过程的强度或大小。除了稳定同位素，近期在加速器质谱方面的进展提供了测量不同环境基质中总碳库和特定化合物中的放射性碳的能力，为阐明有机物来源提供了新的手段。放射性碳已被用来提供关于多种水生环境中有机物年龄和来源的信息，以及异养生物的碳源的年龄。本章提供稳定同位素和放射性碳使用的背景信息，并给出这些同位素在不同水生科学研究问题中应用的例子。

3.1.1　背景信息和同位素术语

　　亚原子粒子主要有 3 种：质子、电子和中子。质子和中子在质量上是接近的（分别是 $1.672\,6\times10^{-24}$ g 和 $1.674\,954\,3\times10^{-24}$ g），但是质子带正电荷，中子不带电荷。相比之下，电子质量相当小（$9.109\,534\times10^{-28}$ g）并带负电荷。一个元素是根据其原子核中的质子数（原子序数或 Z）来定义的。对于同一个原子来说，虽然质子的数目总是相同的，中子的数目（中子数或 N）可能会变化。质量数（A）是原子核中的中子加上质子的数量（$A=Z+N$）。同位素是具有相同 Z 值但是不同 N 值的元素的不同形态。例如，碳有 6 个质子（因此，原子序数是 6），但是可以有 6、7 或 8 个中子（原子量分别是 12、13 和 14），所以，碳有两个稳定同位素（^{12}C 和 ^{13}C）和一个放射性同位素（^{14}C）。一个元素的不同同位素的行为本质上是相同的，但并不是完全一样，稳定同位素应用中利用的正是这些行为上的细微差别。例如，由于原子量的微小差别，同位素的反应速率会有不同，"轻"的同位素反应更快，更彻底。所以，反应产物将会富集轻同位素。轻同位素富集的程度将取决于反应原理、反应进行的程度、试剂的同位素组成和环境因素，如温度和压力。

3.1.2　稳定同位素

　　稳定同位素在自然生态系统中应用的基本原理基于化学过程中产生的同位素相对丰度

的变化，而不是基于核反应过程（Hoefs，1980，2004；Clayton，2003；Fry，2006；Sharp，2007）。由于一种元素的较轻同位素在反应动力学方面具有较快的反应速度，因此，自然界中的反应产物就会富集较轻的同位素。如下所述，尽管这些分馏过程比较复杂，但已被证明有助于多种应用，如地质测温和古气候学以及用来确定生态学研究中的有机物来源。在湖泊、海洋和河口研究中最常用的稳定同位素是^{18}O、^{2}H、^{13}C、^{15}N和^{34}S。优先选择使用这些同位素是因为它们原子量小、同位素间质量差异显著、拥有共价键结合的特征、具有多种氧化态，并且稀有同位素也有足够的丰度。

　　地壳、海洋和大气中同位素的平均相对丰度通常以稳定同位素比值来表示，如表 3.1所示。天然样品中特定元素的稳定同位素比值的微小差异可用质谱测量出来，但是精密度和准确性都不高（Nier，1947）。解决这一问题的方法是测定样品中同位素比值的同时测定标准或参考物质的同位素比值；然而，这仍然不能提供每一种同位素的绝对丰度的足够的精密度和准确性。描述这一相对差异的方程式或 δ 值如下所示：

表 3.1　有机地球化学中使用的稳定同位素的同位素丰度和相对原子量

符号	原子序数	质量数	丰度（%）	原子量（$^{12}C=12$）
H	1	1	99.985	1.007 825
D	1	2	0.015	2.014
C	6	12	98.89	12
		13	1.11	13.003 35
N	7	14	99.63	14.004 07
		15	0.37	15.000 11
O	8	16	99.759	15.994 91
		17	0.037	16.999 14
		18	0.204	17.999 16
S	16	32	95.0	31.972 07
		33	0.76	32.971 46
		34	4.22	33.967 86

来源：修改自 Sharp（2007）。

$$\delta = \left[\left(R_{样品} - R_{标准} \right) / R_{标准} \right] \times 1\,000 \qquad (3.1)$$

其中：R 为某一元素的重同位素丰度与轻同位素丰度之比，δ 的单位表示为千分之或每千多少份（‰）。当样品中的重同位素对轻同位素比值比标准中的更大时，认为样品的同位素组成是富集的，得到正的 δ 值。相反地，当样品中的重同位素对轻同位素比值比标准中的低时，δ 值将会是负的，或亏损的。最后，当样品和标准具有相同的同位素组成时，δ

值将会是 0。按照以下标准，已经发展出了多种标准物质：物质在组成上是均匀的，容易获取，易于准备和测定，并且其同位素组成处于将要分析的物质的自然范围的中段。O、C、H、N 和 S 稳定同位素测定中常用的国际标准列在表 3.2 中（Hoefs，1980；Faure，1986；Fry，2006；Sharp，2007）。同位素比值质谱被用来测定样品相对于标准的同位素组成（Hayes，1983；Hayes et al.，1987；Boutton，1991）。关于这一方法的细节在第 4 章中提供。

表 3.2　国际上承认的稳定同位素标准

符号	标准	缩写
H	维也纳标准平均大洋海水	VSMOW
C	维也纳皮狄组拟箭石标准	VPDB
N	大气 N_2	ALR
O	维也纳标准平均大洋海水	VSMOW
	维也纳皮狄组拟箭石标准	VPDB
S	迪亚布洛峡谷铁陨石中陨硫铁（FeS）	CDT

3.1.3　放射性的基本原理

　　放射性的定义为不稳定核素的原子核到更稳定状态转变时的自发调节。这些核素的原子核变化的直接结果就是释放出不同形式的辐射（如 α、β 和 γ 射线）。关于核素的稳定性有两个基本的规则：对称性规则和奥多-哈金斯（Oddo-Harkins）规则（Hoefs，2004）。对称性规则表示低原子序数的稳定核素具有大致相同的质子和中子数，因此 N/Z 比接近 1。然而，当稳定核素的质子或中子多于 20，N/Z 比总是大于 1。对于最重的核素来说，最大的 N/Z 比值大约是 1.5；这是随着 Z 的增加带正电荷的质子的静电库仑斥力增加导致的。奥多-哈金斯规则简单地表示为原子序数为偶数的核素其丰度大大高于相邻原子序数为奇数的核素。因此，原子核的不稳定性通常是由于具有相对于质子数不成比例的中子数造成。一些核素自发转变的途径如下：（1）α 衰变，或原子核失去 1 个 α 粒子（1 个 ^{4}He 原子的原子核），导致原子序数减小 2（2 个质子），同时质量数减小 4 个单位（2 个质子和 2 个中子）；（2）β（负电子）衰变，即 1 个中子转化为质子同时释放出 1 个负电子（带负电荷的电子），从而使原子序数增加 1 个单位；（3）释放出 1 个正电子（带正电荷的电子），使得 1 个质子变为中子，原子序数减小 1 个单位；（4）电子捕获，即 1 个质子在结合了捕获的核外电子（来自 K 电子层）后变成中子，并使原子序数减小 1 个单位。

　　实验测得的放射性原子的衰变速率结果显示，衰变符合一级反应，即单位时间内衰变的原子数与当前存在的原子数成正比。可用下面的方程式来表示（Faure，1986）：

$$dN/dt = -\lambda N \tag{3.2}$$

式中：N 为时刻 t 时未衰变的原子数；λ 为衰变常数。

如果将式（3.1）重排并从 $t = 0$ 到 t，从 N_0 到 N 积分，得到：

$$-\int dN/N = \lambda \int dt$$

$$-\ln N = \lambda t + C \tag{3.3}$$

式中：$\ln N$ 为以 e 为底的 N 的对数；C 为积分常数。

当 $N = N_0$ 且 $t = 0$ 时，式（3.3）可改写为

$$C = -\ln N_0 \tag{3.4}$$

将其代入式（3.3）中得到下式：

$$-\ln N = \lambda t - \ln N_0 \tag{3.5}$$

$$\ln N - \ln N_0 = -\lambda t$$

$$\ln N/N_0 = -\lambda t$$

$$N/N_0 = e^{-\lambda t}$$

$$N = N_0 e^{-\lambda t} \tag{3.6}$$

除了 λ，另一个用来描述衰变速率特征的参数是半衰期（$t_{1/2}$），即初始数目的原子衰变一半所需的时间。如果将 $t = t_{1/2}$ 和 $N = N_0/2$ 代入式（3.6）中，可以得到下式：

$$N_0/2 = N_0 e^{-\lambda t_{1/2}}$$

$$\ln 1/2 = -\lambda t_{1/2}$$

$$\ln 2 = \lambda t_{1/2}$$

$$t_{1/2} = \ln 2/\lambda = 0.693/\lambda \tag{3.7}$$

最后，一个放射性原子的平均预期寿命或称平均寿命（τ）可以表示为

$$\tau = 1/\lambda \tag{3.8}$$

假设一个放射性母体核素通过衰变产生一个稳定的子体（D^*），在 $t = 0$ 时子体数目为 0，则在任一时刻子体核素的数目可以由下式表示：

$$D^* = N_0 - N \tag{3.9}$$

这一公式是建立在子体原子没有外来添加或移除，而且母体原子的减少均是由于放射性衰变这一假设之上的。若将式（3.6）代入式（3.9），可以得到：

$$D^* = N_0 - N_0 e^{-\lambda t}$$

$$D^* = N_0(1 - e^{-\lambda t}) \tag{3.10}$$

通过进一步代换，可以得到：

$$D^* = N e^{\lambda t} - N = N(e^{\lambda t} - 1) \tag{3.11}$$

图 3.1 是放射性核素（N）衰变为稳定子体（D^*）的示意图；母体原子数 N 在放射性衰变过程中逐渐减少，同时其子体原子数成比例地增加。假设子体原子总数等于放射性衰变产生的原子数加上 $t = 0$ 时原有的子体原子数之和，则系统中子体原子的总数（D）为

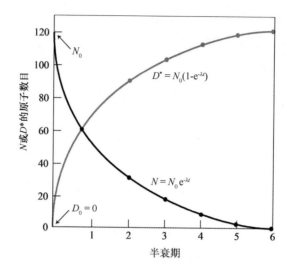

图 3.1   放射性核素 (N) 衰变为稳定子体 (D^*)，N 的原子在放射性衰变过程中逐渐减少，而其子体原子成比例地增加 (修改自 Faure, 1986)

$$D = D_0 + D^* \tag{3.12}$$

将式 (3.11) 代入，得到：

$$D^* = N(e^{\lambda t} - 1)$$

$$D = D_0 + N(e^{\lambda t} - 1) \tag{3.13}$$

样品的放射性是以每分钟衰变数 (dpm) 来表征的。由于在上述公式中用剩余原子数来对放射性进行描述是不现实的，因此，测得的样品的比活度 (A) 通常用下式来表示：

$$A = \lambda N \tag{3.14}$$

一个放射性核素的比活度 (A) 代表的是测得的样品的计数率。放射性核素在评价时间尺度为该核素 4~5 个半衰期的过程时是非常有用的；但超过了这一时间范围，通常仅有 1% 或更少的核素保留下来，所以就不能有效测定了。例如，^{210}Pb 的半衰期是 22.3 年，其有效范围大约是 112 年；因此，测定超过 140 年的沉积物或岩石的年龄就超出了该核素的测年范围。

3.1.4   放射性碳

直到 1934 年，当人们在一个云雾室中进行中子照射氮气实验时发现产生了一个未知的放射性核素，才意识到放射性碳 (^{14}C) 的存在 (Kurie, 1934)。1940 年，马丁·卡门 (Matin Kamen) 制备了可测量的 ^{14}C，从而证实了 ^{14}C 的存在。在接下来的几十年中，更多的关于大气中 ^{14}C 产生速率的细节及在考古样品年代测定方面可能应用的研究不断涌现 (Anderson et al., 1947; Arnold and Libby, 1949; Anderson and Libby, 1951; Kamen, 1963; Ralph, 1971; Libby, 1982)。最近几年，随着加速器质谱的发展及其测定较少量碳的能力，放射性碳已经成为生物地球化学研究中的有力工具 (McNichol and Aluwihare, 2007)。

　　与其他宇宙成因的放射性核素相似，^{14}C 是宇宙射线与大气中诸如 N_2、O_2 以及其他原子反应产生的，反应中产生的核碎片被称为散裂产物（Suess，1958，1968）。这些散裂产物中的一些是中子，它们也可以与大气中的原子作用产生新的产物，包括 ^{14}C 和其他放射性核素（^3H、^{10}Be、^{26}Al、^{36}Cl、^{39}Ar 和 ^{81}Kr）（图 3.2）（Broecker and Peng，1982）。因此，中子和氮的反应（$^{14}N+n\rightarrow ^{14}C+p$）是大气中 ^{14}C 形成的主要机制。一旦形成了，^{14}C 就按以下反应进行衰变，其半衰期为（5730±40）a：

$$^{14}C\rightarrow ^{14}N + \beta^- + 中微子 \tag{3.15}$$

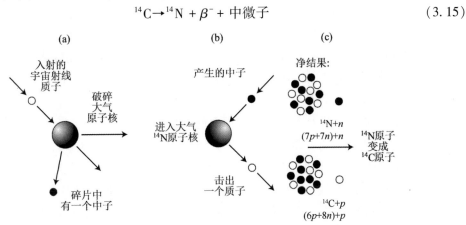

图 3.2 中子和氮的反应（$^{14}N+n\rightarrow ^{14}C+p$）是大气中 ^{14}C 形成的主要机制
（修改自 Broecker and Peng，1982）

　　大气中产生的自由 ^{14}C 原子被氧化生成 $^{14}CO_2$ 并快速在大气中被混合（Libby，1952）。这种 ^{14}C 随后就进入其他储库，例如，通过在光合作用中植物固定碳的过程进入生物圈；据估计，大气和海洋表层之间 ^{14}C 的交换大约需要 5 年时间（Broecker and Peng，1982）。

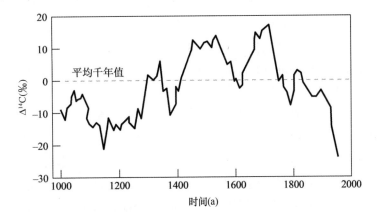

图 3.3 过去 1000 年来大气中 CO_2 的 $^{14}C/C$ 比值的变化（以 $\Delta^{14}C$ 符号表示）
（修改自 Stuiver and Quay，1981）

生物圈中活的植物和动物体内 ^{14}C 的含量是恒定的，但是，当它们死亡后 ^{14}C 就不再与大气发生交换，因此，^{14}C 的活度即以（5730±40）a 的半衰期减少；这为确定考古对象和化石遗迹的年龄提供了基础。需要假定待测年的物质满足以下假设：（1）植物与动物的初始 ^{14}C 活度是已知的定值并且与地理位置无关；（2）样品未被现代 ^{14}C 污染（Faure，1986）。不幸的是，测定经树轮年代学定年的树木样品的 ^{14}C 时发现，其初始 ^{14}C 的含量是随时间变化的（Anderson and Libby，1951）。图 3.3 给出了过去 1000 年来大气中 CO_2 的 $^{14}C/C$ 比值的变化（以 Δ 符号表示，如下）（Stuiver and Quay，1981）。这种变化是以下几个因素共同作用的结果：（1）太阳活动引起的宇宙射线通量的变化；（2）地球磁场的变化；（3）地球上碳储库的变化（Faure，1986）。除了 ^{14}C 的自然变化，人为活动既能引起大气中 ^{14}C 含量的减少，也能造成其增加（几乎是双倍地）；这分别是由于过去 100 年间化石燃料的燃烧和核武器爆炸所致（即核弹辐射微尘）。过去 1000 年里大气中 ^{14}C 含量的变化是相当明显的。这种由化石燃料燃烧产物的输入而引起的稀释效应被称为苏斯效应（Suess effect），其在 19 世纪 50 年代工业革命兴起之后十分明显（Suess，1906；Suess，1958，1968）。稀释作用是因为化石中的碳长期不能与大气交换，^{14}C 信号衰变消失，成为不含 ^{14}C 的碳。相反地，人为活动驱动的大气 ^{14}C 含量增加来自 20 世纪 50 年代和 60 年代早期的核弹测试，大气 ^{14}C 在短期内几乎增加一倍。具有讽刺意味的是，自 1962 年的《全面禁止核试验条约》实施后大气 ^{14}C 含量逐步地降低，使得这一峰值可以作为一个有用的示踪剂。因此，任何碳库的 $\Delta^{14}C>0‰$ 就表明其明显受到核弹 ^{14}C 的影响（Eglinton and Pearson，2001）。所以，与那些没有交换的过程相比，核试验前后 ^{14}C 值的差异可以被用来更好地了解几年到几十年内的与大气交换的生物地球化学过程（Eglinton and Pearson，2001；McNichol and Aluwihare，2007）。最后，两个早期的，分别出现于 1500 年和 1710 年前后的 ^{14}C 异常高值被称为德弗里斯效应（de Vries effect），其产生的原因还不清楚。

计算 $\Delta^{14}C$ 的基本方程式定义如下：

$$\Delta^{14}C = \left[(^{14}C/C)_{样品} - (^{14}C/C)_{标准} \right] / \left[(^{14}C/C)_{标准} \right] \times 1000 - IF \qquad (3.16)$$

与稳定同位素一样，通过与标准进行比较来测定样品的 $\Delta^{14}C$，这是为了提高加速器质谱测定方法的准确度和精密度（Elmore and Phillips，1987）。将比值乘以 1000 得到以每千多少份为单位的 $\Delta^{14}C$ 值，即千分之（‰）。对于标准来说，为了避免苏斯效应，有必要使用大约 19 世纪 50 年代工业革命以前采伐的木材。工业革命前大气 CO_2 的标准值是 13.56 dpm/g 或 $^{14}C/C = 1.176 \times 10^{-12}$（Broecker and Peng，1982）。在这个公式中还扣减了一个用来校正同位素分馏（IF）的项。由于物理和化学反应的发生，同位素会产生分馏。例如，在光合作用过程中发生的酶过程造成使用不同固碳过程的植物的碳同位素（^{12}C、^{13}C 和 ^{14}C）丰度发生变化（Faure，1986）。美国国家标准局（National Bureau of Standards）目前提供一种草酸 ^{14}C 标准样品用于这一校正，但是，关于这一标准的研制还有许多挑战（Craig，1954，1961；Stuiver and Polach，1977）。

如 Eglinton 和 Pearson（2001）所描述的，地球化学样品所用的 $\Delta^{14}C$ 方程式如下：

$$\Delta^{14}C = \left\{ f_m \left[e^{\lambda(y-x)} / e^{\lambda(y-1950)} \right] - 1 \right\} \times 1000 \qquad (3.17)$$

其中：f_m 为现代部分，以 $^{14}C/^{12}C_{样品}$/$^{14}C/^{12}C_{标准}$ 比值表示，与式（3.1）所描述的同位素比值的传统项类似 [如 R = ($^{13}C/^{12}C$)]；$\lambda = 1/8267$ （a^{-1}）（$= t_{1/2}/\ln 2$）；y 是测定年份；x 是样品形成年代 （= 从其他放射性核素得到的沉积年代）。

当进行衰变相关的校正时，应使用 ^{14}C 的真实半衰期（Eglinton and Pearson，2001；Mc-Nichol and Aluwihare，2007）。最后，放射性碳年龄可以用 5568 a 的 Libby 半衰期来确定，如下式所示：

$$年龄 = -\ 8033\ \ln\ (f_m) \tag{3.18}$$

3.2　稳定同位素和放射性碳分馏和混合

3.2.1　同位素分馏

动力学效应和平衡效应都能引起同位素分馏。简单直观地讲，物理过程对动力学分馏的影响很大程度上是由于一个特定元素的较轻同位素的能量较高、扩散速度较快和发生相转变（如蒸发）。这些分馏往往与单向过程（如蒸发、扩散和解离反应）和大部分生物（酶促的）反应相联系。一个分子的能量可以由电子和原子核的自旋、平动、转动以及振动等特征来描述（Faure，1986；Fogel and Cifuentes，1993）。例如，包含酶催化动力学过程的生物介导反应会使同位素发生动力学分馏，这使得底物（或反应物）和产物间的同位素组成有显著差异。假设底物并不限于一个反应中，并且产物的同位素比值是在短时间内测量获得的，那么分馏系数（α）可以定义如下：

$$\alpha = R_p/R_s \tag{3.19}$$

其中：R_p 为产物的同位素比值；R_s 为底物（或反应物）的同位素比值。

生物介导的动力学分馏会导致反应产物中较轻的同位素占有优势，得到更负的 δ 值。这是因为较轻的同位素具有较高的平均反应速度以及较低的解离能量，并且具有较轻同位素的分子内的键具有稳定性。有机物往往具有低的 $^{13}C/^{12}C$ 比值，表明在固碳过程中优先选择 ^{12}C 同位素，了解这一点是很重要的。由于解离能量差异导致的动力学同位素效应在细菌反应中也会相当大。动力学同位素效应，即对同位素替换的敏感性首要存在于反应过程中化学键发生变化的位置，其次发生于没有直接和反应相关的原子位置，指出这一点也是很重要的。

动力学同位素分馏通常发生在单向反应中，其反应速率实际上取决于底物和产物的同位素组成。在一个开放体系中，反应物永远不会显著地消耗；因此，如果其他的条件也是恒定的话，分馏的程度随时间和过程的进行是恒定的。与此相反，在一个封闭系统中，反应物的消耗使得较重同位素被利用的程度比在开放系统中要大。如果所有的反应物最终被耗尽，积累的产物将会具有和初始反应物相同的比值。因此，在一个封闭或即使部分封闭的系统，"中间"产物的同位素比值仅仅依赖分馏系数可能无法预测出来。在一个封闭系统中，底物的同位素比值与未被利用的底物的量有关（Mariotti et al. , 1981），这可以用瑞利（Rayleigh）方程来描述：

$$R_s/R_{s0} = f^{(\alpha-1)} \tag{3.20}$$

其中：R_{s0} 为初始时刻底物的同位素比值；R_s 为特定时间点底物的同位素比值；f 是特定时间点尚未反应的底物的比例。

平衡（热力学）分馏是由于物理过程产生的，描述的是一个元素的同位素在处于平衡状态的分子的不同相中的分布。在这种情况下，存在的是同位素交换，而没有化学反应。平衡同位素分馏的一个例子就是相对于水蒸气，氧的重同位素在液态水中的浓度（Faure, 1986）：

$$H_2^{18}O(g) + H_2^{16}O(l) = H_2^{16}O(g) + H_2^{18}O(l) \tag{3.21}$$

在 20℃下，这一反应的平衡分馏系数是

$$\alpha = \frac{(^{18}O/^{16}O)_{液}}{(^{18}O/^{16}O)_{气}} = 1.0098 \tag{3.22}$$

平衡分馏是一类质量依赖的同位素分馏，而质量依赖的同位素分馏常被假设是一个非平衡过程。因为与动力学同位素效应有关，平衡分馏可被定义为

$$\alpha_{eq} = k_2/k_1 \tag{3.23}$$

其中：k_2 和 k_1 分别是重和轻同位素的平衡速率常数。

3.2.2　稳定碳同位素

稳定碳同位素常被用来区分有机碳的"外来"和"自生"来源。由此可以得到的最重要的信息之一就是可以辨识 C_3 和 C_4 植物的输入（Perterson and Fry, 1987；Goñi et al. , 1998；Bianchi et al. , 2002；Cloern et al. , 2002）。其他一些稳定碳同位素在河口应用的前沿性研究表明，这些同位素可以用来了解食物链动力学中的营养关系（Fry and Parker, 1979；Fry and Sherr, 1984）。因为 ^{13}C 以一种可预测的方式迁移，在捕食者/被捕食者相互作用的每一步都有 1‰~2‰ 的 ^{13}C 富集，那么就可以对从捕食者中分离得到的组织做稳定同位素分析来剖析其食物来源（Parsons and Lee Chen, 1995）。有机碳由因生物合成路径不同而具有不同 ^{13}C 值的有机化合物非均匀混合而成。总有机物 ^{13}C 值代表了有机物的平均同位素组成，但有机物的各部分的同位素值具有一定范围，如蛋白质和糖类往往具有较高的（更正的）^{13}C 值，而类脂化合物和木质素通常具有较低的（更负的）^{13}C 值（Deines, 1980；Hayes, 1983；Schouten et al. , 1998）。

不同类型的有机物对成岩的敏感性差异也使得它们的同位素特征复杂化。总体来说，多糖和蛋白质比其他生物化学物质（如类脂化合物和木质素）的耐分解能力弱（更易分解）。由于多糖和蛋白质往往比类脂化合物更富集 ^{13}C（Deines, 1980；Hayes, 1993；Schouten et al. , 1998），有机物的微生物分解选择性地去除了更不稳定的富集 ^{13}C 的多糖和蛋白质成分，导致在剩下的富含木质素的残余中 ^{13}C 的亏损（Benner et al. , 1987）。显然，当把不同的食物来源（如陆地的和水生的）以及生物体的大小和生理考虑在内时，这些一

般性的趋势就会变得相当复杂（Incze et al.，1982；Hughes and Sherr，1983；Goering et al.，1990）。通过光合作用途径或营养级相互作用的同位素分馏之间的差异提供了判别碳源的基础（Fogel and Cifuentes，1993；Hayes，1993）。具体地说，天然合成的化合物的碳同位素组成由以下因素控制：（1）碳的来源；（2）作为生产者的生物体内同化作用过程期间的同位素效应；（3）代谢和生物合成期间的同位素效应；（4）细胞的碳收支。Park 和 Epstein（1960）及另外一些学者（O'Leary，1981；Fogel and Cifuentes，1993）的经典研究证实了 1，5－二磷酸核酮糖羧化酶（RuBP carboxylase）控制着植物光合作用期间碳同位素的分馏。

C_3 途径包括大气中 CO_2 或溶解态 CO_2（或海水 HCO_3^-）的固定，并通过 1，5-二磷酸核酮糖（RuBP）的酶促转化产生一种三碳化合物（3-磷酸甘油酸）。通过大量的实验室研究，已经证实 C_3 陆地植物中光合作用的碳（$\delta^{13}C = -27‰$）和大气中的碳（$\delta^{13}C = -7‰$）之间的同位素分馏约为 $-20‰$（Stuiver，1978；Guy et al.，1987；O'Leary，1988）。C_3 水生植物也发生同样的分馏，但由于用来进行固定的碳是溶解态 CO_2 或 HCO_3^-（$\delta^{13}C = \sim 0‰$），光合生物量中的 ^{13}C 是富集的。基于这一分馏信息，建立了以下的 C_3 陆地植物中的碳同位素分馏模型：

$$\Delta = a + (c_i/c_a)(b - a) \tag{3.24}$$

其中：Δ 为同位素分馏值；a 为扩散引起的同位素效应（$-4.4‰$）（O'Leary，1988）；b 为 1，5-二磷酸核酮糖（RuBP）和磷酸烯醇丙酮酸（phosphoenolpyruvate，PEP）羧化酶的联合同位素效应（$-27‰$）；c_i/c_a 为植物体内与大气中 CO_2 的比值。

该模型假定 c_i/c_a 比值在确定植物组织中碳同位素的组成时是重要的（Farquhar et al.，1982，1989；Guy et al.，1986）。一般来说，当供给植物的 CO_2 的量没有限制时，酶促分馏占主导地位；然而，当 CO_2 的供给受限时，扩散期间的分馏将会占优势（Fogel and Cifuentes，1993）。这些模型表明陆地植物的固碳作用由很大程度上受控于气孔导度的大气中 CO_2 的可利用性和光合作用过程中的酶促分馏之间的动态过程所控制。由于为 CO_2 打开的气孔也允许水分自植物组织散逸到大气中，利用 C_3 光合途径的植物在多变的环境中不得不进化出了一种保持碳吸收和水分损失之间平衡的机制。

随着时间的推移，其他光合作用系统也进化出来，使得植物［C_4 植物和景天酸代谢（crassulacean acid metabolism，CAM）植物］在极端环境中能够更有效地吸收碳而又没有显著的水分散失（Ehleringer et al.，1991）。在 C_4 植物（如玉米、草原上的草以及米草属沼泽植物）中，CO_2 固定的第一步产生了一个四碳化合物草酰乙酸；这一固碳过程是由 PEP 羧化酶催化的。C_4 途径固碳过程中产生的分馏比 RuBP 酶促分馏期间的小得多（$\sim -2.2‰$）（O'Leary，1988），这使得 C_4 植物更加富集 ^{13}C（$\delta^{13}C = -8‰ \sim -18‰$）（Smith and Epstein，1971；O'Leary，1981）。通过维管植物的维管束鞘细胞中进行的卡尔文循环将 CO_2 转化为 C_4 植物中新植物体材料时效率的差异使得碳的同位素分馏进一步减小（Fogel and Cifuentes，1993）。Farquhar（1983）提出了一个修正的 C_4 植物碳同位素分馏的模型：

$$\Delta = a + (b_4 + b_3\Phi - a)(c_i/c_a) \tag{3.25}$$

其中：b_4 为 CO_2 扩散进入维管束鞘细胞而产生的同位素效应；b_3 为羧化反应期间产生的同位素分馏（$-2‰\sim4‰$）（O'Leary，1988）；Φ 为植物的二氧化碳泄漏度。

与 C_3 或 C_4 陆地植物不同，CO_2 的扩散限制了水生植物的光合作用。结果，藻类植物形成了一种适应的机制，使得它们可以穿过细胞膜主动输运或"泵入" CO_2 或 HCO_3^-，从而使 DIC 在细胞中积累（Lucas and Berry，1985）。虽然藻类和 C_3 高等植物碳的固定都是通过 RuBP 羧化酶实现的，但是它们的同位素特征是不同的，因为大部分 CO_2 并没有离开藻类细胞。因此，运用碳同位素区分输入到河口的水生和陆地植物的基本原理是基于这样的想法，即浮游植物通常利用 HCO_3^- 作为光合作用的碳源（$\delta^{13}C=0‰$）；与之相反，陆地植物则利用大气中的 CO_2（$\delta^{13}C=-7‰$）（Degens et al.，1968；O'Leary，1981）。这使得藻类比陆地植物更富集 ^{13}C（因此具有更加正的 $\delta^{13}C$ 值）（表 3.3）。水生植物中碳的分馏模型如下：

$$\Delta = d + b_3(F_3/F_1) \tag{3.26}$$

其中：d 为 CO_2 和 HCO_3^- 间的同位素平衡效应；b_3 为羧化作用中的同位素分馏；F_3/F_1 为逸出细胞的 CO_2 与细胞内的 CO_2 的量之比。

表 3.3　已发表的河口有机物潜在来源的同位素值范围

来源	$\delta^{13}N$ (‰)	$\delta^{13}N$ (‰)	$\Delta^{14}C$ (‰)	参考文献
陆源（维管植物）	$-26\sim-30$	$-2\sim+2$		Fry and Sherr (1984)；Deegan and Garritt (1997)
陆地土壤（表层）森林凋落物	$-23\sim-27$	$2.6\sim6.4$	$+152\sim+310$	Cloern et al. (2002)；Richter et al. (1999)
淡水浮游植物	$-24\sim-30$	$5\sim8$		Anderson and Arthur (1983)；Sigleo and Macko (1985)
海洋、河口浮游植物	$-18\sim-24$	$6\sim9$		Fry and Sherr (1984)；Currin et al. (1995)
C_4 盐沼植物	$-12\sim-14$	$3\sim7$		Fry and Sherr (1984)；Currin et al. (1995)
底栖微藻	$-12\sim-18$	$0\sim5$		Currin et al. (1995)
C_3 淡水、盐沼植物	$-23\sim-26$	$3.5\sim5.5$		Fry and Sherr (1984)；Sullivan and Moncreiff (1990)

海洋中浮游植物的碳同位素组成已被证明受表层水 CO_2 分压（pCO_2）的强烈影响（Rau et al.，1989，1992）。而且，浮游植物引起的碳同位素分馏还与细胞的生长率、细胞的大小、细胞膜的渗透性和 CO_2（aq）的量有关（Laws et al.，1995；Rau et al.，1997）。

除了碳吸收过程中会发生同位素分馏，在不同生物分子的生物合成期间也会发生同位素分馏。这使得不同类别的有机物（如蛋白质、糖类和脂类）以及特定化合物的同位素特征产生差异。生物分子的 ^{13}C 含量取决于：（1）利用的碳源的 ^{13}C 含量；（2）与碳同化作用有关的同位素效应；（3）与代谢和生物合成有关的同位素效应；（4）在生物合成的每一个分支点细胞的碳收支。CSIA 分析提供了分析特定生物标志物的稳定同位素组成的能力，从而提高了鉴定环境样品中有机物来源和影响海洋和水生系统中有机物的代谢途径的能力（Macko et al.，1986，1990；Freeman et al.，1990；Hayes，1993）。Hayes（2001）对生物合成过程及其对碳和氢同位素在生物化学水平上的影响进行了全面的综述。CSIA 首先被用来分析烃类的 $\delta^{13}C$，随后被扩展到其他生源要素（如 N 和 H）和多种生物化合物（氨基酸、糖类、类脂化合物和木质素酚类）。在本书后面的章节会提供多种生物标志物 CSIA 广泛应用的例子。

3.2.3　稳定氮同位素

与碳类似，氮同位素（$\delta^{15}N$）也容易发生平衡分馏和动力学分馏。无机氮源与光合生物产生的有机氮之间的同位素的区别是无机氮（如 N_2、NO_3^-、NO_2^- 和 NO_4^-）初级同化作用过程中分馏的结果。这些无机氮种类具有宽的 $\delta^{15}N$ 值范围，这取决于初始的氮源储库的特征、通过微生物过程再循环的程度和在光合作用过程中无机氮被固定进入有机物的酶促途径。微生物过程，如矿化、固氮作用、同化作用、硝化和反硝化作用影响着无机氮和有机氮种类的 $\delta^{15}N$ 组成（Sharp，2007）。另外，人为活动，如有机和无机肥料的使用也影响环境样品的 $\delta^{15}N$ 组成。因此，初级生产者和异养生物的 $\delta^{15}N$ 组成变化相当大，且不可预测。

由于有大量的对氮库有贡献的氮的种类（无机和有机形式的），并且在环境中与氮相关的过程也有很多，所以氮的地球化学循环比碳的更复杂，因此，很难单独使用氮同位素来鉴定有机物来源。稳定氮同位素（$\delta^{15}N$）常和碳或硫同位素组合使用（Peterson et al.，1985；Currin et al.，1995；Cloern et al.，2002）。$\delta^{15}N$ 同位素还担负了另外一种用途，即作为阐明生物之间的营养关系的示踪剂。这一应用的基础是营养水平每升高一级，$\delta^{15}N$ 就富集 2‰~3‰，这是由于较轻的同位素被优先排泄出去。因此，氮的稳定同位素广泛应用于食物网研究，以研究生物之间的营养关系。

3.2.4　同位素混合模型

在许多水生系统中，碳和氮的来源复杂，混合在一起，这些不同来源化合物的 $\delta^{13}C$ 和 $\delta^{15}N$ 组成是不同的。同位素混合模型是一种破译这些系统中碳和氮来源的有用工具（Fry，2006），特别是在潜在来源的数目较少，并且它们的同位素差异明显的情况下。同位素混合模型已被广泛用于生态学研究，多是在具有复杂来源的河口或近岸区域（Peterson and Fry，1987；Peterson and Howarth，1987；Currin et al.，1995；Wainright et al.，2000）。我们以一个简单的双端元模型的例子来解释同位素混合模型的使用。一个河口生物具有 -16‰ 的 $\delta^{13}C$ 值，表明其可能同化了两种不同来源食物（如来源 1 和来源 2），每一种的同位素特征都不一样（分别是 -22‰ 和 -12‰）。这些食物来源对生物摄食的相对贡献可以用下面的式子来计算：

$$\delta^{13}C_{生物} = (f_{来源1} \times \delta^{13}C_{来源1}) + (f_{来源2} \times \delta^{13}C_{来源2}) \tag{3.27}$$

和

$$f_{来源1} + f_{来源2} = f_{生物} = 1 \tag{3.28}$$

在本例中，因为我们同时求 $f_{来源1}$ 和 $f_{来源2}$ 的解，一个变量就可以用另一个变量来表示：

$$f_{来源1} = 1 - f_{来源2} \tag{3.29}$$

式（3.27）就变成：

$$\delta^{13}C_{生物} = [(1 - f_{来源2}) \times \delta^{13}C_{来源1}] + (f_{来源2} \times \delta^{13}C_{来源2}) \tag{3.30}$$

接下来我们就可以用已知的 $\delta^{13}C_{生物}$、$\delta^{13}C_{来源1}$ 和 $\delta^{13}C_{来源2}$ 来求解 $f_{来源2}$。在本例中，混合模型的解表明生物的生物量由 60% 的来源 2（或 $f_{来源2}=0.6$）和 40% 的来源 1（或 $f_{来源1}=0.4$）组成。

尽管同位素混合模型已被广泛用于生态学和海洋学研究，但它们只有在应用于来源较少，并且每一种来源的同位素特征都有明显差别的情况下才能很好地工作。这些模型的一个假设就是两个来源之间的混合是线性的。随着来源数目的增加，获得这些模型的唯一解就变得不可能了。例如，如果在上面的例子中加入第三个来源，其同位素特征值为-16‰，处在上两个来源的值中间，那么就不可能再获得唯一解了，因为实际上方程的解可以是三个来源的比值为来源 1：来源 2：来源 3 = 40：60：0 或 0：0：100。在包含多种来源的复杂情况下，多种稳定同位素或稳定同位素和生物标志物组合使用可能有助于求解不同来源的相对贡献（参见第 8 章）。

3.3 应用：稳定同位素和放射性碳作为生物标志物

3.3.1 湖泊中的稳定同位素和放射性碳生物标志物

过去的研究表明，CH_4 的同位素特征可以用来构建同位素质量平衡模型，以更好地估计大气 CH_4 的源和汇（Hein et al.，1997；Bousquet et al.，2006）。来自湖泊和湿地的 CH_4 排放显示了高的时间变化性，CH_4 冒泡是一个主要的贡献因素，特别是在湖泊中（Casper et al.，2000；Walter et al.，2006）。氢同位素和碳同位素可以用来分辨细菌的、热作用产生的和生物燃烧的 CH_4 来源（Whiticar et al.，1986）。类似的，CH_4 的 ^{14}C 比值已被用来评估化石碳天然气渗漏和采煤过程的相对重要性（Wahlen et al.，1989）。大部分湖泊的同位素研究在北美洲和欧洲开展（Martens et al.，1986；Wahlen et al.，1989）。最近，开展了一项使用 $\delta^{13}C$、δD 和 $\Delta^{14}C$ 同位素比值针对西伯利亚和阿拉斯加一些极地和寒带湖泊的甲烷排放的研究（Walter et al.，2008）。总体目标是确定与热喀斯特侵蚀有关的甲烷冒泡在全球大气 CH_4 循环过程中的作用。这项研究表明，CH_4 同位素组成、含量和通量可以被分成 3 类明显不同的区域（背景、点源和热点）（图 3.4）。来自点源的 CH_4 生产的主要途径是

CO_2 还原，而一般的 CH_4 背景源是醋酸发酵。这项研究的结果还显示，在北纬区域，相对于来自湿地的 CH_4（$\delta^{13}CH_4 = -70‰$，^{14}C 年龄为距今 16 500 年），来自冒泡作用的 CH_4 具有明显不同的同位素特征（$\delta^{13}CH_4 = -58‰$，^{14}C 年龄为现代）。到目前为止，在高纬度地区 CH_4 循环建模中使用的许多逆模型都忽视了这一过程（Walter et al.，2008）。

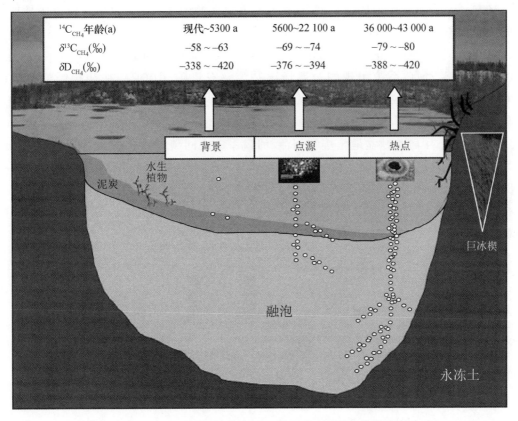

图 3.4　基于 $\delta^{13}C$、δD 和 $\Delta^{14}C$ 的西伯利亚和阿拉斯加一些极地和寒带湖泊的甲烷释放（修改自 Walter et al.，2008）

3.3.2　河流—河口连续体中稳定同位素和放射性碳生物标志物

碳氮同位素已经成功地应用于河口和近岸系统中陆源和水生有机物（Peterson et al.，1985；Cifuentes et al.，1988；Horrigan et al.，1990；Westerhausen et al.，1993）及污水和营养盐输入来源的示踪（Voss and Struck，1997；Caraco et al.，1998；Holmes et al.，2000；Hughes et al.，2000）。另外，稳定同位素也被广泛用于盐沼和其他近岸生境的食物网研究。这些研究的前提是生物可以保存其同化的食物中的同位素信号，正如 DeNiro and Epstein（1978，1981a，b）的经典研究所展示的。虽然保留了这一同位素应用的基本假设，但是后来的研究表明由于食物资源的季节变化（Fogel et al.，1992；Simenstad et al.，1993；Currin et al.，1995；Fry，2006）、营养级之间的同位素转移效应（Fry and Sherr，1984；

Peterson et al., 1986) 以及在凋落物和沉积物的早期成岩作用过程中有机物分解对同位素组成的影响 (DeNiro and Epstein, 1978, 1981a, b; Benner et al., 1987; Jasper and Hayes, 1990; Montoya, 1994; Sachs 1997), 同位素特征的分辨非常复杂。

直到最近, ^{14}C 测定才被广泛用于近岸和河口区域有机碳循环的研究 (Spiker and Rubin, 1975; Hedges et al., 1986), 并在近几年有显著的增加, 无论是单独使用还是与稳定同位素组合使用 (Santschi et al., 1995; Guo et al., 1996; Guo and Santschi, 1997; Cherrier et al., 1999; Mitra et al., 2000; Raymond and Bauer, 2001a-c; McCallister et al., 2004)。在河流/河口系统出现的一般情况是溶解有机碳 (DOC) 往往比颗粒有机碳 (POC) 更富集 ^{14}C (或更年轻) (图 3.5) (Raymond and Bauer, 2001a)。这是因为 DOC 被认为主要来自表层土壤凋落物的新鲜渗滤液 (Hedges et al., 1986; Raymond and Bauer, 2001a-c)。了解流域盆地土壤和河流/河口系统之间碳源的联系对于确定陆地和水生系统之间的关联非常关键。利用 ^{14}C 已经研究了土壤中有机碳的停留时间 (O'Brien, 1986; Trumbore et al., 1989; Schiff et al., 1990; Trumbore, 2000)。这些研究支持了这样一种观点, 即来自表层土壤的富集 ^{14}C 的 DOC 被输运至溪流, 并且比产生它的土壤中的有机碳更年轻。

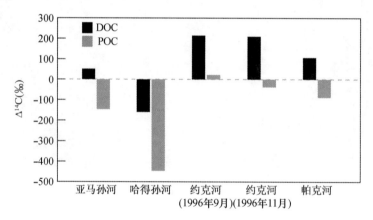

图 3.5 在河流/河口系统出现的一般情况是 DOC 往往比 POC 更富集 ^{14}C 或更年轻
(修改自 Raymond and Bauer, 2001a)

放射性碳同位素还提供了关于支持细菌生产的有机物的新认识。直到最近, 老的有机物仍被认为是耐微生物分解的。McCallister 及其合作者指出从古沉积物中沥滤出的溶解有机物 (DOM) 可被水中的细菌利用和氧化。这一发现为河口生物地球化学研究打开了一个崭新的窗口。McCallister 等 (2004) 给出了两个河口不同区域原位生长的细菌的 "饮食" 的季节变化的定量结果。在 2000 年 5 月, 美国弗吉尼亚约克河的中盐度区域的细菌主要依靠来自河口浮游植物的 OM 来维持生长 (总量的 83%~87%), 其次是陆源 DOM (13%) 和少量的来自盐沼的 OM (1%~5%)。相反, 在美国哈得孙河, 高达 25% 的细菌同化的碳来自距今约 24 000 a 的沉积物。

3.3.3　海洋中的稳定同位素和放射性碳生物标志物

¹⁴C 测定已被广泛用于海洋环境，以获得关于不同有机碳库的年龄分布的认识（Williams and Gordon，1970；Williams and Druffel，1987；Bauer and Druffel，1998；Bauer et al.，1998；Druffel et al.，1992；Bauer，2002）。例如，Broecker 和 Peng（1982）使用了大洋水中的 CO_2 的 ¹⁴C 来确定表层和底层水之间的年龄和循环模式。海洋中的溶解无机碳是地球上最大的可交换碳库［36 000 Gt（以 C 计）］（Druffel et al.，2008）。近期的研究表明，在重新启用中太平洋北部（north central Pacific，NCP）和马尾藻海（Sargasso Sea，SS）的两个站点后观察到了底层水中 ¹⁴C 的增加（Druffel et al.，2008）。特别是在 1973—2000 年期间，核弹 ¹⁴C 在 NCP 和 SS 的深层水体中不断增加。NCP 的结果表明底层循环的变化或核弹 ¹⁴C 向这一层次的侵入。从 1989 到 2000 年核弹 ¹⁴C 向 SS 深海的增加可能反映了北大西洋深层水（North Atlantic deep water，NADW）向南输运至此站点（图 3.6 和图 3.7）。在 1972—2000 年间，两个站点上层 1000 m 内 DIC δ^{13}C 平均值的降低都表明了 ¹³C 亏损的

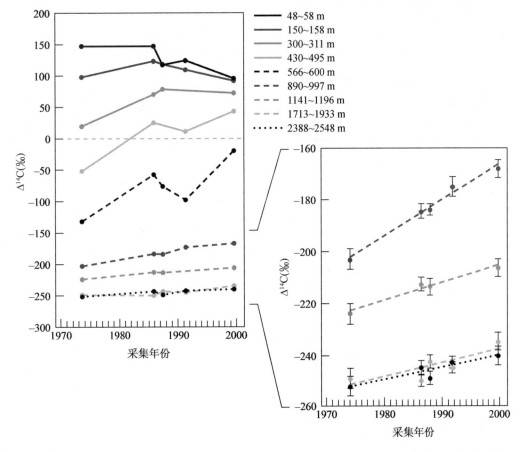

图 3.6　在 1973—2000 年期间，核弹 ¹⁴C 在中太平洋北部（north central Pacific，NCP）的深层水体中增加了。这一趋势在 NCP 的一个站点重新启用后观察到（修改自 Druffel et al.，2008）

大气人为源的存在（图 3.8）。有意思的是，研究显示表层水中 POC 的再矿化并不能向这些站点的深层水供给足够的核弹^{14}C。而且，结果还表明 SS 底层水中增加的核弹^{14}C 来自 NADW，来自挪威海和格陵兰海，如其他示踪剂所示（Smethie et al.，1986；Ostlund and Rooth，1990）。然而，在 NCP 观察到的核弹^{14}C 的增加可能是由于深层水循环模式的变化。需要进一步的研究来更好地了解观察到的这些变化（Druffel et al.，2008）。

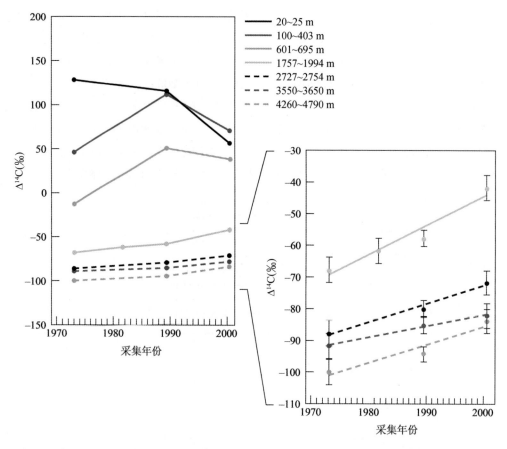

图 3.7　在 1973—2000 年期间，核弹^{14}C 在马尾藻海（Sargasso Sea，SS）的深层水体中增加了。这一趋势在 SS 的一个站点重新启用后观察到（修改自 Druffel et al.，2008）

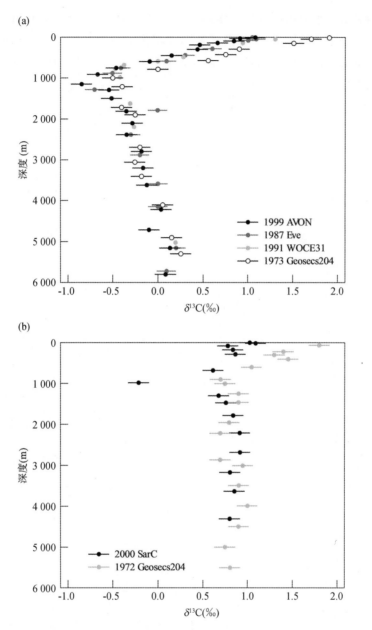

图 3.8 1972—2000 年期间，（a）中太平洋北部（NCP）和（b）马尾藻海（SS）两个站点上层 1000 m 内 DIC δ^{13}C 平均值的降低，表明^{13}C 亏损的大气人为源的存在（修改自 Druffel et al., 2008）

3.4 本章小结

在本章中，我们介绍了一些同位素地球化学的基本原理，以及一些如何将稳定同位素和放射性碳应用于研究水生生态系统中有机物来源的例子。过去的十年中，技术的进步使得可以更高的灵敏度来分析更少量的样品，显示化学生物标志物和总有机物同位素技术的进一步耦合大有希望。特别是 CSIA 已经证明在提供有机物的特定来源和年龄的更多信息方面具有非凡价值。现在发表的更全面的使用双同位素示踪剂（如 ^{13}C 和 ^{14}C）、CSIA 和多重化学生物标志物的分析方法使得我们对水生生态系统中有机物的循环、保存和来源有了更深入的认识。

第4章 分析化学方法和仪器

4.1 背景

在有机地球化学领域，采样和分析工具处于核心地位，技术在这一领域整个的历史发展中都起了重要的促进作用。本章综述了有机地球化学家所使用的一些主要的分析方法以及在水生有机地球化学研究中有应用前景的新的和尚在发展中的工具。检测环境样品中低含量有机化合物以及分离和表征较高分子量和复杂性的化合物的特征的能力在近几十年显著提高了。总的来说，我们表征环境样品中有机物特征的能力主要在3个方面得到发展：（1）新的采样方法使得从较广泛多样的基质中获得足够量的有机物或将有机物分离出来成为可能；（2）分析化学方面的创新提高了检测限和/或使得新的化合物种类的分析成为可能；（3）从环境科学以外的领域借用的方法的调整和应用。

虽然在生物地球化学方法中使用的分析技术的特定细节通常不会在大部分生态系统生态学和地球科学领域的书籍中提及，但我们认为，至少提供一些化学生物标志物分析中应用的仪器方法的基础知识，尽管有限，却很有必要。为了实现这一目标，本章伊始我们先介绍一些在持续发展的分离科学学科范围内相关领域的分离溶解有机物（DOM）和颗粒有机物（POM）的采样技术。正如期刊《分离科学》（*Journal of Separation Science*）所描述的，这一领域包括"色谱和电泳分离方法的所有方面……包括分析和制备两种模式下的基本原理、仪器和应用"。在介绍更复杂的电泳和色谱分析方法的先进分离技术之前，我们首先介绍在没有分离科学的时候如何分析POM和DOM的整体性质。我们以光谱分析作为开始，从早期简单的光谱和荧光分析到当前使用的更先进的荧光光谱法，接着到核磁共振（NMR）光谱法的应用。接下来，我们回到分离科学，讲述电泳和色谱仪器分析的细节，从简单的荧光光谱检测器方法到更复杂的仪器，如质谱。最后，我们以稳定和放射性碳同位素分析作为结束，包括整体和单一化合物两种方法。

这些分析方法的一个重要考虑就是要能观察到有机物中各种生物化学成分随着有机物被改造而不断地减少，即较大比例的有机物随着时间变得不具特征而无法被观测。这里介绍的许多技术正在打开分析的窗口，提供关于环境中有机物的组成和归宿的新认识。

4.2 自然样品分离和采集的分析过程

一般来说，与环境样品相联系的有机化合物的分析包括多个步骤：（1）样品采集；（2）从样品基质中提取或分离感兴趣的有机组分；（3）把有机组分按组成分离；（4）化合物检测、鉴定和定量；（5）数据分析和解释。采样之前，应进行实验设计，将样品放入一个使数据能够在一定环境背景下解释的框架中。在采样计划中需要考虑影响所研究的过程的外部因素（如时间和空间变化性、生物活动和物理过程）。采样时还需要考虑如何最好地代表环境或所研究的过程。因此，诸如环境变化性、平行样和数据分析方法等因素应当纳入采样计划。避免因采样方法引入可能影响样品或数据解释的人为产物而偏离也很重要。这包括考虑采样装置的材料类型、采样效率、污染、吸附损失以及样品的储藏和保存。

4.2.1　DOM 分离

有机地球化学研究通常针对与溶解态和固体基质相联系的环境样品开展（图 4.1）。传统的样品包括从海水样品中过滤或浓缩所得的悬浮颗粒物、沉积物捕集器研究所得的沉降颗粒物、土壤和沉积物样品与化石材料，如岩石、煤炭和石油。在近几十年里已发展出许多分析方法来浓缩 DOM，包括树脂（如 XAD）、超滤、固相萃取和最近的反渗透—电渗析（RO-ED）。浓缩之后，DOM 的特征可进一步用多种光谱和色谱方法来表征（Guo and Santschi, 1997; Minor et al., 2001, 2002; Guo et al., 2003; Simjouw et al., 2005）。近几十年来，DOM 的分析进展相当大（Hedges et al., 1993a; Hansell and Carlson, 2002; Mopper et al., 2007）。然而，直到最近，表征海洋 DOM 还特别具有挑战性，因为浓缩 DOM 的方法也浓缩了会干扰分析的盐分。另一个挑战是许多浓缩方法仅分离 DOM 的一部分，而这一部分可能并不代表整个 DOM 库。超滤技术在 20 世纪 90 年代早期兴起，从那以后就被广泛应用于水生样品中的 DOM 的浓缩（Bauer et al., 1992; Benner et al., 1992; Amon and Benner, 1996; Aluwihare et al., 1997, 2002; Loh et al., 2004; Repeta and Aluwihare 2006）。相对于其他方法（如 XAD 树脂），超滤具有以下几个优势：（1）高的表面积；（2）分离胶体有机物（COM）和真正溶解有机物的能力；（3）高流量，有助于更大体积的 DOM 和 COM 浓缩以表征其特性；（4）无需预处理，如可能造成少量人为产物的 pH 变化；（5）DOM 产出（回收率）比其他方法的典型产出高（例如，它是 XAD 树脂分离能得到的 DOM 的两倍多）。

最近发展出来的 RO-ED 耦合方法有望规避一些与 DOM 表征相关的分析挑战（Vetter et al., 2007; Koprivnjak et al., 2009）。氯化物和强阳离子（Na^+, Ca^{2+}, Mg^{2+}, Sr^{2+} 和 K^+）在电渗析过程中通过电场辅助下的半渗透膜的交换从溶液中去除（Mopper et al., 2007），接着可以使用阳离子交换色谱去除低浓度残留阳离子。由于具有高的蒸气压，氯化物可以通过冻干来去除。该方法相比超滤和 XAD 树脂有几个优势，包括：（1）它不需要改变 pH 值；（2）DOM 不与有机溶剂或其他洗脱试剂发生作用；（3）粒径分级产生的损失是最小的；（4）DOC 回收率超过 60%（Vetter et al., 2007）。RO-ED 方法得到了脱盐的浓缩液态样品，据此可以通过冻干的方法得到固体形式的低灰分天然有机物，通过光谱和色谱的方法可以进一步表征这些物质。

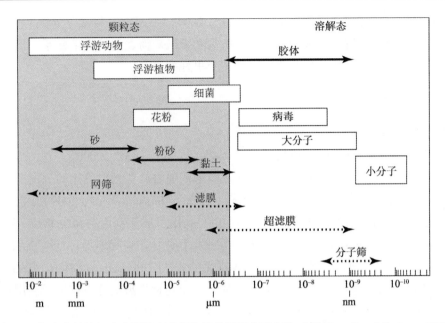

图 4.1　海水中的溶解态和颗粒态有机物的粒径和分离方法（据 Hansell and Carlson，2002）

4.2.2　POM 分离

　　颗粒有机物（POM）的采集和分析也取得了一些进展。沉积物捕集器是采集沉降颗粒的传统方法，广泛应用于湖泊和海洋环境的研究以表征沉降颗粒物的通量和组成（参见第 7 章~第 10 章）。然而，沉积物捕集器也有局限性和问题，如不适用于水平流，会收集到游泳生物等，使用保存剂已被广泛认可（Lee et al.，1992；Hedges et al.，1993b；Wakeham et al.，1993；Buesseler et al.，2000，2007）。最近，一类新改进的克服以上问题的沉积物捕集器被设计出来（Peterson et al.，2005）。新沉积物捕集器的特别之处包括：（1）颗粒物采集基于离散的颗粒自由沉降速度范围；（2）参考闭合浮游生物网的设计开发了一套大型、自由浮动的网捕集器（NetTrap），能够在短时间内（24~36 h）采集大量的（接近 1 g）非常新鲜的沉降颗粒物；（3）有一套淘选系统，可用不同速度的逆向流对网捕集器中的颗粒物按照沉降速度进行分级。这一新一代沉积物捕集器最近在多种近岸和海洋系统中进行了测试（Goutx et al.，2007；Lamborg et al.，2008）。

　　当前研究的另一个领域聚焦于了解有机物的"结构"。20 世纪 90 年代发表的一系列文章假设有机物和矿物相之间的联系控制了有机物在环境中的保存（Keil et al.，1994，1997；Mayer，1994；Hedges and Keil，1995；Ransom et al.，1998）。这导致了最近几年对颗粒物和沉积物特征的详细表征，包括粒径和密度的分级（Arnarson and Keil，2001；Coppola et al.，2007）。另外，这些研究利用了多种光谱工具以更好地了解有机物和矿物表面之间的结合方式（Brandes et al.，2004，2007；Steen et al.，2006；Yoon，2009）。来自材料科学和土壤地球化学领域的方法的使用日益增多，以更好地了解矿物—有机物相互作用并研究它们在有机物保存中的作用（Zimmerman et al.，2004a，b；Steen et al.，2006）。尽管吸附保存的作用还没有完全解答，我们现在对有机物和无机矿物之间的复杂联系，以及这些联系如何影响酶的活性和有机物保存已经有了一个更好的了解。

4.2.2.1   场流分级

场流分级（Field-flow fractionation，FFF）是一类特别为分离和表征大分子、超分子集合、胶体和颗粒物特征开发的分析技术（图4.2）（Schure et al.，2000）。这一方法能同时分离很宽粒径范围内的溶解和胶体成分，在亚微米范围内具有无与伦比的分离能力，其动态范围从几个纳米到几个微米（Schimpf et al.，2000；Messaud et al.，2009）。它还具有快速分析的优点，通常分析时间为10~30 min。FFF利用了层流剖面与待分离成分的指数浓度剖面的组合效应（Messaud et al.，2009），在水生科学中的应用日益广泛。例如，FFF提供了一个独特的通过分子大小分离海洋胶体物质的方法（Beckett and Hart，1993；Hasselhov et al.，1996；Floge and Wells，2007）。FFF是一个色谱类型的分析技术，利用扩散系数的差异来分离胶体（Giddings，1993）。它能获得胶体物质的连续粒径谱，这些胶体物质可被多种在线检测器（如分光光度计、荧光光度计）和其他技术来分析（Floge and Wells，2007）。

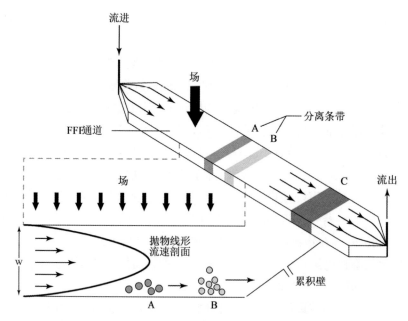

图4.2   场流分级（FFF）系统示意图。A、B和C分别代表被分离的分析成分
（据 Schure et al.，2000）

4.2.2.2   流式细胞法

流式细胞法作为一个工具被引入生物海洋学，它可以在浮游植物循环的生态学时间尺

度内（如几小时到几天）快速和准确估计微微型和微型浮游植物（如粒径小于 20 μm 的藻类细胞）细胞数量（Legendre and Le Fevre，1989；Legendre and Yentsch，1989；Wietzorrek et al.，1994）。流式细胞仪使用流体动力学聚焦的原理将细胞置于激光下（或任何光激发源）。样品被注入一个鞘流的中心。该组合流的直径被减小，迫使细胞进入流的中心，使得激光一次可以检测一个细胞。流通池及其与处于传感区域的激光束的关系示意图如图 4.3 所示。该方法被用来辅助落射荧光显微镜的分析，使得可以在航次断面和培养试验期间进行细胞组成和数量的高分辨采样。流式细胞法还可以对细胞色素（如叶绿素和藻胆素）进行定量分析。这一信息有助于确定光、营养盐和其他物理参数的变化在生态学时间尺度上是如何影响浮游植物生理的。通过使用特殊荧光染色剂和/或荧光底物，流式细胞法还被用于微微型和微型浮游植物的生态生理学研究（Dorsey et al.，1989）。最近，有一些新的发展，使得可以应用流式细胞分选和直接温度分辨质谱（DT-MS）来测定 POC 样品（Minor et al.，1999）。DT-MS 是一种快速的（~2 min）测定方法，可以对大范围的化合物类别，包括可解吸和可热解两类成分，进行分子水平的表征。因此，这一技术与流式细胞法结合就弥补了总样分析，如元素分析所获得的信息和来自详细但费力的特定类别化合物分析的信息之间的缺口。最后，尽管因为速度和定量测定方面的优势流式细胞法已经被证明是有用的，需要采集离散的水样用于船上或实验室中分析是它的一个局限。为了解决这一问题，最近的研究发展了一种自动的流式细胞仪（FlowCytobot），可以在原位和无人值守的情况下进行操作（Olson et al.，2003）。

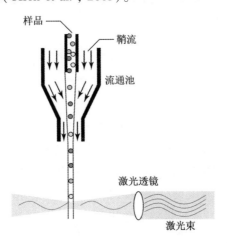

图 4.3　流式细胞法示意图

4.3　波谱技术和仪器

4.3.1　基本原理

化合物通常以其最低能量或基态存在，当与适当的电磁辐射相互作用时，这些化合物中会发生一些电子、振动和转动跃迁。例如，一旦这些化合物中的电子达到它们的激发态，就可以通过释放在相同或较低的频率吸收的能量或通过热的散失回到它们的基态，这一过程可能不会产生辐射弛豫（McMahon，2007）。某些分子能吸收紫外线（UV）、可见光（Vis）和/或近红外（near infrared，NIR）辐射。NIR 能造成分子振动的增加，而吸收 UV 和 Vis 能造成电子迁移到更高的电子轨道。更显著的是，X 射线能造成键的断裂，并使分子结构离子化。在电磁波谱中（图 4.4），UV、Vis 和 NIR 的辐射范围分别从 190~350 nm、350~800 nm 和大约 800~2500 nm（McMahon，2007）。在 UV-Vis 吸收中，某些分子种类的含量遵从比尔—朗伯定律，如下所示：

$$A_\lambda = \varepsilon_\lambda cl \tag{4.1}$$

其中：A_λ 为特定波长（λ）下的吸光度；ε_λ 为特定波长（λ）下的消光系数；c 为含量；l 为光程。

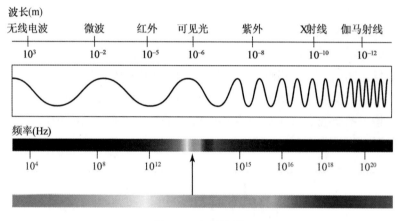

图 4.4　电磁波谱

　　分光光度计分析的是样品被已知波长的单色光束照射所发射出来的光（如通过反射、透射或任何其他合适的电抗）。一个典型的单波束分光光度计如图 4.5 所示。单波束分光光度计的缺点是不能补偿系统参数的实时波动，这可能反过来影响结果数据。在双波束分光光度计中，单一的单色源波束被分成双波束，一个波束用来照射样品，另一个作为参比。这使得双波束分光光度计能提供一个参比信号，当与样品信号相比时，使实时波动的影响最小化。

　　红外（IR）光谱的操作原理是基于分子振动的检测技术。这一技术有助于确定分子的结构信息以及官能团的细节和它们异构化的取向性。这里我们将 IR 称为中范围电磁波谱，波长范围是 2500~25 000 nm。分子吸收 IR 辐射后，分子极性就会变化，导致分子的振动和转动跃迁（McMahon，2007）。图 4.6 说明了 IR 吸收导致的跃迁变化的一些例子。许多现代仪器属于色散仪器，已经被傅里叶变换红外光谱仪（FT-IR）所替代。FT-IR 仪器使用一个干涉仪，而不是单色器来获得光谱，当光扭曲了分子中的电子密度时就会出现干涉，这种技术使得信噪比、测量速度得以改善，并且能够同时测定所有波长（详见 McMahon，2007 中的拉曼效应）。FT-IR 常被用于水生系统以描绘 DOM 和 POM 的特征。例如，1997—2000 年采自亚得里亚海的大型团聚体的 FT-IR 光谱（图 4.7）（Kovac et al.，2002）显示其吸收范围一般为 2800~3600 cm^{-1}，符合氢键键合的 OH 和 N-H 基团的特征；在 2800~3000 cm^{-1} 范围有来自多种脂肪族成分的弱吸收。在 400~1800 cm^{-1} 范围，发现许多波段，确信主要来自硅藻的有机（蛋白质和多糖）和无机成分（碳酸盐和硅酸盐）的振动。

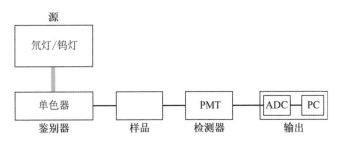

图 4.5　典型的单波束紫外可见近红外（UV-Vis-NIR）分光光度计（PMT 为光电倍增管；ADC 为数字转换模块；PC 是个人计算机）（据 McMahon，2007）

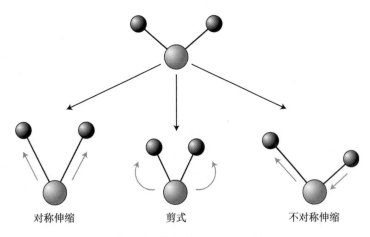

图 4.6　傅里叶变换红外（FT-IR）振动跃迁

4.3.2　荧光光谱

如前所述，叶绿素 a 含量已是一个常规参数，用来估算淡水和海洋环境中光合自养细胞的现存量和生产力。叶绿素类色素的分光光度分析在 20 世纪 30 年代和 40 年代先发展起来（Weber et al.，1986）。Richards 和 Thompson（1952）首先引入了一个用来测定叶绿素 a、b 和 c 的三色技术；这一技术使用了一组方程式，试图校正在每一种叶绿素的最大吸收波长处来自其他叶绿素的干扰（Richards and Thompson，1952）。自 20 世纪 60 年代以来，荧光方法常被用于现场分析。然而，许多早期的荧光计在使用宽带通滤镜时，不能明

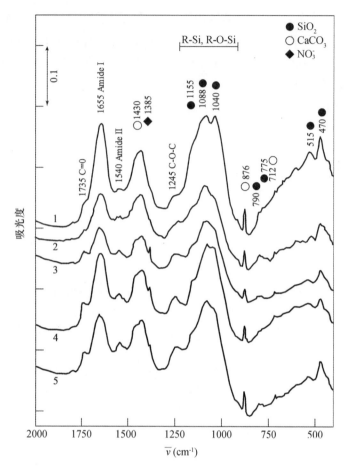

图 4.7　2000 年 6 月 13 日（1）、1997 年 7 月 16 日（2）、1997 年 7 月 31 日（3）、1997 年 8 月 13 日（4）和 1997 年 9 月 4 日（5）采集的 KBr 小球中的大型团聚体的 FT-IR 光谱（波数范围 2000～400 cm^{-1}）（据 Kovac et al.，2002）

确地分辨荧光波段重叠（Trees et al.，1985）。而且，当叶绿素 c 含量较高时，这样的荧光计通常会低估叶绿素 b 并高估叶绿素 a（Bianchi et al.，1995；Jeffrey et al.，1997）。许多最近发展出来的荧光光谱仪有了相当大的改进，能够更好地处理这些干扰问题（Dandonneau and Niang，2007）。而且，现场大范围体内荧光光谱分析相对于更为耗时但准确的高效液相色谱（HPLC）方法，仍然有助于获得快速的结果（Jeffrey et al.，1997 及其中的参考文献）。

　　荧光光谱分析在水生系统中的另一个应用是分析 DOM。特别地，三维激发-发射矩阵（excitation-emission matrix，EEM）荧光光谱具有通过非破坏性和高灵敏度的手段来测定不同水生系统中 DOM 的类型和来源的能力（Mopper and Schultz，1993；Coble，1996，2007；Cory and McKnight，2005；Kowalczuk et al.，2005；Murphy et al.，2008）。水生系统中 DOM 的荧光光谱分析通常包括扫描和记录多个不同的发射光谱（如 260～700

nm）和激发波长（如 250~410 nm，以大约 10 nm 为间隔）（Parlianti et al.，2000）。最近，平行因子分析（parallel factor analysis，PARAFAC）被用于分析荧光 EEM 光谱（EEMs），由此可以使用一个多路方法将 DOM 的荧光信号分解成独特的荧光基团，这些荧光基团在丰度上与 DOM 前体物质的丰度有关（Stedmon et al.，2003；Stedmon and Markager，2005）。

通常在一个给定的天然系统中采集了荧光 EEMs 后，会将其代入一个已有的 PARAFAC 模型，因为尽管有构建 PARAFAC 模型的指南（Stedmon and Bro，2008），但在发展一个新的模型时，组成选择和其他问题依然存在（Cory and McKnight，2005）。因此，很多研究者将他们自己的 EEM 数据置入已有的 PARAFAC 模型（Cory and McNight，2005）；然而，将 EEMs 置入一个为不同水生环境开发的 PARAFAC 模型可能导致对 EEM 数据的不准确解释。从积极的一面来说，最近有一项研究报道认为，只要模型和样品的 DOM 来自相似的环境，置入 EEMs 到一个已有的 PARAFAC 模型就是可行的（Fellman et al.，2009）。

4.3.3　核磁共振（NMR）波谱

NMR 波谱是一种功能强大但理论复杂的分析工具，可以用来表征有机物并阐明其结构。在讨论 NMR 在河口系统中的应用之前，我们将会简要介绍一些它的基本原理。通俗来讲，当被放置在一个强磁场中时，许多原子核（如 ^1H、^{13}C、^{31}P 和 ^{15}N）有其固有的旋转状态，如果同时用电磁辐射（微波）来照射这些原子核，它们就可以通过一个被称为磁共振的过程来吸收能量（Solomons，1980；Levitt，2001）。这一共振吸收的能量就可以作为 NMR 信号被仪器检测到。NMR 利用的是原子核旋转与强磁场之间的相互作用，而这一磁场受射频（RF）辐射，使得处于磁场中的样品原子核可以在不同旋转状态之间转变（McCarthy et al.，2008）。图 4.8 是一个 NMR 波谱仪的简单示意图。RF 发射器通常产生几个 MHz 到几乎 1 GHz 频率的辐射，这在照射样品分子时非常有效。大部分 NMR 仪器扫描多个磁场强度，自旋的原子核在这些外加磁场的作用下变成有序排列。液态和固态 NMR 仪器的微波频率范围通常在 60~600 MHz 之间，较高频率的应用会得到更高的分辨率。一个"裸露"的原子的原子核感受到的实际磁场与具有不同电子环境的原子核"感受"到的并不一样；这些差异提供了确定分子结构的基础。磁场强度的差异是由与邻近原子相关的电子的屏蔽和去屏蔽引起的，这一电子干扰被称为化学位移。原子核的化学位移与外部磁场强度成比例，由于许多 NMR 仪器具有不同的磁场强度，所以常常报道与外部磁场强度无关的化学位移。相对于磁场强度（MHz 的范围）来说，化学位移通常很小（在 Hz 的范围内），因此使用一个恰当的相对标准来表示化学位移会比较方便。交叉极化魔角旋转（Cross-polarization，magicangle spinning，CPMAS）NMR 是另一个常用的方法。这种方法让分子高度旋转，并将旋转传递给不旋转的分子，使其在获得通常不旋转的分子的信号方面非常有用（Levitt，2001）。

质子（^1H）和 ^{13}C-NMR 是最常用的 NMR 工具，用于植物、土壤与沉积物及水生生态

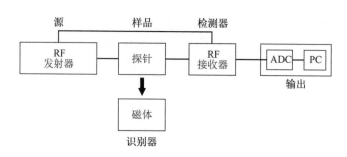

图 4.8　核磁共振波谱仪的一般设计。RF 为射频；PC 是个人计算机；ADC 是模拟—数字转换器（据 McMahon，2007）

系统中的 DOM 的复杂生物聚合物中的官能团的非破坏性测定（Schnitzer and Preston，1986；Hatcher，1987；Orem and Hatcher，1987；Benner et al.，1992；Hedges et al.，1992，2002）。尽管[13]C-NMR 信号与质子信号产生的方式一样，^{13}C 核的化学位移更宽一些。使用[13]C-NMR 表征天然系统有机物特征的关键优势之一是能够测定与主要官能团相关的碳的相对丰度。尽管与使用化学生物标志物相比，^{13}C-NMR 并不能提供多少某些生物聚合物的特定降解过程的深入认识，但它确实提供了一个非破坏性的方法，使得对总碳的更大部分有了更好的了解。一个墨西哥湾胶体物质样品的 CPMAS ^{13}C-NMR 谱如图 4.9 所示，可以看到在 60~90 之间有一个大峰，指示了糖类的存在（表 4.1）——很可能来自浮游植物分泌物。相似的，一个纯硅藻的[1]H-NMR 谱显示，在 $\delta = 3.4 \sim 5.0$（CH）区域有一个宽峰，并存在指示端基质子的 $\delta = 5.0 \sim 5.8$ 信号，这被认为是来自糖类和有机硅化合物（Si-R、Si-O-R）的质子在 $\delta < 0.7$ 处的共振，两者都指向硅藻（图 4.10）（Kovac et al.，2002）。

^{31}P-NMR（Ingall et al.，1990；Hupfer et al.，1995；Nanny and Minear，1997；Clark et al.，1998）和[15]N-NMR（Almendros et al.，1991；Knicker and Ludemann，1995；Knicker，2000）的应用分别有助于描绘自然系统中有机和无机 P 库和 N 库的特征。最近，二维（2D）^{15}N ^{13}C-NMR 也已被用来研究在降解实验中藻类蛋白质的归宿（Zang et al.，2001；Mopper et al.，2007）。^{13}C-NMR 作为一个有用的河口研究工具首先是应用在表征湿地植物物质分解时的总体化学变化（Benner et al.，1990；Filip et al.，1991）。例如，Benner 等（1990）使用了碳的四种结构类型（石蜡、糖类、芳香族和羧基结构）来确定美洲红树（*Rhizophora mangle*）树叶在热带河口水体中分解期间总碳的变化。这一研究揭示了糖类的优先丢失和石蜡聚合物的保存。相似的，互花米草（*Spartina alterniflora*）分解时释放的 DOM 的[13]C-NMR 分析也显示了来自新鲜组织的糖类的优先丢失（Filip et al.，1991）。用[13]C 和[15]N 同位素标记的微藻分解后的残余物质的二维[15]N-^{13}C NMR 分析显示蛋白质和高度脂肪族化合物随着时间会被保存下来（Zang et al.，2001），支持了包裹的概念，即易降解的化合物可以被大分子成分，如胶鞘等生物聚合物所包裹保护（Knicker and Hatcher，1997；Nguyen and Harvey，2001；Nguyen et al.，2003）。

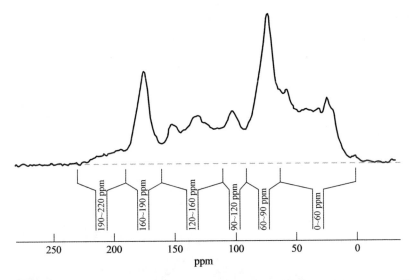

图 4.9　海洋 DOM 的 CPMAS ^{13}C-NMR 谱。来自墨西哥湾超滤 DOM（>1 kDa）（德克萨斯农工大学 Bianchi 等，未发表数据）

表 4.1　天然有机物（NOM）峰面积积分所用的化学位移范围和它们各自所代表的碳的来源归属

积分范围（ppm）	碳的来源鉴定
0~45	来自脂类和生物聚合物的石蜡碳
45~60	主要来自木质素和氨基官能团的甲氧基
60~90	糖类碳
90~120	糖类异头碳和质子替换芳香族碳
120~140	主要来自木质素和非水解单宁的碳替换芳香族碳
140~160	主要来自木质素和水解单宁的氧替换芳香族碳
160~190	来自降解木质素和脂肪酸的羧基和脂肪氨基碳
190~220	醛和酮类碳

来源：据 Dria et al.，2002。

　　基于 ^{13}C-NMR 的结果表明，河流和沼泽的 DOM 主要由芳香族的碳组成，代表了来自维管植物组织的木质素的输入（Lobartini et al.，1991；Hedges et al.，1992；Engelhaupt and Bianchi，2001）。相反地，在美国密西西比河中的 DOM 主要由脂肪族而不是芳香族化合物组成，主要来自生长在高营养盐、低光照条件下的淡水硅藻（Bianchi et al.，2004）。能显著影响总碳组成的河口 DOM 的其他来源包括沉积物间隙水和流经土壤的本地径流。例如，^{13}C NMR 研究表明，在缺氧条件下，间隙水 DOM 主要以来自藻类/细菌纤维素和其他未知物质分解产生的糖类和石蜡结构的成分占优势——木质素的分解产物很少（Orem and

Hatcher，1987）。在好氧条件下，间隙水 DOM 具有较低的糖类和较高的芳香族结构丰度。最近 Engelhaupt and Bianchi（2001）的研究进一步表明，在一个邻近美国庞恰特雷恩湖（Lake Pontchartrain）河口的潮汐溪流中，在低氧条件下木质素不会有效的降解。

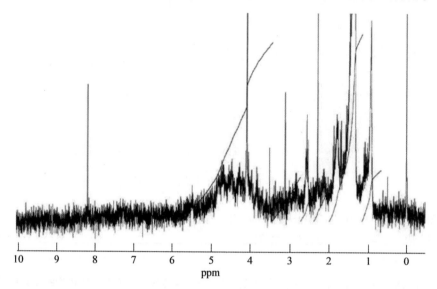

图 4.10　硅藻中肋骨条藻（*Skeletonema costatum*）的 ^{1}H-NMR 谱。糖类共振处于 $\delta = 3.4 \sim 5.8$ μL/L，脂肪族成分（R）位于 $\delta = 0.9 \sim 1.8$ μL/L，官能团，如酯和氨基（COR）位于 $\delta = 2.1 \sim 2.7$ μL/L（Kovac et al.，2002）

4.4　先进的分离技术和仪器

4.4.1　气相色谱

4.4.1.1　气相色谱和气质联用

毛细管气相色谱（GC）和气质联用（GC-MS）是有机地球化学家常用的主要工具，用来鉴定和定量环境样品中的有机化合物。GC 分析通过在流动相（气体）和固相（色谱柱）之间分配化合物来分离有机化合物的混合物（图 4.11）。现代 GC 分析常用的是商业可购的具有 0.20~0.25 mm 内径和 30~60 m 长的熔融石英毛细管柱。通常，这些色谱柱的固定相与石英化学键合，导致较大的热范围和最小的柱流失。有关 GC 的应用限于可直接挥发或衍生化后可挥发的化合物。尽管环境样品中存在的有机化合物仅有相对小的比例（5%~10%）可进行 GC 分析，但这一方法广泛应用于许多类别的有机污染物和天然产物（如烃类、卤代烃、农药、木质酚、脂肪酸和甾醇）。GC-MS 将 GC 分辨彼此结构相似的化合物的能力与可靠的识别单个化合物的质谱信息相结合。计算机化的 GC-MS 能够使用多方面的信息检测和鉴定化合物，包括 GC 保留时间、洗脱顺序和模式以及 MS 破碎模式。Peters 及其同事在他们的书中很好地总结了 GC 和 GC-MS 背后的理论及它们在有机地球化学学科的应用（Peters and Moldowan, 1993；Peters et al., 2005）。

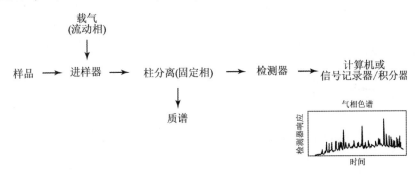

图 4.11　气相色谱（GC）主要组成示意图，显示流动相从色谱柱进入检测器或质谱

4.4.1.2　气相色谱检测器和离子化技术

广泛多样的检测器已经和毛细管 GC 组合使用来分析环境样品。离子火焰检测器（FID）是 GC 分析最常见的检测器，也常被认为是通用检测器，因为它对所有的有机化合物都有同样灵敏度水平的响应（图 4.12a）。FID 使用氢气/空气火焰来分解含碳分子。氮磷检测器（NPD）对含氮和/或磷的有机化合物更灵敏也更有选择性（图 4.12b）（McMahon, 2007）。FID 是质量敏感检测器，好处在于能提供好的线性动态范围（10^6）、适度的高灵敏度和良好的稳定性。FID 的一个缺点是它对样品具有破坏性。从 GC 柱出来的流动相与氢气混合，在一个喷嘴的顶端和过量的空气中燃烧。当有机物进入检测器，会在火焰中燃烧，形成离子，被位于喷嘴上面的电极收集。FID 的响应（峰面积）与通过检测器的碳原子数量成比例。电子捕获检测器（ECD）也广泛应用于有机地球化学研究（图 4.13）。ECD 也是一个选择性的检测器，会对具有高度电子亲和力的分子产生响应。它对卤代化合物特别灵敏，但是也可以用于含硝基的化合物、高度氧化的化合物和一些脂肪族化合物。与 FID 不同，ECD 响应是变化的，它的灵敏度可以达到几个数量级，即使是对于结构相似的化合物也是如此。不过，它有一个相对有限的线性动态范围。另一种在有机化合物 GC 分析常用的检测器是火焰光度检测器（FPD），用于含磷和硫化合物的痕量分析。与上面的检测器相比（图 4.14），热导检测器（TCD）对样品不具破坏性（图 4.15）。正因如此，它常用于制备 GC。TCD 对多种样品类型有响应，包括气体，但因其灵敏度较低，并没有广泛用于痕量分析。

有机地球化学家使用的最重要的检测器是质谱检测器（图 4.16）。GC-MS 分析可以在两种模式下进行：电子轰击（EI）和化学电离（CI）。在 EI 模式下，离开 GC 色谱柱的流动相受到电子的轰击（通常在 70 eV 下），使得分子碎片化，产生了分子离子（$M+e^- \rightarrow M^+ + 2e^-$）和其他的碎片。尽管分子离子（$M^+$）提供了感兴趣的分子的分子量信息，碎裂

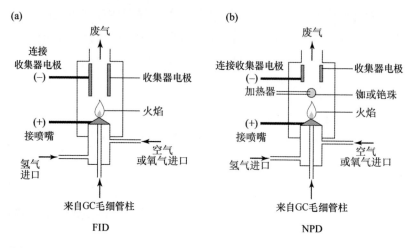

图4.12　（a）离子火焰检测器（FID）和（b）氮磷检测器（NPD）示意图
（据 McMahon，2007）

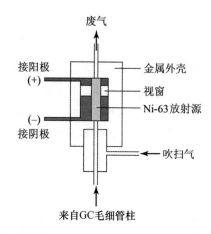

图4.13　电子捕获检测器（ECD）示意图（据 McMahon，2007）

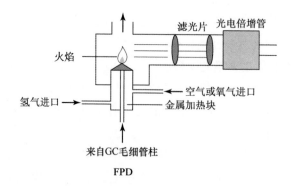

图4.14　火焰光度检测器（FPD）示意图（据 McMahon，2007）

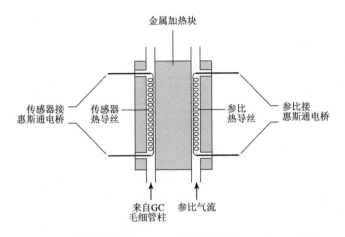

图 4.15　热导检测器（TCD）示意图（据 McMahon，2007）

方式（质谱）却提供了独特的基于给定分子的结构的指纹信息（图 4.16）。对于 GC-MS，一个有用的类比是，想象你打碎了一箱酒杯，每一个酒杯都完全地按相同的方式打碎。相似地，在 GC-MS 中，一个给定的分子每一次分析时都会可重复地破碎，这就是提供独特结构信息的碎裂方式。分子碎裂的方式很大程度上受键强度差异的控制（C-C 键断裂比 C-H 键容易，因为它们更弱）。在 EI 模式下操作的 GC-MS 已被用来鉴定存在于环境样品

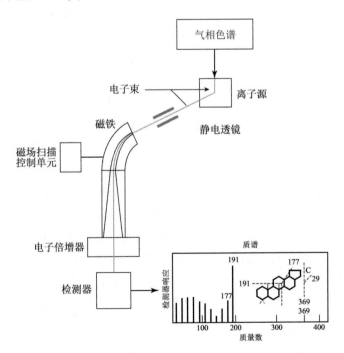

图 4.16　示意图显示流动相离开气相色谱接口进入质谱检测器（GC-MS）。图中显示了质谱的主要部分。GC-MS 分析提供了通过碎裂模式鉴定化合物的能力，如图中质谱图例所示（据 Libes，1992）。

中的许多新的生物标志化合物（Rowland and Robson，1990；Sinninghe Damsté et al.，1999；Prahl et al.，2006；Wakeham et al.，2007）。

GC-MS 分析也可以在化学电离（CI）模式下进行。在 CI 模式下，反应气体（常是甲烷或氨气）被引入离子源，在那里它被离子化以产生初级和次级离子。被分析的化合物从 GC 色谱柱引入，与次级离子在离子源中反应。离子通过质子转移或去氢反应形成，产生主要离子 [（M+1）$^+$或（M-1）$^+$]。CI 能量较低导致低碎片化和一个可识别的分子离子。这些离子有助于确定感兴趣化合物的分子量。

GC-MS 分析可以在全扫描或选择性离子监测（SIM）模式下进行。在全扫描模式下，每隔几秒扫描一次整个质量范围（如 50~600 amu），限制了每个质量单位的停留时间。结果，全扫描每个化合物大约需要 1 nmol（与 FID 相似）。在 SIM 模式下，只有选择的离子被扫描，使得可以检测 1 pmol。由于 SIM 扫描较少的质量，停留时间一般较长，提供更高的灵敏度。然而，SIM 需要保留时间和研究的化合物碎片特征的知识，以便在分析之前就可以鉴定出独特的离子和响应因子。

4.4.1.3　多维气相色谱（GC×GC）分析

对于复杂样品，色谱峰互相之间可能不能有效分辨（即同时洗脱），导致这些峰同时进入质谱，使得可靠地鉴定单个峰的能力减弱。最近几年，多维 GC（GC×GC）分析已被应用于需要加强分离的复杂环境样品（Frysinger et al.，2002；Mondello et al.，2008；Cortes et al.，2009）。在 GC×GC 中，样品在两个串联的色谱柱上被分离，在第二根柱柱头的位置有一个转换装置或调节器。对于一个特定的化合物来说，其在每一根柱上的停留时间是独立的（例如，主柱通常是一根传统的柱子，而第二根柱是一个短的微孔毛细管柱），也是特定的。因此，通常对每一根柱都分别定义其 GC×GC 分析参数。这一方法有望提高对来自海洋沉积物中的复杂提取物的去卷积能力。Frysinger 等（2002）和 Mondello 等（2008）最近在沉积物提取物中鉴定出了多种多样的化学污染物（图 4.17 和图 4.18）。

GC×GC 色谱由数千个峰组成，对化合物鉴定来说是一个挑战（图 4.18）。因此，多维 GC 通常与 MS 检测组合使用。最初尝试将 GC×GC 分析与四极杆 MS（qMS）组合，但是 qMS 的数据获取速度有限，只获得了有限的成功。随后，飞行时间质谱（TOF-MS）被证明更适合与 GC×GC 分析联用（Mondello et al.，2008）。最近几年，多维 GC-MS 已被证明特别有助于分辨环境样品中的复杂混合物，如与油渣（Reddy et al.，2002；Frysinger et al.，2003；Nelson et al.，2006；Wardlaw et al.，2008）、石化产品（Blomberg et al.，1997；von Muhlen et al.，2006）和有毒物质（Marriott et al.，2003；Skoczynska et al.，2008）相关的样品。

4.4.1.4　气相色谱串联质谱分析

GC-MS/MS（或串联质谱）的工作原理是有机分子（母体化合物）在离子源中离子化，分解成较小的带电碎片（子离子），这些子离子中的一些带有母体分子的信息。GC-

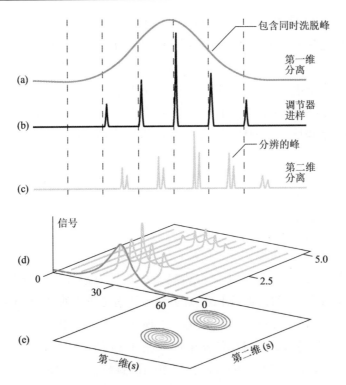

图 4.17　复杂的二维 GC 概念示意图（据 Frysinger et al.，2002）

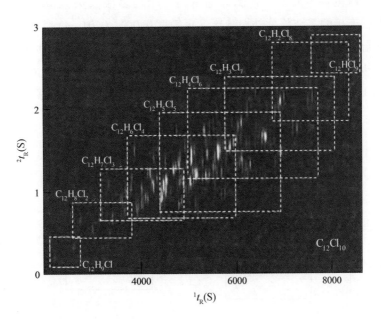

图 4.18　使用 HT-8/BPX-50 色谱柱获得的 209 个 PCB 同系物的 GC×GC-TOF-MS 色谱图（据 Mondello et al.，2008）

MS/MS因此可以测定选择的子离子的母体分子（Peters et al.，2005）。串联质谱通常是使用3个四极杆顺序连接的三重四极杆或多扇质谱仪：母离子四极杆（Q1）、碰撞池四极杆（Q2）和子离子四极杆（Q3）。然而，串联质谱也能将扇形磁场和扇形静电场质谱与碰撞池四极杆组合。混合质谱仪是另一种选择，在这种情况下，扇形磁场与碰撞池和四极杆质量分析器组合。因为具有高的特异性，串联质谱对于分析复杂的样品特别有用。GC-MS/MS还具有高的信噪比，在SIM模式下通常比传统的GC-MS高一个数量级（图4.18）。

4.4.2   高效液相色谱

4.4.2.1   高效液相色谱

虽然HPLC比GC的灵敏度要低，但是它的应用却更广泛。分析物随流动相通过色谱柱固定相（填充柱或毛细管柱），由此混合物组成在柱上被分离。如果色谱柱是极性的（如硅基的），流动相是非极性的，则HPLC方法被认为是正相的（NP-HPLC）；流动相和固定相的条件反过来则是反相的（RP-HPLC）。现在大部分应用是使用C_8或C_{18}键合固定相的RP-HPLC。一个典型的HPLC仪器组成如图4.19所示。泵速通常范围是从（nL～mL）min^{-1}，色谱柱尺寸（250×4.6）mm，3～10 μm颗粒直径。操作压力高达约3000 psi。有一个储液瓶盛装溶剂或流动相，主要由高压泵或输送系统控制流速和压力，与固定相颗粒的作用决定了峰的保留时间。检测器通常是一个与多波长荧光检测器（灵敏度0.1～1 ng左右）串联连接的多波长紫外检测器（灵敏度0.001～0.01 ng），对于其他应用，如糖的分析，使用脉冲电流检测器（PAD），它们的灵敏度范围在0.01～1 ng。对于植物色素来说，光电二极管阵列检测器（PDA）可以提供一个非常初步的鉴定（色素样品HPLC色谱图示例见第12章）。PDA使用广谱光源，光线穿过一个传感池，接着被一个多色器分

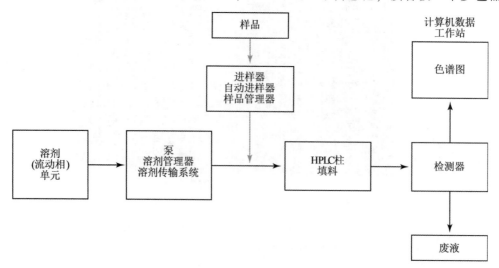

图4.19   典型的高效液相色谱（HPLC）主要组成示意图

散，使其通过一个二极管阵列而分布（McMahon，2007）。因此，使用 PDA，可以进行光
谱扫描以获得每一个峰的 UV-Vis 光谱。

4.4.2.2　高效液相色谱质谱联用

HPLC-MS 利用了 LC 的分离能力和 MS 的检测能力。与 GC-MS 相似，离子化技术
与质量分析器也是有选择的（见4.4.3）。HPLC-MS 中使用的典型的离子化技术是电喷
雾电离（ESI）和大气压化学电离（APCI），而质量分析器通常是四极杆或三重四极杆、
离子阱和 TOF。图 4.20 提供了一个 HPLC-MS 在近岸系统应用的实例（Chen et al.，
2003）。这些样品光谱表明在美国路易斯安娜陆架外沉积物中类胡萝卜素绿素酯
（CCEs）的存在。CCEs 是这些沉积物中发现的主要的和最稳定的叶绿素 a 降解产物之
一。使用LC-MS取得了很多进展，最近使用 HPLC-NMR 也开展了很多令人激动的研究
（McMahon，2007）。

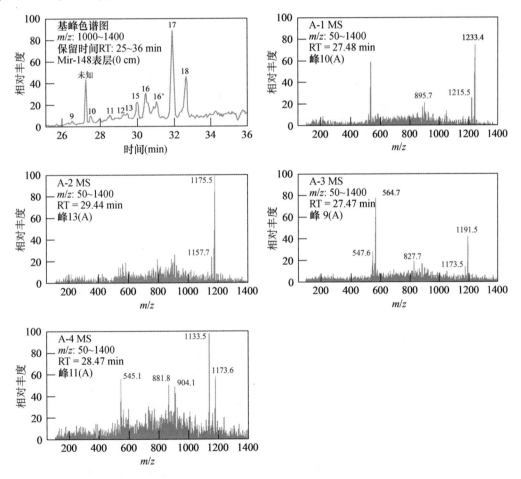

图 4.20　美国路易斯安那州陆架外沉积物中的类胡萝卜素绿素酯（CCEs）HPLC-MS 谱图，包
括基峰色谱图和 CCEs 的质谱图（m/z 范围限制为 1000~1400）（据 Chen et al.，2003）

ESI 运行在大气压下，被认为是一种"软"电离技术，这使其特别适用于分析蛋白质、肽和寡核苷酸。这一技术非常有助于分析液态样品，在本章后面会讨论。来自液相色谱（LC）的流动相被引入质谱，在大气压和强静电场下，连同加热的干燥气（通常是氮气）一起雾化（图 4.21）（McMahon，2007）。这一静电场造成被分析的分子进一步的解离。因为加热造成蒸发，喷雾液滴变小，每一个液滴的电荷都增加。最终使每一个液滴中的离子的斥力大于结合力，离子从液滴上解吸并分离进入气相。这些离子接着通过一个毛细管进样孔进入质谱分析器。大气压化学电离（APCI）与 ESI 类似，也是从液体流动相产生气相离子。在 APCI 过程中，流动相通常在 250~400℃ 的温度范围内被气化（图 4.22）（McMahon，2007）。气相溶剂分子被电晕针产生的电子离子化。溶剂离子接着通过化学反应（或化学离子化）将电荷转移给分析的分子。一旦产生这样的带电分子，它们就通过一个进样孔进入质谱分析仪。当分析极性更大的分子时，APCI 的气相离子化比 ESI 更有效。最后，大气压光致电离（APPI）是一个相对较新的技术，它可以将流动相转成气体，接着在一个可在很窄的离子化能量范围下产生光子的放电灯的作用下产生可进入质谱分析仪的离子（McMahon，2007；Mopper et al.，2007）。

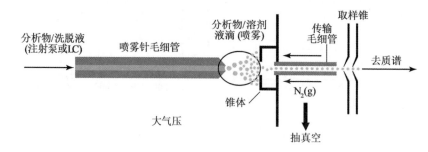

图 4.21　电喷雾离子源（ESI）示意图（据 McMahon，2007）

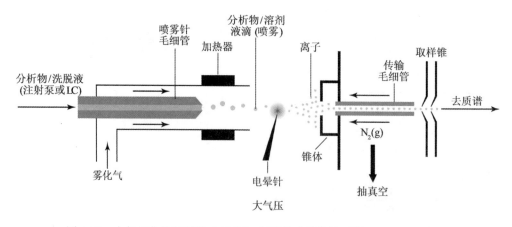

图 4.22　大气压化学电离源（APCI）主要组成示意图（据 McMahon，2007）

快原子轰击（FAB）是用快速的粒子束轰击分析物与基质混合物的一个特定的点的一

种离子化技术（图 4.23）（McMahon，2007）。这里的基质通常是一些小分子有机物，用于保持样品在样品探针末端表面均匀分布。粒子束通常是在 4～10 keV 下的中性的惰性气体（如氩气），因此，这一过程相对来说是一个软电离过程。粒子束与分析物发生作用，引起碰撞和破坏，导致分析物离子的喷射（溅射）。这些离子接着在进入质量分析器前被捕获和聚焦。

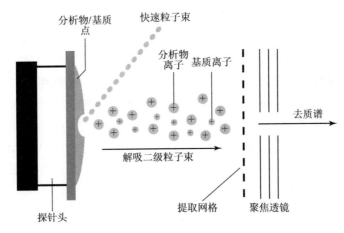

图 4.23　快原子轰击（FAB）离子源主要组成示意图（据 McMahon，2007）

基质辅助激光解吸电离（MALDI）提供了一个可以分析高分子量分子的电离技术（如>10 000 Da）。这是另一种软电离技术，也使用与分析物混合的基质。在此电离源中，基质的作用是产生一个强烈吸收 UV 辐射的混合物（图 4.24）（McMahon，2007）。混合物放置在一个干燥的样品盘上，并插入源区，在那里受到一束激光的照射（如氮气受激产生的 337 nm 的激光）。混合物吸收激光的能量，离子接着被喷射进入气相，在质量分析器中被聚焦。

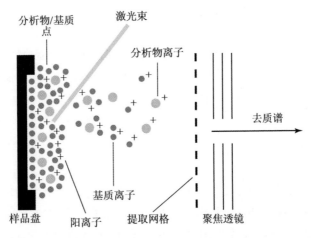

图 4.24　基质辅助激光解吸电离（MALDI）离子源主要组成示意图（据 McMahon，2007）

4.4.2.3　毛细管电泳

毛细管电泳（capillary electrophoresis，CE）的基本原理是对毛细管中带电物质溶液施加电场，带电离子向带相反电荷的电极移动，从而达到分离的目的。电泳分离就是基于不同溶质在这样的电场条件下移动性的差异。CE 的一般组成是电源、注射器、毛细管和检测器。成分的检测可以是选择性的或通用的，这取决于检测器。源由一个洗脱缓冲液和电源组成；大部分电源提供（-30～+30）kV 电压和（200～300）mA 电流。当缓冲液和分析物在电渗流影响下，靠它们自己的移动性通过毛细管迁移时就会发生分离（Kujawinski et al.，2004）。检测器的响应按洗脱建立的顺序，即正离子、中性组分，接着是负离子的顺序，在电泳图中呈现（McMahon，2007）。使用激光诱导荧光检测的新技术被证明有助于分析藻类中的藻胆素色素，如图 4.25 所示（Viskari et al.，2001）。最后，毛细管凝胶电泳特别适用于分离大分子。新技术也被扩展到 CE-NMR（详情参见 McMahon，2007）。

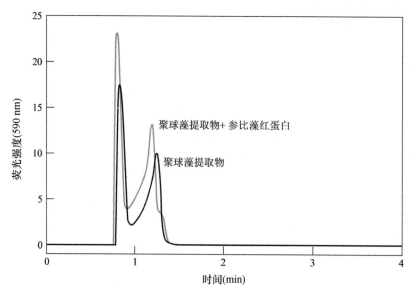

图 4.25　提取自聚球藻（*Synechoccus*）的藻红蛋白电泳图。提取物添加了参比藻红蛋白（R-PE）以获得最终浓度为 $1.04×10^{-9}$ mol/L（w/添加 R-PE）的样品（据 Viskari et al.，2001）

4.4.3　质量分析器

在质谱中，碎片离子必须在质量分析器中被聚焦成为一个集中的离子束。这通常使用磁铁或四极杆来完成（图 4.26）。质谱仪能利用双聚焦或单聚焦磁系统。双聚焦仪器含有一个静电扇区，在离子束进入静电扇区之前或离开之后将其聚焦以获得高的质量分辨（2000 或更高）。单聚焦仪器没有静电聚焦，质量分辨率较低（~1000 或更低）。四极杆仪器使用施加在杆上的直流电和射频场作为质量滤器。直流电压和射频场的大小控制了哪些离子到达检测器，其他离子则与杆碰撞而湮灭。

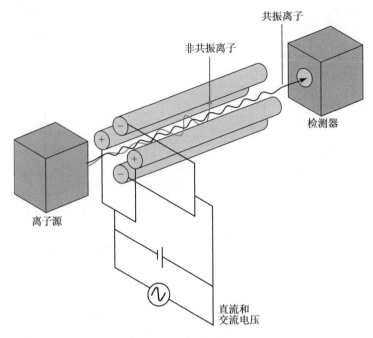

图 4.26 四极杆质谱分析器示意图，以正方形排列的 4 个平行的杆
被用于质谱分离（据 McMahon, 2007）

　　四极离子阱质谱仪，常简称为离子阱，是当前实验室最常用的分析仪器之一。一个离子阱检测器由一个环形电极和两个端盖电极组成，共同形成碰撞室（图 4.27）（McMahon, 2007）。进入碰撞室的离子被一个 3D 四极杆所产生的电磁场捕集，应用一个附加场可以选择性地从阱中喷射出离子。捕集、储存、操纵和喷射离子的整个过程可以在一个连续的循环中进行。离子阱的一个关键优势是其紧凑的尺寸与捕获和聚集离子的能力，这使得测量时可以获得更大的信噪比。

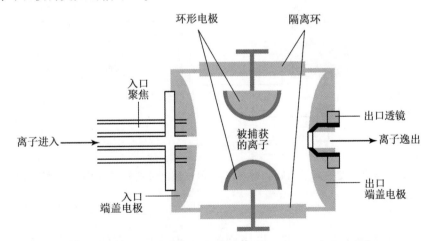

图 4.27 离子阱质谱分析器主要组成示意图（据 McMahon, 2007）

在飞行时间质谱仪（TOF）中，对所有的离子同时施加一个恒定的电磁力，使它们在一个飞行管中加速向下（图4.28）（McMahon，2007）。较轻的离子行进较快，更快地到达检测器，使得质荷比成为它们到达时间的函数。TOF质量分析器的一些优势是它们具有较宽的质量范围，并且在质量测定上非常准确。TOF质量分析器通常与MALDI联用。

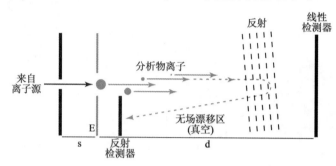

图4.28　飞行时间质谱分析器主要特征示意图（据McMahon，2007）

傅里叶变换离子回旋共振（FT-ICR）质谱仪是另一种捕集分析器，类似离子阱。在这一质谱仪中，离子进入阱中，被环形轨道或强的电场和磁场所捕获；这些轨道经过接收盘，可以检测它们的频率（图4.29）（McMahon，2007）。这些离子接着暴露于一个射频电场，产生随时间变化的电流。电流通过傅里叶变换转换成对应于离子质荷比的轨道频率。例如，离子运动频率与其质量成反比。这些质量分析器具有宽的质量范围且非常灵敏。该方法非常独特，离子被检测是基于它们在一个强磁场中经历回旋运动时，在它们的特征回旋频率（质量依赖）下对射频能量的吸收和发射，而无需经过分离或收集（Dunbar and McMahon，1998）。

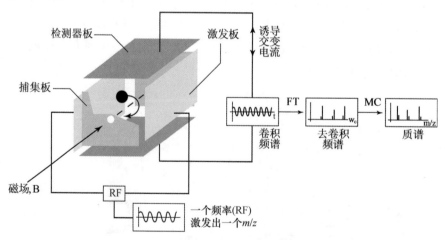

图4.29　傅里叶变换离子回旋共振（FT-ICR）质谱分析器主要特征示意图（据McMahon，2007）

尽管FT-ICR是所有质量分析器里最昂贵的，但将如此高的分辨率应用于天然样品确实展现了巨大的威力。例如，图 4.30 展示了美国弗吉尼亚迪斯默尔沼泽德拉蒙德湖（Dismal Swamp Lake Drummond）水体 DOM 的 APPI FT-ICR 和 ESI FT-ICR 质谱图（McMahon，2007）。理论公式质量和测量质量之间的误差小于 500×10^{-9}，在 500 Da 下分辨率大于450 000。进一步的分析表明，整个 APPI 谱显示了不同系列芳香族生物分子以及新的芳烃和杂环芳烃化合物（如扩展到 $C_{60}H_{16}$ 的多环芳烃同系物）的存在。Asamoto（1991）和 Mopper 等（2007）提供了如何研究这样的质谱的详细方法。在计算出精确的分子式之后，需要对 FT-ICR-MS 得到的海量数据进行进一步的数据分析，以了解天然 DOM 的分子组成。例如，最初用来鉴定具有同样化学骨架但-CH_2基团数目不同的系列化合物的肯德里克质量分析（Kendrick，1963），被用来分离极性石油化合物（Hughey et al.，2001）和 DOM 里的化合物（Kujawinski et al.，2002；Stenson et al.，2003；Hertkorn et al.，2006）。

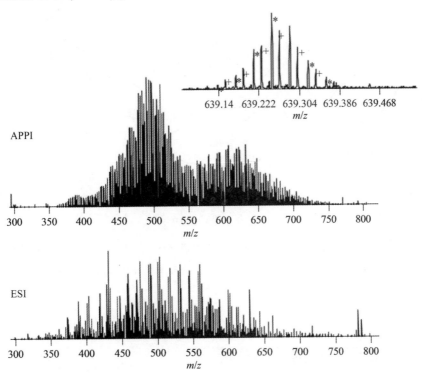

图 4.30　德拉蒙德湖 DOM 的负离子 ESI-FT-ICR 和 APPI-FT-ICR 质谱图。插入的质谱图显示了一个单个名义质量区域（m/z 639），星号指示 DOM 直接离子化的峰，加号指示使用掺杂物（甲苯）后化学离子化产生的峰。由于更多分子的离子化，APPI 谱的峰比 ESI 多（据 Mopper et al.，2007）

简单来说，测量质量被转换成肯德里克质量，其中-CH_2的质量被定为 14.000 Da，而不是 IUPAC 质量 14.015 65 Da。另计算得到肯德里克质量亏损（KMD）（IUPAC 质量-肯德里克质量），作为具有同样化学骨架但-CH_2基团数目不同的化合物的常数使用（Mopper et al., 2007)。范氏图（van Krevelen diagram）（Van Krevelen, 1950）也被用于 FT-ICR 分析，它是一个二维散点图，纵坐标是 H∶C 比，横坐标是 O∶C 比（Kim et al., 2003）。这些图可用于研究可能的反应路径及如图 4.31 所示的对化合物种类进行定性分析（数据来自 Mopper et al., 2007 及其中的参考文献）。Van Krevelen（1950）率先应用这些图以更好地了解腐殖质化和煤炭形成过程中植物分子的反应过程。使用 H∶C 比和 O∶C 比，主要的反应，如脱羧基、脱水、脱氢、加氢和氧化可以用直线来表示。使用这一方法，复杂的质谱可以通过两种方式可视化：（1）可能的反应路径；（2）组成质谱的主要化合物类别的定性分析。

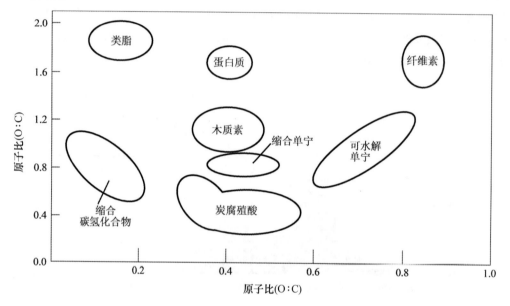

图 4.31　范氏图是一种数据分析技术，使用元素组成（H∶C 对 O∶C）获得对不同生物化合物的贡献和样品成熟度的认识。图中展示了主要生物分子成分在范氏图上的位置（据 Mopper et al., 2007）

4.5　稳定同位素和放射性碳分析

　　测量同位素丰度最有效的方法就是使用质谱技术。质谱的基本原理是根据它们的质量以及在不同磁场和/或电场下的运动分离带电的原子和离子（Hoefs, 2004）。质谱由以下四部分组成：①进样系统；②离子源；③质量分析器；④离子检测器（图 4.32）。最早使用的第一种进样系统是一个双进样系统，由 Nier（1947）首先引入，它使用一个在几秒内转换的转换阀，可快速分析两种气体（样品和标准）。离子源是通过钨或铼丝产生离子的地方，产生之后它们被加速和聚焦成为一个窄束；离子化的效率决定了质谱的灵敏度（Hoefs, 2004）。质量分析器接收从离子源来的离子束，当它们通过一个磁场并偏离进入环形路径时，根据质荷比（m/z）将它们分离。通过磁场之后，被分离的离子在离子检测器

中被收集，在那里电脉冲信号被转换并被送入一个信号放大器（Hoefs，2004）。在 20 世纪
80 年代中期，双进样方法被改进为连续流同位素比值监测质谱，该方法使用色谱技术分析
载气中的痕量气体。这使得同位素比值质谱可以与元素分析仪相连接以分析元素的同位素
组成，或与气相色谱相连接组成气相色谱-同位素比值质谱（GC-isotope ratio mass spec-
trometry，GC-IRMS）分析特定化合物的同位素组成（图 4.33）。20 世纪 80 年代的发展使
得可以以更快的速度和更高的灵敏度分析更少量的样品。目前，其他的微分析技术包括激
光技术（Crowe et al.，1990）以及二次离子质谱（SIMS）（Valley and Graham，1993）。更
多质谱的细节请参考专业书籍：Hoefs（2004）、Fry（2006）和 Sharp（2006）。

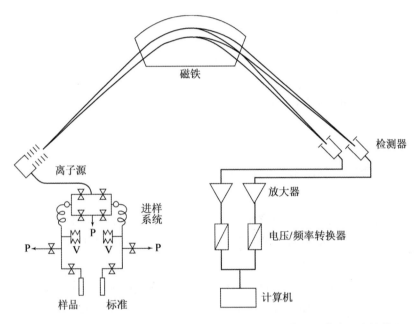

图 4.32　同位素比值质谱主要组成示意图。P 为泵系统；V 代表可变的体积
（据 Hoefs，1997）

　　加速器质谱（accelerator mass spectrometry，AMS）的发展（Bennett et al.，1977；
Muller，1977；Nelson et al.，1977）为由宇宙射线产生的放射性核素，如 ^{14}C 的测定做出了
革命性的贡献。宇宙射线产生的放射性核素的同位素比值具有极低的含量，范围在 $10^{-12} \sim$
10^{-15}。在 AMS 中，通过单个原子计数来测量，这是由核物理学中发展起来的检测技术和
离子束相结合而实现的。使用 ^{14}C-AMS 的分析利用专门的方法来准确测定含有微克碳而不
是毫克碳的样品中的 $\Delta^{14}C$（Eglinton and Pearson，2001；McNichol and Aluwihave，2007）。
对近期物质的分析准确度是 0.5%（年龄不确定度为 40）；其检测限允许定年范围为
50 000 年。

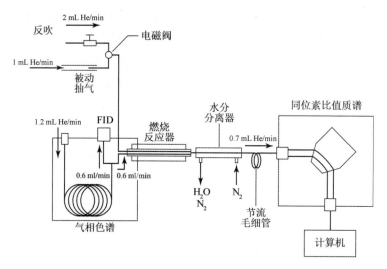

图 4.33   气相色谱—同位素比值质谱（GC-IRMS）主要组成示意图，
含有在线燃烧反应器和水分分离器（据 Hayes et al.，1990）

4.6   特定化合物同位素分析

土壤、沉积物、溶解态物质和悬浮颗粒物中的有机物的异质性使得以 ^{14}C 为基础的测年复杂化。^{14}C 值小于现代的有机碳的成分的测定有相当的不确定性。特别地，除了生物化学组成（如糖类、蛋白质、类脂和核酸）之外，水生系统中的有机物还包括更复杂的大分子聚合物，特别是那些随时间变化的沉积物中的有机物以及与腐殖质相关的有机物。整体稳定同位素（如 ^{13}C）和 ^{14}C 测定掩盖了由现代和老的碳的混合物组成的样品不均一的问题；这些成分的不同混合物能够导致年龄测定结果有非常大的差异。特定化合物稳定同位素分析（compound-specific stable isotope analysis，CSIA）是解决这一问题的一种方法，该方法首先被应用于单一的生物标志化合物（如烃类），它可以鉴定复杂混合物中的特定化合物或一类化合物的来源，从而减少碳库来源的变化性（Freeman et al.，1990；Hayes et al.，1990）。随后发展出了特定化合物放射性碳分析技术（compound-specific radiocarbon analysis，CSRA），可应用于碳含量小于 100 μg 的样品（Eglinton et al.，1996，1997；Pearson et al.，1998）。这些技术包括自动制备毛细管气相色谱（PCGC），可以用来分离目标化合物用于基于 AMS 的 ^{14}C 分析（Eglinton et al.，1996，1997；McNichol et al.，2000；Eglinton and Pearson，2001；Ingalls and Pearson，2005）。

如第 3 章所述，将核弹实验前与实验后的 $\Delta^{14}C$ 值分离开有助于了解大气和水生代谢过程之间的交换速率。美国加利福尼亚圣莫尼卡海岸外沉积物中的类脂化合物的 $\Delta^{14}C$ 的研究就说明了这一点（图 4.34）（Eglinton and Pearson，2001）。这一研究的结果表明这些化合物的碳来自真光层的生产。核弹实验前的沉积物中的大部分类脂化合物的 $\Delta^{14}C$ 值与同时期溶解无机碳（DIC）的 $\Delta^{14}C$ 相近（灰线），而大部分核弹实验后的 $\Delta^{14}C$ 值与现在的 DIC 的 $\Delta^{14}C$ 接近（黑线）。Eglinton 和 Pearson（2001）进一步讨论了这些化合物的许多其他有意思的差别，证明 CSIA 和 CSRA 技术确实是有用的。近期的研究还利用了高效液相色谱（Aluhiware et al.，2002；Quan and Repeta，2005），甚至是 HPLC – MS（Ingalls et al.，2004）的方法用于分离化合物。大体上，CSRA 和 CSIA 能够准确地测定沉积物中含碳化合物的非均质基质内的常见化合物的年龄和来源（如陆源对海源）。

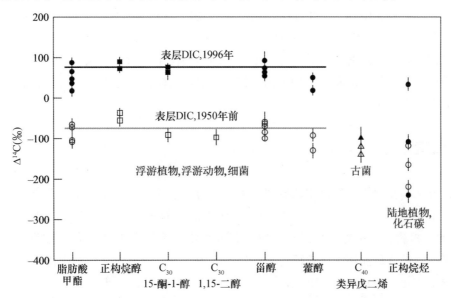

图 4.34　美国加利福尼亚圣莫尼卡海岸外的沉积物中的类脂化合物的 $\Delta^{14}C$；空心符号代表了 1950 年前的样品，实心符号是 1950 年后的样品；DIC 是溶解无机碳。核弹实验前的沉积物中的大部分类脂化合物的 $\Delta^{14}C$ 值与同时期溶解无机碳（DIC）的 $\Delta^{14}C$ 相等（灰线），而大部分核弹实验后的 $\Delta^{14}C$ 值与现在的 DIC 的 $\Delta^{14}C$ 相等（黑线）（据 Eglinton and Pearson，2001）

生物生产可被看作以两种不同的步骤发生：（1）碳的同化；（2）细胞组成的生物合成。因此，生物分子的 ^{13}C 含量取决于其利用的碳源的 ^{13}C 含量、与碳同化相关的同位素效应、与代谢和生物合成相关的同位素效应，以及细胞在每一个分支点的碳收支。生物标志物的首次同位素分析包括特定化合物的 HPLC 分离和收集（Abelson and Hoering，1961）。每一馏分的溶剂被蒸发掉，残余物燃烧成 CO_2 和 N_2，随后在低温下纯化并被稳定同位素质谱分析。虽然这一方法是成功的，它仍然有一些局限性，主要包括：（1）样品量需要的较多，通常需要 mg 级；（2）费时费力；（3）除了建立分离技术以提供足够的物质用于同位素分析，分析方案还必须不造成或产生很少的同位素分馏。

特定化合物同位素分析面临的特殊挑战使得进样系统和灵敏度在几十年内没有取得改进。终于，新的方法发展出来，使气相色谱通过一个内嵌的燃烧炉和气体纯化系统直接与同位素比值质谱连接（图 4.33）。Hayes 及其同事对这一技术的进步做出了突出的贡献，他们开发的装置将燃烧界面与通过选择性膜扩散去除气流中小体积（20 μL）水的装置、优化后的用于 CSIA 分析的同位素比值质谱和高度专业的软件组合在一起（Freeman et al.，1989；Hayes et al.，1990）。洗脱物从气相色谱的色谱柱中出来，就立即被燃烧成 CO_2，并紧接着测量质量为 45 的离子流与质量为 44 的离子流的比值。质量为 44、45 和 46 的离子流做了电子漂移、柱流失的贡献和氧-17 的贡献的校正。特定化合物的同位素组成随后由每一个峰的宽度积分并与样品同时注进的同位素标准的比较来确定。

有了这一进展，CSIA 分析已被应用于多种类别的有机化合物，如本书所讨论的脂类、氨基酸、单糖和木质素等（Engel et al.，1994；Goñi and Eglinton，1996；Macko et al.，1997）。CSIA 分析还被拓展到了碳之外元素的稳定同位素分析，如氢、硫和氮。最近，随着制备毛细管气相色谱的发展，特定化合物的放射性碳同位素分析也可以开展了（参见第 8 章~第 10 章和第 14 章）。

4.7　本章小结

分析方法学在有机地球化学领域的整个发展历史中发挥了重要作用，并将继续发挥作用。这一章重点介绍了一些样品采集和分析化学的最新进展。需要更多的研究工作表征 DOM 中的有机物，并更好地表征与颗粒物和沉积物相关的有机物结构。也需要新的方法来进一步探索那些目前还无法表征的有机物，因为一大部分沉积有机物用传统方法难以归为已知的生物化学类别。LC–MS 的最新进展拓展了可以被分析的化合物类别，使得可以分析较大的、极性的化合物。这些工具很大程度上是在生物医学、制药学和蛋白质组学领域内发展的；有机地球化学家应该对这些领域或其他领域的进展保持关注，并同步发展。

第5章 糖类化合物：中性糖和次要糖

5.1 背景

碳水化合物，亦称糖类化合物，是重要的结构和储能分子，在陆生和水生生物的新陈代谢中起关键作用（Aspinall，1970）。糖类化合物的通式是 $(CH_2O)_n$。这些化合物更明确的定义是多羟基醛和酮或可以水解成它们的化合物。糖类化合物可以进一步的分为单糖（简单的糖）、二糖（通过共价键连接的两个单糖）、寡糖（通过共价键连接的几个单糖，通常是 3~10 个）和多糖（由单糖和二糖组成的链状聚合物）。根据碳原子数，比如 3 个、4 个、5 个和 6 个碳原子的单糖通常分别被称为丙糖、丁糖、戊糖和己糖。糖类化合物具有手性中心（通常不止一个），使其可能存在对映异构体（镜像），n 个手性中心就可能有 2^n 个对映异构体。例如，葡萄糖有两种对映异构体，一个使平面偏振光右旋（D），另一个使平面偏振光左旋（L），如传统的菲舍尔投影式所示（图 5.1）。几乎所有天然存在的单糖都是 D 构型。图 5.1 和图 5.2 是一些醛糖和酮糖的例子。当醛基或酮基和其中一个远端碳上的羟基反应时，戊糖和己糖可以成环。例如，在葡萄糖中，C-1 与 C-5 反应会形成一个吡喃糖环，如典型的哈沃斯投影式所示（图 5.3）。这导致在 C-1 的不对称中心周围形成两个相互平衡的非对映异构体，称为端基异构体（异头物）；当异头碳 C-1 上的 OH 基处在环平面的上方或下方，它的位置分别被称为 β 位或 α 位。相似的，当 C-2 的酮基和 C-5 上的羟基反应时，果糖可以形成一个五元环的呋喃糖（图 5.2）。

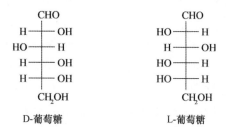

D-葡萄糖　　　　　　L-葡萄糖

图 5.1　葡萄糖有两种对映异构体，一个使平面偏振光右旋（D），另一个使平面偏振光左旋（L），如传统的菲舍尔投影式所示

纤维素，是存在于植物细胞壁中的一类高丰度的长链多糖，由葡萄糖基以 1，4′-β-糖苷键线性连接而成（图 5.4）。这些 β-糖苷键加强了链内的氢键和范德华力，使其成为纤直的刚性微纤维链，从而使得许多异养生物很难消化纤维素（Voet and Voet，2004）。

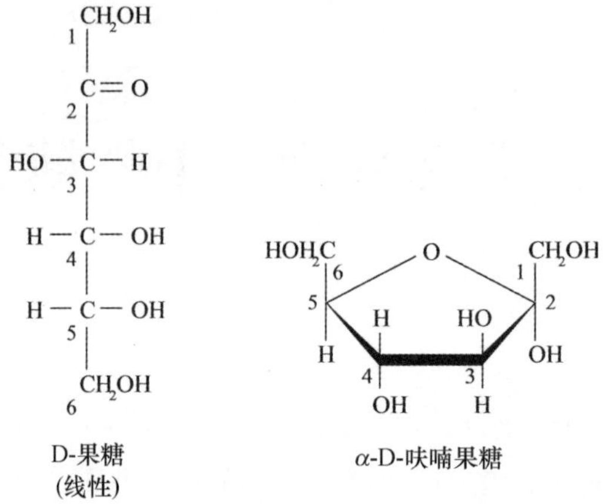

图 5.2   当 C-2 的酮基和 C-5 上的羟基反应时，果糖可以形成一个五元环的呋喃糖

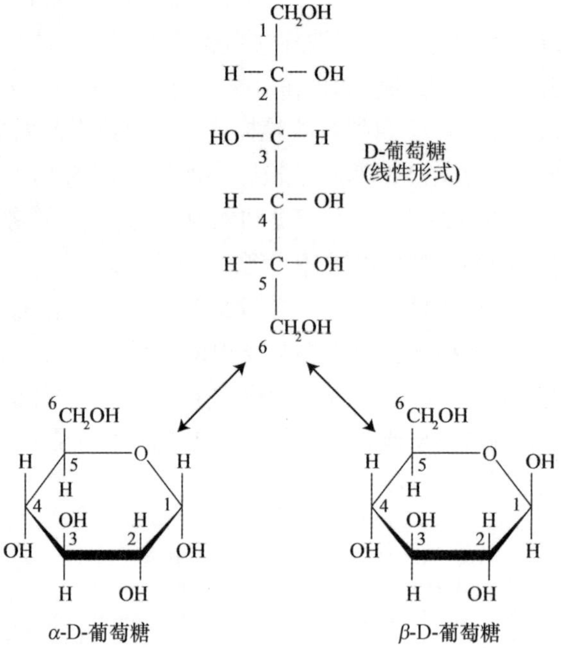

图 5.3   在葡萄糖中，C-1 与 C-5 反应形成一个吡喃糖环，如典型的哈沃斯投影式所示

在浮游生物中，糖类化合物是重要的能量储存、结构支撑和细胞信号传递的成分（Lee，1980；Bishop and Jennings，1982）。糖类化合物约占浮游生物细胞生物量的 20% ~ 40%（Parsons et al.，1984），同时占维管植物重量的 75%（Aspinall，1983）。在维管植物中的结构性多糖，如 α-纤维素、半纤维素和果胶是植物生物量的主导成分；同时，纤维素还是最丰富的生物高聚物（Aspinall，1983；Boschker et al.，1995）。某些糖类化合物也是在植物中发现的其他结构化合物（如木质素）和次级化合物（如丹宁酸）的重要部分

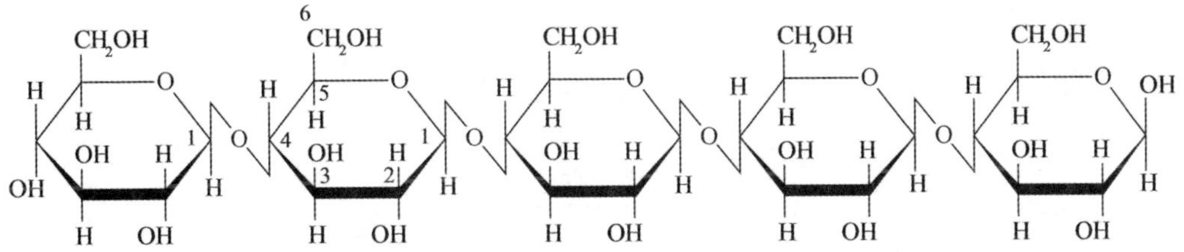

纤维素

图 5.4　纤维素，是存在于植物细胞壁中的一类高丰度的长链多糖，由葡萄糖基以 1，4′-β-糖苷键线性连接而成

（Zucker，1983）。糖类化合物是腐殖质类物质（如干酪根）形成的前体，以及土壤和沉积物中主要的有机物形式（Nissenbaum and Kaplan，1972；Yamaoka，1983）。胞外多糖对于将微生物黏合到表面，构建无脊椎动物进食管和粪粒及在微观生物膜表面都是很重要的。例如，糖类化合物改变了西斯海尔德河口（荷兰）潮滩沉积物的侵蚀机制，将其从单个颗粒物的翻滚变成再悬浮物质团簇的运动（Lucas et al.，2003）。同样地，与生物膜相联系的糖类化合物也改变了黏性沉积物特性（Tolhurst et al.，2008）。富含多糖的纤维物质已被证明是水生系统中胶体有机物的重要组成部分（Buffle and Leppard，1995；Santschi et al.，1998）。糖类化合物在形成聚集体，如"海雪"的时候也很重要（Alldregde et al.，1993；Passow，2002）。

多糖可以进一步划分为优势的，或主要糖类（如那些在大部分有机物中发现的），以及其他来源更加特定的形式，即次要糖。由于缺乏来源的特定性，使用这些糖类化合物作为水生系统中有效的有机生物标志物存在一些问题，但其应用仍有一定价值，因为它们是有机物主要的分子成分。

有相当多的研究关注主要糖类的相对丰度（Mopper，1977；Cowie and Hedges，1984b；Hamilton and Hedges，1988）。主要糖类可以进一步划分为未取代的醛糖和酮糖。醛糖，或者中性糖（包括鼠李糖、海藻糖、来苏糖、核糖、树胶醛醣、木糖、甘露糖、半乳糖和葡萄糖）（图 5.5）是维管植物的主要的结构性多糖（如纤维素和半纤维素）的单分子单元。例如，纤维素仅由葡萄糖单体组成，这使它成为维管植物中最丰富的中性糖。由于中性糖构成了生物圈中大部分有机物，因此，在天然有机物的分子测定中，中性糖常被认为代表了总糖类化合物（Opsahl and Benner，1999）。次要糖，如酸性糖类、氨基糖类和 O-甲基糖比主要糖类来源更特定，并且能够为了解糖类化合物的生物地球化学循环提供更加有用的信息（Mopper and Larsson，1978；Klok et al.，1984a，b；Moers and Larter，1993；Bergamaschi et al.，1999）。对于氨基糖类，如氨基葡萄糖，一个氨基取代了其中一个羟基，在某些情况下可以乙酰化得到 α-D-N-乙酰氨基葡萄糖（图 5.6）。次要糖的形式具有多样性，它们与单糖不同，其中一个或多个羟基被一些官能团所取代（Aspinall，1983）。图 5.7 展示了部分有机物来源的以总糖的百分比表示的次要糖的贡献（Bergamaschi et al.，

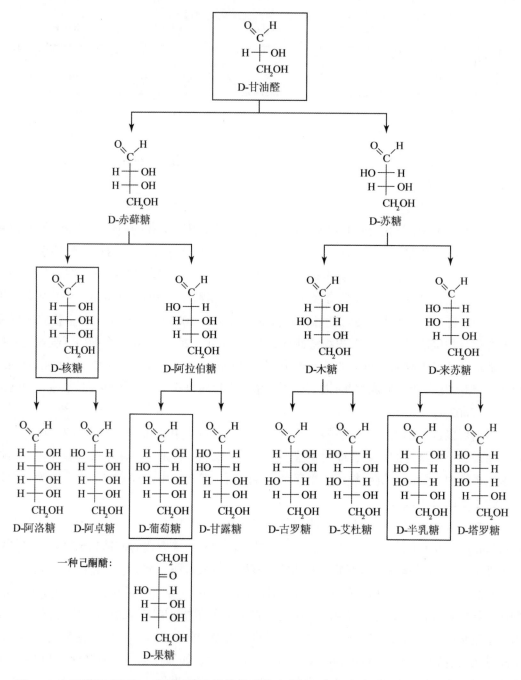

图 5.5　主要糖类可以进一步划分为未取代的醛糖和酮糖，包括鼠李糖、海藻糖、来苏糖、核糖、阿拉伯糖、木糖、甘露糖、半乳糖和葡萄糖

1999）。由于许多有机物中组成糖类化合物的单体是相似的，并且许多在环境中都不具有地球化学稳定性，在没有附加信息的情况下，单个的糖类化合物一般不作为生物标志物使用。酸性糖，如糖醛酸，是细菌生物量的组成部分（Uhlinger and White，1983），已被用于

指示溶解和颗粒有机物（DOM 和 POM）的细菌来源（Benner and Kaiser, 2003）。糖醛酸在各种海源有机物中都是重要的，它们组成了能将微生物黏结在表面的胞外聚合物，无脊椎动物利用它们制作进食网络，在粪粒形成过程中它们也发挥了重要作用（Fazio et al., 1982）。糖醛酸同样是半纤维素和果胶的重要组成部分（Aspinall, 1970, 1983），有时也被用于指示陆地和近海系统中被子植物和裸子植物有机物来源（生物标志物）（Aspinall, 1970; Whistler and Richards, 1970; Aspinall, 1983）。例如，葡萄糖醛酸和半乳糖醛酸是维管植物中最丰富的糖醛酸（Danishefsky and Abraham, 1970; Bergamaschi et al., 1999），与那些在细菌中最丰富的种类不同。蓝藻细菌，定鞭藻和异养细菌被认为是近海上层水体中酸性多糖的生产者（Hung et al., 2003b）。

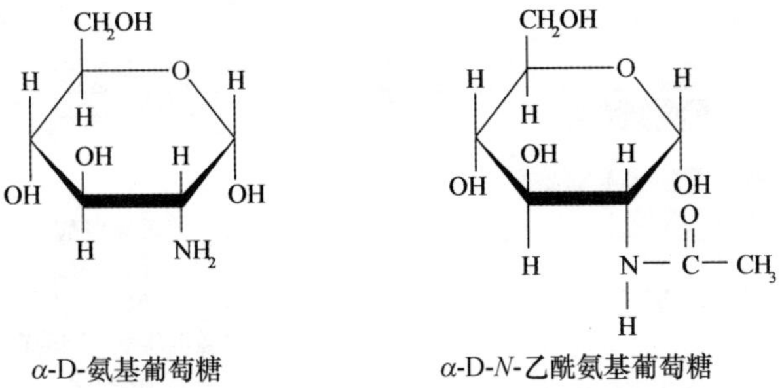

图 5.6　对于氨基糖类，如氨基葡萄糖，一个氨基取代了其中一个羟基，在某些情况下可以乙酰化得到 α-D-N-乙酰氨基葡萄糖

在河口和近海水体的范围内，总糖醛酸的浓度范围为 3.2~6.5 μmol/L（以 C 计），分别大约占总糖类化合物含量的 7.9%~12.3%（Hung and Santschi, 2001）。通常来说，酸性多糖的主要海洋来源是浮游植物、原核生物和大型藻类（Biddanda and Benner, 1997; Decho and Herndl, 1995; Hung et al., 2003b）。类似地，O-甲基糖存在于土壤和沉积物（Kenne and Larsson, 1978; Ogner, 1980; Klok et al., 1984a, b; Bergamaschi et al., 1999）、细菌（Kenne and Lindberg, 1983）、维管植物（Stephen, 1983）和藻类（Painter, 1983）中。在一些特定来源的有机物中，例如，鳗草（海洋大藻属），次要糖比中性糖更能代表总糖类化合物（图 5.7）。某些 O-甲基（O-Me）糖和氨基糖可能用于指示丝状蓝藻细菌（如 2/4-O-Me-木糖、3-和 4-O-Me-海藻糖、3-和 4-O-Me-阿拉伯醣、2/4-O-Me-核糖和 4-O-Me-葡萄糖）、球状蓝藻细菌和/或发酵菌、SO_4^{2-} 还原菌和产甲烷菌（如氨基葡萄糖、氨基半乳糖、2-和 4-O-Me-鼠李糖、2/5-O-Me-半乳糖和 3/4-O-Me-甘露糖）（Moers and Larter, 1993）。

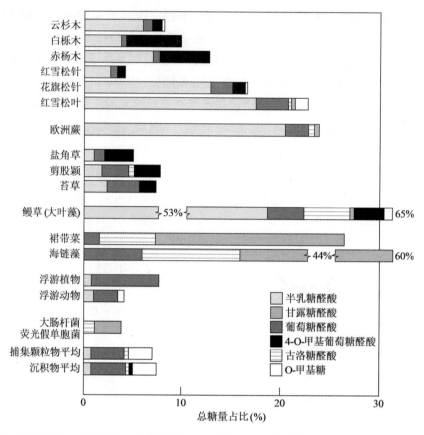

图 5.7 多种有机物来源的以占总糖的百分比表示的次要糖的贡献 (Bergamaschi et al., 1999)

5.2 中性糖和次要糖的生物合成

在讨论中性糖和次要糖形成的细节之前, 应当注意的是, 当我们聚焦光能自养的途径时, 还有其他净的碳固定途径, 即细菌和古生菌利用无机碳合成生物量 (Hayes, 2001 及其参考文献)。就本书来说, 我们将关注与植物中主要 C_3 合成途径有关的糖的生物合成。正如在第 1 章中讨论的, C_3 碳固定途径是二氧化碳和 1, 5-二磷酸核酮糖 (RuBP, 一个五碳糖) 转换成两分子的三碳化合物 3-磷酸甘油酸 (PGA) 的过程 (见第 1 章中的图 1.9)。如式 (1.2) 所示 (见第 1 章), 此反应是通过 1, 5-二磷酸核酮糖羧化酶/加氧酶 (RuBisCO) 的催化进行的:

$$6CO_2 + 6RuBp \xrightarrow{\text{RuBisCO}} 12\ 3 - 磷酸甘油酸(PGA)$$

在叶绿体中发生的单糖合成的初始阶段, PGA 被氢还原, 烟酰胺腺嘌呤二核苷酸磷酸 (NADPH) 起到了氢化物供体的作用。己糖 (如海藻糖和葡萄糖) 的生物合成途径如图 5.8 所示。在这里消耗的 PGA 的再生在初始阶段是通过一系列大量的转酮醇酶和醛缩酶反应，在最终阶段是一些异构酶和差向异构酶反应，如式5.1所示：

6 - 磷酸果糖 + 3 - 二羟基丙酮 2 - 甘油醛 + 磷酸 +

3 ATP + H_2O →1, 5 - 二磷酸3 - 核酮糖 + 3 ADP + P_i (5.1)

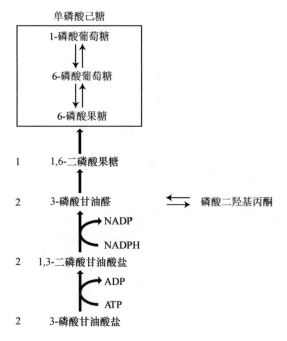

图 5.8　己糖（海藻糖和葡萄糖）生物合成途径

在卡尔文循环（见第1章图1.10）中，NADPH 分子会被替代：

$$6CO_2 + 18ATP + 12NADPH + 12H_2O →$$

$$C_6H_{12}O_6 + 18H_2O + 18P_i + 12NADP^+ + 6H^+ \tag{5.2}$$

当讨论糖类的生物合成时，有必要简要地讨论光合作用产物的异养进程，它关系到NADPH 的再生，并可通过己糖的氧化得到戊糖。这里最重要的途径是合成磷酸戊糖的途径（PPP），如式（5.3）所示：

$$C_6H_{12}O_6 + 2NADP^+ + H_2O →$$

$$1, 5 - 二磷酸核酮糖 + 2NADPH + 2H^+ + CO_2 \tag{5.3}$$

PPP 在叶绿体的内部和外部都会产生，可以是氧化（阶段1）的，也可以是非氧化的（阶段2）（图5.9）。此外，PPP 和糖酵解（见第1章中的图1.11）可以通过转酮醇酶和转醛醇酶联系在一起。特别的，当 NADPH 的需要量比5-磷酸核酮糖的要大时，5-磷酸核酮糖会被转化成 3-磷酸甘油醛和6-磷酸果糖。

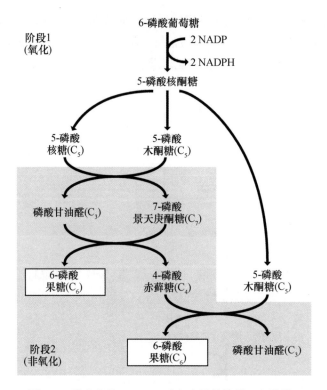

图 5.9　磷酸戊糖（PPP）反应途径的阶段 1 和阶段 2

5.3　中性糖和次要糖的分析

早期许多测定自然水体中总溶解糖的技术包括浓缩步骤，会在分级样品中产生一些未知的糖类化合物（Handa，1970；Liebezeit et al.，1980；Duursma and Dawson，1981；Ittekkot et al.，1981）。现在被接受的测定自然水体中整体糖类化合物的分光光度法是 3-甲基-2-苯并噻唑酮腙盐酸盐法（MBTH），最早由 Burney 和 Sieburth（1977）及 Johnson 和 Sieburth（1977）发展出来，并经 Pakulski 和 Benner（1992）改进。通常，干燥的海水样品（通过真空离心浓缩技术）先用 12 mol/L H_2SO_4 在 25℃条件下预处理 2 h，然后在密封的安瓿瓶中 100℃ 1.2 mol/L H_2SO_4 的条件下水解 3 h，将含有天然聚合物的多糖或单聚糖分解为单糖（醛糖）。将样品在冰浴中冷却之后，用 NAOH 中和并进一步氧化成糖醇，糖醇再进一步地被高碘酸氧化为甲醛，甲醛与 MBTH 发生反应显色，进而用分光光度法定量测定。然而，这种方法只能测定总糖，不能分离测定单个的糖，而这对于更好地理解有机物的来源和成岩特征是至关重要的。最近，Hung 和 Santschi（2000）对测定总糖的分光光度法进行了改进，该方法用 2, 4, 6-三吡啶基-s-三嗪（TPTZ）氧化游离的还原糖，然后用分光光度法对样品进行分析（Myklestad，1997）。

量化总糖提供了关于糖类化合物对总碳库的贡献的洞见，单个糖则提供了特定来源的信息。用于分离中性糖的技术是气相色谱（GC）和气相色谱—质谱联用（GC-MS）（Modzeles et al., 1971；Cowie and Hedges, 1984b；Ochiai and Nakajima, 1988）。在 Cowie and Hedges（1984b）的方法中，样品通常在室温下，在 72% H_2SO_4 的条件下处理 2 h，然后在 1.2M H_2SO_4 中 100℃ 下水解 3 h。在三甲基硅烷（TMS）衍生化和 GC-MS 分析之前，最后的异头混合物在吡啶中与高氯酸锂平衡一段时间。样品被注进熔融石英毛细管柱（SE-30）中，在 140℃ 保持 4 min，然后再以每分钟 4℃ 的速度增长 4 min 的方法来分离。用离子火焰检测器来检测。用核糖醇做为内标；中性糖能被较好地分离开（图 5.10a，b）。该 GC-MS 方法对单个糖的检测限是 0.1 ng（基于样品平均偏差），精度 ≤5%（Cowie and Hedges, 1984b）。

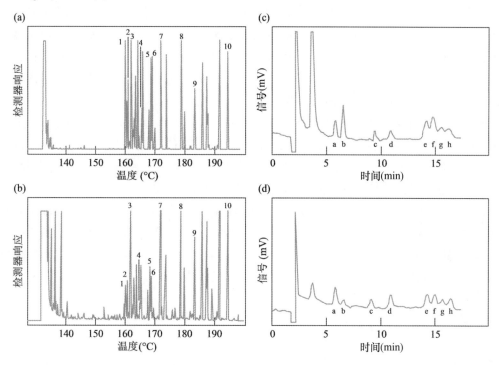

图 5.10　（a）标准中性 TMS-糖混合物的气相色谱。（b）美国达鲍勃湾（Dabob Bay）沉积物样品（0~1 cm）的气相色谱。色谱图 a 和 b 中编号的峰代表：1. 来苏糖；2. 阿拉伯醛；3. 鼠李糖；4. 核糖；5. 木糖；6. 海藻糖；7. 内标；8. 甘露糖；9. 半乳糖；10. 葡萄糖。（改自 Cowie 和 Hedges（1984b））（c）赤道太平洋 2°S 的水样水解后的高效液相色谱（HPLC）（未过滤）。（d）包含下列浓度为 20 nmol/L 的单个糖：a. 海藻糖；b. 脱氧核糖；c. 鼠李糖；d. 阿拉伯糖；e. 半乳糖；f. 葡萄糖；g. 甘露糖；h. 木糖（改自 Skoog and Benner, 1997）

　　当把比色方法（Burney and Sieburth, 1977；Johnson and Sieburth, 1977）与气相色谱（Cowie and Hedges, 1984b；Ochiai and Nakajima, 1988；Medeiros and Simoneit, 2007）和液相色谱（Mopper, 1977；Ittekkot et al., 1982；Wicks et al., 1991）相比较时，需要注意的是，比色方法不能提供样品的组成信息，而气相色谱方法需要衍生化，比较耗时。将高

效液相色谱和脉冲电流检测方法（HPLC-PAD）相结合是一大进步，该方法同时保证了准确度和灵敏度（Wicks et al.，1991；Jorgensen and Jensen，1994；Mopper et al.，1992；Gremm and Kaplan，1997）。最近，HPLC-PAD 方法被改进用来分析醛糖，该方法使用 H_2SO_4 进行水解，并用高效阴离子交换色谱和 PAD 检测（HPAEC-PAD）来分析（Skoog and Benner，1997；Kaiser and Benner，2000）。通常来说，干的海水样品（通过真空离心浓缩技术）首先用 12 mol/L H_2SO_4 预处理，超声，然后搅拌直到盐分溶解。样品再在密封的安剖瓶中 100℃ 下用 1.2 mol/L H_2SO_4 水解 3 h。降温后，样品用 $CaCO_3$ 或 Ba（OH）$_2$ 中和（Mopper et al.，1992；Pakulski and Benner，1992），然后依次通过阴离子（AG2-X8，20~50 目，Bio-Rad）和阳离子（AG 50W-X8，100~200 目，Bio-Rad）交换树脂。随后，样品用离子色谱进行分析，使用 28 mmol/L NaOH 淋洗液等强度洗脱，色谱柱为 PSA-10 柱系统，检测器为 PAD（Rocklin and Pohl，1983；Johnson and Lacourse，1990），使用金工作电极和 Ag/AgCl 参比电极。这个方法适用于以下 7 种醛糖的分离：海藻糖、鼠李糖、阿拉伯糖、半乳糖、葡萄糖、甘露糖和木糖（图 5.10c，d）。通常添加脱氧核糖作为内标，方法精密度 ≤5%（Skoog and Benner，1997）。

　　研究表明，糖醛酸这一类次要糖是细菌和藻类分泌的酰基杂多糖（acylheteropolysaccharides，APS）的主要成分（Leppard，1993；Hung and Santschi，2001；Hung et al.，2003b）。虽然 GC 和 HPLC 方法已被广泛用于分析植物组织、食物和浮游生物中的糖醛酸，但其灵敏度还不足以分析海水样品（Mopper，1977；Fazio et al.，1982；Walters and Hedges，1988）。最近发展了一种先经过分离和浓缩然后测定总糖醛酸的分光光度法（Hung and Santschi，2001）。简单来说，糖醛酸先通过阳离子交换树脂分离，然后利用冻干的方式来富集，最后用硫酸-间羟基联苯法测定糖醛酸的浓度。该方法对糖醛酸的检测限是 0.08 μmol/L，精度 ≤10%。

5.4　应用

5.4.1　在湖泊中作为生物标志物的中性糖和次要糖

　　糖类化合物是地球上最丰富的一类生物高聚物（Aspinall，1983），是水生环境中水体 DOM 和 POM 的重要组成部分（Cowie and Hedges，1984a，b；Arnosti et al.，1994；Aluwihare et al.，1997；Bergamaschi et al.，1999；Opsahl and Benner，1999；Burdige et al.，2000；Hung et al.，2003a，b）。早期的研究表明，在维管植物中很少被发现，在浮游植物和细菌中含量很丰富的海藻糖可能是一个很好的水生有机物来源指示剂（Aspinall，1970，1983；Percival，1970）。虽然针对海水中糖类化合物的组成和丰度开展了大量研究（Burney and Sieburth，1977；Mopper et al.，1992；Rich et al.，1996；Borch and Kirchmann，1997；Skoog and Benner，1997），对于湖泊系统的研究却很少（Wicks et al.，1991；Boschker et al.，1995；Tranvik and Jorgensen，1995；Wilkinson et al.，1997）。最近的一项研究测定了南极

西格尼岛（Signy Island）湖泊的溶解有机碳（DOC）中糖类化合物的分子特征，这些湖泊具有不同的营养状况：富营养的海伍德湖（Heywood Lake），寡营养到中营养之间的莱特湖（Light Lake），以及两个寡营养的湖泊——索姆布雷湖（Sombre Lake）和莫斯湖（Moss Lake）（Quayle and Convey, 2006）。通常来说，高浓度的总 DOC，高分子量 DOC 和可水解中性糖都能反映海伍德湖的高生产力（图 5.11）。高的营养盐来自邻近的海狗聚居地的渗流输入。

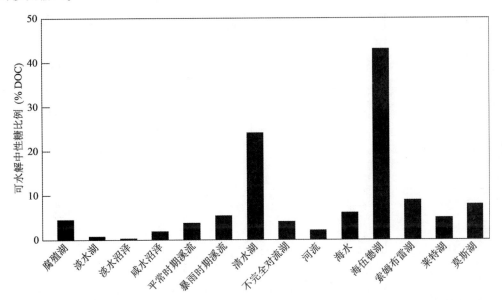

图 5.11　多种环境下中性糖的浓度。海伍德湖的总 DOC，高分子量 DOC 和可水解中性糖浓度均较高，反映其具有高生产力（改自 Quayle and Convey, 2006）

可水解中性糖比例常被用来指示有机物降解，高的比例表明有机物较"新鲜"（Cowie and Hedges, 1994）。除了与海伍德湖高的生产力相关的物质"新鲜度"之外，可水解中性糖的比例与这些湖的营养状态之间并没有明确的关系（图 5.11）（Quayle and Convey, 2006）。这些比例也显著高于其他水生生态系统。这些湖泊中的可水解中性糖以葡萄糖为主，特别是在海伍德湖中（Quayle and Convey, 2006）。葡萄糖已被证明与浮游植物，特别是硅藻的胞外物质有关（Skoog and Benner, 1997），而浮游植物细胞壁中同样含有高含量的阿拉伯糖，阿拉伯糖在这些湖泊中相对丰度也很高。

5.4.2　中性糖和次要糖在河流–河口连续体中作为生物标志物

河水中总糖、单糖和次要糖（糖醛酸）（归一化到总 DOC）的浓度变化范围很大（表5.1）。不过，需要注意的是，这些研究使用的是不同的检测技术。分光光度法得到的结果一致性一般很好（Buffle, 1990; Paez-Osuna et al., 1998; Hung and Santschi, 2001; Hung et al., 2001; Gueguen et al., 2004）。然而，光谱分析法所得结果通常比色谱分析方法高，主要原因在于色谱分析方法只能测定水生环境中很小一部分糖类化合物（Benner and Kaiser, 2003）。研究北极河流（鄂毕河和叶尼塞河）糖类化合物的工作显示，超滤溶解有机物（UDOM；<0.2 μm~>1 kDa）中的中性糖的分子组成是非常相似的，对于区分北冰洋中 DOM 是来自陆地还是海洋作用不大（图 5.12）（Amon and Benner, 2003）。

表 5.1　淡水环境下溶解态和胶体样品中总糖（TCHO）、胶体多糖（CCHO>1 kDa）、
总单糖（MCHO）和糖醛酸（URA）相对溶解有机碳（DOC）的含量（%）

地点和样品类型	TCHO（%）	CCHO（%）	MCHO（%）	URA（%）	文献
美国威廉姆森河（Williamson River）（D）			2		Sweet and Perdue（1982）
美国切纳河（Chena River）（C，D）	5.6	1.8			Guo et al.（2003）
美国密西西比河（C）		8.5			Guo et al.（2003）
南美亚马孙河（C）			4		Hedges et al.（1994）
美国育空河（D）	22~27				Guéguen et al.（2004）
瑞士布雷特湖（Lake Bret）（D）	14~24				Wilkinson et al.（1997）
河流（D）	6~24				Buffle（1990）
美国溪流（D）			6~8		Cheng and Kaplan（2001）
美国密西西比河（C）			1~4		Benner and Opsahl（2001）
美国特里尼蒂河（Trinity River）（C，D）	17	15		2	Hung et al.（2001）
美国密西西比河（C）	6~8				Bianchi et al.（2004）
美国圣安娜河（Santa Ana River）（D）	5~13				Ding et al.（1999）
美国特拉华河（C）		15			Repeta et al.（2002）
美国密西西比河（C）		9			Repeta et al.（2002）
美国苏必利尔湖（C）		30			Repeta et al.（2002）
墨西哥库利亚坎河（Culiacán River）（D）	17				Paez-Osuna et al.（1998）
英国天然水体（D）	5~31				Boult et al.（2001）
美国特里尼蒂河（C）	9~36		8~31	1~5	Hung et al.（2005）

　　D：溶解态；C：胶体（>1 kDa）；TCHO：5~7 种单糖，葡萄糖、半乳糖、鼠李糖、海藻糖、阿拉伯糖、木糖和甘露糖之和。

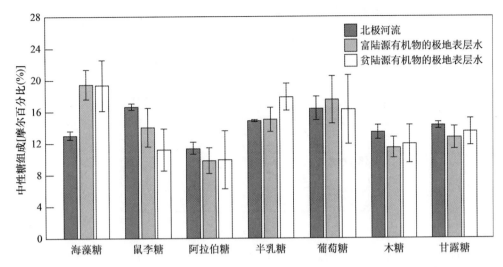

图 5.12 北极河流（鄂毕河和叶尼塞河）超滤溶解有机物中中性糖的分子组成（UDOM；<0.2 μm~>1 kDa）（改自 Amon and Benner，2003）

先前在高盐河口潟湖的一项研究表明，海藻糖、核糖、甘露糖和半乳糖是较好的细菌与蓝细菌的来源指示物（Moers and Larter，1993）。同样地，木糖或者甘露糖/木糖比值被用于指示被子植物对裸子植物组织，阿拉伯糖+半乳糖和来苏糖+阿拉伯糖则可以用来区分木质和非木质维管植物组织（Cowie and Hedges，1984a，b）。另外，研究还发现阿拉伯糖和潟湖沉积物中的红树碎屑有关（Moers and Larter，1993），也与咸水和海水的微表层有联系（Compiano et al.，1993），并被认为来自浮游植物（Ittekkot et al.，1982）。总的来说，所有的生物体都具有相同的单糖成分，虽然其相对丰度可能因来源而变化（Cowie and Hedges，1984a）。因此，中性糖成分缺少来源特异性和单个糖的不同稳定性（Hedges et al.，1988；Macko et al.，1989；Cowie et al.，1995）在某些情况下削弱了它们作为生物标志物的有效性。举例来说，一个缺氧峡湾［加拿大萨尼奇湾（Saanich Inlet）］中的沉积物捕获器和沉积物样品的结果表明，上层沉积物中没有检测到维管植物碎屑颗粒中的葡萄糖、来苏糖和甘露糖（Hamilton and Hedges，1988）。与此相反，峡湾中存在鼠李糖和海藻糖的生产，它们很可能来源于细菌，并在这些脱氧糖中含量是丰富的（Cowie and Hedges，1984b）。一项长期的（4 年）针对 5 种不同维管植物组织［红树树叶和树木（黑皮红树），柏树针叶和树木（落羽杉），平滑绳草（互花米草）］的糖类化合物丰度和组成变化的培养实验表明，葡萄糖和木糖会随时间而降解，而脱氧糖类相对丰度会增加，表明随着碎屑年龄的增加，来自微生物的贡献逐渐升高（Opsahl and Benner，1999）（图 5.13）。

溶解态结合中性糖组成的相似性被归因于细菌降解有机物时会产生难降解的杂多糖（Kirchmann and Borch，2003）。其他的工作显示不同水生系统中高分子量（HMW）DOM中高浓度的酰基杂多糖（APS）可能是源自淡水浮游植物（Repeta et al.，2002）。实际上，HMW DOM 中的 7 种主要中性糖（鼠李糖、海藻糖、阿拉伯糖、木糖、甘露糖、葡萄糖和

半乳糖）的相对丰度是相近的，在不同水生系统样品中的相对含量也几乎是相同的（图
5.14）。

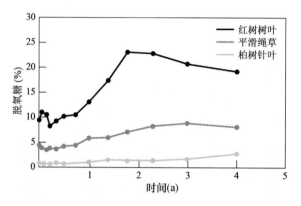

图 5.13　一项长期的（4 年）针对 5 种不同维管植物组织［红树树叶对树木（黑皮红树），
柏树针叶和树木（落羽杉），平滑绳草（互花米草）］的糖类化合物丰度和组成变化的培
养实验的结果。葡萄糖和木糖随时间而降解，而脱氧糖类相对丰度会增加，表明随着碎
屑年龄的增加，来自微生物的贡献逐渐升高（改自 Opsahl and Benner, 1999）

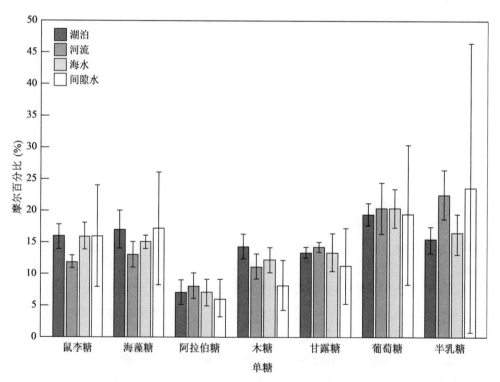

图 5.14　不同水生系统中 HMW DOM 中的 7 种主要中性糖（鼠李糖、海藻糖、阿拉伯糖、木
糖、甘露糖、葡萄糖和半乳糖）的相对丰度（改自 Repeta et al., 2002）

尽管海洋和淡水中的微藻都能生产 APS（Aluwihare et al.，1997；Repeta et al.，2002），对水生系统中 APS 整体循环的控制因素了解还很少。光谱学和分子数据表明不同系统内 HMW DOM 中的 APS 是非常相似的（Aluwihare et al.，1997）。使用直接温度分辨质谱（DT-MS）的多变量分析显示，在美国切萨皮克湾和荷兰东斯海尔德河口中的 HMW DOM（>1D）主要由氨基糖、脱氧糖和 O-甲基糖组成，表明细菌过程的存在（Minor et al.，2001，2002）。这些研究进一步支持了之前的猜测，即类脂化合物组成或河口 DOM 特征的相似性（Zou et al.，2004）根本上是由沿着河口梯度的细菌过程决定的。这些分子的研究也支持了这样一个认识，即河口中大部分 DOC 同时包括易降解和难降解成分（Raymond and Bauer，2000，2001；Cauwet，2002；Bianchi et al.，2004）——大量易降解的成分在进入大海之前降解掉了。

在沉积物中，糖类化合物大约占总有机物的 10%～20%之间（Hamilton and Hedges，1988；Cowie et al.，1982；Martens et al.，1992）。就像水体一样，对于在沉积物中溶解或颗粒态的糖类化合物来说，其周转和多糖向单糖的胞外水解作用还不是很清楚（Lyons et al.，1979；Boschker et al.，1995；Arnosti and Holmer，1999）。最近的工作表明在切萨皮克湾沉积物间隙水中中性糖占了溶解糖的 30%～50%（图 5.15）（Burdige et al.，2000）。间隙水中中性糖的丰度百分比从最高的葡萄糖（28%）到最低的鼠李糖（6%）和阿拉伯糖（7%）（Burdige et al.，2000）；这些结果与特拉华湾（USA）水体中的溶解态结合中性糖（DCNS）的相对比例一致（Kirchmann and Borch，2003）。然而，在切萨皮克湾沉积物中，颗粒态和溶解态的糖类化合物的浓度关系并不大，在间隙水的 HMW DOM 中有更多的溶解糖类组分。在其他的一些研究中，也发现了颗粒态和溶解态糖类化合物组分的这种差异（Arnosti and Holmer，1999）。最近基于酶促水解速率的研究显示，切萨皮克湾表层水体中 40%～62%的单糖被微生物快速消耗，而在陆架水体中，比例要低一些（Steen et al.，2008）。HMW DOM 中有更多的溶解糖类组分可能反映了沉积物中 POC 再矿化所产生的 HMW 中间体的积累（Burdige et al.，2000）。尽管糖类化合物被认为是大洋（20%～30%）（Pakulski and Benner，1994）和河口水体（9%～24%）（Senior and Chevolot，1991；Murrell and Hollibaugh，2000；Hung and Santschi，2001）中 DOC 的重要组成部分，但是我们对河口中糖类化合物的吸收动力学和总的循环过程知之甚少。对多糖（如木聚糖、昆布糖、支链淀粉和褐藻糖胶）的周转也了解地很少，最近的研究表明，在近海系统中，分子大小可能并非如先前想的那样，是控制这些大分子化合物胞外水解作用的重要因素（Arnosti and Repeta，1994；Keith and Arnosti，2001）。尽管我们确实知道在水体中中性糖是糖类化合物的主要组分（40%～50%）（Borch and Kirchmann，1997；Minor et al.，2001），但是我们却很少了解细菌对这些单糖的吸收差异（Rich et al.，1997；Kirchmann，2003；Kirchmann and Broch，2003）。许多丰度高的糖类化合物（如葡萄糖和鼠李糖）通常以 DCNS 存在（Kirchmann and Broch，2003）。其他的研究显示，特拉华湾河口 DCNS 的组成具有相当大的时空稳定性，尽管 POC 和 DOC 含量有显著的变化（Kirchmann and Broch，2003）。葡萄糖（摩尔百分比为 23%）和阿拉伯糖（摩尔百分比为 6%）分别是 DCNS 中丰度最高和最

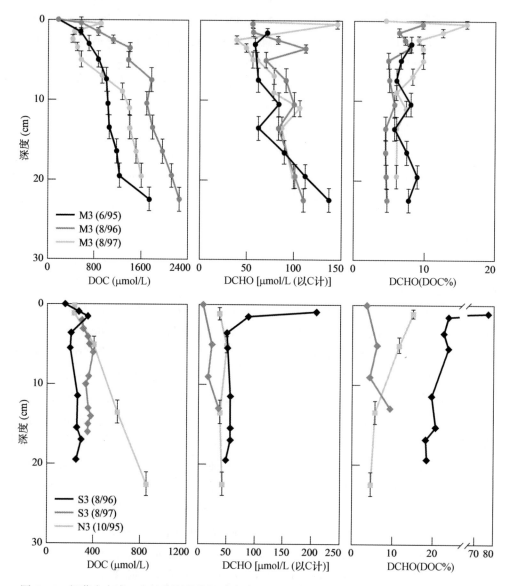

图 5.15　切萨皮克湾 3 个站位沉积物间隙水中 DOC 和溶解态糖类化合物（DCHO）剖面图。切萨皮克湾沉积物间隙水中中性糖占了溶解糖的 30%～50%（改自 Burdige et al.，2000）

低的糖类化合物。中性糖的相对丰度，特别是葡萄糖（Hernes et al.，1996），通常被视作是有机物稳定性的指标（Amon et al.，2001；Amon and Benner，2003）。因此，特拉华湾河口中 DCNS 的组成没有显示出显著的季节性变化且与开阔大洋的组分相似是不同寻常的（Borch and Kirchmann，1997；Skoog and Benner，1997；Burdige et al.，2000）。

5.4.3　中性糖和次要糖在海洋环境中作为生物标志物

如前所述，糖类化合物对于浮游细菌来说是最重要的碳源之一，也是海洋 DOM 种特征了解最透彻的组分（约 25%）（如 Pakulski and Benner，1994；Borch and Kirchmann，1997；Skoog and Benner，1997）。在太平洋、墨西哥湾和南极洲杰拉许海峡（Gerlache Straight）氧最小带以上的水体中，单糖和多糖之间具有负相关关系，说明单糖实际上可能是来源于多糖水解（Pakulski and Benner，1994）。这与之前普遍的认识一致，即多糖主要来自表层水体中的浮游植物，能够被那些能将这些大分子降解成较小的单糖的细菌很好地利用（Ittekkot et al.，1981）。更具体地说，当研究赤道太平洋表层水体（2 m）和深层水体中 POM 和 HMW DOM 中醛糖的组成和浓度，以及表层水和深层水之间被清除的组分时，发现葡萄糖和半乳糖都是其中主要的糖类成分（Skoog and Benner，1997）（图 5.16）。另外，糖类化合物中那些从表层水到深层水被清除的部分基本上一样的，说明在 POM 或者 HMW DOM 库中并没有特定的糖类被生物作用优先去除。

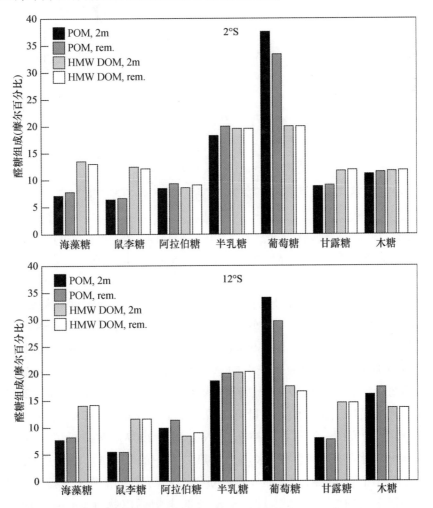

图 5.16 赤道太平洋表层水体（2 m）和深层水体（rem）中 POM 和 HMW DOM 中醛糖的组成和浓度；葡萄糖和半乳糖均是这两部分水体中主要的糖类成分（改自 Skoog and Benner，1997）

虽然之前已经有研究表明无机营养盐也能够促进细菌的生长（Wheeler and Kirchman，1986；Horrigan et al.，1988），营养盐和糖类化合物吸收之间的相互作用却被忽视了很多年。仅在最近，才有工作聚焦北太平洋环流中与葡萄糖吸收相关的细菌生产（Skoog et al.，2002）。该工作显示，葡萄糖支撑的细菌生产（BP）强烈依赖氮和磷的可利用性（图 5.17）。特别地，在富营养水体（亚北极环流）中，细菌的碳需求中葡萄糖的占比比在贫营养水体（北太平洋环流）中要大。在此研究中，葡萄糖的吸收速率范围为<0.01～4.2 nmol/（L·d），比热带太平洋的要低 [3～148 nmol/（L·d）]（Rich et al.，1996），比墨西哥湾高 [<1～3 nmol/（L·d）]（Skoog et al.，1999）。

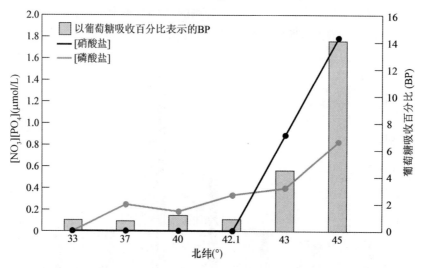

图 5.17　以葡萄糖吸收表示的北太平洋环流中的细菌生产（BP）。同时给出了溶解态硝酸盐和磷酸盐的浓度以做比较（改自 Skoog et al.，2002）

尽管现在已经有了一些对河口沉积物间隙水中糖类化合物丰度和组成的研究（如 Burdige et al.，2000），但是很少有人知道它们在热液流体中的丰度。在热液流体中的大部分工作关注了烃类化合物的丰度（Simoneit et al.，1996）。最近的一项研究分析了火山岛（Vulcano Island）一个热液系统中的总溶解中性醛糖（TDNA），该岛是意大利西西里岛北部沿海伊奥利亚群岛中 7 个活跃的火山岛屿之一（Skoog et al.，2007）。该研究是对火山岛热液喷口流体中低分子量有机酸（Amend et al.，1998）和氨基酸（Svensson et al.，2004）研究的一个很好的补充。Skoog 等（2007）共分析了 3 种不同地质环境（冷泉沉积物、水下热液喷口和水热型地热井）中的 TDNA。尽管 3 种不同环境中 TDNA 的浓度有相当大的变化，大部分具有足够多的易降解醛糖来支持微生物的生长。然而，果糖加鼠李糖的摩尔分数丰度，及藻类的生物标志物（Mopper，1977；Zhou et al.，1998），均表明在火山岛热液样品中醛糖的主要来源并非藻类（Skoog et al.，2007）（图 5.18）。

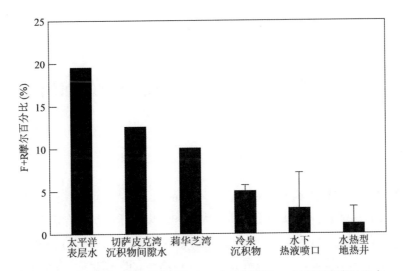

图 5.18　不同的水生和地质环境中（冷泉沉积物、水下热液喷口和水热型地热井等）总溶解中性醛糖果糖（F）+鼠李糖（R）的浓度（改自 Skoog et al. , 2007）

5.5　小结

在这一章里，我们重点讨论了这个星球上一些最丰富的分子：糖类化合物。这些分子的活性差别很大，因此，对于长期（地质的）和短期（生态的）时间尺度的过程都很重要。糖类化合物在营养动力学过程中尤其重要，这一过程就不同营养级之间的生态能量转移来说，在碳循环中占据重要的地位。尽管这些化合物在水生环境中是普遍存在的，在许多情况下，植物/藻类来源物质的组成也不具有独特性，不同类群之间的差异也不显著，我们还是提供了一些能够体现这种独特性或差异的案例。测定糖类化合物的技术仍然在发展中，并应在揭示水生系统中能量交换过程中更多更重要的细节中发挥更大的作用。最后，我们提供了一些案例，展示出这些化合物在很多情况下像"胶水"一样将有机细胞黏合在颗粒物表面，并能作为一种基质促使大分子溶解有机多糖（如 APS）在自然水体中形成。需要开展深入的工作以理解聚合物在全球碳循环中扮演的角色。

第6章 蛋白质：氨基酸和胺

6.1 背景

海洋生物体中的有机质约50%是蛋白质（Romankevich，1984），约85%的有机氮也来自蛋白质（Billen，1984）。多肽和蛋白质是大洋和近岸水体中颗粒有机碳（POC）（13%~37%）和颗粒有机氮（PON）（30%~81%）（Cowie et al.，1992；Nguyen and Harvey，1994；Van Mooy et al.，2002），及溶解有机氮（DON）（5%~20%）和溶解有机碳（DOC）（3%~4%）（Sharp，1983）的重要组成部分。其他的估算表明，酸性条件下可水解的蛋白质类物质大约占了海洋中PON的50%（Tanoue，1992）。在沉积物中，据估计蛋白质大约占了有机碳的7%~25%（Degens，1977；Burdige and Martens，1988；Haugen and Lichtentaler，1991；Cowie et al.，1992），占总氮的30%~90%（Henrichs et al.，1984；Burdige and Martens，1988；Haugen and Lichtentaler，1991；Cowie et al.，1992）。有机氮中其他的易降解成分包括氨基糖、聚胺、脂肪胺、嘌呤和嘧啶等。

蛋白质大约由20个α-氨基酸组成，基于他们的官能团这些氨基酸可被分为不同的种类（图6.1）。一个α-氨基酸是由一个氨基，一个羧基，一个氢原子和一个侧链基团（R）组成，因为氨基连在羧基相连的碳，即α-碳上，所以被称为α-氨基酸。因为氨基酸包含了碱性基团（$-NH_2$）和酸性基团（$-COOH$），所以它们是两性的。在干燥的状态下，氨基酸是偶极离子，羧基以羧酸根离子（$-COO^-$）的形式存在，氨基以铵根离子（$-NH_3^+$）的形式存在；这些偶极离子又被称作两性离子。在水溶液中，偶极离子与阴离子和阳离子之间存在平衡。因此，氨基酸的主要形式取决于溶液的pH值；这些不同的官能团的酸性大小用它们的pKa值来定义。在较强的酸性或碱性条件下，氨基酸会分别以阳离子和阴离子的形式存在。在pH值处在中间时，两性离子在酸式和碱式达到平衡时浓度达到最大，这被称为等电点。肽键是由一个氨基酸的羧基和另一个氨基酸的氨基之间缩合形成的（图6.2）。由于α-碳的不对称性，每一个氨基酸都存在两种对映异构体。氨基酸在生命体中几乎全是以L-异构体形式存在。

然而，在细菌细胞壁中的肽聚糖层有很高含量的D-氨基酸。最近有研究表明，浮游细菌中4种主要的D-氨基酸是丙氨酸、丝氨酸、天冬氨酸和谷氨酸，在低碳条件下细菌可能依靠吸收D-氨基酸生存（Perez et al.，2003）。因此，溶解有机物（DOM）中高的D/L比值可能说明细菌生物量的贡献较高或者这些物质具有较高的细菌循环。最近，D/L比值已被成功地用于指示DON成岩作用（Preston，1987；Dittmar et al.，2001；Dittmar，2004）。在生物体中出现D-氨基酸的另一种可能原因是外消旋作用，即L-氨基酸向它的

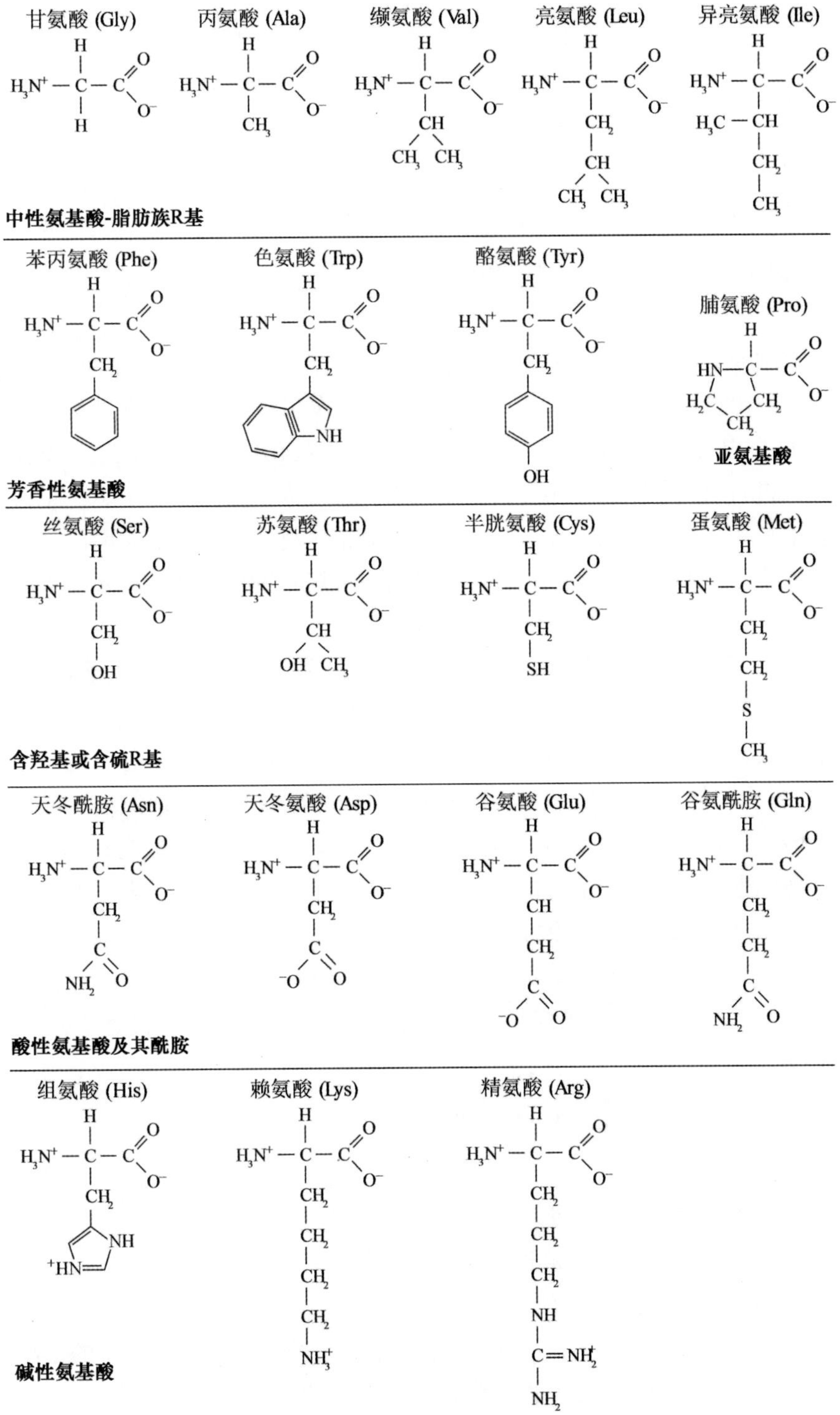

甘氨酸 (Gly)　丙氨酸 (Ala)　缬氨酸 (Val)　亮氨酸 (Leu)　异亮氨酸 (Ile)

中性氨基酸-脂肪族R基

苯丙氨酸 (Phe)　色氨酸 (Trp)　酪氨酸 (Tyr)　脯氨酸 (Pro)

亚氨基酸

芳香性氨基酸

丝氨酸 (Ser)　苏氨酸 (Thr)　半胱氨酸 (Cys)　蛋氨酸 (Met)

含羟基或含硫R基

天冬酰胺 (Asn)　天冬氨酸 (Asp)　谷氨酸 (Glu)　谷氨酰胺 (Gln)

酸性氨基酸及其酰胺

组氨酸 (His)　赖氨酸 (Lys)　精氨酸 (Arg)

碱性氨基酸

图 6.1　蛋白质大约由 20 个 α-氨基酸组成，基于它们的官能团这些氨基酸可被分为不同的种类（如中性、芳香性和酸性）

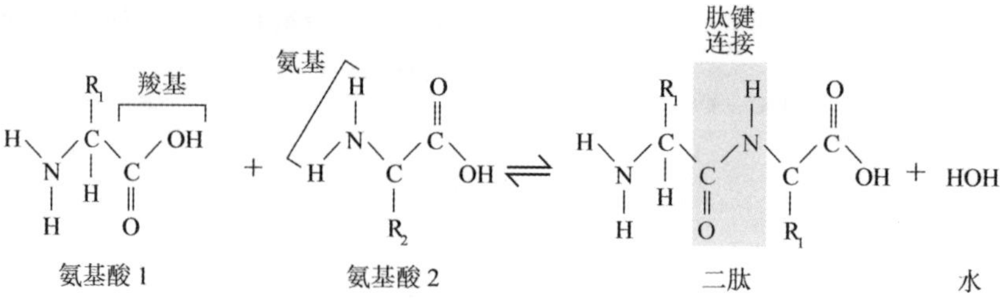

图 6.2   肽键是由一个氨基酸的羧基和另一个氨基酸的氨基之间缩合形成的

镜像 D 形式的转变。作为这一过程的结果，已经在河口无脊椎动物的组织中发现了 D-氨基酸 (Preston, 1987; Preston et al., 1997)。外消旋作用是一个非生物过程，因此在生物体中存在的 L-氨基酸在生物死亡后会随着时间的推移被转换成 D-氨基酸。由于外消旋作用的速率可以进行时间校正，L-氨基酸向 D-氨基酸的转变提供了一个定年工具。经放射性碳测定校准后的壳体、骨骼、牙齿、微化石和其他生物物质中的氨基酸的外消旋速率已被作为这样的定年工具使用 [例如，作为沿岸侵蚀状况历史重建的指标 (Goodfriend and Rollins, 1998)]。

氨基酸对于所有的生物体都是必不可少的，因此是有机氮循环中最重要的部分之一。在蛋白质中常见的 20 种氨基酸中，其中 11 种可以由动物合成，称为非必需氨基酸 (丙氨酸、精氨酸、天冬酰胺、天冬氨酸、半胱氨酸、谷氨酰胺、谷氨酸、甘氨酸、脯氨酸、丝氨酸和酪氨酸)，其他 9 种必须通过食物获得，称为必需氨基酸 (组氨酸、异亮氨酸、亮氨酸、赖氨酸、色氨酸、苯丙氨酸、蛋氨酸、苏氨酸和缬氨酸)，通常由植物、真菌和细菌合成。在不同生物体中，典型的蛋白质氨基酸的摩尔百分比在组成丰度上有相当大的一致性 (图 6.3) (Cowie et al., 1992)。因此，水体或沉积物中氨基酸组成的差异可能是由于降解而不是来源的不同 (Dauwe and Middelburg, 1998; Dauwe et al., 1999)。对从新鲜浮游植物到高度降解的浊流沉积物样品进行了主成分分析 (PCA)，得到了如下降解指数 (DI)：

$$DI = \sum_i \left[\left(var_i - avg\ var_i / std\ var_i \right) loading_i \right] \tag{6.1}$$

其中，var_i = 氨基酸摩尔百分比；

avg var_i = 氨基酸摩尔百分比平均值；

std var_i = 氨基酸摩尔百分比标准偏差；

$loading_i$ = 氨基酸 i 的 PCA 得分。

DI 值越负，样品降解程度越大，正的 DI 值则说明样品是新鲜未降解的。高的非蛋白质氨基酸 (NPAA) 摩尔百分比 (如>1%) 也被用作有机物降解的指标 (Lee and Bada, 1977; Whelan and Emeis, 1992; Cowie and Hedges, 1994; Keil et al., 1998)。例如，β-丙氨酸、γ-氨基丁酸和鸟氨酸等 NPAA 分别由它们的前体化合物天冬氨酸、谷氨酸和精氨酸的酶促降解过程产生。β-氨基丁酸是在海洋沉积物间隙水中发现的另一种 NPAA (Henrichs

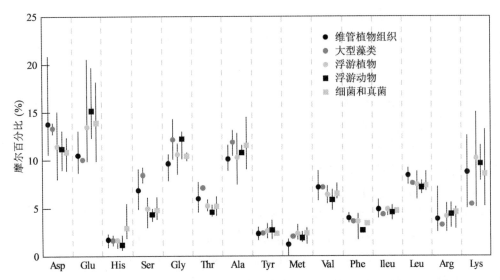

图 6.3　在不同生物体中，典型的蛋白质氨基酸的摩尔百分比在组成丰度上显示出相当大的一致性（Asp：天冬酰胺；Glu：谷氨酰胺；His：组氨酸；Ser：丝氨酸；Gly：甘氨酸；Thr：苏氨酸；Ala：丙氨酸；Tyr：酪氨酸；Met：蛋氨酸；Val：缬氨酸；Phe：苯丙氨酸；Ileu：异亮氨酸；Leu：亮氨酸；Arg：精氨酸；Lys：赖氨酸）（改自 Cowie et al.，1992）

and Farrington，1979，1987），谷氨酸可能是其前体（Burdige，1989）。造成水体和沉积物中氨基酸摩尔百分比不同的另一种因素是在沉积前和沉积后过程中不同氨基酸（碱性与酸性）对于不同黏土矿物的选择性吸附（Keil et al.，2000；Ding and Henrichs，2002）。最后，最近的工作显示传统的用于沉积物中氨基酸的水解分析方法会破坏大部分酰胺键，因此会低估氨基酸对沉积物中总氮的贡献（Nunn and Keil，2005，2006）。

在大洋和近岸水体中，蛋白质通过水解反应而降解，产生一些较小组分，如肽和游离氨基酸（Billen，1984；Hoppe，1991）。尽管许多更高级的消费者能够在体内分解它们的食物中的蛋白质，但是细菌必须在胞外水解蛋白质（经由细胞表面酶或胞外酶）（Payne，1980）。胞外水解允许较小的分子通过细胞膜，但大于 600 Da 的分子一般不能通过微生物细胞膜（Nikaido and Vaara，1985）。不同的食物中蛋白质的消化性可用非特异性蛋白水解酶检测（如蛋白酶 K）来检测，它能够从较小的寡糖和单体中分离大的多肽（Mayer et al.，1986，1995）。这产生了另一类氨基酸，通常称为酶促水解氨基酸（EHAA），可用于测定哪些必需氨基酸对生物体是受限的（Dauwe et al.，1999）。直到最近，我们才开始了解在近岸系统中多肽在氨基酸循环中的作用。看起来不是所有的多肽都能够被水解，具有多于两个氨基酸的多肽比二肽水解快（Pantoja and Lee，1999）。某些浮游植物也能对多肽和氨基酸进行胞外水解（Palenik and Morel，1991）。在氨基酸胞外氧化期间，会释放出 NH_4^+，这是初级生产者需要的溶解无机氮（DIN）的重要来源。最近的工作显示，匡塔克湾河口（Quantuck Bay estuary，USA）抑食金球藻（*Aureococcus anophagefferens*）所吸收的 NH_4^+ 大约 33% 来自氨基酸氧化（Mulholland et al.，2002）。这与早期报道的长岛河口（美国）浮游植物水华期间氨基酸氧化速率升高的研究一致（Pantoja and Lee，1994；Mulholland et al.，1998）。总的来说，通常分析的氨基酸包括溶解态和颗粒态两个部分。近岸系统中通常测定的氨基酸包括水体 POM（North，1975；Cowie et al.，1992；Van Mooy et al.，2002）和沉积有机物（SOM）（Coxie et al.，1992）中的总可水解氨基酸（THAA）及 DOM 中溶解态游离和结合氨基酸（DFAA 和 DCAA）（Mopper and Lindroth，1982；Coffin，1989；Keil and Kirchman，1991a，b）。活体生物是氨基酸的重要来源，但海洋 POM 的生物活体相对较少（如活体生物量：碎屑 = 1：10）（Volkman and Tanoue，2002）。已经转化成碎屑成分的细胞蛋白质类物质被称为颗粒态结合氨基酸（PCAA）（Volkman and Tanoue，2002；Saijo and Tanoue，2005）。

一般来说，氨基酸比水体中和沉积物中总 C 和 N 更易降解，可以用来指示"新鲜"有机物向表层沉积物的转移（Henrichs and Farrington，1987；Burdige and Martens，1988）。实际上，90%的初级生产的氨基酸和氮在沉积前就被再矿化分解了，尤其是通过草食性浮游动物的摄食（Cowie et al.，1992）。沉积物中的氨基酸大部分赋存在固相颗粒上，很小一部分为溶解游离态（1%~10%）（Henrichs et al.，1984）。间隙水中低浓度的 DFAA 也可能是由于周转速率较高导致的（Christensen and Blackburn，1980；Jørgensen，1987），因为微生物会优先利用 DFAA（Coffin，1989）。相当一部分 THAA 与腐殖质和矿物基质结合在一起，比较耐降解（Hedges and Hare，1987；Alberts et al.，1992）。因此，氨基酸的降解可能是受其功能性和细胞内的功能区划控制。例如，芳香性氨基酸（如酪氨酸、苯丙氨酸）及谷氨酸和精氨酸，比那些难降解的酸性氨基酸（如甘氨酸、丝氨酸，丙氨酸和赖氨酸）降解得更快（Burdige and Martens，1988；Cowie et al.，1992）。研究表明，丝氨酸、甘氨酸和苏氨酸会富集在硅藻细胞壁的硅质外壳中，这可能会"保护"它们免受细菌的降解（Kroger et al.，1999；Ingalls et al.，2003）。由于会被吸附和结合入钙质骨骼，氨基酸在碳酸盐沉积物中的保存可能也会得到加强（King and Hare，1972；Constantz and Weiner，1988）。相反，在河流和河口系统中，碱性氨基酸优先吸附到细颗粒物是由于氨基的净正电荷被铝硅酸盐黏土矿物的负电荷所吸引（Gibbs，1967；Rosenfeld，1979；Hedges et al.，2000；Aufdenkampe et al.，2001）。分子的形状/结构（Huheey，1983）和质量（质量增加范德华力增强）也影响着胺的吸附（Wang and Lee，1993）。同样，黏土颗粒对氨基酸的优先吸附可以导致与其他表面氨基酸的混合（Henrichs and Sugai，1993；Wang and Lee，1993，1995）或者与其他的有机分子反应（如蛋白黑素聚合物是由葡萄糖与酸性、中性和碱性氨基酸经缩合反应产生的）（Hedges，1978）。

氧化还原条件也是决定氨基酸的降解速率和选择性利用的一个重要的控制因素。最近有研究发现在次氧化水体中对 POM 中富氮氨基酸的选择性利用超过了非氨基酸部分（Van Mooy et al.，2002）。部分氨基酸的这种选择性利用被认为可以支持水体反硝化过程。其他在较浅的近岸水体中的研究表明氧气对氨基酸降解有影响（Haugen and Lichtentaler，1991；Cowie et al.，1992）。基于一种实验的方法，发现相较于有氧的条件（8%~65%），浮游植物蛋白质在无氧的条件下（15%~95%）会优先地保存（Nguyen and Harvey，1997）。然而，基于功能性差异划分的 THAA 库里的氨基酸看起来仅有很小的选择性丢失（图 6.4）。在有氧和无氧的近岸沉积物中也都观察到氨基酸组成随深度变化较小的分布模式（Rosenfeld，1979；Henrichs and Farrington，1987）。这表明，在浮游植物中常见的氨基酸（酸性和中性氨基酸）的两个主要基团在早期成岩过程中的利用效率是相似的。另外，沉积物中氨基酸组成随深度没什么变化还可能是因为微生物在降解有机物时会产生新的氨基酸（原位添加）（Keil et al.，2000）。然而，Nguyen and Harvey（1997）在做硅藻物质降解实验时，观察到了甘氨酸和丝氨酸的选择性保存，进一步支持了因为与硅藻细胞壁中的二氧化硅基质相结合，所以这些氨基酸更难降解的观点。甘氨酸被认为是沉积物中最丰富的氨基酸，因为它营养价值最小，可能是因为缺少侧链（-H），可以选择性地"避开"酶的作用（Keil et al.，2000；Nunn and Keil，2005，2006）。同样，丝氨酸和苏氨酸也被发现可以保存在硅藻外壳的硅质基质中（Ingalls et al.，2003），因而可以在沉积物中选择性保存（Num and Keil，2006）。

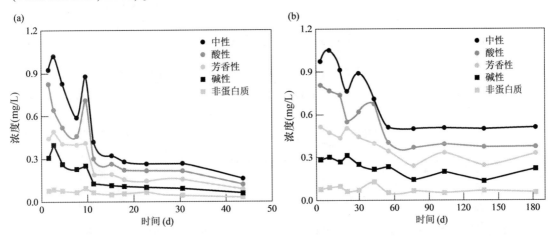

图 6.4 基于一种实验的方法，发现相较于（b）无氧的条件下（15%~95%保存下来），浮游植物蛋白质（包括中性的、酸性的、芳香性的和碱性的氨基酸）在（a）有氧的条件（8%~65%保存下来）会被优先地利用（改自 Nguyen and Harvey，1997）

尽管目前关于 DON 组成的研究主要关注氨基酸，如之前段落中所描述的，但除了氨基酸之外，还有一些自然存在的溶解游离态伯胺化合物，如脂肪胺和己糖胺，它们产生自水生系统中的代谢和水解过程，这些过程在很大程度上被忽视了（Aminot and Kerouel，2006）。这一类化合物可被统称为总溶解游离态伯胺（TDFPA），其操作上的定义是采用一种对胺灵敏的方法，以甘氨酸为标准测定的响应值（Aminot and Kerouel，2006）。

最后，我们想简单介绍一类称为类菌孢素氨基酸（mycosporine-like amino acids，MAAs）的化合物，它们普遍存在于水生生物和其他生物体中，能够吸收紫外辐射（UVR，290~400 nm）（见 Shick and Dunlop，2002 的综述）。这些化合物在 310~360 nm 的范围具有最大的吸收，对于 UVA 和 UVB 有较高的摩尔吸收性（$\varepsilon = 28\,100 \sim 50\,000\ \mathrm{M^{-1}\,cm^{-1}}$）。最早是在海洋中发现这类化合物（Wittenberg，1960），最近在淡水生物体中也有发现（Sommaruga and Garcia-Pichel, 1999）。然而，更详细的工作表明，这些天然产物的化学性质与在陆地真菌中发现的一类代谢产物相似（图6.5）（Shick and Dunlop, 2002）。MAAs作为水生生物"防晒霜"的重要性的证据持续增加（Tartarotti et al., 2004; Whitehead and Hedges, 2005）。

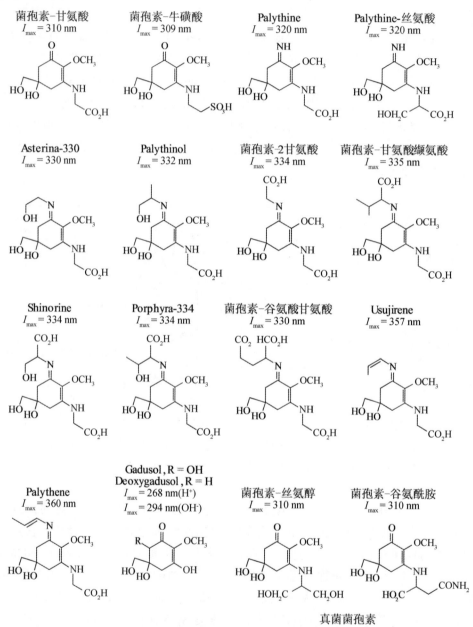

图6.5　普遍存在于水生生物和其他生物体中的类菌孢素氨基酸（Mycosporine-like amino acids, MAAs）。这些天然产物的化学性质与在陆地真菌中发现的代谢产物相似（改自Shick and Dunlop, 2002）（Palythine、Asterina-330、Palythinol、Shinorine、Porphyra-334、Usujirene、Palythene、Gadusol、Deoxygadusol尚无中文译名——译者注）

6.2　蛋白质：氨基酸和胺的生物合成

氨基酸生物合成的第一步需要从自然环境中获取 N。对于植物和藻类来说，NO_3^- 和/或 NH_4^+ 作为营养盐先被吸收，由是所获得的 N 随后被用于氨基酸的生物合成。生物吸收 N 的另一途径是通过生物固氮（BNF）。BNF 是由原核生物（包括异养和光能自养原核生物，有些是与其他生物共生的）进行的，在酶的催化作用下将 N_2 还原为 NH_3 或 NH_4^+ 或有机氮化合物（Jaffe，2000）。能够直接固定 N_2 的生物也叫作固氮生物。破坏 N_2 中的氮氮三键需要高的活化能，这对很多生物来说很难达到，因此，仅有部分生物能进行 BNF。BNF 是水生系统中一个很重要的过程（Howarth et al.，1988a；Howarth and Cole，1986b）；一些能够进行 BNF 的异养和光能自养细菌为近岸和河口系统氨基酸合成提供了必要的 N。以 NO_3^- 吸收为例，氨基酸合成的第一步是还原 NO_3^- 到 NO_2^-，在这一过程中使用硝酸盐还原酶，并结合烟酰胺腺嘌呤二核苷酸（NADH）+H^+，这是糖酵解的一个关键产物（见第 1 章）。下一步反应是将 NO_2^- 进一步还原到 NH_4^+，使用的是亚硝酸盐还原酶和作为电子供体的还原态铁氧还蛋白，它们都是 BNF 过程中电子转移链的一部分，这一电子转移链还包括烟酰胺腺嘌呤二核苷酸磷酸（NADP）和黄素腺嘌呤二核苷酸（FAD）（见第 1 章）。

在研究柠檬酸循环时（图 6.6）（Campbell and Shawn，2007），我们发现不含氮的碳化合物（草酰乙酸盐和 α-酮戊二酸盐等）是氨基酸生物合成的重要中间产物。特别的，α-酮戊二酸被胺化产生谷氨酸，是将 N 同化进入氨基酸的主要机制。以绿藻作为一个模式，可能最常见的下一步是 α-酮戊二酸的还原胺化以生产谷氨酸，反应通过 $NADP^+$ 依赖型谷氨酸脱氢酶，并结合一分子 NH_4^+ 来进行（图 6.7a）。该反应发生在叶绿体，谷氨酸是谷氨酸系列（结构与谷氨酸相似的一类氨基酸，见下文）中第一个被生产出来的氨基酸。值得注意的是，通过发生在叶绿体中的其他途径，谷氨酸可以与另一分子 NH_4^+ 结合形成第二个氨基酸，即谷氨酰胺（图 6.7b）。

尽管氨基酸的生物合成途径是多种多样的，构建它们的碳基化合物是糖酵解、戊糖磷酸和柠檬酸循环的中间产物（图 6.6）（Campbell and Shawn，2007）。另外，常见的做法是基于它们的代谢前体将氨基酸进一步分成 6 族：（1）谷氨酸族（谷氨酸、谷氨酰胺、脯氨酸、精氨酸和鸟氨酸）；（2）丙酮酸族（丙氨酸、缬氨酸和亮氨酸）；（3）天冬氨酸族（天冬氨酸、天冬酰胺、赖氨酸、苏氨酸、异亮氨酸和蛋氨酸）；（4）丝氨酸族（丝氨酸、甘氨酸和半胱氨酸）；（5）芳香族氨基酸族（苯丙氨酸、酪氨酸和色氨酸）；（6）组氨酸族（图 6.6）。下面我们简要介绍一下细菌、真菌和植物所使用的上述 6 种生物合成途径，从氮吸收之后和谷氨酸、谷氨酰胺（关键的氨基贡献者）形成开始。

谷氨酸族（谷氨酸、谷氨酰胺、脯氨酸、精氨酸和鸟氨酸）的名称来自这些氨基酸是谷氨酸的代谢产物，在结构上与谷氨酸趋同。如前所述，在谷氨酸和谷氨酰胺合成之后，通过与 ATP 反应，并在 γ-谷氨酰激酶作用下，谷氨酸发生磷酸化，接着被还原成谷氨酸-γ-半醛，通过失去一分子水它能够自发环化为四氢吡咯-5-羧酸，然后并不需要酶催化就

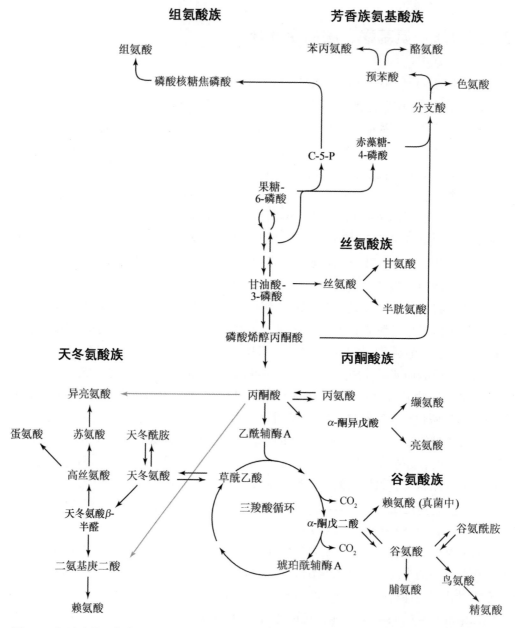

图 6.6　氨基酸的生物合成途径是多种多样的，构建它们的碳基化合物是糖酵解、磷酸戊糖和柠檬酸循环（三羧酸循环）的中间产物（改自 Campbell and Shawn, 2007）

可以产生脯氨酸（Campbell and Shawn, 2007）。脯氨酸不含伯胺基团，而含有一个仲胺基团，因此，它实际上是一个 α-亚氨基酸，但常被称为氨基酸。谷氨酸上的 α-羧基与 ATP 反应生成酰基磷酸酯。半醛的形成也需要 NADP 或 NADPH 的存在。四氢吡咯-5-羧酸接着被 NADPH 还原为脯氨酸。然而，半醛形成之后的这一步是一个分支点，一方面可以形成脯氨酸，另外也可能形成鸟氨酸和精氨酸。在后一种情况下，谷氨酸-5-半醛发生氨基

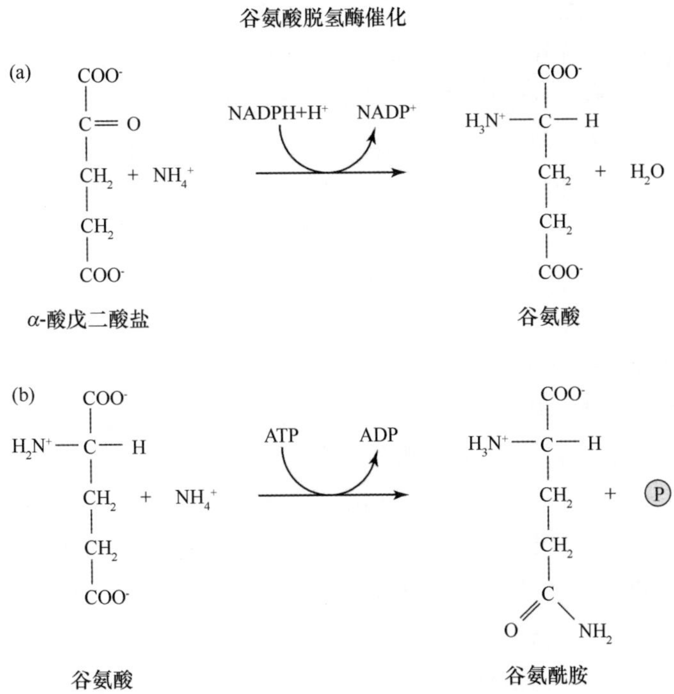

谷氨酸脱氢酶催化

图 6.7 （a）不含氮的碳化合物（α-酮戊二酸盐）作为绿藻中氨基酸生物合成的重要中间产物；（b）其后，谷氨酸可以与另一个 NH_4^+ 结合形成第二个氨基酸，即谷氨酰胺

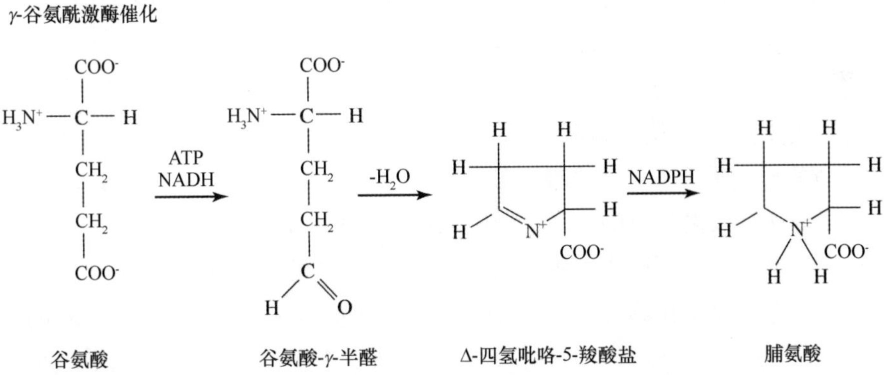

γ-谷氨酰激酶催化

图 6.8 谷氨酸的磷酸化作用通过与 ATP 反应而发生，接着被还原成谷氨酸-γ-半醛，通过失去一分子水它能够自发环化为四氢吡咯-5-羧酸，然后并不需要酶催化就可以产生脯氨酸（改自 Campbell and Shawn，2007）

转移变为鸟氨酸，因此，谷氨酸实际上扮演了一个氨基供体的角色。精氨酸是鸟氨酸合成中的一个重要的中间体，可以在植物细胞中合成。它可以与氨基甲酰磷酸酯反应，脱掉磷酸基，产生下一个中间体，即瓜氨酸（Campbell and Shawn，2007）。

丙酮酸族（丙氨酸、缬氨酸和亮氨酸）的名称来自该系列生物合成反应中的起始化合物丙酮酸。丙氨酸是丙酮酸的氨基酸衍生物，缬氨酸和亮氨酸是通过丙酮酸碳链的延长、相互转换和随后的转氨基作用各自独立地合成的。它们都是支链氨基酸。由于这些氨基酸的生物合成涉及很多步骤，我们将只介绍最初和最后的反应步骤（图 6.6）（Campbell and Shawn，2007）。总的来说，所有 3 个氨基酸合成的第一步通常如下：

$$\text{丙酮酸} + \text{焦磷酸硫胺}(\text{TPP}) \rightarrow \text{羟乙基} - \text{TPP} \tag{6.2}$$
$$(\text{经乙酰乳酸合成酶催化})$$

一旦羟乙基-TPP 形成，它可以与另一个丙酮酸分子反应形成 α-乙酰乳酸，进而形成缬氨酸和异亮氨酸，或者它可能与 α-丁酮酸反应，形成异亮氨酸。经过若干其他步骤后，α-酮异戊酸形成后存在一个分支点，其中一个是生成缬氨酸，另一个是生成亮氨酸。这 3 个支链氨基酸的生物合成的最终步骤都涉及将氨基从谷氨酸转移到它们各自相应的 α-酮酸上。我们再一次看到了谷氨酸在氨基酸生物合成中的重要性。

天冬氨酸族（天冬氨酸、天冬酰胺、赖氨酸、苏氨酸、异亮氨酸和蛋氨酸）的名称源自其该族氨基酸生物合成的起始化合物，即天冬氨酸，它由谷氨酸反应生成（图 6.9）（Azevedo et al.，1997）。天冬氨酸或天冬酰胺通过下面的转氨基反应产生，反应后会加入一个新的氨基（针对天冬酰胺）：

$$\text{谷氨酸} + \text{草酰乙酸} \rightarrow \alpha - \text{酮戊二酸} + \text{天冬氨酸} / \text{天冬酰胺} \tag{6.3}$$

生成天冬酰胺的反应可以通过 NH_4^+ 的固定，与先前所描述的谷氨酰胺的合成相似，或者通过将一个氨基从谷氨酰胺转移到天冬氨酸而发生，如下所示：

$$NH_4^+ + \text{天冬氨酸} + \text{ATP} \rightarrow \text{天冬酰胺} + \text{ADP} + \text{Pi} \tag{6.4}$$
$$\text{谷氨酰胺} + \text{天冬氨酸} + \text{ATP} \rightarrow \text{谷氨酸} + \text{天冬酰胺} + \text{AMP} + \text{PP} \tag{6.5}$$

其中 Pi 代表磷酸根离子，PP 代表焦磷酸。

苏氨酸的生物合成开始于反应中的第一个酶，即天冬氨酸激酶，其催化天冬氨酸的磷酸化，将其转化成 β-天冬氨酰磷酸（图 6.9）。下一步包括通过天冬氨酸-半醛脱氢酶将 β-天冬酰胺磷酸转化为天冬氨酸半醛，接着在高丝氨酸脱氢酶、NADH 和 NADPH 作用下将天冬氨酸半醛转化成高丝氨酸。二氢吡啶二羧酸合成酶是赖氨酸合成分支点上的第一个酶，它催化丙酮酸与天冬氨酸半醛缩合为二氢吡啶二羧酸（图 6.9）。高丝氨酸激酶是下一个重要的酶，它可以催化苏氨酸、异亮氨酸和蛋氨酸的生成。半胱氨酸分解的第一步是蛋氨酸向 S-腺苷蛋氨酸（SAM）的转化，通过将 ATP 中的腺苷基转移到蛋氨酸中的 S 原子上而实现。SAM 是一碳转移中所使用的一个重要分子，在下一部分丝氨酸族的内容中会进一步讨论。下一个导向蛋氨酸合成的分支点涉及胱硫醚合成酶，它能够催化从 O-磷酸高丝氨酸和半胱氨酸合成胱硫醚的反应（图 6.9）。在苏氨酸生物合成的后续部分，在 ATP 存在的情况下，高丝氨酸通过高丝氨酸激酶被转化成 O-磷酸高丝氨酸；O-磷酸高丝氨酸最后通过苏氨酸合成酶转化成苏氨酸。还应当指出的是，这些反应中的高丝氨酸激酶的调控特性在植物和微生物中是有很大不同的（Azevedo et al.，1997）。

我们从丝氨酸的合成开始介绍丝氨酸族（丝氨酸、甘氨酸和半胱氨酸），它是在以 3-磷酸甘油酸起始的两步反应中合成的，3-磷酸甘油酸是糖酵解过程的中间产物（图

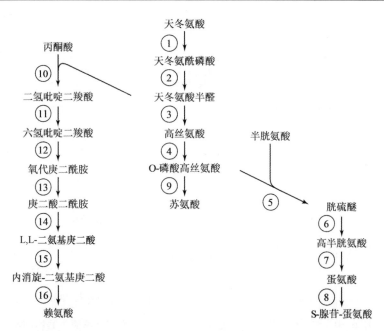

图 6.9　天冬氨酸族（天冬氨酸、天冬酰胺、赖氨酸、苏氨酸、异亮氨酸和蛋氨酸）的名称源自其该族氨基酸生物合成的起始化合物，即天冬氨酸，它由谷氨酸反应生成。数字代表赖氨酸合成的步骤顺序，指示一些产物按照这一路径来生产（改自 Azevedo et al.，1997）

6.10）（Campbell and Shawn，2007）。第一步是 3-磷酸羟基丙酮酸的氧化，第二步是以谷氨酸作为氨基供体发生转氨基反应生成 3-磷酸丝氨酸。最后一步是通过 3-磷酸丝氨酸的脱磷酸作用形成丝氨酸。另一种合成丝氨酸的路径开始于 3-磷酸甘油酸的脱磷酸作用，同时形成羟脯氨酸，它再通过转氨基作用转化成丝氨酸。在我们讨论甘氨酸的形成之前，我们需要了解一下一碳官能团（如甲基、甲酰基、亚甲基、亚胺甲基和次甲基等）的一个重要载体（四氢叶酸）及其表示符号。四氢叶酸（tetrahydrofolate，THF）由喋啶、对氨基苯甲酸和谷氨酸组成（图 6.11）。一碳基团连接在 THF 中 N-5 和/或 N-10 氮原子上（用 N^5 和 N^{10} 表示）。在下面的反应中丝氨酸被转化为甘氨酸：

$$丝氨酸 + THF \rightarrow 甘氨酸 + N^5，N^{10} - 亚甲基 - THF \qquad (6.6)$$

（酶：丝氨酸羟甲基转移）

生产甘氨酸的最后一步涉及下面的缩合反应：

$$N^5，N^{10} - 亚甲基 - THF + CO_2 + NH_4^+ \rightarrow 甘氨酸 \qquad (6.7)$$

（酶：加了 NADH 的甘氨酸合酶）

　　另一种丝氨酸转化成甘氨酸的路径是丝氨酸先失去 $-CH_2OH$ 侧链，然后一碳单元与 THF 结合。半胱氨酸，是丝氨酸族里最后一个合成的氨基酸，由丝氨酸和蛋氨酸分解产物高半胱氨酸反应生成（图 6.12a）（Campbell and Shawn，2007）。这里最重要的不同在于没有用到 N^5-甲基-THF，因为这些反应需要更高的能量。如前所述，半胱氨酸分解的第一步是通过将 ATP 中的腺苷基转移到蛋氨酸中的 S 原子上而实现蛋氨酸向 SAM 的转化。

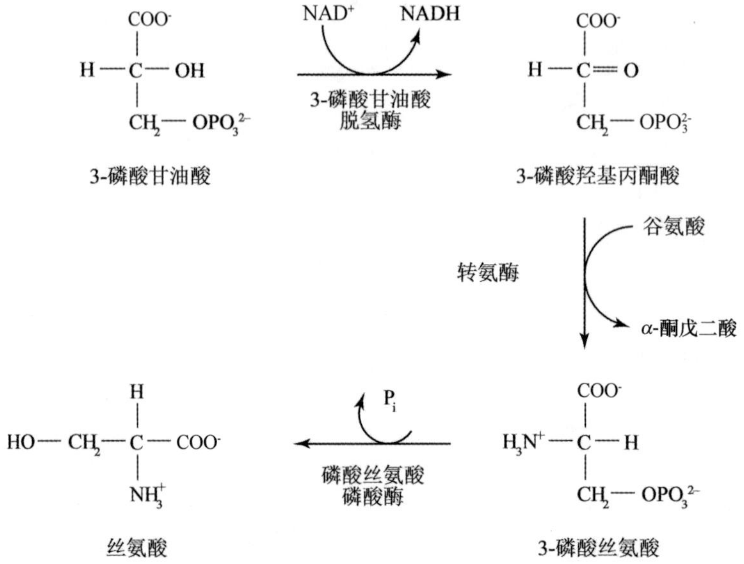

图 6.10 丝氨酸是以糖酵解过程的中间产物 3-磷酸甘油酸为起始的两步反应中合成的（改自 Campbell and Shawn，2007）

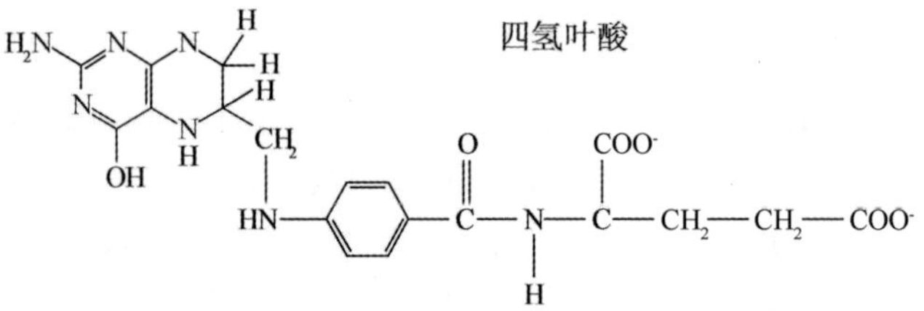

图 6.11 四氢叶酸是一碳官能团（如甲基、甲酰基、亚甲基、亚胺甲基和次甲基等）的一个重要载体，由喋啶、对氨基苯甲酸和谷氨酸组成

S-腺苷蛋氨酸的甲基被转移到磷脂酰乙醇胺，生成了 S-腺苷高半胱氨酸，它最后水解成高半胱氨酸（图 6.12b）。正如之前提到的，转移的甲基来自 SAM，由于相邻 S 原子带正电荷，激活了蛋氨酸结构单元上的甲基，使其转移效率更高。SAM 也用来转移 DNA 甲基化反应中所需的甲基。高半胱氨酸与丝氨酸缩合生成胱硫醚，然后脱氨基并最终裂解产生 α-丁酮酸和半胱氨酸（图 6.12c）。

芳香族氨基酸族中氨基酸（苯丙氨酸、酪氨酸和色氨酸）的生物合成以磷酸烯醇丙酮酸和赤藓糖-4-磷酸起始。莽草酸和分支酸是这一合成路径里重要的中间产物，其中前者是一个重要的连接芳香族氨基酸和木质素的苯基丙烷结构单元的化合物（见第 13 章），对于连接芳香族氨基酸和木质素中类苯丙烷结构的生物合成是非常重要的，后者是不同路径生产芳香族氨基酸的起始化合物（图 6.13）（Campbell and Shawn，2007）。首先应该指出的是，芳香族氨基酸的合成有多种途径，我们不会全部都涉及。我们从分支酸开始介绍，

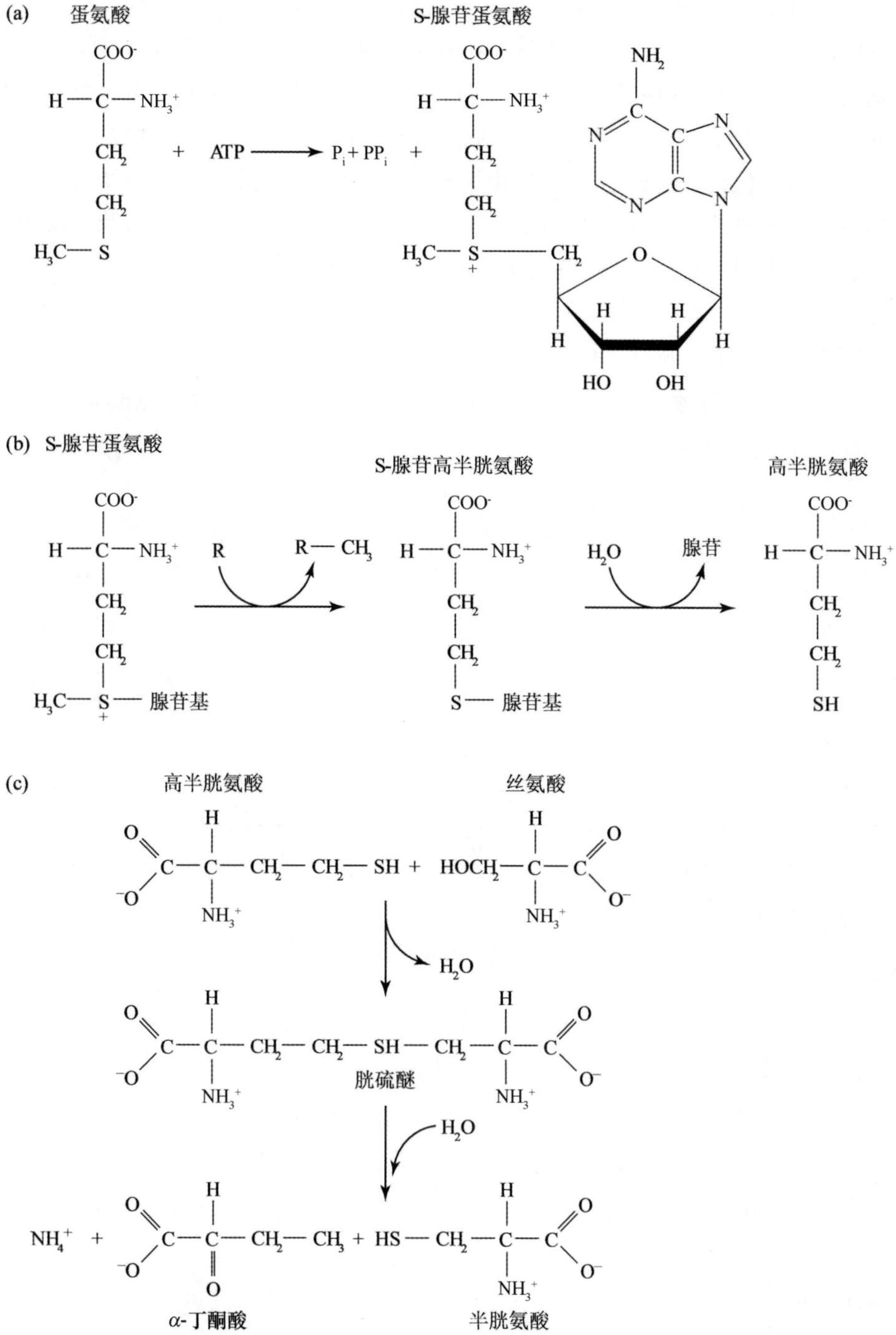

图 6.12　（a）半胱氨酸的合成从蛋氨酸分解为 S-腺苷蛋氨酸开始；（b）S-腺苷蛋氨酸的甲基被转移到磷脂酰乙醇胺，生成了 S-腺苷高半胱氨酸，水解后形成高半胱氨酸；（c）高半胱氨酸与丝氨酸缩合生成胱硫醚，然后脱氨基并最终裂解产生 α-丁酮酸和半胱氨酸（改自 Campbell and Shawn，2007）

变位酶首先把分支酸转换成预苯酸，其是形成酪氨酸和苯丙氨酸的中间体（图 6.14a）（Campbell and Shawn，2007）。脱羧并脱水和氧化脱羧后的中间产物分别是苯基丙酮酸和对羟基苯基丙酮酸。这两种氨基酸唯一的不同是酪氨酸苯环上对位碳有一个羟基。在另一种生成色氨酸的路径中，分支酸从谷氨酸的侧链中获得一个氨基形成邻氨基苯甲酸（图 6.14b）。再一次，值得注意的是，对于很多氨基酸的生物合成来说，谷氨酸都是一种重要的氨基供体。磷酸核糖焦磷酸（PRPP）与邻氨基苯甲酸缩合形成邻氨基苯甲酸磷酸核糖基，然后重排成中间产物：1-(间羧基苯氨基)-1-脱氧核酮糖 5-磷酸。该中间产物脱水后形成吲哚-3-磷酸甘油，它与丝氨酸结合形成色氨酸。PRPP 对于组氨酸，还有嘌呤和嘧啶的合成也是重要的，将在下面讨论。

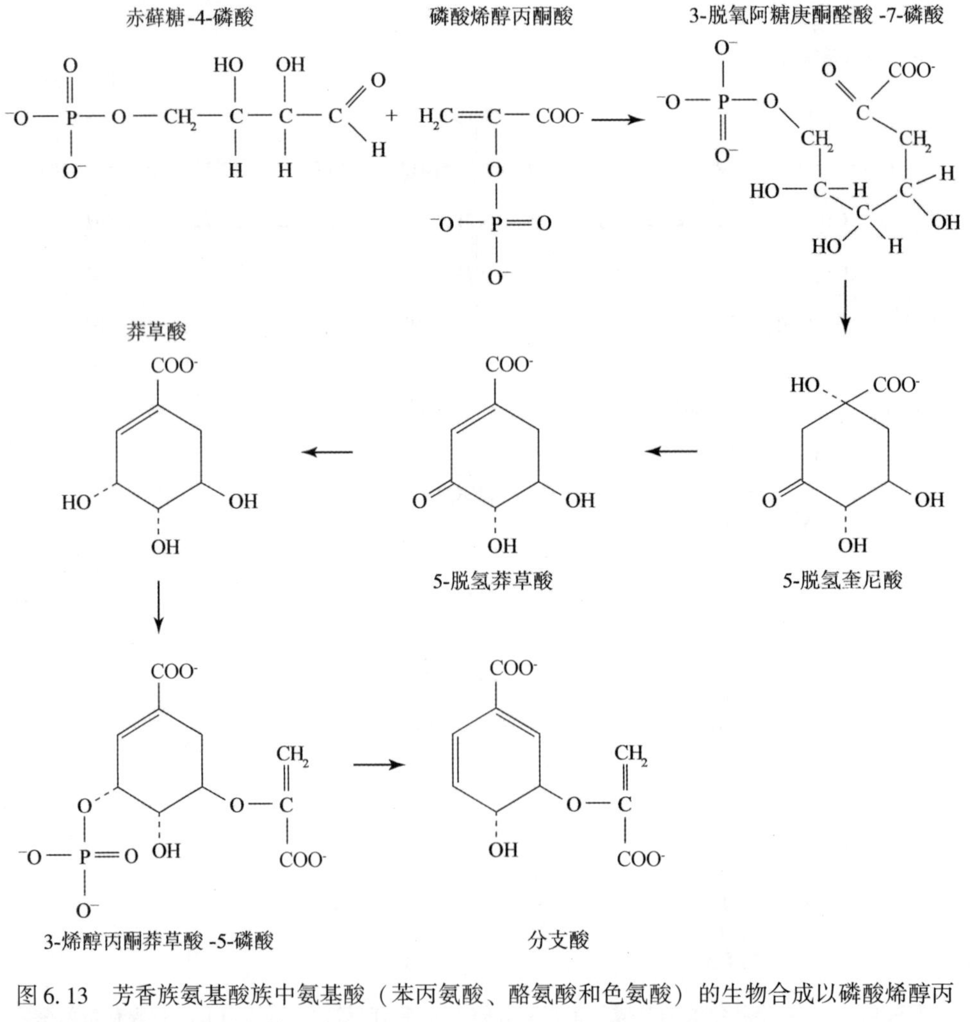

图 6.13　芳香族氨基酸族中氨基酸（苯丙氨酸、酪氨酸和色氨酸）的生物合成以磷酸烯醇丙酮酸和赤藓糖-4-磷酸起始（改自 Campbell and Shawn，2007）

组氨酸自成一族，因为它的生物合成与核苷酸的合成路径有独特和根本性的联系。在组氨酸合成的第一步，PRPP 与 ATP 缩合形成嘌呤，N'-5'-磷酸核糖基-ATP（图 6.15）。

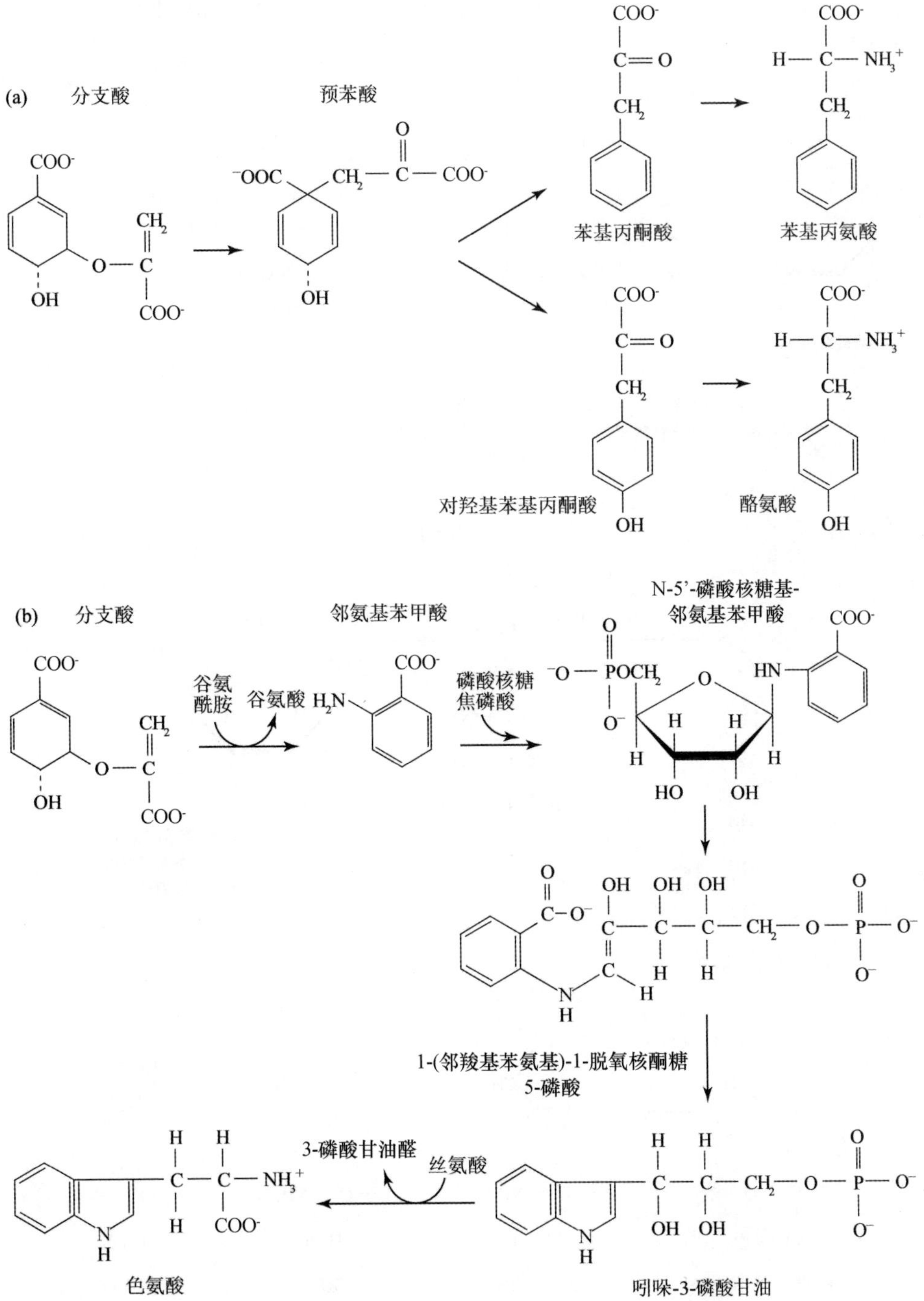

图 6.14 从分支酸开始的酪氨酸和色氨酸的生物合成。(a) 变位酶首先把分支酸转换成预苯酸，其是形成酪氨酸和苯丙氨酸的中间体；(b) 在第二种生成色氨酸的路径中，分支酸从谷氨酸的侧链中获得一个氨基形成邻氨基苯甲酸（改自 Campbell and Shawn，2007）

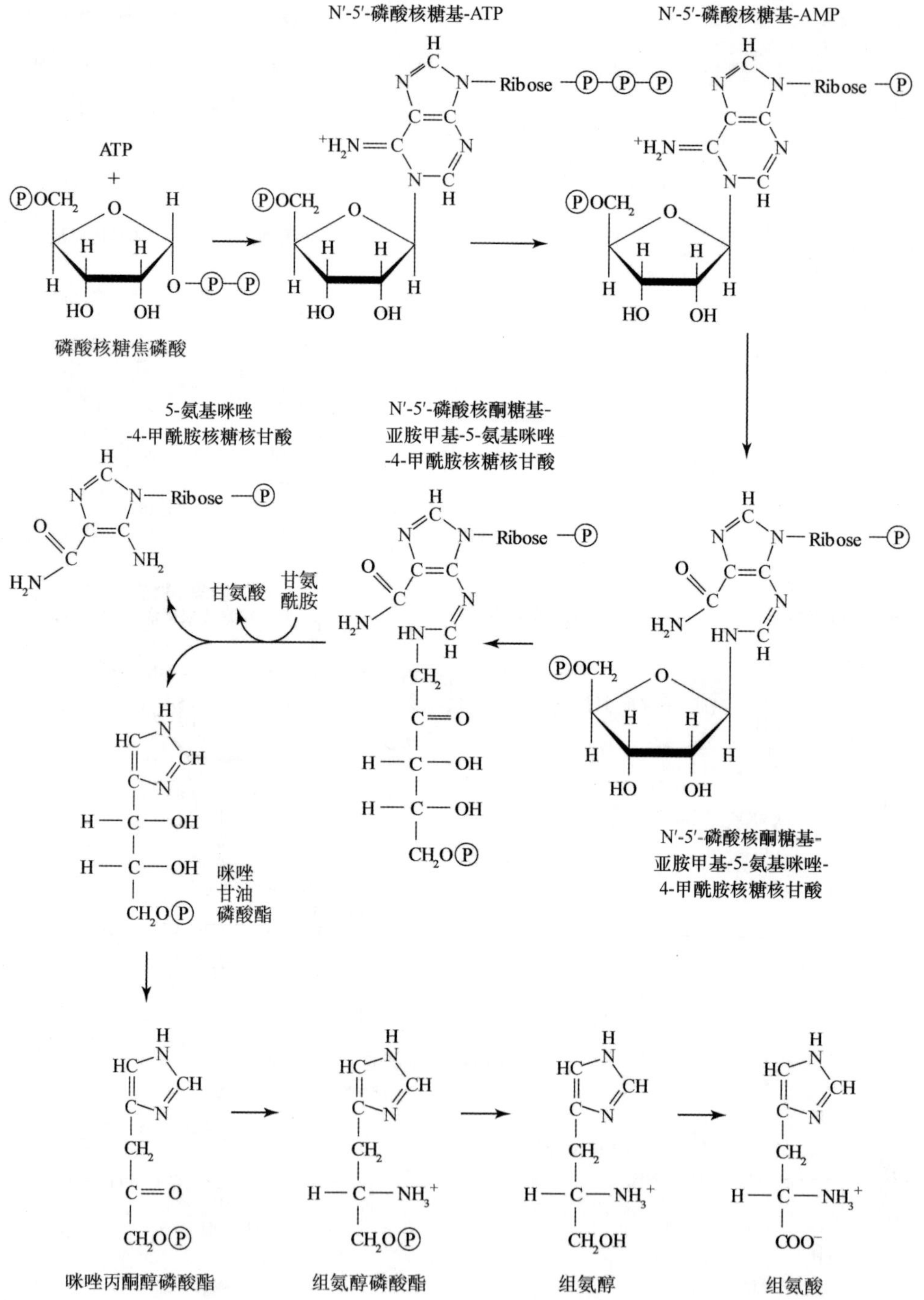

图 6.15 组氨酸自成一族，因为它的生物合成与核苷酸的合成路径有独特和根本性的联系
（改自 Campbell and Shawn，2007）

随后的反应导致焦磷酸的水解，然后凝结出来。与此同时，谷氨酸再一次扮演了氨基供体

的角色，促进了 5-氨基咪唑-4-甲酰胺核糖核苷酸的形成，它也是嘌呤生物合成中重要的中间产物。在这一路径接下来的步骤中，我们可以看到色氨酸的直接前体是一个吲哚，使得吲哚环成为其结构特征。

6.3　蛋白质的分析：氨基酸和胺类

色谱法是分析天然水体中氨基酸的最成功的方法。早期的方法有许多，包括纸色谱（Palmork et al., 1963；Rittenberg et al., 1963；Degens et al., 1964；Starikov and Korzhiko, 1969），然后是薄层色谱和离子色谱（见综述 Dawson and Pritchard, 1978；Dawson and Liebezeit, 1981）。之后重要的进展是随着高效液相色谱（HPLC）的应用而做出来的，其中大多发生在 20 世纪 70 年代到 80 年代初（Riley and Segar, 1970；Seiler, 1977；Lindroth and Mopper, 1979；Dawson and Liebezeit, 1981；Jørgensen et al., 1981；Lee, 1982；Mopper and Lindroth, 1982）。这些高效液相色谱法很多用的是荧光检测器，检测能力提高到亚皮摩尔到纳摩尔范围。一些早期的技术有一些耗时的步骤，如脱盐和浓缩；采样之后也不能及时分析（调查船上不具备分析能力），这些因素通常会造成 DFAA 的损失和/或污染（Garrasi et al., 1979）。有意思的是，早期的一种浓缩步骤使用了基于 Cu-Chelex 100 树脂的配体交换色谱（Siegel and Degens, 1966）。

使用柱后衍生化方法分析海水中的氨基酸的第一种方法是 Garrasi 等（1979）和 Lindroth and Mopper（1979）等提出的，这些方法无需脱盐或预浓缩。然而，Garraasi 等（1979）的方法使用了离子交换色谱和氨基酸分析仪，维护成本较高，而且比 Lindroth and Mopper（1979）的色谱技术要复杂，后者现在已经成为了海水氨基酸分析的标准方法。该方法使用邻苯二甲醛（OPA）和硫醇（2-巯基乙醇）来衍生化氨基酸和其他类伯胺，得到强荧光的异吲哚基衍生物，如图 6.16 中的化学反应所示。手性巯基化合物需要先形成非对映的衍生物，然后可以通过高效液相色谱分离；使用不同流动相和固定相及衍生化试剂分离氨基酸对映异构体的不同方法的详细内容可参见 Bhushan 和 Joshi（1993）。Mopper 和 Dawson（1986）对 Lindroth 和 Mopper（1979）的方法进行了些许改进，用于分析海水中的 DFAA，图 6.17 是一个样品色谱图示例，显示其对氨基酸有较好的分辨。OPA 与氨基酸（除亚氨基酸脯氨酸和羟脯氨酸以外）在碱性介质中反应以及使用 2-巯基乙醇产生强荧光最早由 Roth（1971）提出。基于 OPA 的氨基酸荧光检测比茚三酮反应更有效，比荧光胺还敏感 5~10 倍（Benson and Hare, 1975）。在不加热的情况下，伯胺也能用 OPA 和荧光胺衍生化进行分析（Josefsson et al., 1977）。尽管之前针对 Lindroth and Mopper（1979）方法有很多改进（Jones et al., 1981；Cowie et al., 1992；Sugai and Henrichs, 1992），目前常用的还是最近的一些改进方法（如 Lee et al., 2000；Duan and Bianchi, 2007）。最后，研究表明，蒸汽相水解作用是另一种水解氨基酸样品的有效方法（Tsugita et al., 1987；Keil and Kirchman, 1991a, b）。

一些研究已经测定了 TDFAA，常用的方法包括使用荧光胺的手工方法（North, 1975）

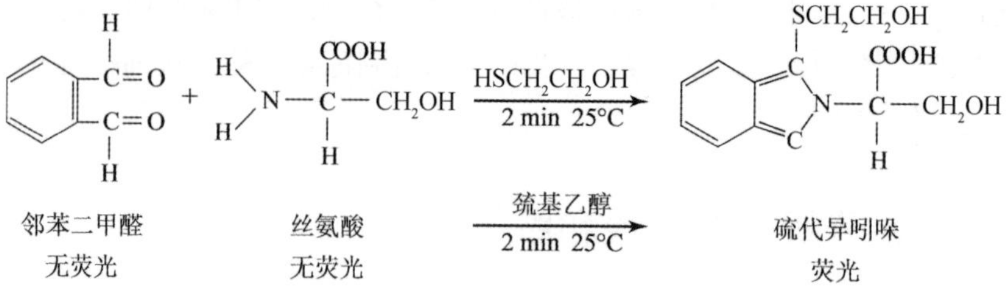

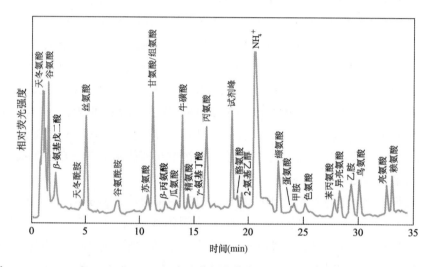

图 6.16　邻苯二甲醛（OPA）和硫醇（2-巯基乙醇）反应衍生化氨基酸和其他类伯胺，得到强荧光的异吲哚基衍生物（改自 Lindroth and Mopper, 1979）

图 6.17　Mopper 和 Dawson（1986）方法分析海水中的 DFAA 的色谱图，显示其对氨基酸有较好的分辨，该方法是对 Lindroth 和 Mopper（1979）方法的改进

及使用 OPA 的自动连续流动方法（Josefsson et al., 1977）。有些研究使用了改进之后的 North（1975）荧光胺方法（Jørgensen, 1979; Jørgensen et al., 1980; Sellner and Nealley, 1997）。当使用荧光胺和 OPA 时，铵离子被认为是最有问题的化合物，它会干扰荧光测定（Aminot and Kerouel, 2006）。也发展出一种高效液相色谱方法用于分离海水中铵离子和伯胺（Gardner and St. John, 1991）。最后，最近对 TDFAA 分析方法的综述（Aminot and Kerouel, 2006）对一种使用更灵敏的 OPA 的方法提出了一些建议（Dawson and Liebezeit, 1981, 1983; Liebezeit and Behrends, 1999）。

　　水解作用可能是最重要的影响水生系统中与颗粒物相关的蛋白质和多肽类物质的分解过程（Smith et al., 1992）。不过，测定水生系统中蛋白质的水解能力很难（Pantoja et al., 1997）。另外，在海洋中蛋白质降解为多肽和氨基酸的一般范式中普遍不把分子量小于 6000 Da 的氨基酸作为有机物整体降解过程中的重要中间产物（Pantoja and Lee, 1999）。许多大型生物可以在体内降解蛋白质，细菌则利用胞外酶把蛋白质和多肽水解成较小的底物（如小于 600 Da），使其可以穿过细胞膜输运（Nikaido and Vaara, 1985）。虽然有些工作研究了海水和沉积物中的蛋白水解活性（Hollibaugh and Azam，1983；Hoppe，1983；Somville and Billen，1983），实际的水解酶还没有检测出来。其他的工作显示荧光底物可以用来检测肽键的水解。典型的例子是氨肽酶（N端）作用下亮氨酸甲基香豆素酰胺（Leu-MCA）的酰胺键的断裂，得到荧光产物（Kanaoka et al.，1977）。该技术已经用于测量海水和沉积物中的水解速率（Rheinheimer et al.，1989；Boetius and Lochte，1994）。氚标记的氨基酸也被用来标记沉积物中的多肽及蛋白质的水解（Ding and Henrichs，2002）。可能最有创新性的进展是能够获得水生系统中的胞外水解速率（Pantoja et al.，1997；Pantoja and Lee，1999）。总的来说，这种方法使用的是荧光肽，是通过缩合将底物（三丙氨酸、四丙氨酸和亮氨酰-丙氨酸等的衍生物）上的多肽与荧光酸酐（荧虾黄酸酐）相连合成的，与荧光酸酐结合会影响多肽的结构和大小，Stewart（1981）和 Pantoja（1997）描述了具体的合成方法。荧光底物接着用 HPLC 分离，以 K_2HPO_4 和甲醇为流动相进行梯度洗脱，荧光检测的激发波长与发射波长分别为 424 nm 和 550 nm（Pantoja et al.，1997）。最后，最近有研究比较了 6 种不同的从沉积物中提取完整多肽和蛋白质的技术 [（0.5 mol/L NaOH、0.1 mol/L NaOH、Triton X-100（聚乙二醇辛基苯基醚，一种非离子型表面活性剂）、热水、NH_4HCO_3 和 HF）]，结果发现这些不同技术在氨基酸提取量方面有显著差异（Nunn and Keil，2006），支持了很大一部分沉积的氮被有机基质所保护这样一种观点（Keil et al.，2000）。

如前所述，氨基酸在大洋中最主要和最明确的储库是 DCAA（Coffin 1989；Keil and Kirchman，1991a，b），但是这些较小的多肽的来源，即来自哪些较大的蛋白质和较长的多肽，目前还不是很清楚（Tanoue et al.，2005）。早期的研究表明，真光层中的氨基酸可以通过异养过程被选择性利用（Lee，1982；Ittekkot et al.，1984），可以在沉积物-水界面被快速的去除（Henrichs et al.，1984；Burdige and Martens，1988），导致在沉积物中积累（约30%~40%）较长的肽蛋白类物质（Nunn and Keil，2005）。因此，测定沉积物中的多肽对于理解其中的氮循环特别重要（Mayer，1986）。使用考马斯亮蓝染色剂与天然水生系统和实验室培养物中的蛋白质反应（Bradford，1976）分析多肽的方法取得了很大的进步，已经从基本的比色法（Setchell，1981；Mayer et al.，1986；Long and Azam，1996）发展到了更先进的二维电泳（2D）方法（Nguyen and Harvey，1998；Saijo and Tanoue，2004）。最近的 2D 方法的应用通常被称为蛋白质组学，研究整个蛋白质组中蛋白质的大小、结构和功能。早期的工作表明，考马斯亮蓝染色剂与蛋白质反应（Bradford，1976）仅对分析较大的多肽（通常具有 10~25 个氨基酸残基）是有效的（Sedmak and Grossberg，1977；Righetti and Chillemi，1978）。其他的研究表明该方法对于有色腐殖质也是很灵敏的（Setchell，1981）。进一步的工作利用酶催化的方法，可以将蛋白质类物质与腐殖质分离开（Mayer et al.，1986）。这种蛋白质分析方法仅限于分析能够用 NaOH 从沉积物中提取出来的多肽残基，其操作定义是具有大于 7~15 个氨基酸的多肽残基，这部分氨基酸先前被定义为 EHAA。方法详情如图 6.18 所示；对于沉积物，检测限范围是 0.05~0.5 毫克蛋白质每克沉积物，蛋白质的回收率大约80%，精密度从±15%~30%（Mayer et al.，1986）。

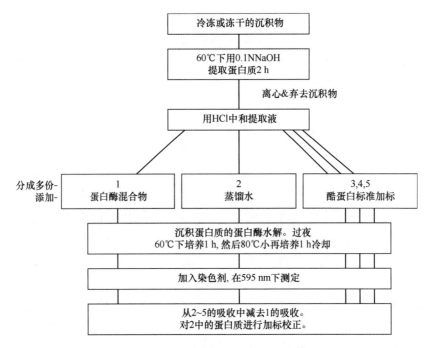

图 6.18 流程图显示利用酶催化的方法，可以将蛋白质类物质与腐殖质分离开
（改自 Mayer et al.，1986）

最近，一维十二烷基硫酸钠-聚丙烯酰胺凝胶电泳（1D SDS-PAGE）被用来分离海水中的背景蛋白质和特定蛋白质（Tanoue，1992，1996；Tanoue et al.，1996）。寡营养表层水体中颗粒有机物（POM）中的背景蛋白质并没有在 1D SDS-PAGE 上实现分离，可能是因为它们较宽的分子量范围和较低的浓度水平（Tanoue，1996）。相反，相同表层水样品中具有较小分子量范围的特定蛋白质得到了分离，并且叠加在背景蛋白质上。然而，在生产力较高的表层水 POM 中并没有识别出特定蛋白质，与较高的浮游植物生物量相关的高背景蛋白质水平有关。显然，对这些蛋白质的分离需要更高分辨率的技术。二维电泳（2DE）是分离复杂蛋白质的有效方法，已被广泛应用（Laemmli，1970；O'Farrel，1975；Oakley et al.，1980；Bjellqvist et al.，1982；Ramagli and Rodriguez，1985；Matsudaira，1987）。其基本原理是，在第一维基于蛋白质的等电点应用等电聚焦进行分离，在第二维利用分子量差异来进行分离。在最近应用于分离太平洋表层水颗粒态蛋白质之前（Saijo and Tanoue，2004），2DE 技术仅用在了分离有孔虫壳体（Robbins and Brew，1990）和硅藻培养物（Nguyen and Harvey，1998）中的蛋白质上。

6.4 应用

6.4.1 蛋白质：氨基酸和胺类作为湖泊生物标志物

最早开展的针对湖泊中氨基酸的研究是为了更好地理解湖泊系统生产力的整体控制因素（Hellebust, 1965；Gocke, 1970）。Jørgensen（1987）首先在湖泊中应用 HPLC 方法测定 DFAA。在该项工作中，在几周的时间里每 3 天在 3 个丹麦湖泊 [2 个富营养湖泊（Frederiksborg Slotssø 和 Hylkel）和 1 个寡营养湖泊（Almind）] 内分别取一次样，研究 DFAA 对浮游细菌代谢的相对重要性。最丰富的 DFAA 是丝氨酸、甘氨酸，丙氨酸和鸟氨酸；在某些时间，其他的 DFAA，如天冬氨酸、苏氨酸、缬氨酸、苯丙氨酸和赖氨酸含量也很高（图 6.19）。该研究总的结论是 3 个湖泊中 DFAA 的浓度均有较大的波动（78 ~ 3672 nmol/L），最大值出现在贫营养的 Almind 湖。然而，只有在富营养化系统中 DFAA 浓度才有周日趋势，且细菌和浮游植物生产之间具有正相关关系。总之，在两个富营养化湖泊中，浮游植物生产对于控制 DFAA 的丰度和同化都是重要的。最近，基于 PCA 分析的结果也显示，德国柏林周围一系列湖泊中的氨基酸循环很大程度上受采样的日期所控制。这再一次支持了这样的观点，即浮游植物的周日循环是控制湖泊系统中 DFAA 库的关键。

6.4.2 蛋白质：氨基酸和胺类作为河流-河口连续体生物标志物

氨基酸是河流有机物中易降解成分的重要部分（Ittekkot and Zhang, 1989；Spitzy and Ittekkot, 1991）。因此，对氨基酸丰度和组成控制因素的更深入了解会为研究河流中易降解有机物的来源和生物地球化学循环提供一个强有力的工具（Ittekkot and Arain, 1986；Hedges et al., 1994；Aufdenkampe et al., 2001）。在最近的一项研究中，比较了美国一个大河系统（密西西比河下游）和一个小河系统（珠河）中颗粒态和溶解态氨基酸的时空变化（Duan and Bianchi, 2007）。密西西比河是世界上最大的受人为调节（防洪堤和大坝）河流之一，是墨西哥湾北部有机物和营养盐的重要来源（Trefry et al., 1994；Guo et al., 1999）。相反，珠河是一个受干扰较少、规模较小的黑水河流（三级溪流），流经美国密西西比和路易斯安那西南，同样注入密西西比河下游东南部冲积平原。颗粒态氨基酸（PAA）和溶解态氨基酸（DAA）的差异部分归因于水体和悬浮沉积物中氨基酸的选择性分配，与之前在亚马孙河（南美）的研究结果相似（Aufdenkampe et al., 2001）。也有研究认为，生物因素，如浮游动物摄食和浮游植物的细胞裂解，导致了这两个很不一样的河流系统中 PAA 和 DAA 的变化。实际上，随着氨基酸降解指数的降低，从活体生物到河流和海洋 POM 到高分子量溶解有机物（HMW DOM, <0.2 μm, >1 kDa）非蛋白质氨基酸百分比逐步增加，说明密西西比河下游氨基酸特征体现了输运过程中的微生物降解。（图 6.20）。

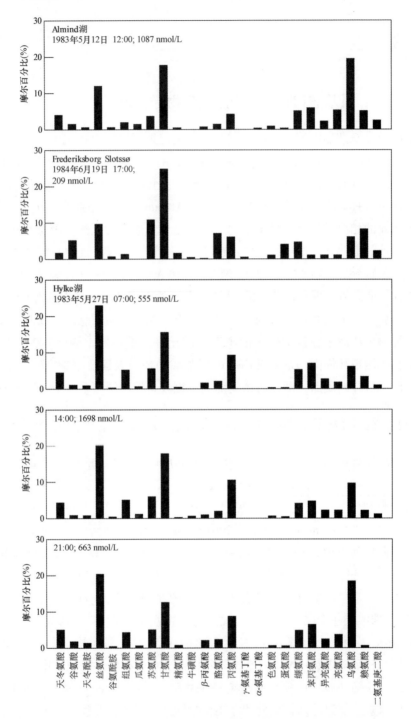

图6.19 在几周的时间里每3天在3个丹麦湖泊［2个富营养湖泊（Frederiksborg Slotssø 和 Hylkel）和1个寡营养湖泊（Almind）］内分别取一次样，研究 DFAA 对浮游细菌代谢的相对重要性。最丰富的 DFAA 是丝氨酸、甘氨酸、丙氨酸和鸟氨酸；在某些时间，其他的 DFAA，如天冬氨酸、苏氨酸、缬氨酸、苯丙氨酸和赖氨酸含量也很高（改自 Jørgensen，1987）

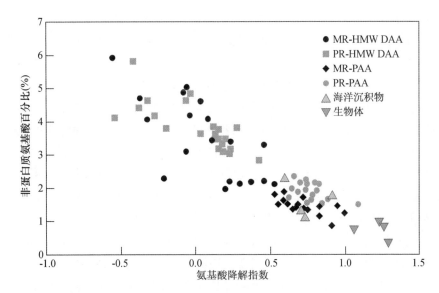

图 6.20　生物体、海洋沉积物、河流颗粒态氨基酸（PAA）和高分子量溶解
态氨基酸（HMW DAA，<0.2 μm 并>1 kDa）中非蛋白质氨基酸和氨基酸降解
指数之间的关系。密西西比河较低的氨基酸降解指数说明物质向下游输运过程
中微生物过程的存在。MR：密西西比河；PR：珠河（美国）

　　一般来说，在河口 DCAA 的浓度比 DFAA 要高，占总 DON 的 13% 左右（Keil and
Kirchman，1991a，b）。另外，DCAA 大约能够支持河口细菌 N 需求的 50%（Keil and
Kirchman，1991a，b，1993）和 C 需求的 25%（Middelboe and Kirchman，1995）。虽然大部
分 DFAA 来自 POM 和 DOM 中蛋白质和多肽的异养分解，当 NH_4^+ 在 NADPH（还原态）存
在的情况下与一些羧酸反应时也可以生成（De Stefano et al.，2000）。例如，NH_4^+ 可与
α-酮戊二酸反应生成谷氨酸（De Stefano et al.，2000）。研究已经清楚地表明，在河口和
近岸系统中 DFAA 是微生物群落 C 和 N 的重要来源，且与其来源无关（Crawford et al.，
1974；Dawson and Gocke，1978；Keil and Kirchman，1991a，b；Middelboe and Kirchman，
1995）。实际上，在哈德孙河（USA）和切萨皮克湾（USA）河口的近岸水域（Fuhrman，
1990）观察到了极快的氨基酸循环速率（以分钟计），说明 DFAA 的来源（浮游植物等）
与细菌之间有较强的耦合关系。
　　研究表明，在富含有机物的缺氧间隙水中溶解态氨基酸的生物地球化学循环主要由下
列"内部"转化过程控制：（1）沉积氨基酸转化成 DFAA；（2）微生物再矿化作用（例
如，氨基酸作为电子供体或被硫酸盐还原菌直接吸收等）（Hanson and Gardner，1978；
Garner and Hanson，1979）；（3）在沉积物中被吸收或重新结合成较大的分子（如地质聚
合作用）（Burdige and Martens，1988，1990；Burdige，2002）。间隙水中的 DFAA 被认为是
生物和非生物过程中的中间产物（Burdige and Martens，1988）。POM 在沉积到沉积物表层
之前的沉降过程中，有机物可能被完全矿化成无机营养盐或转化成 DOM。在沉积物中，

随着深度的增加，有机物的沉积后降解导致低分子量化合物，如溶解态游离氨基酸（DFAA）和简单糖类的选择性丢失，正如瞭望角湾（Cape Lookout Bight, USA）沉积物中总 DFAA 的剖面所示（图 6.21）（Burdige and Martens, 1990）。间隙水中 DFAA 的最高浓度存在于上层几厘米表层沉积物中（20~60 μmol/L），而在深层（渐近 2~5 μmol/L）和上覆水（<1 μmol/L）中浓度较低。在这些间隙水中主要的 DFAA 是非蛋白质氨基酸（β-氨基戊二酸，δ-氨基戊酸和 β-丙氨酸），主要来自发酵过程。上覆水和表层间隙水之间高的 DFAA 浓度梯度使得沉积物-水界面有活跃的通量，主要受生物和扩散过程所控制。对于瞭望角湾，估算出的总 DFAA 最大向上通量出现在夏季的几个月，年速率范围在 0.02~0.09 mol/（m^2·a）或者 52~257 μmol/（m^2·d）（Burdige and Martens, 1990）。这些通量比那些在其他近岸环境下发现的要高出许多，如古尔马峡湾（Gullmar Fjord, 瑞典）（约 18 μmol/（m^2·d）和斯卡格拉克（Skagerrak, 北海东北部）（-20~13 μmol/（m^2·d））（Landen and Hall, 2000）。尽管研究表明在表层沉积物中细菌对 DFAA 的吸收能够降低沉积物-水界面 DFAA 通量（Jørgensen, 1984），瞭望角湾的速率如此之高，可能是显著高的沉积有机物含量造成的。最后，在间隙水中 DFAA 和 DCAA 的交互作用可能对于理解碳的保存是非常重要的（Burdige, 2002）。遗憾的是，测定间隙水中 DCAA 的研究相对较少（Caughey, 1982; Colombo et al., 1998; Lomstein et al., 1998; Pantoja and Lee, 1999）。初步的结果表明 DCAA 库是 DFAA 库大小的 1~4 倍。

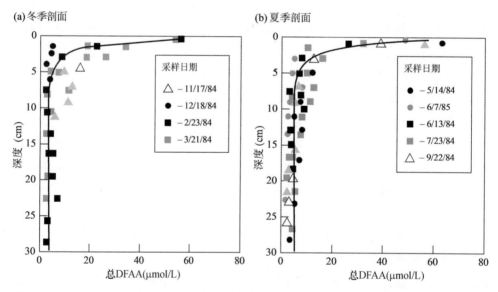

图 6.21 在沉积物中，随着深度的增加，有机物的沉积后降解导致低分子量化合物，如溶解态游离氨基酸（DFAA）和简单糖类（此处未展示）的选择性丢失，正如瞭望角湾（USA）沉积物中总 DFAA 的剖面所示（改自 Burdige and Martens, 1990）

6.4.3 蛋白质：氨基酸和胺类作为海洋生物标志物

如前所述，颗粒态结合氨基酸（PCAA）是海洋 DOM 的重要组成部分，与很多海洋中主要的生物地球化学循环存在根本的联系（Wakeham，1999；Volkman and Tanoue，2002）。最近有研究利用 1D 和 2D 凝胶电泳测定了太平洋表层水中与 PCAA 的形成有关的 POM 中氨基酸的化学组成（Saijo and Tanoue，2005）。在凝胶电泳的应用中，可染色和不可染色的物质代表了不同的肽链长度。例如，少于或者大于 6~8 个氨基酸残基的肽链分别是不可染色和可染色的（Saijo and Tanoue，2005）。研究表明，太平洋表层水 POM 中可染色的物质和不可染色的物质是相似的（图 6.22）。在这两种形式中（可染色和不可染色），相对于 POM，甘氨酸、缬氨酸、异亮氨酸、苏氨酸、丝氨酸和天冬氨酸丰度较低。相反，脯氨酸、赖氨酸和精氨酸与总 POM 相比，相对要富集一些。酸性和不可染色物质分别占了所有分析组分的 31%~42% 和 49%~63%，而蛋白质在 PCAA 中占比小于 2%。可染色物质的存在被认为是 POM 在水体中分解期间从高分子量产物到低分子量产物的中间产物。这些数据支持了粒径-活性模型，即在降解过程中较大的易降解物质会被分解成较小的难降解的物质（Amon and Benner，1996）。酸性物质的潜在来源可能是丙氨酸和谷氨酸，它们是肽聚糖中含量丰富的氨基酸（Schleifier and Kandler，1972）和/或可能是糖蛋白分解后的残余物（Winterbum and Phelps，1972）。

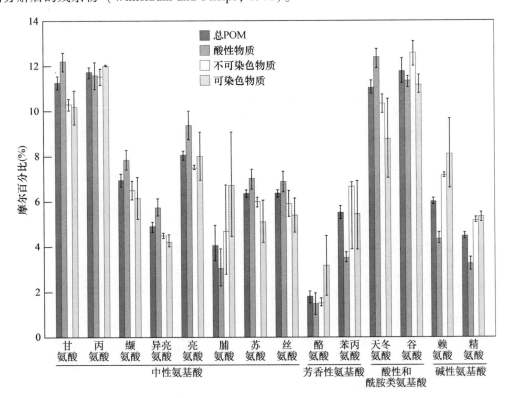

图 6.22　使用 1D 和 2D 凝胶电泳测得的太平洋表层水中与 PCAA 的形成有关的 POM 中氨基酸的化学组成。在凝胶电泳的应用中，可染色和不可染色的物质代表了不同的肽链长度（改自 Saijo and Tanoue，2005）

作为海洋中的沉降颗粒，POM 被输运到深海并且通常会被转化成较小的、更难降解的物质。在沉降的粪粒中，生源矿物作为重物帮助这些颗粒中的一些向下输运（Honjo et al.，2000）。生物矿物方解石和文石具有一种能够确定这些矿物形貌的糖蛋白模版。富含甘氨酸、丝氨酸和苏氨酸的蛋白质与生源蛋白石有关，而在 CaCO$_3$ 中发现了富含天冬氨酸的蛋白质（Constantz and Weiner，1988）。通过氨基酸的相对丰度和组成可以确定钙质浮游植物与硅质浮游植物的相对重要性（Ittekkot et al.，1984；Gupta and Kawahata，2000）。因此，与矿物结合的氨基酸可能有助于指示海洋中沉降颗粒的来源和成岩状态（Lee et al.，2000）。基于这一认识，最近有工作研究了南大洋太平洋海域的浮游生物中氨基酸的浓度和通量（Ingalls et al.，2003）。图 6.23 展示了网采浮游生物、沉积物捕集器获得的物质和沉积物中平均的 THAA 量。THAA 包括非矿物结合氨基酸和钙结合氨基酸，在甘氨酸和丝氨酸中是很丰富的，表明其来源于硅藻。生物矿物结合氨基酸（CaTHAA 和 SiTHAA）是总 THAA 的一小部分，由于选择性保存的缘故，随深度增加 SiTHAA 的比例会变得比 CaTHAA 大。由于具有较高的硅藻生产力，南极绕极流之下的沉积物富含生物矿物结合氨基酸。

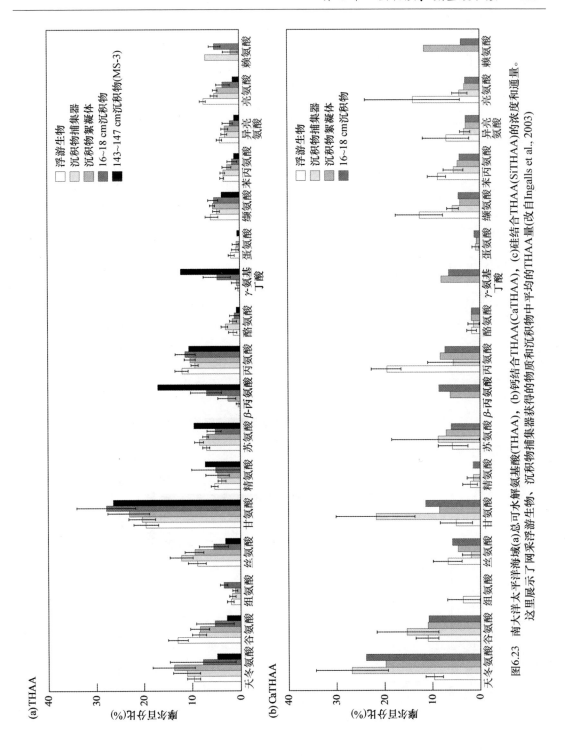

图6.23　南大洋太平洋海域(a)总可水解氨基酸(THAA)，(b)钙结合THAA(CaTHAA)，(c)硅结合THAA(SiTHAA)的浓度和通量。这里展示了网采浮游生物、沉积物捕集器获得的物质和沉积物中平均的THAA量(改自Ingalls et al., 2003)

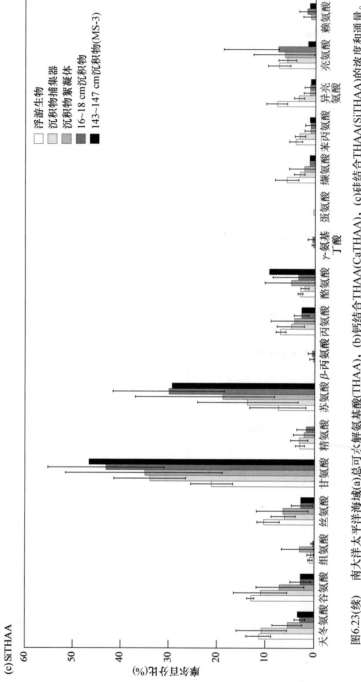

图6.23(续)　南大平洋太平洋海域(a)总可水解氨基酸(THAA)、(b)钙结合THAA(CaTHAA)、(c)硅结合THAA(SiTHAA)的浓度和通量。这里展示了网采浮游生物、沉积物捕集器获得的物质和沉积物中平均的THAA量(改自Ingalls et al., 2003)

6.5　总结

海洋生物体中的有机物约 50% 是蛋白质，约 85% 的氮也来自蛋白质。尽管如此，氮仍然是生物系统中一个重要的限制元素。水化学早期对有机氮库的研究主要应用比色技术粗略地研究蛋白质或者较小的氨基酸库。由于 DFAA 库的循环太快了，以至于很难把这些库与跨越生态时间尺度的生物地球化学过程联系起来。最近有关蛋白质组学的发展提供了新的和令人兴奋的方法，可以检测出蛋白质的结构和功能。更先进的运用 HPLC 和 HPLC-MS 的技术也提供了更好的方法来研究这些快速循环的氨基酸库。过去氨基酸、胺类和蛋白质用作生物标志物有些受限制，这是因为相较于其他有机化合物（如类脂化合物），它们缺少来源特定性。然而，前面提到的这些技术现在已经可以从水生系统中重要的溶解氨基酸库和颗粒氨基酸库选择一种开展深入研究。

第7章 核酸和分子工具

7.1 背景

在本章中，我们探讨基于核酸，即核糖核酸（RNA）和脱氧核糖核酸（DNA）聚合物的分子工具。讨论的主题包括作为有机氮和磷储库的核酸的生物地球化学意义，以及最近利用核酸的稳定和放射性同位素特征来确定支持异养细菌生长的有机物的来源和年龄的工作。除了将核酸作为一类生物化合物来讨论，我们也将讨论分子遗传信息在有机地球化学上的应用。最近有研究将生物标志物信息和分子基因数据组合在一起，为理解水生微生物群落和它们对有机物分解的影响提供了新见解。最近使用分子工具的研究已经鉴定出了全新的和以前未培养过的微生物，阐明了生物合成途径的进化历史、微生物利用特定底物的能力和独特生物标志物的合成过程。这些工具提供了关于微生物群落多样性和微生物类群之间的遗传关系及在有机地化中应用的许多指标背后的进化意义的新视角。

7.2 引言

核酸是继糖类、蛋白质和类脂化合物之后第四丰富的生物分子。这一类大分子由核苷酸聚合物组成，而核苷酸的组成和排列携带了遗传信息。DNA 大分子由两条链组成，形成双螺旋结构，对立的两条链上的碱基通过氢键连在一起。DNA 既含有细胞用来编码蛋白质合成的遗传信息，又提供了生物之间进化关系的信息。相反，RNA 一般是核苷酸链比 DNA 要短的单链大分子。有 3 种类型的 RNA——信使 RNA（mRNA）、转运 RNA（tRNA）和核糖体 RNA（rRNA），它们一起促进基因信息从 DNA 向蛋白质的传递和表达。信使 RNA 携带来自 DNA 的信息到核糖体，那里提供了翻译参与蛋白质合成过程的氨基酸序列的模板。核糖体属于亚分子结构，由蛋白质和核糖体 RNA 组合而成，它们在一起"读取"信使 RNA，并将信息翻译进入蛋白质。转运 RNA 在翻译过程中将氨基酸输运进蛋白质合成的核糖体位点，并将它们加入到构造中的多肽（蛋白质）链中。RNA 也可作为大部分病毒的基因组，即遗传密码。

所有的核酸都由 3 个单元组成：（1）一个含氮的碱基，嘌呤或嘧啶；（2）一个戊糖单体；（3）一个磷酸基团，碱基与戊糖在 C-1 位成键（图 7.1）。这些核酸单元以戊糖之间的磷酸二酯键结合在一起形成长链，进而形成 DNA 或 RNA。DNA 含有 4 种碱基：胞嘧啶、胸腺嘧啶、腺嘌呤和鸟嘌呤，通常分别简写为 C、T、A 和 G。在 RNA 中，尿嘧啶（胸腺嘧啶的一种未甲基化形式）取代胸腺嘧啶作为与腺嘌呤成对的碱基。DNA 和 RNA

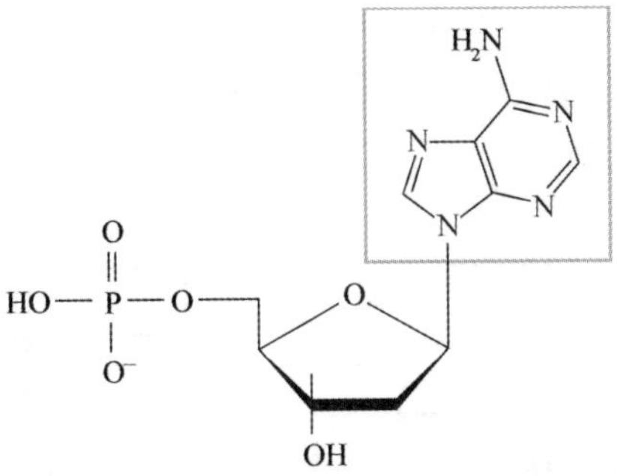

脱氧腺苷单磷酸

图 7.1　核酸组成示例。所有的核酸都包含一个嘌呤或嘧啶碱基（框内所示）、一个戊糖和一个磷酸基团

的另一个差异是含有的糖单元：DNA 含的是脱氧核糖，而 RNA 是核糖。因此，RNA 一般不如 DNA 稳定，因为连在戊糖环上额外存在的一个羟基使其更易于水解。

相对其他生物化合物类别，核酸含有高比例的氮和磷。DNA 和 RNA 均是按照每一分子戊糖和一分子含氮碱基一个磷酸的比例构建的。平均来说，嘌呤和嘧啶的元素组成是 39.1% N 和 43.1% C（Sterner and Elser，2002）。当这些碱基与磷酸和戊糖基团组合在一起的时候，形成的核酸的元素组成是 32.7% C、14.5% N 和 8.7% P，C∶N∶P 为 9.5∶3.7∶1。有趣的是，核酸与蛋白质在氮含量上是相似的（14.5%对 17%），但磷含量不同，蛋白质含磷少，而核酸富含磷。由于 DNA 一般是生物量的一小部分，它的化学计量比例对生物体的整体 C∶N∶P 组成的影响很小。然而，RNA 的水平在种之间变化显著，在单个的生物体中随生长、发育和生理的变化也变化很大。例如，RNA 能构成一些后生动物生物量的 15%或更多，以及一些微生物生物量的 40%（Sterner and Elser，2002）。由于 RNA 既富含磷，在生物量上又远比 DNA 丰富，所以 RNA 含量能够影响生物体的 C∶P 和 N∶P 比值。

7.3　水生环境中的 DNA

核酸在水生环境中以多种形式存在，包括：（1）与活体生物相联系的细胞内 DNA；（2）与病毒相联系的被蛋白质包裹的 DNA；（3）游离（可溶解的）DNA；（4）吸附到碎屑和矿物颗粒上的 DNA（Danovaro et al.，2006）。活体生物细胞是所有核酸的根本来源，但是环境中存在的一部分核酸来自细胞外，是由活的细胞渗出和排泄、摄食造成的损失、细胞死亡和分解之后的释放，细胞的病毒裂解和悬浮颗粒物对溶解 DNA 的吸附/解吸所形成的。尽管在水体中与活体生物细胞相联系的 DNA 库比碎屑来源的要大，但在沉积物中情况却是相反的，在那里大部分 DNA（~90%）与碎屑相联系（图 7.2）。在水体中，溶解 DNA 库主要是胞外来源，病毒贡献了大约 20%。溶解 DNA 的含量在河口是最高的，随着离岸距离增加而降低（Deflaun et al.，1987；Paul et al.，1991a，b；Brum，2005）（表7.1）。与溶解态相反，颗粒 DNA 库主要来自处于微微型浮游生物粒径范围（0.2~1.0 μm）的原核生物（Danovaro et al.，2006）。

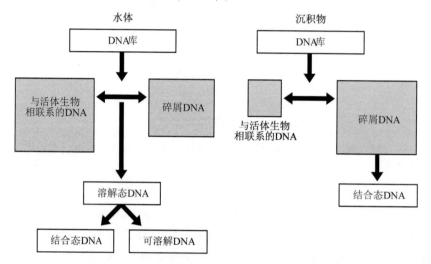

图7.2　水体和沉积物中 DNA 库概念图（改自 Danovaro et al.，2006）

表 7.1　水生环境中溶解态 DNA 的含量和周转时间

位置	地点特征	DNA 含量	周转时间	参考文献
ALOHA 5~100 m 150~500 m	贫营养大洋	1.08~1.27 ng/L 0.21~0.61 ng/L	9.6~24 h	Brum et al.（2004）； Brum et al.（2005）
卡内奥赫湾，美国夏威夷	近岸水体	3.41±0.09 ng/L		Brum et al.（2004）
罗斯基勒峡湾（Roskilde Fjord），新西兰	峡湾水体 峡湾水体+营养盐	2~5 ng/L 2~11 ng/L	6~21 h 5~89 h	Jørgensen and Jacobsen（1996）
东地中海	深海沉积物 开放大洋-陆坡沉积物	55.5 ± 8.7 μg/g（DNA） 12.0 ± 3.8 μg/g（DNA）		Dell'Anno et al.（2005）
地中海	近岸沉积物 深海沉积物	9.8 ± 2.6 μg/L 19.8 ± 0.6 μg/g（DNA）	0.35 a 1.2 a	Corinaldesi et al.（2007）
墨西哥湾	离岸-贫营养 近岸-河口	0.2~1.9 μg/L 10~19 μg/L		DeFlaun et al.（1987）
墨西哥湾	离岸-贫营养	4.6 μg^{-2}	25.5~28 h	Paul et al.（1989）

续表

位置	地点特征	DNA 含量	周转时间	参考文献
拜堡罗港（Bayboro Harbor），美国佛罗里达	河口	9.39~11.6 μg/L	6.4~11.0	Paul et al.（1989）
水晶河（Crystal River），美国佛罗里达	淡水泉	1.43 ± 1.1 μg/L	9.76 ± 3.1 h	Paul et al.（1989）
梅达德水库（Medard Reservoir），美国佛罗里达	淡水	11.9 ± 8.9 μg/L	10.8 ± 3.9	Paul et al.（1989）

核酸可能是水生生态系统中易降解的有机磷和有机氮的重要来源。胞外 DNA 再循环的主要机制涉及促进磷再生和供给有机氮和磷的 DNA 酶以及细菌代谢所需的核苷和核碱基。在水体中，胞外 DNA 可能分别供给了细菌浮游生物日常需要的 P 和 N 的约 50% 和 10%；在 P 耗尽的区域，该 DNA 库能供给更大部分的营养盐需求（Danovaro et al.，2006）。在深海沉积物中，胞外 DNA 贡献了 4%、7% 和 47% 的原核生物日常所需的 C、N 和 P（Dell'Anno and Danovaro，2005）。然而，胞外 DNA 的半衰期在沉积物中通常比在水体中要长，一些 DNA 能够跨越地质时间尺度而保存下来（Coolen et al.，2006；Coolen and Overmann，2007）。这可能反映了这样一个事实，即胞外 DNA 与大分子或无机颗粒物结合从而降低 DNA 的酶促降解，这种情况在沉积物中很典型（Romanowski et al.，1991）。

最近有若干工作研究了各种水生环境中水体和沉积物中的胞外 DNA 的循环和周转（Jørgensen and Jacobsen，1996；Brum，2005；Dell'Anno et al.，2005；Reitzel et al.，2006；Corinaldesi et al.，2007a）（表 7.1）。例如，溶解态胞外 DNA 可以作为希瓦氏菌属（Shewanella）的金属还原细菌的磷及碳和能量的唯一来源（Pinchuk et al.，2008）。特别是在深海生态系统中，近期的研究也突出了病毒在 DNA 循环中的潜在重要性（Dell'Anno and Danovaro，2005；Corinaldesi et al.，2007b；Danovaro et al.，2008）。Danovaro 及其同事指出病毒裂解造成的原核生物死亡率随着水深增加而增加（图 7.3），并提出了"病毒分流"（viral shunt）的概念，即在裂解原核生物细胞的过程中释放碳，并促进氮和磷周转的过程。这一机制被认为造成了底栖原核生物的死亡，减少了资源的竞争，同时产生了刺激未受感染的深海原核生物生产的易降解物质。

7.4　核酸分析

传统的 DNA 分析方法包括水样预过滤以去除较大的颗粒，然后过滤到微孔滤膜上（0.2 μm），接着对滤膜上的细胞进行裂解（Fuhrman et al.，1988），最后使用乙醇（或

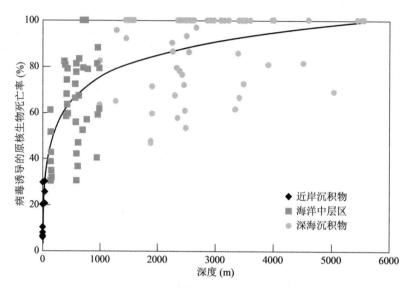

图7.3　与深度有关的病毒诱导的原核生物死亡率显示统计上的显著关系，$y = 14.46 \ln (x) - 24.98$，$n = 119$，$r^2 = 0.686$（$p < 0.001$）。数据包括近岸沉积物（◆）、海洋中层区（■）和深海沉积物（●）（改自 Danovaro et al.，2008）

十六烷基三甲基溴化铵（cetyltrimethylammonium bromide，CTAB）析出法对 DNA 进行浓缩，并使用荧光染料 Hoechst 33258 进行定量。这一方法的一个问题就是为了浓缩得到足够量的物质，经常需要较大的过滤体积，能够干扰随后分析的非 DNA 物质也可以被分离。最近，Kirchman 及其同事发展了一个替代方法，"滤膜 PCR"，首先通过聚碳酸酯滤膜过滤小体积（小至 25 μL）的水，然后将滤膜的一部分直接用于聚合酶链式反应（PCR）进行扩增（Kirchman et al.，2001）。一旦 DNA 扩增的量足够，就可以使用特定的基因（如16S rRNA）获得基因文库以提供对水生微生物群落的组成和多样性的深入了解（Giovannoni et al.，1990；Glockner et al.，2003；Palenik et al.，2003；Armbrust et al.，2004；Culley et al.，2006）。另一种方法是通过荧光原位杂交（fluorescence in situ hybridization，FISH）实现 DNA 的可视化。FISH 使得确定细胞内特定 DNA 或 RNA 序列成为可能，因此可以鉴定显微镜制片中具有特定基因序列的生物。DNA 探针被一个放射性或荧光探针所标记，其可以在显微镜或流式细胞仪上观察到。详细描述这些在基因分析中广泛使用的分子方法超出了本章的范畴，所以我们请读者参考近期出版的一些关于分子方法的书籍和综述性文章（Munn，2004；Dupont et al.，2007；Stepanauskas and Sieracki，2007；Kirchman，2008）。

　　与水体或生物样品比较，沉积物中的 DNA 提取更复杂，因为其中的细胞可能与大分子（如腐殖质）或矿物颗粒相结合，且大部分以胞外形式存在。从沉积物中分离 DNA 通常使用物理（如超声）或化学［如十二烷基硫酸钠（sodium dodecyl sulfate，SDS）］方法。如上面所讨论的，分离细胞内和细胞外的核酸很重要，因为这些 DNA 库提供了不同的信息，其生态重要性也不一样。细胞内 DNA 提供了关于微生物群落的基因信息，而细胞外形式可能同时是氮和磷及可以被细菌再循环利用的外源性核酸的重要来源（Danovaro et al.，2006）。近来，Dell'Anno 及其同事（2002）发展了一种基于核酸酶的方法来提取海洋沉积物中胞外 DNA。他们发现胞外 DNA 是沉积物中总 DNA 的一个重要组成，但比例变化较大（从<10%到>70%），胞外 DNA 的基本组成在沉积物上层 15 cm 内随深度而变化，显示了活性的差异。这一方法在分析溶解和颗粒有机物的特征时可能会得到应用，因为胞外 DNA 在这些库中也是普遍存在的的。

7.5　核酸的同位素特征

已经有若干研究考察了核酸的稳定碳（$\delta^{13}C$）和放射性碳（$\Delta^{14}C$）的特征，将其作为评价支持异养细菌的有机物来源和年龄的工具（表 7.2）。早期的工作表明，无论在实验室还是现场研究中，分离自异养细菌和它们的底物的核酸的 $\delta^{13}C$ 特征均有很大的相似性（Coffin et al.，1990；Coffin and Cifuentes，1999）。随后的使用核酸 $\delta^{13}C$ 特征的研究证明了河口细菌使用多种来源的溶解有机物，包括浮游植物（Coffin et al.，1990）、陆源有机物（Coffin and Cifuentes，1999）、沼泽有机物（Creach et al.，1999；McCallister et al.，2004）和来自渗出石油的轻烃（Kelley et al.，1998）。除了这些工作之外，最近对分离自土壤的 DNA 的 $\delta^{13}C$ 和 $\delta^{15}N$ 特征也做了研究（Schwartz et al.，2007）。土壤样品之间的 DNA 同位素组成有显著差异，DNA 的 $\delta^{13}C$ 和 $\delta^{15}N$ 特征与土壤的 $\delta^{13}C$ 和 $\delta^{15}N$ 特征相关，说明土壤微生物的核酸同位素组成受到支持它们的土壤有机物的强烈影响。这项研究还发现相对于土壤来说 DNA 富集 ^{13}C，表明在同化过程中土壤微生物分馏了 C 或优先使用了 ^{13}C 富集的底物。然而，相对于土壤，DNA 对 ^{15}N 的富集并没有自始至终地观察到，说明微生物并不分馏氮或倾向于在不同的生态系统按不同的速率使用含氮底物。

表 7.2　核酸的稳定和放射性碳同位素丰度

地点	$\delta^{13}C$ （‰）	$\delta^{15}N$ （‰）	$\Delta^{14}C$ （‰）	参考文献
微风湾（Gulf Breeze），美国佛罗里达	−22.6~−21.1			Coffin et al.（1990）
佩尔迪多湾（Perdido Bay），美国佛罗里达	−27.5~−26.4			Coffin et al.（1990）
Range Point，美国佛罗里达	−21.4~−20.5			Coffin et al.（1990）
约克河，美国弗吉尼亚	−21.2~−29.4	+5.5~+17.3	−35~+234	McCallister et al.（2004）
哈德孙河，美国纽约	−25.0~−28.4	+0.9~+8.7	−153~+16	McCallister et al.（2004）
圣罗莎海峡（Santa Rosa Sound），美国佛罗里达	−20.8~−21.0		+108~+132	Cherrier et al.（1999）
太平洋站点 M	−20.7~−21.3		−13~−61	Cherrier et al.（1999）

　　最近的研究将核酸的同位素分析扩展到了多细胞生物（Jahren et al.，2004）。对从涵盖种子植物遗传多样性的 12 种高等植物中分离的核酸的分析显示，植物核酸的 $\delta^{13}C$ 特征相对于植物组织整体是富集 ^{13}C 的，且富集量是一个定值，即 1.39‰。这一研究的结果与上面讨论的针对微生物开展的研究是不同的，在微生物中只发现很小的核酸同位素分馏。由于不同的高等植物对同位素的富集效应是恒定的，有可能利用核酸的 ^{13}C 特征作为植物的替代指标。这项研究进一步表明化石植物 DNA 有作为古环境替代指标的潜力。

　　尽管核酸的同位素分析提供了关于整个微生物群落的信息，通常研究是选择一定的遗传类群，获得其 $\delta^{13}C$ 和 $\delta^{15}N$ 特征。这要求发展新的聚焦分离特定生物类群的 DNA 或 RNA 的分析方法（Pearson et al.，2004b；Sessions et al.，2005）。而且，在某些情况下，了解复杂微生物群落中的单个细胞的遗传信息和代谢活动是有益的。稳定同位素探针（stable isotope probing，SIP）是将稳定同位素标记的底物引入微生物群落，通过从群落中提取诊断分子，比如核酸，来研究底物的归宿，进而确定是否有特定的分子结合了同位素（Kreuzer-Martin，2007）。基于这一理论，发展了一个新的方法，即将以 rRNA 为基础的原位杂交与基于纳米尺度的二次粒子质谱（NanoSIMS）的稳定性同位素成像相结合（Behrens et al.，2008）。还有一种方法将荧光原位杂交和稳定同位素拉曼光谱组合在一起，同时实现微生物免培养鉴定和结合进入微生物细胞的 ^{13}C 的测定（Huang et al.，2007）。总的来说，这些方法在阐明应用于生态和古环境研究中的特定微生物类群的同位素特征（天然丰度或示踪剂水平）方面显示了巨大的潜力。

　　最后，最近有研究测定了核酸的放射性碳组成以获得细菌同化的碳的年龄特征（Cherrier et al.，1999；McCallister et al.，2004）。到目前为止，已经在河口、近岸和开放大洋环境中开展了核酸的放射性碳研究（表 7.2）。与熟知的细菌仅利用易降解的、新鲜生产的有机物相反，细菌核酸的放射性碳年龄表明细菌同化的有机物年龄范围从现代到古代（化石）。

7.6　现代微生物群落的分子特征

　　在过去的约十年里，微生物 DNA 序列的遗传分析使我们对水生微生物的分类和功能多样性都有了革命性的认识。分子方法已经揭示了多种多样的微生物群落的存在，这些群落具有各种代谢能力、新的种类或已经存在的种类的未曾预见的分布特征和新的有机物循环途径（Giovannoni et al.，1990；Delong，1992；Fuhrman et al.，1992；Karner et al.，2001；Delong and Karl，2005）。分子遗传方法帮助确认了古菌（Archaea）作为生命的第三个功能域与细菌（Eubacteria）和真核生物（Eukaryotes）不相上下（见第 1 章），并揭示了水生微生物的巨大多样性。在海洋生态系统中，使用 16S rRNA 基因的遗传进化分析已经发现了新的古菌类群，并揭示了它们的广泛分布和代谢能力。这一基因特别有用，因为它在原核生物、真核生物和古菌中都有，并同时包含可用于鉴定特定生物类群的可变区域及高度保守区域，使其成为了解微生物多样性的有用工具。最初，古菌被认为仅存在于极端环境中，诸如热泉或深海热液喷口，在那里产甲烷菌、硫酸盐还原菌和极端嗜热微生物是它们的代表，以及在高盐内海的嗜盐菌。当 Fuhrman 及其同事首先在太平洋 100 m 和 500 m 深处发现之前未被描述的一个古菌类群的 16S rRNA 序列时，这一观点开始改变（Fuhrman et al.，1992）。随后，发现了几个新的古菌种类，并发现这几个种类在海洋微生物群落中是优势的。如今已在广泛的环境中观察到了古菌的丰度和多样性，包括北美近岸产氧的表层水（Delong，1992）、太平洋的中层区域（Karner et al.，2001）、河口环境（Vieira et al.，2007）、表层沉积物（Schippers and Neretin，2006；Wilms et al.，2006）和深的次表层沉积物（Sorensen and Teske，2006；Teske，2006；Lipp et al.，2008）。

除了强调古菌的多样性和分布的广泛性，分子研究还鉴定出了未曾预见到的古菌代谢能力。在最近的一项研究中，发现古菌氨单加氧酶 α 亚基（*amoA*）的基因编码丰度与铵含量的下降以及泉古菌的丰度相关（Wuchter et al.，2006）。该研究显示，在大西洋上层 1000 m 内，大部分铵的再生和氧化发生在这里，此处泉古菌 *amoA* 拷贝数要比细菌的高 1~3 个数量级，表明古菌在海洋硝化中发挥了重要作用。另外，分子研究还发现了具有氧化氨能力的古菌的多样性和广泛存在（Francis et al.，2005；Lam et al.，2007）。铵氧化古菌（ammonia oxidizing archaea，AOA）在全球海洋中广泛存在，包括真光层底部、次氧化水体、河口和近岸沉积物中（Francis et al.，2007）。例如，在黑海水体中铵氧化泉古菌和变形菌均是重要的硝化菌，并分别与厌氧铵氧化 ［anaerobic ammonium oxidation（anammox）］ 通过直接和间接的过程耦合在一起。通过 N-培养实验和模型计算，结果表明铵氧化泉古菌和变形菌各自供给了一半左右的厌氧铵氧化所需亚硝酸盐（Lam et al.，2007）。总起来说，这些研究通过分子手段揭示并突出了以前没有预见到的古菌对全球氮和碳循环的重要性（关于氮循环的更多内容请参见下节）。

分子方法还明确了甲烷厌氧氧化（anaerobic oxidation of methane，AOM）（Kaneko et al.，1996）的过程及其在海洋生物地球化学中的作用。AOM 很可能是产生自海洋沉积物中的甲烷大量被消耗的主要原因，可能代表了一个重要的汇，其消耗量占进入大气的甲烷年总通量的 5%~20%（Valentine and Reeburgh，2000）。尽管已经通过古菌独有的同位素亏损的类脂生物标志物获得了这一过程的生物地球化学证据，负责这一过程的微生物还从来没有被分离得到过。基于实验室和现场的研究，猜测 AOM 可能是通过产甲烷菌和硫酸盐还原菌的联合体来介导的（Hoehler et al.，1994）。

Hinrichs 等（1999）分析了来自美国加利福尼亚沿海伊尔河（Eel River）盆地中的一个甲烷冷泉的 16S rRNA 序列，试图确定负责 AOM 的微生物（Hinrichs et al.，1999）。他们鉴定出了一个复杂的微生物群落，包括厌氧细菌、硫还原细菌和古菌。古菌主要由一个新的与产甲烷菌 *Methanomicrobiales* 和 *Methanosarcinales* 相关的类群（ANME1）组成（图 7.4）。然而，作者不能够解答在沉积物中 AOM 运转的机制是什么。

分子方法还被用来进行细胞联合体的精细尺度微空间分析。Orphan 等（2002）用荧光原位杂交（FISH）研究了缺氧冷泉沉积物中负责甲烷氧化的微生物之间的联合体（Orphan et al.，2002）。这项研究表明，AOM 至少包括两类古菌（ANME-1 和 ANME-2），

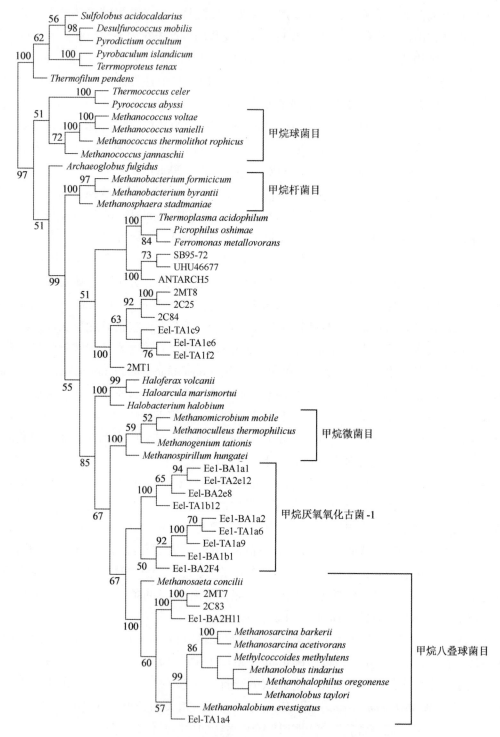

图 7.4　分离自美国伊尔河盆地沉积物的古菌 rRNA 序列的系统遗传分析

（改自 Hinrichs et al., 1999）

而且 AOM 可以由单个细胞、单种细胞集群或多种细胞联合体来进行（图 7.5）。这一研究的结果还表明 ANME-1 与 ANME-2 和硫还原细菌之间存在一系列的结合方式。ANME-1偶尔会与细菌以很弱的组织形式相联系。与此相反，ANME-2 和细菌之间的结合通常是形成一定的结构（图 7.5）。随后，古菌的第三个类群（ANME-3）也确定了，进一步显示了参与 AOM 的生物的多样性。

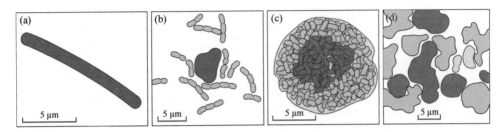

图 7.5　图片显示 ANME-1 和 ANME-2 古菌的单个细胞和细胞集群及它们与细菌结合的例子。样品分离自美国伊尔河盆地沉积物，细胞使用荧光标记低聚物探针实现可视化。图中标尺代表 5 μm。（a）Cy-3 标记的探针染色的 ANME-1 古菌丝，（b）图例说明 ANME-1 古菌杆（浅灰色）与硫还原细菌 *Desulfosarcina* sp.（深灰）之间的结合，（c）图例说明由 *Desulfosarcina* sp.（浅灰色）包围 ANME-2 古菌（深灰）形成的层化集群，（d）松散聚集的 ANME-2 古菌（深灰）和 *Desulfosarcina* sp.（浅灰色）微菌落（改自 Orphan et al.，2002）

分子方法提供了不同代谢过程之间未曾预见到的联合作用，如甲烷厌氧氧化与硝酸盐的反硝化（N-DAMO）相耦合（Raghoebarsing et al.，2006）。使用特异基因探针和荧光原位杂交（FISH），Raghoebarsing 等（2006）发现了古菌和细菌细胞之间的一种联合方式。他们观察到古菌簇集在细菌细胞基质中，比例大约是 8 个细菌细胞对 1 个古菌细胞。古菌的生长率是低的，按几周的时间倍增。亚硝酸盐型 AOM 速率是 140 mmol CH_4/g 蛋白质/h，对加富培养中的古菌来说相当于大约 0.4 fmol CH_4/细胞/d。这些速率与那些参与硫酸盐型 AOM 的古菌的速率（0.7 fmol CH_4/细胞/d）是相近的（Nauhaus et al.，2005）。对几个地点的这些古菌的相关种类的观察表明，N-DAMO 对生物地球化学过程可能比之前认为的更重要。随着分子生物学的发展，其他的具有独特代谢能力的生物类群可能会继续被发现，这会使我们能够更好地了解生物地球化学过程和有机物的分解。

7.7　分子方法：关于氮循环的认识

水生系统中的氮循环包括大量微生物介导的过程，涉及复杂的微生物群落（图 7.6）。最近几年，分子研究在揭示关于氮循环中的微生物和过程的新认识方面发挥了重要作用（Jetten，2008）。除了厌氧铵氧化（Strous et al.，1999）的发现及其广泛存在（Francis et al.，2007），分子研究已经揭开了新的代谢途径，如亚硝酸盐类型的厌氧甲烷氧化（N-

DAMO）（Raghoebarsing et al.，2006）、未预见到的固氮生物多样性（Zehr et al.，2007）及细菌和古菌在好氧铵氧化中的作用（Koenneke et al.，2005；Zehr et al.，2007；Prosser and Nicol，2008）。基因组序列已经表明了参与氮循环的生物的种类和代谢能力的多样性（Strous et al.，2006；Arp et al.，2007）。我们建议读者参考 Jetten（2008）与 Zehr 和 Ward（2002），他们对分子方法在理解氮循环中的应用的近期进展做了很好的综述。

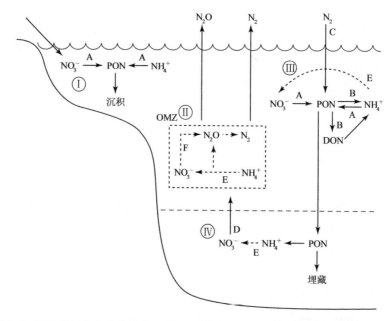

图 7.6   近岸陆架和上升流环境（Ⅰ）、低氧区（Ⅱ）、开放大洋的表层水（Ⅲ）和深层水（Ⅳ）中的氮循环过程。PON：颗粒有机氮。虚线框表明包含多个步骤的转化过程。途径：A. DIN 同化；B. 铵再生；C. 固氮作用；D. 来自深层水的硝酸盐扩散/对流；E. 硝化作用；F. 反硝化作用（改自 Zehr and Ward，2002）

除了使用 DNA 来鉴定参与氮循环的微生物，许多分子研究使用功能基因以瞄准特定过程（Zehr and Ward，2002）（表 7.3）。到目前为止，大量参与反硝化的基因已经被分离出来，包括硝酸盐还原酶（narG 和 napA）、亚硝酸盐还原酶（nirS 和 nirK）和氧化亚氮还原酶（nosZ）（Scala and Kerkhof，1998；Braker et al.，2000；Casciotti and Ward，2001），针对亚硝酸盐和硝酸盐同化作用的基因探针现在也有了（Wang et al.，2000；Allen et al.，2001）。多种氮循环过程中的基因也被鉴定出来，包括固氮过程中使用的固氮酶基因（nifH）（Zehr and McReynolds，1989）、anammox 中使用的氨单加氧酶基因（amoA）（Rotthauwe et al.，1997；Alzerreca et al.，1999）及参与有机氮代谢（Collier et al.，1999）的尿素酶（Strous et al.，1999）。基因探针可以用在微阵列中以测定环境中的基因表达（Ward et al.，2007；Bulow et al.，2008），并提供关于微生物群落组成及其对变化的环境条件的响应的高分辨和高通量定量信息。使用硝酸盐还原酶（NR）和 1,5-二磷酸核酮糖羧化酶/

加氧酶（ribulose-1，5-bisphosphate carboxylase/oxygenase，RuBisCO）基因，微阵列方法最近被用来描绘英吉利海峡中的浮游植物对氮和碳的同化作用的特征（Ward，2008），结果显示了从春季水华期间硅藻占优势到夏末定鞭藻和鞭毛藻占优势的转变。硝酸盐还原酶基因提供了补充信息，确认了两个未获培养的硅藻分类单元为最丰富（DNA）和最活跃（NR 基因表达）的生物。

表 7.3　分离自氮循环微生物的基因示例

过程	基因	蛋白质	参考文献
固氮作用	nifHDK	固氮酶	Zehr and McReynolds（1989）
亚硝酸盐同化作用	nir	亚硝酸盐还原酶	Wang and Post（2000）
硝酸盐同化作用	narB，nasA	同化硝酸盐还原酶	Allen et al.（2001）
氨氮同化作用	glnA	谷氨酰胺合成酶	Kramer et al.（1996）
硝酸盐呼吸作用和反硝化	nirS nirK norB nosZ	硝酸盐还原酶 硝酸盐还原酶 一氧化氮还原酶 氧化亚氮还原酶	Braker et al.（2000）； Casciorri and Ward（2001）； Scala and Kerkhof（1998）
有机氮代谢	ure	尿素酶	Collier et al.（1999）
氨氮氧化/硝化	amoA	氨单加氧酶	Alzerreca et al.（1999）； Rorrhauwe et al.（1997）
氮调控（蓝细菌）	ntcA	氮调控蛋白质	Lindell et al.（1998）

来源：Zehr 和 Word（2002）。

7.8　生物标志物的生物合成：亲缘关系和进化

核酸的分子遗传分析有助于我们了解微生物群落的进化及其对地质时间尺度的地球过程的影响（Btocks and Pearson，2005；Volkman，2005）。有几项研究将特定的生物标志物，如正构烷烃、藿烷、甾烷和甾醇与特定的生物或代谢途径的出现联系起来（图 7.7）。例如，岩石记录中 2α-甲基藿烷的发现提供了蓝细菌存在的证据，远在最早的形态化石之前，表明光合作用发端于 2.77 Ga 前（Brocks et al.，1999）。另外，生物标志物记载了太古宙晚期微需氧细菌（3α-甲基藿烷）的存在、真核细胞（C_{27}-C_{30}甾烷）及其他微生物（正构烷烃和类异戊二烯）的出现（Brocks et al.，1999，2003）。然而，化石记录的解释通常是基于已知的现代生态系统和代谢途径中生物标志物的合成，这些化合物的生物合成可能随着时间已经发生了变化。例如，甲藻甾烷（dinosteranes）常被认为来自甲藻，因为这些化合物是生物标志物甲藻甾醇（dinosterol）的成岩产物；然而，在太古宙岩石中发现的甲藻甾烷可能来自真核生物，因为甲藻直到寒武纪早期才出现（Moldowan and Talyzina, 2009）。这一发现表明，甲藻甾烷的来源可能与甲藻无关（Volkman, 2005）。因此，将生物标志物和同位素证据与形态化石和分子信息组合在一起的方法增进了我们在解释地质记录时的信心。

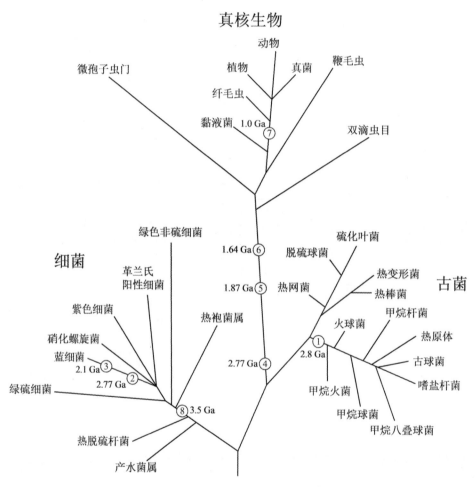

图7.7　基于生物地球化学和古生物学数据的带分支年龄的生命树。圆圈中的数字表示：① 基于同位素异常的产甲烷细菌的间接证据；② 蓝细菌的生物标志物证据（2α-甲基藿烷）；③ 具有蓝细菌形态的最古老的化石；④ 真核生物的生物标志物证据（甾烷）；⑤ 具有真核生物形态的最古老的化石；⑥ 以前最老的甾烷生物标志物；⑦ 与现存的门（红藻）相联系的最古老的真核生物化石；⑧ 硫酸盐还原菌的硫同位素证据（改自 Brocks et al., 2003）

甾醇和其他三萜类化合物的来源特定性与它们的生物合成途径的进化一直以来都是一个特别的争议之源（Pearson et al., 2004a; Volkman, 2005）。岩石记录中 C_{27}-C_{30} 甾烷的发现被用来推断真核生物的存在（Brocks et al., 1999），但是其他的研究表明蓝细菌也可能合成甾醇，给这一解释增加了不确定性。最近几种蓝细菌全基因组序列的测定（Kaneko et al. , 1996; Kaneko and Tabata, 1997) 提供了此类生物不可能合成甾醇的证据。尽管蓝细菌基因组研究揭示了一些类似于甾醇合成所需基因的存在 (如 Δ^{24}-甾醇 C-甲基转移酶、甾醇 C-甲基转移酶), 但是合成甾醇所需要的全套基因并不存在 (Volkman, 2005)。现在来看, 之前报道的蓝细菌中甾醇和甾烷醇可能是因为样品被污染了。另一方面, 到目前为止仅获得了几种蓝细菌的基因组特征, 所以一些种类可能具有甾醇的合成能力的可能性仍然存在 (Volkman, 2005)。

与蓝细菌相似, 细菌的甾醇合成能力也是有争议的。最近一项调查变形杆菌荚膜甲基球菌 (*Methylococcus capsulatus*) 和浮霉菌隐球出芽菌 (*Gemmata obscuriglobus*) 基因序列的研究首次提供了细菌合成甾醇的证据 (Pearson et al. , 2004a)。这项研究揭示出芽菌中甾醇合成的途径有限, 得到的是羊毛甾醇及其同分异构体帕克醇 (parkeol)。系统进化分析表明细菌和真核生物在甾醇合成方面具有共同的祖先, 显示隐球出芽菌中的甾醇合成途径可能与真核生物中原始的甾醇生物合成途径相关。然而, 到目前为止, 仅有真核生物能够生产在 C-24 位侧链修饰的甾醇, 说明化石生物标志物 (24-甲基甾烷和乙基甾烷) 的存在指示了真核生物的存在。

微生物生态学中传统的方法需要从环境样品中培养微生物, 但是仅有一小部分群落是可培养的。分子基因方法的出现给这一领域带来了革命, 使得研究者可以扫描基因组数据库来寻找具有特殊生物标志物或代谢途径的基因的生物。这一方法最近被用来鉴定能够进行藿烷类生物标志物厌氧合成的生物, 并发现了具有这种能力的三种细菌 (Fischer and Pearson, 2007)。基因组研究也被用来研究藿烷环化酶在环境中的分布。到目前为止, 尽管在沉积物记录中藿烷类化合物具有广泛丰度, 但具有这种能力 (使藿烷环化) 的大部分生物仍然是未知的。作为这项研究的一部分, 在现代环境中并没有检测到已知的蓝细菌基因序列, 而且仅有一小部分细菌 (~10%) 看起来具有这种基因 (Pearson et al. , 2007)。

分子研究还提供了对类异戊二烯生物合成的进化过程 (Lange et al. , 2000) 和类异戊二烯功能 (Bosak et al. , 2008) 的深入认识。Lange 等 (2000) 研究了二磷酸异戊烯酯 (isopentyl diphosphate, IDP) 合成基因的分布, IDP 是类异戊二烯生物合成的一种中间产物。IPP 生物合成有两种途径——甲羟戊酸途径和脱氧木酮糖-5-磷酸酯 (deoxyxylulose-5-phosphate, DXP) 途径。IDP 合成基因的遗传分布表明甲羟戊酸途径是更加古老的途径, 与古菌相联系, 而 DXP 途径与细菌有关。Lange 等 (2000) 还提供了植物通过基因水平转移从细菌获得 DXP 途径的证据。分子方法还能用来研究特定生物标志物所发挥的功能, 以及它们是否已经响应环境或代谢条件而进化了。例如, 最近的一项研究明确了孢子烯的作用, 这是一类在细菌枯草芽孢杆菌 (*Bacillus subtilis*) 的孢子中发现的四环类异戊二烯 (Bosak et al. , 2008)。作者使用 *sodF* 基因开展了实验, 这是一种编码超氧化物歧化酶的基因, 该酶能够将有毒的超氧化物歧化为氧气和过氧化氢。这些实验发现孢子烯增加了孢子对活性氧 (H_2O_2) 的抵抗力, 表明多环类异戊二烯可能提供了一种保护作用。这一发现拓展了传统的认识, 即类异戊二烯的功能在于强化 (或硬化) 细胞膜。

分子 (DNA) 信息在有机地球化学领域的应用仍然处于发展之中。当有了特定生物标志物的生物合成基因的新信息时，分子研究一定能极大地增加我们预测生物是否具有合成特定生物标志物、它们的进化意义和这些化合物在当前生态系统中发挥的功能及它们在地质历史上的可能作用的能力。

7.9   保存在沉积物中的古 DNA

保存在沉积记录中的 DNA 残余可以与传统的生物标志物组合在一起使用，提供关于水生微生物群落的信息。Coolen 及其同事在多种水生环境中应用了这一方法，包括一个半对流盐湖［加拿大不列颠哥伦比亚马奥尼湖（Mahoney Lake）］（Coolen and Overmann，1998）、南极洲爱丝湖（Ace Lake）（Coolen et al.，2004a，b）和黑海（Coolen et al.，2006）。通过使用 16S rRNA 基因序列，Coolen and Overmann（1998）在采自马奥尼湖的全新世沉积物中发现了 4 种紫硫细菌［着色菌科（Chromatiaceae）］。在分析的 10 个沉积物层中（最老的沉积物是距今 9100 年前沉积的），有 7 个鉴定出了 1 种着色菌（紫红可变杆菌（Amoebobacter purpureus MLl））的 DNA，该菌在现代湖泊的化学跃层很丰富。有意思的是，尽管总 DNA 与常用来鉴定着色菌的生物标志物奥氏酮（okenone）之间有相关性（$r^2 = 0.968$；$p < 0.001$），但紫红可变杆菌 DNA 的含量与奥氏酮或细菌脱镁叶绿素 a 并不相关（图 7.8）。沉积物中 DNA 对奥氏酮的比值也显著地低于在完整细胞中的比值。总的来说，这些数据表明，即使在马奥尼湖目前的厌氧条件下，DNA 的分解也要比烃类生物标志物高。

Coolen 及其同事在重建南极洲爱丝湖（Ace Lake）微生物群落的工作中也将 DNA 和生物标志物组合在一起使用。爱丝湖曾经是一个淡水湖，在全新世期间与海洋相连后开始变咸（海侵时期）。随后由于地壳均衡回弹又再次被隔离开。隔离以后，当冰雪融化之水进入时，此湖开始分层，最终导致底层水中缺氧的发育（Coolen et al.，2004a，b）。化石 18S rDNA 和类脂生物标志物数据显示了浮游植物群落结构的变化，反映了湖泊化学和盐度的变化。尽管在当前的湖泊系统中硅藻和定鞭藻并不丰富，但 DNA 数据表明这些生物存在于当此湖与海洋相连时沉积下来的沉积物中（Coolen et al.，2004b）。爱丝湖变化的环境条件对异养群落的变化也有贡献。产甲烷古菌的特定类脂化合物（^{13}C 亏损的 $\Delta^{8(14)}$ 甾醇）和 16S rRNA 基因均表明在过去的 3000 年里湖中有活跃的甲烷循环，并且甲烷氧化菌很可能是在其与海洋相连时被引入的（距今 9400 年）；产甲烷生物在沉积物柱的最深层中（代表这一系统处于淡水湖泊时期）也是优势的（Coolen et al.，2004a）。这些研究显示了将类脂生物标志物和基因研究组合在一起对古环境重建研究的价值。

一个相似的方法被用来研究保存在黑海沉积物中的不饱和 C_{37} 烯酮的生产者定鞭藻（Coolen et al.，2006）。之前的研究已经使用烯酮来重建海水表面温度（SST），基于这样一种假设，即烯酮来自特征已被很好地研究过的赫氏颗石藻（Emiliania huxleyi）。然而，其他的定鞭藻也能合成烯酮，而且不同的藻种烯酮不饱和度和温度之间的关系是变化的。为了验证基于烯酮生物标志物的 SST 数据的有效性，Coolen 等（2006）使用了 18S rDNA

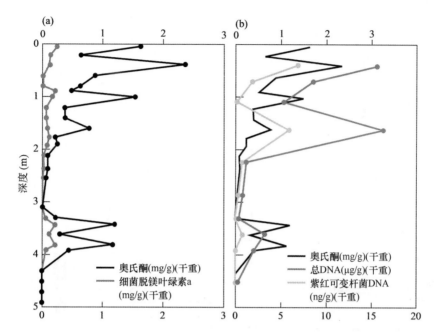

图 7.8 （a）加拿大马奥尼湖中采集的全新世沉积物中着色菌的生物标志物奥氏酮（okenone）或细菌脱镁叶绿素 a（bacteriophaeophytin a，Bph a）的剖面分布，（b）总 DNA 和紫红可变杆菌（*Amoebobacter purpureus*，MLl）DNA 与奥氏酮含量剖面比较。总 DNA 与奥氏酮相关，而紫红可变杆菌 DNA 的含量与奥氏酮并不相关。上轴代表奥氏酮，下轴代表总 DNA 和紫红可变杆菌 DNA（改自 Coolen and Overmann，1998）

来研究哪些定鞭藻种类存在于采自黑海的全新世沉积物中，以及赫氏颗石藻是否是优势种类。在单元 I 沉积物中主要的烯酮是具有 2~3 个双键的 C_{37} 和 C_{38} 甲基和乙基酮，其含量在单元 II 沉积物中降低至检测线以下（图 7.9）。来自赫氏颗石藻的 18S rDNA 丰度变化与烯酮的剖面变化主要趋势一致，但是相关性较弱（$r^2 = 0.13$）。来自赫氏颗石藻的 DNA 仅占真核生物总 DNA 的一小部分（<0.8%），但是并没有发现其他古定鞭藻的序列，表明基于赫氏颗石藻的 SST 温标在过去的 3600 年里是有效的。有意思的是，甲藻（裸甲藻 *Gymno-dinium* spp.）是最丰富的古 DNA 来源，与现代黑海夏季浮游植物水华期间观察到的现象是相似的。

　　分离和解释古沉积物中的 DNA 仍然处于早期发展阶段，并不是没有争议的。最近有研究声称分离出了来自白垩纪页岩中的化石 DNA，其年龄大约是距今 112 Ma（Inagaki et al.，2005），另一项研究在这一区域内对页岩重新采样，并同时使用分子化石和 DNA 信息，认为来自化石 DNA 这么短的片段（例如，约 900 个碱基对长）的基因信号是无效的（Sinninghe Damsté and Coolen，2006）。尽管如此，总的来说，Coolen 及其同事的工作整体上确实表明将化石 DNA 和生物标志物方法结合在一起在古生态学和古环境研究中是有价值的。

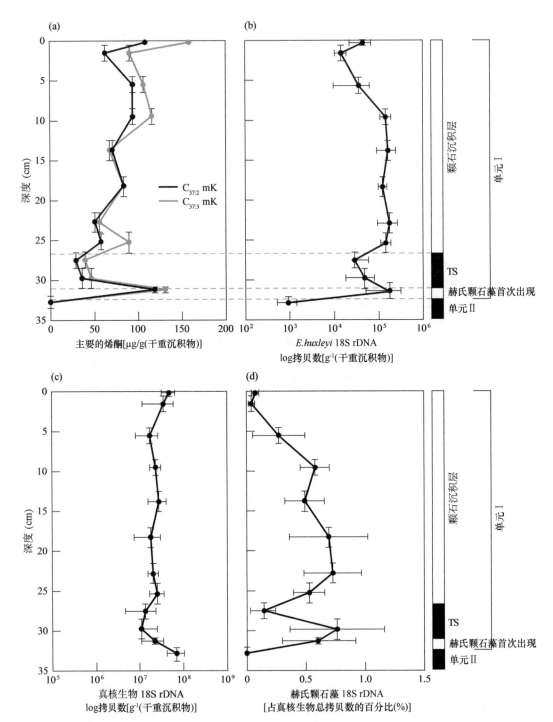

图 7.9　黑海沉积物中 C_{37} 和 C_{38} 烯酮含量（a）、以每克干重沉积物表示的来自赫氏颗石藻的 18S rD-NA（b）、来自真核生物的 18S rDNA（c）和以相对于真核生物总 DNA 表示的来自赫氏颗石藻的 18S rDNA（d）的剖面分布（改自 Coolen et al. , 2006）

7.10　小结

    未来的有机地球化学研究将会受益于生物之间遗传关系的分子勘查，以更好地了解不同微生物的代谢过程和不同类别生物标志物的生物合成。为了了解生物标志物在不同的微生物类群之间的分布有多广泛，之前的研究已经通过筛查或调查生物的方式考察了生物标志物的系统分布。为了了解生物标志物的谱系，为生物合成途径的起源和生物与生物合成途径之间的进化关系提供新的认识，有机地球化学研究对分子系统发育的利用将会增加。这些方法将为一些长久以来的问题提供答案，诸如：（1）生物标志物的多样性如何与现代微生物群落比较和对比？（2）保存在岩石记录中的类脂生物标志物的进化、生态和环境基础是什么？（3）环境条件和代谢过程如何影响类脂生物标志物的多样性？按这种方法，有机地球化学家在未来将能绘制一个"生命的生物标志物树"（Brocks and Pearson, 2008）。

第8章　类脂化合物：脂肪酸

8.1　背景

类脂化合物操作上的定义为生物体产生的难溶于水、但可以被有机溶剂（如三氯甲烷、正己烷、甲苯和丙酮）萃取的所有物质。这一广义定义涵盖了一系列的化合物，如色素、脂肪、蜡、甾类化合物和磷脂等。或者，类脂化合物可以从狭义上定义为脂肪、蜡、甾类化合物和磷脂。具体来说，狭义定义与它们在能量储存方面的生物化学功能有关，而与其疏水性，即能否被溶剂萃取无关。

脂肪酸是用处最多的类脂生物标志物之一，广泛应用在各种环境研究中，包括表征水生系统中有机物的来源、分析有机物的营养价值、与营养有关的研究及微生物生态学研究等。决定脂肪酸适于作为生物标志物的特征包括：（1）在不同的生物体中（古菌、细菌、微藻和高等植物）具有独特的分布特征；（2）可指示其来源的截然不同的结构特征；（3）单个化合物和脂肪酸类别均具有较大的活性范围。大的活性范围主要是由于此类生物标志化合物具有不同的官能团组成和碳链长度（Canuel and Martens，1996；Sun et al.，1997）。脂肪酸以游离态（如游离脂肪酸）和结合态（如形成蜡酯，甘油三酯和磷脂等酯类化合物）及与其他生物化合物组合〔如糖脂（类脂化合物与糖类结合形成的大分子化合物）和脂蛋白（类脂化合物和蛋白质结合形成的大分子化合物）〕的形式存在（图8.1）。游离脂肪酸的丰度较低，大部分以酯化的形式存在于中性（如甘油三酯和蜡酯）和极性（如磷脂）类脂化合物中。这些类脂化合物生物化学功能不同（如作为膜脂、储存能量），并且其储量会根据生物的生理因素，如生长和繁殖而改变（Cavaletto and Gardner，1998）。类脂化合物和其中的脂肪酸成分也会因为环境因素（如光和营养盐的可利用性）而发生变化。

脂肪酸用下列的命名法来命名，$A：B\omega C$，其中A代表碳原子的数目，B代表双键的数目，C代表双键的位置。当从脂肪酸碳链末端开始对双键的位置进行编号时，用希腊字母ω来标记脂肪链末端的碳（图8.2）。当从羧基一端开始编号时，用希腊字母Δ来标记。在描述脂肪酸时，根据图8.2所示的编号规则，CX用来指示在X位置的碳原子，而C_x用来表示碳链的长度。脂肪酸的碳链上有时也会有甲基形成的支链；异（iso）脂肪酸的甲基在$n-1$位置（从末端数第二位C原子上），反异（anteiso）脂肪酸的甲基在$n-2$位置（从末端数第三位C原子上）。

甘油酯是甘油作为醇与酸反应形成的酯。甘油分子有3个羟基，它可以与1个、2个或者3个羧酸反应形成甘油单酯，甘油二酯或者甘油三酯（也称为三酰甘油）（图8.1）。

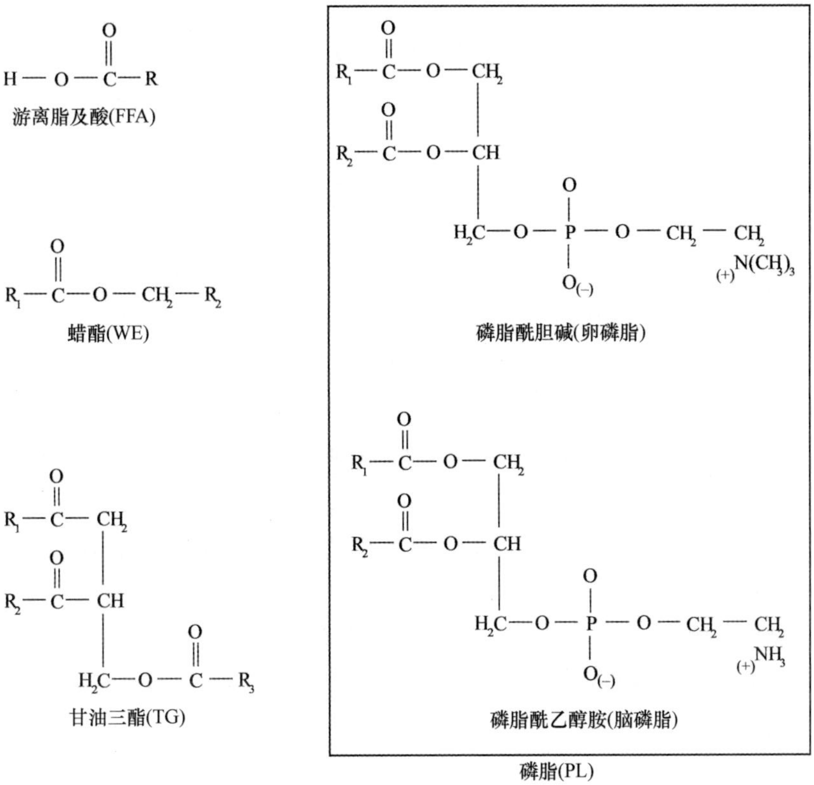

图 8.1　游离脂肪酸和含脂肪酸的类脂化合物

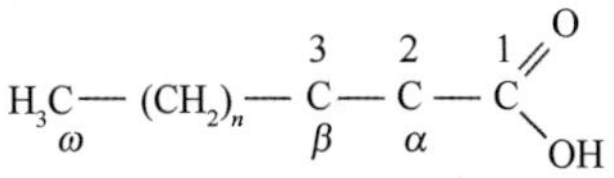

图 8.2　"△"用来从 C1 或羧基开始对脂肪酸进行编号，分子的脂肪链末端编号为 ω

甘油三酯（三酰甘油）通常用作储存能量；形成甘油酯的脂肪酸从 C_{12} 到 C_{36}，其中 C_{16}、C_{18} 和 C_{20} 脂肪酸组成的甘油酯最为常见。在动物体内，C_{16} 和 C_{18} 的饱和脂肪酸（无双键）占优势，然而植物中常见含有一个或者两个双键的 C_{18} 到 C_{20} 不饱和脂肪酸。微藻通常具有含 4~6 个双键的高度不饱和脂肪酸［称为多不饱和脂肪酸（PUFA）］。总的来说，不饱和双键的数目越多，脂肪酸的熔点越低。因此，动物脂肪倾向于固态，而植物脂肪以液态（油）的形式存在。

另一类含有脂肪酸的类脂化合物是蜡酯（蜡）。在大多数维管植物和藻类中甘油三酯是主要的储能物质，但一些海洋动物（如桡足类和其他浮游动物）则是以蜡酯的形式储存能量。这些化合物由与长链醇酯化后的长链脂肪酸组成（图 8.1）。通常，脂肪酸和醇的链长相近（Wakeham，1982，1985）。

磷脂由脂肪酸组成，其功能主要是用作膜脂（图 8.1）。磷脂包含一个亲水的头基和多个非极性的疏水尾。在水中，磷脂会形成一个双分子层，其中两个分子的疏水尾相对排列，亲水的头基则朝向水相，从而形成一个膜。这样可以形成一些脂质体，这些小的脂质囊泡可以穿过细胞膜运送物质进入活的生物体。磷脂可能由两个骨架构成：甘油骨架（甘油磷脂或者磷酸甘油酯）或者鞘氨醇骨架（鞘磷脂）。在甘油磷脂中，每一个脂肪酸的羧基与甘油分子中 C_1 和 C_2 位置上的羟基发生酯化，同时磷酸基与 C_3 位置上的羟基形成磷酸酯（图8.1）。鞘氨醇是一种由棕榈酸盐和丝氨酸组成的氨基醇，是形成鞘磷脂的骨架。

　　另一类细胞膜的成分是糖脂，包括由单半乳糖甘油二酯（MGDG）、双半乳糖甘油二酯（DGDG）、硫代异鼠李糖甘油二酯（SQDG）及其他更复杂化合物（Volkman，2006）。一般来说，糖脂比大部分磷脂的极性弱，常用二乙氨基乙基纤维素与硅胶柱进行色谱分离。由于糖脂在环境中能够快速的水解，所以关于环境样品中糖脂的研究还较少。其中一项研究在南极的爱丝湖沉积物中发现了完整糖脂（Sinninghe Damsté et al.，2001）。该研究鉴定出了两种新化合物：二十二烷醇基 3-O-甲基-α-吡喃鼠李糖甙（docosanyl 3-O-methyl-α-rhamnopyranoside）和二十二烷醇基 3-O-甲基吡喃木糖苷（docosanyl 3-O-甲基吡喃木糖苷）。另外，在死海中嗜盐古菌爆发后，发现了一种主要的糖脂（Oren and Gurevich，1993）。在甲藻叶绿体相连的糖脂部分发现了高度不饱和的 C_{18} 脂肪酸（18：4ω3和18：5ω3）（Leblond and Chapman，2000）。在16株甲藻中，有12株90%以上的18：5ω3与糖脂部分有关。

8.2　脂肪酸的生物合成

　　由于脂肪酸是以乙酰基（C_2）单元为基础形成的，所以通常具有偶数个碳原子。合成脂肪酸的第一步是葡萄糖分解生成乙酰辅酶A（图8.3）。乙酰辅酶A分子加上一个 CO_2 形成丙二酰辅酶A，同时另一个乙酰辅酶A分子上的乙酰基被转移到脂肪酸合成酶上。丙二酰基（C_3）与脂肪酸合成酶键合的乙酰基结合，产生了丁酰基，同时失去了二氧化碳。之后经过加入丙二酰基、脱羧、脱水和还原等6个步骤得到了棕榈酸（16：0）。在碳链延伸酶的作用下，可以由棕榈酸得到更长碳链的脂肪酸。在动植物的线粒体中发现的这样一种链延伸系统使用乙酰辅酶A而不是丙二酰辅酶A作为二碳单元的来源。另一种链延伸系统存在于哺乳动物细胞的微粒体中，以丙酰辅酶A作为二碳单元的来源，并产生结合辅酶A的中间产物（Erwin，1997）。这些脂肪酸的去饱和作用（如通过脱氢）形成了不饱和脂肪酸。

　　细菌相比于其他生物可以利用更多种的底物合成脂肪酸。例如，有些细菌能够利用氨基酸L-缬氨酸或L-亮氨酸合成异支链脂肪酸，也可以用L-异亮氨酸来合成反异支链脂肪酸（图8.4）。按照 ω 标记方法，异支链脂肪酸在 n-1 位置处有甲基，而反异支链脂肪酸的甲基在 n-2 位置处。此外，当细菌用丙酸盐作为底物时可以形成奇碳数脂肪酸。

　　脂肪酸的结构特征（如双键的数量和位置）和官能团组成（如羟基、环烷基和甲基支链）是决定其作为不同有机物来源的替代指标能力的重要参数（表8.1）。2-和3-羟基

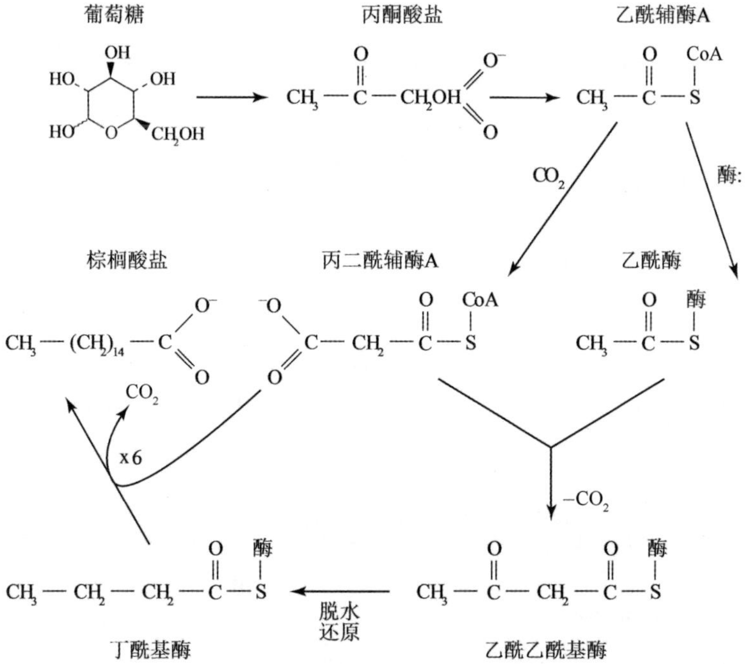

图 8.3 植物和动物中脂肪酸的生物合成（改自 Killops and killops, 2005）

的脂肪酸（α-和 β-羟基脂肪酸）广泛存在于各种生物体中，并且在湖泊和海洋的新近沉积物中也都有发现（Cranwell, 1982；Volkman, 2006）。这些化合物是一元羧酸 α 和 β 位被氧化的产物。碳链长度在 C_{12} 到 C_{28} 的 2-羟基脂肪酸以游离态和结合态的形式广泛存在，具有高等植物和微生物两种来源。在酵母中，2-羟基酸是脂肪酸合成过程的中间产物。在结合态中，3-羟基羧酸通常比 2-羟基羧酸的含量丰富。碳链长度在 C_{10}-C_{18} 范围的正构和支链 3-羟基酸是革兰氏阴性菌细胞膜的结构组件。通常情况下，优势的 3-羟基脂肪酸的碳链长度为 C_{14}，但研究显示在脱硫弧菌（*Desulfovibrio desulfuricans*）中占优势的是异支链和反异支链 C_{15} 和 C_{17} 3-羟基羧酸（Volkman, 2006）。

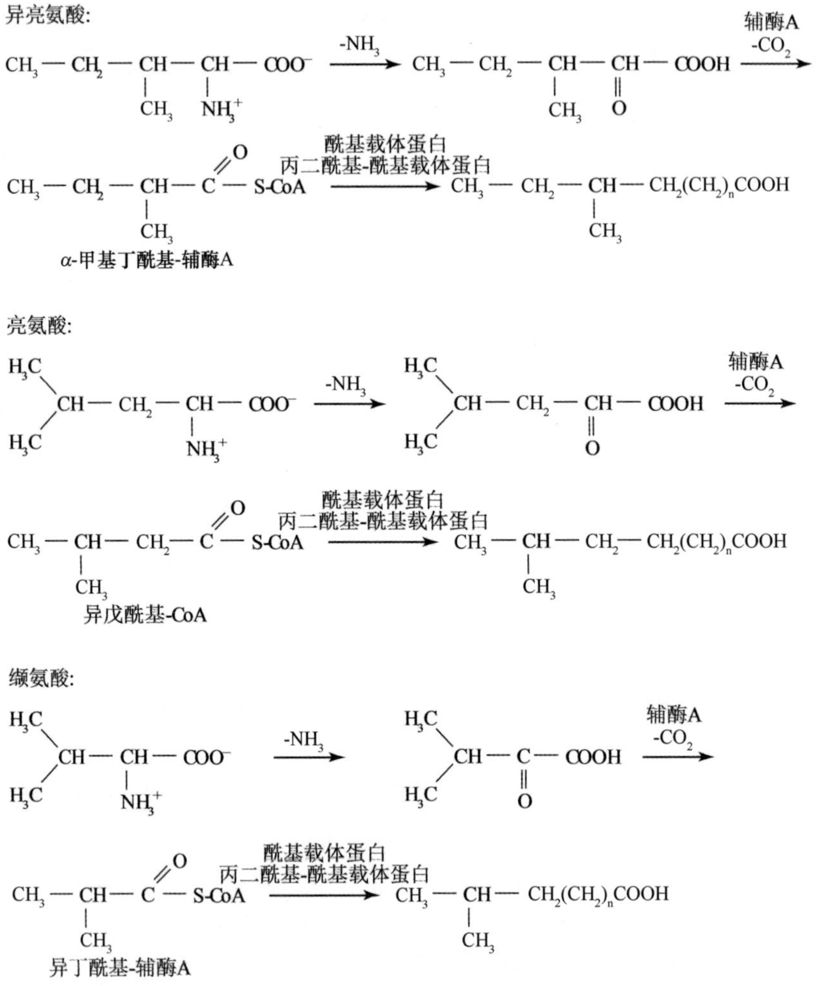

异亮氨酸：

$$CH_3—CH_2—\underset{\underset{CH_3}{|}}{CH}—\underset{\underset{NH_3^+}{|}}{CH}—COO^- \xrightarrow{-NH_3} CH_3—CH_2—\underset{\underset{CH_3}{|}}{CH}—\underset{\underset{O}{\|}}{C}—COOH \xrightarrow[-CO_2]{辅酶A}$$

$$CH_3—CH_2—\underset{\underset{CH_3}{|}}{CH}—\overset{\overset{O}{\|}}{C}—S\text{-}CoA \xrightarrow[丙二酰基\text{-}酰基载体蛋白]{酰基载体蛋白} CH_3—CH_2—\underset{\underset{CH_3}{|}}{CH}—CH_2(CH_2)_nCOOH$$

α-甲基丁酰基-辅酶A

亮氨酸：

$$\underset{H_3C}{\overset{H_3C}{>}}CH—CH_2—\underset{\underset{NH_3^+}{|}}{CH}—COO^- \xrightarrow{-NH_3} \underset{H_3C}{\overset{H_3C}{>}}CH—CH_2—\underset{\underset{O}{\|}}{C}—COOH \xrightarrow[-CO_2]{辅酶A}$$

$$CH_3—\underset{\underset{CH_3}{|}}{CH}—CH_2—\overset{\overset{O}{\|}}{C}—S\text{-}CoA \xrightarrow[丙二酰基\text{-}酰基载体蛋白]{酰基载体蛋白} CH_3—\underset{\underset{CH_3}{|}}{CH}—CH_2—CH_2(CH_2)_nCOOH$$

异戊酰基-CoA

缬氨酸：

$$\underset{H_3C}{\overset{H_3C}{>}}CH—\underset{\underset{NH_3^+}{|}}{CH}—COO^- \xrightarrow{-NH_3} \underset{H_3C}{\overset{H_3C}{>}}CH—\underset{\underset{O}{\|}}{C}—COOH \xrightarrow[-CO_2]{辅酶A}$$

$$CH_3—\underset{\underset{CH_3}{|}}{CH}—\overset{\overset{O}{\|}}{C}—S\text{-}CoA \xrightarrow[丙二酰基\text{-}酰基载体蛋白]{酰基载体蛋白} CH_3—\underset{\underset{CH_3}{|}}{CH}—CH_2(CH_2)_nCOOH$$

异丁酰基-辅酶A

图 8.4　细菌中的异和反异支链脂肪酸的生物合成。支链脂肪酸是由于在合成时用氨基酸（如异亮氨酸、亮氨酸和缬氨酸）替代了乙酸盐作为初始底物产生的（改自 Gillan and Johns，1986）

表 8.1　脂肪酸的结构特征和来源指示

特征	来源
短链脂肪酸（14：0、16：0、18：0）	非特定来源（海洋和陆地；细菌、植物和动物）
长链脂肪酸（24：0、26：0、28：0）	高等（维管）植物
单不饱和短链脂肪酸（16：1 和 18：1） 　18：1ω7（顺–十八碳烯酸）：在细菌中含量丰富，但不仅限于细菌 　18：1ω9（油酸）：动物、高等植物和藻类 　16：1ω7：细菌 　16：1ω9：藻类	通常为非特定来源，但某些同分异构体可能有具体来源

续表

特征	来源
多不饱和脂肪酸 　20∶4，20∶5，22∶4，22∶5，22∶6 　18∶2 和 18∶3	海洋和水生浮游植物、浮游动物和鱼类 高等植物和藻类
甲基支链脂肪酸（异支链和反异支链）	细菌
内支链（Internally branched）和环烷基脂肪酸 　16∶0 和 18∶0 的 10-甲基同分异构体 　环丙基 17∶0 和 19∶0	真菌和细菌 细菌
羟基脂肪酸 　α-羟基（2-羟基） 　β-羟基（3-羟基） 　C_{15} 和 C_{17} β-羟基 　C_{26}-C_{30} β-羟基	一元羧酸氧化的中间产物 大多数细菌，一些蓝细菌（以 C_{14}-C_{16} 为主）和一些微藻 细菌 真眼点藻（Eustigmatophytes）
二元酸 　α，ω 二酸	高等植物 其他化合物的细菌氧化

ω-羟基酸以生物高分子角质素（C_{16} 和 C_{18}）和软木脂（C_{16} - C_{24}）的结合成分存在于植物的角质层蜡质中（Kolattukudy，1980；Cranwell，1982；Volkman，2006）（更多细节参见第 13 章）。另一类羟基酸是（ω-1）-羟基酸，但是它们的来源仍不清楚。几种微生物能够利用末端前羟基化机制（ω-1 位羟基化）来修饰烷烃和脂肪酸底物。在利用甲烷的细菌和蓝细菌中发现了长链（ω-1）-羟基酸（De Leeuw et al.，1992；Skerratt et al.，1992）。

8.3　脂肪酸的分析

通常使用一定体积的混合有机溶剂从样品基质（如颗粒物、沉积物、超滤溶解有机物或动植物组织）中提取脂肪酸，这种混合溶剂一般含有丙酮或甲醇等极性溶剂（如氯仿和甲醇按体积比 2∶1 得到的混合溶剂）（Bligh and Dyer，1959；Smedes and Askland，1999）。脂肪酸的萃取方法有很多种，包括索氏抽提法、超声波提取法、微波提取法或快速溶剂萃取法（ASE）（如 MacNaughton et al.，1997；Poerschmann and Carlson，2006）。总脂肪酸的分析经常在类脂提取物皂化（碱水解）之后进行。然而，如果用色谱法将与特定的类脂化合物（如蜡酯、甘油三酯和磷脂）相联系的脂肪酸进行分离，并按照类别分析这些脂肪酸，就可以获得更多的信息（图 8.5）。在这种情况下，需要首先用吸附色谱法对类脂提取物按照化合物的类别进行分离，然后对各类类脂提取物分别进行皂化（Muri and Wakeham，2006；Wakeham et al.，2006）。在皂化反应中，酯键在碱性条件下裂解（水解）形成醇和羧酸盐，如式（8.1）所示：

$$CH_2OOCR - CHOOCR - CH_2OOCR （脂肪） + 3NaOH （或 KOH）$$
$$+ 热量 \rightarrow \tag{8.1}$$
$$CH_2OH - CHOH - CH_2OH （甘油） + 3R - CO_2 - Na （羧酸盐）$$

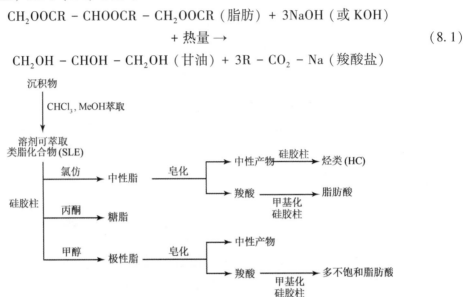

图 8.5　脂肪酸分析流程图，首先利用极性差异分离不同类别类脂化合物，
随后进行中、极性脂的皂化和羧酸的甲基化（改自 Wakeham et al.，2006）

在皂化后，进行气相色谱分析之前脂肪酸通常要先转化为甲基酯。很多方法可以用于甲基化，包括 BF$_3$ 甲醇溶液（Grob，1977；Metcalfe et al.，1966）、三甲基氯硅烷（TMCS）/甲醇、重氮甲烷和在弱碱性条件下的甲醇分解作用（Whyte，1988）等。脂肪酸甲酯（FAME）的分析通常是用气相色谱，以极性柱分离，用火焰离子检测器来检测。双键位置常用二甲基二硫醚加合物（DMDS）和气相色谱—质谱联用来确定（Nichols et al.，1986），也可以用吡啶甲醇酯或 4，4 二甲基恶唑啉（DMOX）衍生物的电子轰击气质联用（EI GC-MS）来测定（Christie，1998）。

除了生物标志物脂肪酸本身提供的信息以外，通过单一化合物同位素分析（CSIA）的方法测定单个脂肪酸稳定同位素的组成可以获得一些补充信息（详细内容参见第 3 章）（Canuel et al.，1997；Boschker et al.，1998；Boschker and Moddelburg，2002；Bouillon and Boschker，2005）。脂肪酸的稳定同位素特征使人们对有机物的来源和脂肪酸的循环有了更深入的认识。最近几年，稳定同位素的天然丰度和示踪研究为微生物生态学和生物地球化学领域提供了很多新见解。此外，最近的一些研究已经报道了脂肪酸的放射性同位素（$\Delta^{14}C$）的信息。碳的放射性同位素信号也能提供生物标志物的来源和年龄的信息（Pearson et al.，2001；Wakeham et al.，2006；Mollenhauer and Eglinton，2007）。

8.4 应用

8.4.1 脂肪酸作为生物标志物

脂肪酸是用处最多的类脂生物标志物之一，被广泛用于示踪水生环境中有机物的来源。这是因为单一的或一类脂肪酸可能来源于微藻、细菌、真菌、海洋动物和高等植物等，在阐释有机物来源方面提供了一个有力的工具。目前，在植物和微生物中已鉴定出超过 500 多种脂肪酸，但含量最丰富的脂肪酸在数量上相当少。虽然脂肪酸可以定性地提供有机物主要来源的信息，但因为脂质含量随生物组织类型、生命周期和环境条件而变化，所以定量地推断特定来源有机物的贡献很难。例如，高等植物和微生物可以根据温度的变化改变不饱和脂肪酸的比例以维持细胞膜的流动性（Yano et al.，1997）。在动植物的生命周期内，它们也可以改变脂质含量去适应形态和生理的变化。今后显然需要深入的研究以更好地了解这些变化是如何影响高度变化的环境中不同时空梯度下类脂化合物（还有其他生物标志物）的化学性质的。

棕榈酸（16∶0）和硬脂酸（18∶0）是大部分生物体中最常见的两种脂肪酸。高等植物中优势的脂肪酸包括偶数碳原子的饱和脂肪酸（C_{12}-C_{18}）、18∶1ω9 和两种多不饱和脂肪酸，18∶2ω2 和 18∶2ω3。然而，这些化合物也存在于其他的生物体中，所以不能作为一种来源特定示踪剂确定仅来自高等植物的有机物的贡献。对于高等植物来说，长链饱和脂肪酸（C_{24}-C_{36}）来源更特定一些，但是这类脂肪酸可以痕量级别存在于微藻中。总脂肪酸（总脂提取物皂化后得到的脂肪酸）在很多水生系统中被用作生物标志物。下面是对这些应用的综述。

8.4.2 脂肪酸作为湖泊生物标志物

脂肪酸作为湖泊生物标志物的研究主要应用于以下 3 个方面：（1）通过研究悬浮和/或沉降中的颗粒物，了解水生有机物在沉降过程中的转化和分解情况；（2）利用柱状沉积物来了解有机物的成岩作用；（3）古湖沼学研究。Cranwell 及其同事在 20 世纪 70 年代和 80 年代在湖泊系统有机地球化学方面做了很多经典工作（Cranwell，1982）。随后，Meyers 和同事们利用脂肪酸生物标志物在美国劳伦森大湖（Laurentian Great Lakes）做了大量研究（Mayers et al.，1984；Meyers and Eadie，1993；Meyers，2003）。这些研究表明随着水深的增加，脂肪酸的丰度和组成会发生变化。表层水体样品中脂肪酸的组成表明有机物主要来源于风尘输送和水体自身，而深层水样品主要是水生贡献。这些研究也揭示了随着水深的增加微生物降解作用的影响。在日本的榛名湖（Lake Haruna）也开展了类似研究，发现随着水深的增加自生源的脂肪酸（C_{12}-C_{19}饱和脂肪酸和 C_{18} 多不饱和脂肪酸）相对总有机碳的比例在减少（Kawamura et al.，1987）。与此相反，陆源维管源植物来源的

C_{20}-C_{30}饱和脂肪酸不随水深改变而变化。这些结果表明，在微生物分解沉降的有机物时，藻类脂肪酸会发生选择性降解。

保存下来的湖泊中产生的有机物及附近流域输送的有机物可以记录湖泊受人为影响和自然过程而发生的变化。海洋沉积物提供了诸如气候变化和对轨道周期的响应等全球过程的信息，而湖泊沉积物则很好地记录了陆地气候历史及本地和区域气候是如何变化的信息（Meyers，2003）。此外，湖泊沉积物记录通常具有较高的时间分辨率，提供了气候变化的详细信息，而海洋沉积物由于沉积速率较低，往往无法做到这一点（参见第 2 章）。脂肪酸生物标志物的研究主要集中于使用沉积记录来了解过去的环境条件、气候变化和湖泊生态系统的富营养化（Meyers and lshiwatari，1993；Meyers，2003）。脂肪酸的链长可以用来记录水生和陆源有机物来源的变化。例如，富营养化的湖泊中有机物主要是水生来源［如日本榛名湖和诹访湖（Lake Suwa）］，富含短链脂肪酸。相反，在寡营养的湖泊中［本栖湖（Lake Motosu）］，常含较高比例的长链脂肪酸（Meyers and Ishiwatari，1993）。

评价有机物来源变化的一个指标是陆源对水生来源脂肪酸的比例（TAR_{FA}）（Meyers，1997）。计算式如下：

$$TAR_{FA} = \frac{C_{24} + C_{26} + C_{28}}{C_{12} + C_{14} + C_{16}} \tag{8.2}$$

其中，C_{12}-C_{28}是指碳链长度为 12~18 的饱和脂肪酸。TAR_{FA}为 1 表明陆地（长链）和水生（短链）来源对有机物有着相等的贡献。然而，使用这一比值必须谨慎，因为长链和短链脂肪酸的易降解程度是不同的（Haddad et al.，1992；Canue and Martens，1996）。另一个用来评价有机物来源变化的指标是碳优势指数（CPI），它用数值代表了生物脂肪酸链长信息在沉积物中的保存情况。在新鲜的类脂物质中，偶数碳链的脂肪酸在分布中更占优势。为了从 CPI 得到更多的信息，可以将脂肪酸分为低分子量（C_{12}-C_{18}）和高分子量（C_{22}-C_{32}）两部分分别计算（分别用CPI_L和CPI_H表示）。因为一些陆地植物中含有长链、奇碳数的脂肪酸，所以植物通常具有较高的CPI_L（12~100），而CPI_H的值却较低（0.9~8）（Meyers and Ishiwatari，1993）。由于细菌分解有机物的过程往往会降低 CPI 值，所以细菌的 CPI 值通常较低。还有一个用来解释沉积物中脂肪酸剖面的组成多样性指数（CDI）（Matsuda and Koyama，1977）。较高的 CDI 值表明来源具有多样性，因此提供了湖泊中有机物来源受富营养化和微生物作用而发生改变的信息。

通常来说，由于脂肪酸易受成岩作用的影响，所以其作为生物标志物在古湖泊研究的应用必须谨慎，最好与其他参数一同使用。例如，前人的研究表明，在美国缅因州科伯恩山池塘（Coburn Mountain Pond）里获得的一根 0.5 m 长的沉积物柱状样中，脂肪酸和烷醇生物标志物对成岩作用的变化是敏感的，而正构烷烃不受影响（Ho and Meyers，1994）。最近，针对湖泊中脂肪酸生物标志物保存的研究进一步证明了选择性降解所引入的偏差，表明在一些湖泊沉积物中这些参数在来源解析方面的应用需要谨慎（Muri et al.，2004；Muri and wakeham，2006）。尽管存在这些局限，但在解释众多湖泊系统中微生物类脂化合物贡献的变化和有机物来源的短期变化方面，脂肪酸生物标志物仍是很有用的（详见综述

Meyers et al. , 1980；Meyers and Eadia, 1993；Meyers and Ishiwatari, 1993；Meyers, 1997, 2003）。

一项最新的研究涉及了湖泊中脂肪酸生物标志物的稳定碳同位素（$\delta^{13}C$）和氢（δD）同位素特征的测定（Tenzer et al. , 1999；Chikaraishi and Naraoka, 2005）。生物标志物的碳同位素特征（$\delta^{13}C$）提供了关于碳来源的深入认识，尤其是当一种化合物具有两种来源，且这两种来源的同位素特征迥异的时候（Canuel et al. , 1997）。氢同位素特征提供了与水文过程相关的更多信息，如水团和地球表面的湿度。生物标志物的单一化合物、双同位素（碳和氢）的分析能够提供更详细的地球化学信息，这一领域的技术进步为帮助我们深入了解湖泊环境中有机物的来源和动力过程带来希望。

8.4.3 脂肪酸作为河流—河口连续体生物标志物

河口有机物的来源很多，既包括自生的，也包括一些外源的物质（Canuel et al. , 1995；Canuel, 2001）。由于光照和无机营养盐充足，河口生态系统中的水体初级生产力一般较高。此外，因为河口水深往往较浅，光线可以透入海底，所以这些系统往往也有较高的底栖初级生产。因此，河口有机物的自生来源也可能包含了多种输入源（如浮游植物、海草、大型藻类和底栖微藻），这些来源的不稳定性和支持高营养级生产的能力不一（Bianchi, 2007 及其参考文献）。由于邻近陆地并通过河流与周围的流域相连，河口有机物的外来来源也是很重要的。外来来源包括来自沼泽和高地的维管植物组织和碎屑及土壤有机物。另外，河口区域通常具有较多人口，受人类活动影响较大，因此，人为源对此区域有机物的贡献也很重要。这些人为源可能包括污水、医药化合物、有机污染物及工业化和城市化产品。最后，值得注意的是，在大多数情况下这些不同来源的有机物（初级生产来源、陆源和人为源）并不仅仅是被动地穿过河口。河口停留时间和有机物的活性将会很大程度上决定物质是否被被动地输运。河口是有机物过程的重要区域；因此，光化学和异养过程的产物和细菌生物量也对这些系统内的有机物库有一定贡献（McCallister et al. , 2006）。这增加了沿着随盐度变化的河口连续体追踪有机物来源和归宿的难度。

脂肪酸生物标志物在河口系统的应用提供了很多深刻的认识，这些认识是通过有机物整体性质（如 C：N 比、$\delta^{13}C_{TOC}$、叶绿素 a、蛋白质和糖类的比值等）的研究不能获得的。这主要是因为不同来源有机物的整体特征有重叠，所以不能有效地解析有机物的来源。Saliot 和他的同事们最先使用脂肪酸标志物沿着河口盐度梯度示踪有机物的来源（Saliot et al. , 1988, 2002；Bigot et al. , 1989；Scribe et al. , 1991；Derieux et al. , 1998；Pinturier-Geiss et al. , 2001；Brinis et al. , 2004）。以这一工作为基础，一些研究者使用脂肪酸生物标志物研究了河口内有机物组成变化的动力过程。这些研究将脂肪酸的测定应用到分析潮汐、季节和年际时间尺度变化的过程的影响。Canuel 及其同事的研究显示，在旧金山湾和切萨皮克湾，脂肪酸的浓度、来源和稳定性在低流量和高流量时期均存在不同（Canuel, 2001）。这些研究显示水文条件和初级生产的季节变化对控制颗粒有机物（POM）的组成很重要。一些研究关注了春季浮游植物水华（Mayzaud et al. , 1989；Canuel, 2001；Ramos et al.，2003）。这一季节性事件为动物群落提供了大量有机物，可能对他们的繁殖和补充起到了重要作用。物理过程对脂肪酸组成的影响发生在更短的时间尺度下，如 POM 中脂肪酸的组成在潮汐尺度内变化（Bodineau et al.，1998）。最近利用脂肪酸生物标志物的研究确定河口最大浑浊带（Estuarine Turbidity Maximum，ETM）是有机物的物理和生物过程的重要地带（Bodineau et al.，1998；David et al.，2006）。另外有研究利用脂肪酸生物标志物示踪河口连续体中陆源和人为源有机物的来源和归宿（Quenmeneur and Marty，1992；Saliot et al.，2002；Countway et al.，2003）。

相较于 POM，表层沉积物可以提供更加综合的研究有机物来源的角度，像一个快照一样保存了特定时间或地点的有机物组成信息。大量河口表层沉积物有机物组成的研究利用了脂肪酸生物标志物（Shi et al.，2001；Zimmerman and Canuel，2001；Hu et al.，2006）。如前所述，由于邻近陆地河口会受人类活动的影响，也通过河流受到邻近流域活动的影响。因此，河口采集到的沉积物是研究人类活动对河口生态系统影响的有用工具。目前，脂肪酸已被用来研究土地利用变化和其他人类活动对输入河口的有机物的影响（Zimmerman and Canuel，2000，2002）。

河口沉积物也被用来研究与有机物成岩相关的问题。一些研究还利用实验室实验去测定和定量计算脂肪酸的降解速率（Sun et al.，1997，2002；Grossi et al.，2003；Sun and Dai，2005）（表 8.2）。这些研究主要关注沉积物氧化、物理混合和生物扰动对脂肪酸分解的影响。通过现场实验还可以获得沉积物中脂肪酸活性的更深入的认识（Haddad et al.，1992；Canuel and Martens，1996；Arzayus and Canuel，2005）。同时，研究表明，脂肪酸的降解速率随其功能水平的降低而降低，并且氧暴露的增加会促进难降解成分的分解（如饱和的长链脂肪酸）。然而，在这一领域还需要更多的工作，特别是研究底栖群落而不是单个种类对脂肪酸降解的影响。今后针对有机化合物降解的实验研究应该考虑采用一些方法以更好地代表物理环境和生物群落的复杂性。

随着最近超滤技术的进步，许多研究利用脂肪酸生物标志物研究了超滤溶解有机物（UDOM）的组成。Mannino 和 Harvey（1999）测定了特拉华湾表层水中 POM 和 UDOM 的组成。UDOM 中的脂肪酸种类少于 POM，以饱和脂肪酸（C_{14}、C_{16} 和 C_{18}）为主，不饱和脂肪酸和支链脂肪酸含量较低。这项研究表明，POM 和 DOM 中脂肪酸的丰度和组成的分布模式是不同的。对有机碳含量归一化之后，近海站位 POM 中脂肪酸的丰度最高，然而高分子量 DOM 中的脂肪酸含量则是在叶绿素最大的中河口处较高（图 8.6）。Zou 等（2004）比较了多个河口系统高分子量 DOM（HMW DOM，>1000 Da）的类脂生物标志物的组成。脂肪酸主要是由饱和的 C_{14}-C_{18} 脂肪酸组成（占总脂肪酸的 68%～80%）。细菌脂肪酸，包括 18：$1\omega7$、正构奇碳 C_{15}-C_{17} 脂肪酸、异支链和反异支链 C_{15} 和 C_{17} 脂肪酸存在于所有样品中，表明细菌细胞膜成分和有机物的细菌分解过程对脂肪酸都有所贡献。

表 8.2 海洋和河口沉积物中脂肪酸（FA）的周转时间。（SCFA：短链脂肪酸；LCFA：长链脂肪酸；BrFA：支链脂肪酸；MUFA：单不饱和脂肪酸；PUFA：多不饱和脂肪酸）

区域	深度	底层水体	沉积物界面	沉积环境	τ (d)	参考文献
地中海卡特湾（Carteau Bay）	表层沉积物	好氧	好氧	生物扰动	21~76	Grossi et al. (2003)
美国纽约长岛湾	表层沉积物	好氧	好氧	生物扰动	11~17 8~50	Sun and Wakeham (1999) Sun et al. (1997)
美国弗吉尼亚约克河口	33~84 cm ~30~40 a	好氧	好氧	生物扰动	藻类 FA: 0.025 a^{-1} 高等植物 FA: 速率常数与 0 没有显著差异	Arzayus and Canuel (2005) [该文献结果为表观速率常数（a^{-1}）]
	41~54 cm ~30~40 a	好氧	好氧	物理混合	藻类 FA: 0.017 a^{-1} 高等植物 FA: 0.012 a^{-1}	
美国北卡罗来纳卢考特角湾	0~1 cm	好氧	季节性低氧/无氧	非生物扰动	SCFA: 19~33 SCFA: 19~33 LCFA: 不显著 BrFA: 22~200 MUFA: 17~28 PUFA: 19~26	Canuel and Martens (1996)
美国北卡罗来纳卢考特角湾	0~10 cm	好氧	季节性低氧/无氧	非生物扰动	SCFA: 19~250 LCFA: 125~250 BrFA: 26~200 MUFA: 17~200 PUFA: 19~143	Canuel and Martens (1996)
美国北卡罗来纳卢考特角湾	0~100 cm	好氧	季节性低氧/无氧	非生物扰动	SCFA: 250 LCFA: 2500	Haddad et al. (1992)
黑海	表层沉积物	无氧	无氧	非生物扰动	6500~14 000	Sun and Wakeham (1994)

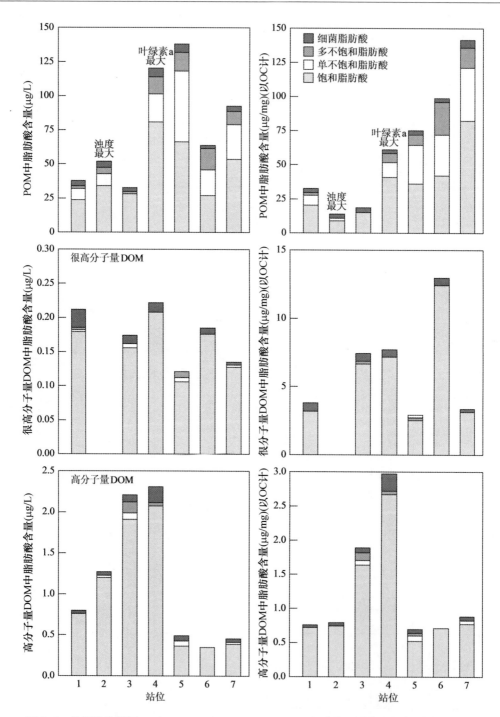

图 8.6 美国特拉华河口（Delaware River estuary）POM 和两种不同分子量的 DOM 中细菌脂肪酸、多不饱和脂肪酸、单不饱和脂肪酸和饱和脂肪酸浓度随盐度梯度的变化（修改自 Mannino and Harvey, 1999）

最近有研究围绕河口主要的生物和水文驱动因素，研究河口动力过程对 UDOM 和 POM 中脂肪酸组成的影响（Loh et al.，2006；McCallister et al.，2006）。与 Mannino 和 Harvey（1999）一样，这些研究也发现与 UDOM 和 POM 有关的脂肪酸在丰度和组成上存在很大的不同。Loh 等（2006）比较了切萨皮克湾内两个站位的 POM 和 UDOM 的差异，这两个站位分别代表了高、低淡水输入时期淡水和海洋端元。虽然脂肪酸由自生来源所主导，但是可能来自高等植物的长链脂肪酸的含量在河流站点高流量时升高了。McCallister 等（2006）开展了一项类似的研究，在美国弗吉尼亚州约克河口的 3 个站位，分别测定了高流量和低流量条件下 POM 和 HMW DOM 中的脂肪酸。在高流量下，陆地高等植物和细菌混合来源的脂肪酸在 HMW DOM 中占优势，而在 POM 中浮游植物/浮游动物来源的脂肪酸占优势（图 8.7）。在低流量时期，中盐度和高盐度区域的 HMW DOM 中细菌脂肪酸占优势，而这些区域的 POM 中则是浮游生物来源的脂肪酸占优势。在河流淡水站位采集的 HMW DOM 和 POM 样品中均富含陆地维管植物来源的脂肪酸。

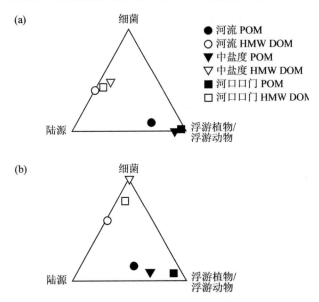

图 8.7　美国弗吉尼亚州约克河口颗粒有机物（POM）和高分子量溶解有机物（HMWDOM）中细菌、陆源和浮游动物来源脂肪酸的相对丰度（修改自 McCallister et al.，2006）

8.4.4　脂肪酸作为海洋生物标志物

海洋系统中生物标志物的研究主要关注有机物在水体中沉降的过程和早期成岩过程中的来源和转化（见综述 Lee and Wakeham，1988；Wakeham and Lee，1993；Lee et al.，2004）。目前大部分研究都是在国际计划框架下开展的，如全球海洋通量联合研究（Joint Global Ocean Flux Study，JGOFS）、地中海通量研究（MedFlux）和 PECHE（法国国家科学研究中心支持的异养生物控制下的碳的产生和输出研究）。Wakeham 等（1997）研究了赤道太平洋各种主要的生物化合物的通量并发现：（1）浮游生物来源的有机物随着水深呈指数减少；（2）在接近沉积物表层的地方细菌的贡献升高；（3）在沉积物中来自细菌、浮游植物和陆地植物的有机化合物存在选择性的保存。这些基本趋势与其他海域所观察到的结果相符（Wakeham，1995；Wakeham et al.，2002；Goutx et al.，2007）。

与这些研究结果一致，按照来源和降解的敏感性，脂肪酸可被分为4类：（1）在表层水体中有最大浓度的化合物；（2）在水体中富集的化合物；（3）在表层沉积物中富集的化合物；（4）在沉积物中（10~12 cm）具有最高含量的化合物（图8.8）。在赤道太平洋中部，表层水 POM 中的脂肪酸主要来源于浮游植物（如20：5ω3 和22：6ω3 多不饱和脂肪酸）。水体中的脂肪酸主要来源是浮游植物还有浮游动物，这些化合物都比较耐降解（如油酸，18：1ω9）。细菌脂肪酸的含量在表层沉积物（0~5 cm）中较丰富，如顺十八碳烯酸（18：1ω7 与异支链和反异支链-C_{15} 和 C_{17}脂肪酸）。不易被微生物降解的化合物在深层沉积物中（10~12 cm）较丰富，如高分子量的直链脂肪酸（C_{24}-C_{30}）。

进一步的研究测定了低氧或缺氧水体，如黑海和卡里亚科海沟（Cariaco Trench）中 POM 的脂肪酸组成。这些研究的目的是考察在有氧和缺氧边界有机物组成的变化。来自厌氧生物的脂肪酸在黑海的缺氧水层中（130~400 m）占优势。在这个区域内，包括异支链和反异支链的 C_{15} 和 C_{17}脂肪酸，异-16：0 和10-甲基十六烷酸在内的支链脂肪酸占脂肪酸总量的30%（图8.9）（Wakeham and Beier，1991；Wakeham，1995）。这些脂肪酸在海洋硫酸盐还原菌中很常见（Kaneda，1991；Parkes et al.，1993），而硫酸盐还原菌在黑海缺氧区很丰富。单烯脂肪酸（16：1ω7 和18：1ω7）的相对丰度在缺氧区也增加了。这些脂肪酸可能来自硫酸盐还原菌或厌氧光合细菌，如绿硫细菌 *Chlorobium* spp.。在卡里亚科海沟的研究也得到了类似的结果。卡里亚科海沟有氧和缺氧界面在260~300 m 水深之间，支链 C_{15}脂肪酸的含量在该界面下明显增加，说明缺氧区域微生物活动对脂肪酸产生了贡献。值得注意的是，反异支链-C_{15}脂肪酸是缺氧水体中含量第二丰富的脂肪酸，大约占脂肪酸总量的10%。

还有一些研究表征了海洋表层沉积物中脂肪酸的组成。然而，与河口湖泊系统相似，由于沉积后过程（如早期成岩和生物扰动）的存在，在解释海洋沉积物中脂肪酸的组成时需要注意。另外，由于有机化合物会与不同相的物质相联系，所以输运过程对其影响也存在差异。再悬浮的物质在输运时，易降解的组分可能优先被移除，从而影响最终沉积下来的物质组成。当特定有机物类型与其相联系的无机相（矿物）的密度和输运的倾向不同时，平流作用也可能影响沉积有机物的组成（详见下文针对输运差异对脂肪酸的影响及第11章对烯酮的影响的讨论）。如上所述，选择性降解使最难降解的化合物在沉积物次表层保存下来（Wakeham et al.，1997）。因此，易降解化合物的缺失可能是由于异养过程导致的选择性去除，而非缺少特定来源有机物的贡献。另外，易降解化合物可能更多地反映了上层水体的输入，而更难降解的化合物则反映了垂向和横向的有机物来源的贡献（Mollen-hauer and Eglinton，2007）。

近年来，特定化合物 Δ^{14}C 分析的应用为有机物来源及成岩作用和沉积作用对有机物

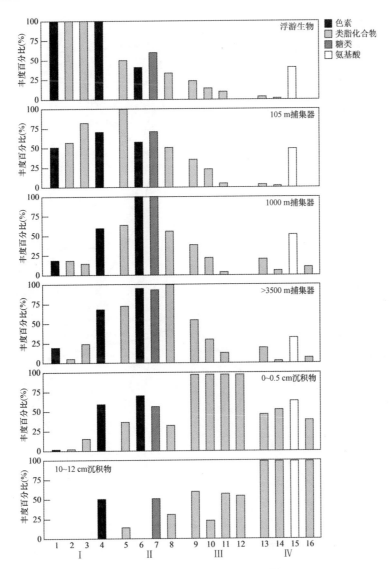

图 8.8 赤道太平洋中部水体 POM 和表层沉积物中不同生化物质的相对丰度。表层水 POM 中的脂肪酸主要来源于浮游植物（如 20∶5ω3 和 22∶6ω3 多不饱和脂肪酸）。水体中的脂肪酸主要来源是浮游植物还有浮游动物，这些化合物都比较耐降解（如油酸，18∶1ω9）。细菌脂肪酸的含量在表层沉积物（0~5 cm）中较丰富，如顺十八碳烯酸（18∶1ω7 与异支链和反异支链-C_{15} 和 C_{17} 脂肪酸）。不易被微生物降解的化合物在深层沉积物中（10~12 cm）较丰富，如高分子量的直链脂肪酸（C_{24}-C_{30}）。图中编号所代表的化合物：1. 叶绿素 a；2. 22∶6ω3 多不饱和脂肪酸；3. 20∶5ω3 多不饱和脂肪酸；4. 葡萄糖；5. 24-甲基胆甾-5，24（28）-二亚乙基三胺-3β-ol；6. 脱镁叶绿酸 a；7. 半乳糖；8. 油酸（18∶1ω9）；9. 顺十八碳烯酸（18∶1ω7）；10. 反异-15∶0 脂肪酸；11. 24-乙基胆甾-5-烯-3β-醇；12. 双降藿烷；13. C_{24} + C_{26} + C_{30} 脂肪酸；14. C_{37} + C_{38} 甲基和乙基，双-和三-不饱和烯酮；15. 甘氨酸；16. 角鲨烯。分组 I -IV 的依据是环境中不同化合物的行为和地球化学稳定性（见正文）（修改自 Wakeham et al.，1997）

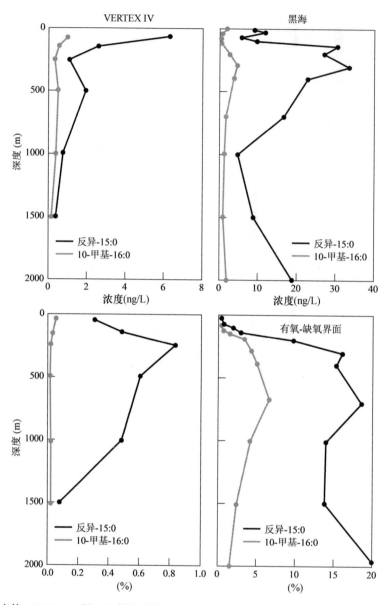

图 8.9　有氧水体（VERTEX Ⅳ）和低氧或缺氧水体（黑海）POM 中脂肪酸组成的比较。来自厌氧生物的脂肪酸在黑海的缺氧水层中（130~400 m）占优势。在这个区域内，包括异支链和反异支链的 C_{15} 和 C_{17} 脂肪酸，异-16：0 和 10-甲基十六烷酸在内的支链脂肪酸占脂肪酸总量的 30%（修改自 Wakeham and Beier，1991）

组成的影响提供了新的见解（Pearson et al.，2001；Mollenhauer and Eglinton，2007）。Pearson 等（2001）测定了美国圣莫妮卡海盆（Santa Monica Basin，SMB）的沉积物柱状样和圣巴巴拉海盆（Santa Barbara Basin，SBB）的表层沉积物中核爆前后脂类生物标志物的 ^{14}C 特征（Pearson et al.，2001）。核爆前后沉积物中 C_{16} 和 C_{18} 脂肪酸的 ^{14}C 信号

$[C_{16:0}: (-76\pm14)‰; C_{16:0}$ 和 $C_{18:0}: (+86\pm11)‰]$ 与核爆前后表层海水 DIC 的 ^{14}C 信号（$-82‰$ 和 $+71‰$）相一致（表 8.3）。沉积物中 $\Delta^{14}C$ 以及 $\delta^{13}C$ 的特征表明，该区域的有机碳有一个共同来源，或者不同来源的相对贡献在核爆前后不变，且与表层水中的初级生产相一致。细菌来源脂肪酸（异支链-和反异支链-C15）和 n-15：0 脂肪酸 $\Delta^{14}C$ 值在核爆前沉积物中为（-113 ± 14）‰（反异支链-C15），核爆后在 $+32‰$ 到 $+44‰$ 之间（表 8.3）。在这两种情况下，其值相对于 $\Delta^{14}C_{DIC}$ 均是亏损的，表明这些脂肪酸并非全部来自异养细菌。长链脂肪酸通常来源于高等植物（表 8.1）。有意思的是，核爆前后 SBB 和 SMB 的沉积物中 $C_{26:0}$ 脂肪酸的 $\Delta^{14}C$ 值相对于 $C_{24:0}$ 脂肪酸也是亏损的（表 8.3）。这种结果可能的一个解释是，$C_{26:0}$ 脂肪酸很大程度受到预老化陆源碳的影响。

表 8.3 美国圣巴巴拉海盆（Santa Barbara Basin）和圣莫妮卡海盆（Santa Monica Basin）沉积物中特定化合物 $\Delta^{14}C$ 与 $\delta^{13}C$ 数据

脂肪酸	核爆后			核爆前		
	范围（cm）	$\delta^{13}C$（‰）[a]	$\Delta^{14}C$（‰）[b]	范围（cm）	$\delta^{13}C$（‰）[a]	$\Delta^{14}C$（‰）[b]
i-15：0	0~0.75	-23.2 (0.1)	+33 (15)	4.5~5.5	-25.9 (0.2)	-
a-15：0	0~0.75	-24.1 (0.2)	+32 (12)	4.5~5.5	-30.6 (0.6) -24.6*	-113 (14)
15：0	0~0.75	-24.0 (0.2)	+44 (13)	4.5~5.5	-26.5 (0.6)	-
16：0	0~0.75	-25.0 (0.3)	+86 (11)	4.5~5.5	-26.3 (0.2)	-76 (14)
18：1ω7	0~0.75	-23.2 (0.3) -27.2*	+64 (11)	4.5~5.5	-26.4 (0.2)	-
18：0	0~0.75	-24.1 (0.2)	+83 (14)	4.5~5.5	-26.3 (0.5)	-
24：0	0~0.75	-26.4 (0.2)	+62 (14)	4.5~5.5	-26.3 (0.2)	-69 (15)
26：0	0~0.75	-26.8 (0.4)	+14 (13)	4.5~5.5	-26.7 (0.2)	-108 (19)

a. 除星号标记的数据外，$\delta^{13}C$ 是由 irm-GC-MS 测定出来的。星号标记的数据是分流 CO_2 经离线的 irMS 测定的。

b. 两个 $\Delta^{14}C$ 的平均值。

数据来自 Pearson 等（2001）。

Mollenhauer 和 Eglinton（2007）进一步研究了 SBB 和 SMB 沉积物中类脂生物标志物的 $\delta^{13}C$ 和 $\Delta^{14}C$ 特征。具体来说，他们测定了海底沉积物中脂肪酸的同位素组成，这些沉积物来自不同沉积环境（侧坡或沉积中心），且具有不同底层水溶氧含量。结果表明，短碳链的脂肪酸（$C_{14:0}$、$C_{16:0}$ 和 $C_{18:0}$）相对于长碳链（>$C_{24:0}$）的脂肪酸优先丢失。同时，易降解的化合物（如短碳链的脂肪酸）相对于更难降解的脂肪酸（>$C_{24:0}$）会富集放射性碳（图 8.10）。这表明大部分难降解化合物可能来自预老化物质。沉积中心的沉积物中生物标志物的年龄较小，表明易降解的有机物优先保存在沉积中心而不是侧坡。这些结果表明，在解释沉积物中生物标志物的分布时，需要考虑输运过程、沉积环境和成岩作用。

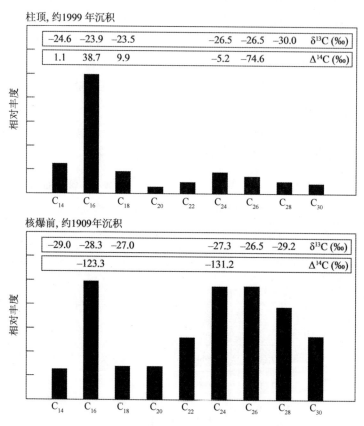

图 8.10　美国圣莫妮卡海盆和圣芭芭拉海盆沉积物中对 C_{16} 归一化后的脂肪酸的相对丰度（上图）及脂肪酸的稳定同位素组成和放射性碳年龄（下图）（修改自 Mollenhauer and Eglinton, 2007）

8.5　脂肪酸作为了解营养关系的工具

　　目前已有多种方法来研究水生生物之间的营养关系，包括对水生生物进行肠道物质（Napolitano, 1999）和稳定同位素分析（Peterson and Fry, 1987; Michener, 1994）。此外，类脂生物标志物还可被用来示踪海洋和淡水系统中的能量流动。这些研究的前提是生物标志物的来源必须是确定的，并且这些化合物在被摄食以后仍能保持它们的基本结构。

　　利用类脂生物标志物研究海洋食物网的例子不胜枚举（Dalsgaard et al., 2003）。类脂化合物存在于所有生物体中。这些生化物质能用来示踪有机物的来源（食物）、营养级和生理机能。类脂化合物可能是种类特定的，特别是在低营养级的种群中（自养生物和细菌），因为在这些种群中大部分类脂化合物是从头合成的。与此相反，高营养级生物体内的类脂化合物大部分通过食物获取。脂肪酸作为一类类脂化合物在辨识营养关系方面很有效。在研究食物网时，脂肪酸的应用分为三种方式。首先，通过测定捕食者中脂肪酸的组成，能够获得个体或者群体进食方面时空变化的定性信息（Iverson et al.，2004；Budge et al.，2006）。脂肪酸在营养方面研究的第二种应用依赖单个化合物或生物标志物，也就是可与单一来源或单一捕食物种联系起来的独特脂肪酸。然而，由于许多脂肪酸广泛存在于海洋和陆地生物中，因此，这种方法很难应用成功。不过，特定脂肪酸异常高的含量或脂肪酸之间的比值可以指示一些生物在食物中的重要性或优势度（Dalsgaard et al.，2003）。脂肪酸的第三种应用是根据捕食者和被捕食者的脂肪酸特征来定量估算食谱构成。这种方法是最具挑战性的，它要求对所有重要的被捕食者种类的脂肪酸组成有所了解，同时也要了解捕食者和被捕食者种内脂肪酸组成的变化（Budge et al.，2006）。脂肪酸特征定量分析（QFASA）是一种新的研究捕食者食物的方法，这种方法使用了统计模型来计算与捕食者体内脂肪酸组成最相匹配的被捕食者中脂肪酸特征的组合（Iverson et al.，2004）。

当前一个比较活跃的，新的脂肪酸研究领域是研究特定的藻类脂肪酸对浮游动物营养的作用。这些研究有一个前提，即生物量和能量在食物网中传递的效率与特定的 $\omega3$-高不饱和脂肪酸的丰度有关（$\omega3$-HUFA），这种传递支持了更高营养级（如鱼类）的生产。喂食实验的结果表明，不同藻种的营养品质与其脂肪酸含量有很大关系（Park et al.，2002；Jones，2005；Klein Bretelar et al.，2005）。对海洋动物营养重要的脂肪酸包括二十碳五烯酸（EPA：$20:5\omega3$）、二十二碳六烯酸（HAD；$22:6\omega3$）和亚油酸（Ahlgren et al.，1990；Müller-Navarra，1995a，b；Weers，1997）。研究表明，动物只能从饮食中获得这些HUFA，通过直接摄取或者从食物成分中转化得到（Brett and Müller-Navarra，1997；Müller-Navarra，2004）。动物的脂肪酸合成酶可以在脂肪酸某些位置插入双键，但受位置限制，$\omega3$和$\omega6$处含有双键的 HUFA 可能不是动物自身合成的（Canuel et al.，1995）。

近期的工作表明 HUFA 与浮游动物（*Daphnia*）生长和繁殖之间存在相关性（图8.11）（Müller-Navarra et al.，2000）。相似的，研究也表明悬浮物和微藻的化学组成能够影响桡足类动物的产卵（Jonasdottir，1994；Jonasdottir et al.，1995）。因为不同藻种脂肪酸组成各不相同，富含 HUFA 的藻种（如隐藻和硅藻）如果占优势，对能量向高营养级（浮游动物）传递可能会有积极影响；相反，贫 HUFA 的藻种（如蓝细菌）如果占优势，可能会导致藻类有机物的积累或是促进微生物分解，而不是向高营养级转移。然而，浮游动物通常不是以单一种类的藻类为食，所以对使用简单食物的实验室培养实验的结果在外推时需要特别谨慎。最近的一项研究表明，仅喂食蓝细菌时，食物质量可能较差，但与其他藻种混用的情况下，蓝细菌可作为桡足动物哲水蚤，汤氏纺锤水蚤（*Acartia tonsa*）的补充食物（Schmidt and Jonasdottir，1997）。另外，需要注意的是，动物是作为群落中的一员生存的，食物质量可能会因响应食物网内过程而变化。近期对浮游生物食物网的研究表明，一些鞭毛藻和纤毛虫可以增加它们食物中的 PUFA 含量（营养升级）（Klein Bretelar et al.，1999；Bec et al.，2003；Park et al.，2003；Veloza et al.，2006），进而提高微藻的营

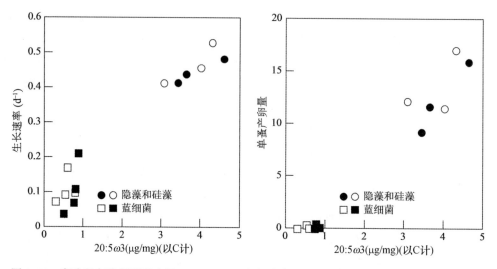

图 8.11　实验室实验得到的水蚤（*Daphnia*）生长速率（左）、产卵量（右）与 20∶5ω3 脂肪酸之间的关系。图中圆圈表示硅藻和隐藻，正方形表示蓝细菌。空心符号指的是小于 30 μm的部分，实心符号指的是总颗粒物（修改自 Müller-Navarra et al.，2000）

养价值。

目前，对于脂肪酸在决定有机物对底栖群落的营养价值方面的作用的研究还不够深入。在美国旧金山湾开展了一项研究，分析了一种亚洲蛤蜊——黑龙江河蓝蛤（*Potamocorbula amurensis*）组织中的脂肪酸组成，结果表明这些生物体沿着河口盐度梯度选择性地摄食微藻（Canuel et al.，1995）。旧金山湾南部在春季水华和湾北部在基线条件（非水华）期间，黑龙江河蓝蛤组织中以 C_{20} 和 C_{22} 不饱和脂肪酸的含量最丰富（图 8.12）。在另外一项研究中，发现脂肪酸 DHA（22∶6ω3）能够限制斑马贻贝（*Dreissena polymorpha*）的幼虫将 C_{18}PUFA 转化为长链（ω3）PUFA（Wacker et al.，2002）。这项研究还表明，在 EPA 向 DHA 转化的过程中，碳链延伸和去饱和作用速率的降低会限制幼虫的生长。脂肪酸生物标志物在营养研究方面另外一种新的应用是调查沉积物中动物多样性对有机物组成的影响（Canuel et al.，2007；Spivack et al.，2007）。在自然界中，动物并不是以个体形式生存，而是作为群落中的一员。因此，不仅了解单个物种对沉积物生物地球化学的影响很重要，而且了解相互作用的种类组成的多样化的群落对沉积物地球化学过程的影响也很重要。在最近的围隔实验中，Canuel 等（2007）发现底表层食物网的组成同时影响了总脂肪酸（ΣFA）的丰度和脂肪酸生物标志物的组成（图 8.13）。这些实验测定了捕食者多样性和食物链长度对做实验用的大叶藻（*Zostera marina*）围隔体系中所积累的沉积有机物的数量和质量的影响（Canuel et al.，2007；Spivak et al.，2007）。

其中的一项实验结果表明，捕食者种类组成和丰度很大程度上影响了短链脂肪酸（C_{12}、C_{14} 和 C_{16}）的相对丰度（占总脂肪酸的百分比）（Canuel et al.，2007）。捕食者的种类组成，而不是丰度，影响了支链脂肪酸（异-和反异-C_{13}，C_{15} 和 C_{17}）、多不饱和脂肪酸

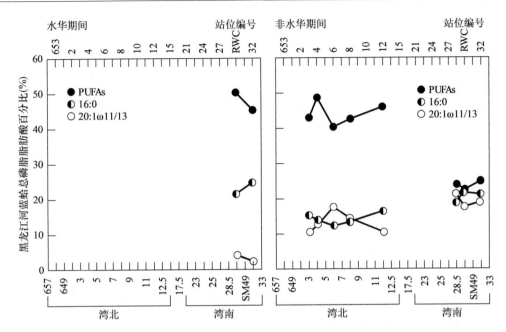

图 8.12 美国加利福尼亚州旧金山湾（San Francisco Bay, SFB）盐度梯度，一种亚洲蛤蜊——黑龙江河蓝蛤（*Potamocorbula amurensis*）的脂肪酸组成随盐度的变化。结果显示，SFB 南部在春季水华和湾北部在基线条件（非水华）期间，多不饱和脂肪酸（PUFAs）均是该河蓝蛤脂肪酸的优势组成。这些数据表明了蛤蜊对微藻的选择性摄食（修改自 Canuel et al., 1995）

（C_{18}、C_{20} 和 C_{22}）和长链脂肪酸（$C_{22}-C_{30}$）的相对丰度。通过添加捕食性的蓝蟹（*Callinectes sapidus*）来增加食物链的长度导致了营养级联，这不仅增加了沉积物中的藻类生物量和藻类有机物的积累，还增加了沉积物中有机物的质量。同时，来自细菌的支链脂肪酸的相对比例也增加了。总的来说，底表层消费者的种类和数量很大程度上影响了沉积有机物的积累和组成及其分解代谢过程。

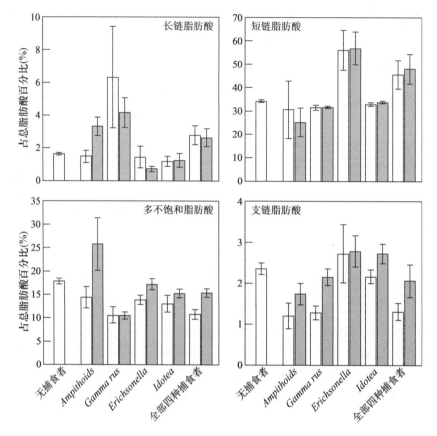

图 8.13   围隔实验表明底表动物捕食者影响脂肪酸组成（$p<0.01$）。实验得出的数据提供了营养级联的证据，其中蟹类的出现增加了易降解的藻类物质（PUFA）的积累，并导致细菌生物量（支链脂肪酸）的增加（$p<0.01$）。空心柱为无蟹；实心柱为有蟹。*Ampithoids*：藻钩虾；*Gammarus*：钩虾；*Erichsonella* 和 *Idotea*：均属于盖鳃水虱科，尚无中文译名（修改自 Canuel et al.，2007）

8.6   磷脂脂肪酸（PLFA）作为化学分类标志物

微生物生态学和生物地球化学领域的环境研究通常需要物种丰度和微生物群落分布的信息。传统上，这些信息是通过显微镜计数获得，但是目前化学分类学的发展拓展了我们获得微生物群落定量信息的能力。化学分类的方法相对于显微镜分析有多种优势。显微镜计数需要受过培训的显微镜操作人员并且非常耗时。同时，用来进行显微镜分析的样品一般在分析以前会被储存一段时间，所以样品需要被很好的保存或者被固定，但是并不是所有的种类都能被固定住。与此相反，微生物的膜脂，特别是在细菌和微藻中都存在的磷脂脂肪酸（PLFA），提供了一个更全面的微生物群落特征，并且 PLFA 分析能够很容易地应用到多种基质，包括水、沉积物和土壤（Guckert et al.，1985；White，1994；Dijkman and

Kromkamp，2006）。此外，PLFA 是表征微生物群落的有效工具，主要基于以下几点：
（1）它们存在于所有的活体生物中；（2）细胞死亡后，它们在几周内就可以分解，因此能够提供存活的或近期存活的群落信息；（3）不同微生物群落的 PLFA 组成各不相同，使其成为一种评价微生物群落组成的工具；（4）特定的 PLFA 能够提供微生物种群营养状态的信息。

PLFA 分析提供了对海洋和淡水生态系统中土壤、沉积物和水体中微生物群落的深入认识。因为微生物具有独特的 PLFA 信号（图 8.14），所以 PLFA 提供了土壤和沉积物中微生物群落的化学分类信息。在陆地环境，PLFA 被用来表征土壤生物群（Bull et al.，2000；Aries et al.，2006；Wakeman et al.，2006）以及土壤微生物对不同扰动的响应，如干旱、土地利用变化和污染（Khan and Scullion，2000；Aries et al.，2001；Slater et al.，2006；Wakeham et al.，2006）。通过使用¹³C 标记的 PLFA，Bull 等在英国的一个土壤中发现一种新的嗜甲烷细菌可以氧化大气中的甲烷，这种细菌的 PLFA 组成与 II 型甲烷氧化菌类似（Bull et al.，2000）。针对土壤的工作还研究了地上植物群落和土壤中微生物的相互作用。Zak 等（2003）利用 PLFA 研究了植物多样性是否能影响土壤微生物群落。在这项研究中，他们发现土壤微生物群落组成会根据植物多样性的增加而发生变化（Zak et al.，2003）。最近，PLFA 还被用来研究土壤微生物群落如何响应生态修复（McKinley，2005；Bossio et al.，2006）。在美国加利福尼亚州萨克拉门托-圣华金河三角洲（Sacramento-San Joaquin Delta）的一项研究中，Bossio 等（2006）应用 PLFA 分析发现已修复湿地的活跃微生物群落与农田里的微生物不同。这项研究表明了洪水事件和曝气情况是控制微生物群落组成的主要因素。

在过去的十几年中，PLFA 被广泛地应用于研究河口和海洋沉积物中微生物的群落结构。Rajendran 等利用 PLFA 研究了受不同人为活动影响的几个海湾的沉积物中微生物的组成（Rajendran et al.，1992，1993，1997）。这些研究显示，沉积物中微生物群落结构存在差异，而这种差异能够反映采样点受扰动的程度，表明 PLFA 的组成可被用来预测污染或富营养化程度。在地中海也开展了类似的工作，研究了沉积物中微生物组成对烃类污染水平的响应（Polymenakou et al.，2006）。

从 POM、沉积物和土壤等环境基质中分离微生物群落通常是很困难的，甚至难以实现。一些利用稳定或放射性同位素标记实验的研究就需要对微生物进行分离，从而了解支持细菌生产的有机物来源或区分活体生物与碎屑对有机物的贡献。从多种样品基质中提取 PLFA 可以用于量化微生物生物量的贡献、研究其组成（White et al.，1979；Guckert et al.，1985），也可以为后续的同位素分析分离出活体生物量。Boschker 等（1998）首次应用了这一方法，其结果显示可以将¹³C 标记的底物结合到 PLFA 上，进而能够把生物地球化学过程与特定的微生物群落联系起来。此外，PLFA 的 δ^{13}C 还可以用来研究¹³C 标记的底栖微藻和浮游植物的归宿（Middleburg et al.，2000；Van Den Meersche et al.，2004）。

随后的研究利用了 PLFA 的天然丰度同位素比值来示踪细菌利用的有机物的来源（Cifuentes and Salata，2001；Boschker and Middleburg，2002）。最近的一些分析了 PLFA 的

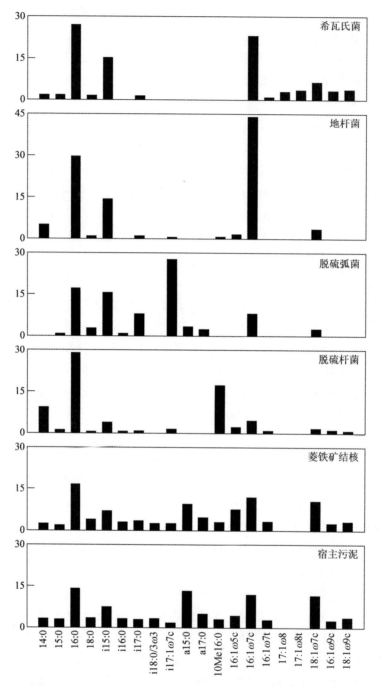

图 8.14　PLFA 的分布图表明，盐沼沉积物中的菱铁矿结核是由硫酸盐还原菌（SRB）的活动造成的。图中展示了四类细菌，其中两属是 SRB（脱硫杆菌属和脱硫弧菌属），另两属为异化 Fe（Ⅲ）还原菌（地杆菌属和希瓦氏菌属），它们的 PLFA 组成存在差异。SRB 的特征脂肪酸是 10-甲基-十六烷酸 PLFA（10Me 16：0）和异-17-单烯 PLFA（17：1ω7c）。这些数据表明脱硫弧菌在菱铁矿结核中比在宿主污泥中含量更丰富（修改自 Coleman et al.，1993）

稳定同位素（$\delta^{13}C$）组成的研究，提供了支持原位细菌生产的有机物来源的深入认识（Boscher et al.，2000；Bouillon et al.，2004；Bouillon and Boschker，2005）。这些研究表明，在一系列具有不同有机碳含量和植被类型的沉积物中，藻类来源的碳通常是沉积物中细菌的主要代谢底物。

相似的，PLFA 的放射性碳同位素（$\Delta^{14}C$）分析也被用来研究微生物对老碳（fossil carbon）的吸收利用（Petsch et al.，2001；Stater et al.，2006；Wakecham et al.，2006）。通过分析膜脂的天然丰度碳-14，Petch et al.（2001）发现，生长在页岩上的微生物的类脂化合物中的碳很大一部分（74%~94%）来自古老有机物。类似的方法被用来研究微生物是否会利用人为源的老碳。Slater 等（2006）研究了 1969 年溢油事件中，那些生长在受污染的沉积物中的微生物是否能有效降解石油污染残留物。这项研究的结果表明，微生物利用的是沉积物中的有机物而不是化石有机物，因为没有证据表明 PLFA 中结合了老碳的 ^{14}C。这个结果也说明，因为不能被沉积物的微生物利用，烃类污染可能会长久存在。与此相反，Wakeman 等（2006）发现，一个受污染站位的表层沉积物中细菌的 PLFA 的 ^{14}C 较亏损，表明石油来源的碳被结合进入了细菌膜脂上。质量守恒的计算结果表明，在受污染站位细菌的 PLFA 中，6%~10% 的碳来自石油残留物，说明风化的石油可能含有一些易降解成分，可以支持潮滩沉积物中细菌的生产。

8.7 小结

由于结构特征多样（如双键的数量、官能团组成和甲基支链的存在），脂肪酸是用途最广泛的类脂生物标志物之一。这些特点使脂肪酸与多种来源相联系（如藻类、细菌和高等植物），并且可以应用在多种时间尺度下（如从生态学尺度到古时间尺度）。最近几年，特定化合物的稳定和放射性同位素分析的应用拓展了脂肪酸生物标志物的应用，可以从这类化合物中获得更多的信息。因此，这一类生物标志物的新的应用在不断发展，这些应用将不仅对有机地球化学家有用，对微生物生态学、古生态学、环境科学等学科的科学家也都有用。

第9章 类异戊二烯：甾类、藿烷类和三萜类化合物

9.1 背景

类异戊二烯是种类丰富的天然有机化合物，也被归为类脂化合物。这类化合物是近150年来生理学、生物化学和天然产物化学研究的重点（Patterson and Nes, 1991）。它们以五碳异戊二烯为基本结构单元，并且很多具有多环结构（图9.1），这些结构的碳骨架和官能团构成各不相同。类异戊二烯的分类依据异戊二烯单元的数量和它们含有的环结构的数量（表9.1和图9.1）。异戊二烯单元可以以首尾、尾尾和头头相连的形式结合在一起（图9.2），其连接方式可以通过甲基支链之间的 CH_2 基团的数量来判别（例如，3个 CH_2 基团代表头尾连接，4个 CH_2 代表尾尾连接，2个 CH_2 基团代表头头连接）（图9.2）（Hayes, 2001）。

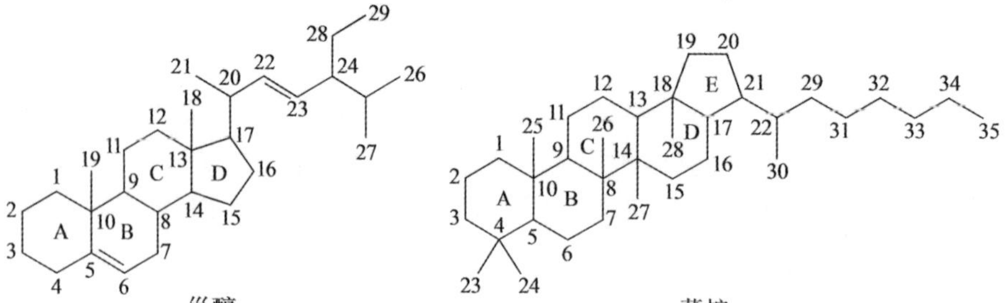

图9.1 甾类和藿烷类结构。每一个环均用字母来标记，每一个骨架上的碳原子也都做了编号（改自 Killops and Killops, 2005）

官能团构成的细微差别与双键的位置和数量决定了这类化合物的多功能性，从而使其可以作为生物标志物得以应用。类异戊二烯存在于所有活的生物体中，是种类最丰富的一类天然产物（Sacchettini and Poulter, 1997）。这些化合物是真核生物细胞膜的关键组成部分，同时也存在于部分原核生物中。通过醚键连接在一起的类异戊二烯烃类化合物是古菌膜脂的特征成分（详见第11章）。与此相反，细菌和真核生物合成环状类异戊二烯、藿烷类和甾类，作为其膜脂成分，这些化合物嵌入到双层膜上的糖脂之间，其极性端朝向水相。甾类和藿烷类的刚性环结构限制了附近与极性头基最近的脂肪酸链的不规则运动，而脂肪链尾端可能与附近的脂肪酸链的远端相互作用，从而使双分子层变得更加具有流动性（Peters et al., 2005a）。除了能够控制膜的流动性和渗透性，类异戊二烯可以作为视觉色

素、生殖激素、防御剂、信息素、信号分子和光保护因子等（Sacchettini and Poulter, 1997）。

表 9.1　萜类化合物的分类

分类	萜类单元的数目
单萜	2
倍半萜	3
双萜	4
二倍半萜	5
三萜	6
四萜	8
多萜	>8

来源：Killops 和 Killops（2005）。

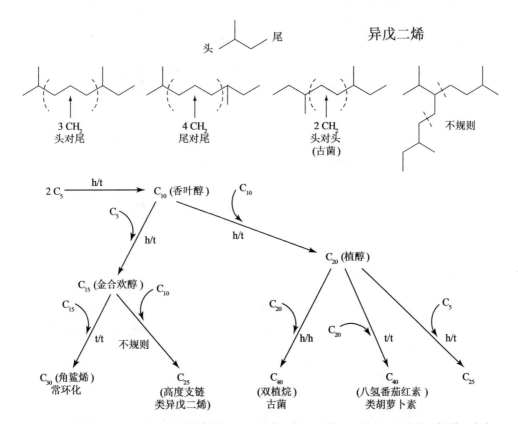

图 9.2　所有类异戊二烯的基本构建模块——异戊二烯的结构。示例显示异戊二烯单元如何通过缩合反应连在一起并形成不同的类异戊二烯化合物：头对尾（h/t）、尾对尾（t/t）、头对头（h/h）及不规则类异戊二烯（改自 Hayes, 2001）

类异戊二烯有环状和非环状两种形式。在本章中，我们关注的是环状类异戊二烯生物标志物，包括甾类、藿烷类和三萜类化合物。第 10 章会介绍非环类异戊二烯。环类异戊二烯被广泛地用于了解地球的历史、古生物的进化及地球早期大气充氧等过程（Brocks et al.，2003；Summons et al.，1999），也被广泛地用于研究颗粒有机物和表层沉积物中现代有机物的来源（Volkman，2006）。

9.2 萜类化合物的生物合成

萜类化合物［或者类异戊烯（isopentenoids）］是由异戊二烯单元所组成的一类环状生物标志物（C_5H_{10}）。这类化合物是由普遍存在的 C_5 结构单元——二磷酸异戊烯酯合成的（IDP）。IDP 有两种合成路线：Bloch-Lynen 途径（或甲羟戊酸途径）和甲基赤藓糖磷酸酯途径（MEP）（Hayes，2001；Peters et al.，2005a；Volkman，2005）。在 Bloch-Lynen 途径中，IDP 是由三分子的乙酰辅酶 A 经甲羟戊酸合成的（MVA 途径，见图 9.3）。在一些微生物中，IDP 可以经由 MEP 途径合成，在这一途径中，丙酮酸和甘油醛形成 1-脱氧木酮糖-5-磷酸酯（DXP），随后发生分子内重排并还原为 2-C-甲基赤藓糖醇-4-磷酸酯（MEP）（图 9.3）。动物、真菌和古菌使用 MVA 途径，但是大多数细菌、一些藻类、原生生物和陆地植物使用 MEP 途径。在具有叶绿体的真核生物中，经 MEV 途径合成 IDP 发生在细胞核和细胞质的基质中，而在叶绿体中利用的是 MEP 途径（表 9.2）。尽管一些生物（如某些革兰氏阳性细菌）这两种合成途径都不使用，但却具有它们的基因（Peters et al.，2005a）。

表 9.2 类异戊二烯类脂化合物的生物合成途径

生物	途径	参考文献[a]
原核生物		Lange et al.（2000）
细菌		Boucher and Doolittle（2000）
产液菌目、热袍菌目	MEP	
光合细菌		
绿弯菌属	MVA	Rieder et al.（1998）
绿菌属	MEP	Boucher and Doolittle（2000）
革兰氏阳性细菌		
一般菌属	MEP	
链球菌、葡萄球菌	MVA	Boucher and Doolittle（2000）
链霉菌属	MEP 和 MVA	Seto et al.（1996）

生物	途径		参考文献[a]
螺旋体菌			Boucher and Doolittle（2000）
伯氏疏螺旋体菌	MVA		
梅毒密螺旋体菌	MEP		
变形菌			
一般菌属	MEP		
粘球菌属、侏囊菌属	MVA		Kohl et al.（1983）
蓝细菌	MEP		Disch et al.（1998）
古菌	MVA		Lange et al.（2000）
真核生物			
不具色素体	MVA		Lange et al.（2000）
具色素体	色素体	细胞质	
绿藻门[b]	MEP	MEP	Schwender et al.（2001）
链形植物[c]	MEP	MVA	Lichtenthaler et al.（1997）
裸藻	MVA	MVA	Lichtenthaler（1999）

a. 没有引用文献的生物合成途径的确认来自以下三篇综述文献：Lange 等（2000），Boucher 和 Doolittle（2000）和 Lichtenthaler（1999）的概括性描述，或这些综述文章中引用的工作。其中前两篇文章是基于遗传学分析而不是标记性研究。

b. 包括共球藻纲、绿藻纲和石莼纲。

c. 包括高等植物和真核藻类（除了上面提到的藻类之外的）。

来源：Hayes（2001）。

IDP 同系物缩合在一起可以合成角鲨烯，这种物质是动植物中甾类和细菌中藿烷类的生物合成的前体化合物（图 9.4）。藿烷类的合成不需要分子氧，其骨架中的氧来自水。相反，甾类的生物合成中许多步骤都需要氧。对于甾类合成来说，在角鲨烯通过环氧角鲨烯环化酶转化为角鲨烯-2，3-氧化物时需要氧。随后，角鲨烯-2，3-氧化物被进一步转化为原甾醇环阿屯醇或羊毛甾醇。在植物中，环阿屯醇是所有甾类的前体，而羊毛甾醇是动物体内甾类生物合成的前体（图 9.4）。Peters 等（2005a）给出了通过环阿屯醇（常见于高等植物）和羊毛甾醇（常见于动物、原生生物和很多藻类）生物合成甾醇的具体步骤。Summons 等（2006）全面综述了该学科当前的研究进展，包括甾类和三萜类化合物生物合成的演化及它们与环境中氧气的联系。

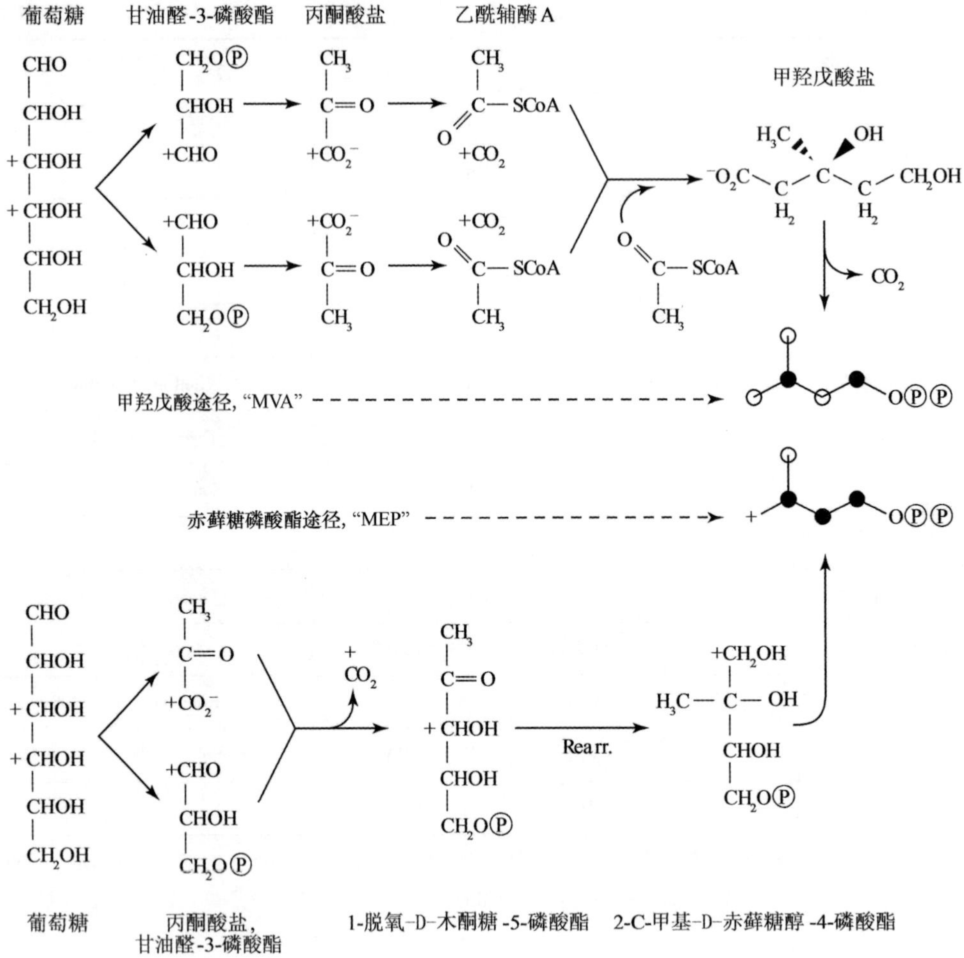

图 9.3 合成类异戊二烯基本结构单元异戊烯基二磷酸酯的 MVA 和 MEP 途径

（改自 Hayes，2001）

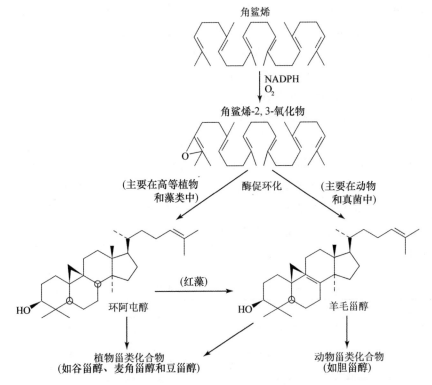

图 9.4   从角鲨烯合成环阿屯醇和羊毛甾醇。环阿屯醇和羊毛甾醇分别是高等
植物和藻类与动物和原生生物中甾醇合成的前体。NADPH：还原型辅酶Ⅱ，
学名还原型烟酰胺腺嘌呤二核苷酸磷酸（修改自 Killops and Killops，2005）

9.3   甾醇生物标志物

常用简化符号 $C_x \Delta^y$ 来表示甾醇，其中 x 代表碳原子总数，y 表示双键的位置（图 9.1 中有胆甾烷编号模式）。命名时要包含双键（称为"烯"）上的第一个碳原子的位置（最小编号）和与羟基相连的碳的位置（例如，$C_{27} \Delta^5$ 被命名为 5-胆甾烯-3β-醇）。只有当存在多种可能性的时候，双键上的第二个碳原子（较高编号）才给出编号。在这种情况下，碳原子的编号放在括号中给出 [例如，$C_{28} \Delta^{5,24(28)}$ 是 24-甲基胆甾-5，24（28）-二烯-3β-醇的缩写]。很多甾类化合物含有烷基侧链，通常处于 C-24 位置上，也需要在命名时表示出来（例如，C_{28} 甾醇往往在 C-24 位置处有一个甲基，C_{29} 甾醇在 C-24 位置处有一个乙基）。一些 C_{27} 胆甾烷骨架中的甲基可能缺失，缺失碳原子的位置用"nor."表示。通常用"甾烷醇"来描述甾类骨架的环状结构没有不饱和键（双键）的化合物 [如 5α（H）-甾烷醇]，而"石烯醇"是指在一个或者多个环上有不饱和双键的化合物。

因为微型生物可以合成多种多样的化合物，所以甾醇在水生系统中是特别有用的生物标志物（表9.3）[详见综述文章 Volkman 等（1998）]。尤其是作为水生环境中初级生产者的微藻，其甾醇组成有着巨大的多样性。这一方面是因为微藻种属数量庞大，另一方面是因为大部分微藻类别都有长时间的进化历史。有些甾醇的分布很广泛，但是有些却仅限于少数几类微藻才有。例如，24-甲基胆甾-5，24（28）-二烯-3β-醇只存在于一些特定的中心硅藻中，如海链藻和骨条藻（Barrent et al.，1995），而 24-甲基胆甾-5，22E-二烯-3β-醇不仅存在于硅藻中，也存在于一些定鞭藻和隐藻中（Volkman，1986；Volkman et al.，1998）。除了硅藻的甾醇生物标志物，其他微藻也有特定的甾醇：例如，很多绿色微藻含有 Δ^7 位存在双键的甾醇，甲藻合成了 4-甲基甾醇和 C_{30} 甾醇 4α，23，24-三甲基-5α-胆甾-22E-烯-3β-醇（甲藻甾醇），24-n-亚丙基胆甾醇只存在于某些种类的隐藻中（Volkman，2006）。褐潮藻金球藻（*Aurecococcus*）也含有 24-亚丙基胆甾醇。Volkman et al.（1998）对微藻的甾醇组成进行了全面的总结和概括。除了用于示踪微藻来源的水生有机物输入以外，甲基营养菌、酵母菌和真菌中也鉴定出了这一类生物标志物（表 9.3）（Volkman，2003）。

表 9.3　微型生物中的主要甾醇

微型生物	主要或常见甾醇[a]
微藻	
硅藻纲	$C_{28}\Delta^{5,22}$、$C_{28}\Delta^{5,24(28)}$、$C_{27}\Delta^5$、$C_{29}\Delta^5$、$C_{27}\Delta^{5,22}$
红毛菜纲	$C_{27}\Delta^5$、$C_{27}\Delta^{5,22}$、$C_{28}\Delta^{7,22}$
绿藻纲	$C_{28}\Delta^5$、$C_{28}\Delta^{5,7,22}$、$C_{28}\Delta^{7,22}$、$C_{29}\Delta^{5,22}$、$C_{29}\Delta^5$
金藻纲	$C_{29}\Delta^{5,22}$、$C_{29}\Delta^5$、$C_{28}\Delta^{5,22}$
隐藻纲	$C_{28}\Delta^{5,22}$
甲藻纲	4-甲基-Δ^0、甲藻甾醇、$C_{27}\Delta^5$、$C_{28}\Delta^{5,24(28)}$
裸藻纲	$C_{28}\Delta^{5,7,22}$、$C_{29}\Delta^5$、$C_{28}\Delta^7$、$C_{29}\Delta^{5,7}$、$C_{28}\Delta^{7,22}$
真眼点藻	$C_{27}\Delta^5$（海洋）或 $C_{29}\Delta^5$（淡水）
定鞭藻纲	$C_{28}\Delta^{5,22}$、$C_{27}\Delta^5$、$C_{29}\Delta^{5,22}$、$C_{29}\Delta^5$
海金藻纲	$C_{30}\Delta^{5,24(28)}$、$C_{29}\Delta^{5,22}$、$C_{29}\Delta^5$、$C_{28}\Delta^{5,24(28)}$
青绿藻纲	$C_{28}\Delta^5$、$C_{28}\Delta^{5,24(28)}$、$C_{28}\Delta^5$
针胞藻纲	$C_{29}\Delta^5$、$C_{28}\Delta^{5,24(28)}$
红藻纲	$C_{27}\Delta^5$、$C_{27}\Delta^{5,22}$
黄藻纲	$C_{29}\Delta^5$、$C_{27}\Delta^5$
蓝细菌	$C_{27}\Delta^5$、$C_{29}\Delta^5$、$C_{27}\Delta^0$、$C_{29}\Delta^0$（证据不足）
甲基营养菌	4-甲基-Δ^8

微型生物	主要或常见甾醇[a]
其他细菌	$C_{27}\Delta^5$
酵母和真菌	$C_{28}\Delta^{5,7,22}$、$C_{28}\Delta^7$、$C_{28}\Delta^{7,24(28)}$
破囊壶菌	$C_{27}\Delta^5$、$C_{29}\Delta^{5,22}$、$C_{28}\Delta^{5,22}$、$C_{29}\Delta^{5,7,22}$

a. 甾醇常用 $C_x\Delta^y$ 表示，x 代表碳原子总数，y 表示双键的位置。一般来说，C_{28} 甾醇在 C-24 位置处有一个甲基，C_{29} 甾醇在 C-24 位置处有一个乙基。表中数据来自 Volkman（1986）、Jones 等（1994）和 Volkman 等（1998）。

来源：Volkman（2003）。

最近几年，针对生物，如蓝细菌和原核生物是否能够合成甾醇提出了一些疑问（Volkman，2003）。分子生物学家最近发现了类异戊二烯类脂化合物的合成基因，为识别生物是否能够合成特定的标志化合物提供了工具（Volkman，2005）。另一篇最近的文章在细菌枯草芽孢杆菌的孢子中发现了四环类异戊二烯（Bosak et al.，2008）（详见第 7 章）。分子遗传学方法的发展让有机地球化学工作者在利用类异戊二烯生物标志物示踪有机物的来源时更加自信，并且增加了使用分子工具（rDNA）从新近沉积的沉积物中的特定生物中鉴别出微生物贡献的可能性。此外，类异戊二烯生物标志物在古沉积物中的存在可能说明某些特定生物合成途径贯穿存在于地球历史过程。

9.4 甾醇生物标志物的分析和应用

通常使用固相色谱法将甾醇从总脂提取物中分离出来，经过羟基衍生化后在气相色谱上分析。常用的衍生化方法有两种，分别是利用醋酸酐转化为醋酸盐和双（三甲基硅烷基）三氟乙酰胺（BSTFA）转化为三甲基硅醚（Brooks et al.，1968）。衍生化为三甲基硅醚可以产生特征质谱（m/z 129 是三甲基硅烷基甾醇的特征峰），但是这些衍生物没有醋酸盐稳定。通常使用气质联用仪来鉴别三甲基硅醚衍生化甾醇，特定的碎片可以用来鉴定化合物。例如，Δ^5 不饱和（双键）的甾醇在 m/z 129 处有一个基峰，并且在 M^+-90 和 M^+-129 处有碎片离子（Volkman，2006）。饱和的甾醇（甾烷醇）通常在其不饱和的前体化合物之后被洗脱出来，其特征是在 m/z 215 处有一个基峰，当化合物含有一个 4-甲基时，基峰变为 m/z 229。一些研究很好地汇总整理了甾醇及其降解产物的保留时间和特征质谱（Wardroper，1979；Peters et al.，2005a）。

甾醇及其成岩产物普遍存在于水生系统和沉积物中，能够反映多种来源的贡献，包括微藻、高等植物和动物。此外，还能用一些特定存在于污水的甾醇来示踪人为来源的输入，如粪甾醇（5β-胆甾烷-3β-醇）和它的差向异构体——表粪甾醇（5β-胆甾烷-3α-醇）（图 9.5 和表 9.4）（Laureillard and Saliot，1993；Seguel et al.，2001；Carreira et al.，2004）。通过测定这些化合物在沉积物柱状样中的含量可以研究污水输入的历史变化

（Carreira et al., 2004），同时，这些化合物还可以作为考古学的工具（Bull et al., 2003）。当污水中甾醇的浓度较低时，其示踪人为输入的能力仍然存在问题（Sherblom et al., 1997）。然而，将粪甾醇的分布特征与其他污水和/或人为输入的示踪剂结合起来能够帮助解决这一问题（Leeming et al., 1997）。污水来源甾醇的应用还存在其他的一些复杂问题，包括在高度还原地沉积物中化合物向 5β（H）甾烷醇的转化（Volkman，1986）及来自海洋和驯养哺乳动物的贡献（Venkatesan and Santiago，1989；Tyagi et al., 2008）等。

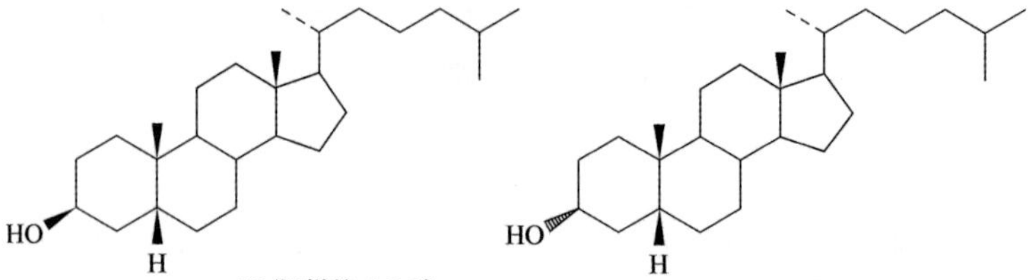

5β-胆甾烷-3β-醇
（粪甾醇）

5β-胆甾烷-3α-醇
（表粪甾醇）

图 9.5　污水的甾醇生物标志物粪甾醇和表粪甾醇的结构

表 9.4　温带和热带河口表层沉积物中粪甾醇的含量

地点	沉积物层次（cm）[a]	n[b]	研究时间	含量范围（μg/g）	文献
塔马河口（Tamar Estuary），英国	0~3	8	1985	0.80~17.0	Readman et al.（1986）
圣莫妮卡海盆，美国	0~2	6	1985	0.50~5.10	Venkatesan and Kaplan（1990）
巴塞罗那，西班牙	0~3	10	1986—1987	1.0~390.0	Grimalt and Albaiges（1990）
哈瓦那湾，古巴	0~3	2	1986—1987	0.41~1.10	Grimalt et al.（1990）
莫莱克斯河口（Morlaix River Estuary），法国	n. i.	10	1987—1988	0.7~30.0	Quémcnéur and Marty（1992）
纳拉甘西特湾（Narragansett Bay），美国	表层	25	1985—1986	0.13~39.3	LeBlanc et al.（1992）
威尼斯潟湖，意大利	0~5	25	1986	0.20~41.0	Sherwin et al.（1993）
东京湾，日本	n. i.	–	1989	0.02~0.24	Chalaux et al.（1995）
台湾东南沿岸	0~4	24	1992	<0.05~0.82	Jeng and Han（1996）
汉密尔顿港口，安大略湖，加拿大	0~2	30	1992	0.11~147.0	Bachtiar et al.（1996）
法莫撒河口（Ria Formosa），阿尔加维，葡萄牙	n. i.	–	1994	0.10~41.8	Mudge and Bebianno（1997）
毕尔巴鄂河口（Bilbao Estuary），西班牙	0~0.5	20	1995—1996	2.20~293.0	González-Oreja and Saiz-Salinas（1998）

地点	沉积物层次（cm）[a]	n[b]	研究时间	含量范围（μg/g）	文献
卡皮巴里比河口（Capibaribe River Estuary），巴西	0~3	10	1994	0.52~7.31	Fernandes et al.（1999）
波士顿港，美国	0~2	8	1988	0.26~12.0	Eganhouse and Sherblom（2001）
瓜纳巴拉湾（Guanabara Bay），巴西	0~3	8	1996	0.33~40.0	Carriera et al.（2004）

a. n. i. 为未指明。b. n 为样品个数。来源：Carriera et al.（2004）。

利用甾醇来示踪自生和外源有机物的贡献已经在几种不同环境下得以应用。例如，代表浮游生物和维管植物来源的甾醇被用来区分极地、温带和热带系统中水生和陆源有机物的贡献（Yunker et al.，1995；Mudge and Norris，1997；Belicka et al.，2004；Xu and Jaffe，2007；Waterson and Canuel，2008）。此外，甾醇生物标志物也被用来比较超滤得到的颗粒有机物和溶解有机物的组成和来源（Mannino and Harvey，1999；Loh et al.，2006；McCallister et al.，2006）。这些研究的结果显示，一般来说，在淡水端元溶解相中高等植物来源的甾醇浓度较高，而随着向下游距离的增加，浓度逐渐较低（图9.6）。来自浮游植物和藻类的甾醇的贡献在颗粒相中通常要高于溶解相，其最大值出现在河口最大浑浊带下游的叶绿素最高值附近。

另外，常用湖泊、河口和海洋环境中的表层沉积物和柱状沉积物中的甾醇来示踪有机物输入随时间的变化（Meyers and Ishiwatari，1993；Weyers，1997）。几项研究调查了悬浮颗粒物（Wakeham and Ertel，1988；Wakeham and Canuel，1990；Wakeham，1995）和新近沉积的沉积物（Mudge and Norris，1997；Zimmerman and Canuel，2001；Volkman et al.，2007）中有机物的来源。此外，沉积物柱状样记录还可以揭示富营养化（Meyers and Ishiwatari，1993；Zimmerman and Canuel，2000，2002）、生产和古生产（Hinrichs et al.，1999；Mejanelle and Laureillard，2008）及气候（Kennedy and Brassell，1992）等过程影响下有机物输运的变化。

目前，对甾醇成岩过程的认识已经比较深入（图9.7），可以利用甾醇及其降解产物来辨别有机物的来源。甾醇生物标志物的应用广泛，从研究现代生态系统中有机物的来源（如上所述）到应用古沉积物、岩石和石油中的甾醇成岩产物（Summons et al.，1987；Pratt et al.，1991；McCaffrey et al.，1994）。一些研究证明，表层沉积物中的早期成岩作用可以导致甾醇组成发生变化（Conre et al.，1994；Harvey and Macko，1997；Sun and Wakeham，1998）。其他有研究发现，在缺氧水体中的有氧-缺氧界面存在石烯醇向甾烷醇的转化（Wakeham and Ertel，1988；Beier et al.，1991；Wakeham，1995）。甾烯的产生提供了生

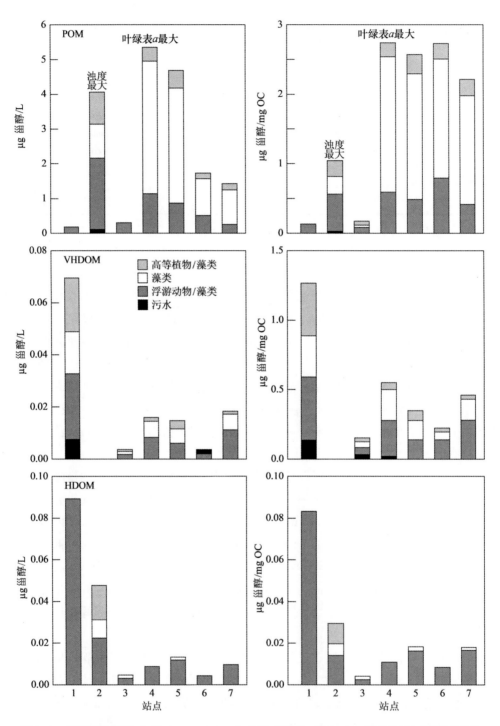

图9.6　美国特拉华河口（Delaware Estuary）颗粒有机物（POM）、超高分子量溶解有机物（VHDOM；30 kDa~0.2 μm）和高分子量溶解有机物（HDOM；1~30 kDa）中甾醇丰度和组成的变化（修改自 Mannino and Harvey, 1999）

源甾醇可以向在成熟沉积物中发现的降解产物转化的证据（Wakeham et al.，1984）。

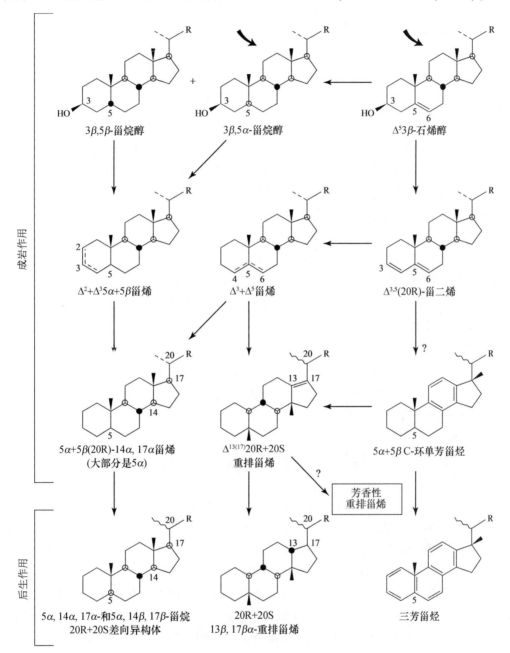

图 9.7 成岩作用和后生作用期间，石烯醇向甾烷醇、甾烷醇向甾烯、甾烯向甾烷、重排甾烯和芳香环烃的转化过程（修改自 Killops and Killops，2005）

甾醇的稳定同位素（δ^{13}C 和 δD）和放射性碳（Δ^{14}C）特征可以为示踪环境中有机物来源提供补充信息。当特定的生物标志物具有多种来源，但它们的碳同位素特征互不相同，用这些方法区分其来源就很有效。例如，在日本沿海地区采集的沉积物柱状样中，

24-乙基胆甾-5-烯-3β-醇的 $\delta^{13}C$ 信号显示这些化合物来源于末次冰期（10~73 cm 部分；2~9 ka）以来沉积的沉积物中的海洋藻类［平均为（-24.2±1.1）‰］。然而，在末次冰期期间（140~274 cm 部分；15~29 ka），24-乙基胆甾-5-烯-3β-醇很可能反映的是陆地高等植物的贡献［平均为（-30.5±0.9）‰］的贡献（Matsumoto et al.，2001）。Hayes（2001）很好地总结了甾醇和类异戊二烯的生物合成及在分子水平上控制碳和氢分馏的因素。

特定甾醇化合物的同位素分析已被用来在具有多个来源的复杂环境中区分浮游生物和维管植物的有机物来源（Canuel et al.，1997；Pancost et al.，1999；Shi et al.，2001）。此外，最近的研究也测定了甾醇的放射性同位素特征（Pearson et al.，2000，2001；Pearson，2007）。这些研究的数据显示，大部分甾醇生物标志物的碳源是真光层的海洋初级生产或随后对这些新产生的有机物的异养分解过程。

近几年来，Chikaraishi 等率先将甾醇的 $\delta^{13}C$ 和 δD 同位素组合在一起，用于示踪环境中有机物的来源（Chikaraishi and Naraoka，2005；Chikaraishi，2006）。甾醇的 δD 特征可以作为环境中水的同位素信号（即 D/H）的指标，提供很多古环境的信息。Sauer 和同事们检验了这种方法的效力（Sauer et al.，2001）。他们发现无论在海水，还是淡水站位，沉积物中和水中藻类甾醇（24-甲基胆甾-3β-醇、24-乙基胆甾-5，22-二烯-3β-醇和4，23，24-三甲基胆甾醇，或甲藻甾醇）氢同位素的分馏均是（-201±10）‰。基于这些同位素信号的一致性，他们认为藻类甾醇的氢同位素分析用于重建环境中水的同位素特征（D/H）是可靠的。甾醇的稳定和放射性碳同位素分析还有一个优势，就是有很大的希望可以阐明有机物来源当前和历史的变化及古环境信息。

9.5　相关化合物：甾酮、甾醇绿素酯和甾醇酯

在海洋环境中还发现了几类与甾醇有关的化合物（Gagosian et al.，1980；Bayona et al.，1989；Volkman，2006）。其中，甾酮可能来源于表层沉积物早期成岩过程中微生物对 Δ^5 不饱和甾醇的氧化。这些化合物可能也来自一些微藻，如甲藻。例如，斯克里普藻就含有多种不同的甾酮集合（Harvey et al.，1988）。

甾醇绿素酯（steryl chlorin esters，SCEs）可以通过甾醇与叶绿素 a 的降解产物焦脱镁叶绿酸 a 反应形成。海洋环境中的水体颗粒物和表层沉积物中均检测到了 SCEs（King and Repeta，1994；Goericke et al.，1999；Talbot et al.，1999；Riffe-Chalard et al.，2000）。在湖泊沉积物中也检测出了 SCEs（Squier et al.，2002；Itoh et al.，2007）。研究认为它们是在浮游动物的摄食过程中形成的（King and Wakeham，1996；Dachs et al.，1998；Talbot et al.，2000；Chen et al.，2003a，b）。因为在环境中 SCEs 很稳定，所以它们的存在提供了一种在沉积物中保存浮游植物生物标志物的机制（Talbot et al.，1999；Volkman，2006）。

目前几乎没有环境中完整甾醇酯的报导。这些化合物最好的直接证据来自北大西洋沉积物捕集器样品（Wakeham，1982；Wakeham and Trew，1982）。鉴定出的化合物主要是 C_{16}

和 C_{18} 脂肪酸与胆甾醇形成的酯，表明其可能来源于浮游动物（Volkman，2006）。与此相似，环境样品中也很少检测到甾醚（Schouten et al.，2000）。

9.6　藿烷类

藿烷类（有时也称为细菌藿烷类）是一类结构多样化的天然产物和地质类脂物（Ourisson and Albrecht，1992），属于三萜类化合物。三萜类化合物是以有五元或者六元 E-环为特征的 C_{30} 类异戊二烯（分别为藿烷类和三萜醇类，详见图 9.1 所示的藿烷类结构）。细菌合成藿烷类由角鲨烯开始，其路径与其他生物从环氧角鲨烯合成甾醇的路径类似（详见 9.2 节和图 9.8）。正如 9.2 节所述，甾类与三萜类化合物生物合成的一个重要不同是合成三萜类化合物不需要分子氧（Summons et al.，2006）。藿烷类的特点是具有多种不同的官能团组成，包括烯、酮、羧酸和醇。气质联用仪可以很容易地分析藿烷类，并且通过 m/z 191 碎片很容易识别它们（对于在 A 环上有甲基的藿烷类，其特征 m/z 为 205，脱甲基藿烷的特征 m/z 为 177）。

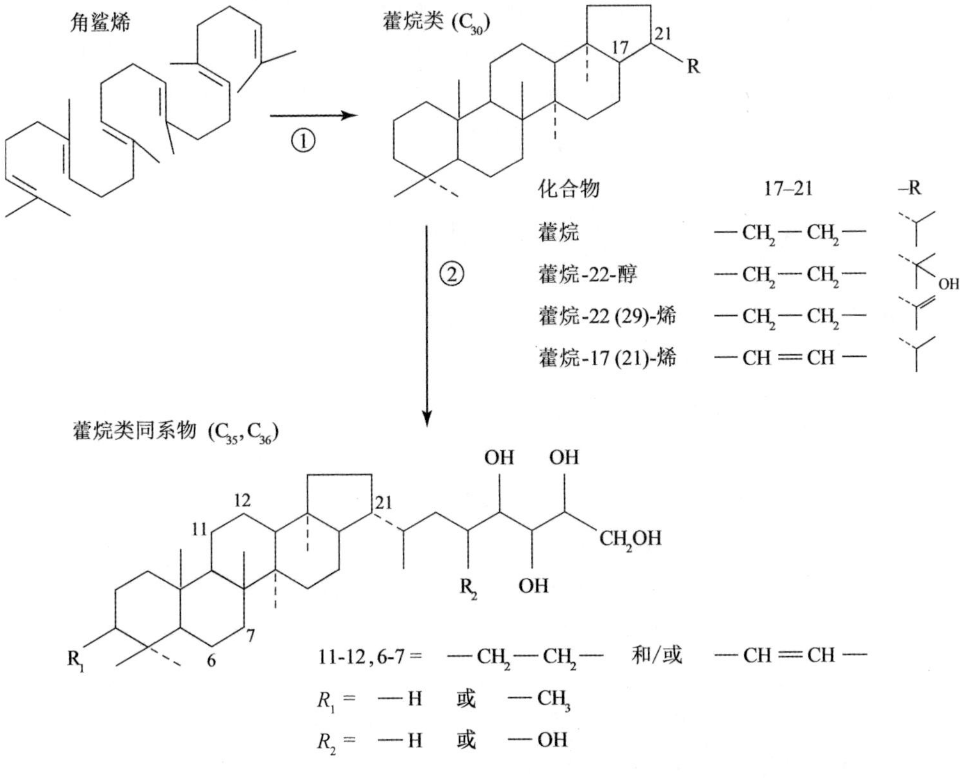

图 9.8　从角鲨烯开始的细菌生物标志物藿烷类和藿烷类同系物的合成

（修改自 Taylor，1984）

藿烷类既是细菌产生的，也是成岩作用的产物。有意思的是，藿烷类中的细菌藿烷

（bacteriohopane）是首先在沉积物中被检测出来的。基于这一发现和其他的相关化合物，研究者预测细菌藿烷类来自生物，随后它们在细菌中的存在就被证实了（Ourisson et al.，1979）。在细菌中，藿烷类是常见的细胞膜成分，在革兰氏阴性菌和革兰氏阳性菌中均检测出了藿烷类化合物。藿烷类经常出现在高 G+C（鸟嘌呤+胞嘧啶）的菌株中，这可能是因为需要提供更高的膜稳定性以响应渗透压（Kannenberg and Poralla，1999）。在蓝细菌、甲烷氧化细菌和α-变形菌门的成员中也检测出这些化合物（Peters et al.，2005a）。Talbot 等在培养的蓝细菌（洁净培养和富集培养）中发现了细菌藿多醇（bacteriohopanepolyols，BHPs），这些蓝细菌来自多种不同环境，如海洋、淡水和热液系统（Talbot et al.，2008）。

　　在现代和古代沉积物、岩石以及石油中都检测到了藿烷类化合物。在一项西班牙湖泊的比较研究中，来自不同盐度和水文条件（从浅的季节性湖泊到深的永久湖泊）的湖泊的表层沉积物中均检测到了 17β，21β-藿醇。藿烷类占总脂的比例多达 4.5%，最高值存在于较深的季节性和永久的站点，可能来自细菌活动的输入（Pearson et al.，2007）。在美国切萨皮克湾（Chesapeake Bay）沿着盐度梯度采集的表层沉积物中也检测出了藿醇（Zimmerman and Canuel，2001）。目前的数据表明藿醇的组成可能随环境条件变化而变化。Farrimond 等（2000）最近发现 BHPs 的组成在不同沉积环境中存在差异。尽管六官能团化生物藿烷类化合物在湖泊沉积物中最丰富，这可能是Ⅰ型甲烷氧化细菌的贡献（主要生产六官能团化生物藿烷类化合物），在硫酸盐还原作用主导的海洋环境中这些化合物的含量最少（在总的生物藿烷类化合物中只占 2%~6%）（Farrimond et al.，2000）。

　　藿烷及藿烷类化合物的烃类衍生物在沉积物记录中可以很好地保存，是典型的地质类脂物。例如，蓝细菌的生物标志物 2-甲基-BHPs 的烃类衍生物的存在被用来推算蓝细菌和产氧光合作用最早出现的年代（Summons et al.，1999；Brocks et al.，2003）。藿烷类化合物也被用来鉴定来源特征和石油的成熟度。例如，C_{31}/C_{30} 藿烷比值能够用来区分海相和湖相沉积环境（Peters et al.，2005b）。28，30-双降藿烷（Bisnorhopane，BNH）和 25，28，30-三降藿烷（Trisnorhopane，TNH）是缺氧条件下沉积的石油源岩所特有的两种藿烷类标志物。BNH 可能来源于生活在有氧-缺氧界面的化能自养细菌（Peters et al.，2005b）。此外，有几对甾烷（甾醇的烷烃衍生物）和藿烷的同分异构体可用于评价石油的成熟度。因为异构化作用优先发生在特定的位置，这些同分异构体的比值能够提供关于石油热成熟度的信息。例如，生物藿烷在合成时在 C-22 处是 R 构型，但随着时间的推移逐步转化为 R 和 S 非对映异构体的混合物（图 9.9）。因此，22S/（22S+22R）的比值可以用来指示石油成熟度（图 9.10）。这些比值不但在石油地球化学领域是很有用的工具，也可以用于鉴定环境中泄漏或渗出的石油的来源。

$x = n\text{-}C_2H_5, n\text{-}C_3H_7, n\text{-}C_4H_9, n\text{-}C_5H_{11}, n\text{-}C_6H_{13}$

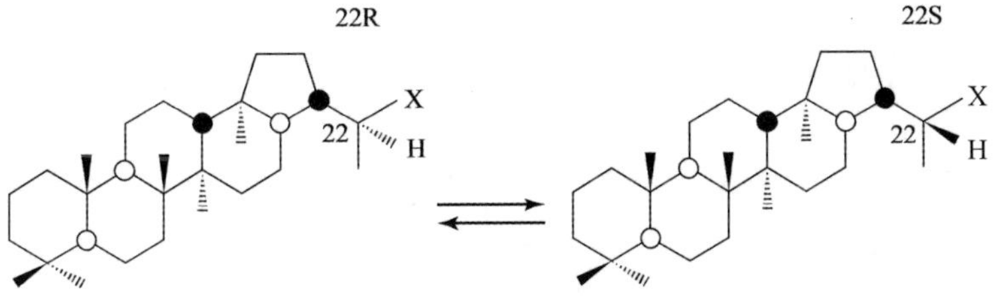

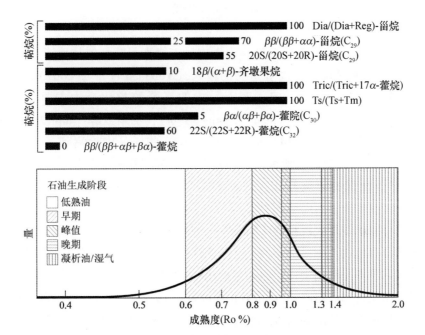

图 9.9　生物藿烷在合成时在 C-22 处是 R 构型，但随着时间的推移逐步转化为丰度相等的 R 和 S 非对映异构体（修改自 Peters et al.，2005）

图 9.10　上图为甾烷和藿烷同分异构体的比值，可用于估算石油的成熟度。下图阐释了石油生成的各个阶段，最开始产生的是低熟油，最后是凝析油/湿气，这表明同分异构体的比值适用于成熟过程的不同阶段。（修改自 Peters et al.，2005）［Dia/（Dia + Reg）-甾烷：重排甾烷/（重排甾烷+正常甾烷）；Tric/（Tric + 17α-藿烷）：三环类/（三环类 + 17α-藿烷）；Ts：18α（H）-22，29，30-三降藿烷，Tm：17α（H）-22，29，30-三降藿烷——译者注］

9.7　三萜类化合物

大部分有六元 E 环的三萜类化合物（图 9.11）来自高等植物，它们起到树脂的作用。这些化合物按照特征分为 3 个系列：齐墩果烷型（如 β-香树素）、乌斯烷型（如 α-香树素）和羽扇烷型（如羽扇豆醇）（图 9.11）。与藿烷类一样，这些化合物也有多种官能团，并且在环境中以醇类、烯烃类和烷烃类等形式出现。很容易通过 GC-MS 用 *m/z* 191 碎片识别它们。

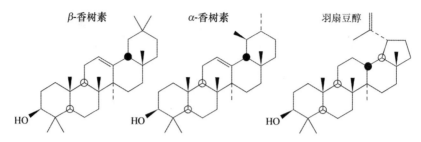

图 9.11   高等植物中常见的三萜化合物结构。图中为三类典型的五环三萜化合物：齐墩果烷型（如 β-香树素）、乌斯烷型（如 α-香树素）和羽扇烷型（如羽扇豆醇）（修改自 Killops and Killops，2005）

最近有研究使用了三萜醇类化合物作为生物标志物来示踪红树林环境（Koch et al.，2003）和热带河流—河口系统中高等植物的输入（Volkman et al.，2007）。Volkman 等发现热带的奥德河（Ord River，澳大利亚）内的三萜醇类化合物主要为 α-香树素（urs-12-en-3β-ol），β-香树素（olean-12-en-3β-ol），羽扇豆醇［lup-20（29）-en-3β-ol］及蒲公英赛醇（taraxer-14-en-3β-ol）。在一些样品中检测到了少量的三萜二醇，通常其在海洋沉积物中的含量最高，但是在淡水沉积物中这些化合物却很难被检测出来。一项在巴西北部的研究指出，三萜醇能用于示踪红树林来源的有机物（Koch et al.，2003）。

三萜醇除了可以示踪现代沉积物中陆源有机物的输入外，其成岩产物也可以示踪历史和地质时期的陆源有机物。与甾类相似，这些化合物在早期成岩过程中官能团会脱除，在成岩作用后期或后生作用时期会被还原和芳构化。实验室实验和对沉积物柱状样的观察帮助我们了解了三萜化合物成岩路径（ten Haven et al.，1992a，b）。这些研究表明，化学和细菌过程对 3α-和 3β-三萜醇通过脱水反应向 Δ^2-三萜烯的转化都很重要（详见 Killops and Killops，2005）。例如，ten Haven 等所开展的研究使我们对三萜类化合物的分解过程和成岩产物有了深入的认识。这些及类似的研究对解释在沉积物和岩石记录中保存完好的地质类脂物的分布很重要。

9.8   小结

环状类异戊二烯及其成岩产物是一类很有用的生物标志物，在古湖泊和古海洋的研究中可以利用它们重建藻类（甾类）、细菌（藿烷类）和维管植物（甾类和三萜类化合物）有机物的来源。今后的研究重点应放在增进我们对这些化合物的成岩过程的认识，以更好地评价沉积物柱记录的完整性和稳健性。对微藻和维管植物的甾醇组成已经有了一些很好的汇总，今后针对更宽范围的生物体中的藿醇和三萜醇的组成也要建立类似的数据库。通过对现代环境的研究，可以建立保存在表层沉积物中的生物标志物与其生物来源的贡献之间的定量关系。最后，利用甾类、藿烷类和三萜类化合物的同位素分析（δ^{13}C、δD 和 Δ^{14}C）获得环境和古环境信息有很大的潜力，这些信息在生物合成过程中记录在它们的结构中。

第 10 章 类脂化合物：烃类

本章主要介绍天然产生的烃类，人类活动产生的烃类将在本书后续章节介绍（第 14 章）。烃类是应用最广泛的生物标志物种类之一，已被应用于针对不同时间尺度的地球化学研究，从现代的生态系统到古老的沉积物和岩石。在本章中，我们将讨论传统的生物标志物，如脂肪烃和环烃，它们已经成功地被应用于区分水生系统中藻类、细菌和陆源维管植物来源的碳。我们也将介绍几类类异戊二烯烃类生物标志物，包括高度支化类异戊二烯和它们作为藻类生物标志物的应用，以及最近发现的古菌的类异戊二烯生物标志物。我们会讨论在成岩过程中烃类经历的一些转化以及环境条件是如何影响这些过程（例如，烃类的有氧和缺氧生物降解）。本章还介绍了烃类生物标志物的稳定和放射性同位素在近年来的一些应用。

10.1 背景

烃类是一类由碳和氢元素组成的有机化合物。这些化合物是由一条碳原子组成的主链，也叫碳骨架，以及连接在上面的氢原子组成。碳原子之间通过共价键连接在一起，共价键则是相邻原子间通过共用电子所形成的。碳的独特之处就在于碳原子之间可以共用电子，从而形成碳-碳键占主导的大分子（Peters et al.，2005）。实际上，碳是地球上在自然条件下具备与自身成键能力的仅有的两个元素之一，另一种是硫。烃类是稳定的生物分子，是石油、煤和天然气等化石燃料的主要成分。最丰富的烃是甲烷。

烃类可以是饱和的（无双键），也可以是不饱和的（一个或多个双键），可能以一系列不同的结构存在，包括直碳链（正构烷烃），有甲基或者其他烃基支链的烃（如类异戊二烯烃），以及含环和芳香结构的烃（图 10.1）。饱和烃（正构烷烃或脂肪烃）可用通式 C_nH_{2n+2} 表示。有一个或多个双键的不饱和烃类称为烯烃，通式为 $C_nH_{2n+2-2z}$，其中 z 等于双键数。例如，对于有一个双键的非环和非芳香烃的通式是 C_nH_{2n}。有一个或多个三键的化合物叫作炔烃。共轭双键，即双键碳原子（C=C）和单键碳原子（C–C）交替的结构是非常稳定的结构。环烃也可以是饱和的或不饱和的。芳香烃（芳烃）由于成键方式的不同增强了稳定性。

烃类往往以一系列化合物的形式存在，其中每个化合物与下一个化合物有恒定的质量差（同系物）。例如，烷烃有一个通式 C_nH_{2n+2}，它们的同系物之间差了一个或多个 CH_2 基团（表 10.1）。烷烃通常是羧酸在酶促脱羧的作用下由生物合成的，如下式所示：

$$CH_3(CH_2)nCH_2COOH \rightarrow CH_3(CH_2)_nCH_3 + CO_2 \qquad (10.1)$$

　　　　　羧酸　　　　　　　　　　　　烷烃

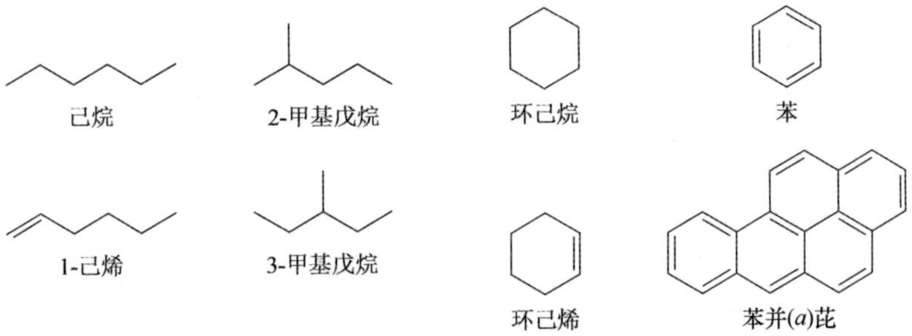

图 10.1　不同的烃类结构。包括正构烷烃（己烷）、正构烯烃（1-己烯）、支链烷烃（2-甲基戊烷和 3-甲基戊烷）、环烷烃（环己烷）、环烯烃（环己烯）、单环芳烃（苯）和多环芳烃［苯并（a）芘］

表 10.1　无环烃的同系物示例

碳原子数	名称	分子式
1	甲烷	CH_4
2	乙烷	C_2H_6
3	丙烷	C_3H_8
4	丁烷	C_4H_{10}
5	戊烷	C_5H_{12}
6	己烷	C_6H_{14}
7	庚烷	C_7H_{16}
8	辛烷	C_8H_{18}
9	壬烷	C_9H_{20}
10	癸烷	$C_{10}H_{22}$
20	廿烷	$C_{20}H_{42}$
30	卅烷	$C_{30}H_{62}$

来源：Peters et al. , 2005。

　　由于脂肪酸通常以偶碳同系物为主，所以大部分在自然条件下经脱羧作用形成的烷烃有奇碳优势。实际上，这是一种区分天然烃类和通过人为活动引入到环境中的烃类的方法。例如，石油烃是典型的缺少特征性的奇碳优势的生物烃。这是由于在石油形成过程中，干酪根基质中的烷基链的随机裂解和高奇碳优势组分的逐渐丢失造成的（Killops and

Killops，2005）。石油烃的第二个特点就是存在一些不能被高分辨毛细管气相色谱分离的混合物。这些化合物被称为不能分离的复杂混合物或 UCM（unresolved complex mixture），在受石油烃影响的样品的气相色谱中经常以"鼓包"的形式出现（图 10.11a）。

除了直链化合物之外，烃类往往在异和反异位置及碳骨架的其他位置含有甲基支链。异和反异烃在植物蜡中很常见，它们的碳数一般在 C_{25}-C_{31} 之间且具有奇碳优势。C_{10}-支链烷烃是另一类支链烃类；这些化合物来自许多高等植物合成的精油中的萜烯组分。第三类甲基支链烷烃是中链支链烃。

以异戊二烯为基础的支链烷烃是许多细菌的常见组分，也可能是藻类有机物在摄食和衰老过程中形成的（见第 9 章）。这些类异戊二烯烃以环烃和非环烃的形式存在（图 10.2）。常规的类异戊二烯烷烃是指主链上每 4 个碳原子上含有一个甲基官能团的、无环、带支链的饱和分子（不考虑碳原子总数）。这种排列意味着异戊二烯单元以头尾相连，如姥鲛烷（2，6，10，14—四甲基十五烷）和植烷（2，6，10，14—四甲基十六烷）（图 10.2）。姥鲛烷和植烷是叶绿素 a 侧链上的植醇的分解产物。在氧化条件下，植醇优先转化成姥鲛烯（植醇首先氧化得到植烷酸，然后脱羧生成姥鲛烯），姥鲛烯随后被还原至姥鲛烷。然而，在缺氧条件下，植醇可能经过还原和脱水过程得到分解产物植烷（详细过程参见 Killops and Killops，2005）。

无环的"不规则"类异戊二烯是头对头或尾对尾连接的分子。例如，2，6，10，15，19-五甲基二十烷（PME）、番茄烷（2，6，10，14，19，23，27，31-八甲基三十二烷）和角鲨烷（2，6，10，15，19，23-六甲基二十四烷）均是尾对尾连接的化合物（图 10.2）。双植烷（$C_{40}H_{82}$）则是头对头连接的化合物（图 10.2）。类异戊二烯也可以含有环状结构，如甾烯和三萜烯，它们是甾类和三萜类化合物在成岩过程中细菌转化的产物（图 10.3）。

芳香烃可以通过自然过程和人为活动（如石油泄漏和化石燃料的燃烧）进入环境中。多环芳烃（PAHs）[如图 10.1 中的苯并（a）芘]是一类同时具有自然过程和人类活动两种来源的芳香烃。虽然在环境中这一类化合物主要来自人类活动，但是在自然燃烧过程，如森林火灾，以及成岩过程中也能产生一些此类化合物（例如，芘）。尽管芘的前体化合物仍然未知，其被认为来源于早期成岩过程中有机物的微生物转化（Silliman et al.，1998，2000，2001）。第二类生源芳香烃是一系列菲化合物。这些化合物是松香酸通过脱氢作用形成，松香酸是松木树脂（松香）的组成成分。一旦进入到环境中，多环芳烃可能有不同的归宿，取决于其分子量和物理行为，包括非生物风化、光化学分解、生物吸收和生物累积、泥沙沉积和微生物降解等。

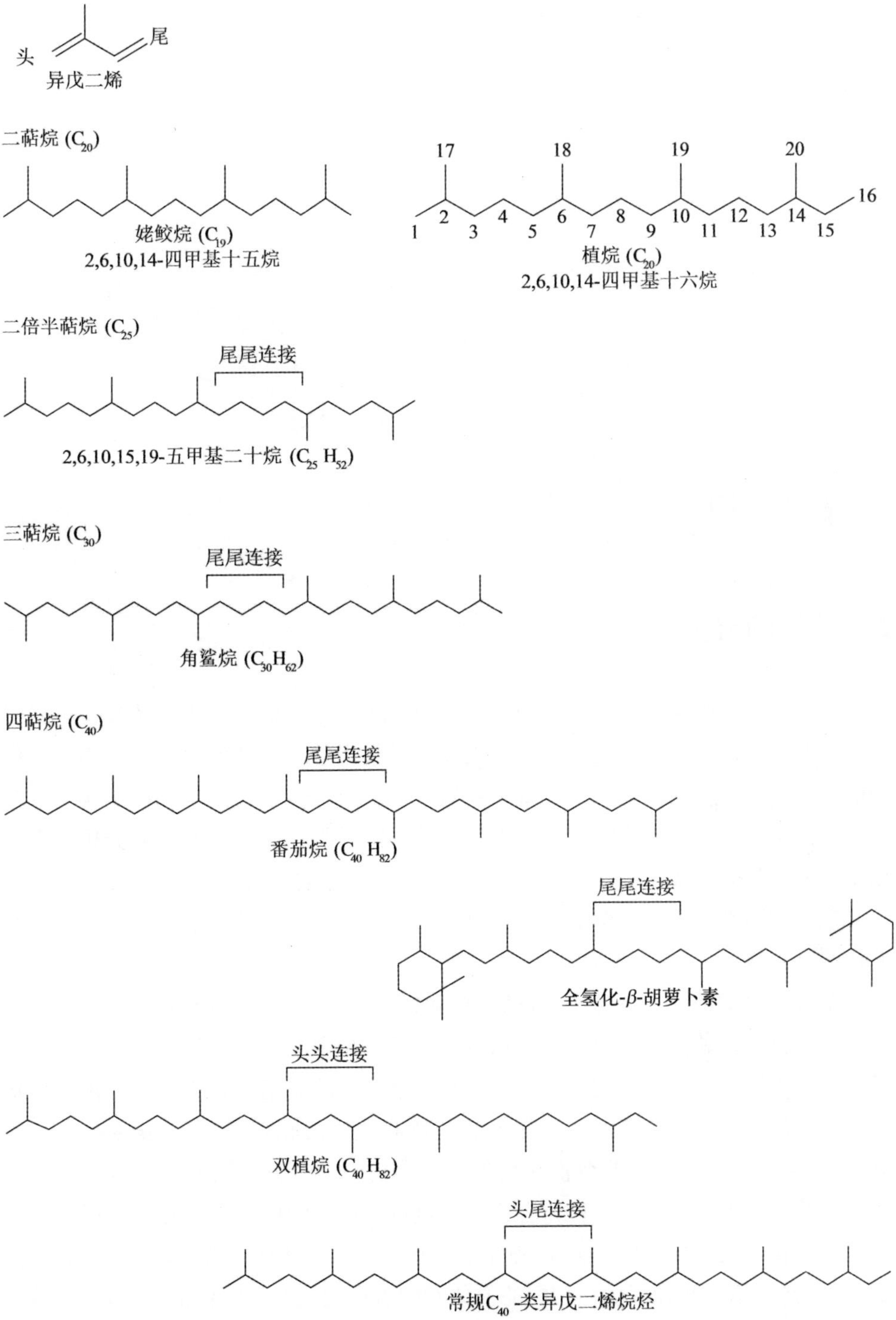

头
尾
异戊二烯
二萜烷 (C20)
17
18
19
20
16
1 2 3 4 5 6 7 8 9 10 11 12 13 14 15
姥鲛烷 (C19)
2,6,10,14-四甲基十五烷
植烷 (C20)
2,6,10,14-四甲基十六烷
二倍半萜烷 (C25)
尾尾连接
2,6,10,15,19-五甲基二十烷 (C25 H52)
三萜烷 (C30)
尾尾连接
角鲨烷 (C30H62)
四萜烷 (C40)
尾尾连接
番茄烷 (C40 H82)
尾尾连接
全氢化-β-胡萝卜素
头头连接
双植烷 (C40 H82)
头尾连接
常规C40 -类异戊二烯烷烃

图 10.2　表示出头尾位置的异戊二烯结构。类异戊二烯烃示例显示了异戊二烯单元之间不同的连接方式（修改自 Killops and Killops，2005）

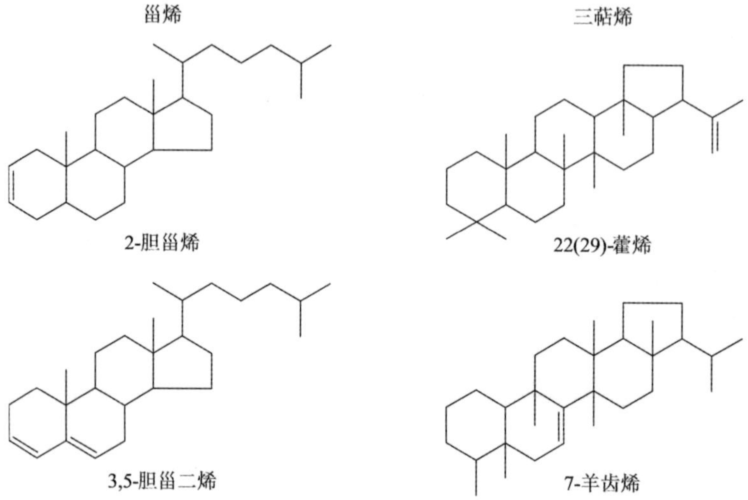

甾烯

2-胆甾烯

3,5-胆甾二烯

三萜烯

22(29)-藿烯

7-羊齿烯

图 10.3　细菌分解甾醇（甾烯）和三萜醇（萜烯）产生的环类异戊二烯结构示例

10.2　烃类的分析

　　和其他种类的类脂化合物一样（见第 8 章和第 9 章），必须先从样品基质中将烃类用有机溶剂萃取和分离才能对其进行分析。提取烃类常用的溶剂和混合溶剂有不少，但二氯甲烷用的最多（Meyers and Teranes，2001；Volkman，2006）。将甲醇和丙酮等溶剂与非极性溶剂如二氯甲烷混合使用也很常见，尤其是萃取湿样品，或者是要同时分析极性和非极性类脂生物标志物时。除了"可提取态"的化合物，烃类还可能会以"结合态"的形式存在。必须通过酸性或碱性水解的方式使这些化合物从与它们结合的基质中释放出来，才能用有机溶剂萃取。

　　溶剂萃取有很多种方式，当样品量比较小的时候（如小于几克）可以将带有溶剂的样品一起震荡来提取。其他的萃取方法包括索氏抽提、超声萃取、微波辅助萃取和加速溶剂萃取等。样品提取完之后，常用色谱将烃类与其他种类的类脂化合物进行分离。所用的色谱方法包括柱层析、薄层色谱法、中压液相色谱和高压液相色谱法（Meyers and Teranes，2001）。分离之后，可以通过毛细管气相色谱法分析烃类组分，该方法不仅可以将混合物分成单个的化合物也可以对每一种化合物进行定量。单个的化合物一般都是根据它们的保留时间与标准化合物的保留时间比较确定的。因为不止一种化合物具有相同的保留时间（例如，支链烃和不饱和烃可能在相同的保留时间洗脱出来）（Volkman et al.，1998），有必要用气质联用仪（GC-MS）对每一个鉴定出的化合物进行确认。GC-MS 既可以鉴定也可以定量烃类，几个诊断离子可以有效地识别环境样品中的烃类。

10.3 烃类生物标志物

10.3.1 烷烃生物标志物

输送到水生环境中的天然烃类的主要来源包括自生源，如藻类和细菌，以及来自陆地植物的外源输入（Cranwell，1982；Meyers and Ishiwatari，1993；Meyers，1997）。表 10.2 汇总了代表以上来源的烃类生物标志物。细菌来源的烃类是开链的（非环），一般的碳链长度在 C_{10} 和 C_{30} 之间。一些研究认为偶碳同系物（C_{12}-C_{14}）来自细菌（Nishimura and Baker，1986；Grimalt and Albaiges，1987）。中链的、甲基支链烷烃，往往是 C_{18}，也被认为与细菌有关，而中链的甲基支链的 C_{17} 烷烃，如 7-和 8-甲基十七烷被认为来源于蓝细菌（Shiea et al.，1990）。

表 10.2 烃类生物标志物示例

化合物或指标	来源	参考文献
C_{15}、C_{17} 或 C_{19} 优势的正构烷烃	藻类	Cranwell（1982）
C_{21}、C_{23} 或 C_{25} 优势的正构烷烃	大型水生植物	Ficken et al.（2000）
C_{27}、C_{29} 或 C_{31} 为主且具奇碳优势的长链正构烷烃	陆地植物	Eglinton and Hamilton（1967）；Cranwell（1982）
没有奇偶优势的 C_{20}-C_{40} 正构烷烃	石油	Peters et al.（2005）及其参考文献
不能分离的复杂混合物（UCM）	石油	Peters et al.（2005）及其参考文献
IP_{25}	冰藻	Belt et al.（2007）
P_{aq}	大型水生植物	Ficken et al.（2000）
$TAR_{HC} = （C_{27}+C_{29}+C_{31}）/（C_{15}+C_{17}+C_{19}）$	陆地/水生	Meyers（1997）
3，6，9，12，15，18-二十一己烯（n-$C_{21:6}$）	硅藻	Lee and Loeblich（1971）
C_{31} 和 C_{33} 正构烷烃与正构烯烃	浮游生物	Freeman et al.（1994）
高度支化类异戊二烯（C_{20}、C_{25} 和 C_{30}）	硅藻	Wraige et al.（1997，1999）；Sinninghe Damsté et al.（1999）；Belt et al.（2001）
超长碳链烯烃（如二不饱和 C_{31}，三、四不饱和 C_{33}，二、三不饱和 C_{37}，C_{38}）	微藻	Volkman（2005）及其参考文献
姥鲛烷	浮游动物对叶绿素 a 的降解；沉积岩石的侵蚀	Blumer et al.（1964）Meyers（2003）
植烷	产甲烷细菌	Risatti et al.（1984）

续表

化合物或指标	来源	参考文献
绵马三萜	化能自养菌	Freeman et al.（1994）
2，6，10，15，19-五甲基二十烷（PME）	产甲烷菌；嗜热酸菌	Tornabene and Langworthy（1979）；Brassell et al.（1981）
2，6，10，14，19，23，27，31-八甲基三十二烷（番茄烷）	产甲烷菌；光能自养生物	Tornabene and Langworthy（1979）；Brassell et al.（1981）；Wakeham et al.（1993）；Freeman et al.（1994）
C_{30} 类异戊二烯（如角鲨烷和角鲨烯）	产甲烷菌	Volkman and Maxwell（1986）
2，6，10，15，19，23-六甲基二十四碳四烯（四氢角鲨烯）	产甲烷菌	Tornabene and Langworthy（1979）；Tornabene et al.（1979）；Risatti et al.（1984）
甾烯	甾醇的微生物脱氢	Wakeham et al.（1984）；Wakeham（1989）
9（11）-藿烯	光合细菌（*Rhodommicrobium vannielli*）	Howard（1980）

　　包括浮游植物在内的藻类，以烃类含量低为特点（类脂比例为 3%～5%）。含有直链和支链的饱和与非饱和烃类在浮游植物的烃类组分中占主导。海洋藻类通常合成链长范围为 C_{14} 到 C_{32} 的正构烷烃。在海洋藻类中，n-C_{15}、n-C_{17} 或 n-C_{19} 烷烃占主导（高达 90%），偶碳与奇碳同系物的比例往往接近于 1。很多微藻种类普遍含有 C_{31} 和 C_{33} 正构烷烃与烯烃，还有超长碳链烯烃，如含两个不饱和键的 C_{31} 烯烃，含有 3 个和 4 个不饱和键的 C_{33} 烯烃，以及含有 2 个和 3 个不饱和键的 C_{37} 和 C_{38} 烯烃（表 10.2）。

　　与细菌和藻类不同，陆地维管植物主要含有碳链范围为 C_{23} 到 C_{35} 的长链正构烷烃。在维管植物中，正构烷烃通常具有奇碳优势，并以 C_{27}、C_{29} 和 C_{31} 化合物为主。正构烷烃分布最大值处（C_{max}）对应的碳数，有时可以作为不同植物来源的诊断示踪剂。例如，一些农作物具有不同的 C_{max}，可以用于评估沉积到一些水生系统中的土壤的来源（Rogge et al.，2007）。长链正构烷烃与植物叶片角质层上的蜡质保护层有关，可以使植物免受感染、物理损害和脱水的危险（Eglinton and Hamilton，1967）。有意思的是，真菌的细胞壁也含有长链正构烷烃，可能也起到一定的保护功能，与维管植物中的正构烷烃相似。

　　沉水植物的生物标志物组成往往处在藻类和陆生维管植物之间（图 10.4a）。大型水生植物一般以具有奇碳优势的中链烷烃为主。以往的研究表明，沉水和漂浮水生植物的正构烷烃分布在 C_{21}、C_{23} 和 C_{25} 处有最大值（Cranwell，1984；Vis et al.，1993；Ficken et al.，2000）。例如，海草大叶藻（*Zostera marina*）的正构烷烃范围为 C_{17} 到 C_{27}，在 C_{21} 处有最大值（Canuel et al.，1997）。

　　沉水/漂浮水生植物的一些独特的烷烃组成，促进了 P_{aq} 参数的发展，用于指示进入湖泊沉积物中的这些植物与挺水和陆地植物的相对贡献（Ficken et al.，2000）。P_{aq} 计算式如下：

$$P_{aq} = (C_{23} + C_{25})/(C_{23} + C_{25} + C_{29} + C_{31}) \tag{10.2}$$

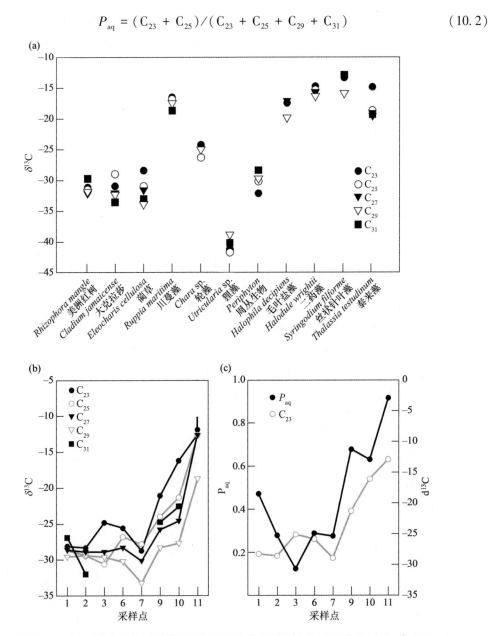

图 10.4　美国佛罗里达大沼泽国家公园采集的植物中提取的正构烷烃的 $\delta^{13}C$ 特征（a），挺水/沉水淡水植物占主导的采样点（1~3）、陆源主导的河口采样点（6 和 7）和沉水海洋植物为主的近岸区域采样点（9~11）所采集的植物中的正构烷烃的 $\delta^{13}C$ 特征（b）和 P_{aq}（c）（改自 Mead et al.，2005）

　　这一指标最近与特定化合物稳定碳同位素分析结合用于区分佛罗里达大沼泽来自沉水和挺水植物与陆地植物的有机物输入（Mead et al.，2005）。该研究结果表明，挺水与陆地植物的 P_{aq} 值（0.13~0.51）普遍低于淡水/海洋沉水植物的（0.45~1.00），它们的正构烷烃（C_{23}-C_{31}）的 $\delta^{13}C$ 值也截然不同。随后，这一结果被用来描述沉积在不同区域的植物的来源特征，包括挺水/沉水淡水植物占优势的区域、陆源占主导的河口站位和沉水海洋植物占主导的近岸区域（图 10.4b、c）。

由于高等植物合成的烃类具有较强的奇偶优势（通常奇偶比在十倍以上），这在评估维管植物有机物的贡献方面很有价值。因此发展出来的指标碳优势指数（CPI）可用于评价沉积物和源岩中陆源植物的潜在贡献。CPI 是计算以 $C_{29}H_{60}$ 正构烷烃为中心的 C_{24} 到 C_{34} 范围内奇数碳与偶数碳分子的含量比值（Bray and Evans，1961），其计算式如下：

$$CPI = 0.5\left[(C_{25} + C_{27} + C_{29} + C_{31} + C_{33})/(C_{24} + C_{26} + C_{28} + C_{30} + C_{32}) \right.$$
$$\left. + (C_{25} + C_{27} + C_{29} + C_{31} + C_{33})/(C_{26} + C_{28} + C_{30} + C_{32} + C_{34}) \right] \qquad (10.3)$$

当没有明显的碳数优势的时候，这个公式计算的 CPI 不总是等于 1，所以就发展了第二种计算方法（Marzi et al.，1993）：

$$CPI2 = 0.5\left[(C_{25} + C_{27} + C_{29} + C_{31})/(C_{26} + C_{28} + C_{30} + C_{32}) \right.$$
$$\left. + (C_{27} + C_{29} + C_{31} + C_{33})/(C_{26} + C_{28} + C_{30} + C_{32}) \right] \qquad (10.4)$$

现代沉积物中高等植物的贡献通常具有 CPI 值远高于 1 的特点。随着成熟度的增加（如石油），CPI 值常接近于 1。尽管有时在短链同系物（< C_{23}）和一些沉积环境中观察到过，CPI 小于 1 并不常见。在这些情况下，烃类往往直接来源于微生物合成而不是脂肪酸或醇的还原。石油的 CPI 有时也用 $2C_{29}/(C_{28}+C_{30})$ 来计算（Philippi，1965）。然而，由于仅基于 3 种化合物，这种方法计算得到的 CPI 的可靠性有限。

尽管 CPI 在指示烃类的来源是生物源还是化石源主导时常常是有效的，但是了解这些指标的一些局限也是很重要的。例如，质量百分比与链长的总体趋势对不同来源的有机物来说可能是变化的，导致 CPI 的值与期望范围不同。使用 CPI 时需要考虑的第二个问题是随着碳链的增长，从 $C_{24}H_{50}$ 到 $C_{34}H_{70}$ 化合物的百分比可能会迅速降低，而奇偶正构烷烃的质量分数的比值仅仅改变了一个很小的绝对值（比如，从 1~1.5 或者 2）。Bray 和 Evans 计算式的分子和分母是由 $C_{24}H_{50}$ 附近的很少一些正构烷烃组成的，使得 CPI 值接近于 1。因为样品往往并不包含从 $C_{24}H_{50}$ 到 $C_{34}H_{70}$ 的所有正构烷烃，所以用来计算 CPI 的常是一些质量分数较小的化合物。因此，也许可以用其他范围的正构烷烃来确定是否有奇偶优势（OEP）（Scanlan and Smith，1970）。

诸如藻类和细菌等来源的有机物通常是以短链正构烷烃占优势，陆地维管植物则是以长链正构烷烃为特征，据此提出的陆水比（TAR_{HC}）指标可以用于评价水生环境中自生和外源输入的烃类的相对贡献（Meyers，1997）。陆水比的计算式如下所示：

$$TAR_{HC} = (C_{27} + C_{29} + C_{31})/(C_{15} + C_{17} + C_{19}) \qquad (10.5)$$

当 $TAR_{HC} > 1$ 时，来自流域维管植物的贡献占主导，而 $TAR_{HC} < 1$ 反映了水生来源的烃类占优势。

10.3.2 作为生物标志物的烯烃和类异戊二烯烃

有 1~4 个双键的不饱和烯烃常被用来作为微藻的生物标志物。单不饱和烯烃可能通过饱和脂肪酸脱羧形成（Weete，1976）。正构 3，6，9，12，15，18-廿一碳六烯（n-$C_{21:6}$）和正构 3，6，9，12，15-廿一碳五烯（n-$C_{21:5}$）是含有多不饱和键的烯烃的例子。这些化合物被认为来源于在很多微藻中常见的多不饱和脂肪酸的脱羧作用 [如 22：6（n-3）脂肪酸在甲藻中很丰富]。因为这些化合物不稳定，其在沉积物中的出现可能表明完整的（活的）藻类细胞的存在（Volkman，2006）。在水体中已发现 n-$C_{21:5}$ 的存在，但其在沉积物中很少见，可能是由于其分解速度较快的缘故。这些化合物广泛分布在现代水生（海洋和湖泊）沉积物中，但在较老的沉积物中却消失了，可能是由于生物降解和与无机硫的反应导致的。

最近的一篇文章指出，一种 C_{25} 的单不饱和烃（IP25），可能是全新世沉积物中的一个特定、灵敏和稳定的海冰指标（Belt et al.，2007）。Belt 等（2007）通过实验室合成确定了 IP25 的结构，并用这一合成的化合物作为标准定量了加拿大北极地区一个断面的一系列沉积物中的 IP25，此处沉积物要么季节性覆盖着冰，或具有永久性冰盖。含有 IP25 的较老的沉积物用放射性碳的方法定年的结果为距今至少 9000 年。测定沉积物岩心的 IP25 以及其他的可靠指标，可能有助于确定北极和南极地区的至少整个全新世时期冰缘线的位置，这可能对校准气候预测模型很重要。

高度不饱和烯烃独特存在于一些微藻中，尽管它们在沉积物中含量一般不高。极长链烯烃，如含有 2 个双键的 C_{31}，含有 3 个和 4 个双键的 C_{33} 以及含有 2 个和 3 个双键的 C_{37} 和 C_{38} 等化合物就是一些高度不饱和烯烃（Volkman et al.，1998）。这些化合物一般在沉积物中检测不到，不过被认为来源于赫氏颗石藻（*Emiliania huxleyi*）的 C_{37}-C_{39} 烯烃，在一些黑海沉积物中含量很丰富（Sinninghe Damsté et al.，1995）。烯烃也可以反映来自原核生物的有机物。在蓝细菌高山组囊藻（*Anacystis montana*）中鉴定出了 C_{19}-C_{29} 的烯烃，在绿色光合细菌中则发现了 $C_{31:3}$ 烯烃（Volkman，2006）。

另一类烯烃的生物标志物是高度支化类异戊二烯（HBI）。这些 C_{20}、C_{25} 和 C_{30} 的无环烯烃通常包含 3 个到 5 个双键（图 10.5），在颗粒物和多种沉积物中都有发现（Massè et al.，2004）。HBI 往往是沉积物中占主导的烯烃，浓度高达 40 μg/g 干沉积物。HBI 被认为主要来自微藻，最近在底栖（Volkman et al.，1994）和浮游硅藻（Rowland and Robson，1990；Wraige et al.，1997；Belt et al.，2001a，b）中均鉴定出了这种烯烃。例如，在硅藻牡蛎海氏藻（*Haslea ostrearia*）中发现了高含量的 C_{25} HBI，在一株疑似硅藻刚毛根管藻（*Rhizosolenia setigera*）中发现了 C_{25} 和 C_{30} HBI（Volkman et al.，1994）。最近有文献报道从属于斜纹藻属（*Pleurosigma*）的两种海洋浮游硅藻中分离出了 C_{25} HBI，在一种淡水硅藻斯来舟形藻（*Navicula slesvicensis*）中发现了 C_{25} HBI 三烯（Belt et al.，2001a，b）。虽然目前还不清楚造成 HBI 化合物结构多样化的原因，基因和环境因子似乎是各种同系物相对丰度的重要控制因素。

无环类异戊二烯存在于许多生物体中，但特定的化合物可以作为有效的细菌和古菌的生物标志物。2，6，10，15，19-五甲基二十烷（图 10.2）可能是产甲烷菌或水体中厌氧甲烷氧化古菌的生物标志物（Rowland et al.，1982；Freeman et al.，1994；Schouten et al.，

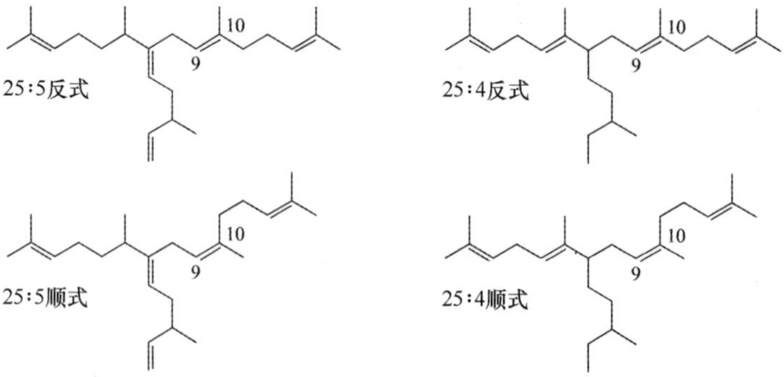

图 10.5　高度支化类异戊二烯烃（HBI）示例（修改自 Killops and Killops，2005）

2001）。无环类异戊二烯生物标志物的第二个例子是双植烷，这是两个植基以头对头形式连接在一起形成的长链类异戊二烯烃（图 10.2）。这些化合物可能由二植醚形成，这是某些类别古菌的特征，如产甲烷菌和嗜热嗜酸菌（Killops and Killops，2005）。这些化合物中有些可能直接由细菌合成，有些则是在细菌转化过程中产生的。番茄烷是一个饱和的 C_{40} 类异戊二烯烷烃（图 10.2），可能是细菌还原番茄烯的产物；角鲨烷是一个饱和的 C_{30} 类异戊二烯烷烃，可能同时来自古菌及角鲨烯的成岩还原作用（Killops and Killops，2005）。单一烃类化合物的 $\delta^{13}C$ 分析表明这些烃类有多种来源，番茄烷可能也来自光能自养生物（Wakeham et al.，1993；Freeman et al.，1994）。

10.4　烃类的成岩作用

生源有机化合物在成岩过程中最终会失去其官能团，残余的饱和烃类保存在大部分古沉积物和化石燃料中。这是在微生物介导的转化过程以及包含脱水和有机化合物结构重排在内的非生物反应的共同作用下发生的。了解产物和前体化合物之间的关系对于破译保存在沉积记录中的这些烃类的来源是很重要的。以甾醇生物标志物为例，通过实验室研究和环境观察，并结合在沉积物岩心中随深度产物和前体的丰度相反的变化趋势，这类生物标志物的产物-前体化合物的关系已被很好地建立起来（Mackenzie et al.，1982；Wakeham et al.，1984；de Leeuw and Baas，1986；Wakeham，1989）。因为具有相似性，许多这些转化路径已被扩展至其他种类的类脂化合物。Killops 和 Killops（2005）对部分反应路径做了一个很好的综述。

无环烷烃的有氧生物降解要么是通过终端碳原子的氧化（α-氧化），要么是通过 C-2 位的碳原子氧化（β-氧化）进行的（图 10.6）。尽管从 20 世纪 40 年代就有烃类可被厌氧生物降解的猜测，但直到 20 世纪 80 年代末才被证实（Grossi et al.，2008）。Aeckersberg 等鉴定出了一种能够厌氧氧化碳链长度为 C_{12}-C_{20} 的烷烃的硫酸盐还原菌（Aeckersberg et al.，1991）。随后，应用正构烷烃的厌氧代谢产物，在实验室（Wilkes et al.，2003）和自然条件下（Gieg and Suflita，2002）均证实石油也可以进行厌氧氧化。迄今为止，已发

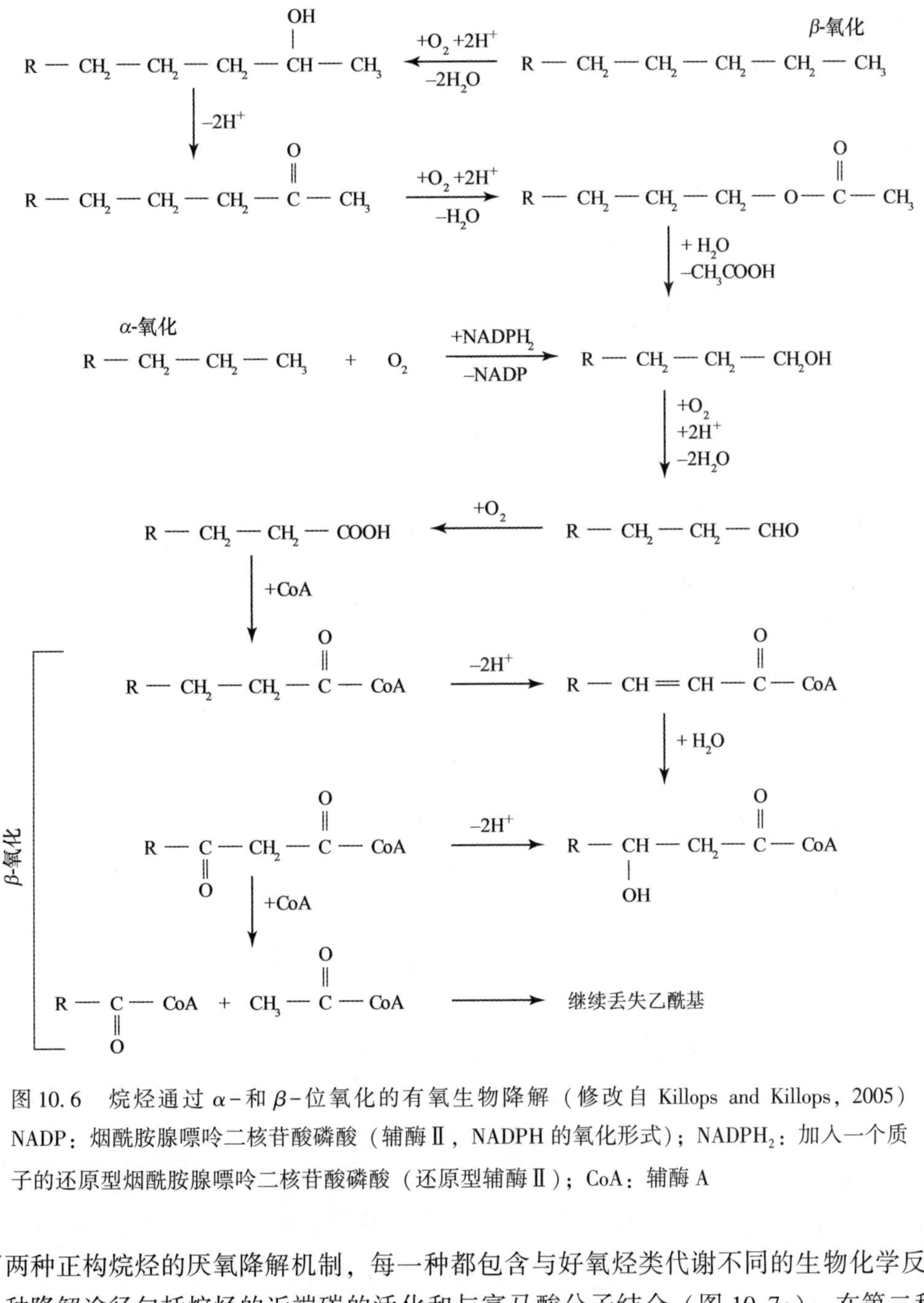

$$R-CH_2-CH_2-CH_2-\underset{OH}{CH}-CH_3 \xleftarrow[-2H_2O]{+O_2\ +2H^+} R-CH_2-CH_2-CH_2-CH_2-CH_3 \quad \beta\text{-氧化}$$

$$\downarrow -2H^+$$

$$R-CH_2-CH_2-CH_2-\overset{O}{\overset{\|}{C}}-CH_3 \xrightarrow[-H_2O]{+O_2\ +2H^+} R-CH_2-CH_2-CH_2-O-\overset{O}{\overset{\|}{C}}-CH_3$$

$$\downarrow \begin{array}{l}+H_2O\\-CH_3COOH\end{array}$$

$$\alpha\text{-氧化}$$

$$R-CH_2-CH_2-CH_3 + O_2 \xrightarrow[-NADP]{+NADPH_2} R-CH_2-CH_2-CH_2OH$$

$$\downarrow \begin{array}{l}+O_2\\+2H^+\\-2H_2O\end{array}$$

$$R-CH_2-CH_2-COOH \xleftarrow{+O_2} R-CH_2-CH_2-CHO$$

$$\downarrow +CoA$$

$$R-CH_2-CH_2-\overset{O}{\overset{\|}{C}}-CoA \xrightarrow{-2H^+} R-CH=CH-\overset{O}{\overset{\|}{C}}-CoA$$

$$\downarrow +H_2O$$

$$R-\underset{\overset{\|}{O}}{C}-CH_2-\overset{O}{\overset{\|}{C}}-CoA \xrightarrow{-2H^+} R-\underset{OH}{CH}-CH_2-\overset{O}{\overset{\|}{C}}-CoA$$

$$\downarrow +CoA$$

$$R-\underset{\overset{\|}{O}}{C}-CoA + CH_3-\overset{O}{\overset{\|}{C}}-CoA \longrightarrow 继续丢失乙酰基$$

β-氧化

图 10.6　烷烃通过 α- 和 β- 位氧化的有氧生物降解（修改自 Killops and Killops，2005）NADP：烟酰胺腺嘌呤二核苷酸磷酸（辅酶Ⅱ，NADPH 的氧化形式）；$NADPH_2$：加入一个质子的还原型烟酰胺腺嘌呤二核苷酸磷酸（还原型辅酶Ⅱ）；CoA：辅酶 A

现了两种正构烷烃的厌氧降解机制，每一种都包含与好氧烃类代谢不同的生物化学反应。第一种降解途径包括烷烃的近端碳的活化和与富马酸分子结合（图 10.7a）。在第二种途径中，烷烃在 C-3 位羧化（图 10.7b）。有意思的是，这两种途径在一些芳香烃的厌氧降解过程中也观察到了（Spormann and Widdel，2000）。Grossi 等还提出了第三种烷烃厌氧生物降解的可能途径，但机制尚未确定（图 10.7b）（Grossi et al.，2008）。当前针对烷烃厌氧降解的研究领域包括共代谢反应在纯培养和混合培养条件下长链烷烃（$>C_{20}$）降解中的

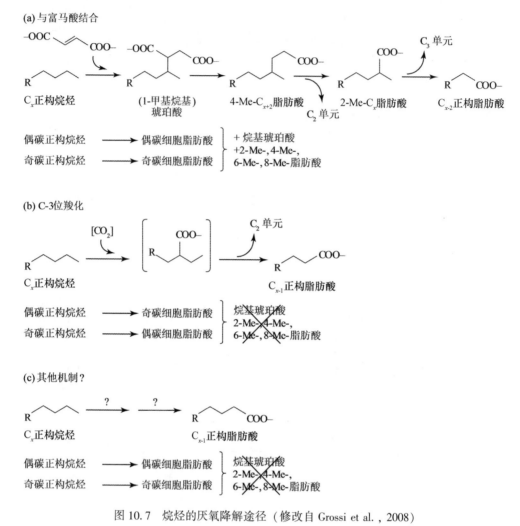

图 10.7 烷烃的厌氧降解途径（修改自 Grossi et al. ，2008）

作用及分离能够使用长链烷烃（>C_{20}）作为生长底物的厌氧微生物。

无机硫被认为在烃类的保存中发挥了重要作用。有机硫化合物可能是在早期成岩过程中无机硫（硫化物或多硫化物）与带官能团的类脂化合物结合形成的（见综述 Sinninghe Damsté and De Leeuw，1990；Werne et al. ，2004）（图 10.8）。可能的机制包括结合元素 S 或 H_2S，它们是硫酸盐还原的产物，而硫酸盐还原是早期成岩过程中发生的主要过程之一。Vairavamurthy 等（1992）的研究表明，相当一部分无机多硫化物与沉积物中的固体颗粒结合在一起，并且能与有机物中的碳–碳不饱和键反应。这一机制可能影响沉积物中活性有机物的生物可利用性，并对厌氧环境下海洋沉积物中的有机物保存发挥重要作用（Vairavamurthy et al. ，1992）。这样，通过先与沉积物中保存的可提取有机物中的低分子量组分解除关系，再与富含硫的高分子量物质结合，有机物就可能免受转化和降解。因此，如果能够通过硫选择性化学分解过程将这些生物标志物释放出来，其所携带的信息就可能得以恢复。

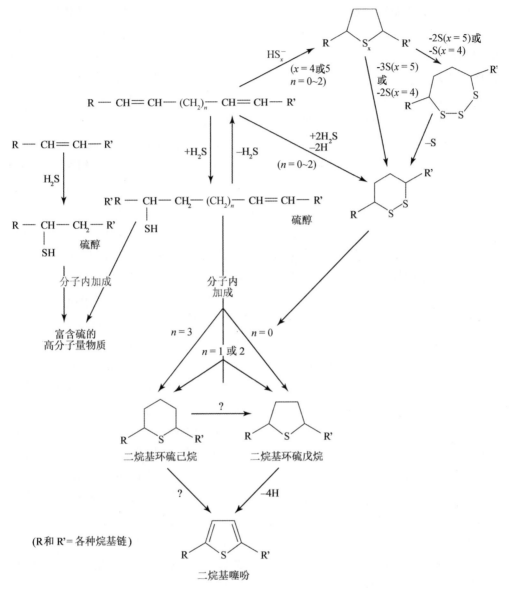

图 10.8　早期成岩过程中无机硫被结合到烯烃中的可能途径
（修改自 Killops and Killops，2005）

　　有几类不饱和烃有结合硫的能力，包括来自古菌的类异戊二烯烯烃，C_{25} 和 C_{30} 高度支化类异戊二烯烯烃和来自叶绿素成岩作用的植烯。在反应起始，硫化氢与一个 C=C 双键发生加成反应生成硫醇（SH）（图 10.8）。巯基能够与这个分子内邻近的双键反应形成含硫的环状结构（分子内加成），环的大小取决于双键的相对位置。如果在前体分子中存在不止一个双键，硫化氢先加成随后再脱除可导致双键沿着碳链移动（异构化）。这种反应的初始产物是脂肪族的，但随着成熟度的增加，可能会发生芳构化。

一些研究采用雷尼镍脱硫方法释放有机硫化合物（OSC）中的生物标志化合物（Schouten et al.，1995）。例如，将黑海沉积物提取物中的大分子物质用雷尼镍处理后，得到了以植烷为主的烃类及一系列 C_{25} 和 C_{30} 的 HBI 烃类、β-胡萝卜烷和异海绵烷（Wakeham et al.，1995）。对比分子内硫连接的 OSC 的浓度（$0.1 \sim 0.2$ μg/g 沉积物）与分子间硫连接的 OSC 的浓度（高达 50 μg/g 沉积物）可以看出，这些沉积物中大部分硫是通过分子间成键的方式结合到大分子上的。这项研究的结果还表明，在沉积成岩作用的初始阶段，包括在沉积物-水界面，硫就能结合到带官能团的类脂化合物上。

最近的工作完善了我们对早期成岩过程中有机物硫化反应的时间的认识。Werner 等（2000）在卡里亚科盆地（委内瑞拉）的沉积物中发现了一个三环三萜类化合物 (17E)-13β（H）-马拉巴烷基-14（27），17，21-三烯到三萜类环硫己烷的转化，这一转化发生在代表 ~10 ka 的表层三米的沉积物中。因此，在卡里亚科盆地沉积物中的这一反应的时间被限定在 10 ka 的时间区间内。在随后的研究中，Kok 等（2000）发现南极爱丝湖（Ace Lake）的甾醇在一个相似的时间尺度内被硫化（$1 \sim 3$ ka）。除了这些发现，其他的一些研究发现硫化过程也可以在一个相当短的时间尺度发生。在卡里亚科盆地，一些有机硫化物在不超过 3 m 的沉积物中发现，表明这些化合物的硫化作用发生的时间尺度小于10 000年。Werne 等（2000）对硫化过程及其发生的时间尺度做了详尽的综述。

甾类和三萜类烃既可以通过早期成岩过程中微生物介导的转化形成，也可以通过成岩作用晚期或是后生作用的非生物过程形成（图 10.3）。脱水反应可以将甾醇转化成甾烯。主要的途径是 Δ^2（经由甾醇-3，5-二烯）、Δ^4 和 Δ^5 异构体的转化（见第 9 章中的图 9.7）。这些反应可以通过很多途径进行，但是还原反应往往占主导，最终形成具 5α（H）构型的完全饱和的甾烷。在其他情况下，化合物在成岩过程中可能发生重排而不是还原。重排甾烯是这一反应路径的中间产物。甾醇也可能脱水形成二不饱和的烃或甾二烯。若是 4-甲基甾醇，主要产物会是 4α-甲基甾烯。有意思的是，4-甲基和 4-脱甲基甾类化合物的行为在成岩过程中并不相同，这一点通过在成岩过程中 4-甲基甾烯比甾烯形成的更晚就能看出来。这可能是由于 3α-羟基比 3β-羟基更容易发生脱水。因此，3α-甾烷醇可能是早期成岩过程中甾烯的来源，而 3β-甾烷醇仅仅在成岩过程的后期发生脱水反应（Killops and Killops，2005）。相似的，五环三萜类化合物也在早期成岩过程中发生去官能团作用，并在后期发生还原和芳构化反应。

10.5   烃类生物标志物的应用

10.5.1   河流-河口连续体中有机物来源

烃类生物标志物可以用来区分藻类、高等植物、化石和细菌的有机物来源，这使它们特别适用于有机物输入情况复杂的沿海地带。因此，一些研究用烃类作为生物标志物来研究河流—河口盐度梯度下悬浮颗粒物和表层沉积物中的有机物来源，并不令人感到意外

（Yunker et al. , 1994；Jaffè et al. , 1995，2001；Zegouagh et al. , 1998；Medeiros and Simoneit, 2008）。Jaffè 等最近研究了美国南佛罗里达两个亚热带河口淡水端和海洋端之间有机物的来源和输运（Jaffè et al. , 2001），就是一个很好地应用烃类生物标志物的例子。在研究的系统中，正构烷烃的变化范围为 C_{15} 到 C_{35} 且具有奇碳优势（图 10.9）。在一个淡水湿地采集的泥炭样品的正构烷烃在 C_{27} 处有最大值，而河流上游的样品则在 C_{29} 最大值。在上河口和中河口，具有强的奇碳优势的长链正构烷烃占主导，与高等植物来源一致。在下河口正构烷烃的浓度降低了，可能是由于改造后的自生有机物的稀释作用造成的。在小马德拉湾（Little Madeira Bay）采集的样品有较高浓度的高度支化类异戊二烯（HBI），表明其来自硅藻。

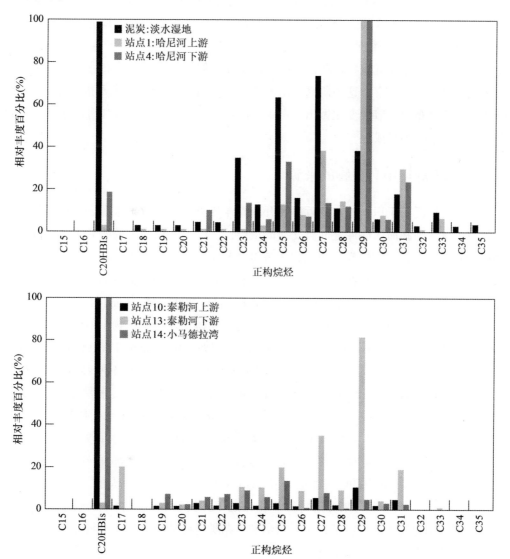

图 10.9 沿美国佛罗里达哈尼河（Harney River）和泰勒河（Taylor River）的淡水—海水盐度梯度下正构烷烃的相对丰度（修改自 Jaffè et al. , 2001）

随后的研究中综合应用了正构烷烃生物标志物、单一正构烷烃的 $\delta^{13}C$ 分析和 P_{aq} 指标来研究淡水—河口连续体中不同植被来源的贡献（Mead et al.，2005）。这项研究的结果表明，植被是沉积有机物的重要来源，而且碳信号能示踪植被的变化（图 10.4b，c）。在淡水区域，P_{aq} 值往往很低（<0.5）并且 ^{13}C 较亏损（−30‰~−25‰），而以水下海洋植被为特征的沿岸站位的 P_{aq} 值在 0.6~0.9 之间，其 ^{13}C 信号较富集（大约−10‰）。

有若干将烃类生物标志物与其他类脂生物标志物结合在一起来区分有机物是自生源还是外来源的例子。Yunker 等用烃类生物标志物及其他类脂化合物和多变量统计方法来研究了北极马更些河（Mackenzie River）河口的季节性样品中的溶解和颗粒有机物的来源（Yunker et al.，1994，1995）。马更些河是来自维管植物的正构烷烃的主要来源，淡水径流和悬浮泥沙输入贡献了这些化合物的高丰度。在高等植物烷烃存在的地方，正构烷烃就具有奇偶优势（OEP）。一系列烯烃的存在表明马更些河中有来自海洋浮游植物和浮游动物的生产。烯烃在水体和沉积物捕获器样品中占主导，但由于它们活性高往往不能被保存在表层沉积物中。总体而言，这项研究得出的结论为：河流和海洋生态系统各自都为马更些河陆架上烃类分布的季节性变化做出了贡献，淡水径流、颗粒物含量和海洋生产这些过程控制了烃类的丰度和组成。

10.5.2   海洋环境中有机物的来源

烃类已被广泛用于识别输入到近岸和开阔海洋环境中的有机物来源。考虑到发展碳收支模型与了解陆地和海洋储库之间碳交换的重要性，已开展相当多的研究来认识陆源有机物到边缘海的迁移转化。烃类生物标志物是很多关注这些问题的研究项目的重要研究对象（Kennicutt Ii and Brooks，1990；Prahl et al.，1994；Wakeham，1995；Wakeham et al.，1997，2002；Zimmerman and Canuel，2001；Mitra and Bianchi，2003；Mead and Goñi，2006）。

烃类也被用来研究海洋水体中悬浮和沉降的颗粒物及表层沉积物中的有机物迁移转化（Wakeham，1995；Wakeham et al.，1997，2002）。例如，Wakeham 等（1991）将黑海悬浮颗粒有机物（POM）中的烃类划分为浮游生物、陆地、细菌和化石 4 种来源（图 10.10）。这项研究显示两个粒级（<53 μm 和>53 μm）的悬浮颗粒物中的烃类来源有差异，并且在 POM 从表层水体输送到沉积物时烃类组成会发生变化（Wakeham et al.，1991）。对于表层水，细粒级（<53 μm）的悬浮 POM 中的烃类主要为浮游生物来源，而较大的（>53 μm）悬浮 POM 中的烃类主要是浮游生物和化石两种来源。在黑海的缺氧区，细粒级（<53 μm）的悬浮 POM 中的烃类主要以厌氧细菌来源为主，而较大的（>53 μm）悬浮 POM 中的烃类则显示了混合来源的特征。相比之下，粪粒和沉积物中的烃类组成与水体中并不相同，但保持了陆源特征。诸如甾烯和三萜类这样的早期成岩过程中细菌转化而来的化合物，其丰度随深度增加而升高。

Wakeham（1995）还比较了在黑海和太平洋用沉积物捕集器收集到的 POM 组成的变化，黑海水体在 100 m 深度以下是缺氧状态，而太平洋的水体是完全有氧的。在两个

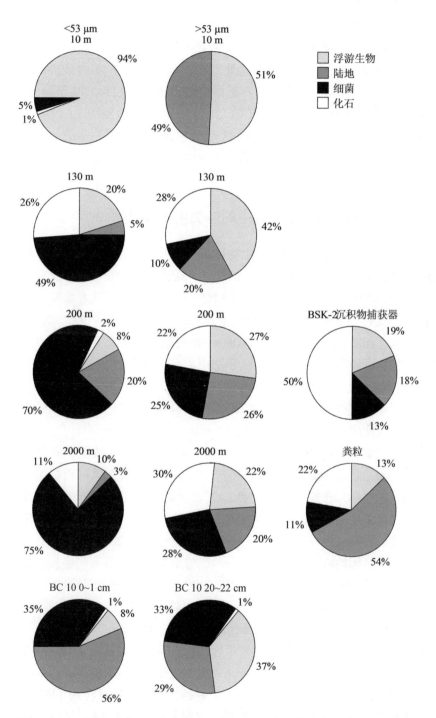

图 10.10　黑海中沉降和悬浮的颗粒有机物中烃类的来源解析，包括浮游生物、陆地、细菌和化石 4 种来源（修改自 Wakeham et al.，1991）

系统中，从真光层收集到的 POM 均是包含烷烃、烯烃和类异戊二烯化合物的混合物，表明其来自生源和成岩源。姥鲛烷（pristase）是表层水体 POM 中的一种化合物，它是浮游动物对叶绿素 a 进行降解的生物标志物；还有 HBI，是指示硅藻的指标。在北太平洋深层水采集的 POM 与表层水样品有几处不同，包括：（1）藻类烃类的丰度降低了；（2）没有类异戊二烯烃类化合物；（3）正构烷烃占优势。相反，从黑海 400 m 深处采集的缺氧水体 POM 中的烃类化合物具有高等植物正构烷烃的特征（CPI~2）。五甲基二十烷（Pentamethyl eicosane，PME），一种厌氧微生物来源的生物标志物，与原核生物，如蓝细菌、甲基营养菌和化能异养菌，特有的藿烷类化合物（如绵马三萜），也在缺氧的水体中检测到。

10.5.3　古海洋学和古湖沼学研究中的烃类生物标志物

烃类的地球化学稳定性使得这一类生物标志物在用沉积物柱状样记录来研究有机物输运的历史和地质时期的变化时特别有效。同样地，这些化合物的稳定性使它们成为确定古沉积物、岩石和石油中有机物来源的有效生物标志物。我们推荐读者参阅几个很好的关于烃类作为古环境指标在湖泊和海洋环境中应用的综述（Meyers, 1997, 2003; Meyers and Ishiwatari, 1993; Eglinton and Eglinton, 2008）。在使用这一类化合物作为生物标志物时，有一点要注意的就是烃类只是生物体和沉积物中的有机物的很小一部分（Meyers and Teranes, 2001）。因此，由于烃类相对于其他类别的生物标志物一般会优先保存下来，它可能不能代表最初沉降在沉积物中的有机物的来源。如本书之前描述其他类别的生物标志物时提到的，我们建议使用代表多种来源的不同指标。

在美国华盛顿湖（Lake Washington），烃类生物标志物首次被用于研究有机物输运的变化，这是经典研究之一（Wakeham, 1976）。在 19 世纪初沉积的沉积物的特点是烃类浓度很低（26 μg/g）且 C_{27} 正构烷烃占优势，C_{27} 正构烷烃是植物蜡脂的特征成分。华盛顿湖流域在那个时代是相对原始的且被森林覆盖。相反，在 20 世纪 70 年代中期沉积的沉积物有相当高浓度的正构烷烃（1600 μg/g）且以石油烃为主。20 世纪 50 年代以来沉积的沉积物，还含有藻类来源的特征烃类，如 C_{17} 和 C_{19} 的正构烷烃，表明华盛顿湖水体发生了富营养化。有意思的是，Wakeham 等在 2000 年的时候重新在华盛顿湖取样，研究在过去的 25 年这一湖泊是如何变化的（Wakeham et al., 2004）。像欧洲和英国的许多湖泊一样，输入到华盛顿湖的烃类从 20 世纪 70 年代开始减少了。输运机制也发生了变化，现在大部分烃类（85%）通过暴雨径流输入到湖中。尽管离初次取样已经过去了 25 年，20 世纪 70 年代期间输入的石油污染的信号依然存在于沉积物的记录中（图 10.11）。本研究结果为长链烃和石油烃的地球化学稳定性提供了一个很好的例证。尽管对应约 1965 年的沉积物中低分子量的正构烷烃不存在或者其浓度很低，代表石油污染的 UCM（由支链和环状烃类的复杂混合物构成）在污染源消除后的很长时间里在沉积物记录中依然存在（图 10.11a）。

有一些研究用烃类生物标志物来研究由于人类活动引起的有机物输送的变化。Meyers

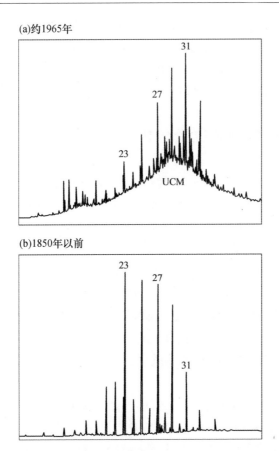

图 10.11　2000 年在美国华盛顿湖（Lake Washington）采集的沉积物柱中脂肪烃的部分气相色谱图。在大约 1965 年沉积的沉积物中的脂肪烃包含来自石油和藻类的贡献（a），而 1850 年以前的沉积物中以植物蜡脂为主（b）。数字指的是正构烷烃的碳数。"UCM"代表不能分离的复杂混合物（改自 Wakeham et al.，2004）

等在几项针对湖泊，尤其是劳伦森大湖的研究中使用了烃类及其他生物标志物（Laurentian Great Lakes）（Meyers and Eadie，1993；Meyers and Ishiwatari，1993；Ho and Meyers，1994；Silliman et al.，1996；Ostrom et al.，1998；Meyers，2003）。相似的研究在美国佛罗里达的阿波普卡湖（Lake Apopka）（Silliman and Schelske，2003）、斯洛文尼亚西北部偏远山区的普拉尼娜湖（Lake Planina）（Muri et al.，2004）及瑞典的中马尔维肯湖（Lake Middle Marviken）（Routh et al.，2007）也开展了。这些研究的结果显示，在流域主要被森林覆盖时沉积下来的基线沉积物中陆地来源的正构烷烃占主导。在 20 世纪 50 年代和 70 年代间，烃类的含量增加，表明石油来源的贡献以及富营养化引起的藻类来源的贡献增加了。

　　湖泊沉积物中烃类的记录也被用于更长时间尺度的研究，如研究后全新世沉积物中古环境条件的变化。这些研究经常将烃类生物标志物与其他参数结合起来互补使用，如$\delta^{13}C$、元素组成和其他类生物标志物。最近有些工作研究了古环境条件，如植被、水文和气候的变化对有机物组成的影响（Filley et al.，2001；Zhou et al.，2005；Luder et al.，2006；Bechtel et al.，2007）。有一项特别令人兴奋和适时的研究领域是应用新的烃类生物标志物研究极地区域海冰范围的变化（Belt et al.，2007）。这一指标与全球气候变化研究特别相关，因为极地区域被认为是快速变化的区域。

10.6　烃类特定化合物同位素分析

除了烃类生物标志物本身提供的来源信息外，单一烃类化合物的 $\delta^{13}C$、$\Delta^{14}C$ 和 δD 同位素丰度也可能有助于提供针对微生物途径（Hayes et al.，1990；Hayes，1993，2004）及植被和气候的古环境变化（Eglinton and Eglinton，2008）的新认识。最初的研究测定了保存在梅西克页岩（Messek shale）中的烃的 $\delta^{13}C$ 组成，其结果显示单一烃类化合物的 $\delta^{13}C$ 信号变化范围超过总有机碳的信号（例如，烃的 $\delta^{13}C$ 变化范围在 -73.4‰ ~ -20.9‰）（Freeman et al.，1990）。烃类 $\delta^{13}C$ 组成的差异表明，一些原本以为有相同起源的化合物却有着不同的来源（如姥鲛烷和植烷）。这项研究还发现微生物过程可以改变保存在沉积物中的生物标志物信号。微生物中单一化合物的同位素组成提供了对特定过程和环境条件的深入认识。例如，如果细菌利用甲烷作为碳源，其烃类生物标志物的同位素就会高度亏损（Freeman et al.，1990）。

在研究植物的正构烷烃组成的时候，对单一化合物 $\delta^{13}C$ 组成的多样性进行了进一步的考察（Collister et al.，1994；Canuel et al.，1997）。这项工作表明，由于不同植物的正构烷烃 $\delta^{13}C$ 值范围不同，即使在特定化合物水平来解释 $\delta^{13}C$，也有很大的复杂性。初级生产者中同位素信号多样化可能与反应动力学和碳代谢差异有关。此外，δD 值能够提供对不同植被类型（C_3 对 C_4）和古气候信息，如干旱的深入认识（Sessions et al.，1999；Sauer et al.，2001；Sessions and Hayes，2005；Chikaraishi and Naraoka，2007；Mugler et al.，2008）。最近的一项研究分析了从芬兰北部到意大利南部沿气候梯度采集的植物样品的正构烷烃组成和 δD 值（Sachse et al.，2006）。该研究的结果表明，来自陆地植物的正构烷烃的 δD 值可以记录降水的 δD 值，不过该值会被叶片中水分的同位素富集的量所改造，而叶片上气孔的有无和气象条件，如蒸散作用、相对湿度和土壤湿度均能影响叶片中水分的同位素的富集程度。有意思的是，尽管被子植物与裸子植物以及 C_3 与 C_4 植物的 δD 值不同，最近的研究表明，植物的生理而不是生化过程对植物类脂的 δD 值起到了更重要的控制作用（Krull et al.，2006；Smith and Freeman，2006）。

除了烃类的稳定同位素分析外，正构烷烃的 $\Delta^{14}C$ 分析也能有效区分碳的来源（Eglinton et al.，1996；Rethemeyer et al.，2004；Uchikawa et al.，2008）。此外，烃类 $\Delta^{14}C$ 分析还能用于多环芳烃的来源解析（Reddy et al.，2002；Kanke et al.，2004）和研究细菌对化石源碳的利用（Pearson et al.，2005；Slater et al.，2006；Wakeham et al.，2006）。

Eglinton 和 Eglinton（2008）对烃类同位素组成在古气候研究中的应用进行了全面的综述。作者建议今后的研究应该聚焦发展能够灵敏和快速地分析保存在沉积物、冰芯、树木年轮和珊瑚中的生物标志物的高分辨率同位素记录的方法。同时，作者还建议研究提升单个生物标志物的多种同位素（如^{13}C、^{14}C 和 D）的分析能力。在这些方面开展研究，有望提供对地球历史过程中有机碳组成变化的新认识。

10.7 小结

尽管烃类仅仅包含了碳和氢两种元素，不同生物体所合成的这一类生物标志物的结构具有显著的多样性。因此，烃类生物标志物是一个有用的工具用来识别输入到环境中的有机物是来自初级生产者（包括藻类和维管植物），还是不同的微生物（如细菌和古菌），抑或化石（成岩）源。未来单个烃类生物标志物的多种同位素（如^{13}C、^{14}C 和 D）的分析方法的发展及与其他种类的生物标志物的结合有望揭示记录在沉积物和岩石中的历史变化。烃类生物标志物的地球化学稳定性使其具备跨越现代到地质时间尺度的应用能力。

第 11 章　类脂化合物：烯酮、极性脂和醚脂

11.1　烯酮

烯酮是长链（C_{35}-C_{40}）二、三和四不饱和酮（图 11.1）。这些化合物是由有限的几种定鞭藻［如赫氏颗石藻（*Emiliania huxleyi*）和大洋桥石藻（*Gephyrocapsa oceanica*）］产生的，这些藻类生活在温度范围很宽（2~29℃）的海洋表层水中。人们认为，这些生物能够生活在这样一个大的温度范围是因为它们能调节其自身的不饱和类脂的水平，但是这类类脂化合物的功能在很大程度上是未知的。最初，烯酮被认为是膜脂，在较冷的生长温度下不饱和程度的增加对维持细胞膜的流动性起到一定作用（Brassell et al.，1986；Prahl and Wakeham，1987）。然而，最近一项使用脂溶性荧光染料尼罗红的研究发现，这些化合物并不是膜脂，而是存储在细胞质囊泡或脂肪体中（Eltgroth et al.，2005）。在一项实验室研究中，这些脂质囊泡的丰度在营养盐限制条件下增加，而在长期黑暗条件下有所减少。Eltgroth 等（2005）发现这种模式与多不饱和长链烯酮（C_{37}-C_{39}）、链烯酸酯和烯烃相关。到目前为止，为什么非膜脂在较冷的温度下变得不饱和仍然是未知的，这是一个当前正在进行的研究主题（Gaines et al.，2009）。

图 11.1　二和三不饱和 C_{37} 烯酮示例

已经建立了几个基于 C_{37} 烯酮不饱和水平的表层海水温度（SST）的指标。最常见的指标（$U_{37}^{K'}$）是基于沉积物中三-和二-不饱和 C_{37} 酮的浓度的比值（Brassell et al.，1986；Prahl and Wakeham，1987）。这个指标计算式如下：

$$U_{37}^{K'} = \frac{[C_{37:2}]}{[C_{37:2}] + [C_{37:3}]} \tag{11.1}$$

其中，37：2 和 37：3 代表分别有 2 个和 3 个双键的 C_{37} 酮。除了不饱和度和温度之间的这种关系，长链酮通常要比大部分不饱和的类脂化合物更稳定，使其能够保存在沉积物记录中。这些性质（不饱和度准确反映海水表层温度和长期保存能力）使烯酮成为一种古温度指标而被广泛应用（Eglinton and Eglinton，2008）。尽管这一指标经常与有孔虫微体化石、Mg/Ca 比和 $\delta^{18}O$ 一起使用（Hoogakker et al.，2009 和所附参考），它的优势实际上超越了

这些指标，因为碳酸钙的溶解影响了这些指标在位于钙补偿深度以下的海洋区域的保存。我们推荐读者参阅 1999 年举行的一个研讨会的优秀论文集，它聚焦于基于烯酮的古海洋学指标的应用（Eglinton et al.，2001），还有一篇最近的综述（Herbert et al.，2003）。

在热带东北大西洋的凯恩峡（Kane Gap）地区采集的沉积物柱中首次观察到了与冰期—间冰期旋回相对应的烯酮不饱和模式随柱子深度的变化（Brassell et al.，1986）。Brassell 等（1986）猜测这些长链烯酮的不饱和度的时间变化与 SST 相关。这些结果发表以后，就发展出了一套烯酮的温度校正公式，该公式是基于生长在一系列温度下的赫氏颗石藻的实验室培养结果建立的（图 11.2）。利用从已知温度的海洋表层水采集的颗粒物样品的烯酮组成进一步验证了这种关系（Prahl and Wakeham，1987）。随后的工作利用大量的从大西洋、印度洋和太平洋 60°S 到 60°N 之间采集的沉积物柱顶部样品建立了一个全球校正公式，这些样品涵盖了相当大的年均 SST 变化范围（0~29℃）（Müller et al.，1998）。这项研究证实了 Prahl and Wakeham（1987）先前发现的 $U_{37}^{K'}$ 与混合层 SST 之间的正相关关系：

$$\text{SST}(\text{℃}) = (U_{37}^{K'} - 0.044)/0.033 \qquad (11.2)$$

1999 年于美国马萨诸塞州伍兹霍尔举行的研讨会对大量全球校正公式进行了评估（Herbert，2001）。虽然一般来说这些校正公式在全球范围内都是好用的，针对极地（Sikes and Volkman，1993）和温暖海域（Conte et al.，2001，2006）还是建立了最适用的特定校正公式。最近的研究还聚焦了除温度之外影响 $U_{37}^{K'}$ 比值的其他因素（如营养盐和光）。使用实验室批次培养的赫氏颗石藻，Prahl 等（2003）指出营养盐和光胁迫对烯酮不饱和度指标 $U_{37}^{K'}$ 有影响，表明沉积物中观察到的这一指标的可能是源于生理因素的影响。基于这一指标的广泛应用，$U_{37}^{K'}$ 的测量精度已经可以达到精确至 0.02 个单位，可使重建的温度精确到 0.5℃ 以内（Killops and Killops，2005）。

烯酮作为古温度指标的有效性被确认之后，已成为目前使用最广泛的古气候指标之一（Sikes et al.，1991；Conte et al.，1992；Eglinton et al.，2000；Herbert，2001；Sikes and Sicre，2002）。在很多情况下，基于烯酮的 SST 重建结果已被其他古气候指标所印证（图 11.3 的例子）。然而，像其他的生物标志物一样，对这一类化合物的进一步应用逐渐揭示了它们在生物合成、对环境因素的响应和地球化学稳定性等方面的复杂性。赤氏颗石藻可能是现代沉积物中烯酮的主要来源，其应用限于晚更新世以来沉积的沉积物，因为彼时该物种才首次出现（大约 250 Ka BP）。使用其他的化石生物（如大洋桥石藻可能使烯酮的应用扩展到始新世（~45 Ma BP）。然而，生长温度与二-和三-不饱和烯酮的比例之间的关系在大洋桥石藻中与赫氏颗石藻中是不同的（Volkman et al.，1995），需要另外做校正。此外，不同株系的赫氏颗石藻对温度变化的响应也是不同的（Sikes and Volkman，1993；Conte et al.，1998）。以往的研究也指出，对全球海洋所有区域使用同一个 $U_{37}^{K'}$ 与 SST 的校正公式可能未必合适（Freeman and Wakeham，1992；Volkman et al.，1995）。因此，当解释不同的环境和不同的时间尺度下的烯酮 SST 记录时，考虑这些因素是很重要的。

烯酮的地球化学稳定性也是相当多研究的主题。若干研究考察了一系列不同环境条件

生长在不同温度下的批次培养赫氏颗石藻中烯酮的不饱和指标

温度	U_{37}^K*†	U_{37}^K†	U_{37}^K‡	n
5	0.00~0.11	—	—	—
8	—	0.17	0.29	1
10	—	0.31±0.017	0.38±0.027	4
15	0.17,0.20 0.26,0.34	0.54±0.016	0.55±0.014	4
20	0.40	0.74±0.017	0.74±0.017	7
25	0.73	0.86±0.017	0.86±0.017	4

* 数据从 Brassel et al .(1986),Nature 320,129~133 推断而来。

† U_{37}^K = [37:2–37:4]/[37:2+37:3+37:4]。

‡ U_{37}^K = [37:2]/[37:2+37:3]。

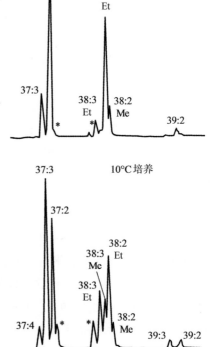

图 11.2　在 10℃和 25℃条件下培养的赫氏颗石藻的烯酮的气相色谱（部分），显示烯酮的不饱和度在这两种温度下有差异，图中表格数据显示了烯酮不饱和指标随温度的变化（修改自 Parhl and Wakeham，1987）

下的烯酮稳定性。这些研究得出的结论是，尽管成岩作用影响了烷基链烯酸酯这一类相关化合物的绝对含量，但是没有证据表明 $C_{37:2}$/（$C_{37:2}+C_{37:3}$）比值会随之变化，古温度信号从而得以保存（Teece et al.，1998；Grimalt et al.，2000；Harvey，2000）。这些研究大多聚焦沉积物中烯酮的微生物转化，最近的一项研究表明，浮游动物摄食既不影响长链烯酮的比例也不影响它们的稳定碳同位素组成。因此，浮游动物摄食活动看起来并不会影响烯酮作为 SST 指标的可靠性（Grice et al.，1998）。

　　烯酮应用中的一些不确定性与含 4 个不饱和键的化合物有关。之前有研究指出，这些四不饱和化合物可能受盐度而非温度的影响。然而，经过仔细评估后，在几个海盆中均没有观察到 $C_{37:4}$ 烯酮与温度或者盐度之间有系统性的关系（Sikes and Sicre，2002）。这些结果表明，如培养实验所揭示的那样，开放大洋中 $C_{37:4}$ 烯酮的水平可能响应的是其他环境变量，如生长速率、光或营养盐供应。烯酮应用的复杂性还与颗粒物的输运时间和水平输运有关（Schneider，2001；Ohkouchi et al.，2002）。正如其他生物标志物的应用一样，最好

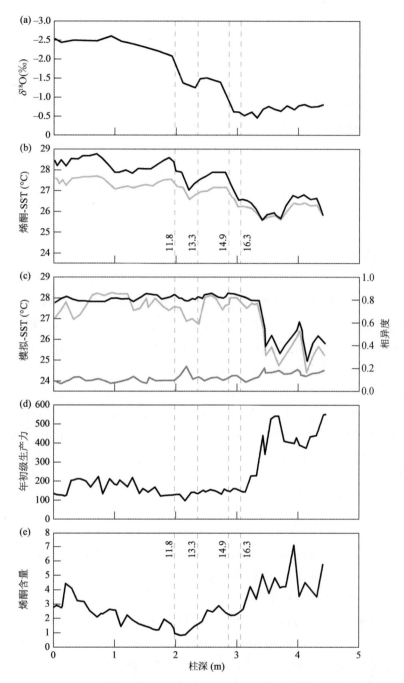

图 11.3　阿拉伯海采集的沉积物中不同古环境指标之间的一致性。这些指标包括 $\delta^{18}O$ 地层学（a），基于烯酮的 SST（b），基于现代模拟技术的 SST（c），通过有孔虫转化系数估算的初级生产力（d）和 C_{37} 烯酮的含量（e；$\mu g/g$ 干沉积物）（修改自 Bard, 2001）

是将烯酮与其他生物标志物或古温度指标结合使用。

烯酮的稳定碳同位素、氘 ($\delta^{13}C$，δD) 和放射性碳同位素组成有可能提供古温度重建的补充信息。烯酮的 $\delta^{13}C$ 已被作为一个古 pCO_2 的指标，提供二氧化碳含量的信息 (Jasper and Hayes，1990；Jasper et al.，1994；Pagani et al.，2002，2005；Henderiks and Pagani，2007)。最近有研究用放射性碳同位素来确定烯酮的年龄从而对有孔虫进行定年 (Mollen-hauer et al.，2003；Ohkouchi et al.，2005)。这些研究发现了比预期的年龄要"老"的烯酮的放射性碳的年龄，说明与沉积物结合的物质输运的复杂性和水平输运过程的潜在重要性。因此，通过测定有孔虫的放射性碳来定年需要进一步检验。测定烯酮的 δD 组成的方法最近也被建立起来了 (D'Andrea et al.，2007)。同位素信息与烯酮的古温度记录结合有望提供关于地球气候变化的更多信息。

11.2　类脂膜生物标志物

细菌的细胞膜与真核生物的细胞膜有一定的差异，部分在于细菌细胞膜含有不同的甘油二烷基甘油四醚膜脂 (glycerol diaklyl glycerol tetraethers，GDGTs)。相似的，古菌的 GDGTs 可能包括 0~8 个不同的环戊烷残基，在类群Ⅰ泉古菌门 (GroupⅠ Crenarcheaota) 发现一个比较特别的结构，即泉古菌醇 (Hopmans et al.，2000；Sinninghe Damsté et al.，2002；Schouten et al.，2008，2009)，将在本节进一步详细讨论。我们首先从 HPLC-MS 的一些新进展开始，然后介绍 GDGTs 的一些新应用 (如 Hopmans et al.，2000)。现在已经可以用 HPLC-MS 测定完整极性膜脂 (intact polar lipids，IPL) (Sturt et al.，2004)，展现膜脂的完整结构，包括头基上的信息。

11.2.1　完整极性膜脂

完整极性膜脂的组成成分 (如脂肪酸) 历来被用作原核生物的生物标志物。虽然这种方法提供了许多有价值的认识 (见第 8 章)，但通过了解脂肪酸与其母源极性分子的联系以及极性分子自身的组成可以获得更多的信息。高效液相色谱—大气压化学电离—质谱联用 (HPLC-APCI-MS) 现在可以进行 IPL 的分析，其结果对沉积物和土壤中存在的微生物群落提供了新的深入认识 (Hopmans et al.，2000；Rutters et al.，2002a；Sturt et al.，2004；Zink and Mangelsdorf，2004；Pitcher et al.，2009)。例如，HPLC-APCI-MS 的结果显示，当和它们的极性头基一起作为极性分子检测时，甘油酯和甘油醚能够提供活的原核生物群落的分类信息。同时，由于极性头基在细胞死亡后很快丢失，这些生物标志物能够提供活的原核生物群落的特征。相对于其非极性衍生物来说，IPL 的结构特征，如极性头基组成 (表 11.1 列出了完整极性膜脂和它们的头基)、烷基和甘油骨架的键合类型 (图 11.4) 及烷基侧链的链长和不饱和度都有助于提高其分类的特异性。近年来，IPL 已被用于表征实验室培养和环境样品，为那些活的微生物群落的多样性和组成提供了新的深入认识，特别是那些存在于极端环境，如深海、深海次表层沉积物和热液系统的微生物群落。

表 11.1 完整极性膜脂和它们的头基示例（头基用 I ～ X 标示）

编号	名称	缩写	类型	生物来源
极性头基				
I	磷酸乙醇胺	PE	磷脂	细菌和古菌
II	磷酸甘油	PG	磷脂	细菌和古菌
III	磷酸胆碱	PC	磷脂	细菌和古菌
IV	磷酸丝氨酸	PS	磷脂	细菌和古菌
V	磷脂酸	PA	磷脂	细菌和古菌
VI	磷酸氨基戊烷四醇	APT	磷脂	细菌和古菌
VII	磷酸肌醇	PI	磷脂	细菌和古菌
VIII	糖基—磷酸乙醇胺	GPE	糖脂	细菌和古菌
IX	单糖苷		糖脂	古菌
X	双糖苷		糖脂	古菌
核心脂				
	二酰基甘油磷脂	DAG-P		细菌
	酰基/醚甘油磷脂	AEG-P		细菌
	二醚甘油磷脂	DEG-P		细菌
	二磷脂酸甘油	DPG		细菌
	古菌醇	A		古菌
	大环古菌醇	mA		古菌
	甘油二烷基甘油四醚	GDGT		古菌
	甘油二烷基壬醇四醚	GDNT		古菌

IPL 的分析主要采用软电离方法（如 APCI-MS 和 APCI-TOF-MS）。有一些研究使用快原子轰击质谱（FAB-MS）分析了纯培养微生物的 IPL（Sprott et al.，1991；Hopmans et al.，2000；Yoshino et al.，2001）。不过，FAB-MS 仅能在样品分析之前不需要进行色谱分离的情况下应用。一般来说，ESI-MS 必须手动优化使其能够分离和碎片化组成 IPL 的多种化合物。APCI-MS 分析经常同时使用正离子和负离子模式。在正离子模式下，仅对极性头基进行碎片化，提供头基和键合类型的信息。APCI-MS 在负离子模式下运行时，

通过提供核心脂（即不含极性头基的烷基残基）的详细信息给出 IPL 结构的补充信息（Sturt et al. , 2004）。

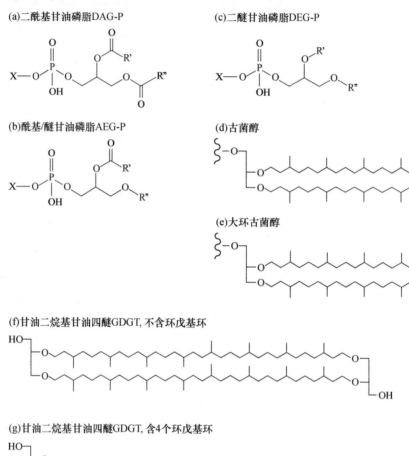

图 11.4　完整极性膜脂结构多样性示例，包括以醚键和酯键结合的磷脂（a~c）。核心脂结构包括来自产甲烷古菌的古菌醇（d, e）及有 0 和 4 个环戊基环的 GDGT（f 和 g）（修改自 Sturt et al. , 2004）

　　IPL 的例子包括一些以醚键和酯键结合的磷脂（如二酰基甘油磷脂和二醚甘油磷脂）（图 11.4a, c）。二酰基甘油磷脂（DAG-P）和二醚甘油磷脂（DEG-P）是细菌和真核生物中最常见的膜脂（表 11.1）。有意思的是，通过 HPLC-APCI-MS 分析，在一些种类的硫酸盐还原菌中还发现了混合的酰基/醚基甘油磷脂（AEG-P）（图 11.4b）（Sturt et al. , 2004）。完整的甘油二烷基甘油四醚的糖脂（GDGT-G）和磷脂（GDGT-P）是古菌特有的膜脂。因此，一系列 IPL（包括 DAG-P、DEG-P、AEG-P、GDGT-G 和 GDGT-P）的

APCI-MS 分析，提供了存在于环境样品中的微生物群落，包括细菌、真核生物和古菌的全景信息（Sturt et al.，2004；Rossel et al.，2008；Lipp and Hinrichs，2009）。特别地，极性头基的定性分析应该是用来表征微生物群落的 IPL 最有前景的应用。这是因为，相比烷基残基，极性头基不易受到生长条件和物理参数的影响（Hopmans et al.，2000；Sturt et al.，2004）。图 11.5 和最近发表的一些文章（Rossel et al.，2008；Lippand Hinrichs，2009）提供了一些"微生物指纹"图谱的例子，这些"微生物指纹"来自实验室培养的微生物的 IPL 分析。

此外，最近有研究尝试用完整磷脂对沉积物中活的微生物的生物量进行定量（Zink et al.，2008）。这种类型的信息对旨在量化不同环境中微生物数量和活动的研究是有用的，包括深海次表层。以前量化活的细菌生物量的方法有多种，包括直接细胞计数及脂质磷酸盐或磷脂脂肪酸（PLFA）的分析。基于模式生物得到的转换因子，通常可将脂质磷酸盐和 PLFA 转换为细胞数量（White et al.，1979；Balkwill et al.，1988）。Zink 等使用 HPLC-ESI-MS 定量了从贝加尔湖采集的沉积物中的完整磷脂，并将完整磷脂的含量转换成了细胞数量（Zink et al.，2008）。由完整磷脂含量估算出的细菌细胞数量比用 DAPI 染色法得到的要多，但是两者在一个数量级上。两种方法之间存在差异的一种解释是可能是完整磷脂含量的转换因子存在问题。因此，未来的研究应该着力考察用 LC-MS 方法测定完整磷脂再转换得到的细胞数量和用微生物学方法（细胞计数）确定的细胞数量之间的关系。

11.2.2　作为古温度计的 TEX_{86}

由于合成烯酮的生物是海洋环境特有的，有效的温度指标的缺乏限制了大陆环境古气候研究的发展。最近使用液相色谱对极性脂的分析发展出了 TEX_{86}（基于含有 86 个碳原子的四醚的指标）温度指标（Schouten et al.，2002；Powers et al.，2004；Wutcher et al.，2006；Kim et al.，2008；Huguet et al.，2009；Trommer et al.，2009）。这一指标基于一类古菌的膜脂，即 GDGTs，如前所述，它广泛存在于海洋和湖泊环境中。TEX_{86} 指标是基于 GDGTs 中环戊烷环的数量，它为湖泊和其他不产烯酮的区域提供了一个很有用的古温度指标（Powers et al.，2004；Kim et al.，2008）。

Schouten 等首先针对海洋环境提出了基于 GDGTs 分布的分子古温度指标 TEX_{86}，GDGTs 是来自生活在水体中的特定古菌（如泉古菌门）的膜脂（Schouten et al.，2002）。随着 HPLC-ESI-MS 分析方法的发展，这一指标应用最近得到了改进（Schouten et al.，2007）。微生物生态学家已经证明了 GDGTs 中的环戊烷环的数量和实验室培养的嗜热古菌的生长温度之间有强的正相关关系（Gliozzi et al.，1983；Uda et al.，2001）。这些研究表明嗜热古菌可以通过将环戊烷环整合到 GDGTs 的脂质结构中来适应不同的温度条件。Schouten 等将这项工作推广到非嗜热生物，证明了海洋泉古菌也会通过调整 GDGT 膜脂中环戊烷环的数量来响应温度的波动（图 11.6）。在现代海洋生态系统中这种关系的稳健性确定之后，就被用来重建远至白垩纪中期的海水表面温度（Schouten et al.，2003）。泉古菌一直以来被认为是超嗜热（>60℃）的生物，因此在湖泊和海洋中发现它们的存在显得

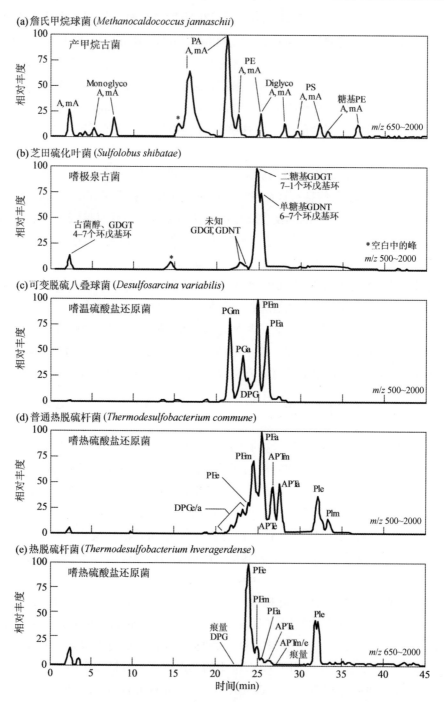

图 11.5 不同类群原核生物和古菌的完整极性膜脂色谱图，显示其组成差异。缩写见表 11.1（修改自 Sturt et al.，2004）

很奇怪，不过现在已经认识到，它们占海洋中超微型浮游生物的比例可能多达 20%（Karner et al.，2001）。研究还表明，这些适"冷"的海洋泉古菌实际上还有另外一种在

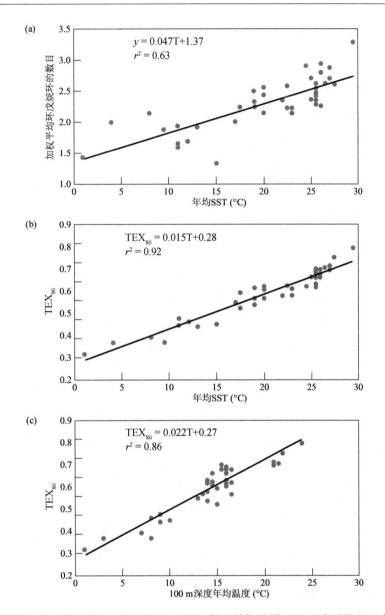

图 11.6　海洋环境中甘油二烷基甘油四醚 I – IV （结构见图 11.7） 中平均的环戊烷环
数目与年均 SST 之间的关系 （$r^2 = 0.63$） （a）， 表层沉积物中的 TEX_{86} 与年均 SST 之间
的关系 （$r^2 = 0.92$） （b）， 表层沉积物 TEX_{86} 与 100 m 水深处或代表更深处样品的底层
水温之间的关系 （$r^2 = 0.86$） （c） （修改自 Schouten et al. , 2002）

超嗜热古菌中没有发现的 GDGT， 即泉古菌醇 （Sinninghe Damsté et al. , 2002）。基于分子
模型的工作， 在泉古菌醇上发现的额外的环己烷环被认为是泉古菌对较冷温度的一种适应
机制， 泉古菌醇借此防止在这些较冷的 "正常" 温度下膜脂的致密堆积 （Sinninghe
Damsté et al. , 2002）。泉古菌醇还有一种位置异构体， 也是由泉古菌合成的， 但量较小。

实际上，最近的工作表明，在海洋沉积物中泉古菌醇位置异构体与共存的 GDGTs 的放射性碳的年龄是不同的，说明它们的来源可能是不同的，而这种不同可能是沉积后过程导致的（Shah et al.，2008）。这一研究还指出，其他 GDGTs 不如泉古菌醇位置异构体稳定，且比烯酮更容易受到沉积后降解的影响。因此，在指示本地来源的初级生产的历史变化时，GDGTs 可能是比烯酮更好的指标；由于不能在长期的沉积后输运中保存下来，GDGTs 不能有效指示通过横向输运而来的远源输入（Shah et al.，2008；Huguet et al.，2009；Kim et al.，2009）。然而，仍然需要进一步的工作来详析 GDGTs 之间的稳定性差异以及在沉积后输运过程中这些差异对 GDGT 特征可能存在的影响。最近的工作也表明，对于使用 TEX_{86} 获得的温度值通常要比通过 Mg/Ga 比得到的要高（如 Hoogakker et al.，2009），部分可能是因为沉积物中的古菌种群生产的 GDGT 影响了 TEX_{86} 比值（Lipp and Hinrichs，2009）。TEX_{86} 的计算是基于几种含有不同水平的环戊烷环和甲基支链的 GDGT 化合物的相对比例。这个指标的计算式如下，化合物的编号对应图 11.7b 中的结构：

$$TEX_{86} = ([IV'] + [VII] + [VIII])/([IV'] + [VI] + [VII] + [VIII]) \quad (11.3)$$

化合物 IV′ 是泉古菌醇（IV）的立体异构体，没有在 11.7b 中展示。由于非嗜热泉古菌也存在于湖泊中，这一指标现已被拓展应用到了陆地系统。Powers 等率先将 TEX_{86} 应用于湖泊环境，在代表较广泛的气候条件的 4 个大湖中均发现了非嗜热泉古菌生物标志物 GDGTs 的存在（Powers et al.，2004）。这项研究在表层沉积物中鉴定出了一系列类异戊二烯和非类异戊二烯的 GDGTs，包括与海洋沉积物、海洋颗粒物和非嗜热泉古菌的培养物中发现的相同的，来自古菌的类异戊二烯 GDGTs（IV~VII；图 11.7b）。在不同的湖泊中 GDGT 的分布是有差异的，反映的是泉古菌群落结构的变化或者泉古菌对温度的生理响应。因为遗传信息显示淡水泉古菌具有较低的多样性（Keough et al.，2003），GDGT 组成上的变化很可能反映了其对温度的响应。例如，在 3 个 "冷" 的湖泊里，GDGT V 的丰度相对于泉古菌醇（IV）较高，而在非洲马拉维湖（Lake Malawi）的沉积物中则是低的（图 11.7a），这与在海洋中研究所观察到的类似（Schouten et al.，2002）。同样，Powers 等（2004）在马拉维湖沉积物中发现含环戊烷基的 GDGTs（IV~VIII）的相对丰度较高，与适应较高 SSTs 的海洋泉古菌种群的 GDGT 分布一致。随后，Powers 等发现湖泊样品的 TEX_{86} 和表层年均温度的关系与在海洋系统中发现的关系相似，表明 TEX_{86} 可能是湖泊古温度重建的有效工具。

11.2.3   BIT 指标

GDGTs 也为研究陆源碳对总有机物的贡献提供了有效的生物标志物。研究表明，支链和类异戊二烯四醚（BIT）指标（海洋和陆地 GDGTs 的比例）与埋藏在海洋沉积物中的河流有机碳的量有关（Hopmans et al.，2004；Herfort et al.，2006；Weijers et al.，2006）。当 BIT 指标等于零时，代表没有支链 GDGTs（或者受海洋影响）。相反，BIT 指数等于 1 代表无泉古菌醇（或者受河流影响）。BIT 指标计算方法如下。

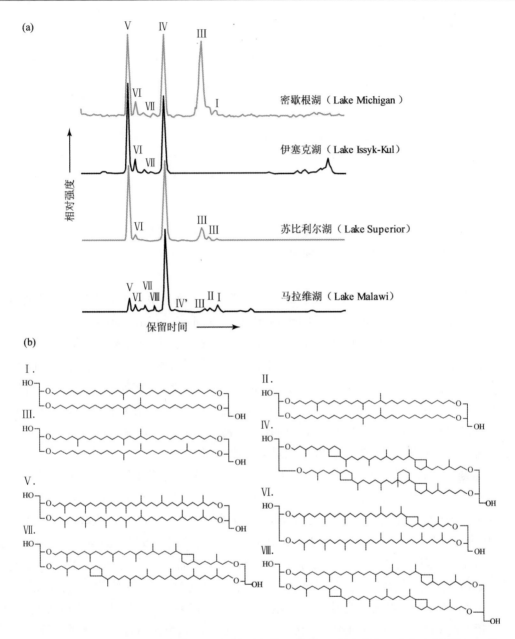

图 11.7　（a）用高效液相色谱—质谱对密歇根湖（美国）、伊塞克湖（吉尔吉斯斯坦）、苏必利尔湖（美国）和马拉维湖（非洲）样品中的甘油二烷基甘油四醚化合物（GDGT）进行分析所得到的部分色谱图；（b）鉴定出的 GDGT 化合物的结构，部分用于 TEX$_{86}$ 指标的计算。GDGTs Ⅰ–Ⅲ属于非类异戊二烯化合物，Ⅳ–Ⅷ是类异戊二烯化合物，均常见于非高温泉古菌。化合物Ⅳ是泉古菌醇（修改自 Power et al.，2004）

$$BIT = \frac{[\;Ⅰ\;+\;Ⅱ\;+\;Ⅲ\;]}{[\;Ⅰ\;+\;Ⅱ\;+\;Ⅲ\;]\;+\;[\;Ⅳ\;]} \qquad (11.4)$$

计算式中使用的化合物结构见图 11.8。

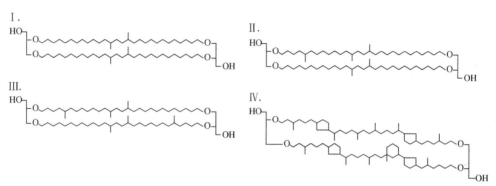

图 11.8　BIT 指标计算中使用的 4 种 GDGTs 的结构。化合物 Ⅰ – Ⅲ 是有支链的，非类异戊二烯的细菌类脂化合物，化合物 Ⅳ 是泉古菌醇

陆地土壤和泥炭样品的分析表明，支链四醚膜脂在陆地环境中占居优势。前期的研究表明，这些化合物有可能来自厌氧的土壤细菌（Hopmans et al., 2004；Weijers et al., 2007）。相反，泉古菌醇是非嗜热泉古菌的特征膜脂，在海洋和湖泊环境中含量特别丰富。BIT 指标首先应用于安哥拉盆地（Angola Basin）的表层沉积物，该盆地受非洲刚果河（Congo River）的输入直接影响（Weijers et al., 2009）。北海（North Sea）颗粒有机物（POM）的分析结果显示，靠近大河输入的区域中的水体 POM 有相对较高的 BIT 值（Herfort et al., 2006）。Hopmans 等（2004）调查了从海洋和湖泊环境采集的表层沉积物，发现 BIT 指标与河流来源的陆地有机物的相对输入比例相关。

Weijers 等随后调查了从全球的 90 个站位采集的 134 个土壤样品中的 GDGT 组成来研究控制 GDGT 异构体的环境因素（Weijers et al., 2006, 2007）。他们得出结论，认为土壤细菌会根据 pH 值和温度改变它们自己的核心脂组成。烷基链上的环戊烷基的相对数量与 pH 值有关，而在 C-5 到 C-50 位置上的额外的甲基支链的相对数量可能与 pH 值和温度都有关。因此，他们另外设计了两个指标，这两个指标很有希望作为生物标志物用于重建古土壤 pH 值和大陆气温。支链四醚的甲基化指数（MBT）与平均气温呈正相关（$r^2 = 0.62$），而支链四醚的环化比例与土壤 pH 值呈负相关（$r^2 = 0.70$）。这项研究表明，与土壤相关的 GDGTs 不仅可以用做陆源有机物的生物标志物，而且可以提供古环境的信息。最近的研究还表明，在马德拉深海平原（Madeira Abyssal Plain）沉积物中主要来源于海洋泉古菌的泉古菌醇的抗降解能力显著强于来自陆地土壤中的 GDGTs（Huguet et al., 2009）。

最近在美国华盛顿州的海岸外开展的一项研究比较了 BIT 指标与陆源有机物的其他指标，如木质酚和 $\delta^{13}C_{TOC}$（Walsh et al., 2008）。出人意料的是，BIT 指标与木质酚和 $\delta^{13}C_{TOC}$ 都没有很好的相关性，并且 BIT 显示有机物的陆源贡献要低得多。作者认为这种差异可能是由于陆源有机物的来源不同，BIT 指标可能反映了土壤和泥炭的贡献，而木质酚则是示踪维管植物的输入。因此，在解释 BIT 指标时需要注意，特别是那些土壤和泥炭不是陆源有机物主要来源的环境中。最近，有更多的研究支持 BIT 更适于用作土壤生物标志物的观点（Belicka and Harvey, 2009；Weijers et al., 2009；Smith et al., 2010）。

11.3　小结

在本章中，我们讨论了几类极性类脂化合物，以及它们在古海洋学与古湖泊学领域中的诸多应用。例如，烯酮已广泛应用于古海洋学研究，经常与其他古温度指标，如 $\delta^{18}O$、Mg/Ga 比和有孔虫化石组合等联合使用。我们还讨论了高效液相色谱—质谱分析方法的最新进展，这些进展使得完整极性膜脂，如以甘油二烷基甘油四醚（GDGTs）为核心脂的完整磷脂的分析成为可能。这些化合物是由同时生活在陆地和海洋系统的微生物产生的，在古生态学、古气候学、微生物生态学和有机地球化学研究中很有用。

自从 LC-MS 技术发展起来以后，完整极性分子的分析已经变得愈发广泛。在某些情况下，这些化合物（如完整极性膜脂）在识别土壤和沉积物中微生物群落方面比先将极性化合物水解再分析其水解后成分［如磷脂脂肪酸（PLFA）］的传统方法更有效。这类化合物展现了鉴别土壤和沼泽沉积物中的微生物、示踪土壤有机物向沿岸区域的输运（如 BIT 指标），和重建古温度（如 TEX_{86}）的巨大潜力。然而，需要更多的工作来更好地在世界上不同的实验室之间互校这些指标。使用 BIT 和 TEX_{86} 指标的实验室之间的第一次互校尝试显示，15 个不同实验室分析两个沉积物样品得到的 TEX_{86} 的重复性（实验室内部的变化）分别是 0.03 和 0.02 或者 ±1～2℃，重现性（实验室之间的变化）分别是 0.05 和 0.07 或者 ±3～4℃（Schouten et al., 2009）。对于 BIT，重复性和重现性分别为 0.03 和 0.04。BIT 测定中方差较大被归因于仪器的参数设置和 BIT 指标中使用的 GDGTs 分子量的差异较大。TEX_{86} 值的波动显著高于烯酮（U_{37}^{K}）和 Mg/Ga 比古温度计的类似互校研究获得的结果，说明显然需要改进 GDGTs 的分析以更好地统一不同实验室之间的结果。

纯化 GDGT 标准来更好的定量自然环境中 GDGTs 的绝对浓度也是需要改进的地方，但这不会是一件容易的事。能够提供内标，如 C_{46} GDGT，已经部分提高了获得更好的 GDGTs 绝对丰度的能力（Huguet et al., 2006）。相似的，最近使用 HPLC/APCI-离子阱质谱的工作已能对 GDGTs 进行快速筛查（Escala et al., 2007）。所以，尽管我们对 GDGTs 作为有机指标的应用和限制的理解每年都有提升，显然需要继续开展深入的实验室互校以完善 LC-MS 质量校正和调谐设置的具体细节（Schouten et al., 2009）。

第12章 光合色素：叶绿素、类胡萝卜素和藻胆素

12.1 背景

用于吸收光合有效辐射（PAR）的主要光合色素包括叶绿素、类胡萝卜素和藻胆素，其中又以叶绿素最为重要（Emerson and Arnold，1932a，b；Clayton，1971，1980）。虽然陆地上叶绿素总量更高，但是75%的全球叶绿素年周转量（约为109 Mg/a）发生在海洋、湖泊与河流/河口区域（Brown et al.，1991；Jeffrey and Mantoura，1997）。所有的光捕获色素均与蛋白质结合，组成独特的类胡萝卜素和叶绿素—蛋白质复合物。这些藻类和高等植物细胞内的色素—蛋白质复合物存在于叶绿体的类囊体膜上（Cohen et al.，1995）。真核生物的光合能力主要源自由异养真核生物和可进行光合作用的原核生物（或其后代）之间组成的一个或多个内共生联合体（Gray，1992；Whatley，1993）。几种主要的内共生行为发生在真核生物和蓝细菌之间。在一个遗传谱系中，光合生物丧失了其自身大部分的基因独立性，并以色素体—叶绿体的形式在功能和基因上将自己整合进了宿主细胞（Kuhlbrandt et al.，1994）。至少有两种类型的原核生物：网绿藻（chlorarachniophytes）和隐藻（crypto-monads），通过与真核藻类形成共生的方式获得了色素体。

光合生物具有多种多样的辅助色素，可用于对藻类进行分类。尽管有很多变化，但通常认为所有的叶绿体都是来自同一个蓝细菌祖先。类似于陆地植物和绿藻（Chlorophyta），原绿藻（prochlorophytes）作为一类可使用叶绿素 b 执行产氧光合作用的原核生物，被认为是绿藻叶绿体的祖先。然而，3 种已知的原绿藻［海鞘原绿藻（Prochloron didemni）、荷兰原绿丝蓝细菌（Prochlorothrix hollandica）和海洋原绿球藻（Prochlorococcus marinus）］已被证实并不是叶绿体的特定祖先，他们仅仅是蓝细菌（仅含藻胆素而不含叶绿素 b）的分支成员（Olson and Pierson，1987）。因此，有研究认为原绿藻和绿藻的祖先合成叶绿素 b 的能力独立进化了多次。进化分析表明这些基因具有共同的进化起源，表明产氧光合细菌的祖细胞，包括叶绿体的祖先，同时含有叶绿素 b 和藻胆素（Hill，1939；Rutherford et al.，1992；Nugent，1996）。

叶绿素属于色素，通常呈绿色。实际上，叶绿素并不是一个单一的分子，而是一类相关的分子，包括叶绿素 a、b、c 和 d。叶绿素 a 存在于所有的植物细胞中，因此叶绿素 a 的浓度是叶绿素分析中最常报道的一个参数（Jeffrey et al.，1997）。相比之下，其他叶绿素的分布则更具专一性。例如，叶绿素 d 通常存在于海洋红藻中，叶绿素 b 和叶绿素 c 在绿藻和硅藻中较普遍（Rowan，1989；Jeffrey et al.，1997）。这些叶绿素的相对含量在不

同的藻类细胞间有相当大的差别。尽管如此，实际上在所有的真核生物以及原核的蓝细菌中叶绿素 a 仍然是优势色素（Olson and Pierson，1987），常被用来估算水生生态系统中的藻类生物量。叶绿素 a 和 b 均含有一个与 C_{20} 植醇酯化的丙酸基；叶绿素 c_1 和叶绿素 c_2 则具有一个丙烯酸，取代了叶绿素 a 中的丙酸（图 12.1）。叶绿素分子是由 4 个吡咯环组成的，它们以环状的形式形成卟啉环，该卟啉环围绕镁形成配位体（Rowan，1989）。这一稳定的环状结构为电子的自由移动创造了条件。由于电子可以自由移动，使得该环状结构容易获得和失去电子，并因此具有为其他分子提供高能电子的潜力。这是光合作用的基本过程，也是叶绿素捕获光能的原理。叶绿素的类别有多种，最重要的当属叶绿素 a。叶绿素 a 通过向合成糖类的分子提供高能电子，使光合作用成为可能（Emerson and Arnold，1932a，b；Calvin，1976；Clayton，1980；Arnon，1984；Malkin and Niyogi，2000）。

　　叶绿素类色素也可以用来解析真核与原核生物的相对贡献。例如，与在缺氧或低氧环境中存在的典型的绿硫细菌和紫硫细菌截然相反，真核生物和蓝细菌广泛存在于富氧的水体中（Wilson et al.，2004）。细菌叶绿素 a 是紫硫细菌［如着色菌（*Chromatiaceae*）］中占优势的光捕获色素，氧气的存在会抑制它的合成（Knaff，1993；Squier et al.，2004）。相似的，细菌叶绿素 e 已被证实可以指示绿硫细菌［如褐弧状绿菌（*Chlorobium phaeovibrioides*）和褐杆状绿菌（*C. phaeobacteroides*）］（Chen et al.，2001；Repeta et al.，1989），而在其他种绿菌（*Chlorobium* spp.）中还发现了细菌叶绿素 c 和 d。正如第 2 章所讨论的，由于与环境的氧化还原条件有联系，细菌叶绿素已成功地用于重建水生系统的古氧化还原状况（Bianchi et al.，2000a；Chen et al.，2001；Squier et al.，2004；Ruess et al.，2005）。

　　沉积物中最丰富的色素形式是主要通过异养过程形成的叶绿素的降解产物（Daley，1973；Repeta and Gagosian，1987；Brown et al.，1991；Bianchi et al.，1993；Chen et al.，2001；Louda et al.，2002）。这些色素降解产物可能被用来推断不同来源的物质对于消费者来说的可利用性。例如，在海洋和淡水/河口系统中发现的四种优势的叶绿素类色素（脱镁色素）的四吡咯衍生物（脱植基叶绿素、脱镁叶绿酸、脱镁叶绿素和焦脱镁叶绿酸），是由细菌的细胞自溶作用及后生动物的摄食活动等过程产生的（Sanger and Gorham，1970；Jeffrey，1974；Welchmeyer and Lorenzen，1985；Bianchi et al.，1988，1991；Head and Harris，1996）。

　　具体来说，当硅藻受生理压力时，由叶绿素酶介导的叶绿素脱脂反应（失去植醇基侧链）会生成脱植基叶绿素（Holden，1976；Jeffrey and Hallegraeff，1987）。细菌降解、后生动物摄食和细胞溶解等过程能够使叶绿素中心的镁丢失，形成脱镁叶绿素（Daley and Brown，1973）。脱镁叶绿酸可以通过脱植基叶绿素脱镁形成，也可以通过脱镁叶绿素脱植基形成，这些过程主要发生在草食性动物的摄食活动中（Shuman and Lorenzen，1975；Welschmeyer and Lorenzen，1985；Bianchi et al.，2000a）。焦化脱镁色素，如焦脱镁叶绿酸和焦脱镁叶绿素，主要也是通过摄食活动（Hawkins et al.，1986）将 C_{13} 所连的丙酸基碳环上的甲酸甲酯基团（-COOCH$_3$）去除后形成的（Ziegler et al.，1988）。这些化合物占了水体颗粒物（Head and Harris，1994，1996）和沉积物（Keely and Maxwell，1991；Hayashi

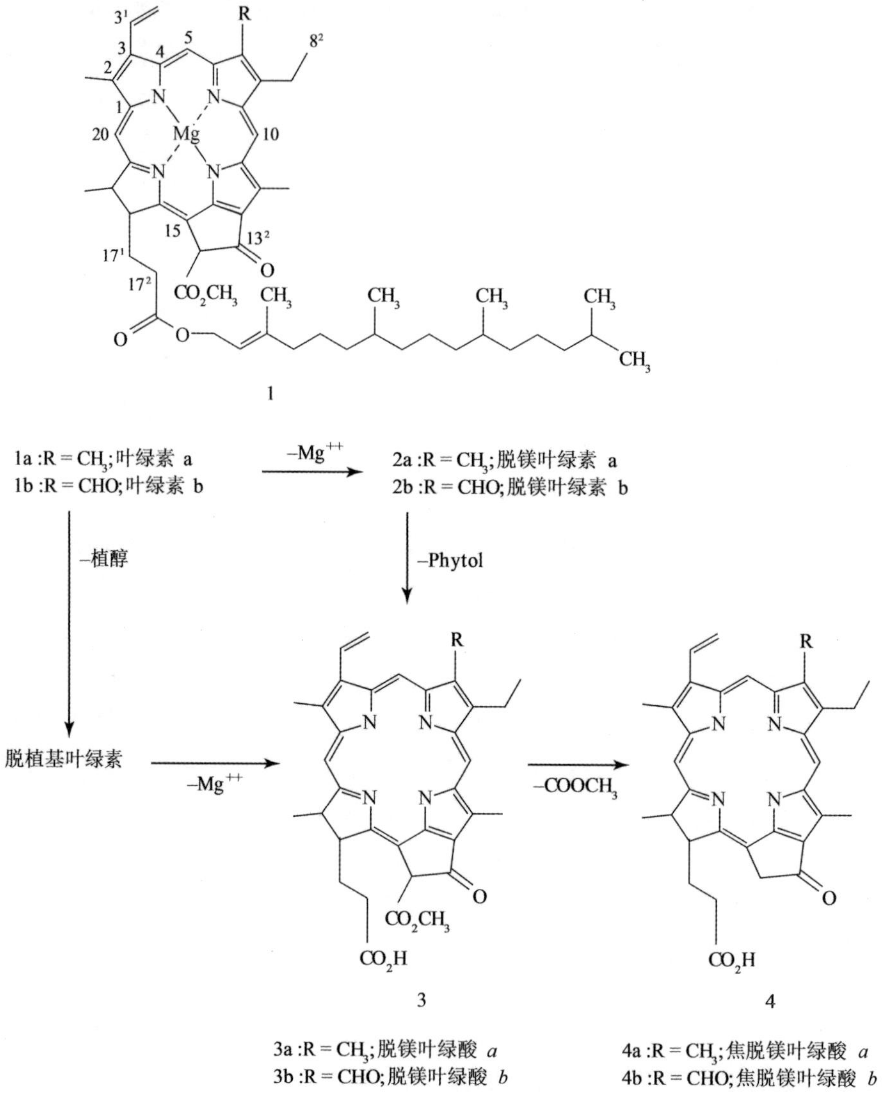

图 12.1　叶绿素 *a* 和 *b*，均含有一个与 C_{20} 植醇酯化的丙酸基，能够降解生成相应的脱镁色素：脱植基叶绿素、脱镁叶绿酸及焦脱镁叶绿酸。"R"代表不同的官能团（修改自 Bianchi，2007）

et al.，2001；Chen et al.，2003a，b）中色素降解产物的大部分。叶绿素 *a* 的环状衍生物，如环脱镁叶绿酸 *a* 烯醇（Harris et al.，1995；Goericke et al.，2000；Louda et al.，2000）及其氧化产物叶绿酮 *a* 在水生系统中也很丰富，有研究认为它们形成于后生动物的肠道内（Harradine et al.，1996；Ma and Dolphin，1996）。

　　大部分在真光层产生的叶绿素会降解为无色的化合物：发色团的破坏表明大环的裂解（类型 II 反应）（Rutherford，1989；Brown et al.，1991；Nugent，1996）。叶绿素的类型 II 反应的主要机理是光氧化，包括处于激发态的单线态氧的进攻和酶促降解（Arnon，1984；

Gaossauer and Engel，1996）。另一类稳定的非极性叶绿素 a 降解产物是甾醇绿素酯（steryl chlorin esters，SCEs）和胡萝卜醇绿素酯（carotenol chlorin esters，CCEs）（Furlong and Carpenter，1988；King and Repeta，1994；Talbot et al.，1999；Chen et al.，2003a，b；Kowalewska et al.，2004；Kowalewska，2005）。这些化合物是脱镁叶绿酸 a 和/或焦脱镁叶绿酸 a 与甾醇和类胡萝卜素经酯化反应形成的，并被认为是浮游动物摄食和细菌降解作用的结果（King and Repeta，1994；Spooner et al.，1994；Harradine et al.，1996）。最近的研究表明，SCEs 是由沉积物中厌氧和兼性好氧细菌及在无脊椎食草动物肠道内形成的（Szymczak-Zyla et al.，2008），许多 SCEs 的前体化合物由底栖生物形成（Szymczak-Zyla et al.，2006）。

类胡萝卜素是一类重要的类四萜化合物，由一条含共轭键的 C_{40} 链组成（Goodwin，1980；Frank and Cogdell，1996）。这些色素在细菌、藻类、真菌和高等植物中均有发现，是水生系统中在纲一级进行分类的主要的色素生物标志物（图 12.2 和表 12.1）。针对类胡萝卜素的生物合成的研究表明，番茄红素是合成大部分类胡萝卜素的重要前体化合物（Liaaen-Jensen，1978；Goodwin，1980；Schuette，1983）。类胡萝卜素存在于用于捕光和光保护的色素蛋白质复合体中（Frank and Cogdell，1996；Porra et al.，1997）。类胡萝卜素可以分为两类：一类是胡萝卜素（如 β-胡萝卜素），是一种烃类；另一类是叶黄素类（如百合黄素、紫黄素和岩藻黄素），其分子中至少含有一个氧原子（Rowan，1989）。氧化官能团（如 5′，6′-环氧化基团）使某些叶黄素类，如岩藻黄素，与胡萝卜素相比更易受细菌降解的影响（Pfundel and Bilger，1994；Porra et al.，1997）。

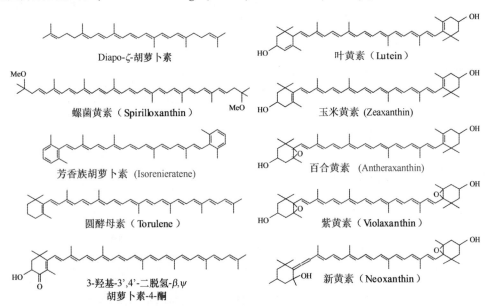

图 12.2 类胡萝卜素存在于细菌、藻类、真菌和高等植物中，它们是水生系统中在纲一级进行分类的主要的色素生物标志物

表 12.1 海洋中表征藻类类群及过程的特征色素标志物汇总[a,b]

色素	藻类类群或过程	参考文献
叶绿素		
叶绿素 a	所有的光合微藻（原绿藻除外）	Jeffrey et al.（1997）
二乙烯基叶绿素 a	原绿藻	Goericke and Repeta（1992）
叶绿素 b	绿色藻：绿藻、青绿藻、裸藻	Jeffrey et al.（1997）
二乙烯基叶绿素 b	原绿藻	Goericke and Repeta（1992）
叶绿素 c	有色藻类	Jeffrey（1989）
叶绿素 c_1	硅藻、某些定鞭藻、某些淡水金藻、针胞藻	Jeffrey（1976b，1989）；Stauber and Jeffrey（1988）；Andersen and Mulkey（1983）
叶绿素 c_2	大部分硅藻、甲藻、定鞭藻、针胞藻、隐藻	Jeffrey et al.（1975）；Stauber and Jeffrey（1988）；Andersen and Mulkey（1983）
叶绿素 c_3	某些定鞭藻、一种金藻、几种硅藻和甲藻	Jeffrey and Wright（1987）；Vesk and Jeffrey（1987）；Jeffrey（1989）；Johnsen and Sakshaug（1993）
叶绿素 c_{cs-170}	一种青绿藻	Jeffrey（1989）
含植基类叶绿素 c[c]	某些定鞭藻	Nelson and Wakeham（1989）；Jeffrey and Wright（1994）；Ricketts（1966）；Jeffrey（1989）
Mg-3，8-二乙烯基暗嘌呤（Mg-3，8-DVP）	某些青绿藻	
细菌叶绿素	缺氧沉积物	Repeta et al.（1989）；Repeta and Simpson（1991）
类胡萝卜素		
别黄素	隐藻	Chapman（1966）；Pennington et al.（1985）
19-丁酰氧基岩藻黄素	某些定鞭藻、一种金藻、几种甲藻	Bjørnland and Liaaen-Jensen（1989）；Bjørnland et al.（1989）；Jeffrey and Wright（1994）

续表

色素	藻类类群或过程	参考文献
β, ε-胡萝卜素	隐藻、原绿藻、红藻、绿色藻	Bianchi et al.（1997c）； Jeffrey et al.（1997）
β, β-胡萝卜素	除了红藻和隐藻之外的所有藻类	Bianchi et al.（1997c）； Jeffrey et al.（1997）
隐藻黄素	隐藻（次要色素）	Pennington et al.（1985）
硅甲藻黄素	硅藻、甲藻、定鞭藻、金藻、针胞藻、裸藻	Jeffrey et al.（1997）
甲藻黄素	甲藻	Johansen et al.（1974）； Jeffrey et al.（1975）
海胆酮	蓝藻	Foss et al.（1987）
岩藻黄素	硅藻、定鞭藻、金藻、针胞藻、几种甲藻	Stauber and Jeffrey（1988）； Bjørnland and Liaaen-Jensen（1989）
19-己酰氧基岩藻黄素	定鞭藻、几种甲藻	Arpin et al.（1976）； Bjørnland and Liaaen-Jensen（1989）
叶黄素	绿色藻：绿藻、青绿藻、高等植物	Bianchi and Findly（1990）； Bianchi et al.（1997c）； Jeffrey et al.（1997）
醛基叶黄素	某些青绿藻	Egeland and Liaaen-Jensen（1992, 1993）
蓝隐藻黄素	隐藻（次要色素）	Pennington et al.（1985）
9-顺-新黄素	绿色藻：绿藻、青绿藻、裸藻	Jeffrey et al.（1997）
多甲藻黄素	甲藻	Johansen et al.（1974）； Jeffrey et al.（1975）
多甲藻黄醇	甲藻（次要色素）	Bjørnland and Liaaen-Jensen（1989）
青绿藻黄素	青绿藻	Foss et al.（1984）
皮洛黄素	甲藻（次要色素）	Bjørnland and Liaaen-Jensen（1989）
管藻黄素	几种青绿藻、一种裸藻	Bjørnland（1989）； Fawley and Lee（1990）
无隔藻黄素酯	黄绿藻	Bjørnland and Liaaen-Jensen（1989）
紫黄素	绿色藻：绿藻、青绿藻、黄绿藻	Jeffrey et al.（1997）
玉米黄素	蓝藻、原绿藻、红藻、绿藻、黄绿藻（次要色素）	Guillard et al.（1985）； Gieskes et al.（1988）； Goerieke and Repeta（1992）

续表

色素	藻类类群或过程	参考文献
藻胆蛋白		
别藻蓝蛋白	蓝藻、红藻	Rowan（1989）
藻蓝蛋白	蓝藻、隐藻、红藻（次要色素）	Rowan（1989）
藻红蛋白	蓝藻、隐藻、红藻	Rowan（1989）
叶绿素降解产物		
脱镁叶绿素 a^d	浮游动物粪粒、沉积物	Vernet and Lorenzen（1987）； Bianchi et al.（1988，1991，2000a）
脱镁叶绿素 b^d	原生动物粪粒	Bianchi et al.（1988，2000a）； Strom（1991，1993）
脱镁叶绿素 c^d	原生动物粪粒	Strom（1991，1993）
脱镁叶绿酸 a	原生动物粪粒	Strom（1991，1993）； Head et al.（1994）； Welschmeyer and Lorenzen（1985）
脱镁叶绿酸 b	原生动物粪粒	Strom（1991，1993）
脱植基叶绿酸 a	衰老硅藻：提取过程人为产物	Jeffrey and Hallegraeff（1987）
蓝-绿 叶绿素 a	衰老微藻	Hallegraeff and Jeffrey（1985）
焦叶绿素 a	沉积物	Chen et al.（2003a，b）
焦脱镁叶绿素 a	沉积物	Chen et al.（2003a，b）
焦脱镁叶绿酸 a	桡足动物摄食：粪粒	Head et al.（1994）
内消旋脱镁叶绿酸 a	沉积物	Chen et al.（2003a，b）

[a]很多痕量的类胡萝卜素的分布范围比上表中展示的更加广泛（Bjørnland and Liaaen-Jensen，1989）。

[b]一些"非典型"的色素组成能够反映内共生事件。

[c]这些组分中发现了两种光谱特征迥异的色素（Garrido et al.，1995）。

[d]这些组分中每一种均有多种形式（Strom，1993）。

来源：修改自 Jeffrey 等（1997）。

　　光合自养生物在过度光照条件下会产生光保护作用，涉及两个著名的"叶黄素循环"过程：（1）绿色藻和高等植物中玉米黄素↔百合黄素↔紫黄素通过获得或失去环氧化基团进行相互转化；（2）藻类，如金藻和甲藻中玉米黄素↔硅藻黄素↔硅甲藻黄素的相互转化（图12.3）（Hager，1980）。

　　正如第 2 章所讨论的，植物色素已被用于水生古生态学研究，以更好地理解细菌群落组成、营养水平、氧化还原环境的改变、湖泊酸化及紫外线辐射水平的历史变化（Leavitt

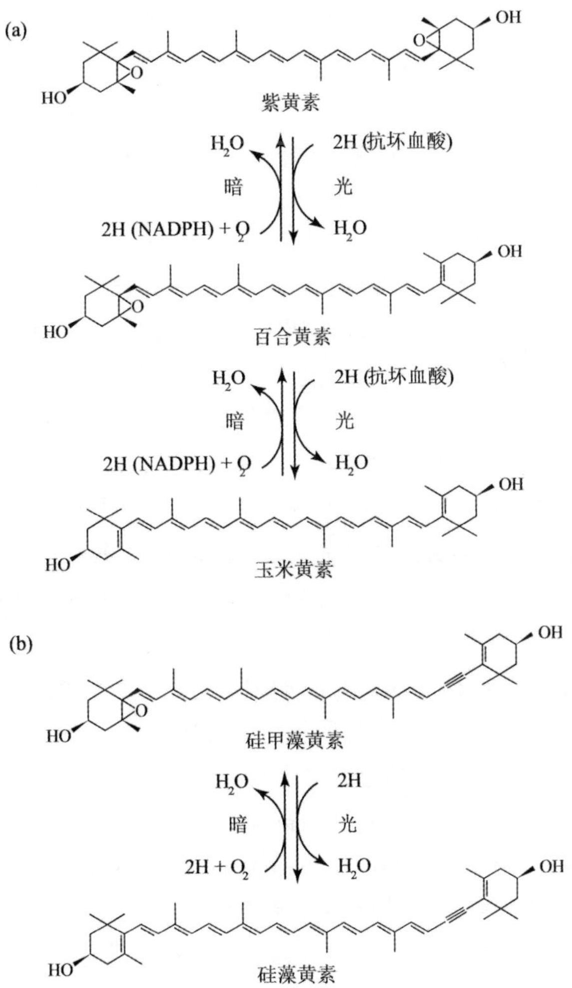

图 12.3　过度光照条件下光合自养生物的光保护作用涉及的两个著名的"叶黄素循环"过程：（1）绿色藻和高等植物中玉米黄素↔百合黄素↔紫黄素通过获得或失去环氧化基团进行相互转化；（2）藻类，如金藻和甲藻中的玉米黄素↔硅藻黄素↔硅甲藻黄素的相互转化（NADPH：还原型辅酶Ⅱ）（修改自 Hager，1980）

and Hodgson，2001；Bianchi，2007 及其中的参考文献）。在这里我们简单地讨论一些被用作化石色素的关键的类胡萝卜素。以浮游植物响应紫外辐射变化（受水体透明度、平流层臭氧浓度等变化的影响）的历史变化为例，类似伪枝藻素（scytonemin）这样的鞘色素是一种很有效的生态系统变化示踪剂（Leavitt et al.，1997，2003，2009）。伪枝藻素是在许多蓝细菌的胞外鞘体中产生的一种色素（Garcia-Pichel and Castenholz，1991；Garcia-Pichel et al.，1992），在 UV-A（315~400 nm）和 UV-B（280~315 nm）波长范围内有最大吸收，使某些浮游植物具有天然遮光的优势（Vincent et al.，1993；Llewellyn and Mantoura，1997）。

　　类似地，其他的类胡萝卜素也被用于水生古生态学研究，如基于芳香胡萝卜素与β-胡萝卜素的比值（isorenieratene：β-carotene）建立的水体透明度指标（water clarity index，WCI）被用来研究水体透明度的历史变化（Brown et al.，1984；Hambright et al.，2008）。芳香胡萝卜素还是一种指示化能自养绿硫细菌（棕色变种）绿菌科（如褐弧状绿菌和褐杆状绿菌）的类胡萝卜素，类似于前面提到的细菌叶绿素 e（Brown et al.，1984；Repeta et al.，1989；Chen et al.，2001）。β-胡萝卜素是几乎存在于所有的藻类中的一种稳定的色素标志物（见 Bianchi，2007 及其中的参考文献）；因此芳香胡萝卜素与β-胡萝卜素的比值可以用来估算绿菌相对于所有其他光合浮游生物的量。因为这些细菌生长在光照充足及底层沉积物向水体输送硫化物的环境中，故这一比值可以指示水体透明度（Leavitt and Carpenter，1989；Hambright et al.，2008）。芳香胡萝卜素也被用来在古遗传学研究（如化石DNA）中提供微生物来源的佐证（如 Coolen and Overmann，1988；Sinninghe Damsté and Coolen，2006）。另一种类胡萝卜素，奥氏酮（okenone），被用作化石色素指示紫硫细菌（着色菌）（Overmann et al.，1993；Coolen and Overmann，1998）。在远至 11 000 年前的湖泊沉积物中还可以发现奥氏酮，进一步表明色素可以作为化石示踪剂（Overmann et al.，1993）。

　　最近这些关于化石色素的研究脱胎于早期的一些工作，这些工作表明，类胡萝卜素，如玉米黄素，保存在距今 56 000 年前的沉积物中（Watts and Maxwell，1977）。与玉米黄素一样，它的同分异构体叶黄素，其他类胡萝卜素，如别黄素和硅藻黄素，也被用作有效的水生生态系统历史变化的示踪剂（如 Lami et al.，2000；Bianchi et al.，2000；Leavitt et al.，2003，2009；Brock et al.，2006；Hambright et al.，2008）。

　　藻胆素是一种存在于细胞质中或叶绿体基质中的水溶性色素。藻胆素因为与胆汁色素，如胆绿素和胆红素等具有相似的化学结构，常被简称为胆色素（Lemberg and Legge，1949）。在蓝藻、隐藻和红藻中，这些色素是与脱辅基蛋白结合的光捕获色素（Kursar and Alberte，1983；Colyer et al.，2005）。藻胆素的典型吸收光谱范围是 540~655 nm（Bermejo et al.，2002），正好处于类胡萝卜素和叶绿素的吸收范围之间。但因为这种色素在不同藻种中的存在有更多的局限性，也缺少较好的高效液相色谱（HPLC）快速分析方法，它们还没有像类胡萝卜素那样被广泛地应用于化学分类学研究中。到目前为止，针对蓝藻和红藻的大部分研究显示，藻胆素以高度有序的蛋白质复合体形式存在，即藻胆蛋白体（phycobilisome，PBS），这使得这些藻胆素有别于其他光合色素。藻胆蛋白体与光合系统 II 的颗粒耦合并规则排列在类囊体的基质表面。藻胆蛋白体是一种水溶性超分子蛋白质复合体，由两种类型的蛋白质组成：深色的藻胆蛋白体（含通过共价键连接的四吡咯发色基团）及通常无色的连接蛋白（Colyer et al.，2005）。藻胆蛋白体伸入到细胞质中，由附着于藻胆蛋白的一簇藻胆素组成，包括藻蓝蛋白（蓝色）和藻红蛋白（红色）。藻胆素通过硫醚键与半胱氨酰残体共价连接；最常见的与多肽键合的藻胆素如图 12.4 所示（Colyer et al.，2005）。藻胆蛋白体选择性地将获取的光能输送给光合系统 II，以将水分子裂解产生氧气（Govindjee and Coleman，1990）。很多光合真菌使用光合系统 I 来氧化还原态的分子，如 H_2S，仅有蓝细菌具有光合系统Ⅱ。蓝细菌中明显发生过光合系统Ⅱ的进化过程。

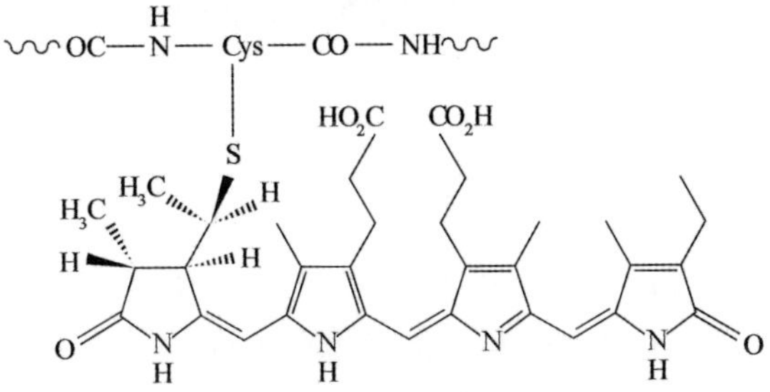

肽键连接藻蓝胆素

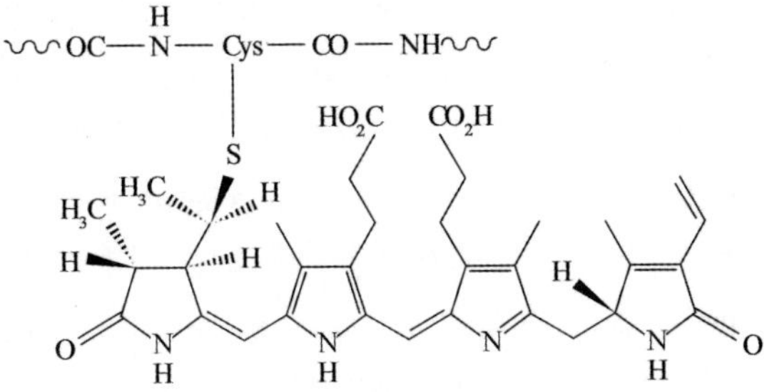

肽键连接藻红胆素

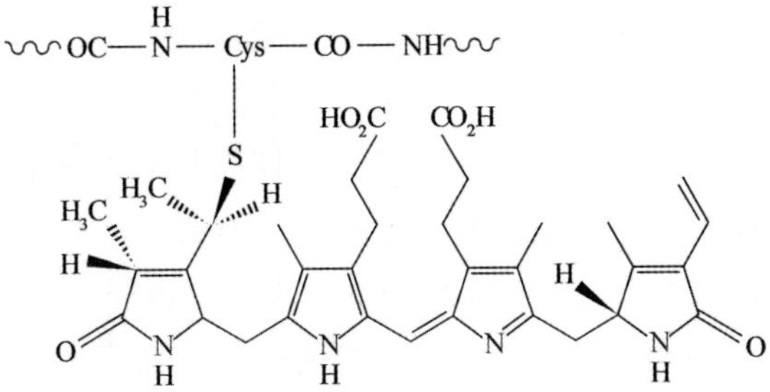

肽键连接藻尿胆素

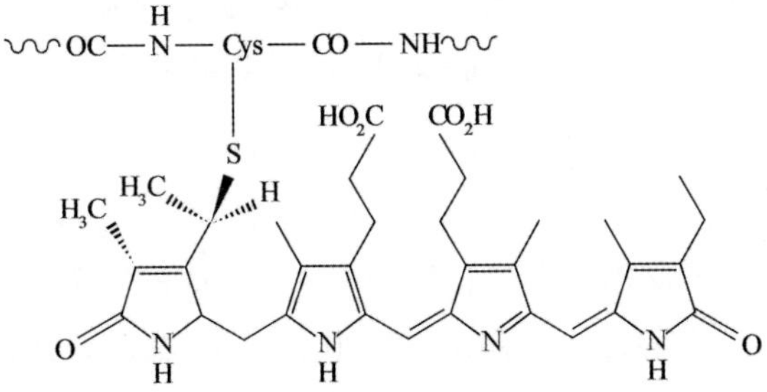

肽键连接藻紫胆素

图 12.4　藻胆素通过硫醚键与半胱氨酰残体共价连接；图中是最常见的与多肽键合的藻胆素（修改自 Colyer et al.，2005）

12.2 叶绿素，类胡萝卜素和藻胆素的生物合成

12.2.1 叶绿素

在叶绿素生物合成的阶段，谷氨酸被转化成 5-氨基乙酰丙酸（ALA）（图 12.5）（Taiz and Zeiger, 2006）。这一反应的不寻常之处在于反应过程中会产生一个共价中间体，谷氨酸借此与转运 RNA（tRNA）结合在一起。在生物化学中，利用到 tRNA 但却没有用来合成蛋白质的例子很少，这一反应是其中之一。接着，两分子的 ALA 缩合形成卟吩胆色素原（PBG），形成叶绿素分子中的吡咯环结构（Clayton, 1980; Armstrong and Apel, 1998）。实际上，四分子的 PBG 就可以组装形成叶绿素中的卟啉结构。阶段 II 包含六步酶催化过程，最后形成原卟啉 IX。到了这一步，哪一种金属原子嵌入卟啉结构的中心就决定了最后形成什么类型的分子。例如，如果在镁螯合酶的作用下嵌入了 Mg 原子，这种分子就逐步转化成叶绿素。如果是金属 Fe 原子嵌入到卟啉结构中心，就会形成亚铁血红素。

叶绿素生物合成路径的阶段 III 涉及第五碳环结构的形成（环 E）。在这一过程中，其中一个丙酸基侧链发生环化作用，形成原叶绿酸，然后在烟酰胺腺嘌呤二核苷酸磷酸（NADPH，还原型辅酶 II）的作用下环 D 中的一个双键被还原，形成脱植基叶绿素。在某些高等植物中（例如，被子植物），这一反应过程需要光照，而且需要在原叶绿酸氧化还原酶（POR）的催化下完成。光合细菌在光合作用期间并不裂解水分子形成氧，它们可以在无光的条件下在其他酶的作用下进行这一反应。蓝细菌、藻类、低等植物和裸子植物同时具有依赖光和 POR 催化的合成路径和不依赖光的合成路径。叶绿素生物合成过程的最后一个阶段，即阶段 IV，则是在叶绿素合成酶的催化下在脱植基叶绿素分子上引入一个植醇基（Malkin and Niyogi, 2000）。阐明叶绿素及相关色素的生物合成路径不是一件容易的事，部分原因在于很多酶的含量都很低。不过，遗传学分析最近已被用于阐释这些反应的若干过程（Suzuki et al., 1997; Armstrong and Apel, 1998）。

12.2.2 类胡萝卜素

类胡萝卜素是由细菌、藻类、真菌和高等植物等合成的四萜类化合物，通常含有一个具共轭键的 C_{40} 链（Britton, 1976; Goodwin, 1980）。某些细菌合成的一些类胡萝卜素是由 C_{30}、C_{45} 和 C_{50} 链构成，但这些仅占已经鉴定出结构的约 600 种类胡萝卜素中的一小部分。除了 5,6-环氧基之外，许多藻类合成的紫罗兰酮环（α 和 β）上还有羟基。类胡萝卜素合成过程中涉及的大多数酶存在于细胞膜内或者与细胞膜有关联。实际上，最近几年凭借对相关基因的克隆、结构和功能研究取得的进展，我们对类胡萝卜素起源的认识已经有了显著的提高（Sandmann, 2001）。不同的生物，如真菌、藻类和细菌，其类胡萝卜素合成过程中的环化反应顺序不同。例如，真菌是通过甲羟戊酸路径合成焦磷酸异戊烯酯，即类

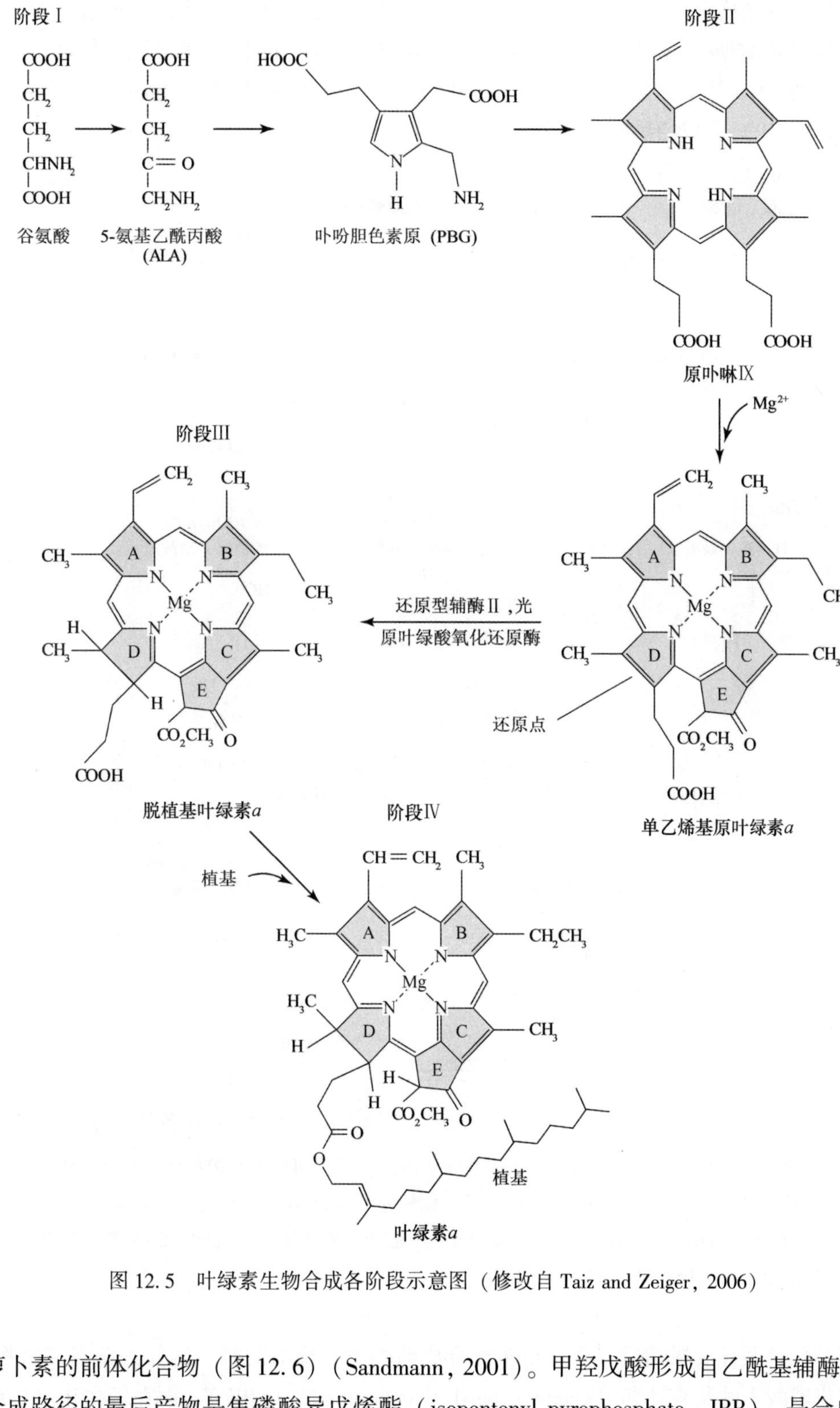

图 12.5　叶绿素生物合成各阶段示意图（修改自 Taiz and Zeiger，2006）

胡萝卜素的前体化合物（图 12.6）（Sandmann，2001）。甲羟戊酸形成自乙酰基辅酶 A，这一合成路径的最后产物是焦磷酸异戊烯酯（isopentenyl pyrophosphate，IPP），是合成萜类化合物的基本结构单元。而对于细菌和植物，焦磷酸异戊烯酯的生成则是通过另外一种路径：1-脱氧木酮糖-5-磷酸酯（1-deoxyxylulose-5-phosphate）过程（图 12.6）。需要注意的是，图 12.6 并没有列出所有的 IPP 和/或焦磷酸二甲烯丙酯（dimethylallyl pyrophosphate，DMAPP）合成的反应步骤。

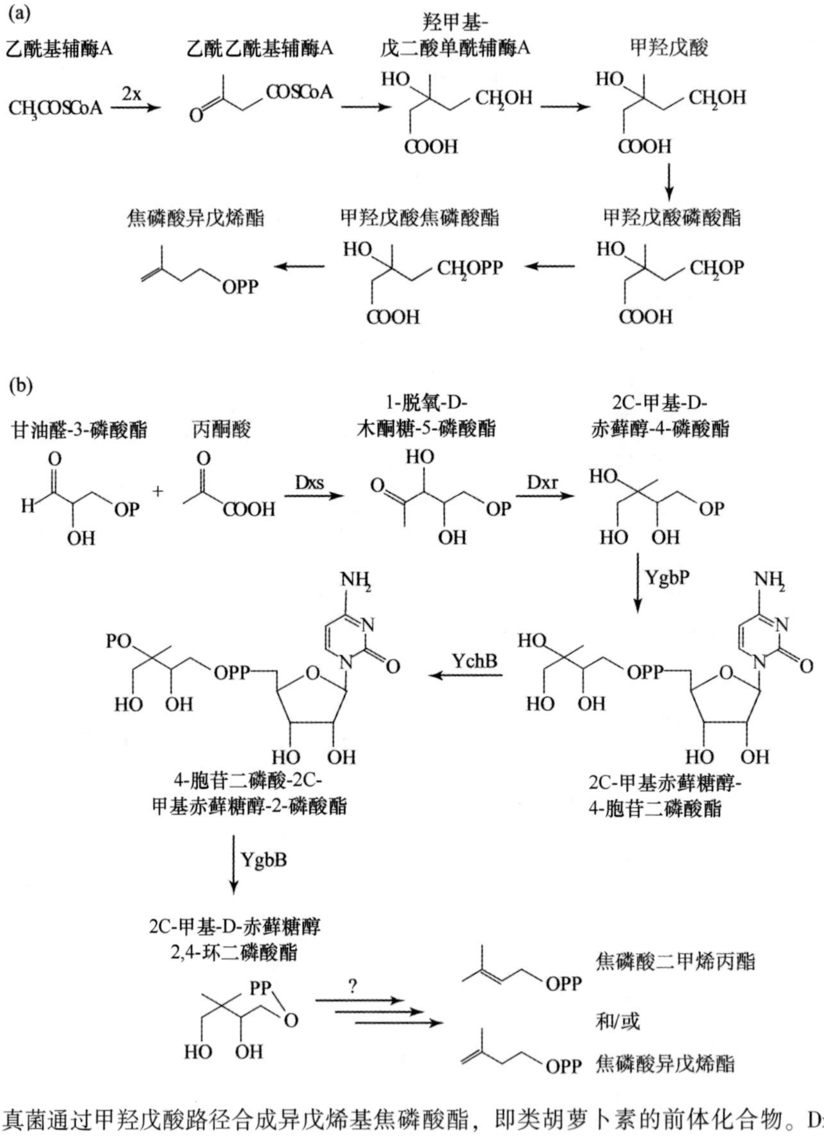

图 12.6　真菌通过甲羟戊酸路径合成异戊烯基焦磷酸酯，即类胡萝卜素的前体化合物。Dxs：1-脱氧-D-木酮糖-5-磷酸合成酶；Dxr：1-脱氧-D-木酮糖-5-磷酸还原异构化酶；YgbP：2-甲基赤藓糖醇-4-二磷酸合成酶；YchB：2-甲基赤藓糖醇-4-胞苷二磷酸激酶；YgbB：2-甲基赤藓糖醇-2，4-环二磷酸合成酶（修改自 Sandmann，2001）

有了焦磷酸异戊烯酯后，会有很多种合成萜类化合物的路径。例如，在高等植物中，会合成焦磷酸香叶基香叶酯（geranylgeranyl pyrophosphate，GGPP），而在细菌中会产生焦磷酸金合欢酯（farnesyl pyrophosphate，FPP）（图 12.6 中未展示）（Sandmann，2001）。对于 GGPP 来说，下一步的反应是生成八氢番茄红素，然后再进行一系列脱氢酶促反应生成番茄红素。叶黄素类中的角黄素、玉米黄素和紫黄素均是 α-、β-胡萝卜素的氧化产物（图 12.7）。

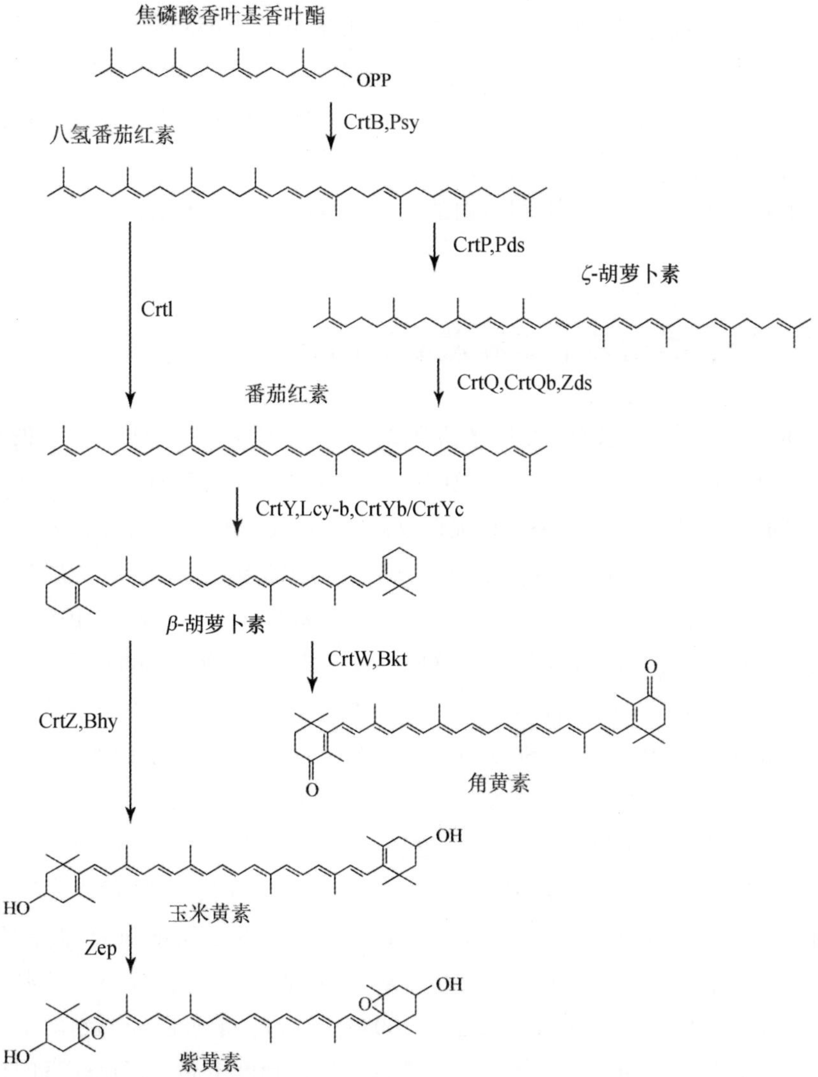

图 12.7　β-胡萝卜素的生物合成路径及其氧化产物。根据相应的基因确定催化单个反应的酶：CrtB：细菌八氢番茄红素合酶；Psy：真核生物八氢番茄红素合酶；CrtI：细菌八氢番茄红素去饱和酶；CrtP：蓝细菌八氢番茄红素去饱和酶；Pds：真核生物八氢番茄红素去饱和酶；CrtQ：与 CrtI 有关的 ζ-胡萝卜素去饱和酶；CrtQb：与 CrtP 有关的 ζ-胡萝卜素去饱和酶；Zds：真核生物 ζ-胡萝卜素去饱和酶；CrtY：细菌番茄红素环化酶；CrtYb 和 CrtYc：来自革兰氏阳性细菌的异二聚体番茄红素环化酶蛋白；Lcy-b：真核生物番茄红素环化酶-b；CrtZ：细菌 β-胡萝卜素羟化酶；Bhy：真核生物 β-胡萝卜素羟化酶；Zep：玉米黄素环氧化酶；CrtW：细菌 β-胡萝卜素酮酶；Bkt：真核生物 β-胡萝卜素酮酶（修改自 Sandmann，2001）

12.2.3 藻胆素

藻胆蛋白的一般生物合成路径是原血红素先转化成胆绿素IX_α，然后胆绿素IX_α被还原，进而形成游离藻胆素（Beale and Cornejo，1983a，b）。接下来，游离的藻胆素通过共价键连接在一起形成脱辅基藻胆蛋白，并进一步形成具有光捕获功能的藻胆蛋白复合体。当前提出的生物合成路径表明15，16-二氢胆绿素IX是胆绿素IX的还原产物（图12.8）（Beale and Cornejo，1991a，b）。这一合成路径的最终是生成3（E）-藻蓝胆素，是藻蓝蛋白在甲醇分解作用下产生的主要的藻胆素（Cole et al.，1967）。不过，未来需要更多的研究以更好地理解在光捕获脱辅基藻胆蛋白的合成过程中，控制氧化、还原及异构化反应的酶的作用。

12.3 叶绿素、类胡萝卜素和藻胆素的分析

如前所述，通过测定叶绿素a浓度来估算淡水和海洋环境中光合自养生物的现存量和生产力已经是一个常规方法。不过，需要说明的是，尽管光合自养细胞的碳：叶绿素a（C/Chl-a）比值随环境条件和生长速率变化显著（Laws et al.，1983），叶绿素a分析仍然是测定水生生态系统中光合自养生物生物量的主要方法。叶绿素类色素的分光光度分析方法在20世纪30—40年代发展起来（Weber et al.，1986）。Richards and Thompson（1952）设计了一套三色方程来计算叶绿素a、b和c的浓度；这些方程式试图校正每一种叶绿素在最大吸收波长下来自其他叶绿素的干扰。后人针对这些方程式进行了很多修正以更好地估算叶绿素含量（Parsons and Strickland，1963；UNESCO，1966；Jeffrey and Humphrey，1975）。

从20世纪60年代开始，荧光光度方法被普遍用于现场样品的分析。在使用宽带通滤镜检测时，荧光谱带会产生重叠，早期的一些荧光光度计无法很好地区分这些重叠的谱带（Trees et al.，1985）。而且，当样品中有高浓度的叶绿素c时，这些荧光光度计总是低估叶绿素b和高估叶绿素a的浓度（Lorenzen and Downs，1986；Bianchi et al.，1995；Jeffrey et al.，1997）。当样品中分别存在大量的叶绿素b和叶绿素c时，脱镁色素常常会被低估或高估（Bianchi et al.，1995；Jeffery et al.，1997）。不过，最近已经研制出了许多新的荧光光度计，可以很好地解决上述干扰问题。而且，与准确度更高，但比较耗时的HPLC分析方法相比，活体荧光分析技术仍然是很有用的快速分析技术（Jeffrey et al.，1997）。

现在有一个共识，即有机地球化学作为一门科学学科始于20世纪30年代，Treibs（1936）首次开展了有机分子的地球化学现代研究，发现并描述了页岩、石油和煤炭中存在的卟啉色素。因此，可以说，我们是跟随着阿尔弗雷德·特雷布斯（Alfred Treibs），"有机地球化学之父"的脚步才开始应用简单的色谱技术来分离色素的。然而，仅仅在大约20年前，分析水生生态系统中叶绿素和类胡萝卜素的优选技术才变成HPLC（Gieskes and Kraay，1983；Mantoura and Llewellyn，1983；Bridigare et al.，1985；Welschmeyer and

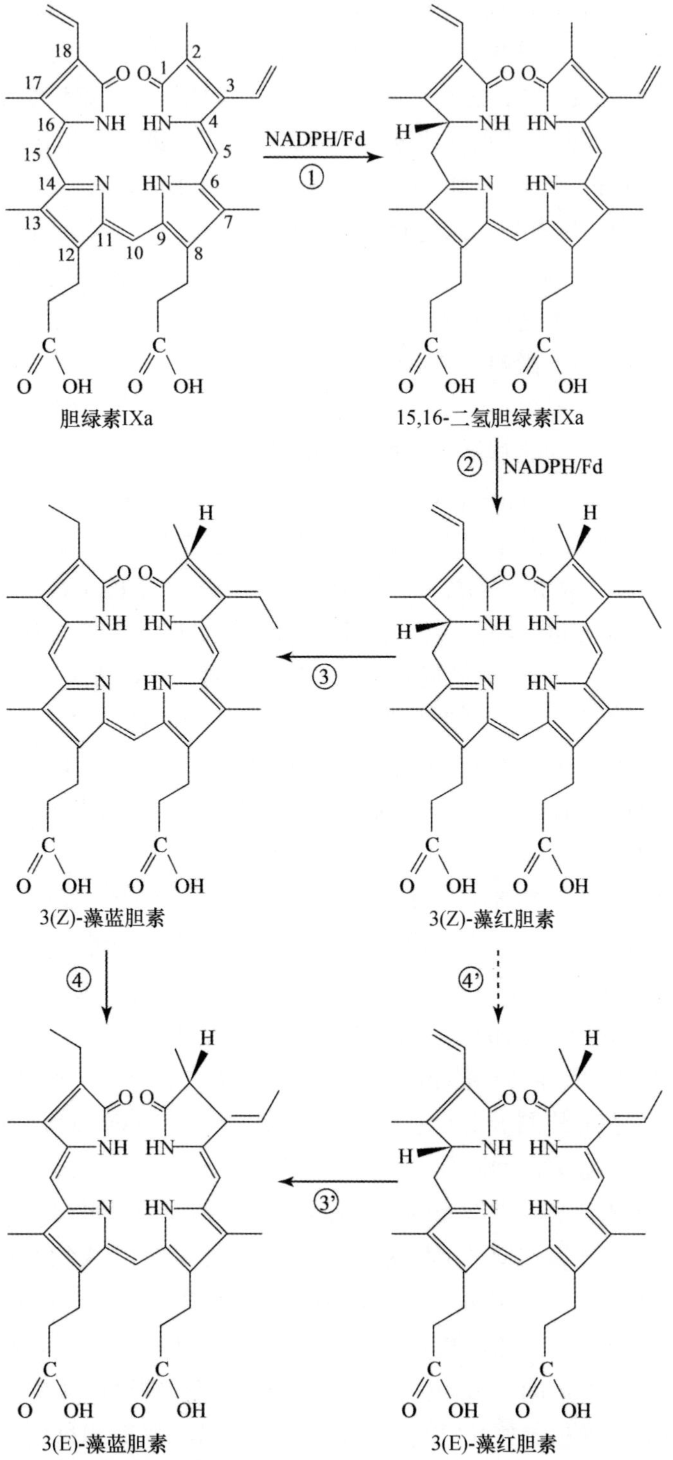

图 12.8　从胆绿素开始的藻胆素生物合成路径，从中可以看出，15，16-二氢胆绿素Ⅸ是胆绿素Ⅸ的还原产物（修改自 Beale and Cornejo，1991a，b）

Lorenzen，1985；Jeffrey and Wright，1987；Repeta and Gagosian，1987；Bianchi et al.，1988）。基于 HPLC 分析的结果，类胡萝卜素及它们的降解产物——叶黄素类色素，已被证明是鉴别不同纲浮游植物的有效生物标志物，而叶绿素则广泛地用于估算浮游植物生物量（Jeffrey，1997）。大量研究表明光合色素浓度与不同藻种的显微镜计数有很好的相关性（Tester et al.，1995；Roy et al.，1996；Meyer – Harms and Von Bodungen，1997；Schmid et al.，1998），进一步证实植物色素是可靠的具有化学分类学意义的生物标志物。例如，岩藻黄素、甲藻黄素和别黄素分别是硅藻、某些甲藻和隐藻中的主要辅助色素（Jeffrey，1997）。由于可以将化合物在物理上进行分离和独立定量，HPLC 方法在植物色素分析中的应用降低了叶绿素和辅助类胡萝卜素测定的不确定性。

　　一般情况下，光合自养生物细胞都是通过过滤从水体中富集，然后用有机溶剂（通常是丙酮）来提取色素的，色素样品然后通过色谱进行分离，并用荧光光谱或吸收光谱进行检测（Jeffrey et al.，1997；Bidigare and Trees，2000）。对于沉积物或纯粹的植物样品，提取次数和优选溶剂会有所不同；其他常用的萃取溶剂包括甲醇、二甲基甲酰胺（DMF）、二甲基乙酰胺（DMA）、氯仿、乙醇和二甲亚砜（DMSO）（Jeffrey et al.，1997）。藻类色素 HPLC 分析的互校研究也已经开展，为发展一种可以被广泛接受的 HPLC 方法提供了有用的信息（Latasa et al.，1996）。最近的研究工作还表明，所有的样品（滤膜、沉积物等）在采集之后应迅速保存在 $-20℃$ 或者更低的温度下，冻干的样品也需要冷冻保存（Ruess et al.，2005）。最后，还有一种重要的浮游植物鉴定方法，即流式细胞术（FCM）（Blanchot and Rodier，1996；Landry and Kirchman，2002，及其中的参考文献）；本书的第 4 章对这一方法进行了详细介绍。

　　Wright 等（1991）提出的方法是最常用的 HPLC 分析方法之一，该方法可以检测包括叶绿素、类胡萝卜素及其降解产物在内的 50 多种色素。简单来说，这种方法首先使用丙酮提取滤膜或定量的沉积物样品中的色素，并在柔和的氮气流下吹干（Chen et al.，2001）。用一定量溶剂溶解之后的色素提取物被注射进入 HPLC 系统，该系统使用 C_{18} 色谱柱，通常串联使用二极管阵列检测器（PDA）和荧光检测器。吸收检测器通常设定在 438 nm 波长下测定，荧光检测器则使用 440 nm 的激发波长和 660 nm 的发射波长。该方法的其他优点之一是能够分离两种同分异构体叶黄素和玉米黄素。不过，这种方法使用的内标是角黄素，会对玉米黄素（蓝细菌的生物标志物）产生干扰；图 12.9 中给出了一个色谱图示例。最近有研究建议使用微生物 E 来替代角黄素，因为微生物 E 的吸收在 284 nm，处于可见光谱谱带以下（Van Heukelem and Thomas，2001）。另外需要指出的是，Wright 等（1991）方法并不能分离单乙烯基和二乙烯基叶绿素，另一种使用 C_8 柱的 HPLC 方法可以分离这两种叶绿素（Goericke and Repeta，1993）。色素标准可以从位于丹麦的水和环境研究所（DHI）获得，通过单独进样或作为混合标准进样，来确定这些色素标准的保留时间和吸收光谱。样品中色素的鉴定就通过对比样品色谱图和色素标准品中每一个色素峰的保留时间和吸收光谱来进行。基于标准色素的实验室间方法比较也有效促进了开展色素分析的研究群体的统一（Bidigare et al.，1991；Latasa et al.，1996）。

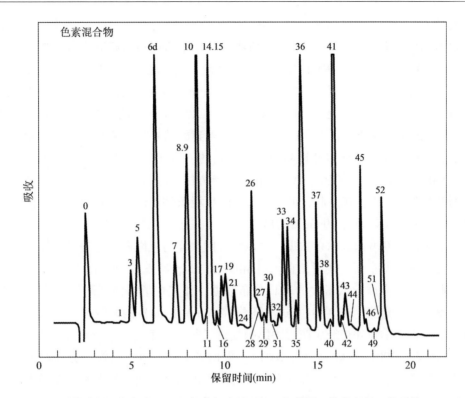

图 12.9　不同藻种的混合色素和一些色素标准的 HPLC 色谱图。藻种包括：杜氏藻 *Dunaliella tertiolecta*（绿藻），三角褐指藻 *Phaeodactylum tricornutum*（硅藻），聚球藻 *Synechococcus* sp.（蓝藻），密球藻 *Pycnococcus provasolii*（青绿藻），盐生蓝隐藻 *Chroomonas salina*（隐藻），赫氏颗石藻 *Emiliania huxleyi*（定鞭藻），偏绿海球藻 *Pelagococcus subviridis*（金藻）。色素标准包括一些可靠的类胡萝卜素：硅甲藻黄素衍生物、管藻素、管藻黄素、海胆酮、角黄素、番茄红素、多甲藻黄素和一种合成的内标乙基-8'-β-胡萝卜酸。色素鉴定结果如下：0. 溶剂峰；1. 脱植基叶绿素 *b*；3. 脱植基叶绿素 *a*；5. 叶绿素 c_3；6d，叶绿素 $c_1 + c_2 + Mg2$，4D（Mg-2，4-暗嘌呤 a5 单甲基酯）；7. 多甲藻黄素；8. 管藻黄素；9. 19'-丁酰氧基岩藻黄素；10. 岩藻黄素；11. 反-新黄素；14. 9'-顺-新黄素；15. 19'-己酰氧基岩藻黄素；16. 顺-岩藻黄素；17. 顺-19'己酰氧基岩藻黄素；19. 青绿藻黄素；21. 紫黄素；24. 顺-青绿藻黄素；26. 硅甲藻黄素；27. 硅甲藻黄素衍生物；28. 硅甲藻黄素衍生物Ⅱ；29. 百合黄素；30. 别黄素；31. 蓝隐藻黄素；32. 硅藻黄素；33. 叶黄素；34. 玉米黄素；35. 角黄素；36. 管藻素；37. 叶绿素 *b*；38. 乙基 8'-β-胡萝卜酸；40. 叶绿素 *a* 异质同晶体；41. 叶绿素 *a*；42. 叶绿素 *a* 差向异构体；43. 海胆酮；44. 未知类胡萝卜素；45. 番茄红素；46. 脱镁叶绿素 *b*；49. β，ψ-胡萝卜素；51. β，ε-胡萝卜素；52. β，β-胡萝卜素（修改自 Wright et al.，1991）

为了计算主要藻类集合的相对丰度，建立了基于特征色素含量的矩阵因子化程序 CHEMical TAXonomy（CHEMTAX）（Mackey et al.，1996；Wright et al.，1996）。最近的工作显示，与显微镜镜检的结果相比，将初始的 CHEMTAX 参考矩阵应用于美国东南部河口系统中得出的结果是不准确的（Lewitus et al.，2005）。然而，通过将来自 Mackey 等（1996）中的初始矩阵，即一般性的浮游植物的色素比值调整为研究区域优势的浮游植物的色素比值，极大提高了 CHEMTAX 的计算准确性。该方法存在一些局限性，如由于不能区分硅藻和具有来自内共生硅藻的叶绿体的藻类（如甲藻），从而高估硅藻的贡献；还往往会忽视某些针胞藻的贡献（Llewellyn et al.，2005）。最近，有研究表明，如果将 CHEMTAX 中的色素比值进行多次迭代计算，所得到的结果将会逐步收敛，进而得到有效的分类信息，即使是在缺乏自然样品中浮游植物的"种子"比值（初始比值）的情况下（Latasa，2007）。最后，将 HPLC 色素选择性分离方法与流动闪烁计数技术（利用 ^{14}C 放射性标记的叶绿素 a）组合在一起，可以获得不同环境条件下浮游植物生长率的信息（Redalje，1993；Pinckney et al.，1996，2001）。

通过卫星遥感获取海洋水色数据，可以对开阔大洋与近岸海域近表层水体中浮游植物的时空变化情况进行全面、实时地监测（Miller et al.，2005）。例如，通过海洋水色卫星传感器，可以获得全球叶绿素 a 的每日分布数据，如宽视场海洋观测传感器（SeaWiFS）和中分辨率成像光谱仪（MODIS）。这些高分辨率（≤1 km）的叶绿素 a 图像为研究气候变化对浮游植物生物量和初级生产力的影响提供了很有价值的信息（Chavez et al.，1999；Behrenfeld et al.，2001；Seki et al.，2001）。根据光学特性可以将海水分为两类：一类水体，其光学特性被水体中存在的叶绿素以及同步变化的其他物质所控制，二类水体，其光学特性被不与叶绿素同步变化的物质所控制（Miller et al.，2005）。在第一类水体中，海洋水色分析已经成功地反演了色素浓度和生物量。因此，在光学特性受生物控制的环境中（如固有光学参数与叶绿素浓度共变化的区域），生物光学模型的运算效果相当好，其给出的色素浓度模拟结果与现场测定结果较为一致。

由于破坏藻胆蛋白中藻胆素与蛋白质之间共价键需要更强的条件，导致藻胆蛋白的分析比叶绿素和类胡萝卜素的分析要难一些。为使四吡咯从载脂蛋白上释放下来，首先要用盐酸进行水解，然后在甲醇中回流，最后在三氟乙酸（TFA）中与 Hg^{2+} 盐和 HBr 反应（Cohen-Bazire and Bryant，1982）。虽然游离的藻胆素和与蛋白质结合的藻胆素有相似的吸收性质，但变性的藻胆蛋白会由于快速的异构化降解成无色物质（Cohen-Bazire and Bryant，1982；Colyer et al.，2005）。早期的研究使用的都是宏观尺度的技术来分离藻胆蛋白，如电泳、凝胶过滤和离子交换柱等，没有将微观尺度的技术应用到浮游植物的分析中（Jeffrey et al.，1997；Colyer et al.，2005）。最近，一种二维电泳方法被用来分离蓝细菌藻胆素中的蛋白质（Huang et al.，2002）。

12.4　应用

12.4.1　叶绿素、类胡萝卜素和藻胆素作为湖泊生物标志物

在东非的大型湖泊［如坦噶尼喀湖（Lake Tanganyika）、维多利亚湖（Lake Victoria）

和马拉维湖（Lake Malawi）]中已经开展了大量关于浮游植物动力学的研究（Hecky and Kling，1981；Talling，1987；Patterson and Kachinjika，1995），并观察到了一致的季节变化规律。例如，在干季（5—9 月），存在深层混合、低光照和高营养盐输入，硅藻占优势，在干季末期水体表层会出现一些蓝细菌。在湿季（10—翌年 4 月），具有高光照、低营养盐和浅的表水层的特点，绿藻中的色球藻占优势。最近的研究表明，坦噶尼喀湖经历过一个显著的浮游植物丰度降低和种类组成发生改变的过程，可能与全球气候变化有关（Verburg et al.，2003）。最近有工作首次将 HPLC 分析应用在坦噶尼喀湖，以更好地研究光合色素在两年的研究期间的空间与季节变化（Descy et al.，2005）。总的来说，该研究结果显示，水体中色素浓度在上层 60 m 中最高，60 m 以下迅速降低（图 12.10）。次表层叶绿素 a 浓度最大值一般出现在 20 m 左右，脱镁色素在 40 m 以下逐渐占优势。脱镁色素的这种分布模式与其他湖泊中发现的相似（Yacobi et al.，1996）。然而，在某些情况下，坦噶尼喀湖中观测到的脱镁色素丰度与其他一些湖泊系统相比低很多，这些湖泊系统中浮游植物的衰亡和牧食速率比坦噶尼喀湖要高（Carpenter and Bergquist，1985）。硅藻生物量在干季增加，但浮游植物群落组成则具有更大的空间变化，其中绿藻和蓝细菌分别在湖的北部和南部区域占据优势，这与过去的研究结果相一致。

现今的蓝细菌具有非凡的生态生理适应性（Stomp et al.，2004；Huisman et al.，2006），如能够在受人类活动和自然过程影响下变化的水生环境中生存（Paerl et al.，2001；Paerl and Fulton，2006）。蓝细菌可以在多种多样的水生生态系统中成为优势种群，它们可以从快速增加的人类活动和影响中受益，如营养盐过剩（富营养化）、水文调节（如取水和水库建设）。一些蓝细菌属，包括固氮的鱼腥藻属（Anabaena）和柱胞藻属（Cylindrospermopsis）及非固氮型的微囊藻属（Microcystis），在这些水体中都是著名的入侵型生物，它们能够在表层大量繁殖或形成能产生毒素的"藻华"，造成水体缺氧，改变食物网，进而威胁饮用水、灌溉用水、渔业以及休闲娱乐用水的供应（Carmichael，1997；Paerl and Fulton，2006；Paerl，2007）。另外，区域和全球气候变化，特别是变暖和水循环的变化，使这种有害蓝细菌（CyanoHABs）的生长率、优势度和持久性都增加，地理分布更加广泛。

在富营养化的水生生态系统中，无论是小溪流还是一些世界级的大型湖泊，均有蓝细菌藻华发生，这已然成为一个受到全球关注的问题（Paerl and Fulton，2006；Paerl，2007）。在美国，受到蓝细菌危害的水生系统有：五大湖中的 3 个，其他大型湖泊系统（奥基乔比湖（Lake Okeechobee）、庞恰特雷恩湖（Lake Ponchartrain）和大盐湖（Great Salt Lake），中西部、西部和东南部的水库，东南部的湿地，西北太平洋、佛罗里达及中大西洋的河口环境，这些潜在的全国性问题是资源管理人员在接下来的几十年中不可避免要面对的难题。如前所述，蓝细菌含有藻胆蛋白体，具有特征吸收和荧光光谱（Glazer and Bryant，1975；Bryant et al.，1976）。过去有研究利用藻红蛋白的选择性荧光发射光谱来检测淡水中的蓝细菌（Alberte et al.，1984）。之后又有研究使用藻蓝蛋白来定量测定混合藻种群中蓝细菌的相对丰度（Lee et al.，1995）。最近，一种新的原位荧光传感系统被用来监测蓝细

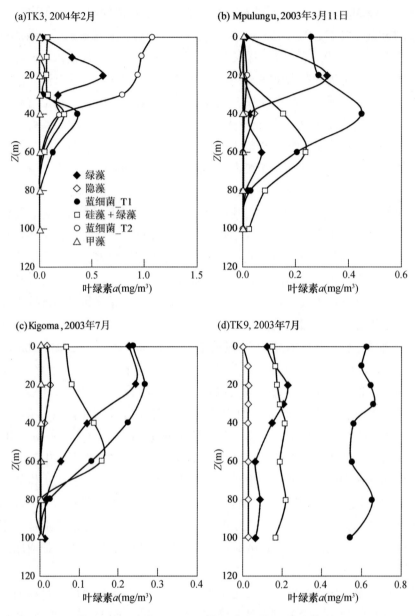

图 12.10 坦噶尼喀湖（非洲）4 个站位的颗粒有机碳中色素的 HPLC 分析结果，用于研究在两年内浮游植物组成的空间和季节变化。T1 和 T2 是两种不同类型的蓝细菌（修改自 Descy et al., 2005）

菌藻华（Asai et al., 2000）。该系统使用双通道荧光（激发波长为 620 nm 和 440 nm）技术，利用它在日本霞浦湖（Lake Kasumigaura）成功检测到了铜绿微囊藻（*Microcytis aeruginosa*）的一次水华。该系统能以单次测定时长 25 min 为间隔连续监测藻华的发生过程，包括超声和清洗时间。

12.4.2　叶绿素、类胡萝卜素和藻胆素作为河流河口系统中的生物标志物

河流中的大部分颗粒有机碳（POC）既有外来的（如来自土壤有机物、溪流中的藻类输入、湿地挺水和沉水植物），也有自生的（如浮游植物、底栖藻类）（Onstad et al.，2000；Kendall et al.，2001；Wetzel，2001）。然而，大坝建设已经引起全球范围内许多河流含沙量的降低，从而提高了河流中水体的透光性，增强了浮游植物生物量在河流生物地球化学过程中的潜在作用（Thorp and Delong，1994；Humborg et al.，1997，2000；Ittekkot et al.，2000；Kendall et al.，2001；Sullivan et al.，2001；Duan and Bianchi，2006）。实际上，自 1850 年以来，美国密西西比河系统中输沙量已经下降了 70%，主要可归因于流域内的水库蓄水网络和自 1930 年代开始实施的联邦政府/州政府/当地政府的水土保持措施（Mossa，1996）。

近期的研究表明，在一年里的特定时间，浮游植物成为密西西比河下游水体中 POC（Duan and Bianchi，2006）和溶解有机碳（DOC）（Bianchi et al.，2004）的重要来源。浮游植物也是密西西比河上游主要支流中 POC 的一个重要来源（Kendall et al.，2001）。在这项研究中，CHEMTAX 算法所采用的色素比值是基于美国威斯康星州北部湖泊中 $4 \sim 9$ m 水深的淡水浮游植物的比值（Descy et al.，2000）。在这一深度上，其相对照度范围是 $3.3\% \sim 10\%$；选择这一深度的比值就是考虑到与密西西比河下游的低光照条件相对应。选择硅藻、绿藻、蓝细菌、甲藻、隐藻和眼虫藻是因为它们在北美很多淡水系统中很典型（Wehr and Sheath，2003），更具体地说是在俄亥俄河（Ohio River）的河段（Wehr and Thorp，1997）。密西西比河下游河流中叶绿素 a 浓度范围是 $0.70 \sim 21.1$ μg/L（$X=6.34$，$V=82\%$），占 POC 的 $0.03\% \sim 1.25\%$（图 12.11）（Duan and Bianchi，2006）。密西西比河下游的叶绿素 a 浓度在夏季低流量时期以及冬春过渡时期比较高，但并不与物理参数和营养盐变化相耦合。这可能是原位生产、密西西比河上游和密苏里河的水库、船闸和牛轭湖输入共同作用的结果。在密西西比河下游，当叶绿素含量较高时，硅藻占总浮游植物生物量的 60% 以上（图 12.11）（Duan and Bianchi，2006）。与硅藻相比，绿藻和隐藻有相反的季节变化趋势，这两种藻在密西西比河下游 2001—2002 年的高流量时期及 2002 年秋季更为重要。硅藻在密西西比河下游浮游植物生物量中占优势可能是总悬浮物含量降低（流域中大坝建设不断增加）和在过去的几十年中营养盐不断增加（农田径流增加）的结果。

在河口生态系统中，植物色素已被证明是一类有效的表征有机碳的生物标志物（Millie et al.，1993）。总的来说，色素生物标志物的研究表明，硅藻是大部分河口系统中的优势浮游植物类群（Bianchi et al.，1993，1997，2002；Lemaire et al.，2002）。欧洲多个河口不同季节水体中的岩藻黄素相对其他特征类胡萝卜素和叶绿素 a 的浓度就说明了这一点（图 12.12）（Lemaire et al.，2002）。在另一项研究中，Pinckney 等人使用 CHEMTAX 被用来估算了美国纽斯河（Neuse River）河口中不同微藻类群对总生物量及藻华的相对重要性（Pinckney et al.，1998）。研究结果表明，1994—1996 年间，纽斯河河口隐藻、甲藻、硅藻、蓝细菌和绿藻的总体贡献分别是 23%、22%、20%、18% 和 17%。该研究揭示在这 3

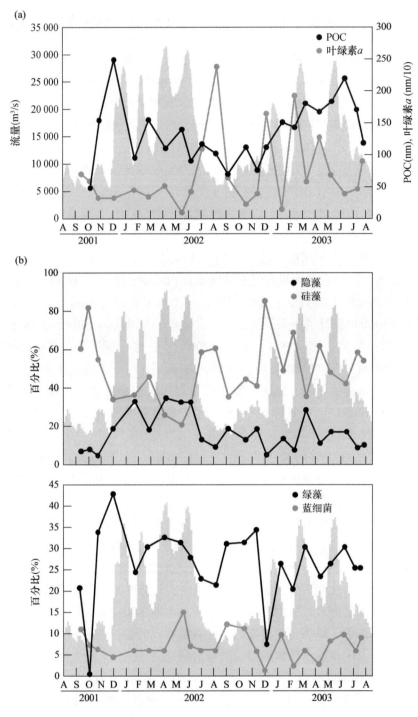

图 12.11　（a）叶绿素 a 和颗粒有机碳（POC）的变化；图中左 y 轴及背景中的阴影部分代表在巴吞鲁日（Baton Rouge，美国路易斯安那州首府）附近采集的河流流量变化；（b）密西西比河下游各浮游植物纲所占的百分比（修改自 Duan and Bianchi，2006）

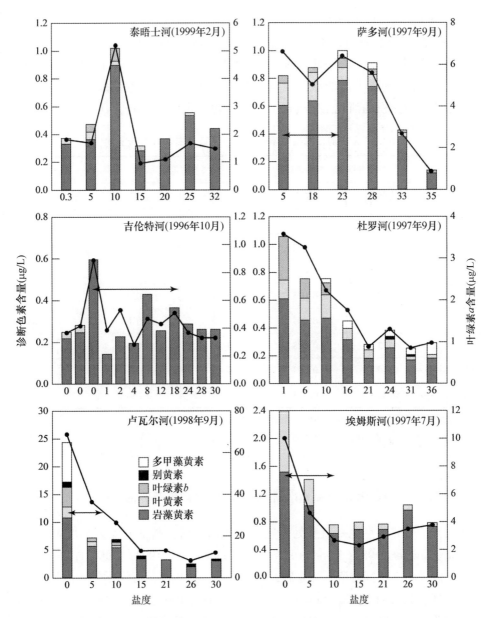

图 12.12 不同季节欧洲多个河口的特征胡萝卜素（如多甲藻黄素、别黄素、叶黄素和岩藻黄素）及叶绿素 a 和叶绿素 b 的浓度（修改自 Lemaire et al.，2002）

年内，浮游植物的相对丰度和藻华具有显著变化，引起隐藻、绿藻和蓝细菌水华的因素很大程度上是因为溶解无机氮（DIN）的输入。

近期在河口开展的藻胆素的研究工作很少，早期的工作主要是研究了美国约克（York）河口和拉斐特（Lafayette）河口中藻红蛋白、藻蓝蛋白相对叶绿素 a 的丰度（Stewart and Farmer，1984）。在分析现场样品之前，先用色球藻蓝细菌、4 种隐藻、2 种红藻等纯种藻进行了测试，然后对 8 个河口样品（0.5~2 L 水样）的色素进行了充分提取，对提取物用荧光光谱进行了分析。对于藻红蛋白，激发波长设为 520 nm，扫描范围为 540~600 nm。对于藻蓝蛋白，激发波长是 580 nm，从 600 nm 扫描到 660 nm。与早前在约克河口的研究结果一致，这一研究发现隐藻类为优势类群（表 12.2）（Exton et al.，1983）。虽然样品中藻蓝蛋白的浓度更高，似乎应该是色球藻蓝细菌占优势，但实际上，在隐藻细胞内藻蓝蛋白的消光系数（65）要低于藻红蛋白（126），其对应浓度应更高。

表 12.2　8 个河口样品中藻红蛋白、藻蓝蛋白和叶绿素 a 的含量　（单位：μg/L）

样品[a]	藻红蛋白		藻蓝蛋白		叶绿素 a 含量
	荧光强度	含量	荧光强度	含量	
Y1	0.35	0.004	0.30	0.027	1.81
Y2	0.30	0.004	0.35	0.034	1.75
Y3	0.40	0.005	0.38	0.036	2.12
Y4	0.40	0.005	0.35	0.033	1.67
Y5	0.40	0.005	0.49	0.046	2.23
Y6	0.73	0.008	0.70	0.066	3.20
Y7	0.45	0.003	0.49	0.023	–
M1	0.35	0.008	0.43	0.080	153[b]

a. 样品过滤体积不同，最终计算得到的色素含量与测定时的荧光强度不成正比。

b. 该样品采集期间发生了一次高密度甲藻水华。

12.4.3　叶绿素、类胡萝卜素和藻胆素作为海洋生物标志物

开阔大洋的研究热点之一就是处于热带海域的高营养盐低叶绿素浓度区域（HNLC）（Martin and Fitzwater，1988；Morel et al.，1991；Falkowski，1994；Kolber et al.，2002）。在对这些海域的动力学特征有所掌握之后，在过去的十几年内，海洋学领域内最有趣的一些研究得以开展，如铁加富实验（IronEx）（Morel et al.，1991；Landry et al.，2000a，b）。早期的研究表明 HNLC 区域具有丰度相对较低但比较稳定的可以快速生长的浮游植物（Frost and Franzen，1992；Landry et al.，2000a，b）。作为全球海洋通量联合研究（JGOFS）的一部分，特定类群色素分析和流式细胞分析方法被用来研究赤道太平洋 HNLC 水体中超微型浮游生物的生长和摄食动力学（Landry et al.，2003；Le Borgne and Landry，2003）。该研究利用流式细胞仪（Monger and Landry，1993）、HPLC（Wright et al.，1991）和荧光光谱分析（Neveux and Lantoine，1993）等方法来考察群落水平上浮游植物生长和摄食的动力学特征（Landry et al.，2003）。在研究过程中，首先测定不同稀释条件下色素浓度和流式细胞丰度（$C_{i,o}$），包括测定未过滤海水中的环境浓度，每一批次添加不同比例的未过滤海水等（Landry et al.，2003）。经过 24 h 培养后，测定最终浓度（$C_{i,t}$）。每天的净变化率

(d^{-1}) 可以通过等式：$k_i = \ln(C_{i,t}/C_{i,o})$ 来计算。之后利用这些数据来估算微型浮游动物的日摄食速率（m/d）。最后，通过未添加组的摄食死亡率和平均净生长率来估算浮游植物的日生长速率（μ/d）。根据不同浮游植物类群的已知色素组成，对浮游植物进行了基于色素分析的分类（Jeffrey and Vesk, 1997）。

　　基于色素分析的浮游植物稀释实验结果显示，不同类群和不同深度（30 m 和 60 m）的真核浮游植物生长率和摄食速率有很大的不同（图 12.13）（Landry et al., 2003）。特别地，在两个层次中，所有的浮游植物类群的生长率（μ）都超过了摄食速率（m）。在30 m深度，不同浮游植物类群的摄食速率比较接近，生长率则有很大不同。在60 m深度，生长率和摄食率总体上要比 30 m 深度低；对甲藻的摄食速率是最高的。单乙烯基叶绿素 a（MVCHLa），是一种主要来自原绿球藻（*Prochlorococcus* spp.）的叶绿素，荧光光谱和HPLC分析结果显示，它在两个层次之间没有显著差异。这些结果共同表明：超微型浮游植物的生长很大程度上受到摄食活动的控制。实际上，赤道 HNLC 区域浮游植物生产的69%被摄食了。

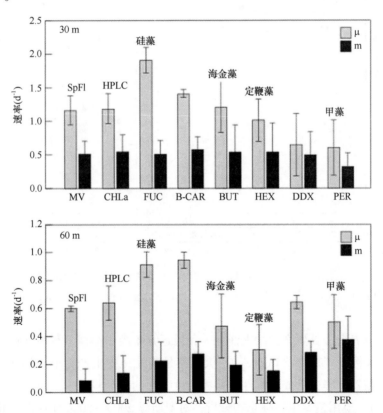

图 12.13　基于色素分析的赤道太平洋 HNLC 海域 30 m 和 60 m 水深中浮游植物的平均生长率（μ）和摄食速率（m）。这一研究的结果显示在赤道海域真核浮游植物组成在类群间及不同深度上有显著差异。SpFl：荧光光谱；HPLC：高效液相色谱。MV：单乙烯基叶绿素 a；CHLa：叶绿素 a；FUC：岩藻黄素；B-CAR：β-胡萝卜素；BUT：19'-己酰氧基岩藻黄素；HEX：19'-丁酰氧基岩藻黄素；DDX：硅甲藻黄素；PER：多甲藻黄素。（修改自 Landry et al., 2003）

　　众所周知，小球菌状蓝细菌贡献了全球开阔大洋初级生产力的相当可观的一部分（Johnson and Sieurth, 1979）。如前所述，这些生物体内含有藻胆素，虽然会干扰其他植物色素的测定，但也可能因此提供了一种测定含藻胆素的浮游植物群落的方法。早期的研究表明，藻红蛋白的萃取和荧光分析可以用来估算蓝细菌束毛藻（*Trichodesmium*）的生物量（Moreth and Yentsch, 1970）。然而，这一方法对于细胞难萃取的蓝细菌，如聚球藻（*Synechococcus* spp.），是无效的（Glover et al., 1986）。Wyman（1992）发展了一种可以测定聚球藻中藻红蛋白的方法，使得分析开放大洋蓝细菌中的藻胆素成为可能。在凯尔特海（Celtic Sea）和马尾藻海（Sargasso Sea）中测试了这种方法，结果发现聚球藻的细胞数量与其专属的藻红蛋白浓度有反相关性，可能是聚球藻对随水深变化的光照的适应性造成的（图 12.14）（Wyman, 1992）。两个站位的营养盐跃层中均发现了聚球藻的峰值。

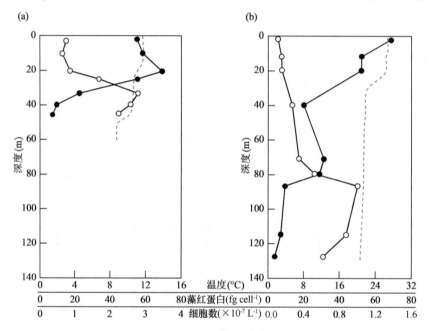

图 12.14　凯尔特海（英国）（a）和马尾藻海（b）水体中聚球藻细胞数量（空心圈）及其专属的藻红蛋白浓度（实心圆）。图中虚线代表水温（修改自 Wyman, 1992）

　　南大洋是世界上最具生产力的大洋之一，最近几年由于全球气候变化问题，南大洋受到越来越多的关注。罗斯海（Ross Sea）大陆架是南大洋中生产力最高的海域，每年都发生大规模浮游植物水华，已成为其浮游植物丰度变化的典型模式（Smith et al., 2006 及其中的参考文献）。应用色素生物标志物分析，对罗斯海 2003—2004 年的浮游植物群落组成进行了研究，发现其优势类群是硅藻和定鞭藻 [主要是南极棕囊藻（*Phaeocystis antarctica*）]，甲藻的贡献相对较小（图 12.15）（Smith et al., 2006）。以往的研究提出，如果气候变化引起罗斯海海水的层化，硅藻很可能取代南极棕囊藻成为罗斯海浮游植物的优势类群（Arrigo et al., 1999）。最近以硅藻为主的水华表明变化可能已经到来，但这些观测到的浮游植物丰度组成的年际变化都是受年际尺度上变化的机制控制的，因此目前很难对长时间尺度的变化进行预测（Smith et al.，2006）。

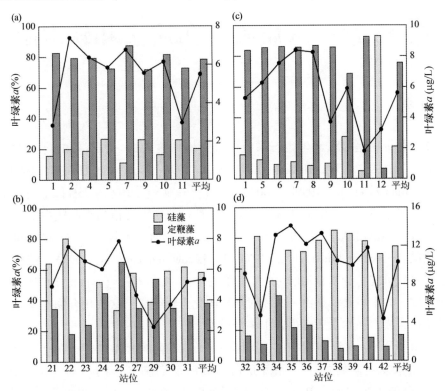

图 12.15　罗斯海硅藻和定鞭藻叶绿素 *a* 贡献百分比（由 CHEMTAX 计算得到）。（a）2001—2002 年的 12 月；（b）2001—2002 年的 2 月；（c）2003—2004 年的 12 月；（d）2003—2004 年的 2 月（修改自 Smith et al.，2006）

12.5　小结

在水生科学中，植物色素作为藻类生物量的一种有效的化学生物标志物已经有 50 多年的历史。最初，应用的是分光光度法和荧光技术来分析色素。这些技术经过不断改进，目前仍在使用；同时，HPLC 及 HPLC-MS 等色谱技术也得以应用。色素[14]C 标记技术的应用使我们对水生系统中浮游植物对水体中光照和营养盐变化的种类特异响应有了更加全面的了解。卫星成像技术更是一种能够在全球范围内快速监测广阔区域的藻华以及浮游植物分布模式的重要手段。这些技术，配合与近岸观测站相联系的原位实况观测及水下机器人（AUVs），甚至会让我们对深层水体中浮游植物分布模式有更深入的了解。应用类胡萝卜素作为 UV 影响的指标及水生环境中古生产力的化石生物标志物，也会继续帮助我们了解全球气候变化。

第13章 木质素、角质素和软木脂

13.1 背景

木质素已被证明是示踪水生生态系统中维管植物输入的一种有效的化学生物标志物（Gardner and Menzel，1974；Hedges and Parker，1976；Goñi and Hedges，1992；Hedges et al.，1997；Bianchi et al.，1999b，2002，2007）。一般木质植物的75%以上由纤维素、半纤维素和木质素组成（Sjöström，1981）。木质素是一类在维管植物细胞壁中发现的大分子杂聚合物（600~1000 kDa），是由三维的类苯丙烷单元通过不规则的碳-碳键和二芳基醚键连接组成的（Sarkanen and Ludwig，1971；De Leeuw and Largeau，1993）。结构单元中最常见的连接方式可能是芳基甘油醇-β-芳基醚或β-O-4型连接（Adler，1977）。植物中的苯酚类化合物，如木质素，是由一些相对异质的化合物组成，这些化合物主要通过莽草酸和丙二酸路径合成，在本章后续内容中将会讨论。

与其他植物分子，如纤维素相比，土壤中木质素的降解相对较慢。在有氧的土壤环境中，导致木质素发生降解的主要原因是白腐真菌及褐腐真菌的活动（Gleixner et al.，2001），而细菌的生物降解（Benner et al.，1986；Bianchi et al.，1999b）和化学光氧化（Opsahl and Benner，1998；Benner and Opsahl，2001）是水生生态系统中木质素的主要降解过程。由白腐真菌引起的降解，通常以木质素丙烷基侧链的氧化、3-和5-甲氧基的脱甲基化及芳环的开裂为特点（Filley et al.，2000）。褐腐真菌通过脱甲基反应产生3，4-和4，5-二羟基酚基团，丙烷基侧链的氧化很少。细菌在有氧的条件中，也具有一定的分解木质素的能力，其中导致木质腐烂的比较典型的是噬纤维菌（*Cytopaga*）和纤维弧菌（*Cellvibrio*）这两个属的好氧细菌（Landry et al.，2008）。在近岸的海洋沉积物中，有研究表明链霉菌（*Streptomycetes*）这一细菌种群也能降解木质素（Moran et al.，1991）。在担子菌（*Basidomycetes*）不易存活的低氧环境中（白腐真菌与褐腐真菌即属于担子菌），细菌对木质素的降解甚至更重要（Landary et al.，2008）。这些厌氧细菌的优势菌属包括梭菌（*Clostridum*）、芽孢杆菌（*Bacillus*）、假单胞菌（*Pseudomonas*）、节杆菌（*Arthrobacter*）、黄杆菌（*Flavobacterium*）和螺菌（*Spirillum*）（Daniel et al.，1987）。根据形态学，按照在木质素降解的不同阶段扮演的角色不同，可以将涉及木质素降解的细菌分为三类，如钻孔型、腐蚀型和成穴型（Fors et al.，2008及其中的参考文献）。虽然早期的研究发现在缺氧条件下木质素也会出现一些降解（Benner et al.，1984），更具体地说是产甲烷降解，但总体而言在缺氧环境中木质素被认为是高度难降解的（Grbic-Galic and Young，1985）。最近的研究表明，木质纤维素类物质的解聚作用能够在硫酸盐还原条件下发生（Pareek et al.，

2001；Dittmar and Lara，2001；Kim et al.，2009）。Opsahl 等针对红树林树木（美洲红树（*Rhizophora mangle*））的树叶在好氧条件下的分解开展了为期 4 年的大量实验，发现木质素的半衰期在几周到几个月之间（Opsahl and Benner，1995）。然而，也有其他的研究表明，红树林落叶中的木质素在硫酸盐还原性沉积物中的长期原位分解速率约是 150 年（Dittmar and Lara，2001）。

角质素是维管植物组织中的类脂聚合物，在维管植物中构成一个保护层，即角质层（Martin and Juniper，1970；Holloway，1973）。角质层与细胞壁相邻，由角质素与一些被称为表皮蜡质的脂肪族化合物（主要是 C_{24}–C_{34} 的开链烷烃、醇类和酮类）组成（Jetter et al.，2002；Kunst and Samuel，2003）。由于角质素和表皮蜡质紧密的物理结合，所以很难区分角质素和表皮蜡质在角质层的整体物理性质和生物功能上的相对重要性（Jenks et al.，2001）。尽管如此，角质素与表皮蜡质可以被分别分析，因为表皮蜡质易于用有机溶剂提取，而角质素聚合物不溶。

研究证明，角质素也是一类示踪近岸系统中陆源维管植物输入的有效生物标志物（Kolattukudy，1980；Cardoso and Eglinton，1983；Eglinton et al.，1986；Goñi and Hedges，1990a，b）。当使用木质素分析中常用的碱性 CuO 氧化分解方法（Hedges and Ertel，1982）处理角质素时，会生成一系列脂肪酸，这些脂肪酸可以分成如下三类：C_{16} 羟基酸、C_{18} 羟基酸和 C_n 羟基酸（表 13.1）（Goñi and Hedges，1990a）。总的来说，角质素分解产物主要由 C_{16}、C_{18} 的单、二和三羟基链烷酸组成，以及浓度较低的 C_{18} 环氧酸，还有 C_{12} 到 C_{36} 的正构链烷酸（Baker et al.，1982；Holloway，1982）。例如，在绿色冷杉—铁杉混合物中主要的角质酸组合是二羟基十六烷酸（x，ω-C_{16}），16-羟基十六烷酸（ω-C_{16}）和 14-羟基十四烷酸（ω-C_{14}）（表 13.1）。还有一些较少含量的芳香族化合物（Kolattukudy，1980；Nawrath，2002；Heredia，2003）。有很长一段时间，人们一直认为角质素仅通过脂肪酸的酯交换反应形成，但最近研究发现甘油也可以与脂肪酸单元进行酯化（Graca et al.，2002）。这些聚合物的大小和确切结构（如树枝状和交连的）仍然是不确定的。小型花卉植物拟南芥（*Arabidopsis thaliana*）（十字花科）（在植物遗传学中的地位类似于黑腹果蝇）（Birnbaum et al.，2003）的表皮脱脂后残余物的聚酯解聚作用所生成的主要单体不是 ω-羟基脂肪酸，而是二羧基酸（Bonaventure et al.，2004；Kurdyukov et al.，2006a，b）。因此，目前还不清楚是要改变角质素是高度富集的 ω-羟基脂肪酸这一硬性的分类方法，还是说明二羧基酸代表了一种新的聚酯结构域。由于在木材中没有发现角质素，它们就与木质素的 P 系列衍生物对羟基肉桂基酚（如反式对香豆酸和阿魏酸）相似，可以作为非木质维管植物组织的生物标志物。然而，存在于松针中的角质酸与木质素相比，在降解时具有更高的活性（Goñi and Hedges，1990c），因此在示踪维管植物输入时不如木质素有效（Opsahl and Benner，1995）。

表 13.1　采自美国达波湾（Dabob Bay）的松针及沉积物中角质素的组成参数

针叶树类型	$\omega\text{-}C_{14}/$ $\sum C_n^b$	$\omega\text{-}C_{16}/$ $\sum C_{16}$	$x, \omega\text{-}C_{16}/$ $\sum CA$	$9, 10, \omega\text{-}C_{18}/$ $\sum CA$	8-OH	9-OH
冷杉/铁杉混合物						
绿色针叶	0.96	0.06	0.78	0.00	0.01	0.94
枯枝落叶	0.93	0.06	0.77	0.00	0.01	0.93
雪松针叶						
绿色针叶	1.00	0.08	0.76	0.00	0.01	0.03
枯枝落叶	0.90	0.07	0.64	0.00	0.00	0.05

a. 结果是通过采用与沉积物中一致的冷杉/铁杉的平均质量比值60/40计算得到。

b. $\sum C_n$仅包括$\omega\text{-}C_{14}$和$\omega\text{-}C_{17}$，与Goñi and Hedges（1990c）一致；$\sum CA$为总角质酸；其他缩写详见正文。

软木脂是在高等植物（如树皮和树根）发现的一类蜡质物质，也是软木的主要成分，其名字就来自树种的名字，如软木橡树（*Quercus suber*）（Kolattukudy，1980；Kolattukudy and Espelie，1985）。软木脂包含两个结构域：聚芳香族（或多酚）和聚脂肪族（Bernards et al.，1995；Bernards，2002）。聚芳香族软木脂主要存在于原生细胞壁中，聚脂肪族软木脂则位于原生细胞壁和质膜之间——两域之间据信是存在交联的。软木脂在植物生长的过程中沉积于多种特定位置的内部或外部组织中（Kolattukudy，2001；Bernards，2002；Nawrath，2002；Kunst et al.，2005；Stark and Tian，2006）。例如，在种皮（Espelie et al.，1980；Ryser and Holloway，1985；Moire et al.，1999）、根和内皮层（Espelie and Kolattukudy，1979a；Zeier et al.，1999；Endstone et al.，2003）、单子叶植物的维管束鞘（Espelie and Kolattukudy，1979b；Griffith et al.，1985）及松针（Wu et al.，2003）中均鉴定出了软木脂。除了在植物组织中广泛分布之外，在受到压力或受伤时植物也会合成软木脂（Dean and Kolattukudy，1976）。

研究表明，与角质素相似，软木脂也是土壤有机质（OM）中可水解的脂肪族类脂的主要来源之一（Nierop，1998；Kögel-Knabner，2000；Naafs and Van Bergen，2002；Nierop et al.，2003；Otto et al.，2005；Otto and Simpson，2006）。虽然在泥炭和现代沉积物中均发现了软木脂的存在（Cardoso and Eglinton，1983），将其作为生物标志物来应用，还需要更多的工作来认识其结构和功能（Hedges et al.，1997）。软木脂在化学上可以与角质素区分开，主要通过以下几点：高比例的羟基肉桂酸衍生而来的芳香族结构域（Bernards et al.，1995；Bernards，2002），脂肪醇和脂肪酸的碳链长度更长（>20碳原子）及二羧基酸单体（Kolattukudy，2001）。软木脂以聚酯的形式存在于维管植物的树皮和树根，主要由碳数在C_{16}-C_{30}的正构烷酸及含有酚基团的被羟基和环氧基取代的正构烷酸组成（Kolattukudy and Espelie，1989）。还应注意的是，研究发现一些长链同系物（C_{20}-C_{30}），如正构链烷双酸和ω-羟基烷酸（软木脂酸）等均来自软木脂的水解。实际上，最近有研究也表明ω-羟基烷

酸和 α, ω-链烷双酸是草地土壤中软木脂的主要生物标志物（Otto et al.，2005）。尽管土壤中软木脂的降解产物丰度较高，但软木脂中有高含量的酚结构，而角质素中有非极性脂肪族结构，造成软木脂在土壤中比角质素更加稳定（Nierop et al.，2003）。

13.2　木质素、角质素和软木脂的生物合成

大部分植物酚结构的生物合成是通过莽草酸合成路径（Hermann and Weaver，1999）。丙二酸合成路径，虽然是真菌和细菌中酚次级产物的重要来源，在高等植物中并不重要。莽草酸合成路径在植物、细菌和真菌中比较常见，它使用芳香族氨基酸（见第 6 章）提供用于合成木质素中类苯丙烷结构单元的母体化合物（图 13.1）。动物不能够合成苯丙氨酸、酪氨酸和色氨酸这三类芳香族氨基酸，因此它们是动物饮食中必需的营养物质。莽草酸合成路径将来自糖酵解和磷酸戊糖途径的简单的糖前体转化为芳香族氨基酸（Hermann and Weaver，1999）。莽草酸是合成路径中的一种中间体，这种合成路径据此得名。更具体地说，木质素的构成要素主要包括以下几类木质素单体：对香豆醇，松柏醇和芥子醇（图13.2）（Goodwin and Mercer，1972）。这些结构单元通过碳键和优势的 β-O-4 芳基-芳基醚键交叉相连，使得木质素成为一种相当稳定的化合物（图 13.3）。

目前对角质素生物合成的了解大部分基于早期对蚕豆（*Vicia faba*）叶的研究（Croteau and Kolattukudy，1974；Kolattukudy and Walton，1972）。这些研究表明，角质素的生物合成包含了 ω-羟基化，接着是中链羟基化，随后与羟基脂肪酸结合形成聚合物（此反应过程需要辅酶 A（CoA）和三磷酸腺苷）。具体来说，角质素中最常见的单体（如 10，16-二羟基十六烷酸、18-羟基-9，10 环氧十八烷酸和 9，10，18-三羟基十八烷酸）是在表皮细胞中通过对羟基化、链中羟基化、P_{450} 型混合功能氧化酶催化的环氧化及环氧水合作用等反应生成的（Blée and Schuber，1993；Hoffmann-Benning and Kende，1994）。在胞外的聚合物增长实验过程中，酰基官能团单体会转化成羟基官能团（Croteau and Kolattukudy，1974）。

最近，遗传学方法被应用到了角质素的生物合成研究中。例如，在鼠耳芥（*Arabidopsis fatbko*）世系中，酰基载体蛋白硫酯酶基因的一处中断导致了胞质中棕榈酸酯的一般可利用性的降低（Bonaventure et al.，2003），以及表皮聚酯中 80% 的 C_{16} 单体的损失和 C_{18} 单体的补偿性增加（Bonaventure et al.，2004）。Xiao 等（2004）报道了首个角质素在新陈代谢中受到影响产生的突变体（ATTL）。具体来说，这一由甲磺酸乙酯引发的突变，导致受丁香假单胞菌（*Pseudomonas syringae*）的有毒菌株的感染严重程度增加，角质素含量下降 70%，角质层的超微结构变得松散以及水汽渗透性提高。ATTL（At4g0036 基因座，代表基因在染色体上所占的位置）编码属于 CYP86A 家族的 P_{450} 单加氧酶（Xiao et al.，2004），这种酶被证明能够催化脂肪酸的 ω-羟基化反应（Dua and Schuler，2005）。因此，ATTL 很有可能负责鼠耳芥表皮聚酯中发现的 ω-羟基脂肪酸和/或二羧基酸单体的合成。研究表明，在玉米（*Zea mays*）叶子中，角质素的 C_{18} 环氧单体的合成涉及一种过加氧酶（Le-

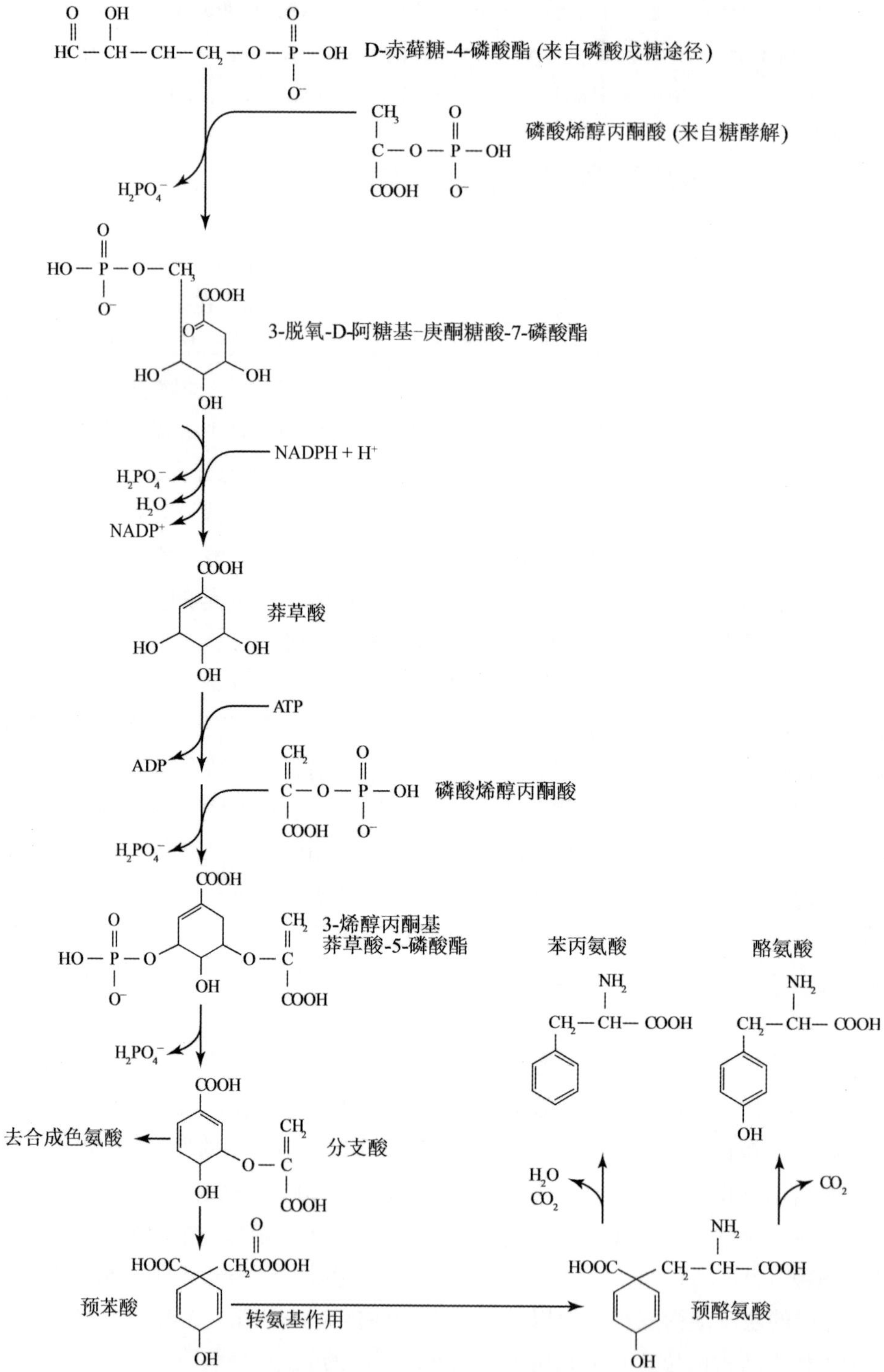

O OH
‖ |
HC－CH－CH－CH₂－O－P－OH　D-赤藓糖-4-磷酸酯 (来自磷酸戊糖途径)
‖
O⁻

CH₃　O
| ‖
C－O－P－OH　磷酸烯醇丙酮酸 (来自糖酵解)
| |
COOH　O⁻

H₂PO₄⁻

O
‖
HO－P－O－CH₃
|
O⁻

COOH

3-脱氧-D-阿糖基-庚酮糖酸-7-磷酸酯

HO
OH
OH

NADPH + H⁺

H₂PO₄⁻
H₂O
NADP⁺

COOH

莽草酸

HO
OH
OH

ATP

ADP

CH₂
‖　O
C－O－P－OH　磷酸烯醇丙酮酸
|　|
COOH　O⁻

H₂PO₄⁻

COOH

O　CH₂　3-烯醇丙酮基
‖　‖　莽草酸-5-磷酸酯
HO－P－O　O－C
|　OH　|
O⁻　COOH

苯丙氨酸
NH₂
|
CH₂－CH－COOH

酪氨酸
NH₂
|
CH₂－CH－COOH

OH

H₂PO₄⁻

COOH

去合成色氨酸

CH₂
‖
O－C
|
OH　COOH

分支酸

H₂O
CO₂

CO₂

O
‖
HOOC　CH₂COOOH

NH₂
|
HOOC　CH₂－CH－COOH

预苯酸

转氨基作用

预酪氨酸

OH

OH

图 13.1 莽草酸合成路径在植物、细菌和真菌中比较常见，在这一路径中芳香族氨基酸提供了用于
合成木质素中类苯丙 2 结构单元的母体化合物 （修改自 Goodwin and Mercer, 1972）

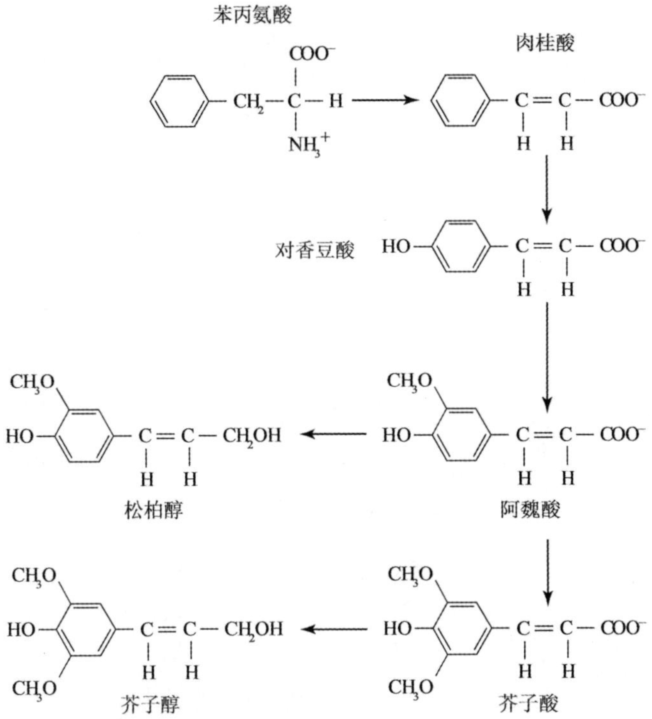

图 13.2　木质素构成要素合成路径。木质素的构成要素主要
包括以下几类木质素单体：对香豆醇、松柏醇和芥子醇（修
改自 Goodwin and Mercer，1972)

queu et al.，2003）。这种与细胞色素 P_{450} 单加氧酶（Pinot et al.，1999）及膜结合的环氧
水解酶相关的酶，能够在体外催化这些单体的合成（Blée and Schuber，1993）。

　　目前还不确定角质素单体的聚合反应发生在表皮细胞内还是细胞外，以及角质素的合
成如何与蜡质沉积相协调。对鼠耳芥突变体 *Arabidopsis lacs*2 的表征表明，一种具有表皮特
异性的长链酰基-CoA 合成酶（long-chain acyl-CoA synthetase 2，LACS2）参与到了叶片中
角质素的合成及其所起的屏障功能中（Schnurr et al.，2004）。这进一步说明特定的酰基-
CoA 很有可能参与到了角质素的生物合成过程中。鼠耳芥新枝嫩芽中的表皮蜡存在于角质
素基质上面（表皮）或嵌入进角质素（角质层内）。鼠耳芥茎中的优势蜡质主要是 C_{29} 烷
烃、酮和仲醇，以及丰度稍低的 C_{28} 伯醇和 C_{30} 的醛（Jenks et al.，2001）。茎部的蜡含量通
常要比叶中的高很多。这些饱和的脂肪族蜡质成分是在质体中以 C_{16}-C_{18} 脂肪酸形式被合
成的，随后脂肪酸碳链发生延伸（与内质网一起），形成超长链脂肪酸（VLCFAs）（Post-
Beittenmiller，1996；Kunst and Samuel，2003）。通过检测一种缩合酶（CER6），证明了延伸
酶复合物中缩合酶的功能就是控制鼠耳芥表层蜡的生产，鼠耳芥有一种高度光滑的茎表型
以及 7% 的野生型蜡质（Millar et al.，1999）。VLCFAs 随后也会发生一些修饰反应，但对
其机制和涉及的基因产物所知甚少。近期缩合酶 CER5 的发现使得我们对将蜡质输运到表

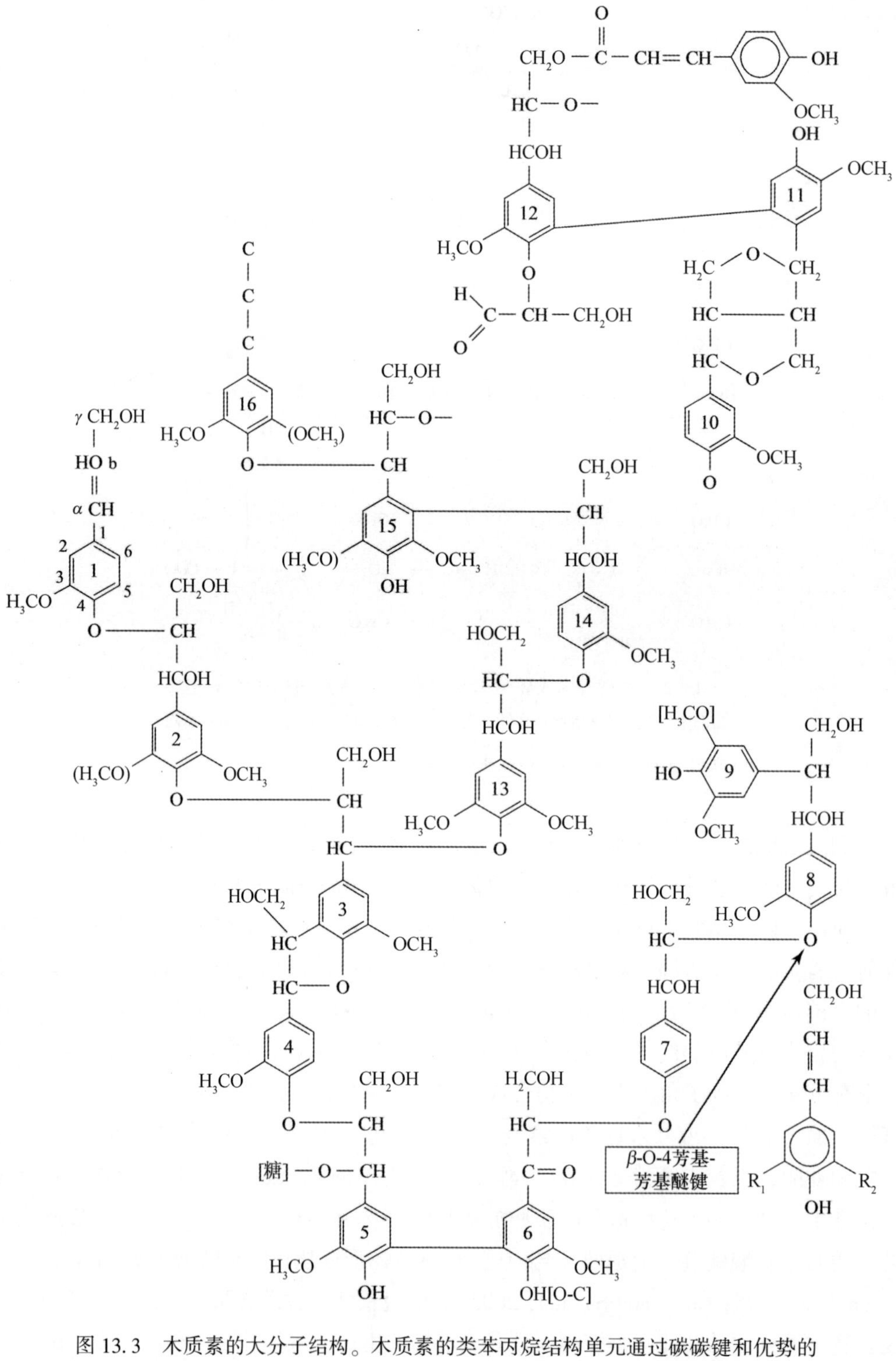

图 13.3　木质素的大分子结构。木质素的类苯丙烷结构单元通过碳碳键和优势的
β-O-4 芳基—芳基醚键交叉相连，使得木质素成为一种相当稳定的化合物

皮表面的机制已经比较理解了，CER5 是一种三磷酸腺苷结合盒转运子（ABC），参与表皮蜡到茎表面的输运（Pighin et al.，2004）。

关于软木脂的生物合成起源及其特定化学结构目前还有争议。如前所述，软木脂是一种存在于维管植物特定组织细胞壁中，具有芳香族和脂肪族结构域的薄层状杂聚物（Bernards et al.，1995；Bernards，2002）。目前，软木脂的两种结构域之间的联系还不是很清楚。α-羟基酸（如18-羟基十八碳-9-烯酸）和 α，ω-二酸（如十八碳-9-烯-1，18-二酸）是一些常见的脂肪族单体。聚芳香族单体是羟基肉桂酸及它们的衍生物，如阿魏酰酪胺。最近，一个新的模型提出了软木脂的另一种结构域，即羟基肉桂酸—木质素单体多酚域（图 13.4）（Graca and Pereira，2000a，b）。这种结构域通过共价键与以丙三醇为基础的聚芳香族结构域相连接，存在于原生细胞壁与质膜之间（Graca and Pereira，2000a，b；Graca et al.，2002）。

13.3　木质素、角质素和软木脂的分析

木质素大分子中的木质—纤维素复合物很难直接分析，但经过碱性 CuO 氧化分解后，就可以用气相色谱—火焰离子化检测器（GC-FID）或气质联用（GC-MS）来分析（Hedges and Ertel，1982；Kögel and Bochter，1985）。这一氧化过程会破坏木质素中的芳基醚键，使得酚单体和二聚体得以从木质素大分子的外层释放出来（Johansson et al.，1986）。使用 CuO 氧化方法氧化木质素（Hedges and Parker，1976；Hedges and Ertel，1982）能够得到 11 种主要的木质酚单体，这 11 种单体可以被分为 4 个系列：对羟基酚（P）、香草基酚（V）、紫丁香基酚（S）和肉桂基酚（C）（图 13.5）（Hedges and Ertel，1982）。Hedges 和 Parker（1976）使用 "Λ" 指标来定量指示木质素与有机碳的相对含量。Λ_6 或者 λ 是将以 mg 为单位的 V 系列酚单体（香草醛、香草酮和香草酸）与 S 系列（紫丁香醛、紫丁香酮和紫丁香酸）酚单体的总量归一化到 100 mg 有机碳（OC），Λ_8 则是在 Λ_6 的基础上加上 C 系列酚单体（对肉桂酸和阿魏酸）。

研究表明，木质素的 CuO 氧化会产生苯羧酸（BCAs），有研究提出其可以作为土壤有机碳氧化程度的潜在生物标志物（Otto et al.，2005；Otto and Simpson，2006）或示踪水生生态系统中陆源和海源有机碳（Prahl et al.，1994；Louchouarn et al.，1999；Goñi et al.，2000；Farella et al.，2001；Houel et al.，2006；Dickens et al.，2007）。最突出的 BCAs 是 3，5-二羟基苯甲酸（3，5Bd）和间羟基苯甲酸及一些三羧酸。另外，有研究提出，对羟基酚（P）单体与 V 系列和 S 系列酚单体之和的比值 [P/（V+S）]，可以作为由褐腐真菌引起的含甲氧基的 V 系列和 S 系列成分去甲基化导致的木质素降解的指标（Dittmar and Lara，2001）。然而，由于 3，5Bd 和对羟基酚并不是完全来自维管植物（Goñi and Hedges，1995），因此在利用这一指标来指示海洋沉积物中陆源有机碳的成岩转化时会出现问题。例如，当沉积物中有某些大型褐藻（如海带）的大量输入时，这一比值就不是那么有效了，因为这些大型褐藻也有 3，5Bd 和来自浮游生物的氨基酸（Houel et al.，2006）。最

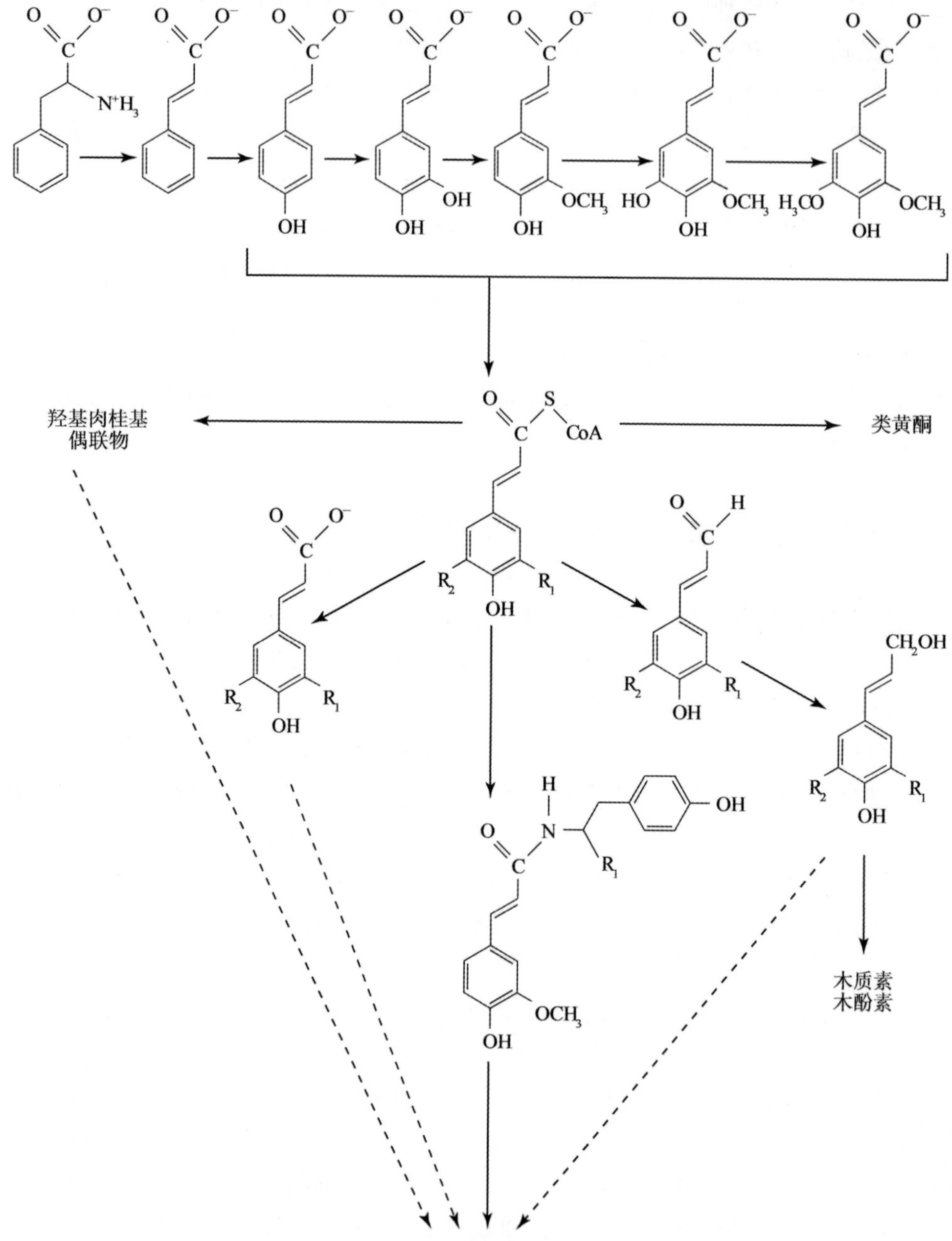

图 13.4 软木脂合成新模型中的合成路径。该模型提出了软木脂的另一种结构域，即羟基肉桂酸-木质素单体多酚域（修改自 Graca and Pereira, 2000a, b; Bernards, 2002）

后，有研究表明，单宁和其他类黄酮也可能是 3，5Bd 的一个来源（Louchouarn et al.，1999），因此在使用这些化合物作为生物标志物时，还需要更多的研究以对其输入源进行更好的限定。

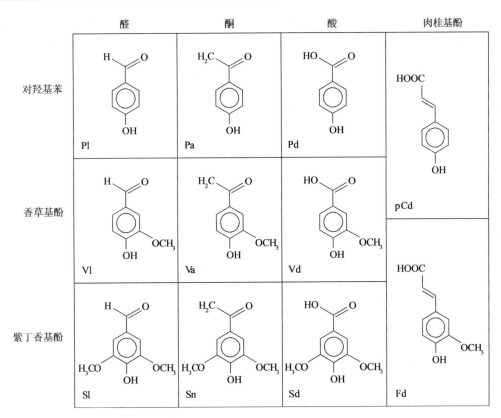

图 13.5　使用 CuO 氧化方法氧化木质素得到的 11 种主要的木质酚单体。这些化合物可以分为 4 个系列：对羟基酚（P）、香草基酚（V）、紫丁香基酚（S）和肉桂基酚（C）。这些化合物简写如下：对羟基苯甲醛（Pl）、对羟基苯乙酮（Pa）、对羟基苯甲酸（Pd）、香草醛（Vl）、香草酮（Va）、香草酸（Vd）、紫丁香醛（Sl）、紫丁香酮（Sn）、紫丁香酸（Sd）、对肉桂酸（pCd）和阿魏酸（Fd）（修改自 Hedges and Ertel，1982）

　　紫丁香基衍生物是木质和非木质被子植物特有的，肉桂基系列则常见于非木质的被子植物和裸子植物（Hedges and Parker，1976；Hedges and Mann，1979；Gough et al.，1993）。然而，所有的裸子植物与被子植物的木质和非木质组织氧化后都能得到香草基酚。因此，S/V 和 C/V 这两个比值能够分别提供被子植物与裸子植物来源、木质与非木质组织的相对重要性（图 13.6a）。在使用木质素来指示河口/近岸系统中维管植物的输入，一般不会考虑对羟基酚，因为非木质素成分也能够产生这一类物质（Wilson et al.，1985）。然而，将主要来自木质素的对羟基苯乙酮（Pa）（Hedges et al.，1988），归一化到其他不含木质素的来源的对羟基酚（如对羟基苯甲醛和对羟基苯甲酸）后得到的 Pa/P 比值可以用来指示木质素（Benner et al.，1990）。最近的研究发现，由于在高活性土壤中肉桂基、紫丁香基和香草基结构在成岩敏感性上有差异（C>S>V），导致在确定它们的植被来源时出现了严重的问题（Tareq et al.，2004）。与紫丁香基和香草基酚相比，肉桂基酚通过一个酯键与木质素松散地连接在一起，使得它在环境中不够稳定（Dittmar and Lara，2001）。图 13.6b 中的数据说明了使用基于纯的植物组织比值的传统的来源划分图来区分土壤中木质素来源有多困难（Hedges and Mann, 1979）。为了改善这一情况，研究者提出了如下被称为木质酚植被指数（LPVI）的二元等式：

$$LPVI = [\{S(S + 1)/(V + 1) + 1\} \times \{C(C + 1)/(V + 1) + 1\}] \qquad (13.1)$$

其中，V、S 和 C 分别是其占 Λ_8 的百分比（Tareq et al., 2004）。根据表 13.2 中所展示的数据，在木质裸子植物和被子植物及非木质裸子植物间 LPVI 的重叠很少。在天然土壤、沉积物及大洋系统中应用 LPVI 这一指标还需要进一步深入研究，但其应用越来越广泛。

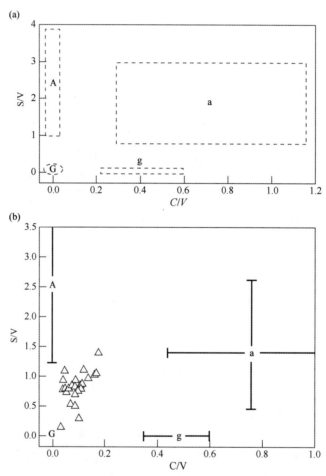

图 13.6　（a）紫丁香基/香草基（S/V）和肉桂基/香草基（C/V）这两个比值能够分别提供被子植物与裸子植物来源、木质与非木质组织的相对重要性。A：木质被子植物；a：非木质被子植物；G：木质裸子植物；g：非木质裸子植物。（b）数据显示使用基于纯的植物组织比值的传统的来源划分图很难区分土壤中木质素来源（△）（修改自Hedges and Mann, 1979）

表 13.2　LPVI 的平均值与范围

植物类型	LPVI 值范围		
	低值	平均值	高值
裸子植物（G）	1	1	1
非木质裸子植物组织（g）	12	19	27
被子植物（A）	67	281	415
非木质被子植物组织（a）	378	1090	2782

来源：特定植物木质酚数据来自 Hedges and Mann（1979）。

在 CuO 氧化分解过程中，木质素中大部分醚键，但不是全部，会断裂；但连接芳环的碳-碳键不受影响（Chang and Allen，1971）。这些酚二聚体保存了特征的环与环和环与侧链之间的联系，除了单体形式之外又提供了另外的 30 种（或更多）CuO 氧化产物，可以用于确定维管植物的分类来源（Goñi and Hedges，1990a）。而且，与单体形式不同，这些数量更多的二聚体可能完全来自聚合的木质素，以溶解态或醚结合的形式存在。因此，木质素二聚体也许可以更好地记录自然系统中聚合的木质素的输入（Goñi and Hedges，1990a）。然而，随后的针对不同维管植物组织长时间尺度的降解实验的结果表明，酚单体确实能够充分地随着木质素的降解而降解（Opsahl and Benner，1995）。

一种新开发的使用氢氧化四甲铵（TMAH）的热化学分解方法被成功地应用于沉积物中的木质素分析（Clifford et al.，1995；Hatcher et al.，1995a；Hatcher and Minard，1996）。TMAH 热裂解能够有效地对酯和酯键进行水解和甲基化，导致木质素中主要的 β-O-4 酯键的开裂（图 13.7）（Mckinney et al.，1995；Hatcher and Minard，1996；Filley et al.，1999a）。因此，这一技术已被证明对于研究陆地（Martin et al.，1994，1995；Fabbri et al.，1996；Chefetz et al.，2000；Filley，2003）和水生（Pulchan et al.，1997，2003；Mannino and Harvey，2000；Galler et al.，2003；Galler，2004）环境中维管植物的丰度和来源能够取得很好的效果。TMAH 方法是在 250～600℃ 的高温及强碱性反应环境下，对极性的羟基和羧基官能团进行有效地甲基化，从而产生多种甲基化化合物（Hatcher et al.，1995b；Page et al.，2001）。此外，TMAH 产物倾向于保留其原先的侧链，也能分解一些来自单宁的或多酚型的类木质素结构，当使用 ^{13}C 标记的 TMAH 时，可以测定由微生物去甲基化、可水解的单宁输入和侧链的氧化反应（Filley et al.，1999b，2006；Nierop and Filley，2007）。这为评价微生物分解的类型和程度提供了很大的可能。然而，那些可能由非木质素来源物质产生的化合物，如单宁水解产生的没食子酸的全甲基化类似物，或者在对肉桂基成分进行全甲基化处理时得到的咖啡酸，都会影响到用 TMAH 法得到的木质素对陆地来源有机碳的解释（Filley et al.，2006；Nierop and Filley，2007）。

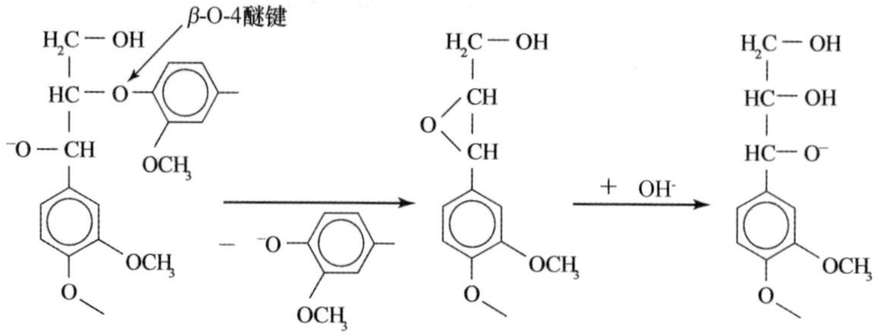

图 13.7　TMAH 热裂解能够有效地对酯和酯键进行水解和甲基化，导致木质素中主要的 β-O-4 酯键的开裂（修改自 Filley et al.，1999a）

13.4　应用

13.4.1　木质素作为湖泊生物标志物

为了检验木质素在沉积物中作为生物标志物的有效性，研究者对美国阿拉斯加威恩湖（Wien Lake）沉积物中的木质素与花粉进行了比较（Hu et al.，1999）。威恩湖是阿拉斯加山脉中的一个贫营养型湖泊，流入坎提什那河（Kantishna River），河岸森林以香脂白杨为主（如灰背杨（*Populus glauca*）和马里亚纳扬（*P. mariana*））。结果表明，与现代植物组织相比（如树叶和针叶），灰背杨（PIGL）和马里亚纳扬（PIMA）的花粉中含有浓度非常高的肉桂基酚单体，特别是对香豆酸（图 13.8）。相反地，花粉中香草基酚单体浓度则要比植物组织中低很多，这就给木质素的应用带来了一个问题。如图 13.6 所示，在 CuO 方法中使用的来源划分图是基于新鲜的植物组织，该研究却表明木质素生物标志物和化石花粉之间存在很强的联系，因此，在研究湖泊系统木质素时需要校正花粉带来的影响（Ertel and Hedges，1984；Hu et al.，1999）。需要注意的是，虽然高纬度湖泊中花粉含量要低于低纬度湖泊，但由于花粉和其他植物组织间存在显著的差异，对所有纬度湖泊的结果都是需要校正的。如果未经校正，所得的木质素数据可能会高估沉积物中非木质组织的贡献，而且花粉相比其他植物组织更耐降解，会进一步加重这一情况（Faegri and Iversen，1992）。

13.4.2　木质素作为河流—河口系统生物标志物

受世界上最大的河流系统之一的阿查法拉亚河（Atchafalaya river）与密西西比河（Mississippi river）联合的巨量输入影响，墨西哥湾北部陆架边缘水体中的陆源有机碳输入比美国其他边缘海要高（Hedges and Parker，1976；Malcolm and Durum，1976；Eadie et al.，1994；Trefrey et al.，1994；Bianchi et al.，1997a）。密西西比河散布系统中河流悬浮颗粒物

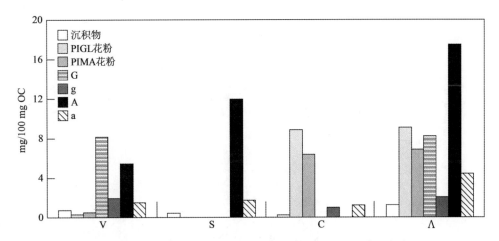

图 13.8　美国阿拉斯加威恩湖（Wien Lake）沉积物中的木质素与花粉的比较。威恩湖的河岸森林以香脂白杨为主，如灰背杨（*Populus glauca*）和 *P. mariana*。G：木质裸子植物；g：非木质裸子植物；A：木质被子植物；a：非木质被子植物。V：香草基酚单体；S：紫丁香基酚单体；C：肉桂基酚单体；Λ 的定义如本章前面所述［主要木质酚单体相对含量（mg/100 mg OC）］（修改自 Hu et al.，1999）

和海底沉积物中的全样有机碳和碳同位素的分析结果表明，河流颗粒物是^{13}C 亏损的（相对海洋有机碳），60%～80%的埋藏在河口邻近的陆架区的有机碳是海源的（根据沉积物中富集的^{13}C 值判定）（Eadie et al.，1994；Trefrey et al.，1994）。随后，研究发现大部分输送到陆架区的陆源有机碳是来自密西西比河流域的西北草原中 C_3 和 C_4 植物及土壤侵蚀后释放出的物质的混合物（Goñi et al.，1997，1998）。这些研究还发现，由于与小粒径的土壤物质结合在一起，来自 C_4 植物的物质能够被离岸输运更远的距离（Goñi et al.，1997，1998；Onstad et al.，2000；Gordon and Goñi，2003）。C_4 植物的 δ^{13}C 同位素值范围一般是-14‰～-12‰，要比海源有机碳的碳同位素（-22‰～-20‰）更为富集。然而，当把土壤（-28‰～-26‰）与 C_4 植物物质混合后，产生的信号与海源有机碳是相似的，使得单独使用全样碳同位素值来判断有机碳来源存在很大问题。

　　基于早期的工作，Goñi 等（1997）断定来自陆地 C_3 植物（^{13}C 亏损）的物质沉积到了陆架上。然而，最近的研究表明来自木质被子植物的物质（同样也是^{13}C 亏损）倾向于沉积在密西西比河下游及陆架上散布系统的近端部分（Bianchi et al.，2002）。这说明离岸较远的沉积物中的有机碳有相当一部分是陆源有机碳，很可能是在输运过程中更不稳定的来自藻类的碳的选择性降解造成的。实际上，近期的工作表明，密西西比河下游的颗粒有机物（POM）中的木质素含量与河流流量有很强的相关性（图 13.9）（Bianchi et al.，2007）。这进一步支持了春季洪水期间密西西比河上游流域盆地内的陆地土壤输入与下游和墨西哥湾中含木质素的 POM 输入有很大关系的观点。

　　在河口，常会发现从河口系统顶端到口门附近，会出现一个维管植物 POM 浓度逐渐降低的一个梯度（Bianchi and Argyrou，1997；Goñi and Thomas，2000）。在波罗的海（Bal-

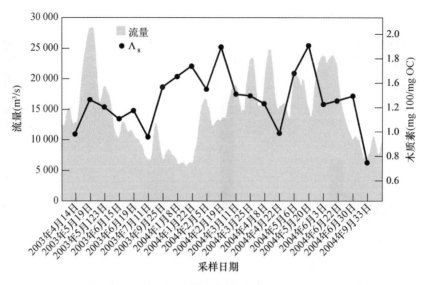

图 13.9 美国密西西比河下游的颗粒有机物（POM）中的木质素含量与河流流量有很强的相关性（修改自 Bianchi et al.，2007）

tic Sea)，从吕勒河（Luleälven River）到波罗的海本体（Baltic Proper），即从河口顶端（北部）到河口口门（南部）的站位水体颗粒有机碳（POC）中的木质酚含量也存在这样一个梯度（Bianchi et al.，1997a）。相似的，从美国东南部河口 [北部湾（North Inlet）] 按照森林—咸淡水到湿地—咸水的梯度采集的土壤和沉积物样品的分析也表明，在森林站点，来自木质和非木质的裸子植物和被子植物源的有机物在沉积物中占优势，而湿地站点中则是以非木质的湿地植物 [大米草（Spartina）和灯芯草（Juncus）] 来源有机物为主（Goñi and Thomas，2000）。森林站点样品中的木质素大部分降解了，而在以缺氧环境为主的咸水湿地站点中降解程度最低。最近有研究比较了美国东南部河流河口沉积物中木质素得到的酚单体（Λ）与非木质素得到的化合物苯甲酸（B）和对羟基苯（P）的相对重要性（图 13.10）（Goñi et al.，2003）。苯甲酸和对羟基苯常被用来识别近岸沉积物中来自浮游植物和土壤的有机物的来源（Goñi et al.，2000）。该研究表明，这些河口系统沉积物中以被子植物和裸子植物来源的木质素化合物为主，可能来自这一区域的沿海高地的森林。

在河流/河口系统中，淡水和溶解有机物（DOM）中的陆源木质素也存在一致的梯度。例如，Benner 和 Opsahl（2001）发现在密西西比河下游以及内河羽区域的高分子量 DOM（HMW DOM）中的 Λ_8 的变化范围是 0.10~2.30，与其他河流—海岸边缘的 HMW DOM 浓度梯度一致（Opsahl and Benner，1997；Opsahl et al.，1999）。控制河口/近岸系统 DOM 中木质素丰度的机制可能包括原位的细菌分解（前面已经讨论过）、悬浮颗粒物的絮凝、吸附和解吸过程（Guo and Santchi，2000；Mannino and Harvey，2000；Mitra et al.，2000）及光化学降解（Opsahl and Benner，1998；Benner and Opsahl，2001）。实际上，大西

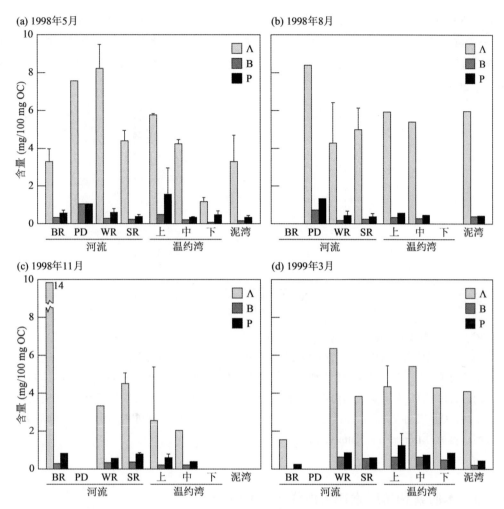

图 13.10　最近的研究比较了美国东南部河流河口沉积物中木质素得到的酚单体（Λ）与非木质素得到的化合物苯甲酸（B）和对羟基苯（P）的相对重要性。图中缩写所代表的河流采样点如下：BR，黑河（Black River）；PD，皮迪河（Pee Dee River）；WR，沃卡莫河（Waccamaw River）；SR，桑皮特河（Sampit River）。温约湾（Winyah Bay）的上、中和下湾及泥湾（Mud Bay）的站点数据也在图中展示（修改自 Goñi et al.，2003）

洋中部湾（Middle Atlantic Bight，MAB）底层水体中年龄较老并富集木质素的 HMW DOM 就被认为是来自切萨皮克湾（Chesapeake Bay）以及美国东北海岸线其他河口系统中沉积颗粒物的解吸（Guo and Santschi，2000；Mitra et al.，2000）。这样的过程的相对重要性的时空变化通常也会导致总 DOM 和木质素浓度的非保守行为。这些河口陆架海域中陆源 DOM 的不同去除机制可能正是导致全球海洋陆源 DOM 大量亏损的原因（Hedges et al.，1997；Opsahl and Benner，1997）。在另一项研究中，研究者发现俄罗斯河流中 DOM 的化学成分（如可水解的中性糖和氨基酸）并不与流域盆地中的植被相关，而木质素参数，如 S/V 比值则与植被相关（图 13.11）（Opsahl et al.，1999；Lobbes et al.，2000；Dittmar and

Kattner，2003）。这一差异可能与这些土壤及世界其他土壤中存在的这些有机组分更易降解这一普遍特点有关（Engbrodt，2001）。不过，既然气候变化并不会改变俄罗斯河流向北冰洋输送的 DOM 的主要组成，木质素信号有望能够反映流域盆地的变化（Dittmar and Kattner，2003）。

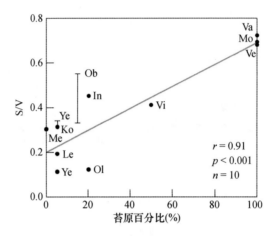

图 13.11　紫丁香基酚单体与香草基酚单体比值（S/V）与俄罗斯河流中苔原百分比之间的关系。俄罗斯河流中 DOM 的化学成分（如可水解的中性糖和氨基酸）并不与流域盆地中的植被相关，而木质素参数，如 S/V 比值则与植被相关。河流名称对应中文如下：In：因迪吉尔卡河；Ko：科力马河；Le：勒拿河；Me：梅津河；Mo：莫罗伊亚哈河；Ob：鄂毕河；Ol：奥列涅克河；Va：瓦斯金娜河；Ve：维力卡亚河；Vi：维扎斯河；Ye：叶尼塞河（修改自 Dittmar and Kattner，2003）

13.4.3　木质素和角质素作为海洋生物标志物

如前所述，CuO 氧化分解方法会产生一系列苯羧酸（BCAs），但对它们的来源还不是很清楚。最近有研究进一步考察了 BCAs 的来源及其作为土壤和海洋沉积物中生物标志物的潜力（Dickens et al.，2007）。结果发现 BCAs 能够有效地示踪土壤和沉积物中的木炭（图 13.12）。此外，研究还表明，虽然有一些 BCAs 是来自海洋生物，但 3，5Bd 不是（图 13.12），如前人研究所提出的（如 Louchouarn et al.，1999；Farella et al.，Houel et al.，2006），它仍然是土壤有机碳的有效生物标志物。特别地，来自陆源和芳香族有机物中的 3，5Bd 含量要比海源有机物中高很多（图 13.12）。研究还发现，在美国华盛顿州近岸海域，3，5Bd 浓度随着离岸距离的增加逐渐降低，正如 Λ 的变化趋势，只不过量级要显著低于 Λ（图 13.12）。相反地，3，5Bd 与总香草基酚单体的比值（3，5Bd/V），这一用来指示土壤中有机物氧化程度的指标（Houel et al.，2006），随着离岸距离的增加逐渐增大。该比值也与香草基酚单体的酸醛比有显著相关性，进一步证实了前人的研究，即在华盛顿州近岸海域，随着离岸距离的增加，木质素降解程度增加（Hedges et al.，1988）。最后，酚羟基与非酚羟基的比值（OH/no-OH），在所有的陆源、芳香族有机物和木炭样品中都有较高的值，同样随着离岸距离的增加而降低。该比值也许可以作为区分陆源与海源有机物的相对重要性的一个新指标，但仍需要更深入的工作以更好地约束这一比值（Dickens et al.，2007）。

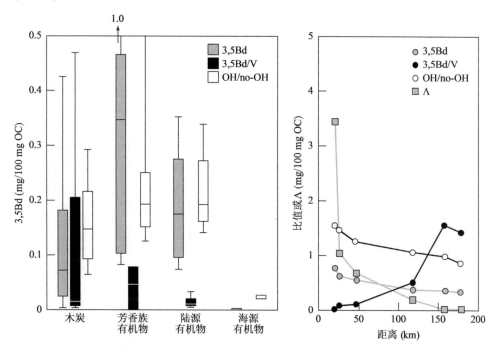

图 13.12　近期对苯羧酸（BCAs）的来源及其作为土壤和海洋沉积物中生物标志物的潜力的研究结果。距离等于与美国华盛顿州海岸的离岸距离。3，5Bd：3，5-二羟基苯甲酸；3，5Bd/V：3，5Bd 与总香草基酚单体的比值；OH/no-OH：酚羟基与非酚羟基的比值；Λ：木质酚含量（修改自 Dickens et al.，2007）

近期有研究比较了北冰洋、大西洋和太平洋海盆的表层和深层水中的溶解态木质素浓度（Hernes and Benner，2006）。总的来说，在北冰洋和太平洋中分别发现了溶解态木质素浓度的最高值和最低值（图 13.13）（Opsahl et al.，1999；Hernes and Benner，2002，2006）。表层水中的总木质素浓度之间的大部分差异是由河流输入引起的（两者之间有正相关关系）（图 13.13a），但北冰洋系统中因为有着更短的水体停留时间和较低的年入射太阳辐射，导致 DOM 光氧化分解程度弱，所以其含量才高。深层水木质素含量变化不大，且由于北冰洋和大西洋之间通过北大西洋底层水连接在一起，两者深层水体中的木质素浓度比较接近。太平洋则可能因为海盆之间存在的"传送带"式深层水环流，导致其总木质素浓度最低（Broecker and Peng，1982）。太平洋深层水，处于大洋环流过程中大西洋水的下游，具有典型的"最老的"放射性碳同位素信号（Bauer et al.，2001）和降解程度最高的信号，在输运过程中木质素的损失程度最大。虽然 HMW 组分通常具有更高的反应活性，但 HMW DOM 中的木质素与总 DOM 中的木质素具有相似的分布模式（图 13.13b）。北极地区的森林中裸子植物来源的有机物对北冰洋的输入可能是造成北冰洋具有最低 S/V

比值的主要原因（图 13.13c）（Opsahl et al.，1999；Lobbes et al.，2000）。尽管确信太平洋水体中的木质素降解损失更多，但香草基酚单体的酸醛比值（Ad/Al$_V$）并不是很高，还需要更深入的调查研究以明确原因。

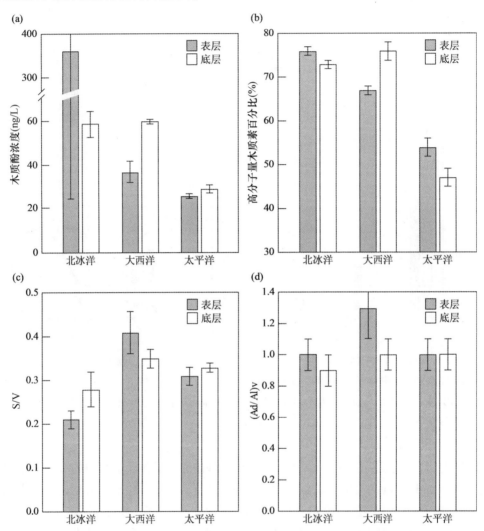

图 13.13　北冰洋、大西洋和太平洋海盆的表层和深层水中的溶解态木质素浓度的比较

（修改自 Hernes and Benner，2006）

在一些针对华盛顿海岸的近岸沉积物的研究中，首次将角质素 CuO 氧化产物作为一种潜在的生物标志物来应用（Goñi and Hedges，1990a，b）。简单来说，角质素仅存在于非木质维管植物组织中，非维管植物中不含有角质素。特别地，在低等植物（如蕨类和石松类）中发现了末端单羟基化的角质酸［如 14-羟基十四烷酸（ω-C$_{14}$）和 16-羟基十六烷酸（ω-C$_{16}$）］，而在高等植物（如被子植物和裸子植物）中发现的是羟基化的角质酸（Goñi and Hedges，1990a，b）。二羟基十六烷酸在裸子植物中占优势（表 13.1），而被子

植物则以 9，10，18-三羟基十八碳烷酸（9，10，ω-C_{18}）为主。最后，像 8，16-、9，16-和10，16-二羟基十六烷酸等同分异构体的存在可以用来进一步区分单子叶与双子叶植物（Goñi and Hedges，1990a）。如对前面所提到的许多生物标志物的讨论一样，角质素之间的比值对于区分有机物来源来说是很关键的。例如，ω-C_{16}/$\sum C_{16}$ 比值被用来区分蕨类/石松类（0.8±0.1）和高等植物（0.1~0.2），表 13.1 给出了一些裸子植物（针叶树）的比值。ω-C_{14}/$\sum C_{16}$ 比值也被用来区分低等维管植物和非木质裸子植物与被子植物。在某些情况下，高的 ω-C_{16}/$\sum C_{16}$ 比值可能部分是因为软木脂的存在，因为后者含有高浓度单羟基十六碳和十八碳烷酸（Kolattukudy，1980）。对美国达波湾（Dabob Bay）冷杉—铁杉混合物中的主要角质酸的归宿研究中，发现十六烷酸的含量从冷杉—铁杉原树（绿叶）、枯枝凋落物到沉积物有显著的减少（表 13.1 和图 13.14）（Goñi and Hedges，1990c）。

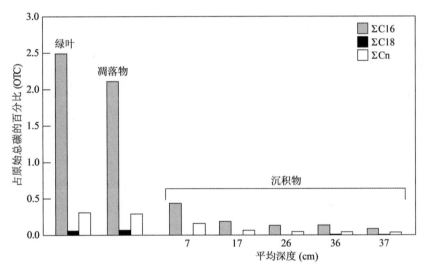

图 13.14　美国达波湾（Dabob Bay）冷杉—铁杉混合物中的多种角质酸类别从冷杉—铁杉原树（绿叶）、枯枝凋落物到沉积物的归宿（修改自 Goñi and Hedges，1990c）

13.5　小结

由于近些年土地利用变化对土壤侵蚀、河岸植被和湿地消失等造成了强烈的影响，人们越来越关注示踪输入到水生生态系统的陆地维管植物碳。在过去的十年里，尽管 CuO 方法仍然是木质素和角质素分析最常用的方法，也出现了其他一些新的分析手段。TMAH 法与支链和类异戊二烯四醚（BIT）方法（见第 11 章）能够研究 CuO 法研究不了的其他土壤有机物成分。类脂也为研究输入到水生生态系统的陆源碳提供了另一种方法。新的和改进的分析方法表明陆源碳在近岸生态系统的 POC 和 DOC 中所发挥的作用比先前的研究所说的更为重要，所以最近几年陆源碳重新引起了人们的研究兴趣。例如，特定化合物同位素分析（CSIA）可以用来区分 C_3 和 C_4 植物来源的有机碳，也能辨析出特定输入来源的年龄。考虑到海平面上升及前面提到的土地利用状况的改变仍会继续促进陆源物质向水生生态系统输入的增加，在了解碳动力学方面，化学生物标志物所起的作用仍是至关重要的。

第 14 章　人为标志物

14.1　引言

本章将为读者介绍具有不同的来源、官能团组成、物理行为和环境归宿的人为化合物。我们将以本书前面几部分为依据，讨论控制天然有机化合物行为的过程与影响人为化合物行为的过程之间的相似性，及这些过程如何帮助我们建立预测污染物环境行为的模型。我们还将为读者介绍人为化合物作为生物标志物（人为标志物）的应用。尽管常会对水生环境和生活在其中的生物带来伤害，污染物也可以作为有价值的替代指标来认识环境中有机物的来源、迁移转化和归宿。

人为标志物是人类或人类活动产生的，被有意或无意地引入大气、水生或沉积环境中的化合物。这些化合物可能是天然的，也可能是合成的，既有无害的，也有有毒性的。一般说来，人为化合物被归类为污染物，因为它们都是一些诱变物或致癌物，常常对人体健康或生态产生有害的影响。一些人为化合物被描述为外源化合物，指的就是它们并非天然来源的事实。自第二次世界大战以来，外源性物质的种类、数量及应用急剧增加，这些化合物在环境中的存在造成了确定无疑的污染。这些化合物在环境中常以痕量存在，但由于存在毒性、致畸性或致癌性，它们对人类和水生生物产生的影响与其浓度经常是不成比例的。很多人为化合物在地球化学上是稳定的，由于它们的持久性存在导致了复杂的环境影响。在本章中，我们将为读者介绍传统的（即第二次世界大战以来引入的）人为化合物的研究现状，如多氯联苯（PCBs）、有机氯杀虫剂和除草剂、表面活性剂，多环芳烃（PAHs）和石油烃。此外，随着质谱研究的进展，在环境中已经可以检测出新的人为化合物。这些新兴污染物包括雌激素、内分泌干扰物、抗生素、咖啡因、邻苯二甲酸盐和多溴联苯醚（PBDEs）等。近几十年里，这些化合物的使用量急剧增加，现代检测方法表明它们遍布全球（Schwarzenbach et al.，2006）。例如，自 20 世纪 70 年代起 PBDEs 就被广泛用作阻燃剂，现在在偏远的地区和高度城市化的地区都能发现它（Hites，2004）。

在进入环境的时候，各种各样的过程控制着污染物的输运，包括化合物在介质之间的交换（如挥发、颗粒物吸附—解吸）、在大气或水中的稀释作用、或多或少有毒的化合物的生物和非生物转化及被生物摄入后的吸收和富集。大部分过程和速率受环境条件的影响，如温度、pH 值、盐度、氧化还原条件、风速和水流速度及光可利用性等。此外，电子受体的可用性、微生物群落组成和微生物活动也影响着污染物的归宿（Braddock et al.，1995；Slater et al.，2005；Castle et al.，2006）。化合物的物理化学性质也很重要，因为人为化合物的行为和归宿取决于诸如蒸汽压、水溶性、分配系数和挥发倾向等性质（如亨利定律）（Schwarzenbach et al.，2003）。人为化合物具有多种多样的物理行为和生物累积（或生物富集）系数（Mackay et al.，1992a, b；Cousins and Mackay，2000；Cetin and Odabasi，2005；Cetin et al.，2006）。生物富集是指生物体组织中一种污染物的浓度超出周围环境介质中污染物的浓度。为了阐明人为化合物的各种环境行为，表14.1介绍了本章所讨论的一些化合物的物理化学常数。

表 14.1　25℃下代表性人为有机污染物的物理常数

化合物或类别	来源	亨利常数 Pa（m³/mol）	Log K_{ow} [mol/L（辛醇）/mol/L（水）]	蒸汽压 Pa	生物富集系数 log BCF
直链烷基苯	废水		6.9~9.3[1]		
多环芳烃[2]	燃烧产物	0.9~232.8	3.3~67.5	0.088 5~197	1.5~5.2
邻苯二甲酸酯[2]	塑料		3.57~8.18	1.3×10⁻⁵~0.22	
双酚 A[6]	塑料		2.2~3.8		5.1~13.8
多氯联苯[2]	电容器和绝缘流体	1.7~151.4	3.9~8.26	3×10⁻⁵~0.6	2.1~7.1
多氯联苯混合物		5~900	4.1~7.5	2×10⁻⁴~2.0	0.1~5.5
多溴二苯醚	阻燃剂	0.04~4.83[3]	5.7 ~ 8.3[4]		
氯代二苯并-对-二噁英	燃烧产物	0.7~11.7	4.3~8.2	9.53 ×10⁻⁷~0.51	1~6.3
滴滴涕[7]	杀虫剂	1.3	6.4[2]	4.7×10⁻⁴ ~ 1.6×10⁻³	1~6.3
六六六（HCH）	农药		3.8[1]	3×10⁻³ ~ 1.07×10⁻¹	
17β-雌二醇	废水		4.01[5]		
咖啡因	废水		-0.07[5]		

注：这些常数可以采用多种方法来计算，数值均取近似值。

[1]Bayona and Albaiges（2006）。[2]数据源于 Schwarzenbach et al.（1994）、Mackay et al.，（1992）、Cousins and Mackay（2000）。[3]数据源于 Cetin and Odabasi（2005）。[4]Brackcvelt et al.（2003）。[5]Vallack et al.（1998）。[6]Staples et al.（1998）。[7]Bamford et al.（1998）。

14.2　石油烃

　　天然的烃类化合物已在第 10 章中介绍，这一章专门介绍这类化合物的人为来源。石油烃通过多种形式和一系列的过程进入环境中（表 14.2）。在一些情况下石油烃对环境的影响是直接和明显的（如泄漏），但有些情况下则是长期而不明显的（如非点源污染）。一般而言，长期而慢性的输入是环境中石油烃的主要来源，但泄漏和其他灾难性事件常常更受关注。关于环境中的石油烃有几篇优秀的评述文章，我们推荐读者参考图书（Peters et al.，2005）、发表的评述文章（Boehm and Page，2007）和专著章节（Bayona and Albaiges，2006）。

表 14.2　天然与人为源的石油污染

输入类型		输入来源	环境		影响范围		
			水圈	大气	当地	区域	全球
人为源	天然	渗漏，沉积物或岩石的侵蚀	+	−	+	?	−
		海洋生物合成	+	−	+	+	+
	海洋	海洋石油运输（例：油轮的事故、操作排放）	+	−	+	+	?
		海洋非油轮航运（操作、事故及非法排放）	+	−	+	?	?
		近海石油开采（钻井排放、事故）	+	+	+	?	?
	在岸	污水	+	−	+	?	?
		油库、管道、卡车	+	−	+	?	?
		河流，地表径流	+	−	+	?	?
	燃烧	燃料不完全燃烧	−	+	+	+	?

来源：修改自 Peters et al.（2005）。

　　一旦进入到环境中，石油烃会对环境产生一系列影响，这与其物理性质、行为、生物可利用性和毒性有关（表 14.3）。许多烃类化合物在环境中是持久存在的，有些化合物则会经历风化作用，即化合物由于机械作用、与大气、水及生物发生反应而在地球表面分解的过程。风化作用是一个选择性过程。因此，这一过程常用来描述相对于稳定化合物（s）的一个特定化合物。例如，研究表明，17α，21β（H）-藿烷在石油的风化过程中能够保存下来。一个特定化合物在风化作用下浓度的改变，常以相对于该稳定化合物 [17α，21β（H）-藿烷] 的变化来表示，计算式如下：

$$化合物减少量(\%) = [1 - (C_w/C_0)/H_0/H_w] \times 100 \qquad (14.1)$$

在该式中，一个风化样品中的化合物浓度 C_w 首先以相对于其初始浓度 C_0 的形式表示，然后归一化到代表稳定化合物的藿烷的初始浓度和风化后浓度（H_0 和 H_w）。一般来说，具有较大变化范围的化合物比值可用作量化风化程度的有效工具，在环境中保持稳定的化合物比值则可以作为示踪烃类来源的很好的替代指标。

表 14. 3   石油烃的环境影响

类型	石油中丰度	生物可利用性	在组织中的持久性	毒性
脂肪烃	高	高	低	低
脂环烃（如环烷烃、环烯烃）	高	高	低	低
芳香烃，烷基芳香烃，含氮、硫杂环化合物	高	高	取决于种类	取决于种类
极性化合物（如酸、酚、硫醇、硫酚）	低（?）	低（?）	低	低
元素（如硫、钒、镍、铁）	低	低	低	低
不溶性成分（沥青质、树脂、焦油等）	低	低	低	低

来源：Peters et al.（2005）。

环境法医学的众多领域都是针对追踪环境中种类繁多的污染物的需要而发展而来的（Slater，2003；Wang et al.，2006；Philp，2007）。就像生物标志物可以用来示踪环境中天然有机物的来源一样，烃"指纹"及其同位素特征（$\delta^{13}C$ 和 $\Delta^{14}C$）可以用来示踪石油的来源（Bence et al.，1996；Reddy et al.，2002b）。同其他生物标志物一样，当其特征同时具有来源特定性和环境稳定性时这种信息是最有效的。例如，$\delta^{13}C$ 特征和生物标志物为区分威廉王子湾（Prince William Sound）的海岸线上"埃克森·瓦尔迪兹"号（*Exxon Valdez*）溢油残留物与美国南加利福尼亚州生产的石油相关的焦油提供了强有力的工具（Kvenvolden et al.，1993；Bence et al.，1996）。"埃克森·瓦尔迪兹"号溢油残余的 $\delta^{13}C$ 值为 $(-29.4 \pm 0.1)‰$，与美国阿拉斯加威廉王子湾海岸的某些地方发现的相近，而南加利福尼亚州石油残留的 $\delta^{13}C$ 值为 $(-23.7 \pm 0.2)‰$。此外，三萜烷生物标志物为焦油残留来自美国加利福尼亚蒙特利岩组（Monterey Formation）出产的石油而不是"埃克森·瓦尔迪兹"号上的石油提供了证据（图 14.1）。在此项研究中，齐墩果烷和 C_{28}-双降藿烷的存在说明海岸上的石油残留物来自一个与南阿拉斯加当地石油和蒙特利岩组所产石油一样的成熟石油源。蒙特利岩组的石油同时含有齐墩果烷和 C_{28}-双降藿烷，而阿拉斯加北坡油田（North Slope）的石油只含有齐墩果烷。然而，在"埃克森·瓦尔迪兹"号的原油中完全不存在这些化合物（图 14.1a）。因此，该研究推断焦油很可能是发生在"埃克森·瓦尔迪兹"号油轮泄漏前 25 年的一次事故中释放出来的。

其他的特点，如不可分辨的复杂混合物（UCM）可以用于表征环境中的石油污染。在最近的一项研究当中，Reddy 等运用气相色谱和全二维气相色谱检测了美国马萨诸塞州法尔茅斯（Falmouth，Massachusetts）溢油中的 UCM 组成在经过 30 年后是否发生了变化

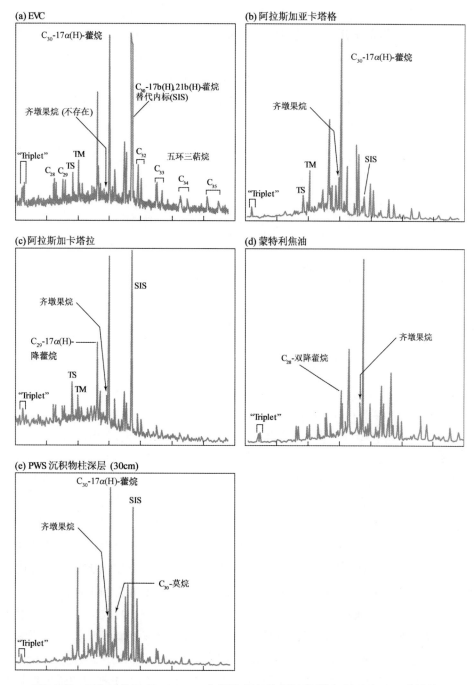

图 14.1　"埃克森·瓦尔迪兹"号（EVC）和阿拉斯加湾原油渗漏点的石油［亚卡塔格（Yakataga）和卡塔拉（Katalla）］、蒙特利焦油及提取自威廉王子湾（PWS）沉积物的石油烃中的三萜烷色谱图比较。TM：17α（H）－22，29，30 三降藿烷；TS：18α（H）－22，29，30 三降藿烷。Triplet：三种三萜烷［C_{26}-三环三萜烷（S）、C_{26}-三环三萜烷（R）和 C_{24}-三环三萜烷（S）］因结构相近/相似，出峰时间接近，作为三重峰出现（修改自 Kvenvolden et al.，1993 和 Bence et al.，1996）

（Reddy et al.，2002b）。研究表明，UCM 的浓度与溢油之后的那些测定数据相近（图 14.2）。此外，研究者们运用二维气相色谱发现，虽然正构烷烃在溢油之后随着时间已经分解，但姥鲛烷、植烷和其他支链烃类仍保存于沉积物中。与这些结果一致，在美国华盛顿湖（Lake Washington）开展的一项研究也发现，检测到的烃类化合物是在这项研究实施前约 25 年沉积的（Wakeham et al.，2004），突显出环境中石油烃的持久性。

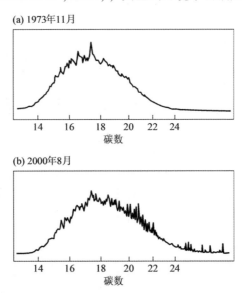

图 14.2　法尔茅斯 1973 年石油泄漏后与近 30 年后湿地沉积物中不可分辨的复杂混合物（UCM）的色谱图比较，两者大小相近（修改自 Reddy et al.，2001）

　　放射性碳同位素也是一种能够有效表征环境中石油归宿的工具。由于石油中不存在放射性碳（^{14}C 亏损），因此它可以作为一个反示踪剂用来研究微生物群落对石油源碳的利用（Slater et al.，2005；Wakeham et al.，2006）。Slater 等（2005）测定了磷脂脂肪酸（PLFA）的 $\Delta^{14}C$ 特征以研究沉积物中的微生物体内是否含有石油残留物。他们发现 PLFA 的 $\Delta^{14}C$ 与沉积物中有机物的 $\Delta^{14}C$ 相当，表明微生物同化的是不稳定的天然来源有机物而不是石油。与此相反，Wakeham 等（2006）发现，相对于未被污染的采样点，美国佐治亚州（Georgia）一个被石油污染的沼泽采样点中的细菌的 PLFA 的放射性碳同位素是亏损的。他们估算得出，石油污染区域的细菌 PLFAs 中 6%～10% 的碳源于石油残留物。这些结果表明，风化石油中可能含有一些不稳定的成分，可以被沉积物中的微生物利用作为碳源。然而，考虑到这些研究之间相互矛盾的结果，当尝试预测沉积物中的微生物是否利用石油中的组分时，微生物群落结构和不稳定碳源的可利用性等因素必须予以考虑。

　　最近，放射性碳也被用于研究化石燃料中疏水性有机污染物（HOCs）与不同类型天然有机物之间的联系（White et al.，2008）。这项研究将同位素质量平衡与气相色谱-质谱分析相结合，利用放射性碳示踪了海洋和淡水沉积物、一个灰尘样品和一个土壤样品中从化学上定义的现代 OM 中的 HOCs（不含放射性碳）。样品被依次进行溶剂萃取和皂化反应。这项研究显示大部分 HOCs 与溶剂可提取的有机物有关，表明它们可能是可发生迁移的且能被生物所利用。

14.3　多环芳烃

多环芳烃（PAHs）是一类含有多个稠合苯环的芳香族烃类化合物（图 14.3）。PAHs 一般分为三类：（1）地热条件下有机物缓慢成熟形成的石油源化合物；（2）现代（如生物质燃烧）和化石（如煤炭）有机物不完全燃烧产生的燃烧源化合物；（3）生源前体化合物的成岩产物（Killops and Killops, 2005; Walker et al., 2005）。虽然存在天然来源，但人类活动，包括化石燃料的燃烧、未燃烧石油的泄漏和溢出构成了环境中 PAHs 的主要来源。PAHs 的主要来源包括壁炉、燃柴火炉、加热炉、汽车、溢油、沥青及其他筑路材料，次要来源包括风沙输送、河川径流和大气沉降（干、湿沉降）（Dickhut and Gustafson, 1995; Dickhut et al., 2000）。一旦进入环境，PAHs 可能被一些非生物过程，如光解作用转化（Plata et al., 2008）、被微生物过程分解（Coates et al., 1996, 1997; Hayes et al., 1999; Rothermich et al., 2002）或被生物摄取进入食物链（MacDonald et al., 2000）。最终，由于这些污染物的疏水性，影响大部分 PAHs 的主要过程是沉积物的沉积与埋藏（Chiou et al., 1998）。

许多 PAHs（或 PAHs 的比值）可用作环境中石油的来源和风化程度的替代指标。风化参数主要基于化合物之间挥发、溶解、黏土和矿物表面的吸附、光氧化和生物降解比例的差异。一般来讲，环的数目和烷基化程度是影响 PAHs 风化的主要因素。随着化合物分子尺寸大小和棱角的增加，PAHs 的疏水性和电化学稳定性也随之增加（Zander, 1983; Harvey, 1997; Kanaly and Harayama, 2000）。从根本上来说，PAH 分子的稳定性和疏水性决定着它们在环境中的持久性。例如，含有两个苯环的萘，由于挥发性和溶解度的原因容易风化，而含有四个或更多苯环的高分子 PAHs 更倾向于保存在环境中。此外，含有 C_{3+} 烷基官能团的同分异构体随着时间能够被优先保存，表明烷基化可提高结构的稳定性。

除了结构特点，PAHs 与有机和无机相之间的联系也影响着它们的分配和归宿。PAHs 可能存在于溶解态、胶体、颗粒物和沉积物中，各相中的有机物含量和组成影响了 PAH 的分布。例如，最近有研究指出，芘的胶体/水分配系数（K_{coc}）的变化取决于水体中有机物的主要来源（Gustafsson et al., 2001）。在这项研究中，从地表径流占优势的环境到有机物来源以浮游植物生产占优势的表层水，芘的 K_{coc} 从（12.9±0.9）×10^3 L_w/kg$_{oc}$ 降低到（2.9±0.7）×10^3 L_w/kg$_{oc}$ 左右，只有原来的 1/4。其他研究表明，通过海气交换进入水体中的 PAHs 可能与表层水中的浮游植物结合，浮游植物为 PAHs 进入到水生食物链而不是直接沉降到沉积物中提供了一个载体（Arzayus et al., 2001; Countway et al., 2003）。这与在切萨皮克湾（美国）进行的一项研究结果一致，即水体中的 PAHs 来源与沉积物中的不同（Dickhut et al., 2000）。汽车排放的 PAHs 主要富集在水体颗粒物中，而沉积物中的 PAHs 主要来自煤炭。很多研究表明，在沉积物和土壤中，碳质材料，如烟灰、黑炭和干酪根等

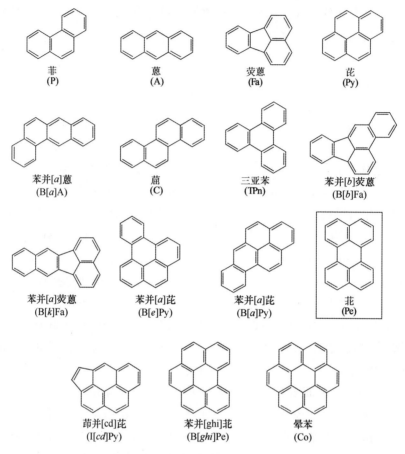

图 14.3　多环芳烃稠环结构。环境中高浓度的这些化合物由人为活动产生。但大部分多环芳烃也能通过自然燃烧过程，如森林大火和生物质燃烧产生，但量较小。图框中的芘来自成岩过程（修改自 Killops and Killops，2005）

均影响 PAHs 的分配（Ribes et al.，2003；Cornelissen et al.，2005）。烟灰对环境中 PAHs 行为的影响对生物可利用性有启示意义，这类污染物应该被纳入沉积物质量标准。

　　目前已经发展了一些用于区分 PAHs 潜在来源的方法，包括利用 PAH 异构体比值及 PAHs 的稳定性碳和放射性碳同位素组成等。相对于母体 PAH 而言，石油源的 PAHs 有更高比例的烷基化同系物（例如，甲基菲［MP］>菲［P］）；而燃烧源的 PAHs 一般很少有烷基基团，因为高温燃烧过程是通过缩合反应和/或苯环稠合来形成 PAHs（Page et al.，1996；Dickhut et al.，2000；Walker et al.，2005）。因此，MP/P 的比值大于 1 代表是石油源的 PAHs，比值小于 1 为燃烧源（Bouloubassi and Saliot，1993）。特定的化合物（Budzinski et al.，1997；Boehm et al.，2001）及 PAH 同分异构体的比例（Dickhut et al.，2000；Walker and Dickhut，2001）可被用来区分不同的燃烧源 PAHs（表 14.4）。此外，像线性回归分析和主成分分析这样的统计方法也被广泛应用于区分环境中 PAHs 的不同来源（Yunker et al.，1995；Burns et al.，1997；Arzayus et al.，2001）。这些区分方法的结果表明

PAHs 通常有着多种来源，且具有不同的输运模式，这决定了 PHAs 在环境中的行为和归宿。

表 14.4　主要排放源中 PAH 异构体比例

来源	BbA/chrysene	BbF/BkF	BaP/BeP	IP/BghiP
汽车	0.53 (0.06)	1.26 (0.19)	0.88 (0.13)	0.33 (0.06)
煤/焦炭	1.11 (0.06)	3.70 (0.17)	1.48 (0.03)	1.09 (0.03)
木材	0.79 (0.13)	0.92 (0.16)	1.52 (0.9)	0.28 (0.05)
熔炼炉	0.60 (0.06)	2.69 (0.20)	0.81 (0.04)	1.03 (0.15)

注：BbA：苯并［a］蒽；chrysene：䓛；BbF：苯并［b］荧蒽；BkF：苯并［k］荧蒽；BaP：苯并［a］芘；BeP：苯并［e］芘；IP：茚并（123cd）芘；BghiP：苯并（ghi）苝。

数据来源：Dickhut el al.（2000），Environmental Science & Technology 34：4635-4640.

　　特定化合物同位素分析（CSIA）为区分 PAH 的不同来源提供了另一种选择（O'Malley et al.，1994；Ballentine et al.，1996；Lichtfouse et al.，1997；Walker et al.，2005）。O'Malley 等（1994）率先应用了这一方法，在样品经过汽化、光解和微生物分解后，该方法给出的同位素值兼具高精度和准确性。O'Malley 等（1994）也指出，化合物共出峰和 UCM 的贡献会增加同位素特征的不确定性。最近，研究者们采用了多种除杂步骤来提高 CSIA 分析的准确性和精密度，以使 UCM 与目标峰的共洗脱达到最小。例如，Walker et al.（2005）测定了采集自被严重污染的美国弗吉尼亚州伊丽莎白河（Elizabeth River）河口的沉积物样品中的 PAH 的 $\delta^{13}C$ 同位素组成。该研究得到了精确的 PAH 的 $\delta^{13}C$ 组成，揭示了早先的一处木材加工厂和煤炭的使用（无论历史上还是近期）是 PAHs 的主要来源（图 14.4）。

　　最近，放射性碳分析已被用于区分环境样品中 PAH 的来源（Reddy et al.，2002c；Kanke et al.，2004；Mandalakis et al.，2004；Zencak et al.，2007）。化石燃料（不含 C-14）和现代生物质（现代 C-14）燃烧产物的放射性碳年龄的不同为区分 PAH 的来源提供了基础。在 $\delta^{13}C$ 特征存在重叠的情况下，就可以用放射性碳来区分 PAH 的来源（Mandalakis et al.，2004）。放射性碳也可与由 CSIA 和异构体比值所获得的来源信息相结合。在最近的一项研究中，放射性碳分析显示，即使是在城市和工业区，非化石材料对大气 PAH 污染的贡献也很显著（35%~65%）（Zencak et al.，2007）。在另一项研究中，对沉积物柱状样品中提取的 PAH 进行了放射性碳分析，结果表明单个 PAHs（菲、烷基菲、荧蒽、芘和苯并［a］蒽）的现代碳分数（Pies et al.，2008）在 0.06~0.21 之间，说明这些化合物大多源于化石燃料燃烧（Kanke et al.，2004）。这项研究还发现，单个 PAH 的放射性碳组成在整个沉积物柱中存在差异，作者推断生物质燃烧贡献的菲要比烷基菲多。总的来说，这些研究表明放射性碳为鉴别环境中 PAHs 的来源和起源提供了一个有效的工具。

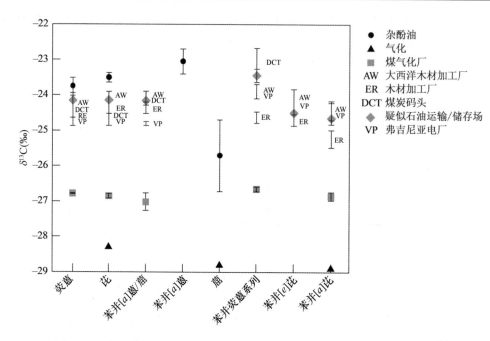

图 14.4　美国弗吉尼亚州伊丽莎白河样品中单个 PAHs 的 δ^{13}C 值和文献数据
（修改自 Walker et al.，2005）

14.4　有机氯农药

有机氯农药种类繁多，环境行为各异。鉴于此，我们将聚焦其中几个在环境中分布广泛、持久的种类。这些化合物的特性，包括疏水性、可以被颗粒物清除和在沉积物中累积等都使得它们作为"遗留"污染物在环境中持久存在。虽然《斯德哥摩尔公约》（2001 年批准）已经禁止了几种有机氯农药的使用，但大量的有机氯农药仍然存在于环境中，存在于沉积物里。这些污染物仍然可以被生活在沉积物中的生物所利用，当沉积物被侵蚀、再悬浮和疏浚等过程扰动时，也能被再次释放到环境中去。值得注意的是，新近研制出来的许多农药更易降解，对环境的危害较小。

14.4.1　DDT 及相关化合物

DDT［2，2-双（对氯苯基）-1，1，1-三氯乙烷］是一种有机氯杀虫剂，在环境中没有天然来源（WHO，1979）。DDT 的杀虫效果在第二次世界大战期间被认识到，1945 年以后 DDT 作为杀虫剂在农业中被广泛使用（Brooks，1979）。DDE［2，2-双（对氯苯基）-1，1-二氯乙烯］和 DDD［2，2-双（4-氯苯基）-1，1-二氯乙烷］是 DDT 生产过程中的副产物，属于含量较小的污染物，但现在环境中存在的大部分 DDE 和 DDD 源于 DDT 的降解。与 DDT 相关的环境问题及其在环境中的持久性使得美国在 1972 年禁用了 DDT。然而，英国直到 20 世纪 80 年代才停止使用 DDT，目前在热带地区仍有许多国家使用 DDT。

DDT 被认为是通过微生物过程降解成 DDE 和 DDD，主要是在厌氧条件下，以还原性脱氯反应为主要途径完成的（图 14.5）（Schwarzenbach et al.，1993；Killops and Killops，2005）。在还原脱氯之后，DDT 上的 -CCl$_3$ 基团可转化为 -COOH 基团，产生 2，2-双（对氯苯基）乙酸（DAA）。由于 DAA 是极性的且溶于水，它在环境中的行为和归宿不同于 DDD 和 DDE。DDD 和 DDE 是 DDT 的非极性降解产物，与 DDT 有着相似的化学和物理性质，这使得它们在环境中也有高度持久性（WHO，1979）。因此，这类污染物常被统称为 DDTr，其浓度是 DDT 及其降解产物之和（DDT、DDD 和 DDE）。DDTr 极难溶于水，但能溶于有机溶剂。因此，土壤中的 DDTr 往往与常存在于细颗粒物中的有机物相结合。农田中 DDTr 的去除主要在洪水期间，那些喷洒过 DDT 的田地中的土壤颗粒被冲入排水沟渠，最终进入当地的河流。河流输运是 DDTr 进入海洋的主要方式。

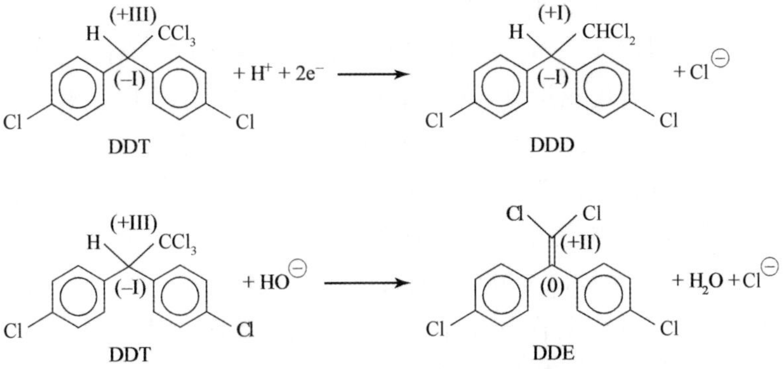

图 14.5　DDT 降解为 DDE 和 DDD 的过程（来自 Schwarzenbach et al.，1993）

虽然 DDTr 的持久存在给环境带来了诸多不良影响，但是这类化合物使用模式的固定性和它们的地球化学稳定性使得它们成为沉积物的累积和输运的有效示踪剂（Bopp et al.，1982；Paull et al.，2002；Canuel et al.，2009）。例如，Paull 等（2002）利用 DDT 及其降解产物作为示踪剂研究了细颗粒沉积物从近岸农田到深海的输运。近期在美国加利福尼亚州萨克拉门托—圣华金河三角洲（Sacramento–San Joaquin River Delta）的一项研究中，Canuel 等（2009）利用包括总 DDE 在内的各种人为示踪物定量估算了沉积物和有机碳的累积速率。这项研究记录下了从 20 世纪 40 年代到现在输送到三角洲的沉积物和碳的量的变化，发现自 20 世纪 70 年代以来，沉积物和碳的累积明显减少，这与加利福尼亚州土地利用变化和几个大型水库的修建完成时间相一致。

14.4.2　林丹（γ-六氯环己烷）

林丹是一种在环境中行为和持久性及毒性都与 DDT 相似的氯代杀虫剂。六氯环己烷（HCH）主要有两种形式：一种是多种 HCH 的同分异构体（主要包含 55% ~ 80% 的 α-HCH、5% ~ 14% 的 β-HCH 和 8% ~ 15% 的 γ-HCH）组成的混合物，被称为工业品

HCH，即"六六六"；另一种基本上是纯的 γ-HCH，即林丹。自从 20 世纪 40 年代发现了林丹的杀虫特性，它就被作为杀虫剂而广泛使用（Bayona and Albaiges，2006）。现在的发展趋势是逐步使用更少残留和更少生物累积的杀虫剂，因此和 DDT 一样，林丹也在被逐步减少使用，甚至在一些国家被禁用。然而，在一些发展中国家，特别是在热带地区，有机氯农药仍然用于农业和其他用途。由于 HCH 是水溶性的，所以在生物累积性上它不及 DDT 及其降解产物（Vallack et al.，1998）。然而，HCH 的高蒸汽压特性使它能随大气长距离输运，这使得它在环境中无处不在，高敏感地区，如极地也不例外（Vallack et al.，1998 及其中参考文献）。

　　手性污染物对映体的选择性及其对污染物暴露和归宿的影响是一个比较活跃的研究方向。有几项研究分析了 o, p′-DDT、o, p′-DDD、α-HCH（六氯环己烷）、顺式和反式氯丹等氯代杀虫剂的手性（Garrison et al.，2006 及其参考文献）。手性特征之所以可以帮助阐明影响持久性有机污染物归宿的过程，是由于非生物反应没有对映选择性，而生物反应（新陈代谢、微生物转化等）一般更倾向于特定的对映异构体。有意思的是，Padma 等（2003）发现，在美国弗吉尼亚州约克河（York River）河口的表层水中，α-HCH 的对映异构体比例与其浓度呈负相关；在内河口，两个异构体的丰度相等（消旋混合物），细菌浮游生物活性高而 α-HCH 的浓度较低，而在河口口门附近，微生物活性较低。对映体比例也能为阐明输运研究中影响污染物来源和分布的过程提供有用的信息（Garrison et al.，2006）。例如，Padma 和 Dickhut（2002）发现，在一个温带河口中，降水和径流、挥发和微生物降解等过程的相对重要性的季节变化控制了 HCHs 的归宿和输运。Garrison 等（2006）针对手性化合物的环境发生、归宿和暴露的研究提了几条建议，在做风险评估时应予以考虑。他们建议需要两个方面的研究：（1）调查对目标不活泼的对映体对非目标种类产生非预期效果的可能性；（2）确定环境条件如何影响对映体的相对持久性。

14.5　多氯联苯

　　多氯联苯（PCBs）具有高化学稳定性和热稳定性、抗电阻性和低挥发性，使其广泛用作电容器和变压器中的介电流体、润滑油和液压液。PCBs 的工业化生产始于 1929 年的美国，在 1929—1986 年间 PCBs 的总生产量达 120 万吨。PCBs 的生产大部分在北半球。在 20 世纪 70 年代对 PCBs 实行了环境限制，1986 年全球大部分地区停止生产 PCBs（Breivik et al.，2002）。鉴于这类化合物的持久性，65% 的产品仍在使用，或者可以在垃圾填埋场发现它们。和其他的污染物一样，PCBs 可以通过直接或间接的方式进入到环境当中。这些化合物和其他遗留下来的持久性有机污染物（POPs）一样，通过大气输送过程而遍布全球（Dickhut and Gustafson，1995；Dachs et al.，2002；Lohmann et al.，2007）。因此，可以在沿海地区的沉积物中发现 PCBs（Jonsson et al.，2003），也可以在包括南极和北极这样的边远地区发现 PCBs（Risebrough et al.，1976；Macdonald et al.，2000）。

　　PCBs 中氯原子的数目和位置是不同的（表 14.5；图 14.6a），正是氯原子的取代决定了此类污染物在环境中的持久性。虽然理论上可能有 209 种同系物，但只有大约 130 种可能会商品化。PCBs 的同系物中氯原子在 2，4，5-、2，3，5-和 2，3，6-位置取代的有最长的半衰期，在空气中为 3 个星期到 2 年，在有氧沉积物中超过 6 年（Bayona and Albaiges，2006）。PCBs 在环境中的降解通过两个明显不同的生物过程：有氧氧化过程和厌氧还原过程（Abramowicz，1995）。这两个过程独自进行，也有可能耦合进行。例如，PCBs 的厌氧脱氯反应，导致高氯 PCBs 向低氯邻位同系物转化，随后可被各种好氧细菌降解。

表 14.5 PCBs 分子式及不同程度氯取代对应的同系物数量

PCBs 分子式	同系物个数
$C_{12}H_9Cl$	3
$C_{12}H_8Cl_2$	12
$C_{12}H_7Cl_3$	24
$C_{12}H_6Cl_4$	42
$C_{12}H_5Cl_5$	46
$C_{12}H_4Cl_6$	42
$C_{12}H_3Cl_7$	24
$C_{12}H_2Cl_8$	12
$C_{12}H_1Cl_9$	3
$C_{12}Cl$	1
总计	209

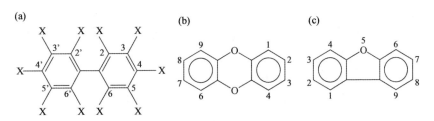

图 14.6 典型化合物多氯联苯（a）、二苯并对二噁英（b）、二苯并呋喃（c）的基本结构。图中显示了碳原子的编号（数字）和氯原子可能取代的位置（PCBs 中不同程度氯取代对应的同系物数量见表 14.5）

最先进的鉴别环境中 PCBs 的来源和归宿的方法是运用特定化合物同位素分析（Yanik et al.，2003；Horii et al.，2005a，b）。Horii 等（2005）使用二维气相色谱—燃烧炉—同位素比质谱仪（2D GC-IRMS）测定了若干 PCBs 制剂中的氯化联苯（CB）同系物的碳同位素比值（δ^{13}C）。该研究显示，具有相似氯含量，但地理来源不同的 PCBs 制剂的 δ^{13}C 值是不同的。来自东欧国家的 PCBs 制剂的 δ^{13}C 值在−34.4‰～−22.0‰之间。随着氯含量的增加，PCB 的混合物的 ^{13}C 变得更加亏损。该研究的结果表明，PCBs 混合物的 δ^{13}C 值可能有助于区分环境中此类化合物的来源。

氯同位素分析可能为示踪人为化合物的来源和归宿提供了另一种方法。不过，由于分馏系数（Hofstetter et al.，2007）和酶催化氯化作用对同位素特征的影响最近才得以阐明（Reddy et al.，2002a），该领域的研究仍然处于初级阶段。放射性碳同位素分析是另一种处在发展中的方法，可以用于分辨环境中含氯污染物及其产物的来源（Reddy et al.，2004）。这一方法的前提是这些污染物的工业品是由石化产品制造的，它们不含 ^{14}C，而天然化合物应含有 "现代" ^{14}C 特征。Reddy 等提出，C 和 Cl 同位素同时使用可能比单独使用其中一种更有价值。

14.6　多溴联苯醚

多溴联苯醚（PBDEs）已经成为环境中最常见的污染物种类之一（参见 DeWit（2002）和 Hites（2004）最近的综述）。多溴联苯醚作为阻燃剂广泛使用于各类消费品中，其使用量在最近几十年里显著增加（Hale et al.，2002，2006）。人类血液、母乳和组织中的 PBDEs 的浓度在过去的 30 年里以指数形式增长了近 100 倍，在美国的增长速率（~35 ng/g 总脂）要高于欧洲（~2 ng g/g 总脂）。

市场上可以买到的 PBDEs 产品有 3 类：五溴、八溴和十溴联苯醚（代表性结构见图14.7）。五溴联苯醚主要包括 2，2′，4，4′-四溴联苯醚（BDE-47）、2，2′，4′，4′，5-五溴联苯醚（BDE-99）、2，2′，4，4′，6-五溴联苯醚（BDE-100）、2，2′，4，4′，5，5′-六溴联苯醚（BDE-153）和 2，2′，4，4′，5，6′-六溴联苯醚（BDE-154），比例为9：12：2：1：1（Hites，2004）。八溴联苯醚包括六到九溴的联苯同系物，而十溴的主要成分是十溴联苯醚（BDE-209）。总的来说，BDE-209 的环境浓度似乎在增加，而欧洲的五溴联苯醚浓度可能已经达到峰值。

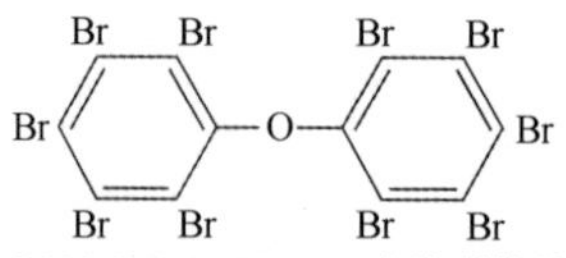

2,2',3,3',4,4',5,5',6,6'-十溴联苯醚
BDE 209

图 14.7　多溴联苯醚（PBDE）结构示例

在大气（Hoh and Hites，2005；Venier and Hites，2008）、水（Oros et al.，2005）、鱼类（Boon et al.，2002；Jacobs et al.，2002）、鸟类、海洋哺乳动物（Stapleton et al.，2006）和人体内均已发现 PBDEs。总的变化趋势是这些化合物的浓度随时间不断增加（图 14.8）。在许多环境样品中 PBDEs 的浓度现在要高于 PCBs（Hale et al.，2006）。这些污染物表现

出一系列的物理—化学行为，影响着它们在环境中的迁移和归宿（表 14.1）。一般来说，高溴代联苯醚易累积在污染源附近的沉积物中，而低溴代联苯醚易挥发、易溶于水，从而易在生物体内累积。然而，人们对此类化合物的迁移和归宿的了解还很少，这是目前的研究热点（Dachs et al.，2002；Lohmann et al.，2007）。通常认为挥发性 PBDEs 在气相中占主导，可能通过长距离大气传输而被输运到较远的地方（Chiuchiolo et al.，2004）。与此相反，其他的 PBDEs（如 BDE-209）主要赋存在颗粒物上。用作阻燃剂的各种化合物，包括 PBDEs 都在污水污泥中被检测出来，说明这些化合物可能会对土壤造成污染（Hale et al.，2006）。沉积物整合了环境负荷，导致污染源附近存在高浓度的 PBDEs。

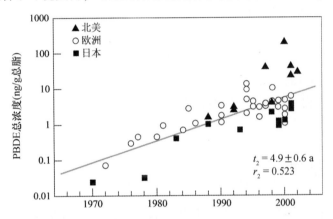

图 14.8　人体血液、母乳和组织中的 PBDE 总浓度（ng/g 总脂）。图中显示浓度随着时间而增长的趋势。空心圆圈、实心方块和三角形分别代表来自欧洲、日本和北美的样品（修改自 Hites，2004）

　　尽管一些实验室和现场观测表明可能会发生一定程度的脱溴，但是对于此类化合物降解的认识仍然不充分（Hale et al.，2006）。对 PBDEs 的行为和归宿的了解仍然不多，稳定碳同位素等工具可能有助于示踪环境中这些污染物的来源。最近一项研究对两个 PBDE 产品的同系物单体进行了 $\delta^{13}C$ 分析，结果显示随着溴化程度的提高，$\delta^{13}C$ 值通常变得更负（亏损）（Vetter et al.，2008）。显然，由于这类污染物的使用量持续增加，并且其对野生动物和人类的潜在负面影响了解还很少，对这类污染物的分布和行为开展更多的研究是很有必要的（De Wit，2002）。

14.7　多氯代二苯并二噁英和二苯并呋喃

　　其他的卤代污染物还有多氯代二苯并二噁英（PCDDs）和多氯代二苯并呋喃（PCDFs），由有机物和燃料在低于 800℃ 以下的温度燃烧以及一些工业生产过程得到（Bayona and Albaiges，2006）。PCDDs 和 PCDFs 的物理性质与 PCBs 类似（例如，亲脂性、低挥发性、长半衰期和生物累积倾向）（表 14.1），所以它们在环境中有着相似的分布和归宿模式。和 PCBs 一样，这类污染物在环境中的毒性和持久性取决于氯代程度和位置。

一般来说，氯原子在 3-、7-和 8-位置上取代的同系物的毒性较强，四氯代二苯并二噁英（2，3，7，8-TCDD）的毒性最强（Bayona and Albaiges，2006）。

最近的一些研究调查了环境中 PCDDs 和 PCDFs 的浓度和分布方式，包括在大气中的浓度和大气沉降过程（Lohmann and jones，1998；Ogura et al.，2001；Lohmann et al.，2006；Castro-jimenez et al.，2008），以及沉积物中的含量（Fattore et al.，1997；Isosaari et al.，2002；Eljarrat et al.，2005）。这些研究综合显示，在近岸环境中和污染源附近，PCDDs 和 PCDFs 的浓度要高于较远区域。第二个研究领域是研究水生生物中这些化合物的含量（Zhang and Jiang，2005）和毒性效应（Van Den Berg et al.，1998）。其他一些研究聚焦区分这些化合物的来源和归宿。Baker 等（2000）发现，虽然燃烧是 PCDDs 和 PCDFs 的主要来源，五氯苯酚（PCP）与大气中的羟基自由基反应时，可能发生八氯二苯并-对-二噁英（OCDD）的光化学合成，这导致环境中的 OCDD 大部分来自大气冷凝水（Baker and Hites，2000）。需要开展更多的研究来理解影响这些污染物的分布和归宿的各种生物地球化学和地球物理过程，从而准确预测 PCDDs 和 PCDFs 的全球归宿（Lohmann et al.，2006，2007）。

14.8   新兴污染物

随着新化学品的使用和分析检测手段的提高，有机污染物的数目在过去的 20 年里成倍增加，这些有机物统称为新兴污染物。这些化合物是工业、农业、医药和个人护理用品发展过程中产生的新化学品。这些污染物通过多种途径进入环境中，这影响了它们对水生生物的作用及它们在环境中的归宿（图 14.9）。环境中很多这样的化合物很大程度上是靠新的分析方法鉴定出来的，这些新的分析方法能够分析极性更大的化合物且提高了现有方法的灵敏度（如高效液相色谱-正离子电喷雾电离质谱联用（HPLC/ESI-MS/MS））（Richardson and Ternes，2005；Richardson，2006）。例如，液质联用（LC/MS/MS）和气质联用（GC/MS/MS）能分别检测浓度范围在 0.08～0.33 ng/L 和 0.05～2.4 ng/L 的化合物（Ternes，2001）。其他的方法，如固相微萃取—高效液相色谱联用（SPME-HPLC）的检测限为 0.064～1.2 ng/L。与传统污染物，如 PAHs 和 PCBs 相比，我们对新兴污染物的环境特征和毒理学性质所知甚少。

14.8.1   药品和个人护理用品

新兴污染物中能够引起环境问题，需要特别关注的一类是药品和个人护理用品（PPCPs），它包括人或动物在临床诊断、治疗及疾病预防时使用的药物。雌激素就是一类 PPCPs，可用于口服避孕药、提高运动能力和促进畜牧业动物的生长等。这些化合物中许多是环境内分泌干扰物（EDCs），其中一些已被证明与水生生物性征表达的改变有关（Kelly and Di Giulio，2000；Ankley et al.，2003；Nash et al.，2004；Jensen et al.，2006；Brian et al.，2007）。最初的研究主要关注在暴露于雌激素化合物时雄性发生雌性化，最近

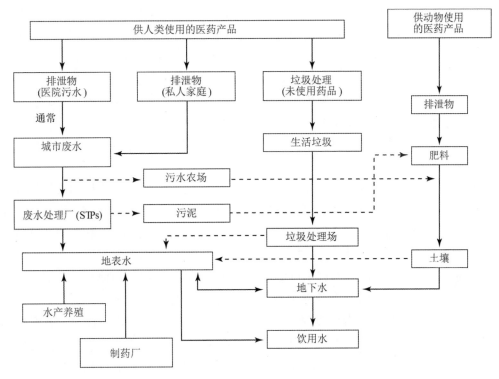

图 14.9　水生环境中医药化合物的可能来源和迁移途径示意图（修改自 Herberer, 2002）

更多的研究显示雄激素污染物也能使雌性雄性化（Durhan et al., 2006）。这些工作许多是在测试水生生物对单个 EDCs 响应的实验室研究中开展的。然而，由于水生生物实际上是暴露于环境中复杂的混合污染物中，所以经常受到各种 EDCs 混合物交互、叠加的影响。另外，还有一个问题就是，许多水生生物在整个生命周期、连续多代都暴露其中。这增加了对水生生物产生持续但不被察觉或未被注意的影响的可能性，这意味着这种影响可以以很慢的速度积累，使主要的变化都不被发现，直到这些影响累积到了发生不可逆转的变化的程度（Daughton and Ternes, 1999）。

除了 EDCs 之外，很多种类的医药产品通过废水和化粪系统进入到水生系统。其中包括各种用于人类和动物治疗的抗生素。环境中这些化合物的存在可能会促进或扩散细菌病原体的抗性，并可能会使处于更高营养级的微生物群落和生物发生变化。其他的药品，如抗抑郁药物已知能影响血清素代谢，双壳贝类、甲壳类和其他水生群落对这些化合物敏感。例如，研究发现抗抑郁药物氟西汀与大型蚤（*Daphnia magna*）的发育和繁殖的变化有关（Flaherty and Dodson, 2005）。该项研究还表明，与单个药物的影响相比，药物混合物的水生生物毒性是不可预测和复杂的，同时药物暴露的时机和持续时间也会影响其水生生物毒性。

个人护理化合物包括沐浴露、洗发水、肥皂、护肤品、发胶、口腔清洁用品、化妆品、香水、须后水和食品补充剂等。其他种类的 PPCPs 还有合成麝香、苯甲酸酯类防腐剂、三氯生和防晒霜中的各种成分等。合成麝香普遍存在于环境中并且很难被生物降解。抗菌药物，如在化妆品中广泛用作防腐剂的苯甲酸酯类和用作牙膏抗菌剂的三氯生可能都有杀菌特性。在瑞士的湖泊和一个河流中检测到的杀菌剂三氯生和甲基三氯生（一种三氯生的转化产物）的浓度分别达到 74 ng/L 和 2 ng/L（Lindstrom et al.，2002）。两种化合物可能都来自废水处理厂，甲基三氯生可能是由三氯生的生物甲基化形成的。然而，它们在环境中的归宿是不同的。实验室实验显示，加入湖水中的三氯生（以其解离形式存在的）如暴露在阳光下会迅速分解（在 8 月半衰期小于 1 h），而甲基三氯生和非解离态的三氯生不受光降解的影响（Lindstrom et al.，2002）。

　　PPCPs 可以通过多种途径进入到环境中，包括污水处理厂、化粪系统和直接排入河流（图 14.9）。它们也可能通过农场和鱼塘的地表径流和地下水输运。PPCPs 的暴露路线不同于人类和动物使用的药物，它们的行为取决于对微生物降解的敏感性和与固体颗粒的结合能力等因素。和其他外源性物质一样，这些化合物可能在细胞及特定器官、生物个体和群体水平上对生物产生影响。对许多抗生素和内分泌干扰物来讲，即使在是低浓度时其影响也可能是不可逆的。雌激素内分泌干扰物（e-EDCs）有些是天然的，也有一些是可以模仿或诱导生物体中类雌激素反应的人为化合物（图 14.10）。这些化合物具有影响人类和其他生物的内分泌系统的潜力。它们包括天然荷尔蒙、地质成因化合物和人工合成的化合物，如药物、杀虫剂、工业化学品和重金属等。在废水、地表水、沉积物和饮用水中均发现了雌激素干扰物，即使在低浓度下这些化合物也可能产生影响。

14.8.2　人为化合物作为分子标志物

　　废水中的许多成分已被用作淡水和近岸海水中人为输入的指标。该类人为标志化合物有表面活性剂（Eganhouse et al.，1983；Bruno et al.，2002；Sinclair and Kannan，2006）、咖啡因（Standley et al.，2000；Lindstrom et al.，2002；Buerge et al.，2003，2006；Peeler et al.，2006）和粪甾醇（见第 9 章）。最初使用表面活性剂来示踪近岸海水中的点源污染，用的是直链烷基苯（Eganhouse et al.，1983）。最近几年，更多的表面活性剂，如支链烷基苯、直链烷基磺酸盐、三烷基胺和荧光增白剂被用来示踪近海区域的废水输入和地下水中的污水输入（Swartz et al.，2006）。这些化合物和它们的降解产物在环境中发生转化的敏感性不同，可以作为近源追踪、废水的远距离输运和地质年代学计等不同时空尺度的示踪剂。Ferguson 等最近的研究表明，壬基酚聚氧乙烯酯（NPEO）表面活性剂和它的代谢产物是示踪输入美国纽约牙买加湾（Jamaica Bay）的人为废水的很好的标志物（Ferguson et al.，2001，2003）。这些示踪物在沉积物和地表水中的浓度与两种传统的人为废水的示踪物，即与沉积物结合的银与水中粪大肠菌群的浓度的变化趋势相似。然而，使用 NPEO 表面活性剂作为人为废水的标志物还需要进一步的验证，因为 Standley 等（2000）随后发现壬基酚表面活性剂也存在于动物排泄物中，表明此类化合物可能是一种适用于家庭、工业和农业废水的一般性标志物。

　　最近几年，咖啡因也被用作废水污染的人为标志物（Gardina Ji and Zhao，2002；

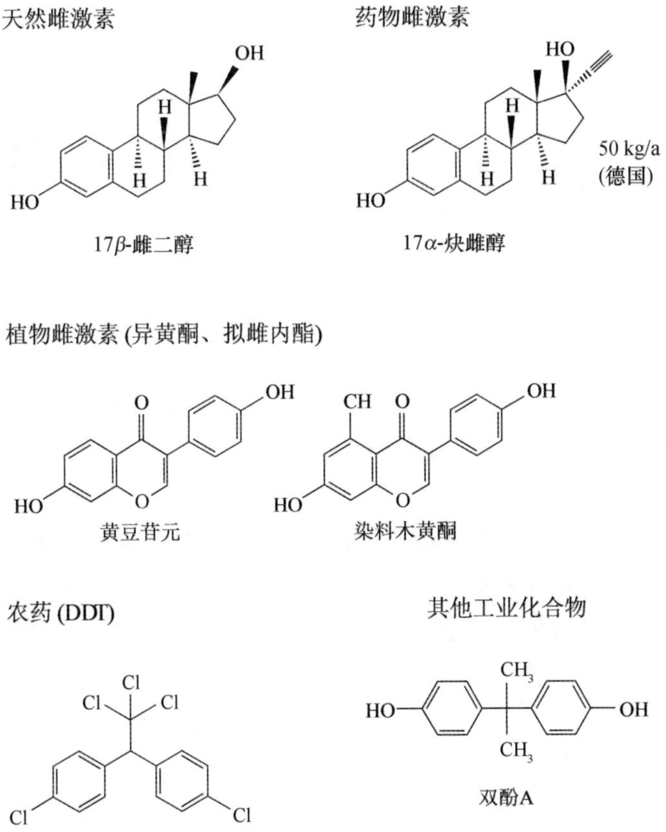

天然雌激素　　　　　　　药物雌激素

50 kg/a
（德国）

17β-雌二醇　　　　　　　17α-炔雌醇

植物雌激素（异黄酮、拟雌内酯）

黄豆苷元　　　　　　染料木黄酮

农药（DDT）　　　　　　　其他工业化合物

双酚A

图 14.10　一种天然雌激素和一些模仿或诱导生物体中类雌激素
反应的人为化合物（药物雌激素）

Buerge et al.，2003，2006；Peeler et al.，2006）。咖啡因广泛存在于饮料与食品中，尽管它在世界各地的用途不同，但全球每天人均消费约 70 mg（Buerge et al.，2003）。咖啡因也应用于许多医药产品。Buerge 等调查了瑞士的污水处理厂（WWTP）的进水和出水、湖泊和河流的表层水中咖啡因的浓度（Buerge et al.，2003）。他们发现污水处理厂能有效去除咖啡因（进水中咖啡因平均浓度为 7~73 μg/L，出水浓度只有 0.03~9.5 μg/L）。除了偏远的高山湖泊，其他湖泊和河流表层水中的咖啡因浓度在 6~250 nL^{-1}范围之间，与人为废水排放量相关（$r^2=0.67$）。该工作也研究了咖啡因在表层水中的归宿，结果显示大部分咖啡因会被生物降解而清除（95.7%~98.7%），由于生物降解+间接光解的综合作用（0.0%~2.4%）及冲刷（1.3%~1.9%）而被清除的部分较小（图 14.11）。

在最近的一项研究中，Peeler 等通过考察咖啡因和水质指标，如代表乡村和城市系统的地表水和地下水中的硝酸盐浓度和粪大肠杆菌数目（Peeler et al.，2006）之间的关系来确定能否使用咖啡因示踪人为来源有机物。他们发现，在乡村地区，咖啡因与硝酸盐相关，这与人口中心和他们的污水处理厂有关。然而，由于最高的细菌丰度是在一个独立的湿地中发现的，导致细菌与这些参数之间没有相关性。与此相反，在美国萨拉索塔湾

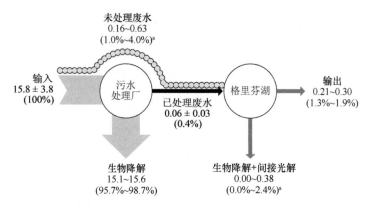

图 14.11 瑞士格里芬湖（Lake Greifensee）冬季咖啡因的质量平衡模型（修改自 Buerge et al., 2003）

（Sarasota Bay）这样一个城市系统的表层水中，咖啡因则与粪大肠杆菌丰度和硝酸盐都相关。不过，这些作者们提出在示踪人为输入时应使用多个参数，因为控制这些参数的来源和归宿的过程是不同的。例如，由于咖啡因可能易受光化学降解，它可能更适于示踪地下水中的人为输入，而不是地表水。相反，微生物分解过程主要影响硝酸盐的去除。

14.9 小结

尽管本章列举了各种人为化合物，但并不详尽。我们建议读者参阅本章所引用的综述文章。总的来说，在污染物研究领域，将可能会进一步聚焦辨析环境中人为化合物的来源、分布和归宿，并利用新的分析工具增强检测包括大气、水体、生物组织和沉积物在内的各种环境基质中污染物的能力。另一研究方向可能是建立更复杂的，整合各种影响人为化合物分布和归宿的生物与非生物过程的模型。未来的研究还应该考虑全球环境变化的作用及其对人为化合物输入、分布和归宿的潜在影响。

参考文献

前 言

DeCaprio, A. P. 2006. Toxicologic biomarkers. Culinary and Hospitality Industry Publications Services, Weimar, TX.

Eglinton, G., and M. Calvin. 1967. Chemical fossils. Scientific American 216: 32−43.

Eglinton, G., P. M. Scott, T. Belsky, A. L. Burlingame, W. Richter, and M. Calvin. 1964. Occurrence of isoprenoid alkanes in a Precambrian sediment. Pp. 41−74 in G. D. Hobson and M. C. Louis. eds., Advances in organic geochemistry. Pergamon Press, Oxford, UK.

Gaines, S.M., G. Eglinton, and J. Rüllkolter. 2009. Echoes of life—What fossil molecules reveal about earth history. Oxford University Press, New York.

Hunt, J. H. 1996. Petroleum geochemistry and geology, 2nd ed. Freeman, New York.

Killops, S., and V. Killops. 2005. Introduction to organic geochemistry, 2nd ed. Backwell, Malden, MA.

Marsh, A., and K. R. Tenore. 1990. The role of nutrition in regulating the population dynamics of opportunistic, surface deposit−feeders in a mesohaline community. Limnology and Oceanography 35: 710−724.

Meyers, P. A. 1997. Organic geochemical proxies of paleoceanographic, paleolimnologic, and paieoclimatic processes. Organic Geochemistry 27: 213−250.

Meyers, P. A. 2003. Application of organic geochemistry to paleolimnological reconstructions: a summary of examples from the Laurentian Great Lakes. Organic Geochemistry 34: 261−290.

Peters, K. E., C. C., Walters, and J. M. Moldowan. 2005. The biomarker guide. 2nd ed.: Biomarkers and isotopes in petroleum systems and earth history. Cambridge University Press, Cambridge, UK.

Tenore, K. R., and E. Chesney, Jr. 1985. The effects of interaction of rate of food supply and population density on the bioenergetics of the opportunistic polychaete, Capitella capitala (type 1). Limnology and Oceanography 30: 1188−1195.

Timbrell, J. A. 1998. Biomarkers in toxicology (review). Toxicology 129: 1−12.

Treibs, A., 1934. Organic mineral substances, II: occurrence of chlorophyll derivatives in an oil shale of the upper triassic. Annals. 509: 103−14.

Wilson, S. H. and W. A. Suk. 2002. Biomarkers of environmentally associated disease. Lewis, Boca Raton, FL.

第1章

Arnold, G. L., A. D. Anbar, J. Barling, and T. W. Lyons. 2004. Molybdenum isotope evidence for widespread anoxia in mid−proterozoic oceans. Science 304: 87−90.

Atsatt, P. R., and D. J. O'Dowd. 1976. Plant defense guilds. Science 193: 24−29.

Bacon, M. A. 2004. Water use efficiency in plant biology. Pp. 1–26 in M. A. Bacon, ed., Water use efficiency in plant biology. Blackwell, Oxford, UK.

Badger, M. R., and G. D. Price. 1994. The role of carbonic anhydrase in photosynthesis. Annual Review of Plant Physiology and Plant Molecular Biology 45: 369–392.

Banthorpe, D. V., and B. V. Charlwood. 1980. The terpenoids. Pp. 185–220 in E. A. Bell and B. V. Charlwood, eds., Encyclopedia of plant physiology, n.S. Springer, Berlin.

Bassham, J., A. Benson, and M. Calvin. 1950. The path of carbon in photosynthesis. Journal of Biological Chemistry 185: 781–787.

Bekker, A., and others. 2004. Dating the rise of atmospheric oxygen. Nature 427: 117–120.

Bell, E. A., and B. V. Charlwood. 1980. Secondary plant products. In Encyclopedia of plant physiology. Springer, Berlin.

Bowers, W. S., T. Ohta, J. S. Cleere, and P. A. Marsella. 1986. Discovery of insect antijuvenile hormones in plants. Science 193: 542–547.

Brock, T. D., M. T. Madigan, J. M. Martinko, and J. Parker. 1994. Biology of microorganisms, 7th ed. Prentice Hall, Upper Saddle River, NS.

Brocks, J. J., G. A. Logan, R. Buick, and R. E. Summons. 1999. Archean molecular fossils and the early rise of eukaryotes. Science 285: 1033–1036.

Dakora, F. F. 1995. Plant flavonoids: Biological molecules for useful exploitation. Australian Journal of Plant Physiology 22: 87–99.

Delong, E. F. 2006. Archaeal mysteries of the deep revealed. Proceedings of the National Academy of Sciences of the USA 103: 6417–6418.

Delong, E. F., and N. R. Pace. 2001. Environmental diversity of bacteria and archaea. Systematic Biology 50: 1–9.

Edwards, R., and J. A. Gatehouse. 1999. Secondary metabolism. Pp. 193–218. in Plant biochemistry and molecular biology. Wiley, New York.

Ehleringer, J. R., and R. K. Monson. 1993. Evolutionary and ecological aspects of photosynthetic pathway variation. Annual Review of Ecology and Systematics 24: 411–439.

Ehleringer, J. R., T. E. Cerling, and M. D. Dearing. 2005. A history of atmospheric CO_2 and its effect on plants, animals, and ecosystems. Springer, New York.

Engel, M. H., and S. A. Macko. 1986. Stable isotope evaluation of the origins of amino acids in fossils. Nature 323: 615–625.

Facchini, P. J., and V. De Luca. 1995. Phloem-specific expression of tyrosin/dopa decarboxylase genes and the biosynthesis of isoquinoline alkaloids in opium poppy. Plant Cell 7: 1811–1821.

Facchini, P. J., C. Penzes-Yos, N. Samanani, and B. Kowalchuk. 1998. Expression patterns conferred by tyrosine/dihydroxyphenylaline decarboxylase promoters from opium poppy are conserved in transgenic tobacco. Plant Physiology 118: 69–81.

Facchini, P. J., L. Kara, L. Huber-Allanach, and W. Tari. 2000. Plant aromatic L-amino acid decarboxylases: Evolution, biochemistry, regulation, and metabolic engineering applications. Phytochemistry 54: 121–138.

Farquhar, J., H. Bao, and M. Thiemens. 2000. Atmospheric influence of earth's earliest sulfur cycle. Science

289：756-758.

Galimov, E. M. 2001. Phenomenon of life: Between equilibrium and nonlinearity—Origin and principles of evolution. Urss, Moscow.

Galimov, E. M. 2004. Phenomenon of life: Between equilibrium and nonlinearity. Origins of Life and Evolution of the Biosphere 34: 599-613.

Galimov, E. M. 2005. Redox evolution of the earth caused by a multi-stage formation of its core. Earth and Planetary Science Letters 233: 263-276.

Galimov, E. M. 2006. Isotope organic geochemistry. Organic Geochemistry 37: 1200-1262.

Giovannoni S. J., and U. Stingl. 2005. Molecular diversity and ecology of microbial plankton. Nature 427: 343-348.

Han, T. M., and B. Runnegar. 1992. Megascopic eukaryotic algae from the 2.1 billion year old Negaunne iron formation, Michigan. Science 257: 232-235.

Harborne, J. B. 1977. Introduction to ecological biochemistry. Academic Press, London.

Harborne, J. B., T. J. Marby, and H. Marby. 1975. The flavonoids. Chapman Hall, London.

Haslam, E. 1989. Plant polyphenols: Vegetable tannins revisited. Cambridge University Press, Cambridge, UK.

Herrmann, K. M., and L. M. Weaver. 1999. The shikimate pathway. Annual Review of Plant Physiology and Plant Molecular Biology 50: 473-503.

Ingalls, A. E., and others. 2006. Quantifying archaeal community autotrophy in the mesopelagic ocean using natural radiocarbon. Proceedings of the National Academy of Sciences of the USA 103: 6442-6447.

Kashefi, K., and D. R. Lovley. 2003. Extending the upper temperature limit for life. Science 301: 934.

Kates, M., D. J. Kushner, and A. T.Matheson. 1993. The biochemistry of archaea (archaebacteria). Elsevier Science, Amsterdam.

Killops, S., and V. Killops. 2005. Introduction to organic geochemistry. Blackwell, Malden, MA.

Kossel, A. 1891. Ueber die chemische zusammensetzung der zelle. DuBois-Reymond's Archives 181: 181-186.

Kosslak, R. M., R. Bookland, J. Barkei, H. E. Paaren, and E. R. Appelbaum. 1987. Induction of Bradyrhizobium japonicum common nod genes by isoflavones isolated from glycine max. Proceeding of the National Academy of Sciences of the USA 84: 7428-7432.

Kump, L. R., J. F. Kasting, and R. G. Crane. 2010. Earth system, 3rd ed. Prentice Hall, Upper Saddle River, NJ.

Lehninger, A., D. Nelson, and M. Cox. 1993. Principles of biochemistry, 2nd ed. Worth, New York.

Luckner, M. 1984. Secondary metabolism in microorganisms, plants, and animals. Springer, Berlin.

Mabry, T. J., K. R. Markham, and M. B. Thomas. 1970. The systematic identification of flavonoids. Springer, Berlin.

Miller, S. L. 1953. Production of amino acids under possible primitive earth conditions. Science 117: 245.

Miller, S. L., and H. C. Urey. 1959. Organic compound synthesis on the primitive earth. Science 130: 245.

Monson, R. K. 1989. On the evolutionary pathways resulting in C_4 photosynthesis and crassulacean acid metabolism (CAM). Advances in Ecological Research 19: 57-110.

Palenik, B. 2002. The genomics of symbiosis: Hosts keep the baby and the bath water. Proceedings of the National Academy of Sciences of the USA 99: 11996-11997.

Pant, P., and R. P. Ragostri. 1979. The triterpenoids. Phytochemistry 18: 1095-1108.

Peters, K. E., C. C. Walters, and J. M. Moldowan. 2005. Biomarkers and isotopes in the environment and human history. Pp. 471 in The biomarker guide. Cambridge University Press, Cambridge, UK.

Ransom, S. L., and M. Thomas. 1960. Crassulacean acid metabolism. Annual Review of Plant Physiology 11: 81-110.

Reysenbach, A. L., A. B. Banta, D. R. Boone, S. C. Cary, and G. W. Luther. 2000. Microbial essentials at hydrothermal vents. Nature 404: 835.

Sagan, C., and C. Chyba. 1997. The early faint sun paradox: Organic shielding of ultraviolet-labile greenhouse gases. Science 276: 1217-1220.

Schenk, J.E.A., R. G. Herrmann, K. W. Jeon, N. E. Muller, and W. Schwemmler. 1997. Eukaryotism and symbiosis. Springer, New York.

Schopf, J. W., and B. M. Packer. 1987. Early archean (3.3 to 3.5 ga-old) fossil microorganisms from the Warrawoona Group, western Austrailia. Science 237: 70-73.

Seigler, D. S. 1975. Isolation and characterization of naturally occurring cyanogenic compounds. Phytochemistry 14: 9-29.

Sogin, M. L. 2000. Evolution of eukaryotic ribosomal RNA genes. Pp. 260-262 in S. Parker, ed., McGraw-Hill yearbook of science and technology. McGraw-Hill, New York.

Swain, T. 1966. Comparative phytochemistry. Academic Press, London.

Thorington, G., and L. Margulis. 1981. Hydra viridis: Transfer of metabolites between hydra and symbiotic algae. Biological Bulletin 160: 175-188.

Voet, D., and J. G. Voet. 2004. Biochemistry. Wiley, New York.

Waterman, P. G., and S. Mole. 1994. Analysis of phenolic plant metabolites. Blackwell Scientific.

Woese, C. R. 1981. Archaebacteria. Scientific American 244: 98-122.

Woese, C. R., O. Kandler, and M. L. Wheelis. 1990. Towards a natural system of organisms: Proposal for the domains archaea, bacteria, and eucarya. Proceedings of the National Academy of Sciences of the USA 87: 4576-4579.

第 2 章

Aller, R. C. 1998. Mobile deltaic and continental shelf muds as suboxic, fluidized bed reactors. Marine Chemistry 61: 143-155.

Almendros, G., R. Frund, F. J. Gonzalez-Vila, K. M. Haider, H. Knicker, and H. D. Ludemann. 1991. Analysis of C-13 and N-15 CPMAS NMR spectra of soil organic matter and composts. FEBS Letters 282: 119-121.

Aluwihare, L. L., D. J. Repeta, S. Pantoja, and C. G. Johnson. 2005. Two chemically distinct pools of organic nitrogen accumulate in the ocean. Science 308: 1007-1010.

Arzayus, K. M., and E. A. Canuel. 2005. Organic matter degradation in sediments of the York River estuary: Effects of biological vs. physical mixing. Geochimica et Cosmochimica Acta 69: 455-463.

Aspinall, G. O. 1970. Pectins, plant gums, and other plant polysaccharides. Pp. 515-536 in W. Pigman and D. Horton, eds., The carbohydrates. Chemsitry and biochemistry, 2nd ed. Academic Press, New York.

Aufdenkampe, A. K., J. I. Hedges, J. E. Richey, A. V. Krusche, and C. A. Llerena. 2001. Sorptive fractionation of dissolved organic nitrogen and amino acids onto fine sediments within the amazon basin. Limnology and Oceanography 46: 1921-1935.

Benner, R., P. G. Hatcher, and J. I. Hedges. 1990. Early diagenesis of mangrove leaves in a tropical estuary: Bulk chemical characterization using solid-state 13C NMR and elemental analyses. Geochemica et Cosmochimica acta 54: 2003-2013.

Benner, R., J. D. Pakulski, M. Mccarthy, J. I. Hedges, and P. G. Hatcher. 1992. Bulk chemical characteristics of dissolved organic matter in the ocean. Science 255: 1561-1564.

Bianchi, T. S. 2007. Biogeochemistry of estuaries. Oxford University Press, New York.

Bianchi, T. S., and E. A. Canuel. 2001. Organic geochemical tracers in estuaries. Organic Geochemistry 32: 451.

Bianchi, T. S., and S. Findlay. 1991. Decomposition of Hudson Estuary macrophytes: Photosynthetic pigment transformations and decay constants. Estuaries 14: 65-73.

Bianchi, T. S., B. Johansson, and R. Elmgren. 2000. Breakdown of phytoplankton pigments in baltic sediments: Effects of anoxia and loss of deposit-feeding macrofauna. Journal of Experimental Marine Biology and Ecology 251: 161-183.

Bianchi, T. S., and others. 2002. Do sediments from coastal sites accurately reflect time trends in water column phytoplankton? A test from Himmerfjarden Bay (Baltic Sea proper). Limnology and Oceanography 47: 1537-1544.

Clark, L. L., E. D. Ingall, and R. Benner. 1998. Marine phosphorus is selectively remineralized. Nature 393: 426.

Cloern, J. E., E. A. Canuel, and D. Harris. 2002. Stable carbon and nitrogen isotope composition of aquatic and terrestrial plants of the San Francisco Bay estuarine system. Limnology and Oceanography 47: 713-729.

Conley, D. J., C. L. Schelske, and E. F. Stoermer. 1993. Modification of the biogeochemical cycle of silica with eutrophication. Marine Ecology-Progress Series 101: 179-192.

Cooper, S. R., and G. S. Brush. 1993. A 2,500-year history of anoxia and eutrophication in Chesapeake Bay. Estuaries 16: 617-626.

Day, J. W., C.A.S. Hall, W. M. Kemp, and A. Yanez-Aranciba. 1989. Estuarine ecology. Wiley, New York.

Duan, S., and T. S. Bianchi. 2006. Seasonal changes in the abundance and composition of plant pigments in particulate organic carbon in the lower Mississippi and Pearl rivers (USA). Estuaries 29: 427-442.

Eadie, B. J., B. A. Mckee, M. B. Lansing, J. A. Robbins, S. Metz, and J. H. Trefrey. 1994. Records of nutrientenhanced coastal ocean productivity in sediments from the Louisiana continental shelf. Estuaries 17: 754-765.

Elmgren, R., and U. Larsson. 2001. Eutrophication in the Baltic Sea area: Integrated coastal managemant issues. Pp. 15-35 in B. von Bodungen and R. K. Turner, eds., Science and integrated coastal management. Dahlem University Press, Berlin.

Emerson, S., and J. Hedges. 2008. Chemical oceanography and the marine carbon cycle. Cambridge University Press, Cambridge, UK.

Emerson, S., and J. Hedges. 2009. Chemical oceanography and the marine carbon cycle. Cambridge University Press, New York.

Filley, T. R., K. H. Freeman, T. S. Bianchi, M. Baskaran, L. A. Colarusso, and P. G. Hatcher. 2001. An isotopic biogeochemical assessment of shifts in organic matter input to holocene sediments from Mud Lake, Florida.

Organic Geochemistry 32: 1153-1167.

Fry, B. 2006. Stable isotope ecology. Springer Science+Business Media, New York.Gong, C., and D. J. Hollander. 1997. Differential contribution of bacteria to sedimentary organic matter in oxic and anoxic environments, Santa Monica Basin, California. Organic Geochemistry 26: 545-563.

Goñi M. A., and J. I. Hedges. 1995. Sources and reactivities of marine-derived organic matter in coastal sediments as determined by alkaline CuO oxidation. Geochimica et Cosmochimica Acta 59: 2965-2981.

Gordon, E. S., and M. A. Goñi. 2003. Sources and distribution of terrigenous organic matter delivered by the Atchafalaya River to sediments in the northern Gulf of Mexico. Geochimica et Cosmochimica Acta 67: 2359-2375.

Hartnett, H. E., R. G. Keil, J. I. Hedges, and A. H. Devol. 1998. Influence of oxygen exposure time on organic carbon preservation in continental margin sediments. Nature 391: 572-574.

Harvey, H. R., and S. A. Macko. 1997. Kinetics of phytoplankton decay during simulated sedimentation: Changes in lipids under oxic and anoxic conditions. Organic Geochemistry 27: 129-140.

Harvey, H. R., J. H. Turttle, and J. T. Bell. 1995. Kinetics of phytoplankton decay during simulated sedimentation: Changes in biochemical composition and microbial activity under oxic and anoxic conditions. Geochimica et Cosmochimica Acta 59: 3367-3377.

Hatcher, P. G. 1987. Chemical structural studies of natural lingin by dipolar dephasing solid-state C-13 nuclear magnetic resonance. Organic Geochemistry 11: 31-39.

Hebting, Y., and others. 2006. Early diagenetic reduction of organic matter: Implications for paleoenvironmental reconstruction. Geochimica et Cosmochimica Acta 70: A239-A239.

Hedges, J. I. 1992. Global biogeochemical cycles: Progress and problems. Marine Chemistry 39: 67-93.

Hedges, J. I., and R. G. Keil. 1995. Sedimentary organic matter preservation: an assessment and speculative synthesis. Marine Chemistry 49: 81-115.

Hedges, J. I., and F. G. Prahl. 1993. Pp. 237-253 in S. M. a. M. Engel ed., Organic geochemistry principles and applications. Plenum Press, New York.

Hedges, J. I., P. G. Hatcher, J. R. Ertel, and K. J. Meyersschulte. 1992. A comparison of dissolved humic substances from seawater with Amazon River counterparts by C-13-NMR spectrometry. Geochimica et Cosmochimica Acta 56: 1753-1757.

Hedges, J. I., J. A. Baldock, Y. Gelinas, C. Lee, M. L. Peterson, and S. G. Wakeham. 2002. The biochemical and elemental compositions of marine plankton: A NMR perspective. Marine Chemistry 78: 47-63.

Hupfer, M., R. Gachter, and R. Giovanoli. 1995. Transformation of phosphorus species in settling seston and during early sediment diagenesis. Aquatic Sciences 57: 305-324.

Hurd, D. C., and D. W. Spencer. 1991. Marine particles: Analysis and characterization. Geophysical Monograph 63: 472.

Ingall, E. D., P. A. Schroeder, and R. A. Berner. 1990. Characterization of organic phosphorus in marine sediments by 31P NMR. Chemical Geology 84: 220-223.

Knicker, H. 2000. Solid-state 2-D double cross polarization magic angle spinning ^{15}N ^{13}C NMR spectroscopy on degraded algal residues. Organic Geochemistry 31: 337-340.

Knicker, H. 2001. Incorporation of inorganic nitrogen into humified organic matter as revealed by solid-state 2-D

^{15}N, ^{13}C NMR spectroscopy. Abstracts of Papers of the American Chemical Society 221: U517–U517.

Knicker, H. 2002. The feasibility of using DCPMAS 15N 13C NMR spectroscopy for a better characterization of immobilized ^{15}N during incubation of [13]C– and ^{15}N–enriched plant material. Organic Geochemistry 33: 237–246.

Knicker, H., and H. D. Ludemann. 1995. [15]N and ^{13}C CPMAS and solution NMR studies of ^{15}N enriched plant material during 600 days of microbial degradation. Organic Geochemistry 23: 329–341.

Kohnen, M.E.L., S. Schouten, J.S.S. Damste, J. W. Deleeuw, D. A. Merritt, and J. M. Hayes. 1992. Recognition of paleobiochemicals by a combined molecular sulfur and isotope geochemical approach. Science 256: 358–362.

Leavitt, P. R. 1993. A review of factors that regulate carotenoids and chlorophyll deposition and fossil pigment abundance. Journal of Paleolimnology 1: 201–214.

Leavitt, P. R., and S. R. Carpenter. 1990. Aphotic pigment degradation in the hypolimion: Implications for sedimentation studies and paleoliminology. Limnology and Oceanography 35: 520–534.

Leavitt, P. R., and D. A. Hodgson. 2001. Sedimentary pigments. Pp. 2–21 in J. P. Smol, H.J.B. Birks and W. M. Last, eds., Tracking enviromental changes using lake sediments. Kluwer, New York.

Louchouarn, P., M. Lucotte, R. Canuel, J.–P. Gagne, and L.–F. Richard. 1997. Sources and early diagenesis of lignin and bulk organic matter in the sediments of the lower St. Lawrence estuary and the Saguenay fjord. Marine Chemistry 58: 3–26.

McCallister, S. L., J. E. Bauer, J. E. Cherrier, and H. W. Ducklow. 2004. Assessing the sources and ages of organic matter supporting river and estuarine bacterial production: A multiple–isotope ($\delta^{14}C$, $\delta^{13}C$, and $\delta^{15}N$) approach. Limnology and Oceanography 49: 1687–1702.

Meyers, P. A. 1997. Organic geochemical proxies of paleoceanographic, paleolimnologic, and paleoclimatic processes. Organic Geochemistry 27: 213–250.

Meyers, P. A. 2003. Applications of organic geochemistry to paleolimnological reconstructions: A summary of examples from the Laurentian Great Lakes. Organic Geochemistry 34: 261–289.

Meyers, P. A., and R. Ishiwatari. 1993. Lacustrine organic geochemistry:–An overview of indicators of organic matter sources and diagenesis in lake sediments. Organic Geochemistry 20: 867–900.

Mopper, K., A. Stubbins, J. D. Ritchie, H. M. Bialk, and P. G. Hatcher. 2007. Advanced instrumental approaches for characterization of marine dissolved organic matter: Extraction techniques, mass spectrometry, and nuclear magnetic resonance spectroscopy. Chemical Reviews 107: 419–442.

Nanny, M. A., and R. A. Minear. 1997. Characterization of soluble unreactive phosphorus using ^{31}P nuclear magnetic resonance spectroscopy. Marine Geology 139: 77–94.

Nixon, S. W. 1988. Physical energy inputs and the comparative ecology of lake and marine ecosystems. Limnology and Oceanography 33: 1005–1025.

Olcott, A. N. 2007. The utility of lipid biomarkers as paleoenvironmental indicators. Palaios 22: 111–113.

Orem, W. H., and P. G. Hatcher. 1987. Early diagenesis of organic matter in a sawgrass peat from the Everglades, Florida. International Journal of Coal Geology 8: 33–54.

Raymond, P., and J. E. Bauer. 2001a. DOC cycling in a temperate estuary: A mass balance approach using natural ^{14}C and ^{13}C isotopes. Limnology and Oceanography 46: 655–667.

Raymond, P., and J. E. Bauer. 2001b. Use of ^{14}C and ^{13}C natural abundances for evaluating riverine, estuarine and coastal DOC and POC sources and cycling: A review and synthesis. Organic Geochemistry 23: 469-485.

Reuss, N., D. J. Conley, and T. S. Bianchi. 2005. Preservation conditions and the use of sediment pigments as a tool for recent ecological reconstruction in four northern european estuaries. Marine Chemistry 95: 283-302.

Rice, D. L., and R. B. Hanson. 1984. A kinetic model for detritus nitrogen: Role of the associated bacteria in nitrogen accumulation. Bulletin of Marine Science 35: 326-340.

Russell, M., J. O. Grimalt, W. A. Hartgers, C. Taberner, and J. M. Rouchy. 1997. Bacterial and algal markers in sedimentary organic matter deposited under natural sulphurization conditions (Lorca Basin, Murcia, Spain). Organic Geochemistry 26: 605-625.

Schnitzer, M., and C. M. Preston. 1986. Analysis of humic acids by solution and solid-state 13C nuclear magnetic resonance. Soil Science Society of America Journal 50: 326-331.

Sterner, R. W., and J. J. Elser. 2002. Ecological stoichiometry—the biology of elements from molecules to the biosphere. Princeton University Press, Princeton, NJ.

Sun, M. Y., and S. G. Wakeham. 1998. A study of oxic/anoxic effects on degradation of sterols at the simulated sediment-water interface of coastal sediments. Organic Geochemistry 28: 773-784.

Sun, M. Y., R. C. Aller, and C. Lee. 1994. Spatial and temporal distributions of sedimentary chloropigments as indicators of benthic processes in Long Island Sound. Journal of Marine Research 52: 149-176.

Sun, M. Y., S. G. Wakeham, and C. Lee. 1997. Rates and mechanisms of fatty acid degradation in oxic and anoxic coastal marine sediments of Long Island Sound, New York, USA. Geochimica et Cosmochimica Acta 61: 341-355.

Sun, M. Y., R. C. Aller, C. Lee, and S. G. Wakeham. 2002a. Effects of oxygen and redox oscillation on degradation of cell-associated lipids in surficial marine sediments. Geochimica et Cosmochimica Acta 66: 2003-2012.

Sun, M. Y., W. J. Cai, S. B. Joye, H. Ding, J. Dai, and J. T. Hollibaugh. 2002b. Degradation of algal lipids in microcosm sediments with different mixing regimes. Organic Geochemistry 33: 445-459.

Sun, M.Y., L. Zou, J. H. Dai, H. B. Ding, R. A. Culp, and M. I. Scranton. 2004. Molecular carbon isotopic fractionation of algal lipids during decomposition in natural oxic and anoxic seawaters. Organic Geochemistry 35: 895-908.

Tani, Y., and others. 2002. Temporal changes in the phytoplankton community of the southern basin of Lake Baikal over the last 24,000 years recorded by photosynthetic pigments in a sediment core. Organic Geochemistry 33: 1621-1634.

Tenore, K. R., L. Cammen, S.E.G. Findlay, and N. Phillips. 1982. Perspectives of research on detritus: Do factors controlling the availability of detritus to macro-consumers depend on its source? Journal of Marine Research 40: 473-490.

Tunnicliffe, V. 2000. A fine-scale record of 130 years of organic carbon deposition in an anoxic fjord, Saanich Inlet, British Columbia. Limnology and Oceanography 45: 1380-1387.

Wakeham, S. G., and E. A. Canuel. 2006. Degradation and preservation of organic matter in marine sediments. in J. K. Volkman, ed., Handbook of environmental chemistry, Springer, Vol. 2. Berlin.

Watts, C. D., and J. R. Maxwell. 1977. Carotenoid diagenesis in a marine sediment. Geochimica et Cosmochimica Acta 41: 493-497.

Webster, J. R., and E. F. Benfield. 1986. Vascular plant breakdown in fresh-water ecosystems. Annual Review of

Ecology and Systematics 17: 567-594.

Zang, X., and P. G. Hatcher. 2002. A PY-GC-MS and NMR spectroscopy study of organic nitrogen in Mangrove Lake sediments. Organic Geochemistry 33: 201-211.

Zang, X., R. T. Nguyen, H. R. Harvey, H. Knicker, and P. G. Hatcher. 2001. Preservation of proteinaceous material during the degradation of the green alga Botryococcus braunii: A solid-state 2D ^{15}N ^{13}C NMR spectroscopy study. Geochimica et Cosmochimica Acta 65: 3299-3305.

Zimmerman, A. R., and E. A. Canuel. 2000. A geochemical record of eutrophication and anoxia in Chesapeake Bay sediments: Anthropogenic influence on organic matter composition. Marine Chemistry 69: 117-137.

Zimmerman, A. R., and E. A. Canuel. 2002. Sediment geochemical records of eutrophication in the mesohaline Chesapeake Bay. Limnology and Oceanography 47: 1084-1093.

第 3 章

Anderson, E. C., and W. F. Libby. 1951. World-wide distribution of natural radiocarbon. Physical Review 81: 64-69.

Anderson, E. C., W. F. Libby, S. Weinhouse, A. F. Reid, A. D. Kirshenbaum, and A. V. Grosse. 1947. Radiocarbon from cosmic radiation. Science 105: 576-576.

Anderson T. F., and M. A. Arthur. 1983. Stable isotopes of oxygen and corbon and their application to sedimentologic and paleoenvironmental problems. Pp. 1-151 in M. A. Arthur, T. F. Anderson, I. R. Kaplan, J. Veizer, and L. S. Land, eds., Society of Economic Paleontology and Mineralogy.

Arnold, J. R., and W. F. Libby. 1949. Age determinations by radiocarbon content: Checks with samples of known age. Science 110: 678-680.

Bauer, J. E. 2002. Biogeochemistry and cycling of carbon in the northwest Atlantic continental margin: Findings of the Ocean Margins Program. Deep-Sea Research Part II: Topical Studies in Oceanography 49: 4271-4272.

Bauer, J. E., and E.R.M. Druffel. 1998. Ocean margins as a significant source of organic matter to the deep open ocean. Nature 392: 482-485.

Bauer, J. E., E.R.M. Druffel, D. M. Wolgast, S. Griffin, and C. A. Masiello. 1998. Distributions of dissolved organic and inorganic carbon and radiocarbon in the eastern North Pacific continental margin. Deep-Sea Research Part II: Topical Studies in Oceanography 45: 689-713.

Benner, R., M. L. Fogel, E. K. Sprague, and R. E. Hodson. 1987. Depletion of 13C in lignin and its implications for stable carbon isotope studies. Nature 329: 708-710.

Bennett, C. L., R. P. Beukens, M. R. Clover, H. E. Gove, R. B. Liebert, A. E. Litherland, K. H. Purser, and W. E. Sondheim. 1977. Radiocarbon dating using electrostatic accelerators: negative ions provide the key. Science 198: 508-510.

Bianchi, T. S., S. Mitra, and M. Mckee. 2002. Sources of terrestrially-derived carbon in the Lower Mississippi River and Louisiana shelf: Implications for differential sedimentation and transport at the coastal margin. Marine Chemistry 77: 211-223.

Bousquet, P., and others. 2006. Contribution of anthropogenic and natural sources to atmospheric methane variability. Nature 443: 439-443.

Boutton, T. W. 1991. Stable carbon isotope ratios of natural materials, II: Atmospheric terrestrial, marine, and freshwater enviroments. Pp. 173-185 in D. C. Coleman and B. Fry, eds., Carbon isotope techniques. Academic Press, New York.

Broecker, W. S., and T. H. Peng. 1982. Tracers in the sea. Eldigio Press, Palisades NY.

Caraco, N. F., G. Lampman, J. J. Cole, K. E. Limburg, M. L. Pace, and D. Fischer. 1998. Microbial assimilation of DIN in a nitrogen rich estuary: implications for food quality and isotope studies. Marine Ecology—Progress Series 167: 59-71.

Casper, P., S. C. Maberly, G. H. Hall, and B. J. Finlay. 2000. Fluxes of methane and carbon dioxide from a small productive lake to the atmosphere. Biogeochemistry 49: 1-19.

Cherrier, J., J. E. Bauer, E.R.M. Druffel, R. B. Coffin, and J. P. Chanton. 1999. Radiocarbon in marine bacteria: Evidence for the ages of assimilated carbon. Limnology and Oceanography 44: 730-736.

Cifuentes, L. A., J. H. Sharp, and M. L. Fogel. 1988. Stable carbon and nitrogen isotope biogeochemistry in the Delaware estuary. Limnology and Oceanography 33: 1102-1115.

Clayton, R. N. 2003. Isotopic self-shielding of oxygen and nitrogen in the solar nebula. Geochimica et Cosmochimica Acta 67: A68-A68.

Cloern, J. E., E. A. Canuel, and D. Harris. 2002. Stable carbon and nitrogen isotope composition of aquatic and terrestrial plants of the San Francisco Bay estuarine system. Limnology and Oceanography 47: 713-729.

Craig, H. 1954. 13C variations in sequoia rings and the atmosphere. Science 119: 141-143.

Craig, H. 1961. Standards for reporting concentrations of deuterium and oxygen-18 in natural waters. Science 133: 1833ff.

Currin, C. A., S. Y. Newell, and H. W. Paerl. 1995. The role of standing dead Spartina alterniflora and benthic microalge in salt-marsh food webs: Considerations based on multiple stable-isotope analysis. Marine Ecology—Progress Series 121: 99-116.

Deegan, C. E., and R. H. Garritt. 1997. Evidence for spatial variability in estuarine food webs. Marine Ecology Progress Series 147: 31-47.

Degens, E. T., M. Behrendt, B. Gotthard, and E. Reppmann. 1968. Metabolic fractionation of carbon isotopes in marine plankton, 2: Data on samples collected off the coasts of Peru and Equador. Deep-Sea Research 15: 11-20.

Deines, P. 1980. The isotopic composition of reduced carbon. Pp. 329-406 in P. Fitz and J. C. Fontes, eds., Handbook of enviromental isotope geochemistry, Vol. I: The terrestrial enviroment. Elsevier, Amsterdam.

DeNiro, M. J., and S. Epstein. 1978. Carbon isotopic evidence for different feeding patterns in 2 Hyrax species occupying the same habitat. Science 201: 906-908.

DeNiro, M. J., and S. Epstein. 1981a. Influence of diet on the distribution of nitrogen isotopes in animals. Geochimica et Cosmochimica Acta 45: 341-351.

DeNiro, M. J., and S. Epstein. 1981b. Isotopic composition of cellulose from aquatic organisms. Geochimica et Cosmochimica Acta 45: 1885-1894.

Druffel, E.R.M., J. E. Bauer, S. Griffin, S. R. Beaupre, and J. Hwang. 2008. Dissolved inorganic radiocarbon in the North Pacific Ocean and Sargasso Sea. Deep-Sea Research, Part I: Oceanographic Research Papers 55: 451-459.

Druffel, E.R.M., P. M. Williams, J. E. Bauer, and J. R. Ertel. 1992. Cycling of dissolved and particulate organic matter in the open ocean. Journal of Geophysical Research—Oceans 97: 15639-15659.

Eglinton, T. I., and A. Pearson. 2001. Ocean process tracers: Single compound radiocarbon measurements. Pp. 2786-2795 in Encyclopedia of ocean sciences. Academic Press, San Diego, CA.

Ehleringer, J. R., R. F. Sage, L. B. Flanagan, and R. W. Pearcy. 1991. Climate change and the evolution of C_4 photosynthesis. Trends in Ecology & Evolution 6: 95-99.

Elmore, D., and F. M. Phillips. 1987. Accelerator mass spectrometry for measurement of long-lived radioisotopes. Science 236: 543-550.

Farquhar, G. D., M. C. Ball, S. Voncaemmerer, and Z. Roksandic. 1982. Effect of salinity and humidity on $\delta^{13}C$ value of halophytes: Evidence for diffusional isotope fractionation determined by the ratio of inter-cellular atmospheric partial pressure of CO_2 under different environmental conditions. Oecologia 52: 121-124.

Farquhar, G. D., J. R. Ehleringer, and K. T. Hubick. 1989. Carbon isotope discrimination and photosynthesis. Annual Review of Plant Physiology and Plant Molecular Biology 40: 503-537.

Faure, G. 1986. Principles of isotope geology. Wiley, Hoboken, NJ.

Fogel, M. L., and L. A. Cifuentes. 1993. Isotope fractionation during primary production, Pp. 73-98 in M. H. Engel and S. A. Macko, eds., Organic geochemistry: Principles and applications. Plenum Press, New York.

Fogel, M. L., L. A. Cifuentes, D. J. Velinsky, and J. H. Sharp. 1992. Relationship of carbon availability in estuarine phytoplankton to isotopic composition. Marine Ecology-Progress Series 82: 291-300.

Freeman, K. H., J. M. Hayes, J. M. Trendel, and P. Albrecht. 1990. Evidence from carbon isotope measurements for diverse origins of sedimentary hydrocarbons. Nature 343: 254-256.

Fry, B. 2006. Stable isotope ecology. Springer, New York.

Fry, B., and P. L. Parker. 1979. Animal diet in texas seagrass meadows: $\delta^{13}C$ evidence for the importance of benthic plants. Estuarine and Coastal Marine Science 8: 499-509.

Fry, B., and E. B. Sherr. 1984. $\delta^{13}C$ measurements as indicators of carbon flow in marine and fresh-water ecosystems. Contributions in Marine Science 27: 13-47.

Goering, J., V. Alexander, and N. Haubenstock. 1990. Seasonal variability of stable carbon and nitrogen isotope ratios of organisms in a North Pacific bay. Estuarine Coastal and Shelf Science 30: 239-260.

Goñi, M. A., K. C. Ruttenberg, and T. I. Eglinton. 1998. A reassessment of the sources and importance of land-derived organic matter in surface sediments from the Gulf of Mexico. Geochimica et Cosmochimica Acta 62: 3055-3075.

Guo, L., and P. H. Santschi. 1997. Isotopic and elemental characterization of colloidal organic matter from the Chesapeake Bay and Galveston Bay. Marine Chemistry 59: 1-15.

Guo, L. D., P. H. Santschi, L. A. Cifuentes, S. Trumbore, and J. Southon. 1996. Cycling of high-molecular-weight dissolved organic matter in the Middle Atlantic Bight as revealed by carbon isotopic (13C and 14C) signatures. Limnology and Oceanography 41: 1242-1252.

Guy, R. D., D. M. Reid, and H. R. Krouse. 1986. Factors affecting 13C/12C ratios of inland halophytes. I: Controlled studies on growth and isotopic composition of Puccinella nuttalliana. Canadian Journal of Botany. 64: 2693-2699.

Guy, R. D., M. L. Fogel, J. A. Berry, and T. C. Hoering. 1987. Isotope fractionation during oxygen production and consumption by plants. Pp. 597-600 in J. Biggens, ed., Progress in Photosynthetic Research III. Martinus

Nijhoff, Dordrecht, The Netherlands.

Hayes, J. M. 1983. Geochemical evidence bearing on the origin of aerobiosis, an speculative interpretation. Pp. 291-301 in J. W. Schopf, ed., The Earth's earliest biosphere: Its origin and evolution. Princeton University Press, Princeton, NJ.

Hayes, J. M. 1993. Factors controlling 13C contents of sedimentary organic compounds: Principles and evidence. Marine Geology 113: 111-125.

Hayes, J. M. 2001. Fractionation of carbon and hydrogen isotopes in biosynthetic processes. Reviews in Mineralogy and Geochemistry 43: 225-277.

Hayes, J. M., R. Takigiku, R. Ocampo, H. J. Callot, and P. Albrecht. 1987. Isotopic compositions and probable origins of organic molecules in the Eocene Messel Shale. Nature 329: 48-51.

Hayes, J. M., K. H. Freeman, B. N. Popp, and C. H. Hoham. 1990. Compound specific isotopic analyses: A novel tool for reconstruction of ancient biogeochemical processes. Organic Geochemistry 16: 1115-1128.

Hedges, J. I., W. A. Clark, P. D. Quay, J. E. Richey, A. H. Devol, and U. D. Santos. 1986. Compositions and fluxes of particulate organic material in the Amazon River. Limnology and Oceanography 31: 717-738.

Hein, R., P. J. Crutzen, and M. Heimann. 1997. An inverse modeling approach to investigate the global atmospheric methane cycle. Global Biogeochemical Cycles 11: 43-76.

Hoefs, J. 1980. Stable isotope geochemistry. Springer, Heidelberg.

Hoefs, J. 2004. Stable isotope geochemistry, 5th ed. Springer, Berlin.

Holmes, R. M., and others. 2000. Flux of nutrients from Russian rivers to the Arctic Ocean: Can we establish a baseline against which to judge future changes? Water Resources Research 36: 2309-2320.

Horrigan, S. G., J. P. Montoya, J. L. Nevins, and J. J. Mccarthy. 1990. Natural isotopic composition of dissolved inorganic nitrogen in the Chesapeake Bay. Estuarine Coastal and Shelf Science 30: 393-410.

Hughes, E. H., and E. B. Sherr. 1983. Subtidal food webs in a Georgia estuary: delta-C-13 analysis. Journal of Experimental Marine Biology and Ecology 67: 227-242.

Hughes, J. E., L. A. Deegan, B. J. Peterson, R. M. Holmes, and B. Fry. 2000. Nitrogen flow through the food web in the oliohaline zone of a New England estuary. Ecology 81: 433-452.

Incze, L. S., L. M. Mayer, E. B. Sherr, and S. A. Macko. 1982. Carbon inputs to bivalve mollusks: A comparison of two estuaries. Canadian Journal of Fisheries and Aquatic Sciences 39: 1348-1352.

Jasper, J. P., and J. M. Hayes. 1990. A carbon isotope record of CO_2 levels during the late Quaternary. Nature 347: 462-464.

Kamen, M. D. 1963. History of 14C. Science 141: 861-862.

Kurie, F.N.D. 1934. A new mode of disintegration induced by neutrons. Physical Review 45: 904-905.

Laws, E. A., B. N. Popp, R. R. Bidigare, M. C. Kennicutt, and S. A. Macko. 1995. Dependence of phytoplankton carbon isotopic composition on growth rate and: Theoretical considerations and experimental results. Geochimica Cosmochimica Acta 59: 1131-1138.

Libby, W. F. 1952. Chicago radiocarbon dates, 3. Science 116: 673-681.

Libby, W. F. 1982. Nuclear dating: An historical perspective. Pp. 1-4 in Nuclear and Chemical Dating Techniques, American Chemical Society Symposium Series, Vol. 176, Washington, DC.

Lucas, W. J., and J. A. Berry. 1985. Inorganic carbon transport in aquatic photosynthetic organisms. Physiologia

Plantarum 65: 539-543.

Macko, S. A., M. F. Estep, M. H. Engel, and P. E. Hare. 1986. Kinetic fractionation of stable nitrogen isotopes during amino acid transamination. Geochimica et Cosmochimica Acta 50: 2143-2146.

Macko, S. A., R. Helleur, G. Hartley, and P. Jackman. 1990. Diagenesis of organic matter: A study using stable isotopes of individual carbohydrates. Organic Geochemistry 16: 1129-1137.

Mariotti, A., and others. 1981. Experimental determination of nitrogen kinetic isotope fractionation—some principles: Illustration for the denitrification and nitrification processes. Plant and Soil 62: 413-430.

Martens, C. S., N. E. Blair, C. D. Green, and D. J. Desmarais. 1986. Seasonal variations in the stable carbon isotopic signature of biogenic methane in a coastal sediment. Science 233: 1300-1303.

McCallister, S. L., J. E. Bauer, J. Cherrier, and H. W. Ducklow. 2004. Assessing sources and ages of organic matter supporting river and estuarine bacterial production: A multiple-isotope $\Delta^{14}C$, $\delta^{13}C$, and $\delta^{15}N$) approach. Limnology and Oceanography 49: 1687-1702.

McNichol, A. P., and L. I. Aluwihare. 2007. The power of radiocarbon in biogeochemical studies of the marine carbon cycle: Insights from studies of dissolved and particulate organic carbon (DOC and POC). Chemical Reviews 107: 443-466.

Mitra, S., T. S. Bianchi, L. Guo, and P. H. Santschi. 2000. Terrestrially-derived dissolved organic matter in Chesapeake Bay and the Middle Atlantic Bight. Geochimica et Cosmochimica Acta 64: 3547-3557.

Montoya, J. P. 1994. Nitrogen isotope fractionation in the modern ocean: implications for the sedimentary record. Pp. 259-280 in R. Zahn, T. F. Pedersen, M. A. Kaminski and L. Labeyrie eds., Carbon cycling in the glacial ocean: Constraints on the ocean's role in global change. Springer, Berlin.

Nier, A. O. 1947. A mass spectrometer for isotope and gas analysis analysis. Review of Scientific Instruments 18: 398-411.

O'Brien, B. J. 1986. The use of natural and anthropogenic C-14 to investigate the dynamics of soil organic carbon. Radiocarbon 28: 358-362.

O'Leary, M. H. 1981. Carbon isotope fractionation in plants. Phytochemistry 20: 553-567.

O'Leary, M. H. 1988. Carbon isotopes in photosynthesis. Bioscience 38: 328-336.

Ostlund, H. G., and C.G.H. Rooth. 1990. The North Atlantic tritium and radiocarbon transients 1972-1983. Journal of Geophysical Research—Oceans 95: 20147-20165.

Park, R., and S. Epstein, 1960. Carbon isotope fractionation during photosynthesis. Geochimica Cosmochimica Acta 21: 110-126.

Parsons, T. R., and Y. L. Lee Chen. 1995. The comparative ecology of a subartic and tropical estuarine ecosystem as measured with carbon and nitrogen isotopes. Estuarine Coastal Shelf Science 41: 215-224.

Peterson, B. J., and B. Fry. 1987. Stable isotopes in ecosystem studies. Annual Review of Ecology and Systematics 18: 293-320.

Peterson, B. J., and R. W. Howarth. 1987. Sulfur, carbon, and nitrogen isotopes used to trace organic-matter flow in the salt-marsh estuaries of Sapelo Island, Georgia. Limnology and Oceanography 32: 1195-1213.

Peterson, B. J., R. W. Howarth, and R. H. Garritt. 1985. Multiple stable isotopes used to trace the flow of organic matter in estuarine food webs. Science 227: 1361-1363.

Peterson, B. J., R. W. Howarth, and R. H. Garritt. 1986. Sulfur and carbon isotopes as tracers of salt-marsh organic-matter flow. Ecology 67: 865-874.

Ralph, E. K. 1971. Carbon-14 dating, Pp. 1-48 in H. N. Michael and E. K. Ralph, eds., Dating techniques for the archeologist. MIT Press, Cambridge, MA.

Rau, G. H., T. Takahashi, and D.J.D. Marais. 1989. Latitudinal variations in plankton δ^{13}C: Implications for CO_2 and productivity in past oceans. Nature 341: 516-518.

Rau, G. H., T. Takahashi, D. J. Desmarais, D. J. Repeta, and J. H. Martin. 1992. The relationship between δ^{13}C of organic matter and $[CO_2(aq)]$ in ocean surface water: Data from a JGOFS site in the northeast Atlantic Ocean and a model. Geochimica Cosmochimica Acta 56: 1413-1419.

Rau, G. H., U. Riebesell, and D. Wolfgladrow. 1997. CO2aq-dependent photosynthetic δ^{13}C fractionation in the ocean: A model versus measurements. Global Biogeochemical Cycles 11: 267-278.

Raymond, P. A., and J. E. Bauer. 2001a. DOC cycling in a temperate estuary: A mass balance approach using natural ^{14}C and ^{13}C isotopes. Limnology and Oceanography 46: 655-667.

Raymond, P. A., and J. E. Bauer. 2001b. Riverine export of aged terrestrial organic matter to the North Atlantic Ocean Nature 409: 497-500.

Raymond, P. A., and J. E. Bauer. 2001c. Use of ^{14}C and ^{13}C natural abundances for evaluating riverine, estuarine, and coastal DOC and POC sources and cycling: A review and synthesis. Organic Geochemistry 32: 469-485.

Richter, D. D., D. Markewitz, S. E., Trumbore, and C. G., Wells. 1999. Rapid accumulation and turnover of soil carbon in a re-establishing forest. Nature 400: 56-58.

Sachs, J. P. 1997. Nitrogen isotopes in chlorophyll and the origin of eastern Mediterranean sapropels.Massachusetts Institute of Technology/Woods Hole Oceanographic Institution, Woods Hole, MA.

Santschi, P. H., and others. 1995. Isotopic evidence for the contemporary origin of high-molecular-weight organic matter in oceanic environments. Geochimica et Cosmochimica Acta 59: 625-631.

Schiff, S. L., R. Aravena, S. Trumbore, and P. J. Dillon. 1990. Dissolved organic-carbon cycling in forested watersheds: A carbon isotope approach. Water Resources Research 26: 2949-2957.

Schouten, S., and others. 1998. Biosynthetic effects on the stable carbon isotopic compositions of algal lipids: Implications for deciphering the carbon isotopic biomarker record. Geochimica et Cosmochimica Acta 62: 1397-1406.

Sharp, Z. 2007. Principles of stable isotope geochemistry. Pearson Prentice Hall, Upper Saddle River, NJ.

Sigleo, A. C., and S. A. Macko. 1985. Stable isotope and amino acid composition of estuarine dissolved colloidal material. Pp. 29-46 in A. C. Sigleo and A. Hattori, eds., Marine and estuarine geochemistry. Lewis, Boca Raton, FL.

Simenstad, C. A., D. O. Duggins, and P. D. Quay. 1993. High turnover of inorganic carbon in kelp habitats as a cause of δ^{13}C variability in marine food webs. Marine Biology 116: 147-160.

Smethie, W. M., H. G. Ostlund, and H. H. Loosli. 1986. Ventilation of the deep Greenland and Norwegian seas: Evidence from 85Kr, tritium, ^{14}C and ^{39}Ar. Deep-Sea Research, Part A: Oceanographic Research Papers 33: 675-703.

Smith, B. N., and S. Epstein. 1971. Two categories of 13C/12C ratios for higher plants. Plant Physiology 47: 380-384.

Spiker, E. C., and M. Rubin. 1975. Petroleum pollutants in surface and groundwater as indicated by C-14 activity of dissolved organic carbon. Science 187: 61-64.

Stuiver, M. 1978. Atmospheric carbon dioxide and carbon reservoir changes. Science 199: 253-258.

Stuiver, M., and H. A. Polach. 1977. Reporting of ^{14}C data: Discussion. Radiocarbon 19: 355-363.

Stuiver, M., and P. D. Quay. 1981. A 1600-year-long record of solar change derived from atmospheric ^{14}C levels. Solar Physics 74: 479-481.

Suess, H. E. 1958. Radioactivity of the atmosphere and hydrosphere. Annual Review of Nuclear Science 8: 243-256.

Suess, H. E. 1968. Climatic changes, solar activity and the cosmic ray production rate of radiocarbon. Meterological Monographs 8: 146-150.

Sullivan, M. J., and C. A. Moncreiff. 1990. Edaphic algae are an important component of salt marsh food-webs: Evidence from multiple stable isotope analyses. Marine Ecology Progress Series 62: 149-159.

Trumbore, S. 2000. Age of soil organic matter and soil respiration: Radiocarbon constraints on belowground ^{14}C dynamics. Ecological Applications 10: 399-411.

Trumbore, S., J. S. Vogel, and J. Southon. 1989. AMS ^{14}C measurements of fractionated soil organic-matter: An approach to deciphering the soil carbon cycle. Radiocarbon 31: 644-654.

Valley, J. W., and C. M. Graham. 1993. Cryptic grain-scale heterogeneity of oxygen isotope ratios in metamorphic magnetite. Science 259: 1729-1733.

Voss, M., and U. Struck. 1997. Stable nitrogen and carbon isotopes as indicators of eutrophication of the Oder River (Baltic Sea). Marine Chemistry 59: 35-49.

Wahlen, M., and others. 1989. ^{14}C in methane sources and in atmospheric methane: The contribution from fossil carbon. Science 245: 286-290.

Wainright, S. C., M. P. Weinstein, K. W. Able, and C. A. Currin. 2000. Relative importance of benthic microalgae, phytoplankton and the detritus of smooth cordgrass Spartina alterniflora and the common reed Phragmites australis to brackish-marsh food webs. Marine Ecology—Progress Series 200: 77-91.

Walter, K. M., S. A. Zimov, J. P. Chanton, D. Verbyla, and F. S. Chapin. 2006. Methane bubbling from Siberian thaw lakes as a positive feedback to climate warming. Nature 443: 71-75.

Walter, K. M., M. Engram, C. R. Duguay, M. O. Jefferies, and F. S. Chapin. 2008. The potential use of synthetic aperture radar for estimating methane ebullition from Arctic lakes. Journal of the American Water Resources Association 44: 305-315.

Westerhausen, L., J. Poynter, G. Eglinton, H. Erlenkeuser, and M. Sarnthein. 1993. Marine and terrigenous origin of organic-matter in modern sediments of the Equatorial East Atlantic: The δ^{13}C and molecular record. Deep-Sea Research, Part I—Oceanographic Research Papers 40: 1087-1121.

Whiticar, M. J., E. Faber, and M. Schoell. 1986. Biogenic methane formation in marine and fresh-water environments: CO2 reduction vs acetate fermentation isotope evidence. Geochimica et Cosmochimica Acta 50: 693-709.

Williams, P. M., and E.R.M. Druffel. 1987. Radiocarbon in dissolved organic matter in the central North Pacific Ocean. Nature 330: 246-248.

Williams, P. M., and L. I. Gordon. 1970. 13C:12C ratios in dissolved and particulate organic matter in sea. Deep-Sea Research 17: 19-27.

第 **4** 章

Abelson, P. H., and T. C. Hoering. 1961. Carbon isotope fractionation in formation of amino acids by photosynthetic organisms. Proceedings of the National Academy of Sciences of the USA. 47: 623-632.

Almendros, G., R. Frund, F. J. Ganzalez-Vila, K. M. Haider, H. Knicker, and H. D. Ludemann. 1991. Analysis of ^{13}C and 15N CPMAS NMR-spectra of soil organic matter and composts. Federation of European Biochemistry Society 282: 119-121.

Aluwihare, L. I., D. J. Repeta, and R. F. Chen. 1997. A major biopolymeric component to dissolved organic carbon in surface sea water. Nature 387: 166-169.

Aluwihare, L. I., D. J. Repeta, and R. F. Chen. 2002. Chemical composition and cycling of dissolved organic matter in the Mid-Atlantic Bight. Deep-Sea Research, Part II: Topical Studies in Oceanography 49: 4421-4437.

Amon, R.M.W., and R. Benner. 1996. Bacterial utilization of different size classes of dissolved organic matter. Limnology and Oceanography 41: 41-51.

Arnarson, T. S., and R. G. Keil. 2001. Organic-mineral interactions in marine sediments studied using density fractionation and X-ray photoelectron spectroscopy. Organic Geochemistry 32: 1401-1415.

Asamoto, E., 1991. FT-ICR/MS: Analytical applications of Fourier transform ion cyclotron resonance mass spectrometry. VCH, New York.

Bauer, J. E., P. M. Williams, and E.R.M. Druffel. 1992. C-14 activity of dissolved organic-carbon fractions in the north-central Pacific and Sargasso Sea. Nature 357: 667-670.

Beckett, R., and B. T. Hart. 1993. Use of field-flow fractionation techniques to characterize aquatic particles, colloids and macromolecules. in J. V. Buffle and H. P. Leeuwen, eds., Environmental Particles. Lewis, Chelsea, MI.

Benner, R., J. D. Pakulski, M. McCarthy, J. I. Hedges, and P. G. Hatcher. 1992. Bulk chemical characteristics of dissolved organic matter in the ocean. Science 255: 1561-1564.

Bennett, C. L., R. P. Beukens, M. R. Clover, H. E. Gove, R. B. Liebert, A. E. Litherland, K. H. Purser, W. E. Sondheim, and others. 1977. Radiocarbon dating using electrostatic accelerators: Negative ions provide the key. Science 198: 508-510.

Bianchi, T. S., C. Lambert, and D. Biggs. 1995. Distribution of chlorophyll-a and phaeopigments in the northwestern Gulf of Mexico: A comparison between fluorimetric and high-performance liquid chromatography measurements. Bulletin of Marine Science 56: 25-32.

Blomberg, J., P. J. Schoenmakers, J. Beens, and R. Tijssen. 1997. Compehensive two-dimensional gas chromatography (GC-GC) and its applicability to the characterization of complex (petrochemical) mixtures. Journal of High Resolution Chromatography 20: 539-544.

Brandes, J. A., and others. 2004. Examining marine particulate organic matter at sub-micron scales using scanning transmission X-ray microscopy and carbon X-ray absorption near edge structure spectroscopy. Marine Chemistry 92: 107-121.

Brandes, J. A., E. Ingall, and D. Paterson. 2007. Characterization of minerals and organic phosphorus species in marine sediments using soft X-ray fluorescence spectromicroscopy. Marine Chemistry 103: 250-265.

Buesseler, K. O., and others. 2000. A comparison of the quantity and composition of material caught in a neutrally buoyant versus surface-tethered sediment trap. Deep-Sea Research, Part I: Oceanographic Research Papers 47: 277-294.

Buesseler, K. O., and others. 2007. An assessment of the use of sediment traps for estimating upper ocean particle fluxes. Journal of Marine Research 65: 345-416.

Chen, N., T. S. Bianchi, and J. M. Bland. 2003. Novel decomposion products of chlorophyll-a in continental shelf (Louisiana shelf) sediments: Formation and transformation of carotenol chlorine esters. Geochimica Cosmochimica Acta 67: 2027-2042.

Clark, L. L., E. D. Ingall, and R. Benner. 1998. Marine phosphorus is selectively remineralized. Nature 393: 426.

Coble, P. G., 1996. Characterization of marine and terrestrial DOM in seawater using excitation-emission matrix spectroscopy. Marine Chemistry 51: 323-346.

Coble, P.G., 2007. Marine optical biogeochemistry: The chemistry of ocean color. Chemical Reviews. 107: 402-418.

Coppola, L., O. Gustafsson, P. Andersson, T. I. Eglinton, M. Uchida, and A. F. Dickens. 2007. The importance of ultrafine particles as a control on the distribution of organic carbon in Washington margin and Cascadia basin sediments. Chemical Geology 243: 142-156.

Cortes, H. J., B. Winniford, J. Luong, and M. Pursch. 2009. Comprehensive two dimensional gas chromatography review. Journal of Separation Science 32: 883-904.

Cory, R. M., and D. M. McKnight. 2005. Fluorescence spectroscopy reveals ubiquitous presence of oxidized and reduced quinones in DOM. Environmental Science and Technology 39: 8142-8149.

Crowe, D. E., J. W. Valley, and K. L. Baker. 1990. Microanalysis of sulfur-isotope ratios and zonation by laser microprobe. Geochimica et Cosmochimica Acta 54: 2075-2092.

Dandonneau, Y., and A. Niang. 2007. Assemblages of phytoplankton pigments along a shipping line through the North Atlantic and tropical Pacific. Progress in Oceanography 73: 127-144.

Dorsey, J., C.M. Yentsch, C.McKenna, and S. Mayo. 1989. Rapid analytical technique for assessment of metabolic activity. Cytometry 10: 622-628.

Dria, K. J., J. R. Sachleben, and P. G. Hatcher. 2002. Solid-state carbon-13 nuclear magnetic resonance of humic acids at high magnetic field strengths. Journal of Environmental Quality 31: 393-401.

Dunbar, R. C., and T. B. McMahan, 1998. Unimolecular reactions by ambient blackbody radiation activation. Science 147: 194-197.

Eglinton, T. I., and A. Pearson. 2001. Ocean process tracers: Single compound radiocarbon measurements, Pp. 2786-2795, in Encyclopedia of ocean sciences. Academic Press, San Diego, CA (USA).

Eglinton, T. I., L. I. Aluwihare, J. E. Bauer, E.R.M. Druffel, and A. P. McNichol. 1996. Gas chromatographic isolation of individual compounds from complex matrices for radiocarbon dating. Analytical Chemistry 68: 904-912.

Eglinton, T. I., B. C. BenitezNelson, A. Pearson, A. P. McNichol, J. E. Bauer, and E.R.M. Druffel. 1997. Variability in radiocarbon ages of individual organic compounds from marine sediments. Science 227: 769-799.

Engel, M. H., S. A. Macko, Y. Qian, and J. A. Silfer. 1994. Stable-isotope analysis at the molecular-level: A new approach for determining the origins of amino acids in the Murchison meteorite. Advances in Space Research 15: 99-106.

Engelhaupt, E., and T. S. Bianchi. 2001. Sources and composition of high-molecular-weight dessolved organic carbon in a southern Louisiana tidal stream (Bayou Trepagnier). Limnology and Oceanography 46: 917-926.

Fellman, J. B., M. P. Miller, R. M. Cory, D. V. D'Amore, and D. White. 2009. Characterizing dissolved organic matter using PARAFAC modeling of fluorescence spectroscopy: A comparison of two models. Environmental Science and Technology 43: 6228-6234.

Filip, Z., R. H. Newman, J. J. Alberts, 1991. Carbon-13 nuclear magnetic resonance characterization of humic substances associated with salt marsh environments. Science of the Total Environment 101: 191-199.

Floge, S. A., and M. L. Wells. 2007. Variation in colloidal chromophoric dissolved organic matter in the Damariscotta estuary, Maine. Limnology and Oceanography 52: 32-45.

Freeman, K. H., J. M. Hayes, J.-M. Trendel, and P. Albrecht. 1989. Evidence from GC-MS carbon-isotopic measurements for multiple origins of sedimentary hydrocarbons. Nature 353: 254-256.

Freeman, K. H., J. M. Hayes, J. M. Trendel, and P. Albrecht. 1990. Evidence from carbon isotope measurements for diverse orgins of sedimentary hydrocarbons. Nature 343: 254-256.

Fray, B. 2006. Stable isotope ecology. Springer, New York.

Frysinger, G. S., R. B. Gaines, and C. M. Reddy. 2002. GC × GC: A new analytical tool for environmental forensics. Environmental Forensics 3: 27-34.

Frysinger, G. S., R. B. Gaines, L. Xu, and C. M. Reddy. 2003. Resolving the unresolved complex mixture in petroleum-contaminated sediments. Environmental Science and Technology 37: 1653-1662.

Giddings, J. C. 1993. Field-flow fractionation: Analysis of macromolecular, colloidal and particulate materials. Science 260: 1456-1465.

Goñi, M. A., and T. I. Eglinton. 1996. Stable carbon isotopic analyses of lignin-derived CuO oxidation products by isotope ratio monitoring gas chromatography mass spectrometry (IRM-GC-MS). Organic Geochemistry 24: 601-615.

Goutx, M., and others. 2007. Composition and degradation of marine particles with different settling velocities in the northwestern Mediterranean Sea. Limnology and Oceanography 52: 1645-1664.

Guo, L. D., and P. H. Santschi. 1997. Composition and cycling of colloids in marine environments. Reviews of Geophysics 35: 17-40.

Guo, L. D., N. Tanaka, D. M. Schell, and P. H. Santschi. 2003. Nitrogen and carbon isotopic composition of high-molecular-weight dissolved organic matter in marine environments. Marine Ecology-Progress Series 252: 51-60.

Hansell, D. A., and C. A. Carlson. 2002. Biogeochemistry of marine dissolved organic matter. Academic Press, Amsterdam.

Hasselhov, M., B. Lyven, C. Haraldsson, and D. Turner. 1996. A flow field-flow fractionation system for size fractionation of dissolved organic matter in seawater and freshwater using on-channel preconcentration. 6th International Symposium of FFFF.

Hatcher, P. H. 1987. Chemical structural studies of natural lignin by dipolar dephasing solid state ^{13}C nuclear magnetic resonance. Organic Geochemistry 11: 31-39.

Hayes, J. M., K. H. Freeman, B. N. Popp, and C. H. Hoham. 1990. Compound-specific isotopic analyses: A novel tool for reconstruction of ancient biogeochemical processes. Organic Geochemistry 16: 1115-1128.

Hedges, J. I., and R. G. Keil. 1995. Sedimentary organic-matter preservation: An assessment and speculative synthesis. Marine Chemistry 49: 81-115.

Hedges, J. I., P. H. Hatcher, J. R. Ertel, and K. Meyers-Schulte. 1992. A comparison of dissolved humic substances from seawater with Amazon River counterparts by 13C−NMR spectrometry. Geochimica et Cosmochimica Acta 56: 1753−1757.

Hedges, J. I., B. A. Bergamaschi, and R. Benner. 1993a. Comparative analyses of DOC and DON in natural waters. Marine Chemistry 41: 121−134.

Hedges, J. I., C. Lee, S. G. Wakeham, P. J. Hernes, and M. L. Peterson. 1993b. Effects of poisons and preservatives on the fluxes and elemental compositions of sediment trap materials. Journal of Marine Research 51: 651−668.

Hedges, J. I., J. A. Baldock, Y. Gelinas, C. Lee, M. L. Peterson, and S. G. Wakeham. 2002. The biochemical and elemental compositions of marine plankton: A NMR perspective. Marine Chemistry 78: 47−63.

Hertkorn, N., R. Benner, M. Frommberger, P. Schmitt−Kopplin, M. Witt, K. Kaiser, A. Kettrup, and J. I. Hedges. 2006. Characterization of a major refractory component of marine dissolved organic matter. Geochimica et Cosmochimica Acta 70: 2990−3010.

Hoefs, J. 2004. Stable isotope geochemistry, 5th ed. Springer, Berlin.

Hughey, A. C., C. L. Hendrickson, R. P. Rodgers, and A. G. Marshall. 2001. Kendrick mass defect spectrum: A compact visual analysis ultra−resolution broadband mass spectra. Analytical Chemistry 73: 4676−4681.

Hupfer, M., R. Gachter, and H. Ruegger. 1995. Polyphosphate in lake sediments: 31P NMR spectroscopy as a tool for its identification. Limnology and Oceanography 40: 610−617.

Ingall, E. D., P. A.Schroeder, and R. A. Berner. 1990. The nature of organic phosphorus in marine sediments: new insights from 31P NMR. Geochimica et Cosmochimica Acta 54: 2617−2620.

Ingalls, A. E., and A. Pearson. 2005. Ten years of compound−specific radiocarbon analysis. Oceanography 18: 18−31.

Ingalls, A. E., R. F. Anderson, and A. Pearson. 2004. Radiocarbon dating of diatom−bound organic compounds. Marine Chemistry 92: 91−105.

Jeffrey, S. W., R.F.C. Mantoura, and S. W. Wright. 1997. Phytoplankton pigments in oceanography: Guidelines to modern methods. UNESCO, Paris.

Keil, R. G., D. B. Montlucon, F. G. Prahl, and J. I. Hedges. 1994. Sorptive preservation of labile organic matter in marine sediments. Nature 370: 549−552.

Keil, R. G., L. M. Mayer, P. D. Quay, J. E. Richey, and J. I. Hedges. 1997. Loss of organic matter from riverine particles in deltas. Geochimica et Cosmochimica Acta 61: 1507−1511.

Kendrick, E. 1963. A mass scale based on high resolution mass spectrometry of organic compounds. Analytical Chemistry 35: 2146−2154.

Knicker, H. 2000. Solid−state 2D double cross polarization magic angle spinning15N 13C NMR spectroscopy on degraded algal residues. Organic Geochemistry 31: 337−340.

Knicker, H., and H. D. Ludemann. 1995. N−15 and C−13 CPMAS and solution NMR studies of N−15 enriched plant material during 600 days of microbial degradation. Organic Geochemistry 23: 329−341.

Koprivnjak, J. F., and others. 2009. Chemical and spectroscopic characterization of marine dissolved organic matter isolated using coupled reverse osmosis−electrodialysis. Geochimica et Cosmochimica Acta 73: 4215−4231.

Kovac, N., O. Bajt, J. Faganneli, B. Sket, and B. Orel. 2002. Study of macroaggragate composition using FT−IR and ^{1}H−NMR spectroscopy. Marine Chemistry 78: 205−215.

Kowalczuk, P., J. Ston-Egiert, W. J. Cooper, R. F. Whitehead, and M. J. Durako. 2005. Characterization of the chromophoric dissolved organic matter (CDOM) in the Baltic Sea by excitation emission matrix fluorescence spectroscopy. Marine Chemistry 96: 273-292.

Kujawinski, E. B., M. A. Freitas, X. Zang, P. G. Hatcher, K. B. Green-Church, and R. B. Jones. 2002. The application of electrospray ionization mass spectrometry (ESI MS) to the structural characterization of natural organic matter. Organic Geochemistry 33: 171-180.

Kujawinski, E. B., R. Del Vecchio, N. V. Blough, G. C. Klein, and A. G. Marshall. 2004. Probing molecularlevel transformations of dissolved organic matter: Insights on photochemical degradation and protozoan modification of DOM from electrospray ionization Fourier transform ion cyclotron resonance mass spectrometry. Marine Chemistry 92: 23-37.

Lamborg, C. H., and others. 2008. The flux of bio- and lithogenic material associated with sinking particles in the mesopelagic "twilight zone" of the northwest and north central Pacific Ocean. Deep-Sea Research, Part II: Topical Studies in Oceanography 55: 1540-1563.

Lee, C., J. I. Hedges, S. G. Wakeham, and N. Zhu. 1992. Effectiveness of various treatments in retarding microbial activity in sediment trap material and their effects on the collection of swimmers. Limnology and Oceanography 37: 117-130.

Legendre, L., and J. Le Fevre. 1989. Hydrodynamical singularities as controls of recycled versus export production in oceans. Pp. 49-63 in W. H. Berger, V. S. Smetacek, and G. Wefer, eds., Productivity of the ocean: Present and past. Wiley, Chichester, UK.

Legendre, L., and C. M. Yentsch. 1989. Overview of flow cytometry and image analysis in biological oceanography and limnology. Cytometry 10: 501-510.

Levitt, M. H. 2001. Spin dynamics: Basics of nuclear magnetic resonance. Wiley, New York.

Libes S. M., 1992. An introduction to marine biogeochemistry. John Wiley & Sons, New York.

Lobartini, J.C., K. H. Tan, L. E. Amussesn, R. A. Leonard, D. Himmelsbach, and A. R. Gingle, 1991. Chemical and spectral differences in humic matter from swamps, streams, and soils in the Southeastern United States. Geoderma 49:241-254.

Loh, A. N., J. E. Bauer, and E.R.M. Druffel. 2004. Variable ageing and storage of dissolved organic components in the open ocean. Nature 430: 877-881.

Macko, S. A., M. E. Uhle, M. H. Engel, and V. Andrusevich. 1997. Stable nitrogen isotope analysis of amino acid enantiomers by gas chromatography combustion/isotope ratio mass spectrometry. Analytical Chemistry 69: 926-929.

Marriott, P. J., P. Haglund, and R.C.Y. Ong. 2003. A review of environmental toxicant analysis by using multidimensional gas chromatography and comprehensive GC. Clinica Chimica Acta 328: 1-19.

Mayer, L. M. 1994. Surface-area control of organic-carbon accumulation in continental-shelf sediments. Geochimica et Cosmochimica Acta 58: 1271-1284.

McCarthy, J. F., J. Ilavsky, J. D. Jastrow, L. M. Mayer, E. Perfect, and J. Zhuang. 2008. Protection of organic carbon in soil microaggregates via restructuring of aggregate porosity and filling of pores with accumulating organic matter. Geochimica et Cosmochimica Acta 72: 4725-4744.

McMahon, G. 2007. Analytical instrumentation: a guide to laboratory, portable and miniaturized instruments.

Wiley, Chichester, UK.

McNichol, A. P., and L. I. Aluwihave. 2007. The power of radiocarbon in biogeochemical studies of the marine carbon cycle: Insights from studies of dissolved and particulate organic carbon (DOC and POC). Chemical Reviews 107: 443-466.

McNichol, A. P., J. R. Ertel, and T. I. Eglinton. 2000. The radiocarbon content of individual lignin-derived phenols: Technique and initial results. Radiocarbon 42: 219-227.

Messaud, F. A., and others. 2009. An overview on field-flow fractionation techniques and their applications in the separation and characterization of polymers. Progress in Polymer Science 34: 351-368.

Minor, E. C., T. I. Eglinton, J. J. Boon, and R. Olson. 1999. Protocol for the characterization of oceanic particles via flow cytometric sorting and direct temperature-resolved mass spectrometry. Analytical Chemistry 71: 2003-2013.

Minor, E. C., J. J. Boon, H. R. Harvey, and A. Mannino. 2001. Estuarine organic matter composition as probed by direct temperature-resolved mass spectrometry and traditional geochemical techniques. Geochimica et Cosmochimica Acta 65: 2819-2834.

Minor, E. C., J. P. Simjouw, J. J. Boon, A. E. Kerkhoff, and J. van der Horst. 2002. Estuarine/marine UDOM as characterized by size-exclusion chromatography and organic mass spectrometry. Marine Chemistry 78: 75-102.

Mondello, L., P. Q. Tranchida, P. Dugo, and G. Dugo. 2008. Comprehensive two-dimensional gas chromatography-mass spectrometry: A review. Mass Spectrometry Reviews 27: 101-124.

Mopper, K. A., and C. A. Schultz, 1993. Fluorescence as a possible tool for studying the nature and water column distribution of DOC components. Marine Chemistry 41: 229-238.

Mopper, K., A. Stubbins, J. D. Ritchie, H. M. Bialk, and P. G. Hatcher. 2007. Advanced instrumental approaches for characterization of marine dissolved organic matter: extraction techniques, mass spectrometry, and nuclear magnetic resonance spectroscopy. Chemical Reviews 107: 419-442.

Muller, R. A. 1977. Radioisotope dating with a cyclotron. Science 196: 489.

Murphy, K. R., C. A. Stedmon, D. Waite, and G. M. Ruiz. 2008. Distinguishing between terrestrial and autochthonous organic matter sources in marine environments using fluorescence spectroscopy. MarineChemistry 108: 40-58.

Nanny, M. A., and R. A. Minear. 1997. Characterization of soluble unreactive phosphorus using ^{31}P nuclear magnetic resonance spectroscopy. Marine Geology 139: 77-94.

Nelson, D. E., R. G. Korteling, and W. R. Stott. 1977. Carbon-14: Direct detection at natural concentrations. Science 198: 507-508.

Nelson, R. K., and others. 2006. Tracking the weathering of an oil spill with comprehensive two-dimensional gas chromatography. Environmental Forensics 7: 33-44.

Nguyen, R. T., and H. R., Harvey, 2001. Protein preservation in marine systems: hydrophobic and other non-covalent associations as major stabilizing forces. Geochimica et Cosmochimica Acta 65: 1467-1480.

Nguyen, R. T., H. R. Harvey, X. Zang, J. D. H. van Heemst, M. Hetenyi, P. G. Hatcher, 2003. Preservation of algaenan and proteinaceous material during the oxic decay of *Botryococcus braunii* as revealed by pyrolysis-gas chromatography/mass spectrometry and ^{13}C NMR spectroscopy. Organic Geochemistry 34: 483-498.

Nier, A. O. 1947. A mass spectrometer for isotope and gas analysis analysis. Review of Scientific Instruments 18:

398-411.

Nunn, B. L., and R. G. Keil. 2005. Size distribution and chemistry of proteins in Washington coast sediments. Biogeochemistry 75(2): 177-200.

Nunn, B. L., and R. G. Keil. 2006. A comparison of non-hydrolyte methods for extracting amino acids and proteins from coastal marine sediments. Marine Chemistry 89: 31-42.

Olson, R. J., A. Shalapyonok, and H. M. Sosik. 2003. An automated submersible flow cytometer for analyzing pico - and nanophytoplankton: FlowCytobot. Deep Sea Research (Part I) 50: 301-315.

Orem, W. H., and P. G. Hatcher. 1987. Solid-state 13C NMR studies of dissolved organic matter in pore waters from different depositional environments. Organic Geochemistry 11: 73-82.

Parlianti, E., K. Worz, L. Geoffrey, and M. Lamotte. 2000. Dissolved organic matter fluorescence stectroscopy as a tool to estimate biological activity in a coastal zone submitted to anthropogenic inputs. Organic Geochemistry 31: 1765-1781.

Pearson, A., A. P. McNichol, R. J. Schneider, K. F. Von Reden, and Y. Zheng. 1998. Microscale AMS C-14 measurement at NOSAMS. Radiocarbon 40: 61-75.

Peters, K. H., and J. M. Moldowan. 1993. The biomarker guide: Interpreting molecular fossils in petroleum and ancient sediments. Prentice-Hall, Englewood Cliffs, NJ.

Peters, K. H., C. C.Walters, and J.M.Moldowan. 2005. The biomarker guide. Pp. 198-251. Cambridge University Press, Cambridge, UK.

Peterson, M. L., S. G. Wakeham, C. Lee, M. A. Askea, and J. C. Miquel. 2005. Novel techniques for collection of sinking particles in the ocean and determining their settling rates. Limnology and Oceanography-Methods 3: 520-532.

Prahl, F. G., J.-F. Rontani, J. K. Volkman, M. A. Sparrow, and I. M. Royer. 2006. Unusual C35 and C36 alkenones in a paleoceanographic benchmark strain of Emiliania huxleyi. Geochimica et Cosmochimica Acta 70: 2856-2867.

Quan, T., and D. J. Repeta. 2005. Radiocarbon analysis of individual amino acids from marine high molecular weight dissolved organic matter. Abstract in ASLO Aquatic Sciences Meeting, Salt Lake City, UT.

Ransom, B., D. Kim, M. Kastner, and S. Wainwright. 1998. Organic matter preservation on continental slopes: Importance of mineralogy and surface area. Geochimica et Cosmochimica Acta 62: 1329-1345.

Reddy, C. M., and others. 2002. The West Falmouth oil spill after thirty years: The persistence of petroleum hydrocarbons in marsh sediments. Environmental Science and Technology 36: 4754-4760.

Repeta, D. J., and L. I. Aluwihare. 2006. Radiocarbon analysis of neutral sugars in high-molecular-weight dissolved organic carbon: Implications for organic carbon cycling. Limnology and Oceanography 51: 1045-1053.

Richards, F. A., and T. F. Thompson. 1952. The estimation and characterization of plankton populations by pigment analyses, II: A spectrophotometric method for the estimation of plankton pigments. Journal of Marine Research 11: 156-172.

Rowland, S. J., and J. N. Robson. 1990. The widespread occurrence of highly branched acyclic C_{20}, C_{25} and C_{30} hydrocarbons in recent sediments and biota: A review. Marine Environmental Research 30: 191-216.

Schimpf, M. E., K. Caldwell, and J. C. Giddings. 2000. Field-flow fractionation handbook. Wiley-Interscience, New York.

Schnitzer, M., and C. M. Preston. 1986. Analysis of humic acids by solution and solid-state carbon-13 nuclear magnetic resonance. American Journal Soil Science Society 50: 326-331.

Schure, M. R., M. E. Schimpf, and P. D. Schettler. 2000. Retention-normal mode. Pp. 31-48 in M. E. Schimpf, K. Caldwell, and J. C. Giddings, eds., Field-flow-fractionation handbook. Wiley-Interscience, New York.

Sharp, Z. 2006. Principles of stable isotope geochemistry. Prentice Hall, New York.

Simjouw, J. P., E. C. Minor, and K. Mopper. 2005. Isolation and characterization of estuarine dissolved organic matter: Comparison of ultrafiltration and C-18 solid-phase extraction techniques. Marine Chemistry 96: 219-235.

Sinninghe Damsté, J. S., S. Schouten, J. W. de Leeuw, A.C.T. van Duin, and J.A.J. Geenevasen. 1999. Identification of novel sulfur-containing steroids in sediments and petroleum: Probable incorporation of sulfur into $\delta^{5,7}$-sterols during early diagenesis. Geochimica et Cosmochimica Acta 63: 31-38.

Skoczynska, E., P. Korytar, and J. De Boer. 2008. Maximizing chromatographic information from environmental extracts by GC×GC-ToF-MS. Environmental Science and Technology 42: 6611-6618.

Solomons, T.W.G. 1980. Organic chemistry. Wiley, New York.

Stedmon, C. A., and R. Bro. 2008. Characterizing DOM fluorescence with PARAFAC: A tutorial. Limnology and Oceanography Methods 6: 572-579.

Stedmon, C. A., and S. Markager 2005. Resolving the variability in DOM fluorescence in a temperate estuary and its catchment using PARAFAC. Limnology and Oceanography 50: 686-697.

Stedmon, C. A., S. Markager, and R. Bro. 2003. Tracing DOM in aquatic environments using a new approach to fluorescence spectroscopy. Marine Chemistry 82: 239-254.

Steen, A. D., C. Arnosti, L. Ness, and N. V. Blough. 2006. Electron paramagnetic resonance spectroscopy as a novel approach to measure macromolecule-surface interactions and activities of extracellular enzymes. Marine Chemistry 101: 266-276.

Stenson, A. C., A. G. Marshall, and W. T. Cooper. 2003. Exact masses and chemical formulas of individual Suwannee River fulvic acids from ultrahigh resolution electrospray ionization Fourier transform ion cyclotron resonance mass spectra. Analytical Chemistry 75: 1275-1284.

Trees, C. C., M. C. Kennicut, and J. M. Brooks. 1985. Errors associated with the standard fluorimetric determination of chlorophylls and phaeopigments. Marine Chemistry 17: 1-12.

Valley, J. W., and C. M. Graham. 1993. Cryptic grain-scale heterogenity of oxygen isotope ratios in metamorphic magnetite. Science 259: 1729-1733.

Vetter, T. A., E. M. Perdue, E. Ingall, J. F. Koprivnjak, and P. H. Pfromm. 2007. Combining reverse osmosis and electrodialysis for more complete recovery of dissolved organic matter from seawater. Separation and Purification Technology 56: 383-387.

Viskari, P. J., C. S. Kinkada, and C. L. Colyer. 2001. Determination of phycobiliproteins by capillary electrophoresis with laser-induced fluorescence detection. Electrophoresis 22: 2327-2335.

von Muhlen, C., C. A. Zini, E. B. Caramao, and P. J. Marriott. 2006. Characterization of petrochemical samples and their derivatives by comprehensive two-dimensional gas chromatography. Quimica Nova 29:765-775.

Wakeham, S. G., J. I. Hedges, C. Lee, and T. K. Pease. 1993. Effects of poisons and preservatives on the composition of organic matter in a sediment trap experiment. Journal of Marine Research 51: 669-696.

Wakeham, S. G., and others. 2007. Microbial ecology of the stratified water column of the Black Sea as revealed by a comprehensive biomarker study. Organic Geochemistry 38: 2070-2097.

Wardlaw, G. D., J. S. Arey, C. M. Reddy, R. K. Nelson, G. T. Ventura, and D. L. Valentine. 2008. Disentangling oil weathering at a marine seep using GC×GC: Broad metabolic specificity accompanies subsurface petroleum biodegradation. Environmental Science and Technology 42: 7166-7173.

Weber, C. I., L. I. Fay, G. B. Collins, D. E. Rathke, and J. Tobin. 1986. A review of methods for the analysis of chlorophyll in periphyton and plankton of marine and freshwater systems. Ohio State University Sea Grant Program Tech. Bull.

Wietzorrek, J., M. Stadler, and V. Kachel. 1994. Flow cytometric imaging: A novel tool for identification of marine organisms. OCEANS'94, Oceans Engineering for Today Technology and Tomorrow's Preservation Proceedings 1: 1688-1693.

Yoon, T. H. 2009. Applications of soft X-ray spectromicroscopy in material and environmental sciences. Applied Spectroscopy Reviews 44: 91-122.

Zang, X., R. T. Nguyen, H. R. Harvey, H. Knicker, and P. G. Hatcher. 2001. Preservation of proteinaceous material during the degradation of the green alga Botryococcus braunii: A solid-state 2D ^{15}N ^{13}C NMR spectroscopy study. Geochimica Cosmochimica Acta 65: 3299-3305.

Zimmerman, A. R., J. Chorover, K.W. Goyne, and S. L. Brantley. 2004a. Protection of mesopore-adsorbed organic matter from enzymatic degradation. Environmental Science & Technology 38: 4542-4548.

Zimmerman, A. R., K. W. Goyne, J. Chorover, S. Komarneni, and S. L. Brantley. 2004b. Mineral mesopore effects on nitrogenous organic matter adsorption. Organic Geochemistry 35: 355-375.

第 5 章

Alldredge, A., U. Passow, and B. Logan. 1993. The abundance and significance of a class of large, transparent organic particles in the ocean. Deep-Sea Research 40: 1131-1140.

Aluwihare, L. I., D. J. Repeta, and R. F. Chen. 1997. A major biopolymeric component to dissolved organic carbon in surface sea water. Nature 387: 166-169.

Amend, J. P., A. C. Amend, and M. Valenza. 1998. Determination of volatile fatty acids in the hot springs of Vulcano, Aeolian Islands, Italy. Organic Geochemistry 28: 699-705.

Amon, R.M.W., and R. Benner. 2003. Combined neutral sugars as indicators of the diagenetic state of dissolved organic matter in the Arctic Ocean. Deep-Sea Research, Part I: Oceanographic Research Papers 50: 151-169.

Amon, R.M.W., H. P. Fitznar, and R. Benner. 2001. Linkages among the bioreactivity, chemical composition, and diagenetic state of marine dissolved organic matter. Limnology and Oceanography 46: 287-297.

Arnosti, C., and M. Holmer. 1999. Carbohydrate dynamics and contributions to the carbon budget of an organic-rich coastal sediment. Geochimica et Cosmochimica Acta 63: 393-403.

Arnosti, C., and D. J. Repeta. 1994. Oligosaccharide degradation by an aerobic marine bacteria: Characterization of an experimental system to study polymer degradation in sediments. Limnology and Oceanography 39: 1865-1877.

Arnosti, C., D. J. Repeta, and N. V. Blough. 1994. Rapid bacterial degradation of polysaccharides in anoxic marine systems. Geochimica et Cosmochimica Acta 58: 2639-2652.

Aspinall, G. O. 1970. Pectins, plant gums, and other plant polysaccharides. Pp. 515-536 in W. Pigman and D. Horton, eds., The carbohydrates: chemistry and biochemistry, vol. IIB. Academic Press, New York.

Aspinall, G. O. 1983. CRC Handbook of chromatography—Carbohydrates, vol. 1: Churms, S. C. Journal of the American Chemical Society 105: 5963-5964.

Benner, R., and K. Kaiser. 2003. Abundance of amino sugars and peptidoglycan in marine particulate and dissolved organic matter. Limnology and Oceanography 48: 118-128.

Bergamaschi, B. A., J. S. Walters, and J. I. Hedges. 1999. Distributions of uronic acids and O-methyl sugars in sinking and sedimentary particles in two coastal marine environments. Geochimica et Cosmochimica Acta 63: 413-425.

Bianchi, T. S., T. Filley, K. Dria, and P. G. Hatcher. 2004. Temporal variability in sources of dissolved organic carbon in the lower Mississippi River. Geochimica et Cosmochimica Acta 68: 959-967.

Biddanda, B. A., and R. Benner. 1997. Carbon, nitrogen, and carbohydrate fluxes during the production of particulate and dissolved organic matter by marine phytoplankton. Limnology and Oceanography 42:506-518.

Bishop, C. T., and H. J. Jennings. 1982. Immunology of polysaccharides. Pp. 292-325 in G. O. Aspinall, ed., The polysaccharides. Academic Press, New York.

Borch, N. H., and D. L. Kirchmann. 1997. Concentration and composition of dissolved combined neutral sugars (polysaccharides) in seawater determined by HPLC-PAD. Marine Chemistry 57: 85-95.

Boschker, H.T.S., E.M.J. Dekkers, R. Pele, and T. E. Cappenberg. 1995. Sources of organic carbon in the littoral of Lake Gooimeer as indicated by stable carbon-isotope and carbohydrate compositions. Biogeochemistry 29: 89-105.

Buffle, J. 1990. The analytical challenge posed by fulvic and humic compounds. Analytica Chimica Acta 232: 1-2.

Buffle, J., and G. G. Leppard. 1995. Characterization of aquatic colloids and macromolecules, 1: Structure and behavior of colloidal material. Environmental Science and Technology 29: 2169-2175.

Burdige, D. J., A. Skoog, and K. Gardner. 2000. Dissolved and particulate carbohydrates in contrasting marine sediments. Geochimica et Cosmochimica Acta 64: 1029-1041.

Burney, C. M., and J. M. Sieburth. 1977. Dissolved carbohydrate in seawater, 2: A spectrophotometric procedure for total carbohydrate analysis and polysaccharide estimation. Marine Chemistry 5: 15-28.

Cauwet, G. 2002. DOM in the coastal zone. Pp. 579-602 in D. A. Hansell and C. A. Carlson, eds., Biogeochemistry of marine dissolved organic matter. Academic Press, San Diego, CA.

Compiano, A. M., J. C. Romano, F. Garabetian, P. Laborde, and I. Delagiraudiere. 1993. Monosaccharide composition of particulate hydrolyzable sugar fraction in surface microlayers from brackish and marine waters. Marine Chemistry 42: 237-251.

Cowie, G. L., and J. I. Hedges. 1984a. Carbohydrate sources in a coastal marine-enviroment. Geochimica et Cosmochimica Acta 48: 2075-2087.

Cowie, G. L., and J. I. Hedges. 1984b. Determination of neutral sugars in plankton, sediments, and wood by capillary gas chromatography of equilibrated isomeric mixtures. Analytical Chemistry 56: 497-504.

Cowie, G. L., and J. I. Hedges. 1994. Biochemical indicators of diagenetic alteration in natural organic-matter mixtures. Nature 369: 304-307.

Cowie, G. L., J. I. Hedges, and S. E. Calvert. 1992. Sources and relative reactivities of amino acids, neutral sugars, and lignin in an intermittently anoxic marine environment. Geochimica et Cosmochimica Acta 56: 1963–1978.

Cowie, G. L., J. I. Hedges, F. G. Prahl, and G. L. De Lange. 1995. Elemental and biochemical changes across an oxidation front in a relict turbidite: An oxygen effect. Geochimica et Cosmochimica Acta 59: 33–46.

Danishefsky, I., and G. Abraham. 1970. Purification and composition of chondroitin 6-sulfate-protein. Federation Proceedings 29: A869–A902.

Decho, A. W., and G. J. Herndl. 1995. Microbial activities and the transformation of organic matter within mucilaginous material. Science of the Total Environment 165: 33–42.

Duursma, E. K., and R. Dawson. 1981. Marine organic chemistry. Elsevier, Amsterdam.

Fazio, S. A., D. J. Uhlinger, J. H. Parker, and D. C. White. 1982. Estimations of uronic acids as quantitative measures of extracellular and cell-wall polysaccharide polymers from environmental samples. Applied and Environmental Microbiology 42: 1151–1159.

Gremm, T. J., and L. A. Kaplan. 1997. Dissolved carbohydrates in streamwater determined by HPLC and pulsed amperometric detection. Limnology and Oceanography 42: 385–393.

Gueguen, C., R. Gibin, M. Pardos, and J. Dominik. 2004. Water toxicity and metal contamination assessment of a polluted river: The Upper Vistula River (Poland). Applied Geochemistry 19: 153–162.

Hamilton, S. E., and J. I. Hedges. 1988. The comparative geochemistries of lignins and carbohydrates in an anoxic fjord. Geochimica et Cosmochimica Acta 52: 129–142.

Handa, N. 1970. Dissolved and particulate carbohydrates. Pp. 129–152 in D. W. Hood, ed., Organic matter in natural waters. Inst. Marine Science, University of Alaska, Fairbanks, AK.

Hayes, J. M. 2001. Fractionation of carbon and hydrogen isotopes in biosynthetic processes. Pp. 225–277 in J. S. Valley and D. R. Cole, eds., Organic geochemistry of contemporaneous and ancient sediments. Mineralogical Society of America, Chantilly, YA.

Hedges, J. I., W. A. Clark, and G. L. Cowie. 1988. Organic-matter sources to the water column and surficial sediments of a marine bay. Limnology and Oceanography 33: 1116–1136.

Hernes, P. J., J. I. Hedges, M. L. Peterson, S. G. Wakeham, and C. Lee. 1996. Neutral carbohydrate geochemistry of particulate material in the central Equatorial Pacific. Deep-Sea Research, Part II: Topical Studies in Oceanography 43: 1181–1204.

Horrigan, S. G., A. Hagstrom, K. Koike, and F. Azam. 1988. Inorganic nitrogen utilization by assemblages of marine bacteria in seawater culture. Marine Ecology Progress Series 50: 147–150.

Hung, C. C., and P. H. Santschi. 2000. Spectrophotometric determination of total uronic acids in seawater using cation-exchange separation and pre-concentration lyophilization. Analytica Chimica Acta 427: 111–117.

Hung, C. C., and P. H. Santschi. 2001. Spectrophotometric determination of total uronic acids in seawater using cation-exchange separation and pre-concentration by lyophilization. Analytica Chimica Acta 427: 111–117.

Hung, C. C., D. G. Tang, K. W. Warnken, and P. H. Santschi. 2001. Distributions of carbohydrates, including uronic acids, in estuarine waters of Galveston Bay, Texas. Marine Chemistry 73: 305–318.

Hung, C. C., L. D. Guo, P. H. Santschi, N. Alvarado-Quiroz, and J. M. Haye. 2003a. Distributions of carbohydrate species in the Gulf of Mexico. Marine Chemistry 81: 119–135.

Hung, C. C., L. D. Guo, G. E. Schultz, J. L. Pinckney, and P. H. Santschi. 2003b. Production and flux of carbohydrate species in the Gulf of Mexico. Global Biogeochemical Cycles 17.

Ittekkot, V., U. Brockmann, W. Michaelis, and E. T. Degens. 1981. Dissolved free and combined carbohydrates during a phytoplankton bloom in the northern North Sea. Marine Ecology-Progress Series 4: 299-305.

Ittekkot, V., E. T. Degens, and U. Brockmann. 1982. Monosaccharide composition of acid-hydrolyzable carbohydrates in particulate matter during a plankton bloom. Limnology and Oceanography 27: 770-776.

Johnson, D. C., and W. R. Lacourse. 1990. Liquid chromatography with pulsed electrochemical detection at gold and platinum electrodes. Analytical Chemistry 62: A589-A597.

Johnson, K. M., and J. M. Sieburth. 1977. Dissolved carbohydrates in seawater, I: A precise spectrophotometric analysis for monosaccharides. Marine Chemistry 5: 1-13.

Jorgensen, N.O.G., and R. E. Jensen. 1994. Microbial fluxes of free monosaccharides and total carbohydrates in fresh-water determined by HPLC-PAD. FEMS Microbiology Ecology 14: 79-93.

Kaiser, K., and R. Benner. 2000. Determination of amino sugars in environmental samples with high salt content by high performance anion exchange chromatography and pulsed amperometric detection. Analytical Chemistry 72: 2566-2572.

Keith, S. C., and C. Arnosti. 2001. Extracellular enzyme activity in a river-bay-shelf transect: Variations in polysaccharide hydrolysis rates with substrate and size class. Aquatic Microbial Ecology 24: 243-253.

Kenne, L., and B. Lindberg. 1983. Bacterial polysaccharides. Pp. 287-365 in G. O. Aspinall, ed., The polysaccharides. Academic Press, New York.

Kirchman, D. L. 2003. The contribution of monomers and other low-molecular weight compounds to the flux of dissolved organic material in aquatic ecosystems. Pp. 218-237 in S.E.G. Findlay and R. L. Sinsabaugh, eds., Aquatic ecosystems: Interactivity of dissolved organic matter. Academic Press, San Diego, CA.

Kirchmann, D. L., and N. H. Borch. 2003. Fluxes of dissolved combined neutral sugars (polysaccharides) in the Delaware estuary. Estuaries 26: 894-904.

Klok, J., H. C. Cox, M. Baas, J. W. De Leeuw, and P. A. Schenck. 1984a. Carbohydrates in recent marine sediments, II: . Occurrence and fate of carbohydrates in a recent stromatolitic deposit: Solar Lake, Sinai. Organic Geochemistry 7: 101-109.

Klok, J., H. C. Cox, M. Baas, P.J.W. Schuyl, J. W. De Leeuw, and P. A. Schenck. 1984b. Carbohydrates in recent marine sediments, I: Origin and significance of deoxy - and O - methyl - monosaccharides. Organic Geochemistry 7: 73-84.

Lee, R. F. 1980. Phycology. Cambridge University Press, Cambridge, UK.

Leppard, G. G. 1993. Particulate matter and aquatic contaminants. Lewis, Boca Raton, FL.

Liebezeit, G., M. Bolter, I. F. Brown, and R. Dawson. 1980. Dissolved free amino acids and carbohydrates at pycnocline boundaries in the Sargasso Sea and related microbial activity. Oceanologica Acta 3: 357-362.

Lucas, C. H., J. Widdows, and L. Wall. 2003. Relating spatial and temporal variability in sediment chlorophyll a and carbohydrate distribution with erodibility of a tidal flat. Estuaries 26: 885-893.

Lyons, W. B., H. E. Gaudette, and A. D. Hewitt. 1979. Dissolved organic matter in pore waters of carbonate sediments from Bermuda. Geochimica et Cosmochimica Acta 43: 433-437.

Macko, S. A., R. Helleur, G. Hartley, and P. Jackman. 1989. Diagenesis of organic matter: A study using stable isotopes of individual carbohydrates. Advanced Organic Geochemistry 16: 1129-1137.

Martens, C. S., C. A. Kelley, J. P. Chanton, andW. J. Showers. 1992. Carbon and hydrogen isotopic characterization of methane from wetlands and lakes of the Yukon-Kuskokwim delta, western Alaska. Journal of Geophysical Research-Atmospheres 97: 16689-16701.

Medeiros, P. M., and B.R.T. Simoneit. 2007. Analysis of sugars in environmental samples by gas chromatography-mass spectrometry. Journal of Chromatography A 1141: 271-278.

Minor, E. C., J. P. Simjouw, J. J. Boon, A. E. Kerkhoff, and J. Van Der Horst. 2002. Estuarine/marine UDOM as characterized by size-exclusion chromatography and organic mass spectrometry. Marine Chemistry 78: 75-102.

Minor, E. C., J. J. Boon, H. R. Harvey, and A. Mannino. 2001. Estuarine organic matter composition as probed by direct temperature-resolved mass spectrometry and traditional geochemical techniques. Geochimica et Cosmochimica Acta 65: 2819-2834.

Modzeles, J. E., W. A. Laurie, and B. Nagy. 1971. Carbohydrates from Santa-Barbara Basin sediments: gas chromatographic-mass spectrometric analysis of trimethylsilyl derivatives. Geochimica et Cosmochimica Acta 35: 825-832.

Moers, M.E.C., and S. R. Larter. 1993. Neutral monosaccharides from a hypersaline tropical environment: Applications to the characterization of modern and ancient ecosystems. Geochimica et Cosmochimica Acta 57: 3063-3071.

Mopper, K. 1977. Sugars and uronic acids in sediment and water from Black Sea and North Sea with emphasis on analytical techniques. Marine Chemistry 5: 585-603.

Mopper, K., and K. Larsson. 1978. Uronic and other organic acids in Baltic Sea and Black Sea sediments. Geochimica et Cosmochimica Acta 42: 153-163.

Mopper, K., C. A. Schultz, L. Chevolot, C. Germain, R. Revuelta, and R. Dawson. 1992. Determination of sugars in unconcentrated seawater and other natural waters by liquid chromatography and pulsed amperometric detection. Environmental Science and Technology 26: 133-138.

Murrell, M. C., and J. T. Hollibaugh. 2000. Distribution and composition of dissolved and particulate organic carbon in northern San Francisco Bay during low flow conditions. Estuarine Coastal and Shelf Science 51: 75-90.

Myklestad, S. M. 1997. A sensitive and rapid method for analysis of dissolved mono- and polysaccharides in seawater. Marine Chemistry 56: 279-286.

Nissenbaum, A., and I. R. Kaplan. 1972. Chemical and isotopic evidence for in-situ origin of marine humic substances. Limnology and Oceanography 17: 570ff.

Ochiai, M., and T. Nakajima. 1988. Distribution of neutral sugar and sugar decomposing bacteria in small stream water. Archiv für Hydrobiologie 113: 179-187.

Ogner, G. 1980. The complexity of forest soil carbohydrates as demonstrated by 27 different O-methyl monosaccharides, 10 previously unknown in nature. Soil Science 129: 1-4.

Opsahl, S., and R. Benner. 1999. Characterization of carbohydrates during early diagenesis of five vascular plant tissues. Organic Geochemistry 30: 83-94.

Paez-Osuna, F., H. Bojorquez-Leyva, and C. Green-Ruiz. 1998. Total carbohydrates: Organic carbon in lagoon sediments as an indicator of organic effluents from agriculture and sugar-cane industry. Environmental Pollution

102: 321-326.

Painter, T. J. 1983. Algal polysaccharides. Pp. 195-285 in G. O. Aspinall, ed., The polysaccharides. Academic Press, New York.

Pakulski, J. D., and R. Benner. 1992. An improved method for the hydrolysis and MBTH analysis of dissolved and particulate carbohydrates in seawater. Marine Chemistry 40: 143-160.

Pakulski, J. D., and R. Benner. 1994. Abundance and distribution of carbohydrates in the ocean. Limnology and Oceanography 39: 930-940.

Parsons, T. R., M. Takahashi, and B. Hargrave. 1984. Biological oceanographic processes. Pergamon Press, Oxford, UK.

Passow, U. 2002. Production of transparent exopolymer particles (TEP) by phyto- and bacterioplankton. Marine Ecology Progress Series 236: 1-12.

Percival, E. 1970. Algal carbohydrates. Pp. 537-568 in W. Pigman and D. Horton, eds., The carbohydrates: Chemistry and biochemistry, 2nd ed. Academic Press, New York.

Quayle, W. C., and P. Convey. 2006. Concentration, molecular weight distribution and neutral sugar composition of DOC in maritime Antarctic lakes of differing trophic status. Aquatic Geochemistry 12: 161-178.

Raymond, P. A., and J. E. Bauer. 2000. Bacterial consumption of DOC during transport through a temperate estuary. Aquatic Microbial Ecology 22: 1-12.

Raymond, P. A., and J. E. Bauer. 2001. DOC cycling in a temperate estuary: A mass balance approach using natural ^{14}C and ^{13}C isotopes. Limnology and Oceanography 46: 655-667.

Repeta, D. J., T. M. Quan, L. I. Aluwihare, and A. M. Accardi. 2002. Chemical characterization of high molecular weight dissolved organic matter in fresh and marine waters. Geochimica et Cosmochimica Acta 66: 955-962.

Rich, J. H., H. W. Ducklow, and D. L. Kirchman. 1996. Concentrations and uptake of neutral monosaccharides along 140° W in the Equatorial Pacific: Contribution of glucose to heterotrophic bacterial activity and the dom flux. Limnology and Oceanography 41: 595-604.

Rich, J., M. Gosselin, E. Sherr, B. Sherr, and D. L. Kirchman. 1997. High bacterial production, uptake and concentrations of dissolved organic matter in the central Arctic Ocean. Deep-Sea Research, Part II: Topical Studies in Oceanography 44: 1645-1663.

Rocklin, R. D., and C. A. Pohl. 1983. Determination of carbohydrates by anion-exchange chromatography with pulsed amperometric detection. Journal of Liquid Chromatography 6: 1577-1590.

Santschi, P. H., E. Balnois, K. J. Wilkinson, J. W. Zhang, J. Buffle, and L. D. Guo. 1998. Fibrillar polysaccharides in marine macromolecular organic matter as imaged by atomic force microscopy and transmission electron microscopy. Limnology and Oceanography 43: 896-908.

Senior, W., and L. Chevolot. 1991. Studies of dissolved carbohydrates (or carbohydrate-like substances) in an estuarine environment. Marine Chemistry 32: 19-35.

Simoneit, B.R.T., R. N. Leif, and R. Ishiwatari. 1996. Phenols in hydrothermal petroleums and sediment bitumen from Guaymas basin, Gulf of California. Organic Geochemistry 24: 377-388.

Skoog, A., and R. Benner. 1997. Aldoses in various size fractions of marine organic matter: Implications for carbon cycling. Limnology and Oceanography 42: 1803-1813.

Skoog, A., B. Biddanda, and R. Benner. 1999. Bacterial utilization of dissolved glucose in the upper water column of the Gulf of Mexico. Limnology and Oceanography 44: 1625-1633.

Skoog, A., K. Whitehead, F. Sperling, and K. Junge. 2002. Microbial glucose uptake and growth along a horizontal nutrient gradient in the North Pacific. Limnology and Oceanography 47: 1676-1683.

Skoog, A., P. Vlahos, K. L. Rogers, and J. P. Amend. 2007. Concentrations, distributions, and energy yields of dissolved neutral aldoses in a shallow hydrothermal vent system of Vulcano, Italy. Organic Geochemistry 38: 1416-1430.

Steen, A. D., L. J. Hamdan, and C. Arnosti. 2008. Dynamics of dissolved carbohydrates in the Chesapeake Bay: Insights from enzyme activities, concentrations, and microbial metabolism. Limnology and Oceanography 53: 936-947.

Stephen, A. M. 1983. Other plant polysaccharides. Pp. 97-193 in G. O. Aspinall, ed., The polysaccharides. Academic Press, New York.

Svensson, E., A. Skoog, and J. P. Amend. 2004. Concentration and distribution of dissolved amino acids in a shallow hydrothermal system, Vulcano Island (Italy). Organic Geochemistry 35: 1001-1014.

Tolhurst, T., M. Consalvey, and D. Paterson. 2008. Changes in cohesive sediment properties associated with the growth of a diatom biofilm. Hydrobiologia 596: 225-239.

Tranvik, L. J., and N.O.G. Jorgensen. 1995. Colloidal and dissolved organic matter in lake water: Carbohydrate and amino-acid composition, and ability to support bacterial growth. Biogeochemistry 30: 77-97.

Uhlinger, D. J., and D. C. White. 1983. Relationship between physiological status and formation of extracellular polysaccharide glycocalyx in Pseudomonas atlantica. Applied and Environmental Microbiology 45: 64-70.

Voet, D., and J. G. Voet. 2004. Biochemistry. Wiley, New York.

Walters, J. S., and J. I. Hedges. 1988. Simultaneous determination of uronic acids and aldoses in plankton, plant tissues, and sediment by capillary gas chromatography of N-hexylaldonamide and alditol acetates. Analytical Chemistry 60: 988-994.Wheeler, P. A., and D. L. Kirchman. 1986. Utilization of inorganic and organic nitrogen by bacteria in marine systems. Limnology and Oceanography 31: 998-1009.

Whistler, R. L., and E. L. Richards. 1970. Hemicellulose. Pp. 447-468 in W. Pigman and D. Horton, eds., The carbohydrates: Chemistry and biochemistry, 2nd ed. Academic Press, New York.

Wicks, R. J.,M. A.Moran, L. J. Pittman, and R. E. Hodson. 1991. Carbohydrate signatures of aquatic macrophytes and their dissolved degradation products as determined by a sensitive high-performance ion chromatography method. Applied and Environmental Microbiology 57: 3135-3143.

Wilkinson, K. J., A. Joz-Roland, and J. Buffle. 1997. Different roles of pedogenic fulvic acids and aquagenic biopolymers on colloid aggregation and stability in freshwaters. Limnology and Oceanography 42:1714-1724.

Yamaoka, Y. 1983. Carbohydrates in humic and fulvic acids from Hiroshima Bay sediments. Marine Chemistry 13: 227-237.

Zhou, J., K.Mopper, and U. Passow. 1998. The role of surface-active carbohydrates in the formation of transparent exopolymer particles by bubble adsorption of seawater. Limnology and Oceanography 43: 1860-1871.

Zou, L., and others. 2004. Bacterial roles in the formation of high-molecular-weight dissolved organic matter in estuarine and coastal waters: Evidence from lipids and the compound-specific isotopic ratios. Limnology and Oceanography 49: 297-302.

Zucker, W. V. 1983. Tannins: Does structure determine function—An ecological perspective? American Naturalist

121: 335-365.

第 6 章

Alberts, J. J., Z. Filip, M. T. Price, J. I. Hedges, and T. R. Jacobsen. 1992. CuO-oxidation products, acid, hydrolyzable monosaccharides and amino acids of humic substances occurring in a salt-marsh estuary. Organic Geochemistry 18: 171-180.

Aminot, A., and R. Kerouel. 2006. The determination of total dissolved free primary amines in seawater: Critical factors, optimized procedure and artifact correction. Marine Chemistry 98: 223-240.

Amon, R.M.W., and R. Benner. 1996. Bacterial utilization of different size classes of dissolved organic matter. Limnology and Oceanography 41: 41-51.

Aufdenkampe, A. K., J. I. Hedges, J. E. Richey, A. V. Krusche, and C. A. Llerena. 2001. Sorptive fractionation of dissolved organic nitrogen and amino acids onto fine sediments within the Amazon basin. Limnology and Oceanography 46: 1921-1935.

Azevedo, R. A., P. Arruda, W. L. Turner, and P. J. Lea. 1997. The biosynthesis and metabolism of the aspartate derived amino acids in higher plants. Phytochemistry 46: 395-419.

Benson, J. R., and P. E. Hare. 1975. Ortho-phthalaldehyde-fluorogenic detection of primary amines in picomole range: Comparison with fluorescamine and ninhydrin. Proceedings of the National Academy of Sciences of the USA 72: 619-622.

Bhushan, R., and S. Joshi. 1993. Resolution of enantiomers of amino acids by HPLC. Biomedical Chromatography 7: 235-250.

Billen, G. 1984. Heterotrophic utilization and regeneration of nitrogen. Pp. 313-355 in J. E. Hobbie and P. J. Williams, eds., Heterotrophic utilization and regeneration of nitrogen. Plenum Press, New York.

Bjellqvist, B., K. Ek, Righetti, E. Gianazza, A. G   rg, R. Westermeir, and W. Postel. 1982. Isoelectric focusing in immobilized pH gradients: Principle, methodology and some applications. Journal of Biochemical and Biophysical Methods 6: 317-339.

Boetius, A., and K. Lochte. 1994. Regulation of microbial enzymatic degradation of organic-matter in deep-sea sediments. Marine Ecology-Progress Series 104: 299-307.

Bradford, M. M. 1976. Rapid and sensitive method for quantitation of microgram quantities of protein utilizing principle of protein-dye binding. Analytical Biochemistry 72: 248-254.

Burdige, D. J. 1989. The effects of sediment slurrying on microbial processes, and the role of amino acids as substrates for sulfate reduction in anoxic marine sediments. Biogeochemistry 8: 1-23.

Burdige, D. J. 2002. Sediment pore waters. Pp. 612-653 in D. A. Hansell and C. A. Carlson, eds., Biogeochemistry of marine dissolved organic matter. Academic Press, San Diego, CA.

Burdige, D. J., and C. S. Martens. 1988. Biogeochemical cycling in an organic-rich coastal marine basin, 10: The role of amino acids in sedimentary carbon and nitrogen cycling. Geochimica et Cosmochimica Acta 52: 1571-1584.

Burdige, D. J., and C. S. Martens. 1990. Biogeochemical cycling in an organic-rich coastal marine basin, 11: The sedimentary cycling of dissolved, free amino acids. Geochimica et Cosmochimica Acta 54: 3033-3052.

Campbell, M. K., and F. O. Shawn. 2007. Biochemistry. Thomson Learning, Belmont, CA.

Caughey, M. E. 1982. A study of dissolved organic matter in pore waters of carbonate-rich sediment cores from the Florida Bay. Thesis, University of Texas at Dallas.

Christensen, D., and T. H. Blackburn. 1980. Turnover of tracer (^{14}C, ^{3}H labeled) alanine in inshore marine sediments. Marine Biology 58: 97–103.

Coffin, R. B. 1989. Bacterial uptake of dissolved free and combined amino acids in estuarine waters. Limnology and Oceanography 34: 531–542.

Colombo, J. C., N. Silverberg, and J. N. Gearing. 1998. Amino acid biogeochemistry in the Laurentian Trough: vertical fluxes and individual reactivity during early diagenesis. Organic Geochemistry 29: 933–945.

Constantz, B., and S. Weiner. 1988. Acidic macromolecules associated with the mineral phase of scleractinian coral skeletons. Journal of Experimental Zoology 248: 253–258.

Cowie, G. L., and J. I. Hedges. 1994. Biochemical indicators of diagenetic alteration in natural organic-matter mixtures. Nature 369: 304–307.

Cowie, G. L., J. I. Hedges, and S. E. Calvert. 1992. Sources and relative reactivities of amino acids, neutral sugars, and lignin in an intermittently anoxic marine environment. Geochimica et Cosmochimica Acta 56: 1963–1978.

Crawford, C. C., J. E. Hobbie, and K. L. Webb. 1974. Utilization of dissolved free amino acids by estuarine microorganisms. Ecology 55: 551–563.

Dauwe, B., and J. J. Middelburg. 1998. Amino acids and hexosamines as indicators of organic matter degradation state in North Sea sediments. Limnology and Oceanography 43: 782–798.

Dauwe, B., J. J. Middleburg, V. Rijswijk, J. Sinke, P.M.J. Herman, and C.H.R. Heip. 1999. Enzymatically hydrolysable amino acids in the North Sea sediments and their possible implication for sediment nutritional values. Journal of Marine Research 57: 109–134.

Dawson, R., and K. Gocke. 1978. Heterotrophic activity in comparison to free amino-acid concentrations in Baltic Sea water samples. Oceanologica Acta 1: 45–54.

Dawson, R., and G. Liebezeit. 1981. The analytical methods for the characterisation of organics in seawater. Elsevier, Amsterdam.

Dawson, R., and G. Liebezeit. 1983. Determination of amino acids. Pp. 319–330. in K. Grasshoff, M. Ehrhardt, and K. Kremling, eds., Methods of seawater analysis, 2nd ed. Verlag Chemie, Weinheim.

Dawson, R., and R. G. Pritchard. 1978. Determination of alpha-amino acids in seawater using a fluorimetric analyzer. Marine Chemistry 6: 27–40.

De Stefano, C., C. Foti, A. Gianguzza, and S. Sammartano. 2000. The interaction of amino acids with major constituents of natural waters at different ionic strengths. Marine Chemistry 72: 61–76.

Degens, E. T. 1977. Man's impact on nature. Nature 265: 14–14.

Degens, E. T., J. M. Hunt, J. H. Reuter, and W. E. Reed. 1964. Data on the distribution of amino acids and oxygen isotopes in petroleum brine waters of various geologic ages. Sedimentology 3: 199–225.

Ding, X., and S. M. Henrichs. 2002. Adsorption and desorption of proteins and polyamino acids by clay minerlas and marine sediments. Marine Chemistry 77: 225–237.

Dittmar, T. 2004. Evidence for terrigenous dissolved organic nitrogen in the Arctic deep sea. Limnology and Oceanography 49: 148-156.

Dittmar, T., H. P. Fitznar, and G. Kattner. 2001. Origin and biogeochemical cycling of organic nitrogen in the eastern Arctic Ocean as evident from D- and L-amino acids. Geochimica et Cosmochimica Acta 65: 4103- 4114.

Duan, S., and T. S. Bianchi. 2007. Particulate and dissolved amino acids in the lower Mississippi and Pearl rivers. Marine Chemistry 107: 214-229.

Fuhrman, J. 1990. Dissolved free amino-acid cycling in an estuarine outflow plume. Marine Ecology-Progress Series 66: 197-203.

Gardner, W. S., and R. B. Hanson. 1979. Dissolved free amino acids in interstitial waters of georgia salt-marsh soils. Estuaries 2: 113-118.

Gardner, W. S., and P. A. St. John. 1991. High-performance liquid-chromatographic method to determine ammonium ion and primary amines in seawater. Analytical Chemistry 63: 537-540.

Garrasi, C., E. T. Degens, and K. Mopper. 1979. Free amino-acid composition of seawater obtained without desalting and preconcentration. Marine Chemistry 8: 71-85.

Gibbs, R. J. 1967. Geochemistry of Amazon River system, I: Factors that control salinity and composition and concentration of suspended solids. Geological Society of America Bulletin 78: 1203-1209.

Gocke, K. 1970. Investigations on release and uptake of amino acids and polypeptides by plankton organisms. Archiv fur Hydrobiologie 67: 285-367.

Goodfriend, G. A., and H. B. Rollins. 1998. Recent barrier beach retreat in Georgia: Dating exhumed salt marshes by aspartic acid racemization and post-bomb radiocarbon. Journal of Coastal Research 14: 960-969.

Guo, L., P. H. Santschi, and T. S. Bianchi. 1999. Dissolved organic matter in estuaries of the Gulf of Mexico. Pp. 269-299 in T. S. Bianchi, J. Pennock and R. R. Twilley, eds., Biogeochemistry of Gulf of Mexico Estuaries. Wiley, New York.

Gupta, L. P., and H. Kawahata. 2000. Amino acid and hexosamine composition and flux of sinking particulate matter in the Equatorial Pacific at 175°E longitude. Deep-Sea Research, Part I: Oceanographic Research Papers 47: 1937-1960.

Hanson, R. B., and W. S. Gardner. 1978. Uptake and metabolism of two amino acids by anaerobic microorganisms in four diverse salt-marsh soils. Marine Biology 46: 101-107.

Haugen, J. E., and R. Lichtentaler. 1991. Amino-acid diagenesis, organic-carbon and nitrogen mineralization in surface sediments from the inner Oslo Fjord, Norway. Geochimica et Cosmochimica Acta 55: 1649-1661.

Hedges, J. I. 1978. Formation and clay mineral reactions of melanoidins. Geochimica et Cosmochimica Acta 42: 69-76.

Hedges, J. I., and P. E. Hare. 1987. Amino-acid adsorption by clay minerals in distilled water. Geochimica et Cosmochimica Acta 51: 255-259.

Hedges, J. I., and others. 1994. Origins and processing of organic matter in the Amazon River as indicated by carbohydrates and amino acids. Limnology and Oceanography 39: 743-761.

Hedges, J. I., and others. 2000. Organic matter in Bolivian tributaries of the Amazon River: A comparison to the lower mainstream. Limnology and Oceanography 45: 1449-1466.

Hellebust, J. A. 1965. Excretion of some organic compounds by marine phytoplankton. Limnology and Oceanography 10: 192-206.

Henrichs, S. M., and J. W. Farrington. 1979. Amino acids in interstitial waters of marine sediments. Nature 279: 319-322.

Henrichs, S. M., and J. W. Farrington. 1987. Early diagenesis of amino acids and organic matter in two coastal marine sediments. Geochimica et Cosmochimica Acta 51: 1-15.

Henrichs, S. M., and S. F. Sugai. 1993. Adsorption of amino acids and glucose by sediments of Resurrection Bay, Alaska, USA: Functional-group effects. Geochimica et Cosmochimica Acta 57: 823-835.

Henrichs, S. M., J. W. Farrington, and C. Lee. 1984. Peru upwelling region sediments near 15　S, 2: Dissolved free and total hydrolyzable amino-acids. Limnology and Oceanography 29: 20-34.

Hollibaugh, J. T., and F. Azam. 1983. Microbial degradation of dissolved proteins in seawater. Limnology and Oceanography 28: 1104-1116.

Honjo, S., R. Francois, S. Manganini, J. Dymond, and R. Collier. 2000. Particle fluxes to the interior of the Southern Ocean in the western Pacific sector along 170° W. Deep-Sea Research, Part II: Topical Studies in Oceanography 47: 3521-3548.

Hoppe, H. G. 1983. Significance of exoenzymatic activities in the ecology of brackish water: Measurements by means of methylumbelliferyl substrates. Marine Ecology-Progress Series 11: 299-308.

Hoppe, H. G. 1991. Microbial extracellular enzyme activity: A new key parameter in aquatic ecology. Pp. 60-83 in R. J. Chrost, ed., Microbial enzymes in aquatic environments. Springer, New York.

Howarth, R. W., R. Marino, J. Lane, and J. J. Cole. 1988a. Nitrogen fixation in fresh-water, estuarine, and marine ecosystems 1: Rates and importance. Limnology and Oceanography 33: 669-687.

Howarth, R. W., R. Marino, and J. J. Cole. 1988b. Nitrogen fixation in fresh water, estuarine, and marine ecosystems, 2: Biogeochemical controls. Limnology and Oceanography 33: 688-701.

Huheey, J. E. 1983. Inorganic chemistry, 3rd ed. Harper & Row, New York.

Ingalls, A. E., C. Lee, S. G. Wakeham, and J. I. Hedges. 2003. The role of biominerals in the sinking flux and preservation of amino acids in the Southern Ocean along 170　W. Deep-Sea Research, Part II: Topical Studies in Oceanography 50: 713-738.

Ittekkot, V., and R. Arain. 1986. Nature of particulate organic-matter in the river Indus, Pakistan. Geochimica et Cosmochimica Acta 50: 1643-1653.

Ittekkot, V., and S. Zhang. 1989. Pattern of particulate nitrogen transport in world rivers. Global Biogeochemical Cycle 3: 383-391.

Ittekkot, V., E. T. Degens, and S. Honjo. 1984. Seasonality in the fluxes of sugars, amino acids, and amino sugars to the deep ocean—Panama Basin. Deep-Sea Research, Part A: Oceanographic Research Papers 31: 1071-1083.

Jaffe, D. A. 2000. The nitrogen cycle. Pp. 322-342 in M. C. Jacobson, R. J. Charlson, H. Rodhe, and G. H. Orians, eds., Earth system science: From biogeochemical cycles to global change. Academic Press, San Diego, CA.

Jones, A. D., C.H.S. Hitchcock, and G. H. Jones. 1981. Determination of tryptophan in feeds and feed ingredients by high-performance liquid chromatography. Analyst 106: 968-973.

Jørgensen, N. O. G. 1979. A theoretical model of the stable sulfur isotope distribution in marine sediments.

Geochimica et Cosmochimica Acta 43: 363-374.

Jørgensen, N.O.G. 1984. Microbial activity in the water-sediment interface: Assimilation and production of dissolved free amino acids. Oceanus 10: 347-365.

Jørgensen, N.O.G. 1987. Free amino acids in lakes: Concentrations and assimilation rates in relation to phytoplankton and bacterial production. Limnology and Oceanography 32: 97-111.

Jørgensen, N.O.G., K. Mopper, and P. Lindroth. 1980. Occurrence, origin, and assimilation of free amino acids in an estuarine environment. Ophelia 1: 179-192.

Jørgensen, N.O.G., P. Lindroth, and K. Mopper. 1981. Extraction and distribution of free amino acids and ammonium in sediment interstitial waters from the Limfjord, Denmark. Oceanologica Acta 4: 465-474.

Josefsson, B., P. Lindroth, and G. Ostling. 1977. Automated fluorescence method for determination of total amino acids in natural waters. Analytica Chimica Acta 89: 21-28.

Kanaoka, Y., T. Takahashi, H. Nakayama, K. Takada, T. Kimura, and S. Sakakibara. 1977. Organic fluorescence reagent, 4: Synthesis of a key fluorogenic amide, "L-arginine-4-methylcoumaryl-7-amide (L-arg-mca) and its derivatives: Fluorescence assays for trypsin and papain. Chemical & Pharmaceutical Bulletin 25: 3126-3128.

Keil, R. G., and D. L. Kirchman. 1991a. Contribution of dissolved free amino acids and ammonium to the nitrogen requirements of heterotrophic bacterioplankton. Marine Ecology-Progress Series 73: 1-10.

Keil, R. G., and D. L. Kirchman. 1991b. Dissolved combined amino acids in marine waters as determined by a vapor-phase hydrolysis method. Marine Chemistry 33: 243-259.

Keil, R. G., and D. L. Kirchman. 1993. Dissolved combined amino acids: Chemical form and utilization by marine bacteria. Limnology and Oceanography 38: 1256-1270.

Keil, R. G., E. Tsamakis, J. C. Giddings, and J. I. Hedges. 1998. Biochemical distributions (amino acids, neutral sugars, and lignin phenols) among size-classes of modern marine sediments from the Washington coast. Geochimica et Cosmochimica Acta 62: 1347-1364.

Keil, R. G., E. Tsamakis, and J. I. Hedges. 2000. Early diagenesis of particulate amino acids in marine systems. Pp. 69-82 in G. A. Goodfriend, M. J. Cpllins, M. L. Fogel, S. A. Macko, and J. F. Wehmiller, eds., Perspectives in amino acid and protein geochemistry. Oxford University Press, New York.

King, K., and P. E. Hare. 1972. Amino-acid composition of planktonic foraminifera: Paleobiochemical approach to evolution. Science 175: 1461-1463.

Kroger, N., R. Deutzmann, and M. Sumper. 1999. Polycationic peptides from diatom biosilica that direct silica nanosphere formation. Science 286: 1129-1132.

Laemmli, U. K. 1970. Cleavage of structural proteins during assembly of head of bacteriophageT4. Nature 227: 680-685.

Landen, A., and P.O.J. Hall. 2000. Benthic fluxes and pore water distributions of dissolved free amino acids in the open Skagerrak. Marine Chemistry 71: 53-68.

Lee, C. C. Cronin. 1982. The vertical flux of particulate organic nitrogen in the sea: Decomposition of amino acids in the Peru upwelling area and the Equatorial Atlantic. Journal of Marine Research 40: 227-251.

Lee, C., and J. L. Bada. 1977. Dissolved amino acids in Equatorial Pacific, Sargasso Sea, and Biscayne Bay. Limnology and Oceanography 22: 502-510.

Lee, C., S. G. Wakeham, and J. I. Hedges. 2000. Composition and flux of particulate amino acids and chloropigments in Equatorial Pacific seawater and sediments. Deep-Sea Research, Part I: OceanographicResearch Papers 47: 1535-1568.

Liebezeit, G., and B. Behrends. 1999. Determination of amino acids. Pp. 541-546 in K. Grasshoff, K. Kremling, and M. Ehrhardt, eds., Methods of seawater analysis, 3rd ed. Wiley-VCH, Weinheim.

Lindroth, P., and K. Mopper. 1979. High-performance liquid-chromatographic determination of subpicomole amounts of amino acids by precolumn fluorescence derivatization with ortho-phthaldialdehyde. Analytical Chemistry 51: 1667-1674.

Lomstein, B. A., and others. 1998. Budgets of sediment nitrogen and carbon cycling in the shallow water of Knebel Vig, Denmark. Aquatic Microbial Ecology 14: 69-80.

Long, R. A., and F. Azam. 1996. Abundant protein-containing particles in the sea. Aquatic Microbial Ecology 10: 213-221.

Matsudaira, P. 1987. Sequence from picomole quantities of proteins electroblotted onto polyvinylidene difluoride membranes. Journal of Biological Chemistry 262: 10035-10038.

Mayer, L. M. 1986. 1st occurrence of polysolenoxylon Krausel and Dolianiti from the Rio Bonto Formation, Permian, Parana basin. Anais Da Academia Brasileira De Ciencias 58: 509-510.

Mayer, L. M., L. L. Schick, and F. W. Setchell. 1986. Measurement of protein in nearshore marine sediments. Marine Ecology-Progress Series 30: 159-165.

Mayer, L. M., L. L. Schick, T. Sawyer, C. J. Plante, P. A. Jumars, and R. L. Self. 1995. Bioavailable amino acids in sediments: A biomimetic, kinetics-based approach. Limnology and Oceanography 40: 511-520.

Middelboe, M., and D. L. Kirchman. 1995. Bacterial utilization of dissolved free amino acids, dissolved combined amino acids and ammonium in the Delaware Bay estuary: Effects of carbon and nitrogen limitation. Marine Ecology-Progress Series 128: 109-120.

Mitchell, J. G., A. Okubo, and J. Fuhrman. 1985. Microzones surrounding phytoplankton form the basis for a stratified marine microbial ecosystem. Nature 316: 58-59.

Mopper, K., and R. Dawson. 1986. Determination of amino acids in sea water—Recent chromatographic developments and future directions. Science of the Total Environment 49: 115-131.

Mopper, K., and P. Lindroth. 1982. Diel and depth variations in dissolved free amino acids and ammonium in the Baltic Sea determined by shipboard HPLC analysis. Limnology and Oceanography 27: 336-347.

Mulholland, M. R., P. M. Gilbert, G. M. Berg, L. Van Heukelem, S. Pantoja, and C. Lee. 1998. Extracellular amino acid oxidation by microplankton: A cross-ecosystem comparison. Aquatic Microbial Ecology 15: 141-152.

Mulholland, M. R., C. J. Gobler, and C. Lee. 2002. Peptide hydrolysis, amino acid oxidation, and nitrogen uptake in communities seasonally dominated by Aureococcus anophagefferens. Limnology and Oceanography 47: 1094-1108.

Nguyen, R. T., and H. R. Harvey. 1994. A rapid microscale method for the extraction and analysis of protein in marine samples. Marine Chemistry 45: 1-14.

Nguyen, R. T., and H. R. Harvey. 1997. Protein and amino acid cycling during phytoplankton decomposition in oxic and anoxic waters. Organic Geochemistry 27: 115-128.

Nguyen, R. T., and H. R. Harvey. 1998. Protein and amino acid cycling during phytoplankton decomposition in oxic and anoxic water (vol. 27, p. 115, 1997). Organic Geochemistry 29: 1019-1022.

Nikaido, H., and M. Vaara. 1985. Molecular basis of bacterial outer-membrane permeability. Microbiological Reviews 49: 1-32.

North, B. B. 1975. Primary amines in California coastal waters: Utilization by phytoplankton. Limnology and Oceanography 20: 20-27.

Nunn, B. L., and R. G. Keil. 2005. Size distribution and chemistry of proteins in Washington coast sediments. Biogeochemistry 75(2): 177-200.

Nunn, B. L., and R. G. Keil. 2006. A comparison of non-hydrolytic methods for extracting amino acids and proteins from coastal marine sediments. Marine Chemistry 89: 31-42.

Oakley, B. R., D. R. Kirsch, and N. R. Morris. 1980. A simplified ultrasensitive silver stain for detecting proteins in polyacrylamide gels. Analytical Biochemistry 105: 361-363.

O'Farrell, P. H. 1975. High resolution two-dimensional electrophoresis of proteins. Journal Biological Chemistry 250: 4007-4021.

Palenik, B., and F.M.M. Morel. 1991. Amine oxidases of marine phytoplankton. Applied and Environmental Microbiology 57: 2440-2443.

Palmork, K. H., M.E.U. Taylor, and R. Coates. 1963. The crystal structure of aberrant otoliths. Acta Chemica Scandinavica 17: 1457-1458.

Pantoja, S., and C. Lee. 1994. Cell-surface oxidation of amino acids in seawater. Limnology and Oceanography 39: 1718-1726.

Pantoja, S., and C. Lee. 1999. Peptide decomposition by extracellular hydrolysis in coastal seawater and salt marsh sediment. Marine Chemistry 63: 273-291.

Pantoja, S., C. Lee, and J. F. Marecek. 1997. Hydrolysis of peptides in seawater and sediment. Marine Chemistry 57: 25-40.

Payne, J. W. 1980. Transport and utilization of peptides by bacteria. Pp. 211-256 in J. W. Payne, ed., Microorganisms and nitrogen sources: Transport and utilization of amino acids, peptides, proteins, and related substrates. Wiley, Chichester, UK.

Perez, M. T., C. Pausz, and G. J. Herndl. 2003. Major shift in bacterioplankton utilization of enantiomeric amino acids between surface waters and the ocean's interior. Limnology and Oceanography 48: 755-763.

Preston, R. L. 1987. Occurrence of D-amino acids in higher organisms: A survey of the distribution of D-amino acids in marine invertebrates. Comparative Biochemistry and Physiology B: Biochemistry and Molecular Biology 87: 55-62.

Preston, R. L., H. Mcquade, O. Oladokun, and J. Sharp. 1997. Racemization of amino acids by invertebrates. Bulletin Mount Desert Island Biology Lab 36: 86.

Ramagli, L. S., and L. V. Rodriguez. 1985. Quantitation of microgram amounts of protein in two-dimensional polyacrylamide-gel electrophoresis sample buffer. Electrophoresis 6: 559-563.

Rheinheimer, G., K. Gocke, and H. G. Hoppe. 1989. Vertical distribution of microbiological and hydrographic-chemical parameters in different areas of the Baltic Sea. Marine Ecology-Progress Series 52: 55-70.

Righetti, P. G., and F. Chillemi. 1978. Isoelectric focusing of peptides. Journal of Chromatography 157: 243-251.

Riley, J. P., and D. A. Segar. 1970. Seasonal variation of free and combined dissolved amino acids in the Irish Sea. Journal of the Marine Biological Association of the United Kingdom 50: 713-720.

Rittenberg, S. C., K. O. Emery, J. Hulsemann, E. T. Degens, and R. C. Fayand. 1963. Biogeochemistry of sediments in experimental Mohole. Journal of Sedimentary Research 33: 140-172.

Robbins, L. L., and K. Brew. 1990. Proteins from the organic matrix of core-top and fossil planktonic foraminifera. Geochimica et Cosmochimica Acta 54: 2285-2292.

Romankevich, E. A. 1984. Geochemistry of organic matter in the ocean. Springer, Heidelberg.

Rosenfeld, J. K. 1979. Amino acid diagensis and adsorption in nearshore anoxic sediments. Limnology and Oceanography 24: 1014-1021.

Roth, M. 1971. Fluorescence reaction for amino acids. Analytical Chemistry 43(7): 880-882.

Saijo, S., and E. Tanoue. 2004. Characterization of particulate proteins in Pacific surface waters. Limnology and Oceanography 49: 953-963.

Saijo, S., and E. Tanoue. 2005. Chemical forms and dynamics of amino acid-containing particulate organic matter in Pacific surface waters. Deep-Sea Research, Part I: Oceanographic Research Papers 52: 1865-1884.

Schleifier, K. H., and O. Kandler. 1972. Peptidoglycan types of bacterial cell walls and their taxonomic implications. Bacteriological Reviews 36: 407-477.

Sedmak, J. J., and S. E. Grossberg. 1977. Rapid, sensitive, and versatile assay for protein using coomassie brilliant blue g250. Analytical Biochemistry 79: 544-552.

Seiler, N. 1977. Chromatography of biogenic amines, 1: Generally applicable separation and detection methods. Journal of Chromatography 143: 221-246.

Sellner, K. G., and E. W. Nealley. 1997. Diel fluctuations in dissolved free amino acids and monosaccharides in Chesapeake Bay dinoflagellate blooms. Marine Chemistry 56: 193-200.

Setchell, F. W. 1981. Particulate protein measurement in oceanographic samples by dye binding. Marine Chemistry 10: 301-313.

Sharp, J. H. 1983. Estuarine organic chemistry as a clue to mysteries of the deep oceans. Marine Chemistry 12: 232-232.

Shick, J. M., and W. C. Dunlop. 2002. Mycosporine-like amino acids and related gadusols: Biosynthesis, accumulation, and UV-protective functions in aquatic organisms. Annual Review of Physiology 64: 223-262.

Siegel, A., and E. T. Degens. 1966. Concentration of dissolved amino acids from saline waters by ligand-exchange chromatography. Science 151: 1098-1101.

Smith, D. C., M. Simon, A. L. Alldredge, and F. Azam. 1992. Intense hydrolytic enzyme activity on marine aggregates and implications for rapid particle dissolution. Nature 359: 139-142.

Sommaruga, R., and F. Garcia-Pichel. 1999. UV-absorbing mycosporine-like compounds in planktonic and benthic organisms from a high-mountain lake. Archiv fur Hydrobiologie 144: 255-269.

Somville, M., and G. Billen. 1983. A method for determining exoproteolytic activity in natural waters. Limnology and Oceanography 28: 190-193.

Spitzy, A., and V. Ittekkot. 1991. Dissolved and particulate organic matter in rivers. Pp. 5-17 in R. F. C. Mantoura, J. M. Martin, and R. Wollast, eds., Ocean margin processes in global change. Wiley, Chichester, UK.

Starikov, N. D., and R. I. Korzhiko. 1969. Amino acids in the Black Sea. Oceanology-USSR 9: 509-512.

Sugai, S. F., and S.M. Henrichs. 1992. Rates of amino-acid uptake and mineralization in Resurrection Bay (Alaska) sediments. Marine Ecology-Progress Series 88: 129-141.

Summons, R. E., P. Albrecht, G. Mcdonald, and J. M. Moldowan. 2008. Molecular biosignatures. Space Science Reviews 135: 133-159.

Tanoue, E. 1992. Vertical distribution of dissolved organic carbon in the North Pacific as determined by the high-temperature catalytic oxidation method. Earth and Planetary Science Letters 111: 201-216.

Tanoue, E. 1996. Characterization of the particulate protein in Pacific surface waters. Journal of Marine Research 54: 967-990.

Tanoue, E., S. Nishiyama, M. Kamo, and A. Tsugita. 1995. Bacterial membranes: Possible source of a major dissolved protein in seawater. Geochimica et Cosmochimica Acta 59: 2643-2648.

Tanoue, E., M. Ishii, and T. Midorikawa. 1996. Discrete dissolved and particulate proteins in oceanic waters. Limnology and Oceanography 41: 1334-1343.

Tartarotti, B., G. Baffico, P. Temporetti, and H. E. Zagarese. 2004. Mycosporine-like amino acids in planktonic organisms living under different UV exposure conditions in Patagonian lakes. Journal of Plankton Research 26: 753-762.

Trefry, J. H., S. Metz, T. A. Nelsen, R. P. Trocine, and B. J. Eadie. 1994. Transport of particulate organic carbon by the Mississippi River and its fate in the Gulf of Mexico. Estuaries 17: 839-849.

Tsugita, A., T. Uchida, H. W. Mewes, and T. Ataka. 1987. A rapid vapor-phase acid (hydrochloric acid and trifluoroacetic acid) hydrolysis of peptide and protein. Journal of Biochemistry 102: 1593-1597.

Van Mooy, B.A.S., R. G. Keil, and A. H. Devol. 2002. Impact of suboxia on sinking particulate organic carbon: Enhanced carbon flux and preferential degradation of amino acids via denitrification. Geochimica et Cosmochimica Acta 66: 457-465.

Volkman, J. K., and E. Tanoue. 2002. Chemical and biological studies of particulate organic matter in the ocean. Journal of Oceanography 58: 265-279.

Wakeham, S. G. 1999. Monocarboxylic, dicarboxylic and hydroxy acids released by sequential treatments of suspended particles and sediments of the Black Sea. Organic Geochemistry 30: 1059-1074.

Wang, X. C., and C. Lee. 1993. Adsorption and desorption of aliphatic amines, amino acids and acetate by clay minerals and marine sediments. Marine Chemistry 44: 1-23.

Wang, X. C., and C. Lee. 1995. Decomposition of aliphatic amines and amino acids in anoxic salt-marsh sediment. Geochimica et Cosmochimica Acta 59: 1787-1797.

Whelan, J. K., and K. Emeis. 1992. Sedimentation and preservation of amino acid compounds and carbohydrates in marine sediments. Pp. 167-200 in J. K. Whelan and J. W. Farrington, eds., Productivity, accumulation, and preservation of organice matter: recent and ancient sediments. Columbia University Press, New York.

Whitehead, K. and J. I. Hedges. 2005. Photodegradation and photosensitization of mycosporine-like amino acids. Journal of Photochemistry and Photobiology B: Biology 80: 115-121.

Winterbum, P. J., and C. F. Phelps. 1972. Significance of glycosylated proteins. Nature 236: 147-151.

Wittenberg, J. B. 1960. The source of carbon monoxide in the float of the Portugese man-of-war, Physalia physalis l. Journal of Experimental Biology 37: 698-704.

第 7 章

Allen, A. E., M. G. Booth, M. E. Frischer, P. G. Verity, J. P. Zehr, and S. Zani. 2001. Diversity and detection of nitrate assimilation genes in marine bacteria. Applied and Environmental Microbiology 67: 5343-5348.

Alzerreca, J. J., J. M. Norton, and M. G. Klotz. 1999. The amo operon in marine, ammonia-oxidizing gammaproteobacteria. FEMS Microbiology Letters 180: 21-29.

Armbrust, E. V., and others. 2004. The genome of the diatom Thalassiosira pseudonana: Ecology, evolution, and metabolism. Science 306: 79-86.

Arp, D. J., P.S.G. Chain, and M. G. Klotz. 2007. The impact of genome analyses on our understanding of ammonia-oxidizing bacteria. Annual Review of Microbiology 61: 503-528.

Behrens, S., and others. 2008. Linking microbial phylogeny to metabolic activity at the single-cell level by using enhanced element labeling-catalyzed reporter deposition fluorescence in situ hybridization (EL-FISH) and nanosims. Applied and Environmental Microbiology 74: 3143-3150.

Bosak, T., R. M. Losick, and A. Pearson. 2008. A polycyclic terpenoid that alleviates oxidative stress. Proceedings of the National Academy of Sciences of the USA 105: 6725-6729.

Braker, G., J. Z. Zhou, L. Y. Wu, A. H. Devol, and J. M. Tiedje. 2000. Nitrite reductase genes (nirK and nirS) as functional markers to investigate diversity of denitrifying bacteria in Pacific Northwest marine sediment communities. Applied and Environmental Microbiology 66: 2096-2104.

Brocks, J. J., and A. Pearson, eds. 2005. Building the biomarker tree of life. Mineralogical Society of America, Chantilly, VA.

Brocks, J. J., G. A. Logan, R. Buick, and R. E. Summons. 1999. Archean molecular fossils and the early rise of eukaryotes. Science 285: 1033-1036.

Brocks, J. J., R. Buick, R. E. Summons, and G. A. Logan. 2003. A reconstruction of archean biological diversity based on molecular fossils from the 2.78 to 2.45 billion-year-old mount bruce supergroup, Hamersley Basin, Western Australia. Geochimica et Cosmochimica Acta 67: 4321-4335.

Brum, J. R. 2005. Concentration, production and turnover of viruses and dissolved DNA pools at stn Aloha, North Pacific subtropical gyre. Aquatic Microbial Ecology 41: 103-113.

Brum, J. R., G. F. Steward, and D. M. Karl. 2004. A novel method for the measurement of dissolved deoxyribonucleic acid in seawater. Limnology and Oceanography Methods 2: 248-255.

Bulow, S. E., C. A. Francis, G. A. Jackson, and B. B. Ward. 2008. Sediment denitrifier community composition and nirS gene expression investigated with functional gene microarrays. Environmental Microbiology 10: 3057-3069.

Casciotti, K. L., and B. B. Ward. 2001. Dissimilatory nitrite reductase genes from autotrophic ammonia-oxidizing bacteria. Applied and Environmental Microbiology 67: 2213-2221.

Cherrier, J., J. E. Bauer, E.R.M. Druffel, R. B. Coffin, and J. P. Chanton. 1999. Radiocarbon in marine bacteria: Evidence for the ages of assimilated carbon. Limnology and Oceanography 44: 730-736.

Coffin, R. B., and L. A. Cifuentes. 1999. Stable isotope analysis of carbon cycling in the Perdido estuary, Florida. Estuaries 22: 917-926.

Coffin, R. B., D. J. Velinsky, R. Devereux, W. A. Price, and L. A. Cifuentes. 1990. Stable carbon isotope analysis of nucleic acids to trace sources of dissolved substrates used by estuarine bacteria. Applied and Environmental Microbiology 56: 2012-2020.

Collier, J. L., B. Brahamsha, and B. Palenik. 1999. The marine cyanobacterium Synechococcus sp. WH7805 requires urease (urea amidohydrolase, EC 3.5.1.5) to utilize urea as a nitrogen source: Molecular-genetic and biochemical analysis of the enzyme. Microbiology 145: 447-459.

Coolen, M.J.L., and J. Overmann. 1998. Analysis of subfossil molecular remains of purple sulfur bacteria in a lake sediment. Applied and Environmental Microbiology 64: 4513-4521.

Coolen, M.J.L., and J. Overmann. 2007. 217 000-year-old DNA sequences of green sulfur bacteria in mediterranean sapropels and their implications for the reconstruction of the paleoenvironment. Environmental Microbiology 9: 238-249.

Coolen, M.J.L., and others. 2004a. Evolution of the methane cycle in Ace Lake (Antarctica) during the Holocene: Response of methanogens and methanotrophs to environmental change. Organic Geochemistry 35: 1151-1167.

Coolen, M.J.L., G. Muyzer, W.I.C. Rijpstra, S. Schouten, J. K. Volkman, and J.S.S. Damste. 2004b. Combined DNA and lipid analyses of sediments reveal changes in Holocene haptophyte and diatom populations in an Antarctic lake. Earth and Planetary Science Letters 223: 225-239.

Coolen, M.J.L., A. Boere, B. Abbas, M. Baas, S. G. Wakeham, and J.S.S. Damste. 2006. Ancient DNA derived from alkenone-biosynthesizing haptophytes and other algae in holocene sediments from the Black Sea. Paleoceanography 21, PA1005, doi 10.1029/2005PA001188.

Corinaldesi, C., A. Dell'Anno, and R. Danovaro. 2007a. Early diagenesis and trophic role of extracellular DNA in different benthic ecosystems. Limnology and Oceanography 52: 1710-1717.

Corinaldesi, C., A. Dell'Anno, and R. Danovaro. 2007b. Viral infection plays a key role in extracellular DNA dynamics in marine anoxic systems. Limnology and Oceanography 52: 508-516.

Creach, V., F. Lucas, C. Deleu, G. Bertru, and A. Mariotti. 1999. Combination of biomolecular and stable isotope techniques to determine the origin of organic matter used by bacterial communities: Application to sediment. Journal of Microbiological Methods 38: 43-52.

Culley, A. I., A. S. Lang, and C. A. Suttle. 2006. Metagenomic analysis of coastal RNA virus communities. Science 312: 1795-1798.

Danovaro, R., C. Corinaldesi, G. M. Luna, and A. Dell'Anno. 2006. Molecular tools for the analysis of DNA in marine environments, Pp. 105-126 in J. K. Volkman ed., Marine organic matter biomarkers, isotopes and DNA: The handbook of environmental chemistry. Springer, Berlin.

Danovaro, R., and others. 2008. Major viral impact on the functioning of benthic deep-sea ecosystems. Nature 454: 1084-1027.

Deflaun, M. F., J. H. Paul, and W. H. Jeffrey. 1987. Distribution and molecular weight of dissolved DNA in subtropical estuarine and oceanic environments. Marine Ecology-Progress Series 38: 65-73.

Dell'Anno, A., S. Bompadre, and R. Danovaro. 2002. Quantification, base composition and fate of extracelluar DNA in marine sediments. Limnology and Oceanography 47: 899-905.

Dell'Anno, A., and R. Danovaro. 2005. Extracellular DNA plays a key role in deep-sea ecosystem functioning. Science 309: 2179-2179.

Dell' Anno, A., C. Corinaldesi, S. Stavrakakis, V. Lykousis, and R. Danovaro. 2005. Pelagic-benthic coupling and diagenesis of nucleic acids in a deep-sea continental margin and an open-slope system of the eastern Mediterranean. Applied and Environmental Microbiology 71: 6070-6076.

Delong, E. F. 1992. Archaea in coastal marine environments. Proceedings of the National Academy of Sciences of the USA 89: 5685-5689.

Delong, E. F., and D. M. Karl. 2005. Genomic perspectives in microbial oceanography. Nature 437: 336-342.

Dupont, S., K. Wilson, M. Obst, H. Skold, H. Nakano, and M. C. Thorndyke. 2007. Marine ecological genomics: When genomics meets marine ecology. Marine Ecology-Progress Series 332: 257-273.

Ertefai, T. F., and others. 2008. Vertical distribution of microbial lipids and functional genes in chemically distinct layers of a highly polluted meromictic lake. Organic Geochemistry 39: 1572-1588.

Fischer, W. W., and A. Pearson. 2007. Hypotheses for the origin and early evolution of triterpenoid cyclases. Geobiology 5: 19-34.

Francis, C. A., K. J. Roberts, J. M. Beman, A. E. Santoro, and B. B. Oakley. 2005. Ubiquity and diversity of ammonia-oxidizing archaea in water columns and sediments of the ocean. Proceedings of the National Academy of Sciences of the USA 102: 14683-14688.

Francis, C. A., J. M. Beman, and M.M.M. Kuypers. 2007. New processes and players in the nitrogen cycle: The microbial ecology of anaerobic and archaeal ammonia oxidation. Isme Journal 1: 19-27.

Fuhrman, J. A., D. E. Comeau, A. Hagstrom, and A. M. Chan. 1988. Extraction from natural planktonic microorganisms of DNA suitable for molecular biological studies. Applied and Environmental Microbiology 54: 1426-1429.

Fuhrman, J. A., K. McCallum, and A. A. Davis. 1992. Novel major archaebacterial group from marine plankton. Nature 356: 148-149.

Giovannoni, S. J., T. B. Britschgi, C. L. Moyer, and K. G. Field. 1990. Genetic diversity in Sargasso Sea bacterioplankton. Nature 345: 60-63.

Glockner, F. O., and others. 2003. Complete genome sequence of the marine planctomycete Pirellula sp. strain 1. Proceedings of the National Academy of Sciences of the USA 100: 8298-8303.

Hinrichs, K. U., J. M. Hayes, S. P. Sylva, P. G. Brewer, and E. F. Delong. 1999. Methane-consuming archaebacteria in marine sediments. Nature 398: 802-805.

Hoehler, T. M., M. J. Alperin, D. B. Albert, and C. S. Martens. 1994. Field and laboratory studies of methane oxidation in an anoxic marine sediment: Evidence for a methanogen-sulfate reducer consortium. Global Biogeochemical Cycles 8: 451-463.

Huang, W. E., and others. 2007. Raman fish: Combining stable-isotope raman spectroscopy and fluorescence in situ hybridization for the single cell analysis of identity and function. Environmental Microbiology 9: 1878-1889.

Inagaki, F., H. Okada, A. I. Tsapin, and K. H. Nealson. 2005. The paleome: A sedimentary genetic record of past microbial communities. Astrobiology 5: 141-153.

Jahren, A. H., G. Petersen, and O. Seberg. 2004. Plant DNA: A new substrate for carbon stable isotope analysis and a potential paleoenvironmental indicator. Geology 32: 241-244.

Jetten, M.S.M. 2008. The microbial nitrogen cycle. Environmental Microbiology 10: 2903-2909.

Jorgensen, N.O.G., and C. S. Jacobsen. 1996. Bacterial uptake and utilization of dissolved DNA. Aquatic Microbial Ecology 11: 263-270.

Kaneko, T., and S. Tabata. 1997. Complete genome structure of the unicellular cyanobacterium Synechocystis sp. PCC6803. Plant Cell Physiology 38: 1171-1176.

Kaneko, T., and others. 1996. Sequence analysis of the genome of the unicellular cyanobacterium Synechocystis sp. strain PCC6803, II: Sequence determination of the entire genome and assignment of potential protein-coding regions. DNA Research 3: 109-136.

Karner, M. B., E. F. Delong, and D. M. Karl. 2001. Archaeal dominance in the mesopelagic zone of the Pacific Ocean. Nature 409: 507-510.

Kelley, C. A., R. B. Coffin, and L. A. Cifuentes. 1998. Stable isotope evidence for alternative bacterial carbon sources in the Gulf of Mexico. Limnology and Oceanography 43: 1962-1969.

Kirchman, D. L. 2008. Microbial ecology of the oceans. Wiley, Hoboken, NJ.

Kirchman, D. L., L. Yu, B. M. Fuchs, and R. Amann. 2001. Structure of bacterial communties in aquatic systems as revealed by filter PCR. Aquatic Microbial Ecology 26: 13-22.

Koenneke, M., A. E. Bernhard, J. R. De La Torre, C. B. Walker, J. B. Waterbury, and D. A. Stahl. 2005. Isolation of an autotrophic ammonia-oxidizing marine archaeon. Nature 437: 543-546.

Kramer, J. G., M. Wyman, J. P. Zehr, D. G. Capone. 1996. Diel variability in transcription of the structural gene for glutamine synthetase (glnA) in natural populations of the marine diazotrophic cyanobacterium Trochodesmium theiebautii. FEMS Microbiology Ecology 21: 187-196.

Kreuzer-Martin, H. W. 2007. Stable isotope probing: Linking functional activity to specific members of microbial communities. Soil Science Society of America Journal 71: 611-619.

Lam, P., P. Lama, G. Lavika, M. M. Jensena, J. van de Vossenbergb, M. Schmidb, D. Woebkena, D. Gutie' rrezc, R. Amanna, M.S.M. Jettenb, and M.M.M. Kuypersathers. 2007. Linking crenarchaeal and bacterial nitrification to anammox in the Black Sea. Proceedings of the National Academy of Sciences of the USA 104: 7104-7109.

Lange, B. M., T. Rujan, W. Martin, and R. Croteau. 2000. Isoprenoid biosynthesis: The evolution of two ancient and distinct pathways across genomes. Proceedings of the National Academy of Sciences of the USA 97: 13172-13177.

Lindell, D., E. Padan, and A. F. Post 1998. Regulation of ntcA expression and nitrite uptake in the marine Synechococcus sp. strain WH 7803. Journal of Bacteriology 180: 1878-1886.

Lipp, J. S., Y. Morono, F. Inagaki, and K. U. Hinrichs. 2008. Significant contribution of archaea to extant biomass in marine subsurface sediments. Nature 454: 991-994.

McCallister, S. L., J. E. Bauer, J. E. Cherrier, and H. W. Ducklow. 2004. Assessing sources and ages of organic matter supporting river and estuarine bacterial production: A multiple-isotope (δ^{14} C, δ^{13} C, and δ^{15} N) approach. Limnology and Oceanography 49: 1687-1702.

Moldowan, J. M., and N. M. Talyzina. 2009. Biogeochemical evidence for dinoflagellate ancestors in the early Cambrian. Science 281: 1168-1170.

Munn, C. B. 2004. Marine microbiology: Ecology & applications. Garland Science/BIOS Scientific, London.

Nauhaus, K., T. Treude, A. Boetius, and M. Kruger. 2005. Environmental regulation of the anaerobic oxidation of methane: A comparison of ANME-I and ANME-II communities. Environmental Microbiology 7: 98-106.

Orphan, V. J., C. H. House, K. U. Hinrichs, K. D. Mckeegan, and E. F. Delong. 2002. Multiple archaeal groups mediate methane oxidation in anoxic cold seep sediments. Proceedings of the National Academy of Sciences of the USA 99: 7663-7668.

Palenik, B., B. Brahamsha, F. W. Larimer, M. Land, L. Hauser, P. Chain, J. Lamerdin J., W. Regala, E. E. Allen, J. McCarren, I. Paulsen, A. Dufresne, F. Partensky, E. A. Webb, and J. Waterbury. 2003. The genome of a motile marine Synechococcus. Nature 424: 1037-1042.

Paul, J. H., W. H. Jeffrey, A. W. David, M. F. DeFlaun, and L. H. Cazaercs. 1989. Turnover of extracelluar DNA in eutrophic and oligotrophic freshwater environments of southwest Florida. Applied Environmental Microbiology 55(7): 1623-1828.

Paul, J. H., L. H. Cazares, A. W. David, M. F. Deflaun, and W. H. Jeffrey. 1991a. The distribution of dissolved DNA in an oligotrophic and a eutrophic river of southwest Florida. Hydrobiologia 218: 53-63.

Paul, J. H., S. C. Jiang, and J. B. Rose. 1991b. Concentration of viruses and dissolved DNA from aquatic environments by vortex flow filtration. Applied and Environmental Microbiology 57: 2197-2204.

Pearson, A., M. Budin, and J. J. Brocks. 2004a. Phylogenetic and biochemical evidence for sterol synthesis in the bacterium Gemmata obscuriglobus (vol. 100, p. 15352, 2003). Proceedings of the National Academy of Sciences of the USA 101: 3991-3991.

Pearson, A., A. L. Sessions, K. J. Edwards, and J. M. Hayes. 2004b. Phylogenetically specific separation of rRNA from prokaryotes for isotopic analysis. Marine Chemistry 92: 295-306.

Pearson, A., S.R.F. Page, T. L. Jorgenson, W. W. Fischer, and M. B. Higgins. 2007. Novel hopanoid cyclases from the environment. Environmental Microbiology 9: 2175-2188.

Pinchuk, G. E., and others. 2008. Utilization of DNA as a sole source of phosphorus, carbon, and energy by Shewanella spp.: Ecological and physiological implications for dissimilatory metal reduction. Applied and Environmental Microbiology 74: 1198-1208.

Prosser, J. I., and G. W. Nicol. 2008. Relative contributions of archaea and bacteria to aerobic ammonia oxidation in the environment. Environmental Microbiology 10: 2931-2941.

Raghoebarsing, A. A., and others. 2006. A microbial consortium couples anaerobic methane oxidation to denitrification. Nature 440: 918-921.

Reitzel, K., J. Ahlgren, A. Gogoll, H. S. Jensen, and E. Rydin. 2006. Characterization of phosphorus in sequential extracts from lake sediments using P-31 nuclear magnetic resonance spectroscopy. Canadian Journal of Fisheries and Aquatic Sciences 63: 1686-1699.

Romanowski, G., M. G. Lorenz, and W. Wackernagel. 1991. Adsorption of plasmid DNA to mineral surfaces and protection against DNAase-I. Applied and Environmental Microbiology 57: 1057-1061.

Rotthauwe, J. H., K. P. Witzel, and W. Liesack. 1997. The ammonia monooxygenase structural gene amoA as a functional marker: Molecular fine-scale analysis of natural ammonia-oxidizing populations. Applied and Environmental Microbiology 63: 4704-4712.

Scala, D. J., and L. J. Kerkhof. 1998. Nitrous oxide reductase (nosZ) gene-specific PCR primers for detection of denitrifiers and three nosZ genes from marine sediments. FEMS Microbiology Letters 162: 61-68.

Schippers, A., and L. N. Neretin. 2006. Quantification of microbial communities in near-surface and deeply buried marine sediments on the Peru continental margin using real-time PCR. Environmental Microbiology 8: 1251-

1260.

Schwartz, E., S. Blazewicz, R. Doucett, B. A. Hungate, S. C. Hart, and P. Dijkstra. 2007. Natural abundance δ^{15}N and δ^{13}C of DNA extracted from soil. Soil Biology and Biochemistry 39: 3101−3107.

Sessions, A. L., S. P. Sylva, and J. M. Hayes. 2005. Moving−wire device for carbon isotopic analyses of nanogram quantities of nonvolatille organic carbon. Analytical Chemistry 77: 6519−6527.

Sinninghe Damsté, J. S., and M.J.L. Coolen. 2006. Fossil DNA in Cretaceous black shales: Myth or reality? Astrobiology 6: 299−302.

Sorensen, K. B., and A. Teske. 2006. Stratified communities of active archaea in deep marine subsurface sediments. Applied and Environmental Microbiology 72: 4596−4603.

Stepanauskas, R., and M. E. Sieracki. 2007. Matching phylogeny and metabolism in the uncultured marine bacteria, one cell at a time. Proceedings of the National Academy of Sciences 104: 9052−9057.

Sterner, R. W., and J. J. Elser. 2002. Ecological stoichiometry the biology of elements from molecules to the biosphere. Princeton University Press, Princeton, NJ.

Strous, M., and others. 1999. Missing lithotroph identified as new planctomycete. Nature 400: 446−449.

Strous, M., and others. 2006. Deciphering the evolution and metabolism of an anammox bacterium from a community genome. Nature 440: 790−794.

Teske, A. P. 2006. Microbial communities of deep marine subsurface sediments: Molecular and cultivation surveys. Geomicrobiology Journal 23: 357−368.

Valentine, D. L., and W. S. Reeburgh. 2000. New perspectives on anaerobic methane oxidation. Environmental Microbiology 2: 477−484.

Vieira, R. P., and others. 2007. Archaeal communities in a tropical estuarine ecosystem: Guanabara Bay, Brazil. Microbial Ecology 54: 460−468.

Volkman, J. K. 2005. Sterols and other triterpenoids: Source specificity and evolution of biosynthetic pathways. Organic Geochemistry 36: 139−159.

Wang, Q. F., H. Li, and A. F. Post. 2000. Nitrate assimilation genes of the marine diazotrophic, filamentous cyanobacterium Trichodesmium sp. strain wh9601. Journal of Bacteriology 182: 1764−1767.

Ward, B. B. 2008. Phytoplankton community composition and gene expression of functional genes involved in carbon and nitrogen assimilation. Journal of Phycology 44: 1490−1503.

Ward, B. B., D. Eveillard, J. D. Kirshtein, J. D. Nelson, M. A. Voytek, and G. A. Jackson. 2007. Ammonia−oxidizing bacterial community composition in estuarine and oceanic environments assessed using a functional gene microarray. Environmental Microbiology 9: 2522−2538.

Wilms, R., H. Sass, B. Kopke, H. Koster, H. Cypionka, and B. Engelen. 2006. Specific bacterial, archaeal, and eukaryotic communities in tidal−flat sediments along a vertical profile of several meters. Applied and Environmental Microbiology 72: 2756−2764.

Wuchter, C. and others. 2006. Archaeal nitrification in the ocean. Proceedings of the National Academy of Sciences of the USA 103: 12317−12322.

Zehr, J. P., and L. A. McReynolds. 1989. Use of degenerate oligonucleotides for amplification of the nifH gene from the marine cyanobacterium Trichodesmium thiebautii. Applied and Environmental Microbiology 55: 2522−2526.

Zehr, J. P., and B. B. Ward. 2002. Nitrogen cycling in the ocean: New perspectives on processes and paradigms. Applied Environmental Microbiology 68: 1015-1024.

Zehr, J. P., S. R. Bench, E. A. Mondragon, J. McCarren, and E. F. Delong. 2007. Low genomic diversity in tropical oceanic N2-fixing cyanobacteria. Proceedings of the National Academy of Sciences of the USA 104: 17807-17812.

第 8 章

Ahlgren, G., L. Lundstedt, M. Brett, and C. Forsberg. 1990. Lipid composition and food quality of some freshwater phytoplankton for cladoceran zooplankters. Journal of Plankton Research 12: 809-818.

Aries, E., P. Doumenq, J. Artaud, M. Acquaviva, and J. C. Bertrand. 2001. Effects of petroleum hydrocarbons on the phospholipid fatty acid composition of a consortium composed of marine hydrocarbon-degrading bacteria. Organic Geochemistry 32: 891-903.

Arzayus, K. M., and E. A. Canuel. 2005. Organic matter degradation in sediments of the York River estuary: Effects of biological vs. physical mixing. Geochimica et Cosmochimica Acta 69: 455-464.

Bec, A., D. Desvilettes, A. Vera, C. Lemarchand, D. Fontvieille, and G. Bourdier. 2003. Nutritional quality of freshwater heterotrophic flagellate: Trophic upgrading of its microalgal diet for Daphnia hyalina. Aquatic Microbial Ecology 32: 203-207.

Bianchi, T. S. 2007. Biogeochemistry of estuaries. Oxford University Press, New York.

Bigot, M., A. Saliot, X. Cui, and J. Li. 1989. Organic geochemistry of surface sediments from the Huanghe estuary and adjacent Bohai Sea (China). Chemical Geology 75: 339-350.

Bligh, E. G., and W. J. Dyer. 1959. A rapid method of total lipid extraction and purification. Canadian Journal of Biochemistry and Physiology 37: 911-917.

Bodineau, L., G. Thoumelin, V. Beghin, and M. Wartel. 1998. Tidal time-scale changes in the composition of particulate organic matter within the estuarine turbidity maximum zone in the macrotidal Seine estuary, France: The use of fatty acid and sterol biomarkers. Estuarine, Coastal and Shelf Science 47: 37-49.

Boschker, H.T.S., and J. J. Middelburg. 2002. Stable isotopes and biomarkers in microbial ecology. FEMS Microbiology Ecology 40: 85-95.

Boschker, H.T.S., S. C., Nold, P. Wellsbury, D. Bos, W. de Graaf, R. Pel, R. J. Parkes, and T. E. Cappenberg. 1998. Direct linking of microbial populations to specific biogeochemical processes by 13C-labelling of biomarkers. Nature 392: 801-805.

Boschker, H.T.S., A. Wielemaker, B.E.M. Schaub, and M. Holmer. 2000. Limited coupling of macrophyte production and bacterial carbon cycling in the sediments of Zostera spp. Meadows. Marine Ecology Progress Series 203: 181-189.

Bossio, D. A., J. A. Fleck, K. M. Scow, and R. Fujii. 2006. Alteration of soil microbial communities and water quality in restored wetlands. Soil Biology and Biochemistry 38: 1223-1233.

Bouillon, S., and H.T.S. Boschker. 2005. Bacterial carbon sources in coastal sediments: A review based on stable isotope data of biomarkers. Biogeosciences Discussions 2: 1617-1644.

Bouillon, S., T. Moens, N. Koedam, F. Dahdouh-Guebas, W. Baeyens, and F. Dehairs. 2004. Variability in the origin of carbon substrates for bacterial communities in mangrove sediments. FEMS Microbiology Ecology 49: 171-179.

Brett, M. T., and D. C. Müller-Navarra. 1997. The role of essential fatty acids in aquatic food web processes. Freshwater Biology 38: 483-499.

Brinis, A., A. Méjanelle, G. Momzikoff, J. Gondry, V. Fillaux, V. Point, and A. Saliot 2004. Phospholipid ester-linked fatty acids composition of size-fractionated particles at the top ocean surface. Organic Geochemistry 35: 1275-1287.

Budge, S. M., S. J. Iverson, and H. N. Koopman. 2006. Studying trophic ecology in marine ecosystems using fatty acids: A primer on analysis and interpretation. Marine Mammal Science 22: 759-801.

Bull, I. D., N. R. Parekh, G. H. Hall, P. Ineson, and R. P. Evershed. 2000. Detection and classification of atmosphereric methane oxidizing bacteria in soil. Nature 405: 175-178.

Canuel, E. A. 2001. Relations between river flow, primary production and fatty acid composition of particulate organic matter in San Francisco and Chesapeake bays: A multivariate approach. Organic Geochemistry 32: 563-583.

Canuel, E. A., and C. S. Martens. 1996. Reactivity of recently deposited organic matter: Degradation of lipid compounds near the sediment-water interface. Geochimica et Cosmochimica Acta 60: 1793-1806.

Canuel, E. A., J. E. Cloern, D. B. Ringelburg, J. B. Guckert, and G. H. Rau. 1995. Molecular and isotropic tracers used to examine sources of organic matter and its incorporation into the food webs of San Francisco Bay. Limnology and Oceanography 40: 67-81.

Canuel, E. A., K. H. Freeman, and S. G. Wakeham. 1997. Isotopic compositions of lipid biomarker compounds in estuarine plants and surface sediments. Limnology and Oceanography 42: 1570-1583.

Canuel, E. A., A. C. Spivak, E. J. Waterson, and J. E. Duffy. 2007. Biodiversity and food web structure influence short-term accumulation of sediment organic matter in an experimental seagrass system. Limnology and Oceanography 52: 590-602.

Cavaletto, J. F., and W. S. Gardner. 1998. Seasonal dynamics of lipids in freshwater benthic invertebrates. Pp. 109-131 in M. T. Arts and B. C. Wainman, eds., Lipids in freshwater ecosystems. Springer, New York.

Chikaraishi, Y., and H. Naraoka. 2005. δ^{13}C and δD identification of sources of lipid biomarkers in sediments of Lake Haruna (Japan). Geochimica et Cosmochimica Acta 69: 3285-3297.

Christie, W. W. 1998. Gas chromatography-mass spectrometry methods for structural analysis of fatty acids. Lipids 33: 343-354.

Cifuentes, L. A., and G. G. Salata. 2001. Significance of carbon isotope discrimination between bulk carbon and extracted phospholipid fatty acids in selected terrestrial and marine environments. Organic Geochemistry 32: 613-621.

Countway, R. E., R. M. Dickhut, and E. A. Canuel. 2003. Polycyclic aromatic hydrocarbon (PAH) distributions and associations with organic matter in surface waters of the York River, VA estuary. Organic Geochemistry 34: 209-224.

Cranwell, P. A. 1982. Lipids of aquatic sediments and sedimenting particulates. Progress Lipid Research 21: 271-308.

Crossman, Z. M., P. Ineson, and R. P. Evershed. 2005. The use of 13C labelling of bacterial lipids in the characterisation of ambient methane-oxidising bacteria in soils. Organic Geochemistry 36: 769-778.

Dalsgaard, J., M. St. John, G. Kattner, D. Müller-Navarra, and W. Hagen. 2003. Fatty acid trophic markers in the pelagic marine environment. Advances in Marine Biology 46: 225-340.

David, V., B. Sautour, R. Galois, and P. Chardy. 2006. The paradox high zooplankton biomass-low vegetal particulate organic matter in high turbidity zones: What way for energy transfer? Journal of Experimental Marine Biology and Ecology 333: 202-218.

De Leeuw, J. W., W.I.C. Riipstra, and L. R. Mur. 1992. The absence of long-chain alkyl diols and alkyl keto-1-ols in cultures of the cyanobacterium aphanizomenon flos-aquae. Organic Geochemistry 18: 575-578.

Derieux, S., J. Fillaux, and A. Saliot. 1998. Lipid class and fatty acid distributions in particulate and dissolved fractions in the north Adriatic Sea. Organic Geochemistry 29: 1609-1621.

Dijkman, N. A., and J. C. Kromkamp. 2006. Phospholipid-derived fatty acids as chemotaxonomic markers for phytoplankton: Application for inferring phytoplankton composition. Marine Ecology-Progress Series 324: 113-125.

Erwin, J. 1973. Comparative biochemistry of fatty acids in eukaryotic microorganisms. Pp. 41-143 in J. A. Erwin, ed., Lipids and biomembranes of eukaryotic microorganisms. Academic Press, New York.

Goutx, M., S. G.Wakeham, C. Lee, M. Duflos, C. Gui, Z. Liugue, B. Moriceau, R. Sempéré, M. Tedetti, and J. Xue. 2007. Composition and degradation of marine particles with different settling velocities in the northwestern mediterranean sea. Limnology and Oceanography 52: 1645-1664.

Grob, R. L. 1977. Modern practice of gas chromatography. Wiley, Hoboken, NJ.

Grossi, V., S. Caradec, and F. Gilbert. 2003. Burial and reactivity of sedimentary microalgal lipids in bioturbated mediterranean coastal sediments. Marine Chemistry 81: 57-69.

Guckert, J. B., C. P. Antworth, P. D. Nichols, and D. C. White. 1985. Phospholipd, ester-linked fatty acid profiles as reproducible assays for changes in prokaryotic community structure of estuarine sediments. FEMS Microbiology Ecology 31: 147-158.

Haddad, R. I., C. S. Martens, and J. W. Farrington. 1992. Quantifying early diagenesis of fatty acids in a rapidly-accumulating coastal marine sediment. Organic Geochemistry 19: 205-216.

Ho, E. S., and P. A. Meyers. 1994. Variability of early diagenesis in lake sediments: Evidence from the sedimentary geolipid record in an isolated tarn. Chemical Geology 112: 309-324.

Hu, J., H. Zhang, and P. A. Peng. 2006. Fatty acid composition of surface sediments in the subtropical Pearl River estuary and adjacent shelf, southern China. Estuarine, Coastal and Shelf Science 66: 346-356.

Iverson, S. J., C. Field, W. D. Bowen, and W. Blanchard. 2004. Quantitative fatty acid signature analysis: A new method of estimating predator diet. Ecological Monographs 74: 211-235.

Jonasdottir, S. H. 1994. Effects of food quality on the reproductive success of Acartia tonsa and Acartia hudonica: Laboratory observations. Marine Biology 121: 67-81.

Jonasdottir, S. H., D. Fields, and S. Pantoja. 1995. Copepod egg production in Long Island Sound, USA, as a function of the chemical composition of seston. Marine Ecology-Progress Series 119: 87-98.

Jones, R. H. and K. J. Flynn. 2005. Nutritional status and diet composition affect the value of diatoms as copepod prey. Science 307: 1457-1459.

Kaneda, T. 1991. Iso- and anteiso-fatty acids in bacteria: Biosynthesis, function and taxonomic significance. Microbiology Reviews 55: 288-302.

Kawamura, K., R. Ishiwatari, and K. Ogura. 1987. Early diagenesis of organic matter in the water column and sediments: Microbial degradation and resynthesis of lipids in Lake Haruna. Organic Geochemistry 11: 251-264.

Khan, M., and J. Scullion. 2000. Effect of soil on microbial responses to metal contamination. Environmental Pollution 110: 115-125.

Klein Bretelar, W.C.M., N. Schogt, M. Baas, S. Schouten, and K. W. Kraay. 1999. Trophic upgrading of food quality by protozoans enhancing copepod growth: Role of essential lipids. Marine Biology 135: 191-198.

Klein Bretelar, W.C.M., N. Schogt, and S. Rampen. 2005. Effect of diatom nutrient limitation on cepopod development: Role of essential lipids. Marine Ecology-Progress Series 291: 125-133.

Kolattukudy, P. E. 1980. Biopolyester membranes of plants: Cutin and suberin. Science 208: 990-1000.

Leblond, J. D., and P. J. Chapman. 2000. Lipid class distribution of highly unsaturated long chain fatty acids in marine dinoflagellates. Journal of Phycology 36: 1103-1008.

Lee, C., and S. G. Wakeham, eds. 1988. Organic matter in seawater: J. P. Rilly, ed., biochemical processes. Pp. 1-51 in Chemical oceanography, vol. 9. Academic Press, San Diego, CA.

Lee, C., S. Wakeham, and C. Arnosti. 2004. Particulate organic matter in the sea: The composition conundrum. Ambio 33: 565-575.

Loh, A. N., J. E. Bauer, and E. A. Canuel. 2006. Dissolved and particulate organic matter source-age characterization in the upper and lower Chesapeake Bay: A combined isotope and biomarker approach. Limnology and Oceanography 51: 1421-1431.

MaCnaughton, S. J., T. L. Jenkins, M. H. Wimpee, M. R. Cormier, and D. C. White. 1997. Rapid extraction of lipid biomarkers from pure culture and environmental samples using pressurized accelerated hot solvent extraction. Journal of Microbiological Methods 31: 19-27.

Mannino, A., and H. R. Harvey. 1999. Lipid composition in particulate and dissolved organic matter in the Delaware estuary: Sources and diagenetic patterns. Geochimica et Cosmochimica Acta 63: 2219-2235.

Matsuda, H., and T. Koyama. 1977. Early diagenesis of fatty acids in lacustrine sediments, II: A statistical approach to changes in fatty acid composition from recent sediments and some source materials. Geochimica et Cosmochimica Acta 41: 1825-1834.

Mayzaud, P., J. P. Chanut, and R. G. Ackman. 1989. Seasonal changes in the biochemical composition of marine particulate matter with special reference to fatty acids and sterols. Marine Ecology Progress Series 56: 189-204.

McCallister, S. L., J. E. Bauer, H. W. Ducklow, and E. A. Canuel. 2006. Sources of estuarine dissolved and particulate organic matter: A multi-tracer approach. Organic Geochemistry 37: 454-468.

McKinley, V. L., A. D. Peacock and D. C. White. 2005. Microbial community PLFA and PHB responses to ecosystem restoration in tallgrass prairie soils. Soil Biology and Biochemistry 37: 1946-1958.

Metcalfe, L. D., A. A. Schmitz, and J. R. Pelka. 1966. Rapid preparation of fatty acid esters from lipids for gas chromatographic analysis. Analytical Chemistry 38: 514-515.

Meyers, P. A. 1997. Organic geochemical proxies of paleoceanographic, paleolimnologic, and paleoclimatic processes. Organic Geochemistry 27: 213-250.

Meyers, P. A. 2003. Applications of organic geochemistry to paleolimnological reconstructions: A summary of examples from the Laurentian Great Lakes. Organic Geochemistry 34: 261-289.

Meyers, P. A., and B. J. Eadie. 1993. Sources, degradation and recycling of organic matter associated with sinking particles in Lake Michigan. Organic Geochemistry 20: 47-56.

Meyers, P. A., and R. Ishiwatari. 1993. Lacustrine organic geochemistry: An overview of indicators of organic matter sources and diagenesis in lake sediments. Organic Geochemistry 20: 867-900.

Meyers, P. A., R. A. Bourbonniere, and N. Takeuchi. 1980. Hydrocarbons and fatty acids in two cores of Lake Huron sediments. Geochimica et Cosmochimica Acta 44: 1215-1221.

Meyers, P. A., M. J. Leenheer, B. J. Eaoie, and S. J. Maule. 1984. Organic geochemistry of suspended and settling particulate matter in Lake Michigan. Geochimica et Cosmochimica Acta 48: 443-452.

Michener, R. H. and D. M. Schell. 1994. Stable isotope ratios as tracers in marine aquatic food webs. Pp. 138-157 in K. Lajtha and R. H. Michener, eds., Stable isotopes in ecology and environmental science. Blackwell Scientific, oxford, UK.

Middelburg, J. J., C. Barranguet, H.T.S. Boschker, P.M.J. Herman, T. Moens, and C.H.R. Heip. 2000. The fate of intertidal microphytobenthos carbon: An in situ 13C-labeling study. Limnology and Oceanography 45: 1224-1234.

Mollenhauer, G., and T. I. Eglinton. 2007. Diagenetic and sedimentological controls on the composition of organic matter preserved in California borderland basin sediments. Limnology and Oceanography 52: 558-576.

Müller-Navarra, D. C. 1995a. Biochemical versus mineral limitation in Daphnia. Limnology and Oceanography 40: 1209-1214.

Müller-Navarra, D. C. 1995b. Evidence that a highly unsaturated fatty acid limits Daphnia growth in nature. Archiv fur Hydrobiolgie 132: 297-307.

Müller-Navarra, D. C., M. T. Brett, A. M. Liston, and C. R. Goldman. 2000. A highly unsaturated fatty acid predicts carbon transfer between primary producers and consumers. Nature 403: 74-77.

Müller-Navarra, D. C., Brett, M.T., Park, S., Chandra, S, Ballntyne, A. P., Zorita, E. and Goldman, C. R. 2004. Unsaturated fatty acid content in seston and tropho-dynamic coupling in lakes. Nature 427: 69-72.

Muri, G., and S. G. Wakeham. 2006. Organic matter and lipids in sediments of Lake Bled (NW Slovenia): Source and effect of anoxic and oxic depositional regimes. Organic Geochemistry 37: 1664-1679.

Muri, G., S. G. Wakeham, T. K. Pease, and J. Faganeli. 2004. Evaluation of lipid biomarkers as indicators of changes in organic matter delivery to sediments from Lake Planina, a remote mountain lake in NW Slovenia. Organic Geochemistry 35: 1083-1093.

Napolitano, G. E. 1999. Fatty acids as trophic and chemical markers in freshwater ecosystems. Pp. 21-44 in M. T. Arts and B. C. Wainmann, eds., Lipids in freshwater ecosystems. Springer, New York.

Nichols, P., J. Guckert, and D. White. 1986. Determination of monounsaturated fatty acid double-bond position and geometry for microbial monocultures and complex consortia by capillary GC-MS of their dimethyl disulphide adducts. Journal of Microbiological Methods 5: 49-55.

Oren, A., and P. Gurevich. 1993. Characterization of the dominant halophilic archaea in a bacterial bloom in the Dead Sea. FEMS Microbial Ecology 12: 249-256.

Park, S., M. T. Brett, D. C. Müller-Navarra, and C. R. Goldman. 2002. Essential fatty acid content and the phosphorus to carbon ration in cultured algae as indicators of food quality for Daphnia. Freshwater Biology 47: 1377-1390.

Park, S., M. T. Brett, D. C. Müller-Navarra, S.-C. Shin, and C. R. Goldman. 2003. Heterotrophic nanoflagellates and increased essential fatty acids during Microcystis decay. Aquatic Microbial Ecology 33: 201–205.

Parkes, R. J., N. J. E. Dowling, D. C. White, R. A. Herbert, and G. R. Gibson. 1993. Characterization of sulphate-reducing bacterial populations within marine and estuarine sediments with different rates of sulphate reduction. FEMS Microbiology Letters 102: 235–250.

Pearson, A., A. P. McNichol, B. C. Benitez-Nelson, J. M. Hayes, and T. I. Eglinton. 2001. Origins of lipid biomarkers in Santa Monica basin surface sediment: A case study using compound-specific $\delta^{14}C$ analysis. Geochimica et Cosmochimica Acta 65: 3123–3137.

Peterson, B. J., and B. Fry. 1987. Stable isotopes in ecosystems studies. Annual Review of Ecology and Systematics 18: 293–320.

Petsch, S. T., T. I. Eglinton, and K. J. Edwards. 2001. ^{14}C-dead living biomass: Evidence for microbial assimilation of ancient organic carbon during shale weathering. Science 292: 1127–1131.

Pinturier-Geiss, L., J. Laureillard, C. Riaux-Gobin, J. Fillaux, and A. Saliot. 2001. Lipids and pigments in deep-sea surface sediments and interfacial particles from the western Crozet basin. Marine Chemistry 75: 249–266.

Poerschmann, J., and R. Carlson. 2006. New fractionation scheme for lipid classes based on "in-cell fractionation" using sequential pressurized liquid extraction. Journal of Chromatography A 1127: 18–25.

Polymenakou, P. N., A. Tselepides, E. G. Stephanou, and S. Bertilsson. 2006. Carbon speciation and composition of natural microbial communities in polluted and pristine sediments of the eastern Mediterranean Sea. Marine Pollution Bulletin 52: 1396–1405.

Quemeneur, M., and Y. Marty. 1992. Sewage influence in a macrotidal estuary: Fatty acid and sterol distributions. Estuarine, Coastal and Shelf Science 34: 347–363.

Rajendran, N., O., Matsuda, N. Inamura, and Y. Urushigawa, 1992. Determination of microbial biomass and its community structure from the distribution of phospholipid ester-linked fatty acids in sediments of Hiroshima Bay. Estuarine, Coastal and Shelf Science 34: 501–514.

Rajendran, N., Y. Suwa, and Y. Urushigawa. 1993. Distribution of phospholipid ester-linked fatty acid biomarkers for bacteria in the sediment of Ise Bay, Japan. Marine Chemistry 42: 39–56.

Rajendran, N., O. Matsuda, R. Rajendran, and Y. Urushigawa. 1997. Comparative description of microbial community structure in surface sediments of eutrophic bays. Marine Pollution Bulletin 34: 26–33.

Ramos, C. S., C. C. Parrish, T.A.O. Quibuyen, and T. A. Abrajano. 2003. Molecular and carbon isotopic variations in lipids in rapidly settling particles during a spring phytoplankton bloom. Organic Geochemistry 34: 195–207.

Saliot, A., J. Tronczynski, P. Scribe, and R. Letolle. 1988. The application of isotopic and biogeochemical markers to the study of the biochemistry of organic matter in a macrotidal estuary, the Loire, France. Estuarine, Coastal and Shelf Science 27: 645–669.

Saliot, A., C. C. Parrish, N. Sadouni, I. Bouloubassi, J. Fillaux, and G. Cauwet. 2002. Transport and fate of Danube delta terrestrial organic matter in the northwest Black Sea mixing zone. Marine Chemistry 79: 243–259.

Schmidt, K., and S. H. Jonasdottir. 1997. Nutritional quality of two cyanobacteria: How rich is "poor" food? Marine Ecology Progress Series 151: 1–10.

Scribe, P., J. Fillaux, J. Laureillard, V. Denant, and A. Saliot. 1991. Fatty acids as biomarkers of planktonic inputs in the stratified estuary of the Krka River, Adriatic Sea: Relationship with pigments. Marine Chemistry 32: 299-312.

Shi, W., M.-Y. Sun, M. Molina, and R. E. Hodson. 2001. Variability in the distribution of lipid biomarkers and their molecular isotopic composition in Altamaha estuarine sediments: Implications for the relativecontribution of organic matter from various sources. Organic Geochemistry 32: 453-467.

Sinninghe Damsté, J. S., B. E. Van Dongen, W.I.C. Rijpstra, S. Schouten, J. K. Volkman, and J.A.J. Geenevasen. 2001. Novel intact glycolipids in sediments from an Antarctic lake (Ace Lake). Organic Geochemistry 32: 321-332.

Skerratt, J. H., P. D. Nichols, J. P. Bowman, and L. I. Sly. 1992. Occurrence and significance of long-chain (ω-1)-hydroxy fatty acids in methane-utilizing bacteria. Organic Geochemistry 18: 189-194.

Slater, G. F., R. K. Nelson, B. M. Kile, and C. M. Reddy. 2006. Intrinsic bacterial biodegradation of petroleum contamination demonstrated in situ using natural abundance, molecular-level ^{14}C analysis. Organic Geochemistry 37: 981-989.

Smedes, F., and T. K. Askland. 1999. Revisiting the development of the Bligh and Dyer total lipid determination method. Marine Pollution Bulletin 38: 193-201.

Spivak, A. C, E. A. Canuel, J. E. Duffy, and J. P. Richardson. 2007. Top-down and bottom-up controls on sediment organic matter composition in an experimental seagrass ecosystem. Limnology and Oceanography 52: 2595-2607.

Stowasser, G., G. J. Pierce, C. F. Moffat, M. A. Collins, and J. W. Forsythe. 2006. Experimental study on the effect of diet on fatty acid and stable isotope profiles of the squid Lolliguncula brevis. Journal of Experimental Marine Biology and Ecology 333: 97-114.

Sun, M.-Y., and J. Dai. 2005. Relative influences of bioturbation and physical mixing on degradation of bloom-derived particulate organic matter: Clue from microcosm experiments. Marine Chemistry 96: 201-218.

Sun, M. Y., and S. G. Wakeham. 1994. Molecular evidence for degradation and preservation of organic matter in the anoxic Black Sea Basin. Geochemica Cosmochimica Acta 58: 3395-3406.

Sun, M.-Y., and S. G. Wakeham. 1999. Diagenesis of planktonic fatty acids and sterols in Long Island Sound sediments: Influences of a phytoplankton bloom and bottom water oxygen content. Journal of Marine Research 57: 357-385.

Sun, M.-Y., S. G. Wakeham, and C. Lee. 1997. Rates and mechanisms of fatty acid degradation in oxic and anoxic coastal marine sediments of Long Island Sound, New York, USA. Geochimica et Cosmochimica Acta 61: 341-355.

Sun, M.-Y. I., R. C. Aller, C. Lee, and S. G. Wakeham. 2002. Effects of oxygen and redox oscillation on degradation of cell-associated lipids in surficial marine sediments. Geochimica et Cosmochimica Acta 66: 2003-2012.

Tenzer, G. E., P. A. Meyers, J. A. Robbins, B. J. Eadie, N. R. Morehead, and M. B. Lansing. 1999. Sedimentary organic matter record of recent environmental changes in the St. Mary's River ecosystem, Michigan-Ontario border. Organic Geochemistry 30: 133-146.

Van Den Meersche, K., J. J. Middelburg, K. Soetart, P. Van Rijswijk, H.T.S. Boschker, and C.H.R. Heip. 2004. Carbon-nitrogen coupling and algal-bacterial interactions during an experimental bloom: Modeling a ^{13}C tracer experiment. Limnology and Oceanography 49: 862-878.

Veloza, A. J., F.-L. E. Chu, and K. W. Tang. 2006. Trophic modification of essential fatty acids by hetertrophic protists and its effects on the fatty acid composition of the copepod Acartia tonsa. Marine Biology 148: 779-788.

Volkman, J. K., ed., 2006. Lipid markers for marine organic matter. Pp. 27-70 in J. K. Volkman, ed., Marine organic matter: Biomarkers, isotopes and DNA. Springer, Heidelberg.

Volkman, J. K., S. M. Barrett, S. I. Blackburn, M. P. Mansour, E. L. Sikes, and F. Gelin. 1998. Microalgal biomarkers: A review of recent research developments. Organic Geochemistry 29: 1163-1179.

Wacker, A., P. Becher, and E. Von Elert. 2002. Food quality effects of unsaturated fatty acids on larvae of the zebra mussel Dreissena polymorpha. Limnology and Oceanography 47: 1242-1248.

Wakeham, S., and J. A. Beier. 1991. Fatty accid and sterol biomarkers as indicators of particulate matter source and alteration processes in the Black Sea. Deep Sea Research 38: S943-S968.

Wakeham, S. G. 1985. Wax esters and triacylglycerols in sinking particulate matter in the Peru upwelling area (15°, 75°W). Marine Chemistry 17: 213-235.

Wakeham, S. G. 1995. Lipid biomarkers for heterotrophic alteration of suspended particulate organic matter in oxygenated and anoxic water columns of the ocean. Deep Sea Research, Part I: Oceanographic Research Papers 42: 1749-1771.

Wakeham, S. G., and C. Lee, eds. 1993. Production, transport and alteration of particulate organic matter in the marine water column. Pp. 145-169 in M. H. Engel and S. A. Macko, eds., Organic geochemistry principles and applications. Plenum Press, New York.

Wakeham, S. G., C. Lee, J. I. Hedges, P. J. Hernes, and M. L. Peterson. 1997. Molecular indicators of diagenetic status in marine organic matter. Geochimica et Cosmochimica Acta 61: 5363-5369.

Wakeham, S. G., M. L. Peterson, J. I. Hedges, and C. Lee. 2002. Lipid biomarker fluxes in the Arabian Sea, with a comparison to the Equatorial Pacific Ocean. Deep Sea Research, Part II: Topical Studies in Oceanography 49: 2265-2301.

Wakeham, S. G., A. P. McNichol, J. E. Kostka, and T. K. Pease. 2006. Natural-abundance radiocarbon as a tracer of assimilation of petroleum carbon by bacteria in salt marsh sediments. Geochimica et Cosmochimica Acta 70: 1761-1771.

Wakeham, S. G. and N. M. Frew. 1982. Glass capillary gas chromatography-mass spectrometry of wax esters, steryl esters and triacylglycerols. Lipids 17: 831-843.

Weers, P.M.M. and R. D. Gulati. 1997. Effect of the addition of polyunsaturated fatty acids to the diet on the growth and fecundity of Daphnia galeata. Freshwater Biology 38: 721-729.

White, D. C. 1994. Is there anything else you need to understand about the microbiota that cannot be derived from analysis of nucleic acids? Microbial Ecology 28: 163-166.

White, D. C., W. M. Davis, J. S. Nickels, J. D. King, and R. J. Bobbie. 1979. Determination of the sedimentary microbial biomass by extractible lipid phosphate. Oecologia 40: 51-62.

Whyte, J.N.C. 1988. Fatty acid profiles from direct methanolysis of lipids in tissue of cultured species. Aquaculture 75: 193-203.

Yano, Y., A. Nakayama, and K. Yoshida. 1997. Distribution of polyunsaturated fatty acids in bacteria present in intestines of deep-sea fish and shallow-sea poikilothermic animals. Applied and Environmental Microbiology 63: 2572-2577.

Zak, D. R., W. E. Holmes, D. C. White, A. D. Peacock, and D. Tilman. 2003. Plant diversity, soil microbial communities, and ecosystem function: Are there any links? Ecology 84: 2042-2050.

Zimmerman, A. R., and E. A. Canuel. 2000. A geochemical record of eutrophication and anoxia in Chesapeake Bay sediments: Anthropogenic influence on organic matter composition. Marine Chemistry 69:117-137.

Zimmerman, A. R., and E. A. Canuel. 2001. Bulk organic matter and lipid biomarker composition of Chesapeake Bay surficial sediments as indicators of environmental processes. Estuarine, Coastal and Shelf Science 53: 319-341.

Zimmerman, A. R., and E. A. Canuel. 2002. Sediment geochemical records of eutrophication in the mesohaline Chesapeake Bay. Limnology and Oceanography 47: 1084-1093.

Zou, L., X. Wang, J. Callahan, R. A. Culp, R. F Chen, M. Altabet, and M. Sun. 2004. Bacterial roles in the formation of high-molecular-weight dissolved organic matter in estuarine and coastal waters: Evidence from lipids and the compound-specific isotopic ratios. Limnology and Oceanography 49: 297-302.

第 9 章

Bachtiar, T., J. P. Coakley and M. J. Risk. 1996. Tracing sewage contaminated sediments in Hamilton Harbor using selected geochemical indicators. The Science of the Total Environment 179: 3-16.

Barrett, S. M., J. K. Volkman, G. A. Dunstan, and J. M. Leroi. 1995. Sterols of 14 species of marine diatoms (Bacillariophyta). Journal of Phycology 31: 360-369.

Bayona, J. M., A. Farran, and J. Albaiges. 1989. Steroid alcohols and ketones in coastal waters of the western Mediterranean: Sources and seasonal variability. Marine Chemistry 27: 79-104.

Beier, J. A., S. G. Wakeham, C. H. Pilskaln, and S. Honjo. 1991. Enrichment in saturated compounds of Black Sea interfacial sediment. Nature 351: 642-644.

Belicka, L. L., R. W. Macdonald, M. B. Yunker, and H. R. Harvey. 2004. The role of depositional regime on carbon transport and preservation in Arctic Ocean sediments. Marine Chemistry 86: 65-88.

Bosak, T., R. M. Losick, and A. Pearson. 2008. A polycyclic terpenoid that alleviates oxidative stress. Proceedings of the National Academy of Sciences of the USA 105: 6725-6729.

Boucher Y., and W. F. Doolittle. 2000. The role of lateral gene transfer in the evolution of isoprenoid biosynthesis pathways. Molecular Microbiology 37: 703-716.

Brocks, J. J., R. Buick, R. E. Summons, and G. A. Logan. 2003. A reconstruction of Archean biological diversity based on molecular fossils from the 2.78 to 2.45 billion-year-old Mount Bruce Supergroup, Hamersley basin, Western Australia. Geochimica et Cosmochimica Acta 67: 4321-4335.

Brooks, C., E. Horning, and J. Young. 1968. Characterization of sterols by gas chromatography-mass spectrometry of the trimethylsilyl ethers. Lipids 3: 391-402.

Bull, I. D., M. M. Elhmmali, D. J. Roberts, and R. P. Evershed. 2003. The application of steroidal biomarkers to track the abandonment of a Roman wastewater course at the Agora (Athens, Greece). Archaeometry 45: 149-161.

Canuel, E. A., K. H. Freeman, and S. G. Wakeham. 1997. Isotopic compositions of lipid biomarker compounds in estuarine plants and surface sediments. Limnology and Oceanography 42: 1570-1583.

Carreira, R. S., A.L.R.Wagener, and J.W. Readman. 2004. Sterols as markers of sewage contamination in a tropical urban estuary (Guanabara Bay, Brazil): Space-time variations. Estuarine Coastal Shelf Science 60: 587-598.

Chalaux, N., H. Takada, and J. M. Bayona. 1995. Molecular markers in Tokyo Bay sediments: Sources and distribution. Marine Environmental Research 40: 77-92.

Chen, N., T. S. Bianchi, and J. M. Bland. 2003a. Novel decomposition products of chlorophyll-a in continental shelf (Louisiana shelf) sediments: Formation and transformation of carotenol chlorin esters. Geochimica et Cosmochimica Acta 67: 2027-2042.

Chen, N., T. S. Bianchi, and J. M. Bland. 2003b. Implications for the role of pre versus post-depositional transformation of chlorophyll-a in the Lower Mississippi River and Louisiana shelf. Marine Chemistry 81: 37-55.

Chikaraishi, Y. 2006. Carbon and hydrogen isotopic composition of sterols in natural marine brown and red macroalgae and associated shellfish. Organic Geochemistry 37: 428-436.

Chikaraishi, Y., and H. Naraoka. 2005. δ^{13}C and δD identification of sources of lipid biomarkers in sediments of Lake Haruna (Japan). Geochimica et Cosmochimica Acta 69: 3285-3297.

Conte, M. H., L.A.S. Madureira, G. Eglinton, D. Keen, and C. Rendall. 1994. Millimeter-scale profiling of abyssal marine sediments: Role of bioturbation in early sterol diagenesis. Organic Geochemistry 22: 979-990.

Dachs, J., J. M. Bayona, S. W. Fowler, J.-C. Miquel, and J. Albaigès. 1998. Evidence for cyanobacterial inputs and heterotrophic alteration of lipids in sinking particles in the Alboran Sea (SW Mediterranean). Marine Chemistry 60: 189-201.

Disch, A., J. Schwender, C. Müller, K. H. Lichtenthaler, and M. Rohmer. 1998. Distribution of the mevalonate and glyceraldehyde phosphate/pyruvate pathways for isoprenoid biosynthesis in unicellular algae and the cyanobacterium Synechocystis PCC 6714. Journal of Biochemistry 333: 381-388.

Eganhouse, R. P. and P. M. Sherblom. 2001. Anthropogenic organic contaminants in the effluent of a combined sewer overflow: Impact on Boston Harbor. Marine Environmental Research 51: 51-74.

Farrimond, P., I. M. Head, and H. E. Innes. 2000. Environmental influence on the biohopanoid composition of recent sediments. Geochimica et Cosmochimica Acta 64: 2985-2992.

Fernandes, M. B., M.-A. Sicre, J. N. Cardoso, and S. J. Macedo. 1999. Sedimentary 4-desmethyl sterols and n-alkanols in an eutrophic urban estuary, Capiberibe River, Brazil. Science of the Total Environment 231: 1-16.

Gagosian, R. B., S. O. Smith, C. Lee, J. W. Farrington, and N. M. Frew. eds. 1980. Steroid transformations in recent marine sediments. Pp. 407-419 in Advances in A. G. Douglas and J. R. Maxwell, eds. organicgeochemistry, vol. 12. Pergamon Press, Oxford, UK.

Goericke, R., A. Shankle, and D. J. Repeta. 1999. Novel carotenol chlorin esters in marine sediments and water column particulate matter. Geochimica et Cosmochimica Acta 63: 2825-2834.

González-Oreja, J. A., and J. Saiz-Salinas. 1998. Short-term spatiotemporal changes in urban pollution by means of faecal sterols analysis. Marine Pollution Bulletin 36: 868-875.

Grimalt, J. O. and J. Albaiges. 1990. Characterization of the depositional environments of the Ebro delta (western Mediterranean) by the study of sedimentary lipid markers. Marine Geology 95: 207-224.

Grimalt, J. O., P. Fernandez, J. M. Bayona, and J. Albaiges. 1990. Assessment of faecal sterols and ketones as indicators of urban sewage inputs to coastal waters. Environmental Science and Technology 24: 357–363.

Harvey, H. R., and S. A. Macko. 1997. Kinetics of phytoplankton decay during simulated sedimentation: Changes in lipids under oxic and anoxic conditions. Organic Geochemistry 27: 129–140.

Harvey, H. R., S. A. Bradshaw, S.C.M. O'Hara, G. Eglinton, and E.D.S. Corner. 1988. Lipid composition of the marine dinoflagellate Scrippsiella trochoidea. Phytochemistry 27: 1723–1729.

Hayes, J. M. 2001. Fractionation of carbon and hydrogen isotopes in biosynthetic processes. Reviews in Mineral Geochemistry 43: 225–277.

Hinrichs, K. U., R. R. Schneider, P.J. Müller and J. Rullkötter. 1999. A biomarker perspective on paleoproductivity variations in two late quaternary sediment sections from the southeast Atlantic Ocean. Organic Geochemistry 30: 341–366.

Itoh, N., Y. Tani, Y. Soma, and M. Soma. 2007. Accumulation of sedimentary photosynthetic pigments characterized by pyropheophorbide a and steryl chlorin esters (SCEs) in a shallow eutrophic coastal lake (Lake Hamana, Japan). Estuarine, Coastal and Shelf Science 71: 287–300.

Jeng, W.-L., and B. C. Han (1996) Coprostanol in a sediment core from the anoxic Tan-Shui estuary, Taiwan. Estuarine, Coastal and Shelf Science 42: 727–735.

Jones, G., P. D., Nichols, P. M., Shaw, M., Goodfellow, and A. G., O'Donnel, eds. 1994. Analysis of microbial sterols and hopanoids. Pp. 163–165 in Chemical methods in prokaryotic systematics. Wiley, New York.

Kannenberg, E. L., and K. Poralla. 1999. Hopanoid biosynthesis and function in bacteria. Naturwissenschaften 86: 168–176.

Kennedy, J. A., and S. C. Brassell. 1992. Molecular stratigraphy of the Santa Barbara basin: Comparison with historical records of annual climate change. Organic Geochemistry 19: 235–244.

Killops, S., and V. Killops. 2005. Introduction to organic geochemistry, 2nd ed. Blackwell, Oxford, UK.

King, L. L., and D. J. Repeta. 1994. Phorbin steryl esters in black sea sediment traps and sediments: A preliminary evaluation of their paleooceanographic potential. Geochimica et Cosmochimica Acta 58: 4389–4399.

King, L. L., and S. G. Wakeham. 1996. Phorbin steryl ester formation by macrozooplankton in the Sargasso Sea. Organic Geochemistry 24: 581–585.

Koch, B. P., J. Rullkötter, and R. J. Lara. 2003. Evaluation of triterpenols and sterols as organic matter biomarkers in a mangrove ecosystem in northern Brazil. Wetlands Ecology and Management 11: 257–263.

Kohl, W., A. Gloe, and H. Reichenbach. 1983. Steroids from the myxobacterium Nannocystis exedens. Journal of General Microbiology 129: 1629–1635.

Lange B. M., T. Rujan, W. Martin, and R. Croteau. 2000. Isoprenoid biosynthesis: The evolution of two ancient and distinct pathways across genomes. Proceedings of the National Academy of Sciences of the USA 97: 13172–13177.

Laureillard, J., and A. Saliot. 1993. Biomarkers in organic matter produced in estuaries: A case study of the Krka estuary (Adriatic Sea) using the sterol marker series. Marine Chemistry 43: 247–261.

LeBlanc, L. A., J. S. Latimer, J. T. Ellis, and J. G. Quinn. 1992. The geochemistry of coprostanol in waters and surface sediments from Narragansett Bay. Estuarine, Coastal and Shelf Science 34: 439–458.

Leeming, R., V. Latham, M. Rayner, and P. Nichols, eds. 1997. Detecting and distinguishing sources of sewage pollution in Australian inland and coastal waters and sediments. Pp. 306–319, in Molecular markers in environmental biochemistry. American Chemical Society, Symposium Series, vol. 671. Washington, DC.

Lichtenthaler, H. K. 1999. The 1-deoxy-D-xylulose-5-phosphate pathway of isoprenoid biosynthesis in plants. Annual Review of Plant Physiology and Plant Molecular Biology 50: 47-65.

Lichtenthaler, H. K., J. Schwender, A. Disch, and M. Rohmer. 1997. Biosynthesis of isoprenoids in higher plant chloroplasts proceeds via a mevalonate-independent pathway. FEBS Letters 400: 271-274.

Loh, A. N., J. E. Bauer, and E. A. Canuel. 2006. Dissolved and particulate organic matter source-age characterization in the upper and lower Chesapeake Bay: A combined isotope and biochemical approach. Limnology and Oceanography 51: 1421-1431.

Mannino, A., and H. R. Harvey. 1999. Lipid composition in particulate and dissolved organic matter in the Delaware estuary: Sources and diagenetic patterns. Geochimica et Cosmochimica Acta 63: 2219-2235.

Matsumoto, K., K. Yamada, and R. Ishiwatari. 2001. Sources of 24-ethylcholest-5-en-3 β-ol in Japan Sea sediments over the past 30 000 years inferred from its carbon isotopic composition. Organic Geochemistry 32: 259-269.

McCaffrey, M. A., and others. 1994. Paleoenvironmental implications of novel C_{30} steranes in Precambrian to Cenozoic age petroleum and bitumen. Geochimica et Cosmochimica Acta 58: 529-532.

McCallister, S. L., J. E. Bauer, H. W. Ducklow, and E. A. Canuel. 2006. Sources of estuarine dissolved and particulate organic matter: A multi-tracer approach. Organic Geochemistry 37: 454-468.

Mèjanelle, L., and J. Laureillard. 2008. Lipid biomarker record in surface sediments at three sites of contrasting productivity in the tropical North Eastern Atlantic. Marine Chemistry 108: 59-76.

Meyers, P. A. 1997. Organic geochemical proxies of paleoceanographic, paleolimnologic, and paleoclimatic processes. Organic Geochemistry 27: 213-250.

Meyers, P. A., and R. Ishiwatari. 1993. Lacustrine organic geochemistry: An overview of indicators of organic matter sources and diagenesis in lake sediments. Organic Geochemistry 20: 867-900.

Mudge, S. M. and M. J. Bebianno. 1997. Sewage contamination following an accidental spillage in the Ria Formosa, Portugal. Marine Pollution Bulletin 34: 163-170.

Mudge, S. M., and C. E. Norris. 1997. Lipid biomarkers in the Conwy estuary (North Wales, UK): A comparison between fatty alcohols and sterols. Marine Chemistry 57: 61-84.

Ourisson, G., and P. Albrecht. 1992. Hopanoids, 1: Geohopanoids—The most abundant natural products on earth? Accounts of Chemical Research 25: 398-402.

Ourisson, G., P. Albrecht, and M. Rohmer. 1979. The hopanoids: Paleochemistry and biochemistry of a group of natural products. Pure and Applied Chemistry 51: 709-729.

Pancost, R. D., K. H. Freeman, and S. G. Wakeham. 1999. Controls on the carbon-isotope compositions of compounds in Peru surface waters. Organic Geochemistry 30: 319-340.

Patterson, G., and W. Nes. 1991. Physiology and biochemistry of sterols. American Oil Chemists' Society, Champaign, IL.

Pearson, A. 2007. Factors controlling C-14 contents of organic compounds in oceans and sediments. Geochimica et Cosmochimica Acta 71: A768-A768.

Pearson, A., T. I. Eglinton, and A. P. McNichol. 2000. An organic tracer for surface ocean radiocarbon. Paleoceanography 15: 541-550.

Pearson, A., A. P. McNichol, B. C. Benitez-Nelson, J. M. Hayes, and T. I. Eglinton. 2001. Origins of lipid bio-markers in Santa Monica basin surface sediment: A case study using compound-specific δ^{14}C analysis. Geochimica et Cosmochimica Acta 65: 3123-3137.

Pearson, E. J., P. Farrimond, and S. Juggins. 2007. Lipid geochemistry of lake sediments from semi-arid Spain: Relationships with source inputs and environmental factors. Organic Geochemistry 38: 1169-1195.

Peters, K. E., C. C. Walters, and J. M. Moldowan. 2005a. The biomarker guide Vol. 1: Biomarkers and isotopes in the environment and human history, 2nd ed, Cambridge University Press, Cambridge, UK.

Peters, K. E., C. C. Walters, and J. M. Moldowan. 2005b. The biomarker guide Vol. 2: Biomarkers and isotopes in petroleum exploration and earth history. Cambridge University Press, Cambridge, UK.

Pratt, L. M., R. E. Summons, and G. B. Hieshima. 1991. Sterane and triterpane biomarkers in the Precambrian Nonesuch Formation, North American midcontinent rift. Geochimica et Cosmochimica Acta 55: 911-916.

Quéméneur, M., and Y. Marty. 1992. Sewage influence in a macrotidal estuary: fatty acids and sterol distributions. Estuarine, Coastal and Shelf Science 34: 347-363.

Readman, J. W., R.F.C. Mantoura, C. A. Llewellyn, M. R. Preston, and A. D. Reeves. 1986. The use of pollu-tant and biogenic markers as source discriminants of organic inputs to estuarine sediments. International Journal of Environmental Analytical Chemistry 27: 29-54.

Rieder C., G. Strau β, G. Fuchs, D. Arigoni, A. Bacher, and W. Eisenreich. 1998. Biosynthesis of the diterpene verrucosan-2β-ol in the phototrophic eubacterium Chlorflexus aurantiacus. Journal of Biological Chemistry 273: 18099-18108.

Riffè-Chalard, C., L. Verzegnassi, and F.O.G. Laâar. 2000. A new series of steryl chlorin esters: Pheophor-bide a steryl esters in an oxic surface sediment. Organic Geochemistry 31: 1703-1712.

Sacchettini, J. C., and C. D. Poulter. 1997. Creating isoprenoid diversity. Science 277: 1788-1789.

Sauer, P. E., T. I. Eglinton, J. M. Hayes, A. Schimmelmann, and A. L. Sessions. 2001. Compound-specific D/H ratios of lipid biomarkers from sediments as a proxy for environmental and climatic conditions. Geochimica et Cosmochimica Acta 65: 213-222.

Schouten, S., M.J.L. Hoefs, and J. S. Sinninghe Damsté. 2000. A molecular and stable carbon isotopic study of lipids in late quaternary sediments from the Arabian Sea. Organic Geochemistry 31: 509-521.

Schwender J., C. Gemünden, and K. H. Lichtenthaler. 2001. Chlorophyta exclusively use the 1-deoxyxylulose 5-phosphate/2-C-methylerythritol 4-phosphate pathway for the biosynthesis of isoprenoids. Planta 212: 416-423.

Seguel, C. G., S. M. Mudge, C. Salgado, and M. Toledo. 2001. Tracing sewage in the marine environment: Al-tered signatures in Concepci   n Bay, Chile. Water Research 35: 4166-4174.

Seto, H., H. Watanabe, and K. Furihata. 1996. Simultaneous operation of the mevalonate and non-mevalonate pathways in the biosynthesis of isopentenyl diphosphate in Streptomyces aeriouvifer. Tetrahedron Letters 37: 7979-7982.

Sherblom, P. M., M. S. Henry, and D. Kelly, eds. 1997. Questions remain in the use of coprostanol and epi-coprostanol as domestic waste markers: Examples from coastal Florida. Pp. 320-331 in R. P. Eganhouse, ed., Molecular markers in environmental geochemistry. American Chemical Society, Washington, DC.

Sherwin, M. R., E. S. Van Vleet, V. U. Fossato, and F. Dolci. 1993. Coprostanol (5β-cholestan-3β-ol) in lagoonal sediments and mussels of Venice, Italy. Marine Pollution Bulletin 26: 501-507.

Shi, W., M.-Y. Sun, M. Molina, and R. E. Hodson. 2001. Variability in the distribution of lipid biomarkers and their molecular isotopic composition in Altamaha estuarine sediments: Implications for the relativecontribution of organic matter from various sources. Organic Geochemistry 32: 453-467.

Squier, A. H., D. A. Hodgson, and B. J. Keely. 2002. Sedimentary pigments as markers for environmental change in an Antarctic lake. Organic Geochemistry 33: 1655-1665.

Summons, R. E., J. K. Volkman, and C. J. Boreham. 1987. Dinosterane and other steroidal hydrocarbons of dinoflagellate origin in sediments and petroleum. Geochimica et Cosmochimica Acta 51: 3075-3082.

Summons, R. E., L. L. Jahnke, J. M. Hope, and G. A. Logan. 1999. 2-Methylhop-anoids as biomarkers for cyanobacterial oxygenic photosynthesis. Nature 400: 554-557.

Summons, R. E., A. S. Bradley, L. L. Jahnke, and J. R. Waldbauer. 2006. Steroids, triterpenoids and molecular oxygen. Philosophical Transactions of the Royal Society B 361: 951-968.

Sun, M. Y., and S. G. Wakeham. 1998. A study of oxic/anoxic effects on degradation of sterols at the simulated sediment-water interface of coastal sediments. Organic Geochemistry 28: 773-784.

Talbot, H. M., R. N. Head, R. P. Harris, and J. R. Maxwell. 1999. Steryl esters of pyrophaeophorbide b: A sedimentary sink for chlorophyll b. Organic Geochemistry 30: 1403-1410.

Talbot, H. M., R. N. Head, R. P. Harris, and J. R. Maxwell. 2000. Discrimination against 4-methyl sterol uptake during steryl chlorin ester production by copepods. Organic Geochemistry 31: 871-880.

Talbot, H. M., R. E. Summons, L. L. Jahnke, C. S. Cockell, M. Rohmer, and P. Farrimond. 2008. Cyanobacterial bacteriohopanepolyol signatures from cultures and natural environmental settings. Organic Geochemistry 39: 232-263.

ten Haven, H. L., T. M. Peakman, and J. Rullkötter. 1992a. Δ2-Triterpenes: Early intermediates in the diagenesis of terrigenous triterpenoids. Geochimica et Cosmochimica Acta 56: 1993-2000.

ten Haven, H. L., T. M. Peakman, and J. Rullkötter. 1992b. Early diagenetic transformation of higher-plant triterpenoids in deep-sea sediments from Baffin Bay. Geochimica et Cosmochimica Acta 56: 2001-2024.

Tyagi, P., D. Edwards, and M. Coyne. 2008. Use of sterol and bile acid biomarkers to identify domesticated animal sources of fecal pollution. Water, Air, and Soil Pollution 187: 263-274.

Venkatesan, M. I. and I. R. Kaplan. 1990. Sedimentary coprostanol as an index of sewage addition in Santa Monica basin, southern California. Environmental Science and Technology 24: 208-214.

Venkatesan, M. I., and C. A. Santiago. 1989. Sterols in ocean sediments: Novel tracers to examine habitats of cetaceans, pinnipeds, penguins and humans. Marine Biology 102: 431-437.

Volkman, J. K. 1986. A review of sterol markers for marine and terrigenous organic matter. Organic Geochemistry 9: 83-99.

Volkman, J. K. 2003. Sterols in microorganisms. Applied Microbiologcial Biotechnology 60: 495-506.

Volkman, J. K. 2005. Sterols and other triterpenoids: Source specificity and evolution of biosynthetic pathways. Organic Geochemistry 36: 139-159.

Volkman, J. K. ed. 2006. Lipid markers for marine organic matter. Springer, Berlin.

Volkman, J. K., S. M. Barrett, S. I. Blackburn, M. P. Mansour, E. L. Sikes, and F. Gelin. 1998. Microalgal biomarkers: A review of recent research developments. Organic Geochemistry 29: 1163-1179.

Volkman, J. K., A. T. Revill, P. I. Bonham, and L. A. Clementson. 2007. Sources of organic matter in sediments from the Ord River in tropical Northern Australia. Organic Geochemistry 38: 1039–1060.

Wakeham, S. G. 1982. Organic matter from a sediment trap experiment in the Equatorial North Atlantic: Wax esters, steryl esters, triacylglycerols and alkyldiacylglycerols. Geochimica et Cosmochimica Acta 46: 2239–2257.

Wakeham, S. G. 1995. Lipid biomarkers for heterotrophic alteration of suspended particulate organic matter in oxygenated and anoxic water columns of the ocean. Deep Sea Research, Part I: Oceanographic Research Papers 42: 1749–1771.

Wakeham, S. G., and E. A. Canuel. 1990. Fatty acids and sterols of particulate matter in a brackish and seasonally anoxic coastal salt pond. Organic Geochemistry 16: 703–713.

Wakeham, S. G., and J. R. Ertel. 1988. Diagenesis of organic matter in suspended particles and sediments in the Cariaco Trench. Organic Geochemistry 13: 815–822.

Wakeham, S. G., and N. M. Frew. 1982. Glass capillary gas chromatography–mass spectrometry of wax esters, steryl esters and triacylglycerols. Lipids 17: 831–843.

Wakeham, S. G., R. B. Gagosian, J. W. Farrington, and E. A. Canuel. 1984. Sterenes in suspended particulate matter in the eastern tropical North Pacific. Nature 308: 840–843.

Wardroper, A.M.K. 1979. Aspects of the geochemistry of polycyclic isoprenoids. Thesis, University of Bristol, Bristol, UK.

Waterson, E. J., and E. A. Canuel. 2008. Sources of sedimentary organic matter in the Mississippi River and adjacent Gulf of Mexico as revealed by lipid biomarker and $\delta^{13}CTOC$ analyses. Organic Geochemistry 39: 422–439.

Xu, Y., and R. Jaffè. 2007. Lipid biomarkers in suspended particles from a subtropical estuary: Assessment of seasonal changes in sources and transport of organic matter. Marine Environmental Research 64: 666–678.

Yunker, M. B., R. W. MacDonald, D. J. Veltkamp, and W. J. Cretney. 1995. Terrestrial and marine biomarkers in a seasonally ice-covered arctic estuary: Integration of multivariate and biomarker approaches. Marine Chemistry 49: 1–50.

Zimmerman, A. R., and E. A. Canuel. 2000. A geochemical record of eutrophication and anoxia in Chesapeake Bay sediments: Anthropogenic influence on organic matter composition. Marine Chemistry 69: 117–137.

Zimmerman, A. R., and E. A. Canuel. 2001. Bulk organic matter and lipid biomarker composition of Chesapeake Bay surficial sediments as indicators of environmental processes. Estuarine, Coastal and Shelf Science 53: 319–341.

Zimmerman, A. R., and E. A. Canuel. 2002. Sediment geochemical records of eutrophication in the mesohaline Chesapeake Bay. Limnology and Oceanography 47: 1084–1093.

第 10 章

Aeckersberg, F., F. Bak, and F. Widdel. 1991. Anaerobic oxidation of saturated hydrocarbons to CO_2 by a new type of sulfate-reducing bacterium. Archive Microbiology 156: 5–14.

Ageta, H., and Y. Arai. 1984. Fern constituents: Cycloartane triterpenoids and allied compounds from Polypodium formosanum and P. niponicum. Phytochemistry 23: 2875–2884.

Bechtel, A., M. Widera, R. F. Sachsenhofer, R. Gratzer, A. Luecke, and M. Woszczyk. 2007. Biomarkers and geochemical indicators of Holocene environmental changes in coastal Lake Sarbsko (Poland). Organic Geochemistry 38: 1112-1131.

Belt, S. T., G. Massé, W. Guy. Allard, J.-M. Robert, and S. J. Rowland. 2001a. C_{25} highly branched isoprenoid alkenes in planktonic diatoms of the Pleurosigma genus. Organic Geochemistry 32: 1271-1275.

Belt, S. T., G. Massé, W. Guy. Allard, J.-M. Robert, and S. J. Rowland. 2001b. Identification of a C_{25} highly branched isoprenoid triene in the freshwater diatom Navicula sclesvicensis. Organic Geochemistry 32: 1169-1172.

Belt, S. T., G. Massè, S. J. Rowland, M. Poulin, C. Michel, and B. Leblanc. 2007. A novel chemical fossil of palaeo sea ice: IP25. Organic Geochemistry 38: 16-27.

Blumer, M., M. M. Mullin and D. W. Thomas. 1964. Pristane in the marine environment. Helgoland Marine Research 10: 187-201.

Brassell, S. C. and G. Eglinton. 1982. Molecular geochemical indicators in sediments. In M. L. Sohn, ed., Organic marine geochemistry, American Chemical Society, Washington, DC.

Brassell, S. C., A.M.K. Wardroper, I. D. Thompson, J. R. Maxwell, and G. Eglinton. 1981. Specific acyclic isoprenoids as biological markers of methanogenic bacteria in marine sediments. Nature 290: 693-696.

Bray, E. E., and E. D. Evans. 1961. Distribution of n-paraffins as a clue to recognition of source beds. Geochimica et Cosmochimica Acta 22: 2-15.

Canuel, E. A., K. H. Freeman, and S. G. Wakeham. 1997. Isotopic compositions of lipid biomarkers compounds in estuarine plants and surface sediments. Limnology and Oceanography 42: 1570-1583.

Chikaraishi, Y., and H. Naraoka. 2007. $\delta^{13}C$ and δD relationships among three n-alkyl compound classes (n-alkanoic acid, n-alkane and n-alkanol) of terrestrial higher plants. Organic Geochemistry 38: 198-215.

Collister, J. W., G. Rieley, B. Stern, G. Eglinton, and B. Fry. 1994. Compound-specific $\delta^{13}C$ analyses of leaf lipids from plants with differing carbon dioxide metabolisms. Organic Geochemistry 21: 619-627.

Cranwell, P. A. 1982. Lipids of aquatic sediments and sedimenting particulates. Progress in Lipid Research 21: 271-308.

Cranwell, P. A. 1984. Lipid geochemistry of sediments from Upton Broad, a small productive lake. Organic Geochemistry 7: 25-37.

de Leeuw, J. W., and M. Baas. 1986. Early stage diagenesis of steroids. Pp. 103-123 in R. B. Johns, ed., Biological Markers in the sedimentary record. Elsevier, Amsterdam.

Eglinton, G., and R. J. Hamilton. 1967. Leaf epicuticular waxes. Science 156: 1322-1335.

Eglinton, T. I., and G. Eglinton. 2008. Molecular proxies for paleoclimatology. Earth and Planetary Science Letters 275: 1-16.

Eglinton, T. I., L. I. Aluwihare, J. E. Bauer, E.R.M. Druffel, and A. P. McNichol. 1996. Gas chromatographic isolation of individual compounds from complex matrices for radiocarbon dating. Analytical Chemistry 68: 904-912.

Ficken, K. J., B. Li, D. L. Swain, and G. Eglinton. 2000. An n-alkane proxy for the sedimentary input of submerged/floating freshwater aquatic macrophytes. Organic Geochemistry 31: 745-749.

Filley, T. R., K. H. Freeman, T. S. Bianchi, M. Baskaran, L. A. Colarusso, and P. G. Hatcher. 2001. An isotopic biogeochemical assessment of shifts in organic matter input to Holocene sediments from Mud Lake, Florida. Organic Geochemistry 32: 1153-1167.

Freeman, K. H., J. M. Hayes, J.-M. Trendel, and P. Albrecht. 1990. Evidence from carbon isotope measurements for diverse origins of sedimentary hydrocarbons. Nature 343: 254-256.

Freeman, K. H., S. G. Wakeham, and J. M. Hayes. 1994. Predictive isotopic biogeochemistry: Hydrocarbons from anoxic marine basins. Organic Geochemistry 21: 629-644.

Gieg, L. M., and J. M. Suflita. 2002. Detection of anaerobic metabolites of saturated and aromatic hydrocarbons in petroleum-contaminated aquifers. Environmental Science and Technology 36: 3755-3762.

Grimalt, J., and J. Albaiges. 1987. Sources and occurrence of C_{12}-C_{22} n-alkane distributions with even carbon-number preference in sedimentary environments. Geochimica et Cosmochimica Acta 51: 1379-1384.

Grossi, V., C. Cravo-Laureau, R. Guyoneaud, A. Ranchou-Peyruse, and A. Hirschler-Rèa. 2008. Metabolism of n-alkanes and n-alkenes by anaerobic bacteria: A summary. Organic Geochemistry 39: 1197-1203.

Hayes, J. M. 1993. Factors controlling 13C contents of sedimentary organic compounds: Principles and evidence. Marine Geology 113: 111-125.

Hayes, J. M. 2004. Isotopic order, biogeochemical processes, and earth history: Goldschmidt lecture, Davos, Switzerland, August 2002. Geochimica et Cosmochimica Acta 68: 1691-1700.

Hayes, J. M., K. H. Freeman, B. N. Popp, and C. H. Hoham. 1990. Compound-specific isotopic analyses: A novel tool for reconstruction of ancient biogeochemical processes. Organic Geochemistry 16: 1115-1128.

Ho, E. S., and P. A. Meyers. 1994. Variability of early diagenesis in lake sediments: Evidence from the sedimentary geolipid record in an isolated tarn. Chemical Geology 112: 309-324.

Howard, D. L. 1980. Polycyclic triterpenes of anaerobic photosynthetic bacterium, Rhodomicrobium vannielii. Thesis, University of California at Los Angeles, Los Angeles, CA.

Jaffè, R., G. A. Wolff, A. Cabrera, and H. Carvajal Chitty. 1995. The biogeochemistry of lipids in rivers of the Orinoco basin. Geochimica et Cosmochimica Acta 59: 4507-4522.

Jaffè, R., R. Mead, M. E. Hernandez, M. C. Peralba, and O. A. Diguida. 2001. Origin and transport of sedimentary organic matter in two subtropical estuaries: A comparative, biomarker-based study. Organic Geochemistry 32: 507-526.

Kanke, H., M. Uchida, T. Okuda, M. Yoneda, H. Takada, Y. Shibata, and M. Morita. 2004. Compound-specific radiocarbon analysis of polycyclic aromatic hydrocarbons (PAHs) in sediments from an urban reservoir. Nuclear Instruments and Methods in Physics Research Section B: Beam Interactions with Materials and Atoms 223-224: 545-554.

Kennicutt II, M. C., and J. M. Brooks. 1990. Unusually normal alkane distributions in offshore New Zealand sediments. Organic Geochemistry 15: 193-197.

Killops, S., and V. Killops. 2005. Introduction to organic geochemistry, 2nd ed. Blackwell, Oxford, UK.

Kok, M. D., W.I.C. Rijpstra, L. Robertson, J. Volkman, and J. S. Sinninghe Damsté. 2000. Early steroid sulfurisation in surface sediments of a permanently stratified lake (Ace Lake, Antarctica). Geochimica et Cosmochimica Acta 64: 1425-1436.

Krull, E., D. Sachse, I. Mugler, A. Thiele, and G. Gleixner. 2006. Compound-specific δ^{13}C and δ^2H analyses of plant and soil organic matter: A preliminary assessment of the effects of vegetation change on ecosystem hydrology. Soil Biology and Biochemistry 38: 3211-3221.

Lee, R. F. and A. R. Loeblich III. 1971. Distribution of 21:6 hydrocarbon and its relationship to 22:6 fatty acid in algae. Phytochemistry 10: 593-602.

Lüder, B., G. Kirchner, A. Lucke, and B. Zolitschka. 2006. Palaeoenvironmental reconstructions based on geochemical parameters from annually laminated sediments of Sacrower See (Northeastern Germany) since the 17th century. Journal of Paleolimnology 35: 897-912.

Mackenzie, A. S., S. C. Brassell, G. Eglinton and J. R. Maxwell. 1982. Chemical fossils: The geological fate of steroids. Science 217: 491-504.

Marzi, R., B. E. Torkelson, and R. K. Olson. 1993. A revised carbon preference index. Organic Geochemistry 20: 1303-1306.

Massé, G., S. T. Belt, W. Guy Allard, C. Anthony Lewis, S. G. Wakeham, and S. J. Rowland. 2004. Occurrence of novel monocyclic alkenes from diatoms in marine particulate matter and sediments. Organic Geochemistry 35: 813-822.

Mead, R., and M. A. Goñi. 2006. A lipid molecular marker assessment of sediments from the northern Gulf of Mexico before and after the passage of Hurricane Lili. Organic Geochemistry 37: 1115-1129.

Mead, R., Y. Xu, J. Chong, and R. Jaffè. 2005. Sediment and soil organic matter source assessment as revealed by the molecular distribution and carbon isotopic composition of n-alkanes. Organic Geochemistry 36: 363-370.

Medeiros, P. M., and B.R.T. Simoneit. 2008. Multi-biomarker characterization of sedimentary organic carbon in small rivers draining the northwestern United States. Organic Geochemistry 39: 52-74.

Meyers, P. A. 1997. Organic geochemical proxies for paleoceanographic, paleolimnologic and paleoclimatic processes. Organic Geochemistry 27: 213-250.

Meyers, P. A. 2003. Applications of organic geochemistry to paleolimnological reconstructions: A summary of examples from the Laurentian Great Lakes. Organic Geochemistry 34: 261-289.

Meyers, P. A., and B. J. Eadie. 1993. Sources, degradation and recycling of organic matter associated with sinking particles in Lake Michigan. Organic Geochemistry 20: 47-56.

Meyers, P. A., and R. Ishiwatari. 1993. Lacustrine organic geochemistry: An overview of indicators of organic matter sources and diagenesis in lake sediments. Organic Geochemistry 20: 867-900.

Meyers, P. A., and J. L. Teranes, eds. 2001. Sediment organic matter. Pp. 239-270 in Tracking Environmental change using lake sediment, Vol. 2: Physical and geochemical methods. Kluwer Academic, Dordrect, The Netherlands.

Mitra, S., and T. S. Bianchi. 2003. A preliminary assessment of polycyclic aromatic hydrocarbon distributions in the lower Mississippi River and Gulf of Mexico. Marine Chemistry 82: 273-288.

Moldowan, J. M., J. Dahl, B. J. Huizinga, F. J. Fago, L. J. Hickey, T. M. Peakman, and D. W. Taylor. 1994. The molecular fossil record of oleanane and its relation to angiosperms. Science 265: 768-771.

Mugler, I., D. Sachse, M. Werner, B. Xu, G. Wu, T. Yaoand, and G. Gleixner. 2008. Effect of lake evaporation on d values of lacustrine n-alkanes: A comparison of Nam Co (Tibetan plateau) and Holzmaar (Germany). Organic Geochemistry 39: 711-729.

Muri, G., S. G. Wakeham, T. K. Pease, and J. Faganeli. 2004. Evaluation of lipid biomarkers as indicators of changes in organic matter delivery to sediments from Lake Planina, a remote mountain lake in NW Slovenia. Organic Geochemistry 35: 1083-1093.

Nishimura, M., and E. W. Baker. 1986. Possible origin of n-alkanes with a remarkable even-to-odd predominance in recent sediments. Geochimica et Cosmochimica Acta 50: 299-305.

Ostrom, P. H., N. E. Ostrom, J. Henry, B. J. Eadie, P. A. Meyers, and J. A. Robbins. 1998. Changes in the trophic state of Lake Erie: Discordance between molecular and bulk sedimentary records. Chemical Geology 152: 163-179.

Pearson, A., J. S. Seewald, and T. I. Eglinton. 2005. Bacterial incorporation of relict carbon in the hydrothermal environment of Guaymas basin. Geochimica et Cosmochimica Acta 69: 5477-5486.

Peters, K. E., C. C. Walters, and J. M. Moldowan. 2005. The biomarker guide, I: Biomarkers and isotopes in the environment and human history, 2nd ed. Cambridge University Press. Cambridge, UK.

Philippi, G. T. 1965. On the depth, time and mechanism of petroleum generation. Geochimica et Cosmochimica Acta 29: 1021-1049.

Prahl, F. G., J. R. Ertel, M. A. Goñi, M. A. Sparrow, and B. Eversmeyer. 1994. Terrestrial organic carbon contributions to sediments on the Washington margin. Geochimica et Cosmochimica Acta 58: 3035-3048.

Reddy, C. M., L. Xu, T. I. Eglinton, J. P. Boon, and D. J. Faulkner. 2002. Radiocarbon as a tool to apportion the sources of polycyclic aromatic hydrocarbons and black carbon in environmental samples. Environmental Science and Technology 36: 1774-1782.

Rethemeyer, J., C. Kramer, G. Gleixner, B. John, T. Yamashita, H. Flessa, N. Andersen, M. J. Nadeau, and P. M. Grootes. 2004. Complexity of soil organic matter: AMS ^{14}C analysis of soil lipid fractions and individual compounds. Radiocarbon 46: 465-473.

Risatti, J. B., S. J. Rowland, D. A. Yon, and J. R.Maxwell. 1984. Stereochemical, studies of acyclic isoprenoids, XII: Lipids of methanogenic bacteria and possible contributions to sediments. Organic Geochemistry. 6: 93-103.

Rogge, W. F., P. M. Medeiros, and B.R.T. Simoneit. 2007. Organic marker compounds in surface soils of crop fields from the San Joaquin Valley fugitive dust characterization study. Atmospheric Environment 41: 8183-8204.

Routh, J., P. A. Meyers, T. Hjorth, M. Baskaran, and R. Hallberg. 2007. Sedimentary geochemical record of recent environmental changes around Lake Middle Marviken, Sweden. Journal of Paleolimnology 37: 529-545.

Rowland, S. J., and J. N. Robson. 1990. The widespread occurrence of highly branched acyclic C_{20}, C_{25} and C_{30} hydrocarbons in recent sediments and biota. Marine Environmental Research 30: 191-216.

Rowland, S. J., N. A. Lamb, C. F. Wilkinson, and J. R. Maxwell. 1982. Confirmation of 2,6,10,15,19-pentamethyleicosane in methanogenic bacteria and sediments. Tetrahedron Letters 23: 101-104.

Sachse, D., J. Radke, and G. Gleixner. 2006. δ values of individual n-alkanes from terrestrial plants along a climatic gradient: Implications for the sedimentary biomarker record. Organic Geochemistry 37: 469-483.

Sauer, P. E., T. I. Eglinton, J. M. Hayes, A. Schimmelmann, and A. L. Sessions. 2001. Compound-specific D/H ratios of lipid biomarkers from sediments as a proxy for environmental and climatic conditions. Geochimica et Cosmochimica Acta 65: 213-222.

Scanlan, R. S., and J. E. Smith. 1970. An improved measure of the odd-to-even predominace in the normal alkanes of sediment extracts and petroleum. Geochimica et Cosmochimica Acta 34: 611-620.

Schouten, S., J. S. Sinninghe Damsté, M. Baas, A. C. Kock-Van Dalen, M.E.L. Kohnen and J. W. De Leeuw.

1995. Quantitative assessment of mono- and polysulfide-linked carbon skeletons in sulfur-rich macromolecular aggregates present in bitumen and oils. Organic Geochemistry 23: 765-775.

Schouten, S., M.J.L. Hoefs, M. P. Koopmans, H. J. Bosch, and J. S. Sinninghe Damsté. 1998. Structural characterization, occurrence and fate of archaeal ether-bound acyclic and cyclic biphytanes and corresponding diols in sediments. Organic Geochemistry 29: 1305-1319.

Schouten, S., S. G. Wakeham, and J. S. Sinninghe Damsté. 2001. Evidence for anaerobic methane oxidation by archaea in euxinic waters of the Black Sea. Organic Geochemistry 32: 1277-1281.

Sessions, A. L., and J. M. Hayes. 2005. Calculation of hydrogen isotopic fractionations in biogeochemical systems. Geochimica et Cosmochimica Acta 69: 593-597.

Sessions, A. L., T. W. Burgoyne, A. Schimmelmann, and J. M. Hayes. 1999. Fractionation of hydrogen isotopes in lipid biosynthesis. Organic Geochemistry 30: 1193-1200.

Shiea, J., S. C. Brassell, and D. M. Ward. 1990. Mid-chain branched mono- and dimethyl alkanes in hot spring cyanobacterial mats: A direct biogenic source for branched alkanes in ancient sediments? Organic Geochemistry 15: 223-231.

Silliman, J. E., and C. L. Schelske. 2003. Saturated hydrocarbons in the sediments of Lake Apopka, Florida. Organic Geochemistry 34: 253-260.

Silliman, J. E., P. A. Meyers, and R. A. Bourbonniere. 1996. Record of postglacial organic matter delivery and burial in sediments of Lake Ontario. Organic Geochemistry 24: 463-472.

Silliman, J. E., P. A. Meyers, and B. J. Eadie. 1998. Perylene: An indicator of alteration processes or precursor materials? Organic Geochemistry 29: 1737-1744.

Silliman, J. E., P. A. Meyers, P. H. Ostrom, N. E. Ostrom, and B. J. Eadie. 2000. Insights into the origin of perylene from isotopic analyses of sediments from Saanich Inlet, British Columbia. Organic Geochemistry 31: 1133-1142.

Silliman, J. E., P. A. Meyers, B. J. Eadie, and J. Val Klump. 2001. A hypothesis for the origin of perylene based on its low abundance in sediments of Green Bay, Wisconsin. Chemical Geology 177: 309-322.

Sinninghe Damsté, J. S., and J. W. De Leeuw. 1990. Analysis, structure and geochemical significance of organically-bound sulphur in the geosphere: State of the art and future research. Organic Geochemistry 16: 1077-1101.

Sinninghe Damsté, J. S., A.-M. W.E.P. Erkes, W. Irene, C. Rijpstra, J. W. De Leeuw, and S. G. Wakeham. 1995. C_{32}-C_{36} polymethyl alkenes in Black Sea sediments. Geochimica et Cosmochimica Acta 59: 347-353.

Sinninghe Damsté, J. S., W.I.C. Rijpstra, S. Schouten, H. Peletier, M.J.E.C. van der Maarel, W. C. Gieskes. 1999. A C_{25} highly branched isoprenoid alkene and C_{25} and C_{27} n-polyenes in the marine diatom Rhizosolenia setigera. Organic Geochemistry 30: 95-100.

Sinninghe Damsté, J. S., M.M.M. Kuypers, S. Schouten, S. Schulte, J. Rullk tter. 2003. The lycopane/C_{31} n-alkane ratio as a proxy to assess paleooxocity during sediment deposition. Earth and Planetary Science Letters 209: 215-226.

Slater, G. F., R. K. Nelson, B. M. Kile, and C. M. Reddy. 2006. Intrinsic bacterial biodegradation of petroleum contamination demonstrated in situ using natural abundance, molecular-level ^{14}C analysis. Organic Geochemistry 37: 981-989.

Smith, F. A., and K. H. Freeman. 2006. Influence of physiology and climate on $\delta^2 D$ of leaf wax n-alkanes from C_3 and C_4 grasses. Geochimica et Cosmochimica Acta 70: 1172–1187.

Spormann, A. M., and F. Widdel. 2000. Metabolism of alkylbenzenes, alkanes, and other hydrocarbons in anaerobic bacteria. Biodegradation 11: 85–105.

Tornabene, T. G. and T. A. Langworthy. 1979. Biphytanyl and diphytanyl glycerol ether lipids of methanogenic Archaebacteria. Science 203: 51–53.

Tornabene, T. G., T. A. Langworthy, G. Holzer, and J. Oró. 1979. Squalenes, phytanes and other isoprenoids as major neutral lipids of methanogenic and thermoacidophilic "archaebacteria." Journal of Molecular Evolution 13: 73–83.

Uchikawa, J., B. N. Popp, J. E. Schoonmaker, and L. Xu. 2008. Direct application of compound-specific radiocarbon analysis of leaf waxes to establish lacustrine sediment chronology. Journal of Paleolimnology 39: 43–60.

Vairavamurthy, A., K. Mopper, and B. F. Taylor. 1992. Occurrence of particle-bound polysulfides and significance of their reaction with organic matters in marine sediments. Geophysical Research Letters 19: 2043–2046.

Viso, A.-C., D. Pesando, P. Bernard, and J.-C. Marty. 1993. Lipid components of the Mediterranean seagrass Posidonia oceanica. Phytochemistry 34: 381–387.

Volkman, J. K. 2005. Sterols and other triterpenoids: Source specificity and evolution of biosynthetic pathways. Organic Geochemistry 36: 139–159.

Volkman, J. K., ed. 2006. Lipid markers for marine organic matter, Pp. 27–70 in: J. K. Volkman, ed. Marine organic matter: Biomarkers, isotopes and DNA. Springer, Berlin.

Volkman, J. K., and J. R. Maxwell. 1986. Acyclic isoprenoids as biological markers. Pp. 1–42 in R. B. Johns, ed., Biological markers in the sedimentary record, Elsevier, New York.

Volkman, J. K., S. M. Barrett, and G. A. Dunstan. 1994. C25 and C30 highly branched isoprenoid alkenes in laboratory cultures of two marine diatoms. Organic Geochemistry 21: 407–414.

Volkman, J. K., S. M. Barrett, S. I. Blackburn, M. P. Mansour, E. L. Sikes, and F. Gelin. 1998. Microalgal biomarkers: A review of recent research developments. Organic Geochemistry 29: 1163–1179.

Wakeham, S. G. 1976. A comparative survey of petroleum hydrocarbons in lake sediments. Marine Pollution Bulletin 7: 206–211.

Wakeham, S. G. 1989. Reduction of stenols to stanols in particulate matter at oxic-anoxic boundaries in sea water. Nature 342: 787–790.

Wakeham, S. G. 1995. Lipid biomarkers for heterotrophic alternation of suspended particulate organic matter in oxygenated and anoxic water columns of the ocean. Deep-Sea Research II 42: 1749–1771.

Wakeham, S. G., R. B. Gagosian, J. W. Farrington, and E. A. Canuel. 1984. Sterenes in suspended particulate matter in the eastern tropical North Pacific. Nature 308: 840–843.

Wakeham, S. G., J. A. Beier, and C. H. Clifford, eds. 1991. Organic matter sources in the Black Sea as inferred from hydrocarbon distributions. Kluwer Academic, Dordrecht, The Netherlands.

Wakeham, S. G., K. H. Freeman, T. K. Pease, and J. M. Hayes. 1993. A photoautotrophic source for lycopane in marine water columns. Geochimica et Cosmochimica Acta 57: 159–165.

Wakeham, S. G., J.S.S. Damste, M.E.L. Kohnen, and J. W. Deleeuw. 1995. Organic sulfur-compounds formed during early diagenesis in Black Sea sediments. Geochimica et Cosmochimica Acta 59: 521–533.

Wakeham, S. G., C. Lee, J. I. Hedges, P. J. Hernes, and M. L. Peterson. 1997. Molecular indicators of diagenetic status in marine organic matter. Geochimica et Cosmochimica Acta 61: 5363-5369.

Wakeham, S. G., M. L. Peterson, J. I. Hedges, and C. Lee. 2002. Lipid biomarker fluxes in the Arabian Sea, with a comparison to the Equatorial Pacific Ocean. Deep-Sea Research II 49: 2265-2301.

Wakeham, S. G., J. Forrest, C. A. Masiello, Y. Gelinas, C. R. Alexander, and P. R. Leavitt. 2004. Hydrocarbons in Lake Washington sediments: A 25-year retrospective in an urban lake. Environmental Science and Technology 38: 431-439.

Wakeham, S. G., A. P. McNichol, J. E. Kostka, and T. K. Pease. 2006. Natural-abundance radiocarbon as a tracer of assimilation of petroleum carbon by bacteria in salt marsh sediments. Geochimica et Cosmochimica Acta 70: 1761-1771.

Weete, J. D., ed. 1976. Algal and fungal waxes. Elsevier, Amsterdam.

Werne, J. P., D. J. Hollander, A. Behrens, P. Schaeffer, P. Albrecht, and J.S.S. Sinninghe Damsté. 2000. Timing of early diagenetic sulfurization of organic matter: A precursor-product relationship in Holocene sediments of the anoxic Cariaco basin, Venezuela. Geochimica et Cosmochimica Acta 64: 1741-1751.

Werne, J. P., D. J. Hollander, T. W. Lyons, and J. S. Sinnghe-Damsté. 2004. Organic sulfur biogeochemistry: Recent advances and future research directions. in: Sulfur Pp. 135-150 in J. Amend, K. Edwards, and T. Lyons, eds., Biogeochemistry: Past and present, Geological Society of America Special Paper 379.

Wilkes, H., S. Kühner, C. Bolm, T. Fischer, A. Classen, F. Widdel, and R. Rabus. 2003. Formation of n-alkaneand cycloalkane-derived organic acids during anaerobic growth of a denitrifying bacterium with crude oil. Organic Geochemistry 34: 1313-1323.

Wraige, E. J., S. T. Belt, C. A. Lewis, D. A. Cooke, J. M. Robert, G. Massé, and S. J. Rowland. 1997. Variations in structures and distributions of C_{25} highly branched isoprenoid (HBI) alkenes in cultures of the diatom, Haslea ostrearia (simonsen). Organic Geochemistry 27: 497-505.

Wraige, E. J., L. Johns, S. T. Belt, G. Massé, J.-M. Robert, and S. Rowland. 1999. Highly branched C_{25} isoprenoids in axenic cultures of Haslea ostrearia. Phytochemistry 51: 69-73.

Yunker, M. B., R. W. MacDonald, D. J. Veltkamp, and W. J. Cretney. 1995. Terrestrial and marine biomarkers in a seasonally ice-covered arctic estuary: Integration of multivariate and biomarker approaches. Marine Chemistry 49: 1-50.

Yunker, M. B., R. W. MacDonald, and B. G. Whitehouse. 1994. Phase associations and lipid distributions in the seasonally ice-covered Arctic estuary of the Mackenzie Shelf. Organic Geochemistry 22: 651-669.

Zegouagh, Y., S. Derenne, C. Largeau, G. Bardoux, and A. Mariotti. 1998. Organic matter sources and early diagenetic alterations in Arctic surface sediments (Lena River delta and Laptev Sea, Eastern Siberia), II: Molecular and isotopic studies of hydrocarbons. Organic Geochemistry 28: 571-583.

Zhou, W., S. Xie, P. A. Meyers, and Y. Zheng. 2005. Reconstruction of late glacial and holocene climate evolution in southern China from geolipids and pollen in the Dingnan Peat sequence. Organic Geochemistry 36: 1272-1284.

Zimmerman, A. R., and E. A. Canuel. 2001. Bulk organic matter and lipid biomarker composition of Chesapeake Bay surficial sediments as indicators of environmental processes. Estuarine and Coastal Shelf Science 53: 319-341.

第 **11** 章

Balkwill, D. L., F. R. Leach, J. T. Wilson, J. F. McNabb, and D. C. White. 1988. Equivalence of microbial biomass measures based on membrane lipid and cell-wall components, adenosine-triphosphate, and direct counts in subsurface aquifer sediments. Microbial Ecology 16: 73-84.

Belicka, L. L., and H. R. Harvey. 2009. The sequestration of terrestrial organic carbon in Arctic Ocean sediments: a comparison of methods and implications for regional carbon budgets. Geochimica et Cosmochimica Acta 73: 6231-6248.

Brassell, S. C., G. Eglinton, I. T. Marlowe, U. Pflaumann, and M. Sarnthein. 1986. Molecular stratigraphy: A new tool for climatic assessment. Nature 320: 129-133.

Conte, M. H., G. Eglinton, and L.A.S. Madureira. 1992. Long-chain alkenones and alkyl alkenoates as paleotemperature indicators: Their production, flux and early sedimentary diagenesis in the eastern North Atlantic. Organic Geochemistry 19: 287-298.

Conte, M. H., A. Thompson, D. Lesley, and R. P. Harris. 1998. Genetic and physiological influences on the alkenone/alkenoate versus growth temperature relationship in Emiliania huxleyi and Gephyrocapsa oceanica. Geochimica et Cosmochimica Acta 62: 51-68.

Conte, M. H., J. C. Weber, L. L. King, and S. G. Wakeham. 2001. The alkenone temperature signal in western North Atlantic surface waters. Geochimica et Cosmochimica Acta 65: 4275-4287.

Conte, M. H., M. A. Sicre, C. Rühlemann, J. C. Weber, S. Schulte, D. Schulz-Bull, and T. Blanz. 2006. Global temperature calibration of the alkenone unsaturation index (UK 37) in surface waters and comparison with surface sediments. Geochemistry Geophysics and Geosystems 7: 1-22.

D'Andrea, W. J., Z. H. Liu, M. D. Alexandre, S. Wattley, T. D. Herbert, and Y. S. Huang. 2007. An efficient method for isolating individual long-chain alkenones for compound-specific hydrogen isotope analysis. Analytical Chemistry 79: 3430-3435.

Eglinton, T. I., and G. Eglinton. 2008. Molecular proxies for paleoclimatology. Earth and Planetary Science Letters 275: 1-16.

Eglinton, T., M. Conte, G. Eglinton, and J. Hayes. 2000. Alkenone biomarkers gain recognition as molecular paleoceanographic proxies. Eos Transactions AGU 81: 253-253.

Eglinton, T. I., M. H. Conte, G. Eglinton, and J. M. Hayes. 2001. Proceedings of a workshop on alkenone-based paleoceanographic indicators. Geochemistry, Geophysics, and Geosystems 2: Paper number 2000GC000122.

Eltgroth, M. L., R. L. Watwood, and G. V. Wolfe. 2005. Production and cellular localization of neutral long-chain lipids in the haptophyte algae Isochrysis galbana and Emiliani huxleyi. Journal of Phycology 41: 1000-1009.

Escala, M., A. Rosell-Melé, and P. Masqué. 2007. Rapid screening of glycerol dialkyl glycerol tetraethers in continental Eurasia samples using HPLC/APCI-ion trap mass spectrometry. Organic Geochemistry 38: 161-164.

Freeman, K. H., and S. G. Wakeham. 1992. Variations in the distributions and isotopic compositions of alkenones in Black Sea particles and sediments. Organic Geochemistry 19: 277-285.

Gaines, S. M., G. Eglinton, and J. Rullk   tter. 2009. Deep sea mud. Pp. 101-152, in Echoes of life—What fossil molecules reveal of Earth history. Oxford University Press, New York.

Gliozzi, A., G. Paoli, M. Derosa, and A. Gambacorta. 1983. Effect of isoprenoid cyclization on the transition temperature of lipids in thermophilic archaebacteria. Biochimica et Biophysica Acta 735: 234-242.

Grice, K., W. Breteler, S. Schouten, V. Grossi, J. W. De Leeuw, and J.S.S. Damsté. 1998. Effects of zooplankton herbivory on biomarker proxy records. Paleoceanography 13: 686-693.

Grimalt, J., J. Rullkotter, M. Sicre, R. Summons, J. Farrington, H. Harvey, M. Goñi, and K. Sawada. 2000. Modifications of the C37 alkenone and alkenoate composition in the water column and sediment: Possible implications for sea surface temperature estimates in paleoceanography. Geochemistry, Geophysics, and Geosystems 1: Paper number 2000GC000053.

Harvey, H. R. 2000. Alteration processes of alkenones and related lipids in water columns and sediments. Geochemistry, Geophysics, and Geosystems 1: Paper number 2000GC000054.

Henderiks, J., and M. Pagani. 2007. Refining ancient carbon dioxide estimates: Significance of coccolithophore cell size for alkenone-based pCO_2 records. Paleoceanography 22: 1-12.

Herbert, T. 2001. Review of alkenone calibrations (culture, water column, and sediments). Geochemistry, Geophysics, and Geosystems 2: Paper number 2000GC000055.

Herbert, T. D., D. H. Heinrich, and K. T. Karl. 2003. Alkenone paleotemperature determinations. Pp. 391-432 in Treatise on Geochemistry. H. D. Halland and K. K. Turekian, eds., Pergamon, Oxford, UK.

Herfort, L., S. Schouten, J. P. Boon, M. Woltering, M. Baas, J.W.H. Weijers, and J. S. Sinninghe Damsté. 2006. Characterization of transport and deposition of terrestrial organic matter in the southern North Sea using the BIT index. Limnology and Oceanography 51: 2196-2205.

Hoogakker, B., G. P. Klinkhammer, H. Elderfield, E. Rohling, and C. Hayward. 2009. Mg/Ca paleothermometry in high salinity environments. Earth and Planetary Science Letters 284: 583-589.

Hopmans, E. C., S. Schouten, R. D. Pancost, M.T.J. van der Meer, and J. S. Sinninghe Damsté. 2000. Analysis of intact tetraether lipids in archael cell material and sediments by high performance liquid chromatography/atmospheric pressure chemical ionization mass spectrometry. Rapid Communication in Mass Spectrometry 14: 585-589.

Hopmans, E. C., J.W.H. Weijers, E. Schefuss, L. Herfort, J.S.S. Damsté, and S. Schouten. 2004. A novel proxy for terrestrial organic matter in sediments based on branched and isoprenoid tetraether lipids. Earth and Planetary Science Letters 224: 107-116.

Huguet, C., E. C. Hopmans, W. Febo-Ayala, D. H. Thomopson, J. S. Shinninghe Damsté, and S. Schouten. 2006. An improved method to determine the absolute abundance of glycerol dibiphytanyl glycerol tetraether lipids. Organic Geochemistry 37: 1036-1041.

Huguet, C., J. H. Kim, G. J. de Lange, J. S. Sinninghe Damsté, and S. Schouten. 2009. Effects of long term oxic degradation on the $U_{37}^{K'}$; TEX_{86} and BIT organic proxies. Organic Geochemistry 40: 1188-1194.

Jasper, J. P., and J. M. Hayes. 1990. A carbon isotope record of CO2 levels during the late Quaternary. Nature 347: 462-464.

Jasper, J. P., J. M. Hayes, A. C. Mix, and F. G. Prahl. 1994. Photosynthetic fractionation of C-13 and concentrations of dissolved CO_2 in the central Equatorial Pacific during the last 255,000 years. Paleoceanography 9: 781-798.

Karner, M., E. F. Delong, and D. M. Karl. 2001. Archaeal dominance in the 606 mesopelagic zone of the Pacific Ocean. Nature 409: 507-510.

Keough, B. P., T. M. Schmidt, and R. E. Hicks. 2003. Archaeal nucleic acids in picoplankton from great lakes on three continents. Microbial Ecology 46: 238-248.

Killops, S., and V. Killops. 2005. Introduction to organic geochemistry, 2nd ed., Blackwell, Oxford, UK.

Kim, J. H., S. Schouten, E. C. Hopmans, B. Donner, and J.S.S. Damsté. 2008. Global sediment core-top calibration of the TEX_{86} paleothermometer in the ocean. Geochimica et Cosmochimica Acta 72: 1154-1173.

Kim, J.-H., X. Crosta, E. Michel, S. Schouten, J. Duprat, and J. S. Sinnighe Damsté 2009. Impact of lateral transport on organic proxies in the Southern Ocean. Quaternary Research 71: 246-250.

Lipp, J. S., and K.-U. Hinrichs. 2009. Structural diversity and fate of intact polar lipids in marine sediments. Geochimica et Cosmochimica Acta 73: 6816-6833.

Mollenhauer, G., T. I. Eglinton, N. Ohkouchi, R. R. Schneider, P. J. Müller, P. M. Grootes, and J. Rullkötter. 2003. Asynchronous alkenone and foraminifera records from the Benguela upwelling system. Geochemica et Cosmochimica Acta 67: 1157-1171.

Müller, P. J., G. Kirst, G. Ruhland, I. Von Storch, and A. Rosell-Melé. 1998. Calibration of the alkenone paleo-temperature index $U_{37}^{K'}$ based on core-tops from the eastern South Atlantic and the global ocean (60°N-60°S). Geochimica et Cosmochimica Acta 62: 1757-1772.

Ohkouchi, N., T. I. Eglinton, L. D. Keigwin, and J. M. Hayes. 2002. Spatical and temporal offsets between proxy records in a sediment drift. Science 298: 1224-1227.

Ohkouchi, N., L. Xu, C. M. Reddy, D. Montlucon, and T. I. Eglinton. 2005. Radiocarbon dating of alkenones from marine sediments: I: Isolation protocol. Radiocarbon 47: 401-412.

Pagani, M., K. H. Freeman, N. Ohkouchi, and K. Caldeira. 2002. Comparison of water column [CO_2aq] with sedimentary alkenone-based estimates: A test of the alkenone-CO_2 proxy. Paleoceanography 17: Paper number doi:10.1029/2002PA000756,2002.

Pagani, M., J. Zachos, K. H. Freeman, B. Tipple, and S. Boharty. 2005. Marked decline in atmospheric carbon dioxide concentrations during the paleogene. Science 309: 600-603.

Pitcher, A., E. C. Hopmans, S. Schouten, and J. S. Sinninghe Damsté. 2009. Separation of core and intact polar archael tetrether lipids using silica columns: Insights into living and fossil biomass contributions. Organic Geochemistry 40: 12-19.

Powers, L. A., J. P. Werne, T. C. Johnson, E. C. Hopmans, J.S.S. Damsté, and S. Schouten. 2004. Crenarchaeotal membrane lipids in lake sediments: A new paleotemperature proxy for continental paleoclimate reconstruction? Geology 32: 613-616.

Prahl, F. G., and S. G. Wakeham. 1987. Calibration of unsaturation patterns in long-chain ketone compositions for paleotemperature assessment. Nature 330: 367-369.

Prahl, F. G., G. V. Wolfe, and M. A. Sparrow. 2003. Physiological impacts on alkenone paleothermometry. Paleoceanography 18: 1025-1031.

Rossel, P. A., J. S. Lipp, H. F. Fredricks, J. Arnds, A. Boetius, M. Elvert, K.-U. Hinrichs. 2008. Intact polar lipids of anaerobic methanotrophic archaea and associated bacteria. Organic Geochemistry 39: 992-999.

Rütters, H., H. Sass, H. Cypionka, and J. Rullkötter. 2002a. Microbial communities in a Wadden Sea sediment core: Clues from analyses of intact glyceride lipids, and released fatty acids. Organic Geochemistry 33: 803-816.

Rütters, H., H. Sass, H. Cypionka, and J. Rullkötter. 2002b. Phospholipid analysis as a tool to study complex microbial communities in marine sediments. Journal of Microbiological Methods 48: 149-160.

Schneider, R. 2001. Alkenone temperature and carbon isotope records: Temporal resolution, offsets, and regionality. Geochemistry, Geophysics, and Geosystematics 2: Paper number 2000GC000060.

Schouten, S., E. C. Hopmans, E. Schefuβ, and J.S.Sinninghe Damsté. 2002. Distributional variations in marine crenarchaeotal membrane lipids: A new tool for reconstructing ancient sea water temperatures? Earth and Planetary Science Letters 204: 265-274.

Schouten, S., E. C. Hopmans, A. Forster, Y. Van Breugel, M.M.M. Kuypers, and J.S.S. Damsté. 2003. Extremely high sea-surface temperatures at low latitudes during the middle cretaceous as revealed by archaeal membrane lipids. Geology 31: 1069-1072.

Schouten, S., C. Huguet, E. C. Hopmans, M.V.M. Kienhuis, and J.S. Sinninghe Damsté. 2007. Analytical methodology for TEX$_{86}$ paleothermometry by high-performance liquid chromatography/atmospheric pressure chemical ionization-mass spectrometry. Analytical Chemistry 79: 2940-2944.

Schouten, S., E. C. Hopmans, M. Bass, H. Boumann, S. Standfest, M. Konneke, D. A. Stahl, and J. S. Sinninghe Damsté. 2008. Intact membrane lipids of Candidatus Nitrosopumilus maritimus, a cultivated representative of the cosmopolitan mesophilic group I Crenarcheaota. Applied Environmental Microbiology 74: 2433-2440.

Schouten, S., E. C. Hopmans, J. van der Meer, A. Mets, E. Bard, T. S. Bianchi, A. Diefendorf, M. Escala, K. H. Freeman, Y. Furukawa, C. Huguet, A. Ingalls, G. Menot-Combes, A. J. Nederbragt, M. Oba, A. Pearson, E. J. Pearson, A. Rosell-Mele, P. Schaeffer, S. R. Shah, T. Shanahan, R. W. Smith, R. Smittenberg, H. M. Talbot, M. Uchida, B.A.S. Van Mooy, M. Yamamoto, Z. Zhang, and J. Sinninghe Damsté. 2009. An interlaboratory study of TEX$_{86}$ and BIT analysis using high-performance liquid chromatography-mass spectrometry. Geochemistry, Geophysics, and Geosystems 10, Q03012, doi:10. 1029/2008GC002221.

Shah, S. R., G. Mollenhauer, N. Ohkouchi, T. I. Eglinton, and A. Pearson. 2008. Origins of archaeal tetraether lipids in sediments: insights from radiocarbon analysis. Geochimica Cosmochimica Acta 72: 4577-4594.

Sikes, E. L., and M. A. Sicre. 2002. Relationship of the tetra-unsaturated C$_{37}$ alkenone to salinity and temperature: Implications for paleoproxy applications. Geochemistry, Geophysics, and Geosystems 3: 1-11.

Sikes, E. L., and J. K. Volkman. 1993. Calibration of alkenone unsaturation ratios ($U_{37}^{K'}$) for paleotemperature estimation in cold polar waters. Geochimica et Cosmochimica Acta 57: 1883-1889.

Sikes, E. L., J. W. Farrington, and L. D. Keigwin. 1991. Use of the alkenone unsaturation ratio $U_{37}^{K'}$ to determine past sea-surface temperatures: Core-top SST calibrations and methodology considerations. Earth and Planetary Science Letters 104: 36-47.

Sinninghe Damsté, J. S., S. Schouten, E. C. Hopmans, A.C.T. van Duin, and J.A.J. Geenevasen. 2002. Crenarchaeol: The characteristic core glycerol dibiphytanyl glycerol tetraether membrane lipid of cosmopolitan pelagic Crenarchaeota. Journal of Lipid Research 43: 1641-1651.

Smith, R. W., T. S. Bianchi, and C. Savage. 2010. Comparison of lignin-phenols and branched/isoprenoid tetraethers (BIT index) as indices of terrestrial organic matter in Doubtful Sound, Fiordland, New Zealand. Organic Geochemistry. 41: 281-290.

Sprott, G. D., M. Meloche, and J. C. Richards. 1991. Proportions of diether, macrocyclic diether, and tetraether lipids in Methanococcus jannaschii grown at different temperatures. Journal of Bacteriology 173: 3907-3910.

Sturt, H. F., R. E. Summons, K. Smith, M. Elvert, and K.-U. Hinrichs. 2004. Intact polar membrane lipids in prokaryotes and sediments deciphered by high-performance liquid chromatography/electrospray ionization multistage mass spectrometry: New biomarkers for biogeochemistry and microbial ecology. Rapid Communications in Mass Spectrometry 18: 617-628.

Teece, M. A., J. M. Getliff, J. W. Leftley, R. J. Parkes, and J. R. Maxwell. 1998. Microbial degradation of the marine prymnesiophyte Emiliania huxleyi under oxic and anoxic conditions as a model for early diagenesis: Long chain alkadienes, alkenones and alkyl alkenoates. Organic Geochemistry 29: 863-880.

Trommer, G., M. Siccha, M.T.J. van der Meer, S. Schouten, J. S. Sinninghe Damsté, H. Schulz, C. Hemelben, and M. Kucera. 2009. Distribution of Crenarchaeota tetraether membrane lipids in surface sediments from the Red Sea. Organic Chemistry 40: 724-731.

Uda, I., A. Sugai, Y. H. Itoh, and T. Itoh. 2001. Variation in molecular species of polar lipids from Thermoplasma acidophilum depends on growth temperature. Lipids 36: 103-105.

Volkman, J. K., S. M. Barrett, S. I. Blackburn, and E. L. Sikes. 1995. Alkenones in Gephyrocapsa-oceanica: Implications for studies of paleoclimate. Geochimica et Cosmochimica Acta 59: 513-520.

Walsh, E. M., A. E. Ingalls, and R. G. Keil. 2008. Sources and transport of terrestrial organic matter in Vancouver Island fjords and the Vancouver-Washington margin: A multiproxy approach using $\delta^{13}C$ (org), lignin phenols, and the ether lipid BIT index. Limnology and Oceanography 53: 1054-1063.

Weijers, J.W.H., S. Schouten, O. C. Spaargaren, and J.S. Sinninghe Damsté. 2006. Occurrence and distribution of tetraether membrane lipids in soils: Implications for the use of the TEX_{86} proxy and the bit index. Organic Geochemistry 37: 1680-1693.

Weijers, J.W.H., S. Schouten, J. C. Van Den Donker, E. C. Hopmans, and J.S. Sinninghe Damsté. 2007. Environmental controls on bacterial tetraether membrane lipid distribution in soils. Geochimica et Cosmochimica Acta 71: 703-713.

Weijers, J.W.H., S. Schouten, E. Schefuβ, R. R. Schneider, and J. S. Sinninghe Damsté. 2009. Disentangling marine, soil and plant organic carbon contributions to continental margin sediments: A multi-proxy approach in a 20,000 year sediment record from the Congo deep-sea fan. Geochimica et Cosmochimica Acta 73: 119-132.

White, D. C., W. M. Davis, J. S. Nickels, J. D. King, and R. J. Bobbie. 1979. Determination of the sedimentary microbial biomass by extractable lipid phosphate. Oecologia 40: 51-62.

Wuchter, C., S. Schouten, S.Wakeham, and J. S. Sinninghe Damsté. 2006. Archael tetraether membrane lipid fluxes in the northeastern Pacific and the Arabian Sea: Implications for TEX_{86} paleothermometry. Paleooceanography and paleoclimatology 21: doi:10:1029/2006pa001279.

Yoshino, J. I., Y. Sugiyama, S. Sakuda, T. Kodama, H. Nagasawa, M. Ishii, and Y. Igarashi. 2001. Chemical structure of a novel aminophospholipid from Hydrogenobacter thermophilus strain tk-6. Journal of Bacteriology 183: 6302-6304.

Zink, K. G., and K. Mangelsdorf. 2004. Efficient and rapid method for extraction of intact phospholipids from sediments combined with molecular structure elucidation using LC-ESI-MS-MS analysis. Analytical and Bioanalytical Chemistry 380: 798-812.

Zink, K. G., K. Mangelsdorf, L. Granina, and B. Horsfield. 2008. Estimation of bacterial biomass in subsurface sediments by quantifying intact membrane phospholipids. Analytical and Bioanalytical Chemistry 390: 885-896.

第 **12** 章

Alberte, R. S., A. M. Wood, T. A. Kursar, and R.R.L. Guillard. 1984. Novel phycoerythrins in marine Synecho-coccus spp.: Characterization and evolutionary and ecological implications. Plant Physiology 75: 732-739.

Andersen, R. A., and T. J. Mulkey. 1983. The occurrence of chlorophylls c1 and c2 in the Chrysophyceae. Journal of Phycology 19: 289-294.

Armstrong, G., and K. Apel. 1998. Molecular and genetic analysis of light-dependent chlorophyll biosynthesis. Methods in Enzymology. 297: 237-244.

Arnon, D. I. 1984. The discovery of photosynthetic phosphorylation. Trends in Biochemical Sciences 9: 258-262.

Arpin, N., W. A. Svec, and S. Liaaen-Jensen. 1976. A new fucoxanthin-related carotenoid from Coccolithus hux-leyi. Phytochemistry 15: 529-532.

Arrigo, K. R., D. H. Robinson, D. L. Worthen, R. B. Dunbar, G. R. DiTullio, M. van Woert, and M. P. Lizotte. 1999. Phytoplankton community structure and the drawdown of nutrients and CO_2 in the Southern Ocean. Science 283: 365-367.

Asai, R., S. McNiven, K. Ikebukuro, I. Karube, Y. Horiguchi, S. Uchiyama, A. Yoshida, and Y. Masuda. 2000. Development of a fluorometric sensor for the measurement of phycobilin pigment and application to fresh-water phytoplankton. Field Analytical Chemistry and Technology 4: 53-61.

Beale, S. I., and J. Cornejo. 1983. Biosynthesis of phycocyanobilin from exogenous labeled biliverdin in Cyanidium caldarium. Archives of Biochemistry and Biophysics 227: 279-286.

Beale, S. I., and J. Cornejo. 1984a. Enzymatic heme oxygenase activity in soluble extracts of the unicellular red al-ga, Cyanidium caldarium. Archives of Biochemistry and Biophysics 235: 371-384.

Beale, S. I., and J. Cornejo. 1984b. Enzymic transformation of biliverdin to phycocyanobilin by extracts of the uni-cellular red alga Cyanidium caldarium. Plant Physiology 76: 7-15.

Beale, S. I., and J. Cornejo. 1991a. Biosynthesis of phycobilins: 15,16-Dihydrobiliverdin IX alpha is a partially reduced intermediate in the formation of phycobilins from biliverdin IX alpha. Journal of Biological Chemistry 266: 22341-22345.

Beale, S. I., and J. Cornejo. 1991b. Biosynthesis of phycobilins: 3(z)-Phycoerythrobilin and 3(z)-phycocyano-bilin are intermediates in the formation of 3(e)-phycocyanobilin from biliverdin IX alpha. Journal of Biological Chemistry 266: 22333-22340.

Behrenfeld, M. J., J. T. Randerson, C. R. McClain, G. C. Feldman, S. O. Los, C. J. Tucker, P. G. Falkowski, C. B. Field, R. Frouin, W. E. Esaias, D. D. Kolber, and N. H. Pollack. 2001. Biospheric primary production during an ENSO transition. Science 291: 2594-2597.

Bermejo, R., E. Fernandez, J. M. Alvarez-Pez, and E. M. Talavera. 2002. Labeling of cytosine residues with bil-iproteins for use as fluorescent DNA probes. Journal of Luminescence 99: 113-124.

Bianchi, T. S. 2007. Biogeochemistry of estuaries. Oxford University Press, New York.

Bianchi, T. S., and S. Findlay. 1990. Plant pigments as tracers of emergent and submergent macrophytes from the Hudson River. Canadian Journal of Fisheries and Aquatic Sciences. 47: 92-494.

Bianchi, T. S., R. Dawson, and P. Sawangwong. 1988. The effects of macrobenthic deposit-feeding on the degra-dation of chloropigments in sandy sediments. Journal of Experimental Marine Biology and Ecology 122: 243-

255.

Bianchi, T. S., S. Findlay, and D. Fontvielle. 1991. Experimental degradation of plant materials in Hudson River sediments, 1: Heterotrophic transformations of plant pigments. Biogeochemistry 12: 171-187.

Bianchi, T. S., S. Findlay, and R. Dawson. 1993. Organic matter sources in the water column and sediments of the Hudson River estuary: The use of plant pigments as tracers. Estuarine, Coastal and Shelf Science 36: 359-376.

Bianchi, T. S., C. Lambert, and D. C. Biggs. 1995. Distribution of chlorophyll-a and pheopigments in the northwestern Gulf of Mexico: A comparison between fluorometric and high-performance liquidchromatography measurements. Bulletin of Marine Science 56: 25-32.

Bianchi, T. S., M. Baskaran, J. Delord, and M. Ravichandran. 1997a. Carbon cycling in a shallow turbid estuary of southeast Texas: The use of plant pigments as biomarkers. Estuaries 20: 404-415.

Bianchi, T. S., C. D. Lambert, P. H. Santschi, and L. Guo. 1997b. Sources and transport of land-derived particulate and dissolved organic matter in the Gulf of Mexico (Texas shelf/slope): The use of lignin-phenols and loliolides as biomarkers. Organic Geochemistry 27: 65-78.

Bianchi, T. S., K. Kautsky, and M. Argyrou. 1997c. Dominant chlorophylls and carotenoids in macroalgae of the Baltic Sea (Baltic proper): Their use as potential biomarkers. Sarsia 82: 55-62.

Bianchi, T. S., B. Johansson, and R. Elmgren. 2000a. Breakdown of phytoplankton pigments in Baltic sediments: Effects of anoxia and loss of deposit-feeding macrofauna. Journal of Experimental Marine Biology and Ecology 251: 161-183.

Bianchi, T. S., P. Westman, C. Rolff, E. Engelhaupt, T. Andren, and R. Elmgren, 2000b. Cyanobacterial blooms in the Baltic Sea: Natural or human-induced? Limnology and Oceanography 45: 716-726.

Bianchi, T. S., E. Engelhaupt, B. A. McKee, S. Miles, R. Elmgren, S. Hajdu, C. Savage, C., and M. Baskaran. 2002. Do sediments from coastal sites accurately reflect time trends in water column phytoplankton? A test from Himmerfjarden Bay (Baltic Sea proper). Limnology and Oceanography 47: 1537-1544.

Bianchi, T. S., T. Filley, K. Dria, and P. G. Hatcher. 2004. Temporal variability in sources of dissolved organic carbon in the lower Mississippi River. Geochimica et Cosmochimica Acta 68: 959-967.

Bidigare, R. R., and C. C. Trees. 2000. HPLC phytoplankton pigments: Sampling, laboratory methods, and quality assurance procedures. Pp. 154-161 in J. Mueller and G. Fargion, eds., Ocean optics protocols for satellite ocean color sensor validation, revision 2. (NASA technical memorandum 2000-209966). NASA, Greenbelt, MD.

Bidigare, R. R., M. C. Kennicutt, and J. M. Brooks. 1985. Rapid determination of chlorophylls and their degradation products by high-performance liquid chromatography. Limnology and Oceanography 30: 432-435.

Bidigare, R. R., M. C. Kennicutt, W. L. Keeney-Kennicutt, and S. A. Macko. 1991. Isolation and purification of chlorophyll-a and chlorophyll-b for the determination of stable carbon and nitrogen isotope compositions. Analytical Chemistry 63: 130-133.

Bjørnland, T., and S. Liaaen-Jensen. 1989. Distribution patterns of carotenoids in relation to chromophyte phylogeny and systematics. Pp. 37-60 in J.C. Green and B.S.C. Diver, eds., The chromophyte algae: Problems and perspectives. Clarendon Press, Oxford, UK.

Blanchot, J., and M. Rodier. 1996. Picophytoplankton abundance and biomass in the western tropical Pacific Ocean during the 1992 El Nino year: Results from flow cytometry. Deep-Sea Research, Part I: Oceanographic

Research Papers 43: 877-895.

Britton, G. 1976. Later reactions of carotenoids biosynthesis. Pure and Applied Chemistry 47: 223-236.

Brock, C. S., P. R. Leavitt, D. E. Schindler, S. P. Johnson, and J. W. Moore. 2006. Spatial variability of stable isotopes and fossil pigments in surface sediments of Alaskan coastal lakes: Constraints on quantitative estimates of past salmon abundance. Limnology and Oceanography 51: 1637-1647.

Brown, S. B., J. D. Houghton, and G.A.F. Hendry. 1991. Chlorophyll breakdown, Pp. 465-489 in H. Scheer, ed., Chlorophylls. CRC Press, Boca Raton, FL.

Brown, S. R., H. J. McIntosh, and J. P. Smol. 1984. Recent paleolimnology of a meromictic lake: Fossil pigments of photosynthetic bacteria. Verhandlungen der Internationalen Ver Limnologie 22: 1357-1360.

Bryant, D. A., A. N. Glazer, and F. A. Eiserling. 1976. Characterization and structural properties of major biliproteins of Anabaena sp. Archives of Microbiology 110: 61-75.

Calvin, M. 1976. Photosynthesis as a resource for energy and materials. Photochemistry and Photobiology 23: 425-444.

Carmichael, W. W. 1997. The cyanotoxins. Advances in botanical research 27: 211-256.

Carpenter, S. R., and A. M. Bergquist. 1985. Experimental tests of grazing indicators based on chlorophyll a degradation products. Archiv fur Hydrobiologie 102: 303-317.

Chapman, V. J. 1966. Three new carotenoids isolated from algae. Phytochemistry 5: 331-1333.

Chavez, F. P., P. G. Strutton, G. E. Friederich, R. A. Feely, G. C. Feldman, D. G. Foley, and M. J. McPhaden. 1999. Biological and chemical response of the Equatorial Pacific Ocean to the 1997-98 El Nino. Science 286: 2126-2131.

Chen, N. H., T. S. Bianchi, B. A. McKee, and J. M. Bland. 2001. Historical trends of hypoxia on the Louisiana shelf: Application of pigments as biomarkers. Organic Geochemistry 32: 543-561.

Chen, N. H., T. S. Bianchi, and J. M. Bland. 2003a. Novel decomposition products of chlorophyll-a in continental shelf (Louisiana shelf) sediments: Formation and transformation of carotenol ester. Geochimica et Cosmochimica Acta 67: 2027-2042.

Chen, N. H., T. S. Bianchi, and J. M. Bland. 2003b. Fate of chlorophyll-a in the lower Mississippi River and Lousiana shelf: Implications for pre- versus post-depositional decay. Marine Chemistry 83: 37-55.

Clayton, R. K. 1971. Light and living matter: A guide to the study of photobiology. McGraw-Hill, New York.

Clayton, R. K. 1980. Photosynthesis: Physical mechanisms and chemical patterns. Cambridge University Press, Cambridge, MA.

Cohen, Y., S. Yalovsky, and R. Nechushtai. 1995. Integration and assembly of photosynthetic protein complexes in chloroplast thylakoid membranes Biochemica et Biophysica Acta 1241: 1-30.

Cohen-Bazire, G., and D. A. Bryant. 1982. Phycobilisomes: Composition and structure. Pp. 143-190 in N. G. Carr and B. A. Whitton, eds., The biology of cyanobacteria. Blackwell Scientific, Cambridge, MA.

Cole, W. J., C. Oheocha, A. Moscowit, and W. R. Krueger. 1967. Optical activity of urobilins derived from phycoerythrobilin. European Journal of Biochemistry 3: 202-203.

Colyer, C. L., C. S. Kinkade, P. J. Viskari, and J. P. Landers. 2005. Analysis of cyanobacterial pigments and proteins by electrophoretic and chromatographic methods. Analytical and Bioanalytical Chemistry 382: 559-569.

Coolen, M.J.L., and J. Overmann. 1998. Analysis of subfossil molecular remains of purple sulfur bacteria in a lake sediment. Applied and Environmental Microbiology 64: 4513-4521.

Daley, R. J. 1973. Experimental characterization of lacustrine chlorophyll diagenesis, 2: Bacterial, viral and herbivore grazing effects. Archiv fur Hydrobiologie 72: 409-439.

Daley, R. J., and S. R. Brown. 1973. Experimental characterization of lacustrine chlorophyll diagenesis, 1: Physiological and enviromental effects. Archiv fur Hydrobiologie 72: 277-304.

Descy, J. P., H. W. Higgins, D. J. Mackey, J. P. Hurley, and T. M. Frost. 2000. Pigment ratios and phytoplankton assessment in northern Wisconsin lakes. Journal of Phycology 36: 274-286.

Descy, J. P., M. A. Hardy, S. Stenuite, S. Pirlot, B. Leporcq, I. Kimirei, B. Sekadende, S. R. Mwaitega, and D. Sinyenza. 2005. Phytoplankton pigments and community composition in Lake Tanganyika. Freshwater Biology 50: 668-684.

Duan, S. W., and T. S. Bianchi. 2006. Seasonal changes in the abundance and composition of plant pigments in particulate organic carbon in the lower Mississippi and Pearl rivers. Estuaries and Coasts 29: 427-442.

Egeland, E. S., and S. Liaaen-Jensen. 1992. Eight new carotenoids from a chemosystematic evaluation of Prasinophyceae. Proceedings, 7th International Symposium on Marine Natural Products, Capri.

Egeland, E. S., and S. Liaaen-Jensen. 1993. New carotenoids and chemosystematics in the Prasinophyceae. Proc. 10th Symposium on Carotenoids, Norway.

Emerson, R., and W. Arnold. 1932a. A separation of the reactions in photosynthesis by means of intermittent light. Journal of General Physiology 15: 391-420.

Emerson, R., and W. Arnold. 1932b. The photochemical reaction in photosynthesis. Journal of General Physiology 16: 191-205.

Exton, R. J., W. M. Houghton, W. E. Esaias, L. W. Haas, and D. Hayward. 1983. Spectral differences and temporal stability of phycoerythrin fluorescence in estuarine and coastal waters due to the domination of labile cryptophytes and stabile cyanobacteria. Limnology and Oceanography 28: 1225-1230.

Falkowski, P. G. 1994. The role of phytoplankton photosynthesis in global biogeochemical cycles. Photosynthesis Research 39: 235-258.

Foss, P., R. R. Guillard, and, S. Liaanen-Jensen. 1984. Prasinoxanthin: A chemosystematic marker. Phytochemistry 23: 1629-1633.

Foss, P., R. A. Levin, and S. Liaaen-Jensen. 1987. Carotenoids of Prochloron sp. (Prochlorophyta). Phycologia 26: 142-144.

Frank, H. A., and R. J. Cogdell. 1996. Carotenoids in photosynthesis. Photochemistry and Photobiology 63: 257-264.

Frost, B. W., and N. C. Franzen. 1992. Grazing and iron limitation in the control of phytoplankton stock and nutrient concentration: A chemostat analog of the Pacific Equatorial upwelling zone. Marine Ecology Progress Series 83: 291-303.

Furlong, E. T., and R. Carpenter. 1988. Pigment preservation and remineralization in oxic coastal marine sediments Geochimica et Cosmochimica Acta 52: 87-99.

Gaossauer, A., and N. Engel. 1996. Chlorophyll catabolism: Structures, mechanisms, conversions. Journal of Photochemistry and Photobiology B: Biology 32: 141-151.

Garcia-Pichel, F., and R. W. Catenholz. 1991. Characterization and biological implications of scytonemin, a cyanobacterial sheath pigment. Journal of Phycology 27: 395-409.

Garcia-Pichel, F., N. D. Sherry, and R. W. Castenholz. 1992. Evidence for an ultraviolet sunscreen role of the extracellular pigment scytonemin in the terrestrial cynaobacterium Chlorogloeopsis sp. Photochemistry and Photobiology 56: 17-23.

Garrido, J., M. Zapata. And S. Muñoz. 1995. Spectral characterization of new chlorophyll c pigments isolated from Emiliana huxleyi (Prymnesiophyceae) by high-performance liquid chromatography. Journal of Phycology 31: 761-768.

Gieskes, W. W., and G. W. Kraay. 1983. Unknown chlorophyll a derivatives in the North Sea and the tropical Atlantic Ocean revealed by HPLC analysis. Limnology and Oceanography 28: 757-766.

Gieskes, W.W.C., G. W. Kraay, W. Nontji, A. Setiapermana, and D. Sutomo. 1988. Monsoonal alternation of a mixed and layered structure in the phytoplankton of the euphotic zone of the Banda Sea (Indonesia): A mathematical analysis of algal pigment fingerprints. Netherlands Journal of Sea Research 22: 123-137.

Glazer, A. N., and D. A. Bryant. 1975. Allophycocyanin b (lambda max 671, 618 nm): New cyanobacterial phycobiliprotein. Archives of Microbiology 104: 15-22.

Glover, H., L. Campbell, and B. B. Prezelin. 1986. Contribution of Synechococcus spp. to size fractionated primary productivity in three water masses in the northwest Atlantic Ocean. Marine Biology 91: 193-203.

Goericke, R., and D. J. Repeta. 1992. The pigments of Prochlorococcus marinus: The presence of divinyl chlorophyll a and b in a marine prokaryote. Limnology and Oceanography 37: 425-433.

Goericke, R., and D. J. Repeta. 1993. Chlorophyll-a and chlorophyll-b and divinyl chlorophyll-a and chlorophyll-b in the open subtropical North Atlantic Ocean. Marine Ecology-Progress Series 101: 307-313.

Goericke, R., S. L. Strom, and R. A. Bell. 2000. Distribution and sources of cyclic pheophorbides in the marine environment. Limnology and Oceanography 45: 200-211.

Goodwin, T. W. 1980. The biochemistry of the carotenoids, 2nd ed. Chapman & Hall, London.

Govindjee, F., and W. J. Coleman. 1990. How plants make oxygen. Scientific American 262: 50-58.

Gray, M. W. 1992. The endosymbiont hypothesis revisited. International Review of Cytology: A Survey of Cell Biology 141: 233-357.

Guillard, R.R.L., L. S. Murphy, P. Foss, and S. Liaaen-Jensen. 1985. Synechcoccus spp. as a likely zeaxanthin-dominant ultraphytoplankton in the North Atlantic. Limnology and Oceanography 30: 412-414.

Hager, A. 1980. The reversible, light-induced conversions of xanthophylls in the chloroplast. Pp. 57-79 in F. C. Czygan, ed., Pigments in plants. Fischer, Stuttgart.

Hallegraeff, G. M., and S. W. Jeffrey 1985. Description of new chlorophyll a alteration products in marine phytoplankton. Deep-Sea Research 32: 697-705.

Hambright, K. D., T. Zohary, W. Eckert, S. S. Schwartz, C. L. Schelske, K. R. Laird, and P. R. Leavitt. 2008. Exploitation and destabilization of a warm, freshwater ecosystem through engineered hydrological change. Ecological Applications 18: 1591-1603.

Harradine, P. J., P. G. Harris, R. N. Head, R. P. Harris, and J. R. Maxwell. 1996. Steryl chlorine estrers are formed by zooplankton herbivory. Geochimica et Cosmochimica Acta 60: 2265-2270.

Harris, P. G., J. F. Carter, R. N. Head, R. P. Harris, G. Eglinton, and J. R. Maxwell. 1995. Identification of chlorophyll transformation products in zooplankton faecal pellets and marine sediments extracts by liquid chromatography/mass spectrometry atmospheric pressure chemical ionization. Rapid Communications in Mass Spectrometry 9: 1177-1183.

Hawkins, A.J.S., B. L. Bayne, R.F.C. Mantoura, and C. A. Llewellyn. 1986. Chlorophyll degradation and absorption through the digestive system of the blue mussel Mytilus edulis. Journal of Experimental Marine Biology and Ecology 96: 213-223.

Hayashi, M., K. Furuya, and H. Hattori. 2001. Spatial hetogeneity in distributions of chlorophyll a derivatives in the subarctic North Pacific during summer. Journal of Oceanography 57: 323-331.

Head, E.J.H., and L. R. Harris. 1994. Feeding selectivity by copepods grazing on natural mixtures of phytoplankton determined by HPLC analysis of pigments. Marine Ecology-Progress Series 110: 75-83.

Head, E.J.H., and L. R. Harris. 1996. Chlorophyll destruction by Calanus spp. Grazing on phytoplankton: Kinetics, effects of ingection rate and feeding history, and a mechanistic interpretation. Marine Ecology-Progress Series 135: 223-235.

Head, E.J.H., B. T. Hargrave, and D. V. Subba Rao. 1994. Accumulation of a phaeophorbide a-like pigment in sediment traps during late stages of a spring bloom: A product of dying algae? Limnology and Oceanography 39: 176-181.

Head, E.J.H., B. T. Hargrave, and D. V. Subba Rao. 1996. Chlorophyll destruction by Calanus spp. grazing on phytoplankton: Kinetics, effects of ingestion rate and feeding history, and a mechanistic interpretation. Marine Ecology-Progress Series 135: 223-235.

Hecky, R. E., and H. J. Kling. 1981. The phytoplankton and protozooplankton of the euphotic zone of Lake Tanganyika: Species composition, biomass, chlorophyll content, and spatio-temporal distribution. Limnology and Oceanography 26: 548-564.

Hill, R. 1939. Oxygen produced by isolated chloroplasts. Proceedings of the Royal Society of London Series B: Biological Sciences 127: 192-210.

Holden, M. 1976. Chlorophylls. Pp. 2-37 in T. W. Goodwin, ed., Chemistry and biochemistry of plant pigments, 2nd ed. Academic Press, London.

Huang, F., I. Parmryd, F. Nilsson, A. L. Persson, H. B. Pakrasi, B. Andersson, and B. Norling. 2002. Proteomics of Synechocystis sp. strain pcc 6803: Identification of plasma membrane proteins. Molecular and Cellular Proteomics 1: 956-966.

Huisman, J., N.N.P. Thi, D. M. Karl, and B. Sommeijer. 2006. Reduced mixing generates oscillations and chaos in the oceanic deep chlorophyll maximum. Nature 439: 322-325.

Humborg, C., V. Ittekkot, A. Cociasu, and B. Vonbodungen. 1997. Effect of Danube River dam on Black Sea biogeochemistry and ecosystem structure. Nature 386: 385-388.

Humborg, C., D. J. Conley, L. Rahm, F. Wulff, A. Cociasu, and V. Ittekkot. 2000. Silica retention in river basins: Far-reaching effects on biogeochemistry and aquatic food webs in coastal marine enviroments. Ambio 29: 45-50.

Ittekkot, V., C. Humborg, and P. Schafer. 2000. Hydrological alterations and marine biogeochemistry: A silicate issue? Bioscience 50: 776-782.

Jeffrey, S. W. 1974. Profiles of photosynthetic pigments in ocean using thin-layer chromatography. Marine Biology 26: 101-110.

Jeffrey, S. W. 1976a. The occurrence of chlorophyll c_1 and c_2 in algae. Journal of Phycology 12: 349-354.

Jeffrey, S.W. 1976b. A report on green algal pigments in the central North Pacific Ocean. Marine Biology 37: 33-37.

Jeffrey, S. W. 1989. Chlorophyll c pigments and their distribution in the chromophyte algae. Pp. 13-36 in J. C. Green, B.S.C. Leadbeater, and W. L. Diver, eds. The Chromophyte algae: Problems and perspectives. Clarendon Press, Oxford, UK.

Jeffrey, S. W. 1997. Application of pigment methods to oceanography. Pp. 127-178 in S. W. Jeffrey, R.F.C. Mantoura, and S. W. Wright eds., Phytoplankton pigments in oceanography. UNESCO, Paris.

Jeffrey, S. W., and G. M. Hallegraeff. 1987. Phytoplankton pigments, species and photosynthetic pigments in a warm-core eddy of the East Australian current,. I: Summer populations. Marine Ecology-Progress Series 3: 285-294.

Jeffrey, S. W., and G. F. Humphrey. 1975. New spectrophotometric equations for determining chlorophylls a, b, c_1 and c_2 in higher-plants, algae and natural phytoplankton. Biochemie und Physiologie der Pflanzen 167: 191-194.

Jeffrey, S. W., and R.F.C. Mantoura. 1997. Development of pigment methods for oceanography: SCOR-supported working groups and objectives. Pp. 19-31 in S. W. Jeffrey, R.F.C. Mantoura, and S. W. Wright, eds., Phytoplankton pigments in oceanography. UNESCO, Paris.

Jeffrey, S. W., and M. Vesk. 1997. Introduction to marine phytoplankton and their pigment signatures. Pp. 37-84 in S. W. Jeffrey, R.F.C. Mantoura, and S. W. Wright, eds., Phytoplankton pigments in oceanography: A guide to advanced methods. SCOR-UNESCO, Paris.

Jeffrey, S. W., and S. W. Wright. 1987. A new spectrally distinct component in preparations of chlorophyll-c from the micro-alga *Emiliania huxleyi* (prymnesiophyceae). Biochimica et Biophysica Acta 894: 180-188.

Jeffrey, S. W., and S. W. Wright. 1994. Photosynthetic pigments in the Haptophyta. Pp. 111-132 in J. C. Green and B.S.C. Leadbeater, eds., The haptophyte algae, Clarendon Press, Oxford, UK.

Jeffrey, S. W., M. Sielicki, and F. T. Haxo. 1975. Chloroplast pigment patterns in dinoflagellates. Journal of Phycology 11: 374-384.

Jeffrey, S. W., R. F. C. Mantoura, and S. W. Wright, eds. 1997. Phytoplankton pigments in oceanography. UNESCO, Paris.

Johansen, J. E., W. A. Svec, S. Liaaen-Jensen, and F. T. Haxo. 1974. Carotenoids of the Dinophyceae. Phytochemistry 13: 2261-2271.

Johnsen, G., and E. Sakshaug. 1993. Bio-optical characteristics and photoadaptive responses in the toxic and bloom-forming dinoflagellates *Gymnodinium aureolum*, *G. galatheanum*, and two strains of *Prorocentrum minimum*. Journal of Phycology 29: 627-642.

Johnson, P. W., and J. M. Sieburth. 1979. Chroococcoid cyanobacteria in the sea: Ubiquitous and diverse phototropic biomass. Limnology and Oceanography 24: 928-935.

Keely, B. J., and J. R. Maxwell. 1991. Structural characterization of the major chlorins in a recent sediment. Organic Geochemistry 17: 663-669.

Kendall, C., S. R. Silva, and V. J. Kelly. 2001. Carbon and nitrogen isotopic compositions of particulate organic matter in four large river systems across the United States. Hydrological Processes 15: 1301-1346.

King, L. L., and D. J. Repeta. 1994. Novel pyropheophorbide steryl esters in Black Sea sediments. Geochimica et Cosmochimica Acta 55: 2067-2074.

Knaff, D. B. 1993. The cytochrome-bc1 complexes of photosynthetic purple bacteria. Photosynthesis Research 35: 117-133.

Kolber, Z. S., R. T. Barber, K. H. Coale, S. E. Fitzwateri, R. M. Greene, K. S. Johnson, S. Lindley, and P. G. Falkowski 2002. Iron limitation of phytoplankton photosynthesis in the Equatorial Pacific Ocean. Nature 371: 145-149.

Kowalewska, G. 2005. Algal pigments in sediments as a measure of eutrophication in the Baltic environment. Quaternary International 130: 141-151.

Kowalewska, G., B. Wawrzyniak-Wydrowska, and M. Szymczak-Zyla. 2004. Chlorophyll a and its derivatives in sediments of the Odra estuary as a measure of its eutrophication. Marine Pollution Bulletin 49: 148-153.

Kuhlbrandt, W., D. N. Wang, and Y. Fujiyoshi. 1994. Atomic model of plant light-harvesting complex by electron crystallography. Nature 367: 614-621.

Kursar, T. A., and R. S. Alberte. 1983. Photosynthetic unit organization in a red alga: Relationships between light-harvesting pigments and reaction centers. Plant Physiology 72: 409-414.

Lami, A., P. Guilizzoni, and A. Marchetto. 2000. High resolution analysis of fossil pigments, carbon, nitrogen and sulfur in the sediment of eight European Alpine lakes: The MOLAR project. Journal of Limnology 59: 15-28.

Landry, M. R., J. Constantinou, M. Latasa, S. L. Brown, R. R. Bidigare, and M. E. Ondrusek. 2000a. Biological response to iron fertilization in the eastern Equatorial Pacific (IronEx II), II: Dynamics of phytoplankton growth and microzooplankton grazing. Marine Ecology-Progress Series 201: 57-72.

Landry, M. R., J. Constantinou, M. Latasa, S. L. Brown, R. R. Bidigare, and M. E. Ondrusek. 2000b. Biological response to iron fertilization in the eastern Equatorial Pacific (IronEx II), III: Microplankton community abundances and biomass. Marine Ecology-Progress Series 201: 27-42.

Landry, M. R., and D. L. Kirchman. 2002. Microbial community structure and variability in the tropical Pacific. Deep-Sea Research, Part II: Topical Studies in Oceanography 49: 2669-2693.

Landry, M. R., S. L. Brown, J. Neveux, C. Dupouy, J. Blanchot, S. Christensen, and R. R. Bidigare, 2003. Phytoplankton growth and microzooplankton grazing in high-nutrient, low-chlorophyll waters of the Equatorial Pacific: Community and taxon-specific rate assessments from pigment and flow cytometric analyses. Journal of Geophysical Research-Oceans 108: 8142, doi:10.1029/2000JC000744.

Latasa, M. 2007. Improving estimations of phytoplankton class abundances using CHEMTAX. Marine Ecology-Progress Series 329: 13-21.

Latasa, M., R. R. Bidigare, M. E. Ondrusek, and M. C. Kennicutt. 1996. HPLC analysis of algal pigments: A comparison exercise among laboratories and recommendations for improved analytical performance. Marine Chemistry 51: 315-324.

Laws, E. A., D. M. Karl, D. G. Redalje, R. S. Jurick, and C. D. Winn. 1983. Variability in ratios of phytoplankton carbon and RNA to ATP and chlorophyll a in batch and continuous cultures. Journal of Phycology 19: 439-445.

Le Borgne, R., and M. R. Landry. 2003. EBENE: A JGOFS investigation of plankton variability and trophic interactions in the Equatorial Pacific (18°). Journal of Geophysical Research-Oceans 108: 8136, doi: 10.1029/ 2001JC001252.

Leavitt, P. R., and S. R. Carpenter. 1989. Effects of sediment mixing and benthic algal production on fossil pigment startigraphies. Journal of Paleolimniology 2: 147-158.

Leavitt, P. R., and Hodgson, D. A. 2001. Sedimentary pigments. Pp. 2-21 in J. P Smol, H.J.B. Birks, and W. M. Last, eds., Tracking environmental changes using lake sediments. Kluwer, New York.

Leavitt, P. R., R. D. Vinebrooke, D. B. Donald, J. P. Smol, and D.W. Schindler. 1997. Past ultraviolet environments in lakes derived from fossil pigments. Limnology and Oceanography 44: 757-773.

Leavitt, P. R., B. F. Cumming, J. P. Smol, M. Reasoner, R. Pienitz, and D. A. Hodgson. 2003. Climatic control of ultraviolet radiation effects on lakes. Limnology and Oceanography 48: 2062-2069.

Leavitt, P. R., S. C. Fritz, N. J. Anderson, P. A. Baker, T. Blenckner, L. Bunting, J. Catalan, D. J. Conley, W. O. Hobbs, E. Jeppesen, A. Korhola, S. McGowan, K. Ruhland, J. A. Rusak, G. L. Simpson, N. Solovieva, and J. Werne. 2009. Paleolimnological evidence of the effects on lakes of energy and mass transfer from climate and humans. Limnology and Oceanography 54: 2230-2348.

Lee, T., M. Tsuzuki, T. Takeuchi, K. Yokoyama, and I. Karube. 1995. Quantitative determination of cyanobacteria in mixed phytoplankton assemblages by an in vitro fluorimetric method. Analytica Chimica Acta 302: 81-87.

Lemaire, E., G. Abril, R. De Wit, and H. Etcheber. 2002. Distribution of phytoplankton pigments in nine European estuaries and implications for an estuarine typology. Biogeochemistry 59: 5-23.

Lemberg, R., and J. W. Legge. 1949. Hematin compounds and bile pigments. Interscience, New York.

Lewitus, A. J., D. L. White, R. G. Tymowski, M. E. Geesey, S. N. Hymel, and P. A. Nobel. 2005. Adapting the CHEMTAX method for assessing phytoplankton taxonomic composition in southeastern U.S. estuaries. Estuaries 28: 160-172.

Liaaen-Jensen, S. 1978. Marine carotenoids. Pp. 1-73 in P. J. Scheuer, ed., Marine natural products: Chemical and biological perspectives. Academic Press, New York.

Llewellyn, C. A., and R. F. C. Mantoura. 1997. A UV absorbing compound in HPLC pigment chromatograms obtained from Icelandic basin phytoplankton. Marine Ecology Progress Series 158: 283-287.

Llewellyn, C. A., J. R. Fishwick, and J. C. Blackford. 2005. Phytoplankton community assemblage in the English Channel: A comparison using chlorophyll a derived from HPLC-CHEMTAX and carbon derived from microscopy cell counts. Journal of Plankton Research 27: 103-119.

Lorenzen, C. J., and J. N. Downs. 1986. The specific absorption coefficients of chlorophyllide-a and pheophorbidea in 90-percent acetone, and comments on the fluorometric determination of chlorophyll and pheopigments. Limnology and Oceanography 31: 449-452.

Louda, J. W., J. W. Loitz, D. T. Rudnick, and E. W. Baker. 2000. Early diagenetic alteration of chlorophyll-a and bacteriochlorophyll-a in a contemporaneous marl ecosystem, Florida Bay. Organic Geochemistry 31: 1561-1580.

Louda, J. W., L. Liu, and E. W. Baker. 2002. Senescence- and death-related alteration of chlorophylls and carotenoids in marine phytoplankton. Organic Geochemistry 33: 1635-1653.

Ma, L. F., and D. Dolphin. 1996. Stereoselective synthesis of new chlorophyll a related antioxidants isolated from marine organisms. Journal of Organic Chemistry 61: 2501-2510.

Mackey, M. D., D. J. Mackey, H. W. Higgins, and S. W. Wright. 1996. CHEMTAX—a program for estimating class abundances from chemical markers: Application to HPLC measurements of phytoplankton. Marine Ecology Progress Series 144: 265–283.

Malkin, R., and K. Niyogi. 2000. Photosynthesis. Pp. 568–628 in B. Buchanan, W. Gruissem, and R. Jones, eds., Biochemistry and molecular biology of plants. American Society of Plant Physiologists, Rockville, MD.

Mantoura, R.F.C., and C. A. Llewellyn. 1983. The rapid-determination of algal chlorophyll and carotenoid pigments and their breakdown products in natural waters by reverse-phase high-performance liquidchromatography Analytica Chimica Acta 151: 297–314.

Martin, J. H., and S. E. Fitzwater. 1988. Iron-deficiency limits phytoplankton growth in the northeast Pacific subarctic. Nature 331: 341–343.

Meyer-Harms, B., and B. Von Bodungen. 1997. Taxon-specific ingestion rates of natural phytoplankton by calanoid copepods in a estuarine enviroment (Pomeranian Bight, Baltic Sea) determined by cell counts and HPLC analyses of marker pigments. Marine Ecology-Progress Series 153: 181–190.

Michel, H., and J. Deisenhofer. 1988. Relevance of the photosynthetic reaction center from purple bacteria to the structure of photosystem-II. Biochemistry 27: 1–7.

Miller, R. L., C. E. Del Castillo, and B. A. McKee, eds. 2005. Remote sensing of coastal aquatic environments. Springer, Dordrecht, The Netherlands.

Millie, D. F., H. W. Paerl, and J. P. Hurley. 1993. Microalgal pigment assessments using high-performance liquid chromatography: A synopsis of organismal and ecological applications. Canadian Journal of Fisheries and Aquatic Sciences 50: 2513–2527.

Monger, B. C., andM. R. Landry. 1993. Flow cytometric analysis of marine-bacteria with Hoechst 33342. Applied and Enivromental Microbiology 59: 905–911.

Morel, F.M.M., D. A. Dzombak, and N. M. Price. 1991. Heterogeneous reactions in coastal waters. Pp. 165–180 in R.F.C. Mantoura, J. M. Martin, and R. Wollast, eds., Ocean margin processes in global change, Wiley, New York.

Moreth, C. M., and C. S. Yentsch. 1970. A sensitive method for determination of open ocean phytoplankton phycoerythrin pigments by fluorescence. Limnology and Oceanography 15: 313–317.

Mossa, J. 1996. Sediment dynamics in the lowermost Mississippi River. Engineering Geology 45: 457–479.

Nelson, J. R., and S. G. Wakeham. 1989. A phytol-substituted chlorophyll c from Emiliana huxleyi (Prymnesiophyceae). Journal of Phycology 25: 761–766.

Neveux, J., and F. Lantoine. 1993. Spectrofluorometric assay of chlorophylls and pheopigments using the leastsquares approximation technique. Deep-Sea Research, Part I: Oceanographic Research Papers 40: 1747–1765.

Nugent, J.H.A. 1996. Oxygenic photosynthesis-electron transfer in photosystem I and photosystem II. European Journal of Biochemistry 237: 519–531.

Olson, J. M., and B. K. Pierson. 1987. Origin and evolution of photosynthetic reaction centers. Origins of Life and Evolution of the Biospheres 17: 419–430.

Onstad, G. D., D. E. Canfield, P. D. Quay, and J. I. Hedges. 2000. Sources of particulate organic matter in rivers from the continental USA: Lignin phenol and stable carbon isotope compositions. Geochimica etCosmochimica

Acta 64: 3539-3546.

Overmann, J., G. Sandmann, K. J. Hall, and T. G. Northcote. 1993. Fossil carotenoids and paleolimnology of meromictic Mahoney Lake, British Columbia, Canada. Aquatic Sciences 55: 1015-1621.

Paerl, H. W. 2007. Nutrient and other environmental controls of harmful cyanobacterial blooms along the freshwater-marine continuum. In H. K. Hudnell, ed., Proceedings of the interagency, international symposium on cyanobacterial harmful algal blooms. Advances in Experimental Medicine and Biology.

Paerl, H. W., and R. S. Fulton. 2006. Ecology of harmful cyanobacteria. Pp. 65-107 in E. Graneli and J. Turner, eds., Ecology of harmful marine algae. Springer, Berlin.Paerl, H. W., R. S. Fulton, P. H. Moisander, and J. Dyble. 2001. Harmful freshwater algal blooms, with an emphasis on cyanobacteria. The Scientific World 1: 76-113.

Parsons, T. R., and J.D.H. Strickland. 1963. Discussion of spectrophotometric determination of marine-plant pigments, with revised equations for ascertaining chlorophylls and carotenoids. Journal of Marine Research 21: 155-163.

Patterson, G., and O. Kachinjika. 1995. Limnology and phytoplankton ecology. Pp. 1-67 in A. Menz, ed., The fishery potential and productivity of the pelagic zone of Lake Malawi/Niassa. Natural Resource Institute. Chatham, UK.

Pennington, F. C., F. T. Haxo, G. Borch, G., and S. Liaaen-Jensen. 1985. Carotenoids of Cryptophyceae. Biochemical Systematic Ecology 13: 215-219.

Pfundel, E., and W. Bilger. 1994. Regulation and possible function of the violaxanthin cycle. Photosynthesis Research 42: 89-109.

Pinckney, J. L., D. F. Millie, K. E. Howe, H. W. Paerl, and J. P. Hurley. 1996. Flow scintillation counting of C-14-labeled microalgal photosynthetic pigments. Journal of Plankton Research 18: 1867-1880.

Pinckney, J. L., H.W. Paerl,M. B. Harrington, and K. E. Howe. 1998. Annual cycles of phytoplankton communitystructure and bloom dynamics in the Neuse River estuary, North Carolina. Marine Biology 131: 371-381.

Pinckney, J. L., T. L. Richardson, D. F. Millie, and H. W. Paerl. 2001. Application of photopigment biomarkers for quantifying microalgal community composition and in situ growth rates. Organic Geochemistry 32: 585-595.

Porra, R. J., E. E. Pfundel, and N. Engel. 1997. Metabolism and function of photosynthetic pigments. Pp. 85-126 in S. W. Jeffrey, R. F. C. Mantoura, and S. W. Wright, eds., Phytoplankton pigments in oceanography. UNESCO, Paris.

Redalje, S. J. 1993. ACS directory of graduate research on disc. Journal of Chemical Information and Computer Sciences 33: 796-796.

Repeta, D. J., and R. B. Gagosian. 1987. Carotenoid diagenesis in recent marine sediments, 1: The Peru continental-shelf (15°S, 75°W). Geochimica et Cosmochimica Acta 51: 1001-1009.

Repeta, D. J., and D. J. Simpson. 1991. The distribution and cycling of chlorophyll, bacteriochlorophyll and carotenoids in the Black Sea. Deep-Sea Research 38: 969-984.

Repeta, D. J., D. J. Simpson, B. B. Jorgensen, and H. W. Jannasch. 1989. Evidence for anoxygenic photosynthesis from the distribution of bacteriochlorophylls in the Black Sea. Nature 342: 69-72.

Richards, T. A., and T. G. Thompson. 1952. The estimation and characterization of plankton populations by pigment analyses, II: A spectrophotometric method for the estimation of plankton pigments. Journal of Marine Research 11: 156-172.

Ricketts, T. R, 1966. Magnesium 2,4-divinylphaeoporphyrin a, monomethyl ester, a photochlorophyll-like pigment presence in some unicelluar flagellates. Phytochemistry 5: 223-229.

Rowan, K. S. 1989. Photosynthetic pigments of algae. Cambridge University Press, Cambridge, UK.

Roy, S., J. P. Chanut, M. Gosselin, and T. Sime-Ngando. 1996. Characterization of phytoplankton communities in the lower St. Lawerence estuary using HPLC-detected pigments and cell microscopy. Marine Ecology-Progress Series 142: 55-73.

Ruess, N., D. J. Conley, and T. S. Bianchi. 2005. Preservation conditions and the use of sediment pigments as a tool for recent ecological reconstruction in four northern European estuaries. Marine Chemistry 95: 283-302.

Rutherford, A. W. 1989. Photosystem-II, the water-splitting enzyme. Trends in Biochemical Sciences 14: 227-232.

Rutherford, D. W., C. T. Chiou, and D. Kile. 1992. Influence of soil organic matter composition on the partitioning of organic compounds. Environmental Science and Technology 26: 336-340.

Sandmann, G. 2001. Carotenoid biosynthesis and biotechnological application. Archives of Biochemistry and Biophysics 385: 4-12.

Sanger, J. E., and E. Gorham. 1970. Diversity of pigments in lake sediments and its ecological significance. Limnology and Oceanography 15: 59-69.

Schmid, H., F. Bauer, and H. B. Stich. 1998. Determination of algal biomass with HPLC pigment analysis from lakes of different trophic state in comparison to microscopically measured biomass. Journal of Plankton Research 20: 1651-1661.

Schuette, H. R. 1983. Secondary plant substances: Aspects of carotenoid biosynthesis. Progress in Botany 45: 120-135.

Seki, M. P., J. J. Polovina, R. E. Brainard, R. R. Bidigare, C. L. Leonard, and D. G. Foley. 2001. Biological enhancement at cyclonic eddies tracked with goes thermal imagery in Hawaiian waters. Geophysical Research Letters 28: 1583-1586.

Shuman, F. R., and C. J. Lorenzen. 1975. Quantitative degradation of chlorophyll by a marine herbivore. Limnology and Oceanography 20: 580-586.

Smith, W. O., Jr., A. R., Shields, J. A. Peloquin, G. Catalano, S. Tozzi, M. S. Dinniman, and V. A. Asper. 2006. Interannual variations in nutrients, net community production, and biogeochemical cycles in the Ross Sea. Deep-Sea Research 53: 815-833.

Sinninghe-Damsté, J. S., and M.J.L. Coolen. 2006. Fossil DNA in Cretaceous black shales: myth or reality? Astrobiology 6: 299-302.

Spooner, N., H. R. Harvey, G.E.S. Pearce, C. B. Eckardt, and J. R. Maxwell. 1994. Biological defunctionalisation of chlorophyll in the aquatic environment, 2: Action of endogenous algal enzymes and aerobic bacteria. Organic Geochemistry 22: 773-780.

Squier, A. H., D. A. Hodgson, and B. J. Keely. 2004. Identification of bacteriophaeophytin a esterified with geranylgeraniol in an Antarctic lake sediment. Organic Geochemistry 35: 203-207.

Stauber, J. L., and S. W. Jeffrey. 1988. Photosynthetic pigments in fifty-one species of marine diatoms. Journal of Phycology 24: 158-172.

Stewart, D. E., and F. H. Farmer. 1984. Extraction, identification, and quantitation of phycobiliprotein pigments from phototrophic plankton. Limnology and Oceanography 29: 392-397.

Stomp, M., J. Huisman, F. de Jongh, A. J. Veraart, D. Gerla, M. Rijkeboer, B. W. Ibelings, U.I.A. Wollenzien, and L. J. Stal. 2004. Adaptive divergence in pigment composition promotes phytoplankton biodiversity. Nature 432: 104-107.

Strom, S. L., 1991. Growth and grazing rates of an herbivorous dinoflagellate (*Gymnodinium* sp.) from the open subarctic Pacific Ocean. Marine Ecology-Progress Series 78: 103-113.

Strom, S. L. 1993. Production of phaeopigments by marine protozoa: Results of laboratory experiments analyzed by HPLC. Deep-Sea Research 40: 57-80.

Sullivan, B. E., F. G. Prahl, L. F. Small, and P. A. Covert. 2001. Seasonality of phytoplankton production in the Columbia River: A natural or anthropogenic pattern? Geochimica et Cosmochimica Acta 65: 1125-1139.

Suzuki, J. Y., D. W. Bollivar, and C. E. Bauer. 1997. Genetic analysis of chlorophyll biosynthesis. Annual Review of Genetics 31: 61-89.

Szymczak-Zyla, M., B. Wawrzyniak-Wydrowska, and G. Kowalewska. 2006. Products of chlorophyll a transformation by selected benthic organisms in the Odra estuary (southern Baltic Sea). Hydrobiologia 554: 155-164.

Szymczak-Zyla, M., G. Kowalewska, and J. Louda. 2008. The influence of microorganisms on chlorophyll a degradation in the marine environment. Limnology and Oceanography 53: 851-862.

Taiz, L., and E. Zeiger. 2006. Plant physiology, 4th ed. Sinauer Associates, Sunderland, MA.

Talbot, H. M., R. Head, R. P. Harris, and J. R. Maxwell. 1999. Distribution and stability of steryl chlorin esters in copepod faecal pellets from diatom grazing. Organic Geochemistry 30: 1163-1174.

Talling, J. F. 1987. The phytoplankton of Lake Victoria (East Africa). Archiv fur Hydrobiologie 25: 229-256.

Tester, P. A., M. E. Geesey, C. Z. Guo, H. W. Paerl, and D. F. Millie. 1995. Evaluating phytoplankton dynamics in the Newport River estuary (North Carolina, USA) by HPLC-derived pigment profiles. Marine Ecology-Progress Series 124: 237-245.

Thorp, J. H., and M. D. Delong. 1994. The riverine productivity model: An heuristic view of carbon sources and organic processing in large river ecosystems. OIKOS 70: 305-308.

Trees, C. C., M. C. Kennicutt, and J. M. Brooks. 1985. Errors associated with the standard fluorimetric determination of chlorophylls and phaeopigments. Marine Chemistry 17: 1-12.

Treibs, A. 1936. Chlorophyll- und H minderivate in organischen Mineralstoffen. Angewandte Chemie 49:682-688.

UNESCO. 1966. Monographs on oceanographic methodology, 1: Determination of photosynthetic pigments in sea water. United Nations Educational, Scientific and Cultural Organization, Paris.

Van Heukelem, L., and C. S. Thomas. 2001. Computer-assisted high-performance liquid chromatography method development with applications to the isolation and analysis of phytoplankton pigments. Journal of Chromatography A 910: 31-49.

Verburg, P., R. E. Hecky, and H. J. Kling. 2003. Ecological consequences of a century of warming in Lake Tanganyika. Science 301: 505-507.

Vernet, M., and C. J. Lorenzen. 1987. The presence of chlorophyll b and the estimation of phaeopigments in marine phytoplankton. Journal of Plankton Research 9: 255-265.

Vesk, M., and S.W. Jeffrey. 1987. Ultrastructure and pigments of two strains of the picoplanktonic alga Pelagococcus subviridis (Chrysophyceae). Journal of Phycology 23: 322–336.

Vincent, W. F., M. T. Downes, R. W. Castenholz, and C. Howard–Williams. 1993. community structure and pigment organisation of cyanbacteria–dominated microbial mats in Antarctica. European Journal of Phycology 28: 213–221.

Watts, C. D., and Maxwell, J. R. 1977. Carotenoid diagenesis in a marine sediment. Geochimica et Cosmochimica Acta 41: 493–497.

Weber, C. I., L. A. Fay, G. B. Collins, D. E. Rathke, and J. Tobin. 1986. A review of methods for the analysis of chlorophyll in periphyton and plankton of marine and freshwater systems. Ohio State University Sea Grant Program Tech Bull OHSU–TB–15.

Wehr, J. D., and R. G. Sheath. 2003. Freshwater habitats of algae. Pp. 757–776 in Freshwater algae of North America: Ecology and classification. Academic Press, San Diego.

Wehr, J. D., and J. H. Thorp. 1997. Effects of navigation dams, tributaries, and littoral zones on phytoplankton communities in the Ohio River. Canadian Journal of Fisheries and Aquatic Sciences 54: 378–395.

Welschmeyer, N., and C. J. Lorenzen. 1985. Chlorophyll budgets: Zooplankton grazing and phytoplankton growth in a temperate fjord and the central Pacific gyres. Limnology and Oceanography 30: 1–21.

Wetzel, R. G. 2001. Fundamental processes within natural and constructed wetland ecosystems: Short–term versus long–term objectives. Water Science and Technology 44: 1–8.

Whatley, J. M. 1993. The endosymbiotic origin of chloroplasts. International Review of Cytology: A Survey of Cell Biology 144: 259–299.

Wilson, M. A., R. L. Airs, J. E. Atkinson, and B. J. Keely. 2004. Bacteriovirdins: Novel sedimentary chlorines providing evidence for oxidative processes affecting paleobacterial communities. Organic Geochemistry 35: 199–202.

Wright, S. W., S. W. Jeffrey, R.F.C. Mantoura, C. A. Llewellyn, T. Bjørland, D. Repta, and N. Welschmeyer. 1991. Improved HPLC method for the analysis of chlorophylls and carotenoids from marine phytoplankton. Marine Ecology Progress Series 77: 183–196.

Wright, S. W., D. P. Thomas, H. J. Marchant, H. W. Higgins, M. D. Mackey, and D. J. Mackey. 1996. Analysis of phytoplankton of the Australian sector of the southern ocean: Comparisons of microscopy and size frequency data with interpretations of pigment HPLC data using the 'CHEMTAX' matrix factorisation program. MarineEcology–Progress Series 144: 285–298.

Wyman, M. 1992. An in–vivo method for the estimation of phycoerythrin concentrations in marine cyanobacteria (Synechococcus spp). Limnology and Oceanography 37: 1300–1306.

Yacobi, Y. Z., U. Pollingher, Y. Gonen, V. Gerhardt, and A. Sukenik. 1996. HPLC analysis of phytoplankton pigments from Lake Kinneret with special reference to the bloom–forming dinoflagellate *Peridinium gatunense* (Dinophyceae) and chlorophyll degradation products. Journal of Plankton Research 18: 1781–1796.

Ziegler, R., A. Blaheta, N. Guha, and B. Schonegge. 1988. Enzymatic formation of pheophorbide and pyrophephorbide during chlorophyll degradation in a mutant of chlorella Fusca shihira. Journal of Plant Physiology 132: 327–332.

第 13 章

Adler, E. 1977. Lignin chemistry—past, present and future. Wood Science Technology 11: 169-218.

Baker, C. J., S. L. McCormick, and D. F. Bateman. 1982. Effects of purified cutin esterase upon the permeability and mechanical strength of cutin membranes. Phytopathology 72: 420-423.

Bauer, J. E., E.R.M. Druffel, D. M. Wolgast, and S. Griffin. 2001. Sources and cycling of dissolved and particulate organic radiocarbon in the northwest Atlantic continental margin. Global Biogeochemical Cycles 15: 615-636.

Benner, R., and S. Opsahl. 2001. Molecular indicators of the sources and transformations of dissolved organic matter in the Mississippi River plume. Organic Geochemistry 32: 597-611.

Benner, R., A. E. Maccubin, and R. E. Hodson. 1984. Anaerobic degradation of the lignin and polysaccharide components of lignocellulose and synthetic lignin by sediment microflora. Applied EnvironmentalMicrobiology 47: 988-1004.

Benner, R., M. A. Moran, and R. E. Hodson. 1986. Biogeochemical cycling of lignocellulosic carbon in marine and fresh- water ecosystems: Relative contributions of procaryotes and eucaryotes. Limnology and Oceanography 31: 89-100.

Benner, R., K. Weliky, and F. I. Hedges. 1990. Early diagenesis of mangrove leaves in a tropical estuary: molecularlevel analyses of neutral sugars and lignin-phenols. Geochimica et Cosmochimica Acta 54: 1991-2001.

Bernards, M. A. 2002. Demystifying suberin. Canadian Journal of Botany 80: 227-240.

Bernards, M. A., M. L. Lopez, and J. Zajicek. 1995. Hydroxycinnamic acid-derived polymers constitute the polyaromatic domain of suberin. Journal of Biological Chemistry 270: 7382-7386.

Bianchi, T. S., and M. E. Argyrou. 1997. Temporal and spatial dynamics of particulate organic carbon in the Lake Pontchartrain estuary, southeast Louisiana, U.S.A. Estuarine, Coastal and Shelf Science 45: 287-297.

Bianchi, T. S., C. Rolff, and C. Lambert. 1997. Sources and composition of particulate organic carbon in the Baltic Sea: The use of plant pigments and lignin-phenols as biomarkers. Marine Ecology-Progress Series 156: 25-31.

Bianchi, T. S., M. Argyrou, and H. F. Chipett. 1999. Contribution of vascular-plant carbon to surface sediments across the coastal margin of Cyprus (eastern Mediterranean). Organic Geochemistry 30: 287-297.

Bianchi, T. S., S. Mitra, and M. McKee. 2002. Sources of terrestrially-derived carbon in the Lower Mississippi River and Louisiana shelf: Implications for differential sedimentation and transport at the coastal margin. Marine Chemistry 77: 211-223.

Bianchi, T. S., L. A.Wysocki,M. Stewart, T. R. Filley, and B. A. McKee. 2007. Temporal variability in terrestriallyderived sources of particulate organic carbon in the lower Mississippi River. Geochimica et Cosmochimica Acta 71: 4425-4437.

Birnbaum, K., D. E. Shasha, J. Y. Wang, J. W. Jung, G. M. Lambert, D. W. Galbraith, and P. N. Benfey. 2003. A gene expression map of the Arabidopsis root. Science 302: 1956-1960.

Blee, E., and F. Schuber. 1993. Biosynthesis of cutin monomers: Involvement of a lipoxygenase/peroxygenase pathway. Journal of Plants 4: 113-123.

Bonaventure, G., J. J. Salas, M. R. Pollard, and J. B. Ohlrogge. 2003. Disruption of the FATB gene in Arabidopsis demonstrates an essential role of saturated fatty acids in plant growth. Plant Cell 15: 1020-1033.

Bonaventure, G., F. Beisson, J. Ohlrogge, and M. Pollard. 2004. Analysis of the aliphatic monomer composition of polyesters associated with Arabidopsis epidermis: Occurrence of octadeca-cis-6, cis-9-diene-1,18-dioate as the major component. Plant Journal 40: 920-930.

Broecker, W. S., and T. H. Peng. 1982. Tracers in the sea. LDGEO Press, Palissades, NY.

Cardoso, J. N., and G. Eglinton. 1983. The use of hydroxy acids as geochemical indicators. Geochimica et Cosmochimica Acta 47: 723-730.

Chang, H. M., and G. G. Allen. 1971. Oxidation. Pp. 433-485 in K. V. Sarkanen and C. H. Ludwig, eds., Lignins. Wiley Interscience, New York.

Chefetz, B., Y. Chen, C. E. Clapp, and P. G. Hatcher. 2000. Characterization of organic matter in soils by thermochemolysisusing tetramethylammonium hydroxide (TMAH). Soil Science Society of America 64: 583-589.

Clifford, D. J., D. M. Carson, D. E. McKinney, J. M. Bortiatynski, and P. G. Hatcher. 1995. A new rapid technique for the characterization of lignin in vascular plants: Thermochemolysis with tetramethylammonium hydroxide (TMAH). Organic Geochemistry 23: 169-175.

Croteau, R., and P. E. Kolattukudy. 1974. Biosynthesis of hydroxy fatty acid polymers: Enzymatic synthesis of cutin from monomer acids by cell-free preparations from epidermis of Vicia faba leaves. Biochemistry 13: 3193-3202.

Daniel, G. F., T. Nilsson, and A. P. Singh. 1987. Degradation of lignocellulosics by unique tunnel-forming bacteria. Canadian Journal of Microbiology 33: 943-948.

De Leeuw, D., and C. Largeau. 1993. A review of macromolecular organic compounds that comprise living organisms and their role in kerogen, coal, and petroleum formation. Pp. 23-72 in M. H. Engel and S. A. Macko, eds., Organic geochemistry: Principle and applications. Plenum Press, New York.

Dean, B. B., and P. E. Kolattukudy. 1976. Synthesis of suberin during wound-healing in jade leaves, tomato fruit, and bean pods. Plant Physiology 58: 411-416.

Dickens, A. F., J. A. Gudeman, Y, Gélinas, J. A. Baldock, W. Tinner, F. S. Hu, and J. I. Hedges. 2007. Sources and distribution of CuO-derived benzene carboxylic acids in soils and sediments. Organic Geochemistry 38: 1256-1276.

Dittmar, T., and G. Kattner. 2003. The biogeochemistry of the river and shelf ecosystem of the Arctic Ocean: A review. Marine Chemistry 83: 103-120.

Dittmar, T., and R. J. Lara. 2001. Molecular evidence for lignin degradation in sulfate-reducing mangrove sediments (Amazônia, Brazil). Geochimica et Cosmochimica Acta 65: 1417-1428.

Duan, H., and M. A. Schuler. 2005. Differential expression and evolution of the Arabidopsis CYP86A subfamily. Plant Physiology 137: 1067-1081.

Eadie, B. J., B. A. McKee, M. B. Lansing, J. A. Robbins, S. Metz, and J. H. Trefrey. 1994. Records of nutrient enhanced coastal ocean productivity in sediments from the Louisiana continental shelf. Estuaries 17: 754-765.

Eglinton, G., D. H. Hunneman, and K. Douraghi-Zadeh. 1986. Gas chromatographic-mass spectrometric studies of long chain hydroxy acids, II: The hydroxy acids and fatty acids of a 5000-year-old lacustrine sediment. Tetrahedron 24: 5929-5941.

Endstone, D. E., C. A. Peterson, and F. Ma. 2003. Root endodermis and exodermis: Structure, function, and responses to the environment. Journal of Plant Growth Regulation. 21: 335-351.

Engbrodt, R. 2001. Biogeochemistry of dissolved carbohydrates in the Arctic. Report of Polar Research 396: 106.

Ertel, J. R., and J. I. Hedges. 1984. Sources of sedimentary humic substances: Vascular plant debris. Geochimica et Cosmochimica Acta 48: 2065-2074.

Espelie, K. E., and P. E. Kolattukudy. 1979a. Composition of the aliphatic components of suberin of the endodermal fraction from the first internode of etiolated *Sorghum* seedlings. Plant Physiology 63: 433-435.

Espelie, K. E., and P. E. Kolattukudy. 1979b. Composition of the aliphatic components of suberin from the bundle sheaths of *Zea mays* leaves. Plant Science Letters 15: 225-230.

Espelie, K. E., N. Z. Sadek, and P. E. Kolattukudy. 1980. Composition of suberin-associated waxes from the subterranean storage organs of seven plants, parsnip, carrot, rutabaga, turnip, red beet, sweet potato and potato. Planta 148: 468-476.

Fabbri, D., G. Chiavari, and G. C. Galletti. 1996. Characterization of soil humin by pyrolysis (methylation)-gas chromatography/mass spectrometry: Structural relationships with humic acids. Journal Analytical Applied Pyrolysis 37: 161-172.

Faegri, K., and J. Iverson. 1992. Textbook of pollen analysis, 4th ed. Wiley, New York.

Farella, N., M. Lucotte, P. Louchouarn, and M. Roulet. 2001. Deforestation modifying terrestrial organic transport in the Rio Tapajós, Brazilian Amazon. Organic Geochemistry 32: 1143-1458.

Filley, T. R. 2003. Assessment of fungal wood decay by lignin analysis using tetramethylammonium hydroxide (TMAH) and 13C-labeled TMAH thermochemolysis. Pp. 119-139 in B. Goodell, D. D. Nicholas, and T. P. Schultz, eds., Wood deterioration and preservation: advances in our changing world. ACS Symposium Series, Washington, DC.

Filley, T. R. 1999b. Tetramethylammonium hydroxide (TMAH) thermochemolysis: Proposed mechanisms based upon the application of C-13-labeled TMAH to a synthetic model lignin dimer. Organic Geochemistry 30: 607-621.

Filley, T. R., R. D. Minard, and P. G. Hatcher. 1999a. Tetramethylammonium hydroxide (TMAH) thermochemolysis: Proposed mechanisms based upon the application of ^{13}C-labeled TMAH to a synthetic model lignin dimer. Organic Geochemistry 30.

Filley, T. R., P. G. Hatcher, W. C. Shortle, and R. T. Praseuth. 2000. The application of ^{13}C-labeled tetramethylammonium hydroxide (^{13}C-TMAH) thermochemolysis to the study of fungal degradation of wood. Organic Geochemistry 31: 181-198.

Filley, T. R., K. G. J. Nierop, and Y. Wang. 2006. The contribution of polyhydroxyl aromatic compounds to tetramethylammonium hydroxide lignin-based proxies. Organic Geochemistry 37: 711-727.

Fors, Y., T. Nilsson, E. Risberg, M. Sandstrom, and P. Torssander. 2008. Sulfur accumulation in pinewood (Pinus sylvestris) induced by bacteria in a simulated seabed environment: Implications for marine archaeological wood and fossil fuels. International Biodeterioration and Biodegradation 62: 336-347.

Galler, J. J. 2004. Estuarine and bathymetric controls on seasonal storage in the lower Mississippi and Atchafalaya rivers. Tulane University, New Orleand, LA.

Galler, J. J., T. S. Bianchi, M. A. Allison, R. Campanella, and L. A. Wysocki. 2003. Biogeochemical implications of levee confinement in the lower-most Mississippi River. EOS 84: 469-476.

Gardner, W. S., and D. W. Menzel. 1974. Phenolic aldehydes as indicators of terrestrially derived organic matter in the sea. Geochimica et Cosmochimica Acta 38: 813-822.

Gleixner, G., C. Czimczi, K. Kramer, B. M. Luhker, andM.W.I. Schmidt. 2001. Plant compounds and their turnover and stabilization as soil organic matter. Pp. 201-215 in M. Schulze et al., eds., Global Biogeochemical Cycles in the climate system. Academic Press, San Diego.

Goñi, M. A., and J. I. Hedges. 1990a. Potential applications of cutin-derived CuO reaction products for discriminating vascular plant sources in natural environments. Geochimica et Cosmochimica Acta 54: 3073-3083.

Goñi, M. A., and J. I. Hedges. 1990b. Cutin derived CuO reaction products from purified cuticles and tree leaves. Geochimica Cosmochimica Acta 54: 3065-3072.

Goñi, M. A., and J. I. Hedges. 1990c. The diagenetic behavior of cutin acids in buried conifer needles and sediments from a coastal marine environment. Geochimica et Cosmochimica Acta 54: 3083-3093.

Goñi, M. A., and J. I. Hedges. 1992. Lignin dimers: Structures, distribution, and potential geochemical applications. Geochimica et Cosmochimica Acta 56: 4025-4043.

Goñi, M. A., and J. I. Hedges. 1995. Sources and reactivities of marine-derived organic matter in coastal sediments as determined by alkaline CuO oxidation. Geochimica et Cosmochimica Acta 59.

Goñi,M. A., and K. A. Thomas. 2000. Sources and transformations of organic matter in surface soils and sediments from a tidal estuary (North Inlet, South Carolina, U.S.A). Estuaries 23: 548-564.

Goñi, M. A., K. C. Ruttenberg, and T. I. Eglinton. 1997. Sources and contribution of terrigenous organic carbon to surface sediments in the Gulf of Mexico. Nature 389: 275-278.

Goñi, M. A., K. C. Ruttenberg, and T. I. Eglinton. 1998. A reassessment of the sources and importance of land-derived organic matter in surface sediments from the Gulf of Mexico. Geochimica et Cosmochimica Acta 62: 3055-3075.

Goñi, M. A., M. B. Yunker, R. W. MacDonald, and T. I. Eglinton. 2000. Distribution and sources of organic biomarkers in arctic sediments from the Mackenzie River and Beaufort shelf. Marine Chemistry 71:23-51.

Goñi, M. A., M. J. Teixeira, and D. W. Perkey. 2003. Sources and distribution of organic matter in a riverdominated estuary (Winyah Bay, SC, USA). Estuarine Coastal and Shelf Science 57: 1023-1048.

Goodwin, T. W., and E. I. Mercer. 1972. Introduction to plant biochemistry. Pergamon Press, New York.

Gordon, E. S., and M. A. Goñi. 2003. Sources and distribution of terrigenous organic matter delivered by the Atchafalaya River to sediments in the northern Gulf of Mexico. Geochimica et Cosmochimica Acta 67: 2359-2375.

Gough, M. A., R. F. C. Mantoura, and M. Preston. 1993. Terrestrial plant biopolymers in marine sediments. Geochimica et Cosmochimica Acta 57: 945-964.

Graca, J., and H. Pereira. 2000a. Methanolysis of bark suberins: Analysis of glycerol and acid monomers. Phytochemical Analytica 11: 45-51.

Graca, J., and H. Pereira. 2000b. Suberin in potato periderm: Glycerol, long chain monomers, and glyceryl and feruloyl dimers. Journal of Agricultural Food Chemistry 48: 5476-5483.

Graca, J., L. Schreiber, J. Rodrigues, and H. Pereira. 2002. Glycerol and glyceryl esters of omega-hydroxyacids in cutins. Phytochemistry 61: 205-215.

Grbic-Galic, D., and L. Y. Young. 1985. Methane fermentation of ferrulate and benzoate: Anaerobic degradation pathways. Applied Environmental Microbiology 50: 292-297.

Griffith, M., N.P.A. Huner, K. E. Espeilie, and P. E. Kolattukudy. 1985. Lipid polymers accumulate in the epidermis and mestome sheath cell walls during low temperature development of winter rye leaves. Protoplasma 125: 53-64.

Guo, L., and P. H. Santschi. 2000. Sedimentary sources of old high molecular weight dissolved organic carbon from the ocean margin benthic nepheloid layer. Geochimica et Cosmochimica Acta 64: 651-660.

Hatcher, P. G., and R. D. Minard. 1996. Comparison of dehydrogenase polymer (DHP) lignin with native lignin from gymnosperm wood by thermochemolysis using tetramethylammonium hydroxide (TMAH). Organic Geochemistry 24: 593-600.

Hatcher, P. G., M. A. Nanny, R. D. Minard, S. C. Dible, and D. M. Carson. 1995. Comparison of two thermochemolytic methods for the analysis of lignin in decomposing gymnosperm wood: The CuO oxidation method and the method of thermochemolysis with tetramethylammonium hydroxide (TMAH). Organic Geochemistry 23: 881-888.

Hedges, J. I., and J. R. Ertel. 1982. Characterization of lignin by gas capillary chromatography of cupric oxide oxidation products. Analytical Chemistry 54: 174-178.

Hedges, J. I., and D. C. Mann. 1979. The characterization of plant tissues by their lignin oxidation products. Geochimica et Cosmochimica Acta 43: 1809-1818.

Hedges, J. I., and P. L. Parker. 1976. Land-derived organic matter in the surface sediments from the Gulf of Mexico. Geochimica et Cosmochimica Acta 40: 1019-1029.

Hedges, J. I., W. A. Clark, and G. L. Cowie. 1988. Organic matter sources to the water column and surficial sediments of a marine bay. Limnology and Oceanography 33: 1116-1136.

Hedges, J. I., R. Keil, and R. Benner. 1997. What happens to terrestrially-derived organic matter in the ocean? Organic Geochemistry 27: 195-212.

Heredia, A. 2003. Biophysical and biochemical characteristics of cutin, a plant barrier biopolymer. Biochimica Biophysica Acta 1620: 1-7.

Hermann, K. M., and L. M. Weaver. 1999. The shikimate pathway. Annual Review of Plant Physiology and Plant Molecular Biology 50: 473-503.

Hernes, P. J., and R. Benner. 2002. Transport and diagenesis of dissolved and particulate terrigenous organic matter in the North Pacific Ocean. Deep Sea Research, Part I 49: 2119-2132.

Hernes, P. J., and R. Benner. 2006. Terrigenous organic matter sources and reactivity in the North Atlantic Ocean and a comparison to the Arctic and Pacific oceans. Marine Chemistry 100: 66-79.

Hoffmann-Benning, S., and H. Kende. 1994. Cuticle biosynthesis in rapidly growing internodes of deepwater rice. Plant Physiology 104: 719-723.

Holloway, P. J. 1973. Cutins of Malus pumila fruits and leaves. Phytochemistry 12: 2913-2920.

Holloway, P. J. 1982. Structure and histochemistry of plant cuticular membranes: An overview. Pp. 1-32 in The plant cuticle. Academic Press, New York.

Houel, S., P. Louchouarn, M. Lucotte, R. Canuel, and B. Ghaleb. 2006. Translocation of soil organic matter following reservoir impoundment in boreal systems: Implications for in situ production. Limnology and Oceanography 51: 1497-1513.

Hu, F. S. and others. 1999. Abrupt changes in North American climates during early Holocene times. Nature 400:

437-440.

Jenks, M., L. Anderson, R. S. Tuesinik, and M. H. Williams. 2001. Leaf cuticular waxes of potted rose cultivars as affected by plant development, drought and paclobutrazol treatments. Physiology of Plants 112: 62-70.

Jetter, R., A. Klinger, and S. Schaffer. 2002. Very long-chain phenylpropyl and phenylbutyl esters from Taxus baccata needle cuticular waxes. Phytochemistry 61: 579-587.

Johansson, M. B., I. Kogel, and W. Zech. 1986. Changes in the lignin fraction of spruce and pine needle litter during decomposition as studied by some chemical methods. Soil Biology and Biochemistry 18: 611-619.

Kim, J., M. Kim, and W. Bae. 2009. Effect of oxidized leacheate on degradation of lignin by sulfate-reducing bacteria. Water Management and Research. 27: 520-526.

Kogel-Knabner, I. 2000. Analytical approaches for characterizing soil organic matter. Organic Geochemistry 31: 609-625.

Kogel, I., and R. Bochter. 1985. Amino sugar determination in organic soils by capillary gas chromatography using a nitrogen-selective detector. Zeitschrift für Pflanzenernährung und Bodenkunde 148: 261-267.

Kolattukudy, P. E. 1980. Biopolyester membranes of plants: Cutin and suberin. Science 208: 990-1000.

Kolattukudy, P. E. 2001. Polyesters in higher plants. Advances in Biochemical Engineering Biotechnology 71: 1-49.

Kolattukudy, P. E., and K. Espelie. 1985. Biosynthesis of cutin, suberin and associated waxes. in H. Higuchi, ed., Biosynthesis and biodegradation of wood components. Academic Press, New York.

Kolattukudy, P. E., and K. Espelie. 1989. Chemistry, biochemistry, and function of suberin and associated waxes. Pp. 304-367 in J. W. Rowe, ed., Natural products of woody plants, I. Springer, Heidelberg.

Kolattukudy, P. E., and T. J. Walton. 1972. Structure and biosynthesis of hydroxy fatty acids of cutin in Vicia faba leaves. Biochemistry 11: 1897-1907.

Kunst, L., and A. L. Samuels. 2003. Biosynthesis and secretion of plant cuticular wax. Progress in Lipid Research 42: 51-80.

Kunst, L., A. L. Samuels, and R. Jetter. 2005. The plant cuticle: Formation and structure of epidermal surfaces. Pp. 270-302 in D. Murphy, ed., Plant lipids: Biology, utilisation and manipulation. Blackwell, Oxford, UK.

Kurdyukov, S., A. Faust, C. Nawrath, S. Bär, D. Voisin, N. Efremova, R. Franke, L. Schreiber, H. Saedler J. Métraux, and A. Yephremov. 2006a. The epidermis-specific extracellular BODYGUARD controls cuticle development and morphogenesis of Arabidopsis. Plant Cell 18: 321-339.

Kurdyukov, S., A. Faust, S. Trankamp, S. Bär, R. Franke, N. Efremova, K. Tietjen, L. Schreiber, H. Saedler and A. Yephremov. 2006b. Genetic and biochemical evidence for involvement of HOTHEAD in the biosynthesis of long-chain α,ω-dicarboxylic fatty acids and formation of extracellular matrix. Planta 224: 315-329.

Landry, E. T., J. I. Mitchell, S. Hotchkiss, and R. A. Eaton. 2008. Bacterial diversity associated with archeological waterlogged wood: ribosomal RNA clone libraries and denaturing gradient gel electrophoresis (DGGE). International Biodeterioration and Biodegradation 61: 106-116.

Lequeu, J., M. L., Fauconnier, A. Chammai, R. Bronner, E. Blee. 2003. Formation of plant cuticle: Evidence for the occurrence of the peroxygenase pathway. Plant Journal 36: 155-164.

Lobbes, J., H. P. Fitznar, and G. Kattner. 2000. Biogeochemical characteristics of dissolved and particulate organic matter in Russian rivers entering the Arctic Ocean. Geochimica et Cosmochimica Acta 64: 2973-2983.

Louchouarn, P., M. Lucotte, and N. Farella. 1999. Historical and geographical variations of sources and transport of terrigenous organic matter within a large-scale coastal environment. Organic Geochemistry 30: 675-699.

Malcolm, R. I., and W. H. Durum. 1976. Organic carbon and nitrogen concentrations and annual organic carbon load of six selected rivers of the U.S. Geological Survey Water-Supply Paper.

Mannino, A., and H. R. Harvey. 2000. Biochemical composition of particles and dissolved organic matter along an estuarine gradient: Sources and implications for DOM reactivity. Limnology and Oceanography 45: 775-788.

Martin, F., F. J. González-Vila, J. C. del Rio, and T. Verdejo. 1994. Pyrolysis derivatization of humic substances, I: Pyrolysis of fulvic acids in the presence of tetramethylammonium hydroxide. Journal of Analytical Applied Pyrolysis 28: 71-80.

Martin, F., J. C. del Río, F. J. González-Vila, and T. Verdejo. 1995. Pyrolysis derivatization of humic substances, II: Pyrolysis of soil humic acids in the presence of tetramethylammonium hydroxide. Journal of Analytical Applied Pyrolysis 31: 75-83.

Martin, J. T., and B. E. Juniper. 1970. The cuticles of plants. Edward Arnold, Edinburgh, UK.

McKinney, D. E., D. M. Carson, D. J. Clifford, R. D. Minard, and P. G. Hatcher. 1995. Off-line thermochemolysis versus flash pyrolysis for the in situ methylation of lignin: Is pyrolysis necessary? Journal of Analytical and Applied Pyrolysis 34: 41-46.

Millar, A. A., S. Clemens, S. Zachgo, E. M. Giblin, D. C. Taylor, and L. Kunst. 1999. CUT1, an Arabidopsis gene required for cuticular wax biosynthesis and pollen fertility, encodes a very-long-chain fatty acid condensing enzyme. Plant Cell 11: 825-832.

Mitra, S., T. S. Bianchi, L. Guo, and P. H. Santschi. 2000. Terrestrially-derived dissolved organic matter in Chesapeake Bay and the Middle-Atlantic Bight. Geochimica et Cosmochimica Acta 64: 3547-3557.

Moire, L., A. Schmutz, A. Buchala, B. Yan, R. E. Stark, and U. Ryser. 1999. Glycerol is a suberin monomer: New experimental evidence for an old hypothesis. Plant Physiology 119: 1137-1146.

Naafs, D.F.W., and P. F. van Bergen. 2002. Effects of pH adjustments after base hydrolysis: Implications for understanding organic matter in soils. Geoderma 106: 191-217.

Nawrath, C. 2002. The biopolymers cutin and suberin. In C. R. Somerville and M. Meyerowitz, eds., The Arabidopsis book. American Society of Plant Biologists, Rockville, MD.

Nierop, K.G.J. 1998. Origin of aliphatic compounds in a forest soil. Organic Geochemistry 29: 1009-1016.

Nierop, K.G.J., and T. R. Filley. 2007. Assessment of lignin and (poly-)phenol transformations in oak (Quercus robur) dominated soils by 13C-TMAH thermochemolysis. Organic Geochemistry 13: 551-565.

Nierop, K.G.J., F. Dennis, D.F.W. Naafs, and J. M. Verstraten. 2003. Occurrence and distribution of ester-bound lipids in Dutch coastal dune soils along a pH gradient. Organic Geochemistry 34: 719-729.

Onstad, G. D., D. E. Canfield, P. D. Quay, and J. I. Hedges. 2000. Sources of particulate organic matter in rivers from the continental USA: Lignin phenol and stable carbon isotope compositions. Geochimica et Cosmochimica Acta 64: 3539-3546.

Opsahl, S., and R. Benner. 1995. Early diagenesis of vascular plant tissues: Lignin and cutin decomposition and biogeochemical implications. Geochimica et Cosmochimica Acta 59.

Opsahl, S., and R. Benner. 1997. Distribution and cycling of terrigenous dissolved organic matter in the ocean. Nature 386: 480-482.

Opsahl, S., and R. Benner. 1998. Photochemical reactivity of dissolved lignin in river and ocean waters. Limnology and Oceanography 43: 1297-1304.

Opsahl, S., R. Benner, and R.M.W. Amon. 1999. Major flux of terrigenous dissolved organic matter through the Arctic Ocean. Limnology and Oceanography 44: 2017-2023.

Otto, A., and M. J. Simpson. 2006. Evaluation of CuO oxidation parameters for determining the source and stage of lignin degradation in soil. Biogeochemistry 80: 121-142.

Otto, A., C. Shunthirasingham, and M. J. Simpson. 2005. A comparison of plant and microbial biomarkers in grassland soils from the Prairie Ecozone of Canada. Organic Geochemistry 36: 425-448.

Page, D.W., J. A. van Leeuen, K.M. Spark, and D. E. Mulcahy. 2001. Tracing terrestrial compounds leaching from two reservoir catchments as input to dissolved organic matter. Marine and Freshwater Research 52: 223-233.

Pareek, S., J. I. Azuma, S. Matsui, and Y. Shimizu. 2001. Degradation of lignin and lignin model compound under sulfate reducing condition. Water Science and Technology 44: 351-358.

Pighin, J. A., H. Zheng, L. J. Balakshin, I. P. Goodman, T. L. Western, R. Jetter, L. Kunst, A. L. Samuels. 2004. Plant cuticular lipid export requires an ABC transporter. Science 306: 702-704.

Pinot, F., I. Benveniste, J. Salaun, O. Loreau, J. Noel, L. Schreiber, and F. Durst. 1999. Production in vitro by the cytochrome P450 CYP94A1 of major C18 cutin monomers and potential messengers in plant-pathogen interactions: enantioselectivity studies. Biochemistry Journal 342: 27-32.

Post-Beittenmiller, D. 1996. Biochemistry and molecular biology of wax production in plants. Annual Review Plant Physiology Plant Molecular Biology 47: 405-430.

Prahl, F. G., J. R. Ertel, M. A. Goñi, M. A. Sparrow, and B. Eversmeyer. 1994. Terrestrial organic carbon contributions in sediments on the Washington margin. Geochimica et Cosmochimica Acta 58: 3035-3048.

Pulchan, K., T. A. Abrajano, and R. J. Helleur. 1997. Characterization of tetramethylammonium hydroxide thermochemolysis products of near-shore marine sediments using gas chromatography/mass spectrometry and gas chromatography/combustion/isotope ratio mass spectrometry. Journal Analytical Applied Pyrolysis 42: 135-150.

Pulchan, K. J., R. J. Helleur, and T. A. Abrajano. 2003. TMAH thermochemolysis characterization of marine sedimentary organic matter in a Newfoundland fjord. Organic Geochemistry 34: 305-317.

Ryser, U., and P. J. Holloway. 1985. Ultrastructure and chemistry of soluble and polymeric lipids in cell walls from seed coats and fibres of Gossypium species. Planta 163: 151-163.

Sarkanen, K. V., and C. H. Ludwig. 1971. Lignins: Occurrence, formation, structure, and reactions. Wiley-Interscience, New York.

Schnurr, J., J. Schockey, and J. Browse. 2004. The acyl-CoA synthetase encoded by LACS2 is essential for normal cuticle development in Arabidopsis. Plant Cell 16: 629-642.

Sjostrom, E. 1981. Wood chemistry, fundamentals and applications. Academic Press, London.

Stark, R. E., and S. Tian. 2006. The cutin bioploymer matrix. Pp. 126-144 in M. Rieder, ed., Biology of the plant cuticle. Blackwell, Cambridge, MA.

Tareq, S. M., N. Tanaka, and O. Keiichi. 2004. Biomarker signature in tropical wetland: Lignin phenol vegetation index (LPVI) and its implications for reconstructing the paleoenvironmen. Science in the Total Environment 324: 91-103.

Trefrey, J. H., S.Metz, T. A. Nelsen, T. P. Trocine, and B. A. Eadie. 1994. Transport and fate of particulate organic carbon by the Mississippi River and its fate in the Gulf of Mexico. Estuaries 17: 839-849.

Wilson, J. O., I. Valiela, and T. Swain. 1985. Sources and concentrations of vascular plant material in sediments of Buzzards Bay, Massachusetts, USA. Marine Chemistry 90: 129-137.

Wu, X. Q., J. X. Lin, J. M. Zhu, Y. X. Hu, K. Hartmann, and L. Schreiber. 2003. Casparian strips in needles of Pinus bungeana: Isolation and chemical characterization. Plant Physiology 117: 421-424.

Xiao, F., M. Goodwin, Y. Xiao, Z. Sun, D. Baker, X. Tang, M. A. Jenks, and J. Zhou, 2004. Arabidopsis CYP86A2 represses Pseudomonas syringae type III genes and is required for cuticle development. EMBO Journal 23: 2903-2913.

Zeier, J., K. Ruel, U. Ryser, and L. Schreiber. 1999. Chemical analysis and immunolocalisation of lignin and suberin in endodermal and hypodermal/rhizodermal cell walls of developing maize (Zea mays) primary roots. Planta 209: 1-12.

第 **14** 章

Abramowicz, D. A. 1995. Aerobic and anaerobic PCB biodegradation in the environment. Environmental Health Perspectives 103: 97-99.

Ankley, G. T., and others. 2003. Effects of the androgenic growth promoter 17-b-trenbolone on fecundity and reproductive endocrinology of the fathead minnow. Environmental Toxicological Chemistry 22: 1350-1360.

Arzayus, K. M., R. M. Dickhut, and E. A. Canuel. 2001. Fate of atmospherically deposited polycyclic aromatic hydrocarbons (PAHs) in Chesapeake Bay. Environmental Science and Technology 35: 2178-2183.

Baker, J. I., and R. A. Hites. 2000. Is combustion the major source of polychlorinated dibenzo-p-dioxins and dibenzofurans to the environment? A mass balance investigation. Environmental Science and Technology 34: 2879-2886.

Ballentine, D. C., S. A. Macko, V. C. Turekian, W. P. Gilhooly, and B. Martincigh. 1996. Compound specific isotope analysis of fatty acids and polycyclic aromatic hydrocarbons in aerosols: Implications for biomass burning. Organic Geochemistry 25: 97-104.

Bamford, H. A., J. E. Baker, and D. L. Poster. 1998. Review of methods and measurements of selected hydrophobic organic contaminant aqueous solubilities, vapor pressures and air-water partition coefficients. NIST Special Publication 928, National Institute of Standards and Technology, U.S. Government Printing Office, Washington, DC.

Bayona, J. M., and J. Albaiges. 2006. Sources and fate of organic contaminants in the marine environment. Pp. 323-370 in J. K. Volkman, ed., Handbook of environmental chemistry, Vol. 2, Part N: Marine organic matter—Biomarkers, isotopes and DNA. Springer, Berlin.

Bence, A. E., K. A. Kvenvolden, and M. C. Kennicutt. 1996. Organic geochemistry applied to environmental assessments of Prince William Sound, Alaska, after the Exxon Valdez oil spill: A review. Organic Geochemistry 24: 7-42.

Boehm, P. D., and D. S. Page. 2007. Exposure elements in oil spill risk and natural resource damage assessments: A review. Human and Ecological Risk Assessment 13: 418-448.

Boehm, P. D., D. S. Page, W. A. Burns, A. E. Bence, P. J. Mankiewicz, and J. S. Brown. 2001. Resolving the origin of the petrogenic hydrocarbon background in Prince William Sound, Alaska. Environmental Science and Technology 35: 471–479.

Boon, J. P., and others. 2002. Levels of polybrominated diphenyl ether (PBDE) flame retardants in animals representing different trophic levels of the North Sea food web. Environmental Science and Technology 36: 4025–4032.

Bopp, R. F., H. J. Simpson, C. R. Olsen, R. M. Trier, and N. Kotysk. 1982. Chlorinated hydrocarbons and radionuclide chronologies in sediments of the Hudson River and estuary, New York. Environmental Science and Technology 16: 676–681.

Bouloubassi, I., and A. Saliot. 1993. Investigation of anthropogenic and natural organic inputs in estuarine sediments using hydrocarbon markers (NAH, LAB, PAH). Oceanologica Acta 16: 145–161.

Braddock, J. F., J. E. Lindstrom, and E. J. Brown. 1995. Distribution of hydrocarbon-degrading microorganisms in sediments from Prince William Sound, Alaska, following the Exxon Valdez oil spill. Marine Pollution Bulletin 30: 125–132.

Braekevelt, E., S. A. Tittlemier and G. T. Tomy. 2003. Direct measurement of octanol-water partition coefficients of some environmentally relevant brominated diphenyl ether congeners. Chemosphere 51: 563–567.

Breivik, K., A. Sweetman, J. M. Pacyna, and K. C. Jones. 2002. Towards a global historical emission inventory for selected PCB congeners—A mass balance approach, 1: Global production and consumption. Science of the Total Environment 290: 181–198.

Brian, J. V., C. A. Harris, M. Scholze, A. Kortenkamp, P. Booy, M. Lamoree, G. Pojana, N. Jonkers, A. Marcomini, and J. P. Sumpter. 2007. Evidence of estrogenic mixture effects on the reproductive performance of fish. Environmental Science and Technology 41: 337–344.

Brooks G. T. 1979. Pp. 1–46 in Chlorinated insecticides, vol. I CRC Press, Boca Raton, FL.

Bruno, F., R. Curini, A. Di Corcia, I. Fochi, M. Nazzari, and R. Samperi. 2002. Determination of surfactants and some of their metabolites in untreated and anaerobically digested sewage sludge by subcritical water extraction followed by liquid chromatography-mass spectrometry. Environmental Science and Technology 36: 4156–4161.

Budzinski, H., I. Jones, J. Bellocq, C. Pierard, and P. Garrigues. 1997. Evaluation of sediment contamination by polycyclic aromatic hydrocarbons in the Gironde estuary. Marine Chemistry 58: 85–97.

Buerge, I. J., T. Poiger, M. D. Müller, and H.-R. Buser. 2003. Caffeine, an anthropogenic marker for wastewater contamination of surface waters. Environmental Science and Technology 37: 691–700.

Buerge, I. J., T. Poiger, M. D. Müller, and H.-R. Buser. 2006. Combined sewer overflows to surface waters detected by the anthropogenic marker caffeine. Environmental Science and Technology 40: 4096–4102.

Burns, W. A., P. J. Mankiewicz, A. E. Bence, D. S. Page, and K. R. Parker. 1997. A principal-component and least-squares method for allocating polycyclic aromatic hydrocarbons in sediment to multiple sources. Environmental Toxicology and Chemistry 16: 1119–1131.

Canuel, E. A., E. J. Lerberg, R. M. Dickhut, S. A. Kuehl, T. S. Bianchi, and S. G. Wakeham. 2009. Changes in sediment and organic carbon accumulation in a highly-disturbed ecosystem: The Sacramento-San Joaquin River delta (California, USA). Marine Pollution Bulletin 59: 154–163.

Castle, D. M., M. T. Montgomery, and D. L. Kirchman. 2006. Effects of naphthalene on microbial community composition in the Delaware estuary. FEMS Microbiology Ecology 56: 55-63.

Castro-Jimenez, J., and others. 2008. PCDD/F and PCB multi-media ambient concentrations, congener patterns and occurrence in a mediterranean coastal lagoon (Etang de Thau, France). Environmental Pollution 156: 123-135.

Cetin, B., and M. Odabasi. 2005. Measurement of Henry's law constants of seven polybrominated diphenyl ether (PBDE) congeners as a function of temperature. Atmospheric Environment 39: 5273-5280.

Cetin, B., S. Ozer, A. Sofuoglu, and M. Odabasi. 2006. Determination of Henry's law constants of organochlorine pesticides in deionized and saline water as a function of temperature. Atmospheric Environment 40: 4538-4546.

Chiou, C. T., S. E. McGroddy, and D. E. Kile. 1998. Partition characteristics of polycyclic aromatic hydrocarbons on soils and sediments. Environmental Science and Technology 32: 264-269.

Chiuchiolo, A. L., R. M. Dickhut, M. A. Cochran, and H. W. Ducklow. 2004. Persistent organic pollutants at the base of the Antarctic marine food web. Environmental Science and Technology 38: 3551-3557.

Coates, J. D., R. T. Anderson, and D. R. Lovley. 1996. Oxidation of polycyclic aromatic hydrocarbons under sulfate-reducing conditions. Applied and Environmental Microbiology 62: 1099-1101.

Coates, J. D., J. Woodward, J. Allen, P. Philp, and D. R. Lovley. 1997. Anaerobic degradation of polycyclic aromatic hydrocarbons and alkanes in petroleum-contaminated marine harbor sediments. Applied and Environmental Microbiology 63: 3589-3593.

Cornelissen, G., O. Gustafsson, T. D. Bucheli, M.T.O. Jonker, A. A. Koelmans, and P.C.M. Van Noort. 2005. Extensive sorption of organic compounds to black carbon, coal, and kerogen in sediments and soils: Mechanisms and consequences for distribution, bioaccumulation, and biodegradation. Environmental Science and Technology 39: 6881-6895.

Countway, R. E., R. M. Dickhut, and E. A. Canuel. 2003. Polycyclic aromatic hydrocarbon (PAH) distributions and associations with organic matter in surface waters of the York River, VA estuary. Organic Geochemistry 34: 209-224.

Cousins, I., and D. Mackay. 2000. Correlating the physical-chemical properties of phthalate esters using the 'three solubility' approach. Chemosphere 41: 1389-1399.

Dachs, J., R. Lohmann, W. A. Ockenden, L. Mejanelle, S. J. Eisenreich, and K. C. Jones. 2002. Oceanic biogeochemical controls on global dynamics of persistent organic pollutants. Environmental Science and Technology 36: 4229-4237.

Daughton, C. G., and T. A. Ternes. 1999. Pharmaceuticals and personal care products in the environment: Agents of subtle change? Environmental Health Perspectives 107: 907-938.

De Wit, C. A. 2002. An overview of brominated flame retardants in the environment. Chemosphere 46: 583-624.

Dickhut, R. M., and K. E. Gustafson. 1995. Atmospheric inputs of selected polycyclic aromatic hydrocarbons and polychlorinated biphenyls to southern Chesapeake Bay. Marine Pollution Bulletin 30: 385-396.

Dickhut, R. M., E. A. Canuel, K. E. Gustafson, K. Liu, K. M. Arzayus, S. E. Walker, G. Edgecombe, M. O. Gaylor, and E. H.MacDonald. 2000. Automotive sources of carcinogenic polycyclic aromatic hydrocarbons associated with particulate matter in the Chesapeake Bay region. Environmental Science and Technology 34: 4635-4640.

Durhan, E. J., C. S. Lambright, E. A. Makynen, J. Lazorchak, P. C. Hartig, V. S. Wilson, L. E. Gray, and G. T. Ankley. 2006. Identification of metabolites of trenbolone acetate in androgenic runoff from a beef feedlot. Environmental Health Perspectives 114: 65-68.

Eganhouse, R. P., D. L. Blumfield, and I. R. Kaplan. 1983. Long-chain alkylbenzenes as molecular tracers of domestic wastes in the marine environment. Environmental Science and Technology 17: 523-530.

Eljarrat, E., A. De La Cal, D. Larrazabal, B. Fabrellas, A. R. Fernandez-Alba, F. Borrull, R. M Marce, and D. Barcelo. 2005. Occurrence of polybrominated diphenylethers, polychlorinated dibenzo-p-dioxins, dibenzofurans and biphenyls in coastal sediments from Spain. Environmental Pollution 136: 493-501.

Fattore, E., E. Benfenati, G. Mariani, R. Fanelli, and E.H.G. Evers. 1997. Patterns and sources of polychlorinated dibenzo-p-dioxins and dibenzofurans in sediments from the Venice Lagoon, Italy. Environmental Science and Technology 31: 1777-1784.

Ferguson, P. L., C. R. Iden, and B. J. Brownawell. 2001. Distribution and fate of neutral alkylphenol ethoxylate metabolites in a sewage-impacted urban estuary. Environmental Science and Technology 35: 2428-2435.

Ferguson, P. L., R. F. Bopp, S. N. Chillrud, R. C. Aller, and B. J. Brownawell. 2003. Biogeochemistry of nonylphenol ethoxylates in urban estuarine sediments. Environmental Science and Technology 37: 3499-3506.

Flaherty, C.M., and S. I. Dodson. 2005. Effects of pharmaceuticals on Daphnia survival, growth, and reproduction. Chemosphere 61: 200-207.

Gardinali, P. R., and X. Zhao. 2002. Trace determination of caffeine in surface water samples by liquid chromatography-atmospheric pressure chemical ionization-mass spectrometry (LC-APCI-MS). Environment International 28: 521-528.

Garrison, A. W. 2006. Probing the enantioselectivity of chiral pesticides. Environmental Science and Technology. 40: 16-23.

Gustafsson, O., N. Nilsson, and T. D. Bucheli. 2001. Dynamic colloid-water partitioning of pyrene through a coastal Baltic spring bloom. Environmental Science Technology 35: 4001-4006.

Hale, R. C., M. J. La Guardia, E. Harvey, and T. M. Mainor. 2002. Potential role of fire retardant-treated polyurethane foam as a source of brominated diphenyl ethers to the US environment. Chemosphere 46:729-735.

Hale, R. C., M. J. La Guardia, E. Harvey, M. O. Gaylor, and T. M. Mainor. 2006. Brominated flame retardant concentrations and trends in abiotic media. Chemosphere 64: 181-186.

Harvey, R. G. 1997. Polycyclic aromatic hydrocarbons. Wiley-VCH, New York.

Hayes, L. A., K. P. Nevin, and D. R. Lovley. 1999. Role of prior exposure on anaerobic degradation of naphthalene and phenanthrene in marine harbor sediments. Organic Geochemistry 30: 937-945.

Herberer, T. 2002. Occurance, fate, and removal of pharmaceutical residues in the aquatic environment: A review of recent research data. Toxicology Letters 131: 5-17.

Hites, R. A. 2004. Polybrominated diphenyl ethers in the environment and in people: A meta-analysis of concentrations. Environmental Science and Technology 38: 945-956.

Hofstetter, T. B., C.M. Reddy, L. J. Heraty, M. Berg, and N. C. Sturchio. 2007. Carbon and chlorine isotope effects during abiotic reductive dechlorination of polychlorinated ethanes. Environmental Science and Technology 41: 4662-4668.

Hoh, E., and R. A. Hites. 2005. Brominated flame retardants in the atmosphere of the east-central United States.

Environmental Science and Technology 39: 7794-7802.

Horii, Y., K. Kannan, G. Petrick, T. Gamo, J. Falandysz, and N. Yamashita. 2005a. Congener-specific carbon isotopic analysis of technical PCB and PCN mixtures using two-dimensional gas chromatography-isotope ratio mass spectrometry. Environmental Science and Technology 39: 4206-4212.

Horii, Y., G. Petrick, M. Okada, K. Amano, T. Katase, T. Gamo, and N. Yamashita. 2005b. Congener-specific carbon isotopic analysis of 18 PCB products using two dimensional GC/IRMS. Bunseki Kagaku 54: 361-372(in Japanese).

Isosaari, P., H. Pajunen, and T. Vartiainen. 2002. PCDD/F and PCB history in dated sediments of a rural lake. Chemosphere 47: 575-583.

Jacobs, M. N., A. Covaci, and P. Schepens. 2002. Investigation of selected persistent organic pollutants in farmed Atlantic salmon (Salmo salar), salmon aquaculture feed, and fish oil components of the feed. Environmental Science and Technology 36: 2797-2805.

Jensen, K. M., E. A. Makynen, M. D. Kahl, and G. T. Ankley. 2006. Effects of the feedlot contaminant 17atrenbolone on reproductive endocrinology of the fathead minnow. Environmental Science and Technology 40: 3112-3117.

Jonsson, A., O. Gustafsson, J. Axelman, and H. Sundberg. 2003. Global accounting of PCBs in the continental shelf sediments. Environmental Science and Technology 37: 245-255.

Kanaly, R. A., and S. Harayama. 2000. Biodegradation of high-molecular-weight polycyclic aromatic hydrocarbons by bacteria. Journal of Bacteriology 182: 2059-2067.

Kanke, H., M. Uchida, T. Okuda, M. Yoneda, H. Takada, Y. Shibata, and M. Morita. 2004. Compound-specific radiocarbon analysis of polycyclic aromatic hydrocarbons (PAHs) in sediments from an urban reservoir. Nuclear Instruments and Methods in Physics Research Section B: Beam Interactions with Materials and Atoms 223-224: 545-554.

Kelly, S. A., and R. T. Di Giulio. 2000. Developmental toxicity of estrogenic alkylphenols in killifish (Fundulus heteroclitus). Environmental Toxicological Chemistry 19: 2564-2570.

Killops, S., and V. Killops. 2005. Introduction to organic geochemistry, 2nd ed. Blackwell, Oxford, UK.

Kvenvolden, K. A., F. D. Hostettler, J. B. Rapp, and P. R. Carlson. 1993. Hydrocarbons in oil residues on beaches of islands of Prince William Sound, Alaska. Marine Pollution Bulletin 26: 24-29.

Lichtfouse, E., H. Budzinski, P. Garrigues, and T. I. Eglinton. 1997. Ancient polycyclic aromatic hydrocarbons in modern soils: C-13, C-14 and biomarker evidence. Organic Geochemistry 26: 353-359.

Lindstrom, A., I. J. Buerge, T. Poiger, P. A. Bergqvist, M. D. Muller, and H. R. Buser. 2002. Occurrence and environmental behavior of the bactericide triclosan and its methyl derivative in surface waters and in wastewater. Environmental Science and Technology 36: 2322-2329.

Lohmann, R., K. Breivik, J. Dachs, and D. Muir. 2007. Global fate of POPs: Current and future research directions. Environmental Pollution 150: 150-165.

Lohmann, R., and K. C. Jones. 1998. Dioxins and furans in air and deposition: A review of levels, behaviour and processes. Science of the Total Environment 219: 53-81.

Lohmann, R., E. Jurado, J. Dachs, U. Lohmann, and K. C. Jones. 2006. Quantifying the importance of the atmospheric sink for polychlorinated dioxins and furans relative to other global loss processes. Journal of Geophysical Research-Atmospheres 111, D21303, Doi:10.102912005JD006923.

Macdonald, R. W., L. A. Barrie, T. F. Bidleman, M. L. Diamond, D. J. Gregor, R. G. Semkin, W.M.J. Strachan, Y. F. Li, F. Wania, M. Alaee, L. B. Alexeeva, S. M. Backus, R. Bailey, J. M. Bewers, C. Gobeil, C. J. Halsall, T. Harner, J. T. Hoff, L.M.M. Jantunen, W. L. Lockhart, D. Mackay, D. C. G. Muir, J. Pudykiewicz, K. J. Reimer, J. N. Smith, G. A Stern, W. H. Schroeder, R. Wagemann, and M. B. Yunker. 2000. Contaminantsin the Canadian Arctic: 5 years of progress in understanding sources, occurrence and pathways. Science of the Total Environment 254: 93-234.

Mackay, D., W. Y. Shiu, and K. C. Ma. 1992. Illustrated handbook of physical-chemical properties and environmental fate for organic chemicals. Lewis, Chelsea, MI.

Mandalakis, M., O. Gustafsson, C. M. Reddy, and X. Li. 2004. Radiocarbon apportionment of fossil versus biofuel combustion sources of polycyclic aromatic hydrocarbons in the Stockholm metropolitan area. Environmental Science and Technology 38: 5344-5349.

Nash, J. P., D. E. Kime, L.T.M. Van der Ven, P. W. Wester, F. Brion, G. Maack, P. Stahlschmidt-Allner, and C. R. Tyler. 2004. Long-term exposure to environmental concentrations of the pharmaceutical ethynylestradiol causes reproductive failure in fish. Environmental Health Perspectives 112: 1725-1733.

O'Malley, V. P., T. A. Abrajano, Jr., and J. Hellou. 1994. Determination of the ratios of individual PAH from environmental samples: Can PAH sources be apportioned? Organic Geochemistry 21: 809-822.

Ogura, I., S. Masunaga, and J. Nakanishi. 2001. Atmospheric deposition of polychlorinated dibenzo-p-dioxins, polychlorinated dibenzofurans, and dioxin-like polychlorinated biphenyls in the Kanto region, Japan. Chemosphere 44: 1473-1487.

Oros, D. R., D. Hoover, F. Rodigari, D. Crane, and J. Sericano. 2005. Levels and distribution of polybrominated diphenyl ethers in water, surface sediments, and bivalves from the San Francisco estuary. Environmental Science and Technology 39: 33-41.

Padma, T. V. and R. M. Dickhut. 2002. Spatial and temporal variation in hexachlorocyclohexane isomers in a temperate estuary. Marine Pollution Bulletin 44: 1345-1353.

Padma, T. V, R. M. Dickhut, and H. Ducklow. 2003. Variations in alpha-hexachlorocyclohexane enantiomer ratios in relation to microbial activity in a temperate estuary. Environmental Toxicological Chemistry 22: 1421-1427.

Page, D. S., P. D. Boehm, G. S. Douglas, A. E. Bence, W. A. Burns, and P. J. Mankiewicz. 1996. The natural petroleum hydrocarbon background in subtidal sediments of Prince William Sound, Alaska, USA. Environmental Toxicology and Chemistry 15: 1266-1281.

Paull, C. K., H. G. Greene, W. Ussler III, and P. J. Mitts. 2002. Pesticides as tracers of sediment transport through Monterey Canyon. Geo-Marine Letters 22: 121-126.

Peeler, K. A., S. P. Opsahl, and J. P. Chanton. 2006. Tracking anthropogenic inputs using caffeine, indicator bacteria, and nutrients in rural freshwater and urban marine systems. Environmental Science and Technology 40: 7616-7622.

Peters, K. E., C. C. Walters, and J. M. Moldowan. 2005. The biomarker guide, I: Biomarkers and isotopes in the environment and human history, 2nd ed. Cambridge University Press, New York.

Philp, R. P. 2007. The emergence of stable isotopes in environmental and forensic geochemistry studies: A review.

Environmental Chemistry Letters 5: 57-66.

Pies, C., T. A. Ternes, and T. Hofmann. 2008. Identifying sources of polycyclic aromatic hydrocarbons (PAHs) in soils: Distinguishing point and non-point sources using an extended PAH spectrum and n-alkanes. Journal of Soils and Sediments 8: 312-322.

Plata, D. L., C. M. Sharpless, and C. M. Reddy. 2008. Photochemical degradation of polycyclic aromatic hydrocarbons in oil films. Environmental Science and Technology 42: 2432-2438.

Reddy, C. M., N. J. Drenzek, N. C. Sturchio, L. Heraty, A. Butler, and C. Kimblin. 2002a. A chlorine isotope effect for biochlorination. Geochimica et Cosmochimica Acta 66: A627-A627.

Reddy, C. M., T. I. Eglinton, A. Hounshell, H. K. White, L. Xu, R. B. Gaines, and G. S. Frysinger. 2002b. The West Falmouth oil spill after thirty years: The persistence of petroleum hydrocarbons in marsh sediments. Environmental Science and Technology 36: 4754-4760.

Reddy, C. M., A. Pearson, L. Xu, A. P. Mcnihol, B. A. Benner, S. A. Wise, G. A. Klouda, L. A. Currie, and T. I. Eglinton. 2002c. Radiocarbon as a tool to apportion the sources of polycyclic aromatic hydrocarbons and black carbon in environmental samples. Environmental Science and Technology 36: 1774-1782.

Reddy, C. M, L. Xu, G. W. O'Neil, R. K. Nelsou, T. I. Eglinton, D. J. Faulkner, R. Norstrou, P. S. Ross, and S. A. Tittlemier. 2004. Radiocarbon evidence for a naturally produced, bioaccumulating halogenated organic compound. Environmental Science and Technology 38: 1992-1997.

Ribes, S., B. Van Drooge, J. Dachs, O. Gustafsson, and J. O. Grimalt. 2003. Influence of soot carbon on the soil -air partitioning of polycyclic aromatic hydrocarbons. Environmental Science and Technology 37: 2675-2680.

Richardson, S. D. 2006. Environmental mass spectrometry: Emerging contaminants and current issues. Analytical Chemistry 78: 4021-4045.

Richardson, S. D., and T. A. Ternes. 2005. Water analysis: Emerging contaminants and current issues. Analytical Chemistry 77: 3807-3838.

Risebrough, R. W., W. Walker, T. T. Schmidt, B. W. Delappe, and C. W. Connors. 1976. Transfer of chlorinated biphenyls to Antarctica. Nature 264: 738-739.

Rothermich, M. M., L. A. Hayes, and D. R. Lovley. 2002. Anaerobic, sulfate-dependent degradation of polycyclic aromatic hydrocarbons in petroleum-conta minated harbor sediment. Environmental Science and Technology 36: 4811-4817.

Schwarzenbach, R. P., P. M. Gschwend, and D. M. Imboden. 1993. Environmental organic chemistry. Wiley, New York.

Schwarzenbach, R. P., P. M. Gschwend, and D. M. Imboden. 2003. Environmental organic chemistry, 2nd ed. Wiley, New York

Schwarzenbach, R. P., and others. 2006. The challenge of micropollutants in aquatic systems. Science 313: 1072-1077.

Sinclair, E., and K. Kannan. 2006. Mass loading and fate of perfluoroalkyl surfactants in wastewater treatment plants. Environmental Science and Technology 40: 1408-1414.

Slater, G. F. 2003. Stable isotope forensics: When isotopes work. Environmental Forensics 4: 13-23.

Slater, G. F., H. K. White, T. I. Eglinton, and C. M. Reddy. 2005. Determination of microbial carbon sources in petroleum contaminated sediments using molecular C-14 analysis. Environmental Science and Technology 39:

2552-2558.

Standley, L. J., L. A. Kaplan, and D. Smith. 2000. Molecular tracers of organic matter sources to surface water resources. Environmental Science and Technology 34: 3124-3130.

Staples, C. A., P. B. Dorn, G. M. Klecka, D. R. Branson, S. T. O'Block, and L. R. Harris. 1998. A review of the environmental fate, effects, and exposures of bisphenol A. Chemosphere 36: 2149-2173.

Stapleton, H. M., N. G., Dete, J. R. Dodder, C. M. Kucklick, M. M. Reddy, P. R. Schantz, F. Becker, B. J. Gulland, B. J. Porter, and S. A. Wise. 2006. Determination of HBCD, PBDEs and MeO-BDEs in California sea lions (Zalophus californianus) stranded between 1993 and 2003. Marine Pollution Bulletin 52: 522-531.

Swartz, C. H., S. Reddy, M. J. Benotti, H. Yin, L. B. Barber, B. J. Brownawell, and R. A. Rudeland. 2006. Steroid estrogens, nonylphenol ethoxylate metabolites, and other wastewater contaminants in groundwater affected by a residential septic system on Cape Cod, MA. Environmental Science and Technology 40: 4894-4902.

Ternes, T. A. 2001. Analytical methods for the determination of pharmaceuticals in aqueous environmental samples. Trends in Analytical Chemistry 20: 419-434.

Vallack, H. W., D. J. Bakker, I. Brandt, E. Brorstrom-Lunden, A. Brouwer, K. R. Bull, C. Gough, R. Guardans, I. Holoubek, B. Jansson, R. Koch, J. Kuylenstierna, A., Lecloux, D. Mackay, P. McCutcheon, P. Mocarelli, and R.D.F. Taalman. 1998. Controlling persistent organic pollutants: What next? Environmental Toxicology and Pharmacology 6: 143-175.

Van Den Berg, M., L. Birnbaum, T. Albertus, C. Bosveld, B. Brunstr m, P. Cook, M. Feeley, J. P. Giesy, A. Hanberg, R. Hasegawa, S.W. Kennedy, T. Kubiak, J. C. Larsen, F.X.R. van Leeuwen, A. K. Djien Liem, C. Nolt, R. E. Peterson, L. Poellinger, S. Safe, D. Schrenk, D. Tillitt, M. Tysklind, M. Younes, F. Waern, and T. Zacharewski. 1998. Toxic equivalency factors (TEFs) for PCBs, PCDDs, PCDFs for humans and wildlife. Environmental Health Perspectives 106: 775-792.

Venier, M., and R. A. Hites. 2008. Flame retardants in the atmosphere near the Great Lakes. Environmental Science and Technology 42: 4745-4751.

Vetter, W., S. Gaul, and W. Armbruster. 2008. Stable carbon isotope ratios of POPs: A tracer that can lead to the origins of pollution. Environment International 34: 357-362.

Wakeham, S. G., J. Forrest, C. A. Masiello, Y. Gelinas, C. R. Alexander, and P. R. Leavitt. 2004. Hydrocarbons in Lake Washington sediments: A 25-year retrospective in an urban lake. Environmental Science and Technology 38: 431-439.

Wakeham, S. G., A. P. Mcnichol, J. E. Kostka, and T. K. Pease. 2006. Natural-abundance radiocarbon as a tracer of assimilation of petroleum carbon by bacteria in salt marsh sediments. Geochimica et Cosmochimica Acta 70: 1761-1771.

Walker, S. E., and R. M. Dickhut. 2001. Sources of PAHs to sediments of the Elizabeth River, VA. Soil and Sediment Contamination 10: 611-632.

Walker, S. E., R. M. Dickhut, C. Chisholm-Brause, S. Sylva, and C. M. Reddy. 2005. Molecular and isotopic identification of PAH sources in a highly industrialized urban estuary. Organic Geochemistry 36: 619-632.

Wang, Z. D., S. A. Stout, and M. Fingas. 2006. Forensic fingerprinting of biomarkers for oil spill characterization and source identification. Environmental Forensics 7: 105-146.

White, H. K., C. M. Reddy, and T. I. Eglinton. 2008. Radiocarbon-based assessment of fossil fuel-derived contaminant associations in sediments. Environmental Science and Technology 42: 5428-5434.

WHO. 1979. Environmental health criteria, 9: DDT and its derivatives. World Health Organization, Geneva, Switzerland.

Yanik, P. J., T. H. O'Donnell, S. A. Macko, Y. Qian, and M. C. Kennicutt. 2003. Source apportionment of polychlorinated biphenyls using compound specific isotope analysis. Organic Geochemistry 34: 239-251.

Yunker, M. B., R. W. MacDonald, D. J. Veltkamp, and W. J. Cretney. 1995. Terrestrial and marine biomarkers in a seasonally ice-covered arctic estuary: Integration of multivariate and biomarker approaches. Marine Chemistry 49: 1-50.

Zander, M. 1983. Physical and chemical properties of polycyclic aromatic hydrocarbons. In A. Bj rstedh, ed., Handbook of polycyclic aromatic hydrocarbons. Marcel Dekker, New York.

Zencak, Z., J. Klanova, I. Holoubek, and O. Gustafsson. 2007. Source apportionment of atmospheric PAHs in the western Balkans by natural abundance radiocarbon analysis. Environmental Science and Technology 41: 3850-3855.

Zhang, Q. H., and G. B. Jiang. 2005. Polychlorinated dibenzo-p-dioxins/furans and polychlorinated biphenyls in sediments and aquatic organisms from the Taihu Lake, China. Chemosphere 61: 314-322.

附　录

附录 1　元素周期表

原子序数	名称	符号	相对原子质量
1	氢	H	1. 007 9
2	氦	He	4. 002 6
3	锂	Li	6. 941 0
4	铍	Be	9. 012 2
5	硼	B	10. 811
6	碳	C	12. 011
7	氮	N	14. 007
8	氧	O	15. 999
9	氟	F	18. 998
10	氖	Ne	20. 180
11	钠	Na	22. 990
12	镁	Mg	24. 305
13	铝	Al	26. 982
14	硅	Si	28. 086
15	磷	P	30. 974
16	硫	S	32. 066
17	氯	Cl	35. 453
18	氩	Ar	39. 948
19	钾	K	39. 098
20	钙	Ca	40. 078
21	钪	Sc	44. 956
22	钛	Ti	47. 956
23	钒	V	50. 942
24	铬	Cr	51. 996

续表

原子序数	名称	符号	相对原子质量
25	锰	Mn	54.938
26	铁	Fe	55.845
27	钴	Co	58.933
28	镍	Ni	58.693
29	铜	Cu	63.546
30	锌	Zn	65.392
31	镓	Ga	69.723
32	锗	Ge	72.612
33	砷	As	74.922
34	硒	Se	78.963
35	溴	Br	79.904
36	氪	Kr	83.800
37	铷	Rb	85.468
38	锶	Sr	87.520
39	钇	Y	88.906
40	锆	Zr	91.224
41	铌	Nb	92.906
42	钼	Mo	95.940
43	锝	Tc	98.906
44	钌	Ru	101.07
45	铑	Rh	102.91
46	钯	Pd	106.42
47	银	Ag	107.87
48	镉	Cd	112.41
49	铟	In	114.82
50	锡	Sn	118.71
51	锑	Sb	121.76
52	碲	Te	127.60

原子序数	名称	符号	相对原子质量
53	碘	I	126.90
54	氙	Xe	131.29
55	铯	Cs	132.91
56	钡	Ba	137.33
57	镧	La	138.91
58	铈	Ce	140.12
59	镨	Pr	140.91
60	钕	Nd	144.24
61	钷	Pm	146.92
62	钐	Sm	150.36
63	铕	Eu	151.96
64	钆	Gd	157.25
65	铽	Tb	158.93
66	镝	Dy	162.50
67	钬	Ho	164.93
68	铒	Er	167.26
69	铥	Tm	168.93
70	镱	Yb	173.04
71	镥	Lu	174.97
72	铪	Hf	178.49
73	钽	Ta	180.95
74	钨	W	183.84
75	铼	Re	186.21
76	锇	Os	190.23
77	铱	Ir	192.22
78	铂	Pt	195.08
79	金	Au	196.97
80	汞	Hg	200.59

原子序数	名称	符号	相对原子质量
81	铊	Tl	204.38
82	铅	Pb	207.20
83	铋	Bi	208.98
84	钋	Po	209.98
85	砹	At	209.99
86	氡	Rn	222.02
87	钫	Fr	223.02
88	镭	Ra	226.03
89	锕	Ac	227.03
90	钍	Th	232.04
91	镤	Pa	231.04
92	铀	U	238.03
93	镎	Np	237.05
94	钚	Pu	239.05
95	镅	Am	241.06
96	锔	Cm	244.06
97	锫	Bk	249.08
98	锎	Cf	252.08
99	锿	Es	252.08
100	镄	Fm	257.10
101	钔	Md	258.10
102	锘	No	259.10
103	铹	Lr	262.11

附录 2 国际标准单位和换算

国际标准单位前缀

阿	atto（a）	= 10^{-18}
飞	femto（f）	= 10^{-15}
皮	pico（p）	= 10^{-12}
纳	nano（n）	= 10^{-9}
微	micro（μ）	= 10^{-6}
毫	milli（m）	= 10^{-3}
厘	centi（c）	= 10^{-2}
分	deci（d）	= 10^{-1}
十	deca（da）	= 10^{1}
百	hecto（h）	= 10^{2}
千	kilo（k）	= 10^{3}
兆	mega（M）	= 10^{6}
吉	giga（G）	= 10^{9}
太	tera（T）	= 10^{12}
拍	peta（P）	= 10^{15}
艾	exa（E）	= 10^{18}

换算因子

力	
1 牛顿（N）	= 1 千克·米·秒$^{-2}$（kg·m·s^{-2}）
1 达因（dyn）	= 10^{-5}牛顿（N）
压强	
1 帕斯卡（Pa）	= 1 千克·米$^{-1}$·秒$^{-2}$（kg·m^{-1}·s^{-2}）
1 托（torr）	= 133.32 帕斯卡（Pa）
1 大气压（atm）	= 760 托（torr）
	= 12.5 磅/平方英寸（psi）

续表

温度	
℃	$= 5/9$（°F-32）
K	$= 273.15 +$ ℃
能量	
1 千卡（kcal）	$= 1000$ 卡（cal）
1 卡（cal）	$= 4.184$ 焦耳（J）
速度	
1 节（kn）	$= 1$ 海里·小时$^{-1}$（nautical mile · h^{-1}）
	$= 1.15$ 英里·小时$^{-1}$（statute miles · h^{-1}）
	$= 1.85$ 千米·小时$^{-1}$（km · h^{-1}）
声音在水中的速度（盐度为 35 时）	$= 1507$ 米·秒$^{-1}$（m · s^{-1}）
体积	
1 立方千米（km^3）	$= 10^9$ 立方米（m^3）
	$= 10^{15}$ 立方厘米（cm^3）
1 立方米（m^3）	$= 1000$ 升（L）
1 升（L）	$= 1000$ 立方厘米（cm^3）
	$= 1.06$ 夸脱（liquid quarts）
1 毫升（mL）	$= 0.001$ 升（L）
	$= 1$ 立方厘米（cm^3）
长度	
1 千米（km）	$= 10^3$ 米（m）
1 厘米（cm）	$= 10^{-2}$ 米（m）
1 毫米（mm）	$= 10^{-3}$ 米（m）
1 微米（μm）	$= 10^{-6}$ 米（m）
1 纳米（nm）	$= 10^{-9}$ 米（m）
埃（Å）	$= 10^{-10}$ 米（m）
1 英寻（fathom）	$= 6$ 英尺（feet）
	$= 1.83$ 米（m）
1 法定英里（statute mile）	$= 5280$ 英尺（feet）
	$= 1.6$ 公里（km）
	$= 0.87$ 海里（nautical mile）
1 海里（nautical mile）	$= 6076$ 英尺（feet）
	$= 1.85$ 千米（km）
	$= 1.15$ 英里（statue mile）

质量	
1 千克（kg）	= 1000 克（g）
1 毫克（mg）	= 0.001 克（g）
1 吨（t）	= 1 公吨（metric ton）
	= 10^6 克（g）
面积	
1 平方厘米（cm^2）	= 0.155 平方英寸（in^2）
	= 100 平方毫米（mm^2）
1 平方米（m^2）	= 10.8 平方英尺（ft^2）
1 平方千米（km^2）	= 0.386 平方英里（square statute miles）
	= 0.292 平方海里（square nautical miles）
	= 10^6 平方米（m^2）
	= 247.1 英亩（acres）
1 公顷（hm^2）	= 10 000 平方米（m^2）

附录 3　物理和化学常数

阿伏伽德罗常量（N）	$= 6.022\ 137 \times 10^{23}\ \mathrm{mol}^{-1}$
玻尔兹曼常数（k）	$= 1.380\ 658 \times 10^{-23}\ \mathrm{J \cdot K}^{-1}$
法拉第常数（F）	$= 9.648\ 530\ 9 \times 10^{4}\mathrm{C \cdot mol}^{-1}$
气体常数（R）	$= 8.3145\ \mathrm{J \cdot mol}^{-1} \cdot \mathrm{K}^{-1}$
普朗克常数（h）	$= 6.626\ 075\ 5 \times 10^{-34}\ \mathrm{J \cdot s}^{-1}$

词汇表

英文	中文	含义
Accuracy	准确度	测量值与真值相符合的程度
Acidic sugar	酸性糖	含有羧基的糖类的磷酸化衍生物。当酸性糖处于中性 pH 值条件时，具有负电荷
Acyl	酰基	衍生自羧酸的官能团，也称为烷酰基
Acyl phosphate	酰基磷酸酯	含有其中一个氧原子与酰基相连的磷酸酯基的有机化合物。其命名是先命名酰基，然后命名任何一个和磷酸酯氧原子相连的取代基，最后加上磷酸酯。例如，一种常见的酰基磷酸酯是乙酰腺苷磷酸酯
Acylheteropolysaccharides	酰基杂多糖	由两种或多种不同种类的单糖形成的聚合物，也含有酰基官能团（可自羧酸官能团衍生而来）。常见的含有酰基的化合物为酯、酰胺、酮和醛等。在水生系统中这些化合物通常由浮游植物产生，是高分子量溶解有机物（HMW-DOM）的主要成分，可能有助于这种物质的耐降解性
S-Adenosyl-L-methionine	S-腺苷-L-蛋氨酸	一种参与甲基转移的底物，用于甲基转移、巯基转移和氨丙基化等若干过程
Alcohol（alkanol）	乙醇（烷醇）	一类含有至少一个羟基的有机化合物
Aldehyde	醛	一类含有醛基官能团（-CHO）的有机化合物
Alditols	糖醇	与形成环状结构的醛糖不同，糖醇属于线型分子
Aldolase reactions	醛缩酶反应	醛缩酶催化的化学反应。这些酶催化醇醛裂解
Aldose	醛糖	一种每一分子包含一个醛基的单糖
Algaenan	胶鞘	在海洋和淡水藻类细胞壁中发现的不水解的生物聚合物
Aliphatic	脂肪族	一类含饱和或单不饱和碳键的烃（即不含苯环（芳香环））
Alkaloids	生物碱	一种具有各种官能团的大分子含氮化合物，通常具有碱性的 pH 值。许多可以作为药物，用于医疗
Alkane	烷烃	一种只含碳和氢的有机化合物。这类烃只含有饱和碳键，可以是直链、环状或分枝结构。长链烷烃也被称为石蜡
Alkenes（or olefins）	烯烃	含有碳碳双键的烃。由于键的能量更高，它们比烷烃活泼。芳香化合物被画成环烯烃的样子，但它们的性质不一样，芳香化合物并不是真正的烯烃

续表

英文	中文	含义
Alkenoates	链烯酸酯	α，β-不饱和酯。通常含有甲基和乙基取代基并与烯酮有关
Alkenones	烯酮	一类浮游植物产生的含有羰基的有机化合物。由于耐降解，是有用的生物标志物，可用来重建海表温度
Alkoxy	烷氧基	一种碳氢链（烃基）和氧原子相连的醇衍生物
Alkylation	烷基化	烃基从一个分子（通常是一个烃类化合物）转移到另一个分子
Alkynes	炔烃	含有碳碳三键的烃。它们在自然界比烯烃和烷烃更稀少，也更活泼
Allelopathy	化感作用，他感作用	一种生物产生的生物化学物质可能影响另一种生物的生长或发育
Allochthonous	外来的	指来自环境之外的碳或有机物的输入。例如，陆源物质向海洋的输入被称为外来的
Alpha decay	α 衰变	从原子核中失去一个 α 粒子（氦-4 原子的原子核），原子序数减少 2 个单位（2 个质子），质量数减少 4 个单位（2 个质子和两个中子）
Amide	酰胺	一种含有与氮相连的酰基官能团的有机化合物
Amine (aliphatic amines and polyamines)	胺（脂肪胺和多胺）	一个或多个氢原子被烷基基团取代的氨的有机衍生物。脂肪胺只含有非芳香烷基取代基，可以是环状的或无环的，饱和的或不饱和的。多胺是含有两个或多个氨基的化合物。像氨一样，胺含有孤电子对，使它们具有碱性和亲核性
Amino acids	氨基酸	含有氨基（$-NH_2$）和羧基（$-COOH$）的有机化合物。L-氨基酸是生物合成蛋白质的基础。这些化合物存在于环境中的各种储库中，包括溶解态游离氨基酸（不水解直接分析的氨基酸）、溶解态结合氨基酸（水解后分析的氨基酸）等
Amino sugars	氨基糖	含有取代了羟基的氨基的有机化合物
5-Aminolevulinic acid	5-氨基乙酰丙酸	卟啉合成路线中第一个化合物。卟啉的合成会生成血红素并最终产生叶绿素
Amphipathic	两亲的	同时具有亲水性和疏水性的化合物，也称为两性的
Amphoteric	两性物质	指既有酸性又有碱性的物质。氨基酸就是一种两性物质，同时含有氨基和羧基，可以给出或接受质子，取决于介质的 pH 值分别是高还是低
Anaerobic	缺氧	指没有氧气（即在缺氧条件下）时的新陈代谢

英文	中文	含义
Anomers	异头物	仅在半缩醛或异头碳具有不同构型的环化单糖的立体异构体。异头物有 α 或 β 两种构型，取决于糖环外的氧原子和连接到构型碳的氧原子之间的关系
Anoxic	无氧的	指沉积物或水体中不存在氧气的一片区域
Anoxygenic photosynthesis	不产氧光合作用	进行了碳固定但不产生氧气的自养过程。通常由绿菌和紫菌进行
Anthesis	开花期	花朵盛开的时间
Anthocyanes	花色素	在液泡中发现的色素，可以是红色、紫色或蓝色，取决于 pH 值
Anthropogenic	人为的	指由人类活动或影响产生的效应、过程或物质
Apophycobiliproteins	脱辅基藻胆蛋白	在一些藻胆体中发现的疏水连接蛋白
Apoproteins	脱辅基蛋白	一个分子或复合物的蛋白质部分
Arenes（or aromatic compounds）	芳烃（或芳香化合物）	具有共轭双键体系的环状烃，与其假定的定域对应物（环多烯）的几何结构不同，也更稳定。许多天然化合物，如激素，具有芳环结构。芳香性的名称来自早期化学家研究这些化合物时所使用的材料，如樱桃、杏仁和桃的香味
Aromatic	芳香的	指含有一个或多个苯环的一类烃类化合物，如多环芳烃、单芳环甾类化合物和一些含硫的化合物，如苯并噻吩和卟啉
Arylether（bonds）	芳基醚键	把木质素的酚结构连接到一起的共价键
Atomic number	原子序数	一种元素的质子数。用 Z 表示。质量数指的是中子数（N）和质子数的和（质量数 = N+Z）
Autochthonous	自生源	指碳（或有机物）产生于其被发现的环境中（如海洋浮游植物是海洋中有机物的自生源）
Autotrophs	自养生物	通过固定二氧化碳来产生有机物的生物
Beer-Lambert law	比尔-朗伯定律	光的吸收与光通过的吸光材料或物质的一些性质间的关系
Benthic	海底的	发生在海洋底部的
Beta decay（or negatron decay）	β 衰变（或负电子衰变）	发生于一个中子变成一个质子和释放出一个负电子（负电荷的电子）的时候，原子序数因此增加一个单位
Bilirubin	胆红素	一种由血红素分解代谢产生的黄色的四吡咯色素
Biliverdin	胆绿素	一种由血红素分解代谢产生的绿色的四吡咯色素

续表

英文	中文	含义
Bioaccumulation	生物累积	表示物质在生物体中积聚，因为物质在生物体中大部分是被吸收而不是丢失了。生物累积更多地是一些脂溶性化合物，如农药、甲基汞或四乙基铅
Biomarkers	生物标志物	水、土壤、沉积物、岩石、煤炭或石油中能够与生物合成的分子相联系的有机化合物。生物标志物也被称作生物学标志物、分子化石、化石分子或地球化学化石
Biosphere	生物圈	所有的地球生态系统都是一个整体
Bitumen	沥青	可用有机溶剂从岩石中提取出来的有机物。不同于石油，石油能够迁移，而沥青一直存在于产生它们的岩石中
Black carbon	黑碳	化石燃料和生物质不完全燃烧形成的一类热成因含碳化合物
Calvin cycle（or Calvin-Benson cycle）	卡尔文循环（或卡尔文—本森循环）	自养生物固定二氧化碳，产生有机物的生物化学过程
Carbamoyl phosphate	氨基甲酰磷酸酯	磷酸基团中一个氧原子与甲酰胺相连的化合物。氨基甲酰磷酸酯是氨到尿素生物化学转化的关键中间体
Carbohydrates	碳水化合物（糖类）	含有两个或多个羟基的酮或醛。它们是最丰富的生物分子，具有许多不同的功能。根据单糖的数量，可以将碳水化合物分为三类：单糖（简单糖）、二糖（两个单糖键合在一起）和寡糖（三个或更多的单糖形成的糖链）
Carbon preference index（CPI）	碳优势指数（CPI）	用来表示含有奇数和偶数个碳原子的化合物的相对含量。CPI指标可以用来判断烃类生物标志物的来源是维管植物（高CPI）还是化石燃料（低CPI）
Carbonic anhydrase	碳酸酐酶	在光合作用过程中催化二氧化碳转化为碳酸氢根和质子的酶
Carboxylic acids	羧酸	含有羧基官能团（-COOH）的化合物。这些化合物通常由直链或带甲基支链的碳链组成，可以是饱和的（没有双键），也可以是不饱和的（一个或多个双键）。异支链脂肪酸在 $n-1$ 号位有一个甲基，而反异支链脂肪酸在 $n-2$ 号位有一个甲基
Carcinogenic	致癌的	指导致癌症产生的任何物质或试剂
β-Carotene（β-carotane）	β-胡萝卜素（β-胡萝卜烷）	常在光合作用中用作辅助色素的橙色色素。这种化合物是一种饱和的，含有八个异戊二烯单元的四萜类生物标志物（$C_{40}H_{78}$）
Carotenoid	类胡萝卜素	一类黄色至橙色的色素，在光合作用中用作辅助色素，可以吸收绿色光。包括烃类（胡萝卜素）和它们的氧化衍生物（叶黄素类）。类胡萝卜素是四萜类化合物（C_{40}），由8个异戊二烯单元组成

续表

英文	中文	含义
Catagenesis	后生作用	在 50~150℃的温度下，在超过 1000 年的时间内埋藏的有机物被改变的过程
Cellulose	纤维素	仅由葡萄糖组成的多糖。是维管植物中最丰富的中性糖
Chemical ionization (CI)	化学电离（CI）	一种气相色谱—质谱分析中的电离方式，反应气（通常是甲烷或氨）被引入离子源中，离子化后产生一次和二次离子。待分析的化合物经过 GC 柱，进入源中，并与其中的二次离子反应。离子由质子转移或攫氢反应形成，产生主离子 [（M+1）$^+$ 或（M-1）$^+$]。这些离子可用于测定感兴趣的化合物的分子量
Chemical shift	化学位移	核磁共振（NMR）中核磁能级对分子的电子环境的依赖。场强的差异是与相邻原子相关联的电子的屏蔽或去屏蔽引起的；这种电子干扰被称为化学位移。核的化学位移与外部磁场强度成正比。由于很多 NMR 光谱仪的磁场强度不同，通常报道的化学位移值是一个相对值，与外部磁场强度无关
Chemocline	化学跃层	水体或沉积物中氧气消失或硫化氢开始出现的深度。该区域的存在标志着从有氧呼吸转变为缺氧呼吸
Chemosynthesis	化学合成	细菌使用来自化学物质，如硫化氢的能量将水和二氧化碳转化为碳水化合物的过程
Chiral	手性的	指分子具有不可重叠镜像的现象。具有不对称碳原子是手性分子的一大特征。手性化合物的另一个显著特征是它们能够使偏振光发生顺时针（右旋）或逆时针（左旋）的偏转。具有这些性质的化合物被认为由手性分子组成并具有光学活性。如果一个手性分子是右旋的，其对映体将是左旋的，反之亦然。事实上，对映异构体将使偏振光旋转相同的角度，但方向相反
Chlorophyll	叶绿素	一种在光合作用中起作用的绿色色素，因此仅在植物中发现。叶绿素的形式有多种。吸收紫色光与橙色光的叶绿素 a 和吸收蓝色光与橙色光的叶绿素 b 是其中两种主要的类型
Chloropigments	叶绿素类色素	特定样品中的总叶绿素和叶绿素降解产物，统称为叶绿素类色素
Chlorophyll synthetase	叶绿素合成酶	一种将脱植基叶绿素烷基化的转移酶（给脱植基叶绿素加上植基），可使其转化为叶绿素 a
Choline	胆碱	一种含氮的铵盐，通常与脂质双层中的磷脂相连

英文	中文	含义
Citric acid cycle （Krebs cycle）	柠檬酸循环 （克雷布斯循环）	细胞呼吸作用中需氧的生物的线粒体中发生的一种代谢途径。该循环利用糖类、蛋白质和脂肪产生二氧化碳和水，最终产生能量
Colloidal	胶体	指其中一种物质均匀分散在另一种物质中的化学混合物。环境中的胶体颗粒通常小于 $0.45~\mu m$，但并不被认为是真正溶解的
Conjugated bonds	共轭键	单键与多键（双键或三键）交替，使得这些多键上的电子云密度可以离域到更多的碳原子核上。这会降低总体的能量并增加分子的稳定性，并且常会导致分子几何形状的变化，如平面化，以使分子轨道排列整齐并给电子离域提供空间
Coulomb repulsion	库仑斥力	静电斥力
Cuticle	角质层	茎和叶表面的蜡质覆盖层，帮助陆地植物避免脱水干燥
Cuticular waxes	角质层蜡质	这些蜡填充角质膜，而表皮蜡覆盖角质膜的表面
Cutins	角质素	角质层的蜡质部分，含有通过酯链连接的羟基化脂肪酸
Cyanobacteria	蓝藻	能够进行光合作用并含有叶绿素的原核生物。也被称为蓝绿藻
Cyclopentane	环戊烷	化学式为 C_5H_{10} 的脂肪族环状分子。是一种无色液体，在室温下具有类似汽油的气味，高度易燃的
Cytochrome	细胞色素	含有血红素辅基的蛋白质，通过携带电子而起作用。细胞色素通常是单电子转移剂，血红素铁原子在 Fe^{2+} 和 Fe^{3+} 之间转化
Cytosolic	胞质	指细胞溶质内的任何物质或细胞内的细胞液/细胞质基质
Decarboxylation	脱羧	失去二氧化碳的消除反应。该反应仅发生于离羧基两个碳原子远的位置（β 位）有一个羰基的化合物。反应通过环化机理，产生烯醇中间体
Dehydration	脱水	导致乙醇失去 H_2O 的消除反应，通常产生烯烃。用强酸处理醇时可发生此类反应。在生物学途径中，脱水反应通常发生于在离羰基两个碳原子远的位置（β 位）有一个羟基（-OH）的底物
Dendrimeric	树枝状	指聚合物的结构，其中子单元分支挂在中心的"脊柱"上，向外伸展如树枝
Detritus	碎屑	进入海洋或水生系统的颗粒物。有机碎屑是指来自衰败的有机物的物质

英文	中文	含义
de Vries effect	德弗里斯效应	大气中放射性碳的百年期振荡，导致样品的放射性碳老化
Diagenesis	成岩作用	在 50~150℃的温度下，低于 1000 年的时间周期内，使埋藏的有机物发生改变的化学、物理或生物过程。成岩作用发生在石油生成之前，但包括微生物作用下甲烷的形成过程
Diagenetic	成岩的	指在低温和低压下，沉积物在沉积后和固化前发生的化学或物理变化的产物
Diastereomers	非对映异构体体	仅在一个手性中心上构型不同且彼此非镜像的异构体
Diazotrophs	固氮生物	能够将大气 N_2 固定成更可用的氮形式（如氨）的微生物，能够在没有外部被固定的氮源的情况下生长。其特点是具有催化氮固定的酶体系
Dicotyledon	双子叶植物	萌芽上有一对胚叶的花卉植物
Dioxygenases	双加氧酶	将 O_2 中的两个氧原子都转移到一个底物上的一种酶
Dipeptides	二肽	由通过肽键连接的两个氨基酸组成的分子（将一个氨基酸的氨基添加到另一个氨基酸的羧基碳上，然后消除 H_2O）
Direct temperature -resolved mass spectrometry （DT-MS）	直接温度分辨质谱（DT-MS）	一种快速测定方法，可以对大范围的化合物类别，包括可解吸和可热解两类成分，进行分子水平的表征。DT-MS 很灵敏（仅需微克数量的样品），可以与其他方法一起使用，包括流式细胞术等颗粒物分选方法
Dissolved combined amino acids	溶解态结合氨基酸	与蛋白质和/或糖连接或结合的氨基酸。在分析其氨基酸组成之前，必须先用酸对这些化合物进行水解
Dissolved combined neutral sugars	溶解态结合中性糖	通常是指存在于样品中的中性糖（单体），包括任何游离的单体及在酸水解步骤后释放出来的单体
Dissolved free amino acids	溶解态游离氨基酸	以非结合形式存在的氨基酸。可以直接分析，无需酸水解
Dysaerobic	贫氧	指以低浓度溶解氧（0.1~1.0 mL/L）为特征的环境
Ebullition	冒泡作用	气体的释放（如通过鼓泡或沸腾）
Electromagnetic spectrum	电磁波谱	电磁辐射的频率范围，低至我们用于无线电传输的频率，高到伽马辐射频率
Electron capture	电子捕获	一类放射性衰变，即一个质子在结合了捕获的核外电子（来自 K 电子层）后变成中子。这种形式的放射性衰变导致原子序数减小 1 个单位

英文	中文	含义
Electron impact（EI）	电子轰击（EI）	一种气相色谱—质谱分析模式。在 EI 模式下，离开 GC 色谱柱的流动相受到电子的轰击（通常在 70 eV 下），使得分子碎片化，产生了分子离子（M+ e^-→M^++ $2e^-$）和其他的碎片。分子离子（M^+）提供了感兴趣的分子的分子量信息，碎裂方式（质谱）提供了独特的基于给定分子的结构的指纹信息
Electrophoresis	电泳	在电场影响下将颗粒物分散在流体中的分离技术
Electrospray ionization mass spectrometry （ESI-MS）	电喷雾电离质谱（ESI-MS）	用于生物大分子质量分析的电离技术。ESI-MS 通过使用电把分析物分散成细小的气溶胶来离子化分子而不使其碎裂，然后可以分析特征质—荷信号
Emerging contaminants	新兴污染物	由于分析灵敏度的提高，在环境中发现的一些新型污染物，这些污染物在过去的几十年里其生产一直在增加。已经发现这些化合物对生态系统具有有害影响
Endocrine-disrupting compounds	内分泌干扰物	与激素行为相似的外源物质，破坏内源性激素的生理功能
Endosymbionts	内共生体	生活在宿主细胞或体内并与宿主有生物学联系的生物
Endosymbiotic	内共生	指一种生物居住/生活在另一种生物体内或细胞内这样一种生物之间的关系
Enzyme	酶	通过改变反应机制来催化生物反应的球状蛋白质大分子，使得反应活化能低于不存在此酶时的活化能。胞外酶由产生它的生物细胞排放到细胞外，并在细胞外发生作用，而胞内酶在细胞内工作
Epidermis	表皮	生物的最外层细胞
Epilimnion	表水层	热分层湖泊水体的顶层
Epimerase reactions	差向异构酶反应	使非对称碳上取代基构型发生立体化学反转的酶催化反应，使 α 和 β 差向异构体相互转化
Ester	酯	羧酸和醇反应，消除一分子水形成的化合物。在酸或碱存在时，酯键（R-CO-O-R'）容易裂解（水解）。皂化是指酯的碱水解。酯官能团由碳氧双键及与碳相连的另一个氧原子组成。酯连接是指脂肪酸和甘油之间的键，是真脂的特征。（脂类化合物包括脂肪和类脂，狭义的脂肪又称为真脂。——译者注）
Estuary	河口	从河流或溪流输入的淡水与从海洋输入的咸水交汇之处。由于淡水与海水的混合，盐度沿河口变化

英文	中文	含义
Ethers	醚	两个烃基通过氧原子连接在一起的一类有机化合物。具有通过醚键连接的膜脂是区分古菌的特征之一
Eukaryote	真核生物	含有膜结合细胞器和核的生物
Eutrophication	富营养化	当水体富集过量的无机营养盐时发生的过程。这些过量的营养盐往往导致超出系统处理能力的有机物的富集。过剩有机物的呼吸常导致氧的亏损
Extremophiles	嗜极生物	在极端环境条件，如高温（嗜热菌）、低温（嗜冷菌）、非常酸性（在低 pH 值下存活的嗜酸菌）或碱性条件（嗜碱菌）下生长的生物。嗜盐菌生活在非常咸的环境中
Fast atom bombardment （FAB）	快原子轰击（FAB）	一种用快速粒子束轰击分析物/基质混合物的质谱离子化技术。粒子束通常是在 4 至 10keV 下的中性的惰性气体（如氩气），使得该过程相对来说是一个软电离过程。粒子束与分析混合物发生相互作用，引起碰撞和破坏，导致分析物离子的喷射（溅射）。这些离子接着在进入质量分析器前被捕获和聚焦
Fats	脂肪	见类脂化合物
Fatty acids	脂肪酸	见羧酸
Ferrodoxin	铁氧还蛋白	一种酸性的，低分子量的铁–硫蛋白，在各种生物中均有发现，在许多氧化还原反应（如光合作用和固氮作用）中作为电子载体，但缺乏经典的酶功能
First order	一级	指放射性衰变符合的反应类型，即单位时间内衰变的原子数与当前存在的原子数成正比。也可用于描述有机物成岩的速率常数。在这种情况下，有机物的成岩速率与易降解有机物的量成正比
Fischer projection	菲舍尔投影式	有机分子立体化学结构的二维表示方法，用水平或竖直的线代表化学键。碳原子通常被置于交叉线的中心，投影以上端的 C1 碳为导向
Flavanoids （flavonones）	类黄酮（二氢黄酮）	存在于植物中的，不含酮，但是多羟基和多酚的化合物。往往具有抗氧化性
Flow cytometry	流式细胞仪	根据形态和化学标准，包括粒径大小、形状和自发荧光特性等分离颗粒物的方法
Fluorescamine	荧光胺	用于检测皮摩尔级含量伯胺和肽的试剂。在室温下反应在水相中几乎瞬间发生，产生具有高度荧光，易于检测的产物

续表

英文	中文	含义
Fluorometric	荧光光度	样品中的荧光物质受到不同波长的光激发，对发出的荧光进行测定的方法
Fourier transform cyclotron resonance（FT-ICR）mass spectrometry	傅里叶变换离子回旋共振（FT-ICR）质谱	一种基于固定磁场中离子回旋频率的测定离子质荷比的分析技术。通过进行傅里叶变换从数据中提取信号或质谱
Furanose	呋喃糖	指可形成由四个碳原子和一个氧原子组成的五元环的一类糖类化合物。呋喃糖环由糖上的酮基和醇基反应形成
Gamma（γ）-glutamyl kinase	γ-谷氨酰激酶	在脯氨酸生物合成途径中使用的酶。它会造成反馈抑制作用（酶的活性受其途径最终产物特异抑制的现象——译者注）
Gamma（γ）radiation	伽马（γ）辐射	属于一类电磁辐射。由以波动形式传播的能量量子或能量包。伽马辐射可以传输非常远的距离，并通过与原子中的电子相互作用而失去能量。它难以被完全吸收，可以穿透身体
Gel filtration	凝胶过滤	根据分子大小的不同，对水溶液中的分子进行分离的色谱方法。常使用色谱柱装填料来进行过柱分离
Geolipid	地质类脂物	生物类脂物和成岩作用产生的类脂物的组合
Glucosinolate	葡萄糖异硫氰酸盐（硫代葡萄糖苷）	一种含硫含氮的有机化合物，其中的硫和氮来自氨基酸
Glutamate dehydrogenase	谷氨酸脱氢酶	负责催化谷氨酸氧化脱氨反应的酶，是过剩氨基酸降解的第一步产物，形成铵离子。随后，铵离子常被转化成尿素并排出
Glycerides	甘油酯	甘油作为醇与酸反应形成的酯。甘油分子含有三个羟基（OH），使其可与一个、两个或三个羧酸反应形成甘油单酯、甘油二酯和甘油三酯（也称为三酰甘油）
Glycerol dialkyl glycerol tetraethers（GDGTs）	甘油二烷基甘油四醚（GDGTs）	在含有长链烃的古菌中发现的一类膜脂，其通过醚键在每一端通过 R 构型与甘油连接。烃链的长度几乎是在真核生物中发现的两倍
Glycolysis	糖酵解	将葡萄糖分解成两分子丙酮酸的过程，这一过程给细胞提供了能量
Glycoproteins	糖蛋白	生物体中的分子，由一种糖通过其异头碳与一种蛋白质相连组成。这些分子是细胞壁的组成部分，在细胞识别过程中至关重要

续表

英文	中文	含义
1，4′-β-Glycoside linkages	1，4′-β-糖苷键	将糖连接到其他生物分子，如其他糖的键。1，4′-β 键是将一个单糖上的 4′-OH 与另一个单糖的 C-1 （β）连接在一起。纤维素是由葡萄糖分子通过 1，4′-β 键连接形成的多糖
Glycosides（cardiac and cyanogenic）	苷（强心甙和氰甙）	糖与非糖通过糖苷键结合在一起形成的化合物
Half-life（$t_{1/2}$）	半衰期（$t_{1/2}$）	指衰变到初始原子数量的一半时所需的时间
Haptophytes（also called prymnesiophytes）	定鞭藻（也叫定鞭金藻）	单细胞海洋浮游植物，通常覆盖在由糖类和钙质沉积物组成的微小鳞片或平板上。颗石藻（又称球石藻）可能是最著名的一类定鞭藻，具有被称为颗石的钙板外骨骼。颗石藻是最丰富的海洋浮游植物之一，特别是在开阔大洋中，被广泛用作地质和地球化学研究中的微化石
Hatch-Slack pathway	哈奇—斯莱克途径	也称为 C_4 碳固定途径。在一些植物中发现的用于固定二氧化碳的途径。产生的第一个代谢产物是四碳化合物，而在其他植物中产生的是三碳化合物。该途径进化的远比 C_3 途径晚，并能减少 C_3 途径中发生的光呼吸的可能的能量损失
Haworth projections	哈沃斯投影式	用于表示单糖的环状结构，可以显示其三维结构。碳原子和氢原子通常隐含在哈沃斯投影式中，但碳原子会被编号，C1 为异头碳
Heme	血红素	杂环有机化合物。一个例子是卟啉，其在大杂环的中心含有一个铁原子
Hemicellulose	半纤维素	用于描述具有无定形结构的几种基质杂多糖的术语，其结构对植物细胞壁提供的力量很小
Heterotroph	异养	指生物从有机物获得能量和碳
Hexosamines	己糖胺	氨基取代羟基而形成的己糖衍生物
Homologous series	同系物	一类由于具有相同的官能团，通式相似和化学性质相近的有机分子，其物理性质（如沸点）随着分子大小、分子量和取代程度的增加而递增。例如，丁烷、戊烷和己烷构成的同系物，每增加一个 CH_2，沸点增加约 30℃
Hopanoids	藿烷类化合物	一类类似于甾醇，在细菌中作为细胞膜脂的五环类脂化合物。藿烷是石油中的主要三萜烷
Hydrocarbon	烃	也被称为石油烃。由碳原子和氢原子组成的有机化合物。烃可以是脂肪族的或芳香族的
Hydrogenation	氢化	加氢的化学过程。该过程通常将不饱和化合物还原成饱和化合物

续表

英文	中文	含义
Hydrolyzable amino acids	可水解氨基酸	可用酸性水解裂解的氨基酸
Hydrophobic	疏水的	指通常不溶于水的非极性化合物。相反，亲水的指的是"亲"水的极性化合物。两亲化合物是部分疏水的和部分亲水的
Hydrothermal	热液的	指通常位于海脊扩散中心的系统，是海水与新形成的海洋地壳之间发生反应的环境
Hydroxyl	羟基	含有与氢原子共价结合的氧原子的官能团（-OH）
Infrared radiation（IR）	红外辐射（IR）	电磁波谱的中段，波长范围为 2 500~25 000 nm
Ion exchange columns	离子交换柱	用于分离离子或带电颗粒物，如蛋白质和氨基酸的柱子
Ion trap mass spectrometer	离子阱质谱仪	四极离子阱，使用直流和射频振荡交流电场来捕获离子。这些阱可以用作选择性质量过滤器
Ionone rings	紫罗兰酮环	常见于芳香族化合物，在可转化为视黄醇和视黄醛的类胡萝卜素色素中也有发现
Isomerase reactions	异构酶反应	酶催化下异构体或具有相同分子式但不同结构的化合物的结构重排的反应
Isoprenoids	类异戊二烯	由头对尾或尾对尾构型连接在一起的异戊二烯（2-甲基-1，3-丁二烯）单元组成的一类烃类化合物。异戊二烯可以是环状或非环状的
Isostatic rebound	地壳均衡回弹	随着形成于末次冰期的冰盖的融化，地壳向上的运动。北欧（特别是苏格兰、芬诺斯堪底亚和丹麦北部）、西伯利亚、加拿大和美国的大湖区等一些地区都受到这一进程的影响
Isotopes	同位素	核中含有相同质子数但不同中子数的原子。同位素可能是放射性的（即原子通过释放亚原子粒子从一个元素转变为另一个元素的过程），也可能是稳定的（不会发生放射性衰变的同位素）。碳有两种稳定的同位素（^{12}C 和 ^{13}C）和一种放射性同位素（^{14}C）
Kendrick mass	肯德里克质量	一种用于烃系统的技术，将 IUPAC 质量乘以 14.000 00/14.015 65 即转化为肯德里克质量。该技术通过直线化峰值模式简化了复杂数据的显示
Kerogen	干酪根	沉积岩内通过后生作用或成岩作用过程形成的不溶性有机物
α-Ketoglutarate	α-酮戊二酸盐	克氏循环中的中间产物，是一种阴离子。是谷氨酸脱氨基时形成的一种酮酸

英文	中文	含义
Ketones	酮	分子中至少有一个羰基（与氧原子以双键形式结合）与分子内的两个其他碳原子键合在一起的化合物
Ketose	酮糖	每分子含有至少一个酮基的糖
Lacustrine	湖泊的	指湖泊环境
Ligated	连接	指从氨基酸生产肽或连接两个 DNA 片段的过程
Lignin	木质素	一种有机聚合物，是维管植物的结构材料。木质素降解产生酚酸。木质素的酚类成分用作维管植物的生物标志物
Lipid	类脂化合物	操作定义为一类不溶于水但可溶于有机溶剂的有机化合物。类脂化合物是四类生物化合物之一，其余三类分别是糖类、蛋白质和核酸。类脂化合物通常特指脂肪、蜡、甾类和磷脂。类脂化合物是石油的前体化合物
Lipophilic	亲脂性	指对类脂化合物具有强亲和性或能溶解或吸收类脂化合物的物质
Lipoproteins	脂蛋白	其中至少一种组分是类脂化合物的结合蛋白质
Littoral zone	滨岸带	高潮和低潮水位之间的海滩部分。在湖泊中，指光能穿透到底部的区域
Macromolecules	大分子	由不同的结构单元组成的大分子，具有多种元素和官能团。与由重复单元组成的聚合物相反
Magnesium chelatase	镁螯合酶	是在配位络合物中形成氮-D-金属键的酶（连接酶）。镁螯合酶是卟啉和叶绿素代谢中的重要的酶。这类酶又名镁—原卟啉 IX
Magnetic resonance	磁共振	磁核吸收能量，发生共振，然后把被施加的电磁脉冲辐射出来的性质。包含奇数个质子和/或中子的任何稳定的原子核都具有固有磁矩，因此具有正的自旋，而具有偶数质子和/或中子的核素，自旋数 = 0。研究得最多的是 ^1H 和 ^{13}C 磁共振
Malonic acid pathway	丙二酸途径	在低等植物、真菌和细菌中形成酚类化合物（或木质素前体）的生物合成途径
Malonyl-CoA decarboxylase deficiency	丙二酰辅酶 A 脱羧酶缺乏	缺乏将丙二酰辅酶 A 转化成乙酰辅酶 A 和二氧化碳的酶的状态。产生了丙二酸并阻断了克氏循环。乳酸也积累起来，降低了血液的 pH 值，使人体产生不良症状
Marine snow	海雪	在海水中，由碎屑、生物体（细菌、桡足类等）及一些无机物质（如黏土矿物和颗粒物）组成的大的聚集体。海雪是生物泵的重要组成部分，将生物生产的产物和排泄物从表层输送到深海，但其中大部分在水体上层 1 000 m 内重组或再矿化

续表

英文	中文	含义
Mass number	质量数	见原子序数
Mass spectrometry	质谱法	一种分析方法，其中原子被电子轰击，产生带正电的粒子，这些粒子接着穿过电磁场。基于通过场的运动来测量这些带电粒子的质荷比。质谱通过形成分子离子或通过可用作"指纹"的特征的分子破碎模式来鉴别化合物
Mass spectrum	质谱	见电子轰击。
Matrix-assisted laser desorption ionization（MALDI）	基质辅助激光解吸电离（MALDI）	质谱分析中应用的电离技术，可以分析具有高分子量（例如，>10 000 Da）的分子。它是一种软电离技术，使用与分析物混合的基质物质；基质物质的作用是产生强烈吸收紫外辐射的混合物
Mean life（τ）	平均寿命（τ）	一个放射性原子的平均预期寿命。用衰变常数的倒数（$\tau = 1/\lambda$）来表示
Mesophyll	叶肉	在光合作用发生的表皮层之间，由薄壁组织组成的较厚区域
Mesotrophic	中营养	指具有中等水平生产力的水体或环境（不被认为是寡营养的，但不如营养丰富的富营养系统）
Methanolysis	甲醇分解作用	酯交换反应的逆反应。将酯的有机基团与醇的有机基团交换。
Methoxy	甲氧基	与氧原子连接的甲基（-CH$_3$）
O-Methyl sugars	O-甲基糖	具有一个或多个羟基被醚化的甲基取代的醛糖或糖醛酸
Methylotrophic bacteria	甲基营养菌	使用还原性的一碳物质（如甲烷、甲醇、甲基化胺和甲基化硫化物）作为碳和能量的唯一来源的一类异养微生物
Methyltransferase	甲基转移酶	将键合硫的甲基转移到底物的酶
Micelles	胶束	由相互吸引的分子组成的小的球形结构，以减少表面张力。分子的头部是亲水的，而内部是疏水的
Microfibrils	微纤维	由糖蛋白和纤维素组成的细纤维状结构支撑材料。
Moderate resolution imaging spectroradiometer（MODIS）	中分辨率成像光谱仪（MODIS）	搭载在卫星上的一种科学仪器，以各种分辨率记录不同光谱带中的数据，以提供大尺度全球动态测量，如云层覆盖和地球辐射收支
Multiwavelength UV detector	多波长紫外检测器	一种能够进行多个波长监测和数据采集的分析仪器。常用于液相色谱
Multiwavelength fluorescence detector	多波长荧光检测器	一种用于 HPLC，包含两个单色仪的检测器。一个单色仪用于选择激发波长，第二个单色仪用于选择荧光波长或产生荧光光谱

英文	中文	含义
Mycosporine-like amino acids	类菌孢素氨基酸	一类以环己烯酮为基本骨架，与不同类型氨基酸通过缩合作用形成的天然产物。已知海洋生物和植物使用这些分子来防止有害的紫外线辐射
N₂ fixation	固氮	将大气中的 N_2 还原成氨的生物过程，氨随后可以被纳入有机物。这一过程仅限于含有固氮酶的某些细菌种类
Ninhydrin reaction	茚三酮反应	用于检测氨基酸中氨、伯胺或仲胺的反应。茚三酮（2，2-二羟基茚满-1，3-二酮）与氨基酸反应生成深蓝色或黄色化合物，具体产物取决于胺的类型。氨基酸据此可通过溶液的光吸收来定量
Nitrate reductase	硝酸盐还原酶	一种催化硝酸盐向亚硝酸盐转化的 NADH/NADPH 依赖性酶
Nitrite reductase	亚硝酸盐还原酶	催化亚硝酸盐向氨转化的铁氧还蛋白依赖性酶
Nonprotein amino acids	非蛋白质氨基酸	组成蛋白质的 20 种常见氨基酸之外的氨基酸。如 D-丙氨酸，是肽聚糖中的氨基酸，也是细菌细胞壁的成分
Normal-phase HPLC	正相 HPLC	一类高效液相色谱（HPLC），其中色谱柱是极性的（如硅基的），流动相是非极性的
Nucleic acids	核酸	一类生物大分子聚合物，包括由核糖核酸（RNA）和脱氧核糖核酸（DNA）。核酸是四类生物化合物之一，其功能包括蛋白质合成、细胞过程调节和遗传信息传递
Nucleotide	核苷酸	由戊糖、磷酸盐和含氮碱基组成的核酸组成单位。核糖核酸（RNA）是核苷酸缩合而成，存在于所有生物中。脱氧核糖核酸（DNA）由脱氧核苷酸缩合形成，存在于大多数生物中
Nutricline	营养盐跃层	水体中营养盐浓度的急剧变化
Oddo-Harkins rule	奥多-哈金斯规则	具有偶数原子序数的核素比具有奇数原子序数的核素的丰度更高的状态
Olefinic-containing alkenes	烯烃	含有至少一个双键的不饱和直链或支链的烃
Oligotrophic	寡营养的	指生物生产力低的水体或环境。通常是低营养盐浓度或低浓度的特定生产力限制性营养物质（例如，铁）的结果
Oxic	有氧的	含氧气的
Parenchyma tissue	薄壁组织	构成基本组织的非木本植物细胞（因初生壁较薄而得名）。这些细胞用于储存营养物质。在动物中，薄壁组织与器官的功能部分有关

续表

英文	中文	含义
Pectin	果胶	陆地植物初级细胞壁中含有的结构杂多糖。果胶是含有1, 4-α-D-半乳糖醛酸残基的复合多糖。半乳糖醛酸聚糖、取代的半乳糖和鼠李糖半乳糖醛酸聚糖等均是果胶类多糖
Pelagic	远洋的/浮游的	指海洋中远离陆地的深海部分
Pentose phosphate pathway	磷酸戊糖途径	糖酵解之外葡萄糖的氧化分解方式，可将 $NADP^+$ 还原成 NADPH 并产生其他糖。参与该途径的酶位于细胞的细胞质中，主要在肝脏和脂肪细胞发挥作用
Peptidoglycan	肽聚糖	由通过短肽交联的线性多糖链组成的大分子。在细菌质膜外有一层肽聚糖，形成细胞壁并提供结构支持。也称为胞壁质
Permethylated	全甲基的	指所有碳原子都有甲基与之键合的化合物
Petrogenic	成岩的，石油源的	指岩石形成的产物，或岩石形成时产生的物质
Phenols	酚	芳环上连有羟基的化合物。这种连接使化合物呈酸性
Phenylpropanoids	类苯丙烷	在植物中发现的有机化合物，衍生自苯丙氨酸。它们含有连接到氧上的具有三碳侧链的六碳环。它们对植物的结构和保护是很重要的
Pheopigments	脱镁色素	非光合色素，是叶绿素的降解产物
Phospholipids	磷脂	一类类脂化合物，是所有细胞膜的主要成分。大部分磷脂含有甘油二酯、磷酸基和简单的有机分子，如胆碱。鞘磷脂是一个例外，鞘磷脂以鞘氨醇为骨架，鞘氨醇由棕榈酸酯和丝氨酸结合形成。磷脂双层是由两层磷脂组成的膜
Photodiode array detector（PDA）	光电二极管阵列检测器（PDA）	由数百或数千个能够将光能转换为电流或电压的光电检测器组成的阵列，用于涉及光的传输、吸收或发射的分析仪器
Photolysis	光解	在光的作用下发生的物质的化学分解
Photorespiration	光呼吸	磷酸乙醇酸氧化引起的氧气消耗。当氧气的量高但二氧化碳的量低时，就发生该过程。在此过程中不产生净 ATP
Photosynthate	光合作用产物	光合作用的化学产物的统称；通常是指糖类或简单的糖
Photosynthesis	光合作用	使用光能，通过用水还原将二氧化碳转化为糖的过程。氧气是这一过程的副产品
Phycobilins	藻胆素	在红藻和蓝细菌中发现的水溶性辅助色素
Phycobiliproteins	藻胆蛋白	在蓝细菌和红藻中发现的水溶性蛋白质，能够在光合作用中将光能转移到叶绿素上

续表

英文	中文	含义
Phycobilisome	藻胆蛋白体	藻胆素与藻胆蛋白通过共价键结合形成的复合体，作为发色基团来捕光
Phycocyanin	藻蓝蛋白	蓝细菌和红藻中的蓝色光合色素
Phycoerythrin	藻红蛋白	在蓝细菌和红藻中发现的红色光合色素（藻胆素）
Phylogenetic	系统发生的，遗传进化的	指基于进化评估生物的相似性的分类系统。分子测序是用于判断一种生物相对于相关生物应如何分类的一种工具
Phylogeny	系统发育	根据进化发展或历史将物种分类进入进化树。系统发育关系提供了更高的生物分类分组基础
Phytoalexins	植物抗毒素	攻击入侵病原体的抗菌毒素
Phytol	植醇	含有 20 个碳，包括四个甲基的醇。植醇属于类异戊二烯类化合物，由异戊二烯单元组成
Phytoplankton	浮游植物	在水体的真光层进行光合作用的单细胞植物和藻类
Pigments	色素	一类提供颜色和在光合作用中增强特定波长光的吸收的化合物。大多数光合生物中的主要色素是叶绿素 a。色素作为生物标志物用于了解藻类群落结构和（古）生产力。此外，光合生物还有辅助色素，可以吸收较短波长的光。辅助色素在光合作用中捕获光能，并将其在这些吸收光能的化合物之间传递，如类胡萝卜素和各种叶绿素及相关的四吡咯化合物
Plasmalemma	质膜	细胞质膜或细胞膜的别称
Plastid	质体	一类植物细胞器，根据色素的不同，可分为叶绿体、色质体或淀粉体/白色体三种类型
Polysaccharides	多糖	两个或多个单糖（含一个糖单元的糖）通过糖苷键连接，用于能量储存。纤维素、半纤维素和果胶均属于多糖
Porphobilinogen	胆色素原	由氨基乙酰丙酸脱水酶产生的一种吡咯化合物，与卟啉代谢有关
Porphyrins	卟啉	源于叶绿素的生物标志物，其特征在于具有含钒或镍的四吡咯环
Porphyrin ring	卟啉环	一种有机环结构，在大杂环的中心含有一个铁原子
Positron	正电子	带正电荷的电子。在放射性衰变期间，正电子的释放导致质子变为中子，原子序数减少一个单位
Precision	精确度	在条件不变的情况下，重复测量的结果相近的程度。精确度也称为重复性或重现性

英文	中文	含义
Principal components analysis	主成分分析	通过将多个相关变量变换为能表达尽可能多的数据相关性，较少数量的不相关变量，以此来对数据进行降维处理的数学方法。用于探索性数据分析和创建预测模型
Prokaryote	原核生物	不具有膜结合细胞器或细胞核的单细胞生物
Proteins	蛋白质	由氨基酸通过肽键连接形成的大分子
Proteolytic enzymes	蛋白水解酶	通过水解将氨基酸连接在一起的肽键，引起蛋白水解，即蛋白质分解的酶
Proteomics	蛋白质组学	与蛋白质的结构和功能有关的研究领域，一个生物体所表达的所有蛋白质被称为蛋白质组
Protochlorophyllide	原叶绿酸	叶绿素 a 的直接前体。具高度荧光，不含叶绿素的植醇侧链
Protochlorophyllide oxidoreductase	原叶绿酸氧化还原酶	参与卟啉和叶绿素代谢并产生原叶绿酸的酶
Protoheme	原血红素	含铁的复杂有机色素，是血红素的前体
Protoporphyrin Ⅸ	原卟啉Ⅸ	卟啉代谢过程的一部分，是血红素的直接前体和二价阳离子的载体
Psychrophiles	嗜冷生物	生活在极端寒冷条件下的生物，如在南极洲或在海底
Pulsed amperometric detection（PAD）	脉冲电流检测（PAD）	一种常用于阴离子交换色谱中的检测器，可为糖类和其他可氧化物质，如胺和含硫化合物的测定提供一种灵敏和有选择性的手段。脉冲电流检测在工作时，按照一定的时间间隔，向流通检测池中的工作电极施加重复的电势，从而得到脉冲波形
Purines	嘌呤	DNA 和 RNA 中的两类碱基之一。鸟嘌呤（G）和腺嘌呤（A）都是嘌呤碱基
Pyran	吡喃	含有两个双键的六元杂环。该环由五个碳原子和一个氧原子组成
Pyranose	吡喃糖	形成由五个碳原子和一个氧原子组成的六元环的一类糖。吡喃糖环通过糖的 C-5 上的羟基与 C-1 上的醛基的脱水反应形成
Pyrimidines	嘧啶	一类存在于核酸中的含氮芳香性化合物。胞嘧啶（C）和胸腺嘧啶（T）是 DNA 分子中发现的两个嘧啶
Pyrogenic	燃烧源的	指热的产物
Pyrrole	吡咯	一种杂环芳香性有机化合物，是亚铁血红素、绿素和其他大环化合物的重要组成部分

英文	中文	含义
Quadrupole	四极杆	一种用于质谱的质量过滤器。带电离子在四根带电压的杆形成的空间穿过，并在射频电压作用下产生震荡。只有具有合适质荷比（m/z）的离子才能经受这些震荡而不击中这些杆
Racemization	消旋作用	一个手性分子的两个对映异构体之间相互转化的过程，导致混合物的旋光性发生整体转化，其中一种对映体相对于等量混合物来说过量了
Radioactivity	放射性	不稳定的核素到更稳定的状态的自发调整
Radionuclide	放射性核素	见同位素
Raney-nickel desulfurization	雷尼镍脱硫	一种脱硫反应（将硫缩醛还原成饱和烃），使用莫里·雷尼（Murray Raney）于 1926 年开发的用 Ni-Al 合金的细小晶粒组成的固态催化剂。在有机合成中，它通常用作将醛和酮还原成烃的中间步骤
Redox	氧化还原	氧化—还原反应的简称，用于描述反应中的原子的氧化状态发生变化的任何化学反应。氧化是反应中失电子或氧化态增加的过程，还原是反应中得电子或氧化态降低的过程
Retention time	保留时间	分析物注射进入色谱柱（固定相）到分析物被洗脱/检测之间经过的时间。不同的化合物由于与固定相的分子间相互作用的差异而被分离，从而具有不同的保留时间
Reverse osmosis-electrodialysis（RO-ED）	反渗透—电渗析（RO-ED）	在电位的影响下通过反渗透膜流和离子交换膜，将盐离子从一种溶液转移到另一种溶液的组合方法。该方法最近经改造后被用于从水生样品中分离溶解有机物
Reversed phase-HPLC	反相 HPLC	一种用于分离、鉴定和定量化合物的柱色谱方法，基于极性或水性流动相与非极性柱（固定相）之间的相互作用
Ribosomes	核糖体	由 rRNA 和酶组成的生物细胞质中的小细胞器。核糖体通过翻译信使 RNA 所携带的信息参与蛋白质的生成
Saponins	皂苷	一种代谢产物，由糖与非糖化合物结合产生。皂苷的水溶液在振摇后可产生泡沫
Sapropel	腐泥	在缺氧环境中，腐烂有机物形成的沉积物
Sea-viewing Wide Field-of-view Sensor（SeaWiFS）	宽视场海洋观测传感器（SeaWiFS）	一个 NASA 项目，基于海洋水色遥感提供全球海洋生物光学特性的定量数据。海洋的一些特性，如叶绿素 a 含量和水的透明度，可以用绕地球运行的卫星上的 SeaWiFS 传感器测量
Secondary ion mass spectrometry	二次离子质谱	一种分析技术，通过"一次"离子束轰击样品表面，并收集和分析溅射出的"二次"粒子来分析固体表面和薄膜的组成

英文	中文	含义
Seeps	渗漏	采集液态或气态烃的地方，这些烃形成于岩石中，并通过岩石的裂缝或空隙渗出。也称为烃渗漏
Shielding	屏蔽	在 NMR 光谱中，电子在施加的磁场（B_0）中循环流动，产生与施加磁场相反的感应磁场（B_i）。核所感受到的有效磁场为 $B=B_0-B_i$。这被称为核外电子的抗磁屏蔽
Shikimic acid pathway （shikimate）	莽草酸途径（莽草酸）	大部分植物酚类生物合成的途径（详见第 13 章）。该途径将来自糖酵解和磷酸戊糖途径的简单的糖类前体化合物转化为芳香族氨基酸
Solid-phase extraction	固相萃取	基于某些物理或化学性质将溶解或悬浮的化合物与混合物中其他化合物分离的方法。这一过程通常用于浓缩和纯化分析的样品
Spallation	散裂	一类核反应，其中光子或粒子轰击核并使其发射出许多其他粒子或光子
Specific activity （A）	比活度（A）	用于描述一个放射性核素样品测得的计数率的术语。样品的比活度通常由下式来描述：$A=\lambda N$，其中 $\lambda=$ 衰变速率，N＝原子数
Stable isotopes	稳定同位素	含有相同的质子数和电子数，但不同中子数的原子。不同的中子数目改变了原子的质量，但不改变其化学特性。如果没有放射性，同位素就是稳定的
Steranes	甾烷	甾类和甾醇的成岩作用和后生作用产物。甾烷结构是甾类和甾醇的核心，也是在成岩和后生作用过程中官能团丢失后所能保留下来的结构。甾烷常被用作真核生物的生物标志物
Stereoisomers	立体异构体	具有相同分子式和键合原子序列的化合物，但它们的原子在空间中的三维取向不同。结构异构体具有相同的分子式，但不同原子/基团之间的键连接和/或顺序不同
Steroids	甾类	一类包含三个六元环和一个具有各种侧链和官能团的五元环的多环化合物。甾类由植物（植物甾醇）和动物合成
Sterols	甾醇	一类由四个环组成的四环有机化合物；其中三个环各具有六个碳原子，一个环具有五个碳原子和一个羟基（-OH）。这些化合物是真核生物中重要的膜和激素成分，并被广泛用作生物标志物。甾烷是源自甾醇的烃类化合物
Stomata	气孔	在茎和叶表皮上的开孔，二氧化碳和氧气经此交换。薄壁组织围绕气孔开口并调节其大小
Stroma	基质	叶绿体基粒之间的物质，在这里发生光合作用的"暗"或生化反应

续表

英文	中文	含义
Suberins	软木脂	一类类似于角质素的化合物。软木脂含有羟基化的酯交联脂肪酸
Submarine vents	水下热液喷口	洋壳中的裂缝，地热热水在此排出。依赖化能合成细菌和古菌的生物群落密集分布在从这些裂缝中喷出的富含矿物质的热水的周围。也被称为热液喷口
Symmetry rule	对称性规则	表示低原子序数（Z）的稳定核素具有大致相同的质子和中子数，因此 N/Z 比接近 1
Tannins	单宁	在植物中发现的多酚，会结合并沉淀蛋白质，或使蛋白质、氨基酸和生物碱收缩。单宁的分解是导致水果成熟和葡萄酒老化的原因
Teratogenic	致畸的	指能够干扰胚胎或胎儿发育的化合物或物质，常会导致某些缺陷
Terpenoids（terpenes）	萜类化合物（萜烯）	一类含有两个或多个异戊二烯的类脂化合物
Terrestrial	陆源的	指起源于陆地的物质
Tetrapyrroles	四吡咯	含有四个吡咯环的化合物。胆红素、藻胆蛋白、卟啉和叶绿素都是四吡咯
Thermokarst	热喀斯特	富冰永冻土融化时形成的类似喀斯特的地貌。它在北极地区广泛发生；在山区，如喜马拉雅山脉和瑞士阿尔卑斯山脉，尺度较小
Thermophiles	嗜热生物	能在高温下，如温泉中，生长的生物。原核生物生长的最高温度记录为 121℃。真核生物能够耐受的最高温度为 60℃
Thylakoid	类囊体	叶绿体基粒的囊状膜结构，含有叶绿素，是光合作用的"光"反应发生的地方
Thylakoid membrane	类囊体膜	围绕类囊体内腔并包含许多对光合过程至关重要的膜内蛋白质的膜
Time-of-flight（TOF）-mass spectrometry	飞行时间（TOF）-质谱	一种质量分离技术，离子在其中被电场加速。离子的运动速度取决于质荷比。可用特定离子飞行一定的距离所需的时间来确定其质荷比
Transketolase reactions	转酮醇酶反应	将磷酸戊糖途径和糖酵解联系起来的反应：将 5-碳糖转化为 6-碳糖
Triacylglycerols（or triglycerides）	三酰甘油（或甘油三酯）	一类由三个脂肪酸与甘油酯化形成的类脂化合物。这些化合物用于海洋生物，如浮游动物的短时能量储存
Trichromatic	三色	指三种颜色，或三种色素，如叶绿素 a、b 和 c

英文	中文	含义
Triterpenoids	三萜类化合物	一类类脂化合物，类似于甾醇，广泛用作生物标志物。这些化合物由六个异戊二烯单元（~C_{30}）组成
Trophic level	营养级	指具有相同饮食习惯的生物。营养关系解释了在食物链或食物网中的特定营养级或不同营养级取食的生物之间的相互关系。第一营养级由初级生产者（植物）组成，第二营养级指食草动物，第三营养级是小型食肉动物等
Ultrafiltration	超滤	基于分子大小将样品分离的方法。它通常使用具有不同截留值（如1 kDa、5 kDa和10 kDa）的膜来分离水生系统中溶解有机物的组分
Ultrafiltered dissolved organic matter	超滤溶解有机物	超滤得到的溶解有机物组分，通常在10^{-7}~10^{-9} m的大小范围内
Ultraviolet（UV）radiation	紫外线（UV）辐射	比可见光波长短，比X射线波长长的电磁光谱部分，波长范围为10~400 nm
Uronic acids（glucuronic and galacturonic acids）	糖醛酸（葡萄糖醛酸和半乳糖醛酸）	一类次要糖，通过用羧基取代与羰基碳相对的甲醇碳，与其他醛糖区分开
Vacuole	液泡	一类由生物膜包被并存储水、色素和各种其他物质的细胞器
van der Waals interactions	范德华力	分子与其相邻分子之间的分子间吸引力。所有的分子都受这些相对较弱的力影响（与化学键相比）。这些力在物质的所有状态下分子的组织和相互作用中都起重要作用
van Krevelen diagrams	范氏图	y轴是H：C，x轴是O：C的二维散点图。这些图被用于鉴别主要化合物类别（如类脂化合物、糖类和蛋白质）及石油和煤的成熟度。也被用于帮助解释使用FT-ICR MS获得的数据
Vascular tissues	维管组织	在植物中输送流体和营养盐并提供结构支撑的组织。木质部和韧皮部是维管组织的两个主要成分
Visible（Vis）radiation	可见光辐射	人眼可见的电磁波谱部分，波长范围为380~750 nm
Water use efficiency（WUE）	水分利用效率（WUE）	植物在固定二氧化碳时使用水的效率。WUE是每单位蒸腾作用失水量的光合作用所捕获的能量（注：即代谢所用的水量）
Waxes（or wax esters）	蜡（或蜡酯）	植物、动物和微生物的能量储库。它们也是植物组织上的保护性外涂层。蜡是由长链脂肪酸与长链醇形成的酯
Weathering	风化	描述导致暴露的岩石崩解的各种机械和化学过程
Xenobiotic	外源化合物	指在生物体中发现的，通常预期不存在于该生物体内的化合物

英文	中文	含义
Zooplankton	浮游动物	以浮游植物为食的微小动物和原生动物
Zwitterions	两性离子	即偶极离子，同时含有正电荷和负电荷的离子分子，如中性溶液中具有质子化氨基（$-NH_3^+$）和去质子的羧基（$-COO^-$）的氨基酸

索 引

名词	相关内容	页码
范氏图		74
芳香烃	代谢合成	13
	分析化学方法	73
	类脂化合物	192，201
	人为标志物	278，281~284
	生态学应用	23
放射性碳	《全面禁止核试验条约》	36
	半衰期	35
	产物	35
	蛋白质	100
	德弗里斯效应	36
	放射性碳的发现	34
	放射性碳水平历史波动	36
	分析化学方法	49~50，74~76，78
	海洋	45~47
	河口	43~44
	核酸特征	132~133
	类异戊二烯	183~4
	人为标志物	280~283，288
	疏水性有机污染物（HOCs）	280~281
	苏斯效应	36
	烃类	199，
	同位素分馏（IF）	37~40
	稳定同位素	35~48
	烯酮、木质素	216，222，271
	样品测定	35~36
	应用	42~47
	营养关系	38
	脂肪酸	163，171
	质量平衡模型	41~42

名词	相关内容	页码
河口	分析化学方法	57~60
	古生态学	22，24~26，28~29
	光合色素	226~227，243，245，247，249~250
	核酸	129~31，133~135
	类异戊二烯	180~182，188
	木质素	263，266~269
	生物扰动	156
	碎屑	155
	糖类	81，83，89~96
	糖类标志物	89~94
	烃类	197~98，204~206
	稳定同位素	31，38，40~41，43~44
	脂肪酸	155~160，166，169
河口最大浑浊带（ETM）		156
核磁共振（NMR）	分离科学	49~50
	分析化学方法	49~50，57~60
	总有机物技术	23~24
	氮	128~129，131，133，135~139
	分析方法	131~33
	丰度	134~35
	核糖体 RNA（rRNA）	128
	进化	139~142
	磷酸基团	128
	陆源对水生来源脂肪酸的比例	154
	生物合成	139~142
	同位素特征	133~134
	微生物群落的分子特征	134~137
	戊糖单体	128
	信使 RNA（mRNA）	128

名词	相关内容	页码
宽视场海洋观测传感器（SeaW-iFS）		244
匡塔克湾（美国）		101
拉曼效应		55
来苏糖		81~82，87，91
蓝细菌	代谢合成	2~5，18
	古生态学	25~27
	光合色素	226~227，234，242~248
	核酸	137~139
	类异戊二烯	179，185~186
	糖类	83，89
	烃类	195，208
	脂肪酸	151，166
蓝蟹		167
劳伦森大湖（美国）		209，153
酪氨酸		17，100，105，110，112~15，257
酪氨酸/多巴胺脱羧酶（TYDC）		17
雷尼镍脱硫		204
类苯丙烷		16
类胡萝卜素	CHEMTAX（化学分类）	243~244
	次级代谢	17
	定义	229，232
	光合色素	226，229，233，235，238~253
	海洋标志物	250~253
	河流-河口标志物	247，250
	湖泊生物标志物	244~246
	类胡萝卜素分析	240~244
	生物合成	236，238~239
	水体透明度指标（WCI）	234

续表

续表

名词	相关内容	页码
绿硫细菌科		227
滤膜 PCR		132
马奥尼湖（加拿大）		142
马更些河（北极）		206
马拉维湖（非洲）		222~223，245
马里亚纳扬		266
马尾藻海		45
脉冲电流检测器（PADs）		66
莽草酸		17，110
莽草酸途径		254，257
毛细管电泳（CE）		70
酶促水解氨基酸（EHAA）		101，117
美国国家标准局		36
美国华盛顿州		224，270~271
美国黄石公园		5
美洲红树		58，255
蒙特利岩组（美国加利福尼亚州）		278
醚脂	BIT 指标	222~225
	TEX$_{86}$	219~222
	沉积有机物（SOM）	219~224
	类脂膜生物标志物	216~225
米草		268
密苏里河（美国）		247
密西西比河（美国）		25~26，59，119，247，266~268
嘧啶		17，98，112，128
墨西哥湾		58~59，95~96，119，130，266~267
牡蛎海氏藻		199
木质酚植被指数（LPVI）		264

续表

名词	相关内容	页码
气质联用（GC-MS）	电子轰击（EI GC-MS）	61，152
	分析化学方法	60~61，63~64，67
	类异戊二烯	179，185
	木质素	261
	糖类	87
	脂肪酸	152
强心甙		16
切萨皮克湾（美国）		93 ~ 94，121，155，159，186，269，281
亲脂性/脂溶性化合物		212，289
氢化		24，74，148，192
氢氧化四甲铵（TMAH）		265
氰甙		16
巯基		203
去屏蔽		57
《全面禁止核试验条约》		36
全球海洋通量联合研究（JGO-FS）		159，250
泉古菌门		6，135，219，222~225
醛	代谢合成	13，17
	蛋白质	105~108，115
	类异戊二烯	74
	木质素、角质素	259，261，263，270~272
	糖类	79，85
醛糖		79，81~82，86，88，95~97
炔烃		190
热导检测器（TCD）		61
热喀斯特侵蚀		42
热力学分馏		38
热液流体		96

续表

名词	相关内容	页码
人为标志物	《斯德哥尔摩公约》	284
	表面活性剂	275，292
	不可分辨的复杂混合物	278，280
	成岩产物	281~282
	雌激素	275，290~293
	地球化学稳定性	285
	第二次世界大战期间	275，284
	毒性	275，277~278，285，289~291
	对映体比例（ERs）	286
	多环芳烃（PAHs）	275~276，281~284
	多氯代二苯并二噁英（PCDDs）	289~290
	多氯代二苯并呋喃（PCDFs）	289~290
	多氯联苯（PCBs）	275~276，286~288
	多溴联苯醚（PBDEs）	275，288~289
	反示踪剂	280
	放射性碳	280~283，288
	风化作用	277，280~281
	个人护理用品	290~292
	环境问题	284，290
	咖啡因	17，275~276，292~294
	抗生素	275，291~292
	邻苯二甲酸盐	275
	磷脂脂肪酸（PLFAs）	280
	内分泌干扰物（EDCs）	275，290，292
	气相色谱	278，280，287
	亲脂性的	289
	燃烧源化合物	281~282
	人为标志物的产生	275~276
	生物富集	276
	生物累积	276，289

续表

名词	相关内容	页码
溶解有机物（DOM）	木质素	268~273
	糖类	83，89
	脂肪酸	151，156
	总有机物技术	22
肉桂基系列		263~264
软木脂	沉积有机物（SOM）	273
	分析	261~266
	结构域	256
	聚芳香族	256
	聚脂肪族	256
	生物合成	257~261
	脂肪酸	151
萨拉索塔湾（美国）		293~294
三吡啶基-s-三嗪（TPTZ）		86
三氟乙酸（TFA）		244
三甲基硅醚（TMS-ethers）		179
三甲基硅烷（TMS）衍生物		87
三甲基氯硅烷（TMCS）		152
三降藿烷（TNH）		186
三磷酸腺苷	氨基酸	105~115
	代谢合成	3~4
	角质素	257，261
	糖类	85
三氯甲烷（氯仿）		242
三色方程		240
三萜类		16，140，172，174~175，185，187~189，192，204，206
三酰甘油		146
三域系统		1
色氨酸		17，100，105，110，112~115，257

续表

名词	相关内容	页码
糖类	类脂化合物	146
	木质素	80
	醛糖	79, 81, 86~88, 95~97
	水解	87, 93~95
	糖的生物合成	84~86
	酮类	79
	酮糖	79
	戊糖	79
	纤维素	79~84
	脂肪酸	146, 155
	中性糖	81~97
糖脂		146, 148, 172, 217~218
特定化合物同位素分析（CSIA）	分析	76~78
	人为标志物	275
	烃类	210~211
	脂肪酸	153
	总有机物技术	20
天然水体中的糖类	分析	86~88
	海洋生物标志物	94~97
	河流–河口生物标志物	89~94
	湖泊生物标志物	88~89
	生物合成	84~85
	糖类	84~94
条带状含铁建造		3
萜类		16
萜烯		7
烃类	饱和的	190, 200, 204
	不饱和的	190, 204
	不可分辨的复杂混合物（UCM）	191
	沉积有机物（SOM）	190, 196, 197~202, 204~211

续表

名词	相关内容	页码
同位素	正电子	32
	脂肪酸	152，155
	质量平衡模型	42
	质量数	30
	质谱	30
	中子数	30
	子体核素	33~34
同位素分馏（IF）		37~42
同位素混合模型		41~42
酮类	分析化学方法	59
	角质素	255，259
	糖类	79
	烯酮	142，212~216
	甾类	184
酮糖		79
脱辅基蛋白		234，240
脱镁色素		25
脱羧反应		12，187~188
脱氧核糖核酸（DNA）	病毒	128~132
	氮	128~132，135，137~139
	分析方法	131~133
	丰度	128~129
	古沉积	142~144
	进化	139~142
	进化	3~4
	磷	130
	磷酸基团	128~129
	生物合成	139~142
	水生环境	129~131
	提取	132~133

名词	相关内容	页码
烟酰胺腺嘌呤二核苷酸磷酸（NADP）（NADPH 的氧化形式）		13，105~106，108
烟酰胺腺嘌呤二核苷酸磷酸（NADPH）		8，84，105~108，121，236
厌氧产甲烷菌		4
阳离子交换色谱		50
氧暴露时间		25
氧化还原条件		102
药物		290~292
叶黄素循环		232~233
叶绿素	CHEMTAX（化学分类）	242~243
	卟啉	227
	代谢合成	9~12
	定义	227
	分析化学方法	53，56~57，73~74
	光合色素	226~253
	海洋标志物	250~253
	河流-河口标志物	247，249
	湖泊生物标志物	244~246
	降解产物	226~229
	类囊体膜	226
	类异戊二烯	181，184
	内共生联合体	226
	生物合成	236
	水环境周转	226
	四吡咯	227
	烃类	192，203，208
	脱脂反应	227~228
	叶绿素分析	240~244
	原叶绿酸	236
	脂肪酸	155~156

续表

名词	相关内容	页码
Canuel，E. A.	生物标志物的局限性	23~25
	烃类	206，210
	脂肪酸	146，152，154~156，166~168
Chikaraishi，Y.		181，183~184
Coolen，M. J. L.		142
Cowie，G. L.		86
Dawson，R.		114
De Leeuw，J. W.		202
Eglinton，G.		196，208，210，212~213，255~256
Eglinton，T. I.		37，75 ~ 77，162 ~ 164，208，210，212~213
Farquhar，J.		39
Gaines，S. M.		212
Garrasi，C.		115
Goñi，M. A.		265
Grossi，V. S.		201~202
Harvey，H. R.		103
Hedges，J. I.		19，87
Hinrichs，K. U.		219
Joshi，S.		115
Kamen，Martin		34
Kok，M. D.		204
Lange，B. M.		141
Lindroth，P.		115，116
Lipp，J. S.		219
McCallister，S. L.		44，159
Mollenhauer，G.		160，162~163
Mopper，K.		115
Nguyen，R. T.		103